AutoCAD 和 TArch 2014 建筑绘图实例教程

麓山文化　编著

机械工业出版社

天正建筑 TArch 软件以工具集为突破口，结合 AutoCAD 图形平台，实现了建筑设计和施工图绘制的强大功能，是目前最普及的建筑设计软件。本书通过大量工程案例，深入讲解了使用 AutoCAD 和天正建筑 TArch 2014 绘制建筑施工图的方法和技巧。

本书分为两大篇，上篇为 AutoCAD 基础篇，介绍了 AutoCAD 的基础知识和使用 AutoCAD 绘制建筑平面图、立面图和剖面图的方法，即使没有 AutoCAD 基础的读者，也能快速熟悉和掌握 AutoCAD。下篇为天正建筑篇，通过大量工程案例深入介绍了天正建筑 TArch 2014 软件的常用功能，包括轴网、柱子、墙体、门窗、楼梯、阳台等建筑元素的创建方法；查询房间建筑面积及创建房屋屋顶；快速生成建筑立面图和剖面图等知识。最后通过一个大型综合案例，进行全面实战演练。

本书配套光盘除包括全书所有实例源文件外，还提供了长达 10 小时的高清语音视频教学，手把手地指导，可以成倍提高学习兴趣和效率。并免费赠送天正绘制别墅、写字楼、商场和商住楼的 4 套视频教学，时间长达 16 小时，让读者全面提高绘图技能，积累实战经验。

本书内容全面、实例丰富、可操作性强。可以作为建筑专业在校学生学习天正建筑软件的教材，也可以作为建筑设计和施工专业人员的参考手册。

图书在版编目（CIP）数据

AutoCAD 和 TArch 2014 建筑绘图实例教程/麓山文化编著. —2 版. —北京：机械工业出版社，2014.10
ISBN 978-7-111-47795-2

Ⅰ. ①A… Ⅱ. ①麓… Ⅲ. ①建筑制图—计算机辅助设计—AutoCAD 软件—教材②建筑设计—计算机辅助设计—应用软件—教材 Ⅳ. ①TU204②TU201.4

中国版本图书馆 CIP 数据核字(2014)第 199225 号

机械工业出版社（北京市百万庄大街 22 号　邮政编码 100037）
策划编辑：曲彩云　　　责任印制：刘　岚
北京中兴印刷有限公司印刷
2014 年 10 月第 2 版第 1 次印刷
184mm×260mm · 24.5 印张 · 607 千字
0001—4000 册
标准书号：ISBN 978-7-111-47795-2
　　　　　ISBN 978-7-89405-487-6（光盘）
定价：59.00 元（含 1DVD）
凡购本书，如有缺页、倒页、脱页，由本社发行部调换

电话服务	网络服务
社服务中心：（010）88361066	教材网: http://www.cmpedu.com
销售一部：（010）6832629	机工官网：http://www.cmpbook.com
销售二部：（010）88379649	机工官博：http://weibo.com/cmp1952
读者购书热线：（010）88379203	**封面无防伪标均为盗版**

前　言

天正建筑软件在中国建筑设计界一枝独秀，是目前最普及的首选建筑设计软件。最新开发的 TArch 2014 版本，更是功能强大，可满足设计师对建筑设计的需求，备受建筑行业设计师们的青睐。

1. 本书内容

天正建筑软件是 AutoCAD 软件的插件，学习 TArch 软件，应掌握 AutoCAD 基本应用知识。因此本书首先以 AutoCAD 2014 为蓝本，介绍 AutoCAD 的基本概述和绘图方法，着重介绍天正软件的相关知识，并通过大量的实例帮助读者迅速熟悉和掌握软件的实际操作方法。

本书内容可简单分为 2 个部分（上篇和下篇），具体内容介绍如下：

上篇　AutoCAD 基础篇	下篇　天正建筑篇
第 1 章主要介绍了 AutoCAD 2014 绘图的基础知识。第 2 章～第 4 章则通过实例，分别介绍了使用 AutoCAD 绘制建筑平面图、立面图和剖面图的方法和操作步骤	从第 5 章开始，深入介绍了天正 Tarch 2014 软件中各个功能模块的使用方法，并通过大量实例来进行实战检验。最后一章，综合前面所学的天正 TArch 软件知识，通过一个典型案例，完整地介绍了利用 TArch 2014 绘制建筑施工图整个流程

2. 本书特色

本书以大量的实战案例，将建筑制图与天正 TArch 2014 软件相结合，用实际的操作过程来讲解软件中各个工具的使用方法。每节、每章的末尾，都有综合实例来巩固前面所学内容。读者可以边学边做，轻松学习，并从中了解到建筑制图的国家规范，在实践中掌握 Tarch 2014 软件的使用方法和技巧。

3. 本书编者

本书由麓山文化编著，具体参加编写和资料整理的有：陈志民、江凡、张洁、马梅桂、戴京京、骆天、胡丹、陈运炳、申玉秀、李红萍、李红艺、李红术、陈云香、陈文香、陈军云、彭斌全、林小群、刘清平、钟睦、刘里锋、朱海涛、廖博、喻文明、易盛、陈晶、张绍华、黄柯、何凯、黄华、陈文轶、杨少波、杨芳、刘有良、刘珊、赵祖欣、齐慧明等。

由于编者水平有限，书中错误、疏漏之处在所难免。在感谢您选择本书的同时，也希望您能够把对本书的意见和建议告诉我们。

售后服务邮箱:lushanbook@gmail.com

读 者 QQ 群：327209040

麓山文化

目 录

下篇 天正建筑篇

上 篇

AutoCAD 基础篇

第 1 章 AutoCAD 2014 操作基础

本章导读 AutoCAD 是由美国 Autodesk 公司于 20 世纪 80 年代初开发的一种通用计算机设计绘图程序软件包，是国际上最通用的绘图工具之一。AutoCAD 2014 是 Autodesk 公司推出的最新版本，在界面设计、三维建模、渲染等方面做了很大的改进。

由于 TArch（天正建筑）是基于 AutoCAD 图形平台的二次开发软件，因此熟练使用 AutoCAD 也是正确使用 TArch 的基础和前提。

本章将要给读者介绍 AutoCAD 2014 版的界面组成、命令输入方式、绘图环境的设置、图形编辑的基础知识以及一些基本操作方法。

本章重点

★ AutoCAD 2014 工作界面
★ AutoCAD 基本输入操作
★ 绘图辅助工具

1.1 AutoCAD 2014 工作界面

启动 AutoCAD 2014 后，便可以看到如图 1-1 所示的工作界面。AutoCAD 的工作界面符合 Windows 应用程序的标准，和许多 Windows 程序的界面非常相似，该界面主要由标题栏、菜单栏、工具栏、命令窗口、状态栏等元素组成。

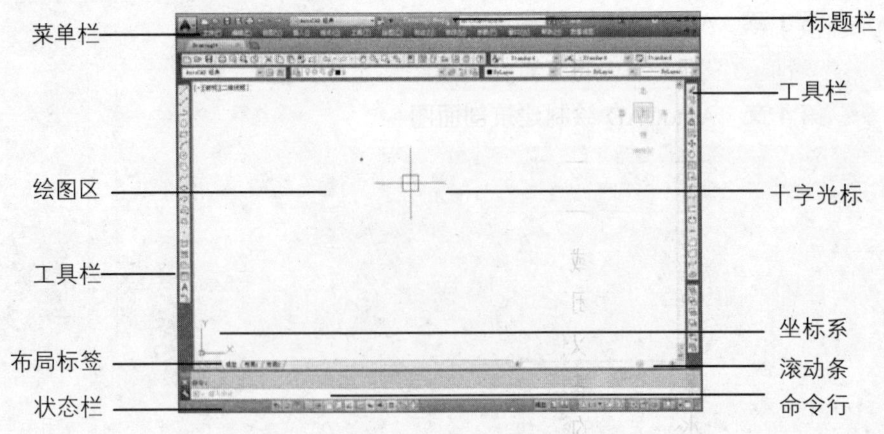

图 1-1 AutoCAD 2014 经典工作界面

AutoCAD 2014 有“草图与注释”“三维基础”“三维建模”和“AutoCAD 经典”四种工作空间，本书以最常用的 AutoCAD 经典工作空间进行讲解，如图 1-1 所示。在【工具】|【工作空间】子菜单中，可选择切换各个工作空间。

1.1.1 菜单栏

AutoCAD 2014 标题栏的下方是 AutoCAD 2014 的菜单栏。同其他 Windows 程序一样，AutoCAD 2014 的菜单也是下拉形式的，并在菜单中包含子菜单。

在 AutoCAD 2014 的菜单栏共包含 12 个菜单：【文件】【编辑】【视图】【插入】【格式】【工具】【绘图】【标注】【修改】【参数】【窗口】和【帮助】。这些菜单，几乎包含了 AutoCAD 2014 的所有绘图、编辑和标注命令。

1.1.2 工具栏

在使用 AutoCAD 进行绘图时，除了使用菜单外，大部分的命令可以通过工具栏来执行，如绘图、修改、标注等操作。启动 AutoCAD 后，AutoCAD 会根据默认设置显示“标准”“图层”“对象特性”“绘图”和“修改”等几个基本工具栏。

AutoCAD 工具按钮较多，初学者可能对某一个工具按钮的功能不太熟悉。此时，可以将光标停留在工具按钮上方半秒左右，光标的右下角会出现一个小标签，在标签上显示了该工具按钮所代表的命令名称和启动命令的快捷键，如图 1-2 所示。

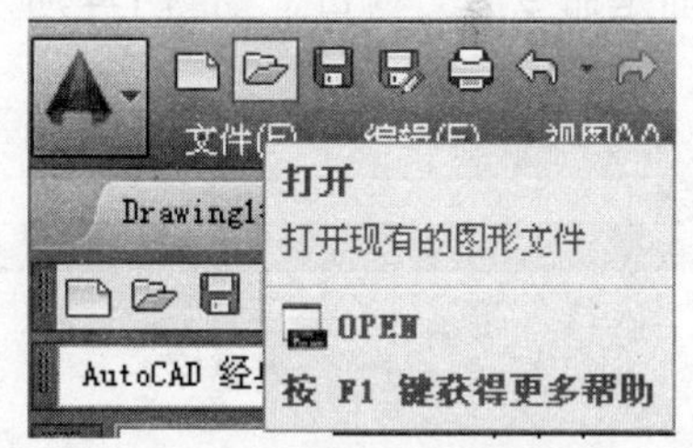

图 1-2　工具按钮提示

AutoCAD 工具栏可以根据需要在工作界面中打开、关闭或随意移动位置。在任意工具栏上右击鼠标，会显示所有的工具栏列表，如图 1-3 所示，显示“√”标记的是已经显示在工作界面中的工具栏。单击列表中的各工具栏，可以打开或关闭该工具栏。

在工具栏的标题栏或者非工具按钮的位置上按下鼠标左键，然后拖动鼠标，可以将工具栏移动到工作区中的任意位置。

1.1.3 绘图区

绘图区是用户绘图的工作区域，所有的绘图结果都反映在这个窗口中。用户可以关闭不需要的工具栏，以增大工作区域。在工作区中，可以使用光标确定点的位置、捕捉或选择图形对象和绘制基本图形。工作区的右侧和下侧有垂直方向和水平方向的滚动条。拖动滚动条，可以垂直或水平移动绘图区。

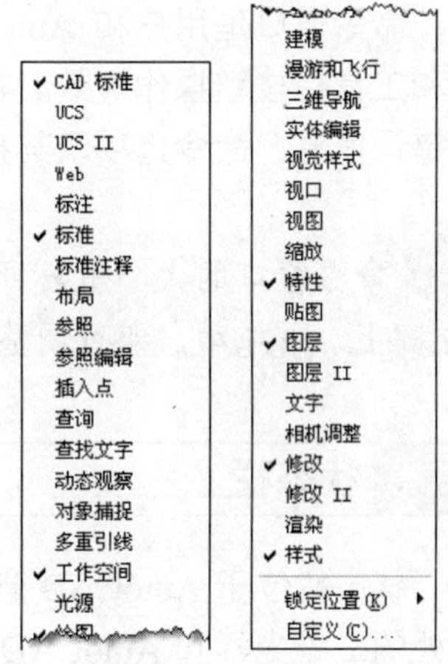

图 1-3　显示或关闭工具栏

在绘图区的左下方是坐标系图标，主要由指向绘图区上方的 Y 轴与指向绘图区右方的 X 轴组成，坐标用于协助用户确定绘图的方向。

在工作区中右击鼠标，可以打开快捷菜单。在快捷菜单中，集中了与所选图形对象相关的常用命令，可以在快捷菜单中迅速启动需要执行的命令。

绘图窗口的下方有“模型”和“布局”选项卡，单击它们可以在模型空间和图纸空间之间进行切换。

1.1.4 命令行

AutoCAD 的工作界面虽然和标准的 Windows 程序的界面相似，但仍有其独特的地方。命令窗口就是 AutoCAD 的工作界面区别于其他 Windows 应用程序的一个显著的特征。

命令窗口位于绘图区的下方，它由一系列命令行组成。用户可以从命令行中获得操作提示信息，并通过命令行输入命令和绘图参数，以便准确快速地进行绘图。

命令窗口中间有一条水平分界线，它将命令窗口分成两个部分：下面是命令行，上面是命令历史窗口，如图 1-4 所示。

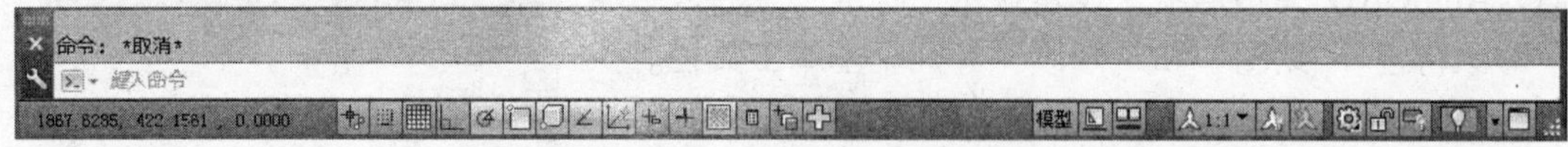

图 1-4　命令窗口

位于水平分界线下方的为“命令行”，它用于接受用户输入的命令，并显示 AutoCAD 提示信息。

位于水平分界线上方的为“命令历史窗口”，它含有 AutoCAD 启动后所用过的全部命令及提示信息，该窗口有垂直滚动条，可以上下滚动查看以前用过的命令。

命令窗口是用户和 AutoCAD 进行对话的窗口，通过该窗口发出绘图命令，与菜单栏和工具栏按钮操作等效。在绘图时，应特别注意这个窗口，输入命令后的提示信息，如错误信息、命令选项及其提示信息将在该窗口中显示。

提示　命令窗口的大小用户可以自定义，只要将光标移至该窗口的边框线上，然后按住左键上、下拖动，即可调整窗口的大小。

1.1.5 状态栏

状态栏位于 AutoCAD 窗口的最底端，如图 1-5 所示。状态栏用来显示当前十字光标所处的三维坐标和 AutoCAD 绘图辅助工具的开关状态。

在绘图窗口中移动光标时，在状态栏的“坐标”区将动态地显示当前坐标值。在 AutoCAD 中，坐标显示取决于所选择的模式和程序中运行的命令，共有“相对”“绝对”

和“关”3 种模式。

状态栏中共包括【推断约束】【捕捉】【栅格】【正交】【极轴】【对象捕捉】【三维对象捕捉】【对象追踪】【线宽】【模型】或【图纸】等按钮。

图 1-5　状态栏

1.2 AutoCAD 基本输入操作

在 AutoCAD 中，有一些基本的输入操作方法，这些基本方法是进行 AutoCAD 绘图的必备知识基础，也是深入学习 AutoCAD 功能的前提。

1.2.1 命令执行方式

AutoCAD 一共有三种常用的命令调用方式：菜单调用、工具栏调用和命令行输入，其中命令行输入是普通 Windows 应用程序所不具备的。

通常情况下，绘制一个图形必须指定许多参数，不可能一步完成。例如：画一段弧就必须通过启动画弧命令、确定弧段起点、确定弧所在圆的半径、确定弧对应的圆心角角度这 4 个步骤。这些命令，如果仅通过单击菜单栏或工具栏按钮来执行的话，效率就会很低，甚至根本就无法完成。命令输入方式可以连续地输入参数，并且实现人机交互，效率也就大大提高。下面以画圆为例讲解命令执行方式：

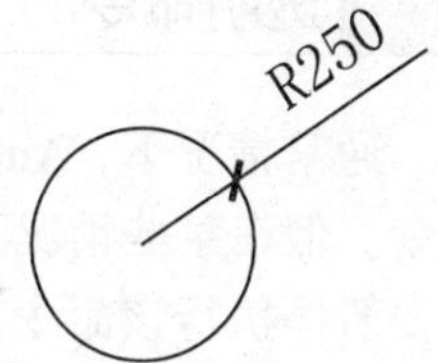

图 1-6　绘制结果

```
命令：C↙ （在命令行中输入绘制圆的快捷键 C，调用 CIRCLE 画圆命令）
指定圆的圆心或 [三点(3P)/两点(2P)/切点、切点、半径(T)]：(拾取一点作为圆心)
指定圆的半径或 [直径(D)]：250（在命令行中输入数值确定圆的半径大小，如图 1-6 所示）
```

AutoCAD 绝大多数命令都有其相应的简写方式。如直线命令 LINE 的简写方式是 L，绘制矩形命令 RECTANGLE 的简写方式是 REC。对于常用的命令，用简写方式输入将大大减少键盘输入的工作量，提高工作效率。另外，AutoCAD 对命令或参数输入不区分大小写，因此操作者不必考虑输入的大小写。

输入参数时，鼠标输入和键盘输入通常是结合起来使用的。可用光标直接在屏幕上捕捉特征点的位置，用键盘启动命令和输入参数。一个熟练的 CAD 设计人员通常用右手操纵鼠标，用左手操作键盘，这样配合能够达到最高的工作效率。

提示　通常 AutoCAD 都以上一次执行该命令输入的参数值作为本次操作的默认值。所以对于一些重复操作的命令，合理地利用默认值输入，可以大大减少输入工作量。

1.2.2 命令的重复、撤销和终止

1. 重复命令

在需要连续反复使用同一条命令时，可以使用 AutoCAD 的连续操作功能。当需要重复执行上一条操作命令时，只需按一次回车键（Enter），AutoCAD 就能自动启动上一条命令。使用连续操作，省去了重复输入命令的麻烦。

2. 撤销命令

在完成了某一项操作以后，如果希望将该步操作取消，就要用撤销命令。在命令行输入 UNDO，或者其简写形式 U 后回车，可以撤销刚刚执行的操作。另外，单击“标准”工具栏的“放弃”工具按钮，也可以启动 UNDO 命令。如果单击该工具按钮右侧下拉箭头▾，还可以选择撤销的步骤。

3. 终止命令执行

撤销操作是在命令结束之后进行的操作，如果在命令执行过程当中需要终止该命令的执行，按 Esc 键即可。

1.2.3 透明命令

通常情况下，AutoCAD 命令是顺序执行的，即一条命令执行结束后，再执行下一条命令。但在某些情况下，需要采取中断的方式执行命令，即在一条命令的执行过程中，需要暂停执行该命令，转而执行其他命令；待其他命令结束后，再继续执行原命令。透明命令的功能就是在运行某一命令的过程中执行其他命令。

要使用透明命令，应在输入命令之前输入单引号(′)。命令行中，透明命令的提示前有一个“>>”符号。完成透明命令后，将继续执行原命令。在透明命令中，有一大部分就是显示控制的透明命令。

技巧 在执行任何命令的过程中，单击任一缩放工具按钮，都可以用透明命令的方式进行视图缩放。

1.2.4 按键定义

按键定义是指用键盘输入命令，再根据提示完成对图形的操作。这是最常使用的一种绘图方法。

例如在绘图窗口中绘制一个内接于半径为 250 的圆的正六边形。命令行操作过程如下：

```
命令: pol↙
POLYGON 输入边的数目 <4>: 6↙（确定正多边形的边数）
指定正多边形的中心点或 [边(E)]:（在屏幕上指定一点）
```

输入选项 [内接于圆(I)/外切于圆(C)] <I>:↙（使用默认值）

指定圆的半径: 250↙（输入内接圆的半径，结果如图 1-7 所示）

图 1-7　绘制结果

在命令行的提示“输入选项［内接于圆(I)/外切于圆(C)］<I>”中，以“/”分割开的内容，表示在此命令下的各个选项。如果需要选择，可以输入某项括号中的字母，如“C”，再按 Enter 键确认，所输入的字母不分大小写。

执行命令时，如<5>、<I>等提示尖括号中的为默认值，表示上次绘制图形使用的值。可以直接按 Enter 键采用默认值．也可以输入需要的新数值再次按 Enter 键确认。

1.2.5 坐标系统与数据的输入方式

在绘图过程中常常需要通过某个坐标系作为参照，以便精确地定位对象的位置。AutoCAD 的坐标系包括世界坐标系（WCS）和用户坐标系（UCS）。AutoCAD 提供的坐标系可以用来准确地设计并绘制图形，掌握坐标系统的输入方法，可加快图形的绘制。

1. 世界坐标系

世界坐标系（world coordinate system，简称 WCS）是 AutoCAD 的基本坐标系。它由三个相互垂直的坐标轴 X、Y 和 Z 组成。WCS 是 AutoCAD 默认的坐标系，在绘图和编辑图形的过程中，它的坐标原点和坐标轴的方向是不变的。

如图 1-8 所示，世界坐标系在默认情况下，X 轴正方向水平向右，Y 轴正方向垂直向上，Z 轴正方向垂直屏幕平面方向，指向用户。坐标原点在绘图区左下角，在其上有一个方框标记，表明是世界坐标系。

2. 用户坐标系

为了更好地辅助绘图，经常需要修改坐标系的原点位图和坐标方向，这时就需要使用可变的用户坐标系（User Coordinate System，简称 USC）。在默认情况下，用户坐标系和世界坐标系重合，用户可以在绘图过程中根据具体需要来定义 UCS。

为表示用户坐标 UCS 的位置和方向，AutoCAD 在 UCS 原点或当前视窗的左下角显示 UCS 图标，如图 1-9 所示为用户坐标系图标。

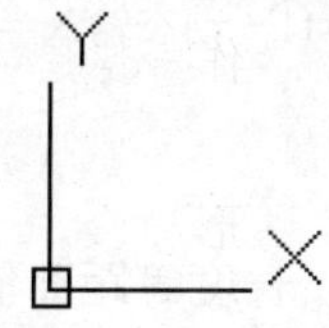

图 1-8　世界坐标系

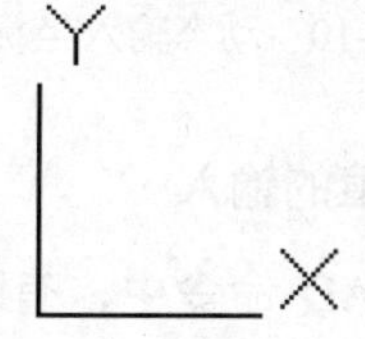

图 1-9　用户坐标系

3. 数据的输入方法

在 AutoCAD 中，点的坐标可以用直角坐标、极坐标、球面坐标和柱面坐标表示，每一种坐标又分别具有两种坐标输入方式：绝对坐标和相对坐标。其中直角坐标和极坐标最为常用，下面介绍它们的输入方法：

❑ 直角坐标法

直角坐标是用点的 X、Y 坐标值表示的坐标。

例如：在命令行中输入点的坐标提示下，输入“20，25”，则表示输入了一个 X、Y 的坐标值分别为 20、25 的点，此为绝对坐标的输入方式，表示该点的坐标是相对于当前坐标原点的坐标值。如果输入@15，-15，则表示相对坐标的输入方式，表示该点的坐标是相对于前一点的坐标值。

❑ 极坐标法

极坐标是用长度和角度表示的坐标，只能用来表示二维点的坐标。

在绝对坐标输入方式下，表示为“长度<角度”，其中长度表示为该点到坐标原点的距离，角度为该点至原点的连线与 X 轴正向的夹角。

在相对坐标输入方式下，表示为“@长度<角度”，其中长度为该点到前一点的距离，角度为该点至前一点的连线与 X 轴正向的夹角。

4. 动态数据输入

按下状态栏上的“DYN”按钮，系统打开动态输入功能，可以在屏幕上动态地输入某些参数数据，例如：绘制圆时，在光标附近，会动态地显示“指定圆的圆心或”，以及后面的坐标框，当前显示的是光标所在的位置，可以输入数据，两个数据之间以逗号隔开，如图 1-10 所示。指定圆心后，系统动态显示圆的半径，同时要求输入圆的半径，如图 1-11 所示。

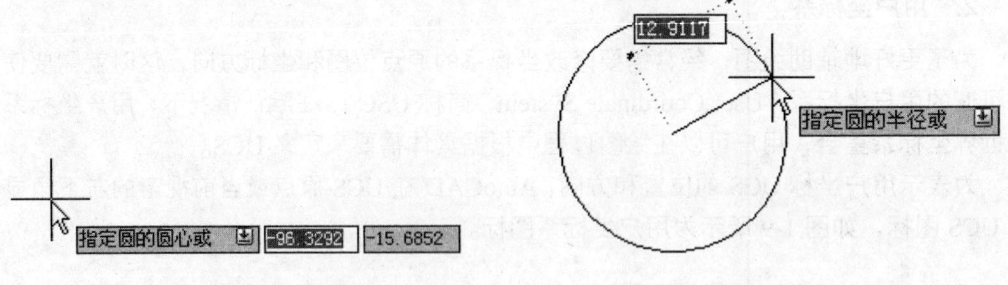

图 1-10 动态输入坐标值　　图 1-11 动态输入半径值

5. 距离值的输入

在 AutoCAD 命令中，有时需要提供高度、宽度、半径、长度等距离值，AutoCAD 提供了两种输入距离值的方式：一种使用键盘在命令窗口中直接输入数值；另一种是在屏幕上拾取两点，以两点的距离定出所需数值。

1.3 绘图辅助工具

为了更快速顺利地完成图形的绘制，有时需要借助一些辅助工具，比如用于准确确定绘制位置的精确定位和显示图形的范围和方式等工具，本节主要介绍这几种非常重要的辅助工具。

1.3.1 精确定位工具

和一般的绘图软件不同，AutoCAD 作为计算机辅助设计软件强调的是绘图的精度和效率。AutoCAD 提供了大量的图形定位方法与辅助工具，绘制的所有图形对象都有其确定的形状和位置关系，绝不能像传统制图那样凭肉眼感觉来绘制图形。

1. 栅格

栅格的作用如同传统纸面制图中使用的坐标纸，按照相等的间距在屏幕上设置了栅格点，使用者可以通过栅格点数目来确定距离，从而达到精确绘图的目的。栅格不是图形的一部分，打印时不会被输出。

控制栅格是否显示，有以下两种常用方法：

- 按功能键 F7，可以在开、关状态间切换。
- 单击状态栏中的“栅格”开关按钮▦。

选择【工具】|【绘图设置】命令，在打开的【草图设置】对话框中选中【捕捉和栅格】选项卡，如图 1-12 所示，选中或取消“启用栅格”复选框，也可以控制栅格的显示或隐藏。

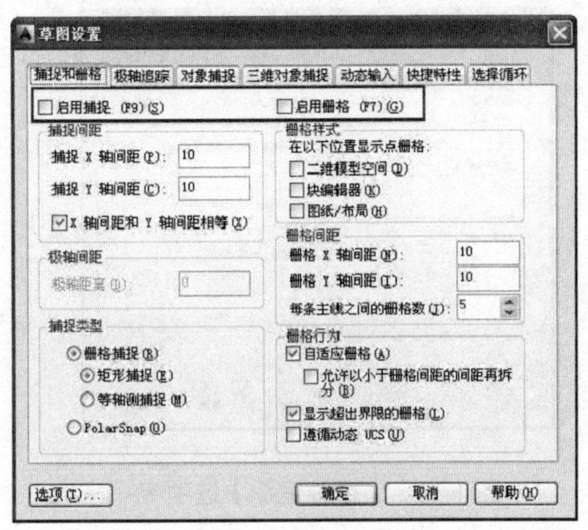

图 1-12　【捕捉和栅格】选项卡

在图 1-12 所示的“栅格”选项组中，可以设置栅格点在 X 轴方向（水平）和 Y 轴方向（垂直）上的距离。此外，在命令行输入 GRID 命令，也可以设置栅格的间距和控制栅格的显示。

2. 捕捉

捕捉功能可以控制光标移动的距离，下面为两种打开和关闭捕捉功能的常用方法：

- 连续按功能键 F9，可以在开、关状态间切换。
- 单击状态栏中的【捕捉】开关按钮。

3. 极轴追踪

极轴追踪实际上是极坐标的一个应用。该功能可以使光标沿着指定角度的方向移动，从而很快找到需要的点。可以通过下列方法打开/关闭极轴追踪功能。

- 按功能键 F10。
- 单击状态栏“极轴”开关按钮。

在图 1-13 所示的对话框中，可以设置下列极轴追踪属性。

- “增量角”下拉列表框：选择极轴追踪角度。当光标的相对角度等于该角，或者是该角的整数倍时，屏幕上将显示追踪路径。
- “附加角”复选框：增加任意角度值作为极轴追踪角度。选中“附加角”复选框，并单击【新建】按钮，然后输入所需追踪的角度值。
- “仅正交追踪”单选按钮：当对象捕捉追踪打开时，仅显示已获得的对象捕捉点的正交（水平和垂直方向）对象捕捉追踪路径。
- “用所有极轴角设置追踪”：对象捕捉追踪打开时，将从对象捕捉点起沿任何极轴追踪角进行追踪。
- “极轴角测量”选项组：设置极角的参照标准。“绝对”选项表示使用绝对极坐标，以 X 轴正方向为 0°。“相对上一段”选项根据上一段绘制的直线确定极轴追踪角，上一段直线所在的方向为 0°。

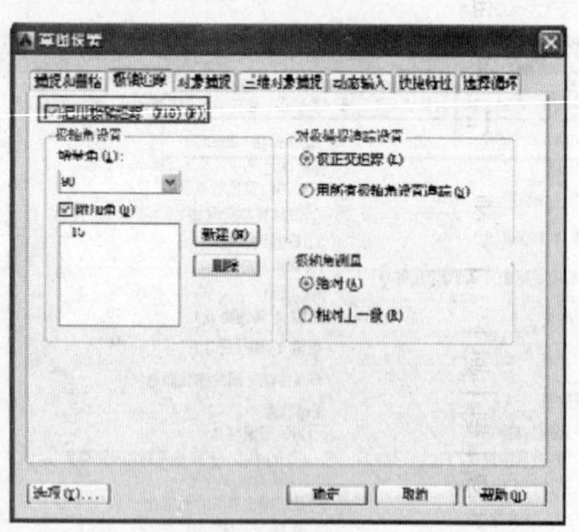

图 1-13 【极轴追踪】选项卡

4. 对象捕捉

使用对象捕捉可以精确定位现有图形对象的特征点，例如：直线的中点、圆的圆心等，从而为精确绘图提供了条件。

❑ 对象捕捉的开关设置

根据实际需要，可以打开或关闭对象捕捉，有以下两种常用的方法：

➢ 连续按功能键 F3，可以在开、关状态间切换。
➢ 单击状态栏中的“对象捕捉”开关按钮□。

除此之外，依次单击【工具】|【绘图设置】菜单项，或输入命令 OSNAP，打开【草图设置】对话框。单击【对象捕捉】选项卡，选中或取消“启用对象捕捉”复选框，也可以打开或关闭对象捕捉，但由于操作麻烦，在实际工作中并不常用。

❑ 设置对象捕捉点

在使用对象捕捉之前，需要设置好对象捕捉模式，也就是确定当探测到对象特征点时，哪些点捕捉，而哪些点可以忽略，从而避免视图混乱。对象捕捉模式的设置在图 1-14 所示的“草图设置”对话框中进行。

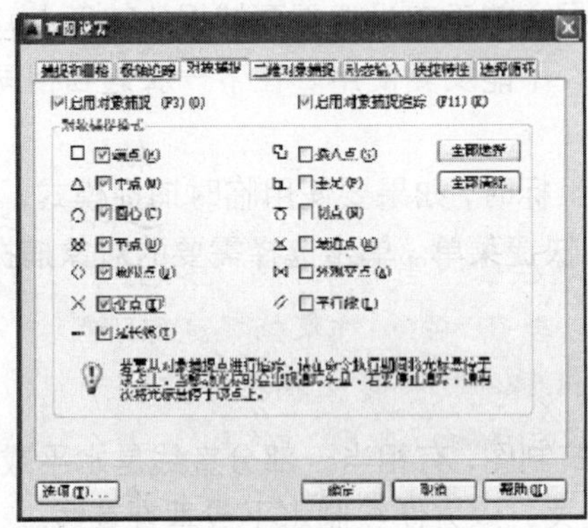

图 1-14　【对象捕捉】选项卡

对话框共列出了 13 种对象捕捉点和对应的捕捉标记。需要捕捉哪些对象捕捉点，就选中这些点前面的复选框。设置完毕后，单击【确定】按钮关闭对话框即可。

这些对象捕捉点的含义见表 1-1。

表 1-1　对象捕捉点的含义

对象捕捉点	含　义
端点	捕捉直线或曲线的端点
中点	捕捉直线或弧段的中间点
圆心	捕捉圆、椭圆或弧的中心点
节点	捕捉用 POINT 命令绘制的点对象
象限点	捕捉位于圆、椭圆或弧段上 0°、90°、180°和 270°处的点
交点	捕捉两条直线或弧段的交点
延长线	捕捉直线延长线路径上的点
插入点	捕捉图块、标注对象或外部参照的插入点
垂足	捕捉从已知点到已知直线的垂线的垂足

对象捕捉点	含　义
切点	捕捉圆、弧段及其他曲线的切点
最近点	捕捉处在直线、弧段、椭圆或样条线上，而且距离光标最近的特征点
外观交点	在三维视图中，从某个角度观察两个对象可能相交，但实际并不一定相交，可以使用“外观交点”捕捉对象在外观上相交的点
平行线	选定路径上一点，使通过该点的直线与已知直线平行

5. 自动捕捉和临时捕捉

AutoCAD 提供了两种对象捕捉模式：自动捕捉和临时捕捉。自动捕捉模式要求使用者先设置好需要的对象捕捉点，以后当光标移动到这些对象捕捉点附近时，系统就会自动捕捉到这些点。

临时捕捉是一种一次性的捕捉模式，这种捕捉模式不是自动的。当用户需要临时捕捉某个特征点时，需要在捕捉之前手工设置需要捕捉的特征点，然后进行对象捕捉。而且这种捕捉设置是一次性的，不能反复使用。在下一次遇到相同的对象捕捉点时，需要再次设置。

在命令行提示输入点的坐标时，如果要使用临时捕捉模式，可按 Shift 键+鼠标右键，系统会弹出如图 1-15 所示的快捷菜单。单击选择需要的对象捕捉点，系统将会捕捉到该点。

6. 正交

无论是机械制图还是建筑制图，有相当一部分直线是水平或垂直的。针对这种情况，AutoCAD 提供了一个正交开关，以方便绘制水平或垂直直线。

打开和关闭正交开关的方法有：

➢ 连续按功能键 F8，可以在开、关状态间切换。

➢ 单击状态栏“正交”开关按钮。

正交开关打开以后，系统就只能画出水平或垂直的直线，如图 1-16 所示。更方便的是，由于正交功能已经限制了直线的方向，所以要绘制一定长度的直线时，只需直接输入长度值，而不再需要输入完整的相对坐标了。

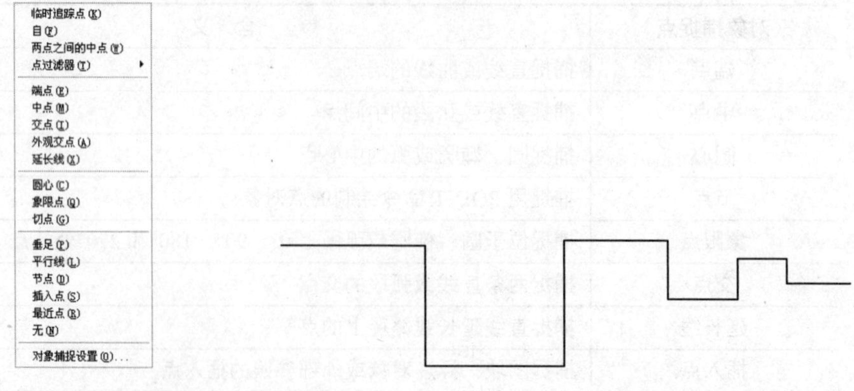

图 1-15　临时捕捉菜单　　图 1-16　使用正交模式绘制水平或垂直直线

1.3.2 视图显示控制工具

1. 缩放

在绘图过程中，为了方便绘图和提高绘图效率，经常要用到缩放视图的功能。控制视图缩放可以使用 ZOOM 命令，也可以单击“标准”工具栏中的各个缩放工具按钮，它们的操作方法是完全相同的，因此这里一并讲解。

启动 ZOOM 命令，命令提示行将提供几种缩放操作的备选项以供选择：

```
命令: Z(启动命令)
ZOOM
指定窗口的角点，输入比例因子 (nX 或 nXP)，或者[全部(A)/中心(C)/动态(D)/范围(E)/上一个(P)/比例(S)/窗口(W)/对象(O)] <实时>: (选择缩放操作方式)
```

2. 显示全图

选择“全部”备选项，或单击工具按钮，可以显示整个模型空间界限范围之内的所有图形对象，这种状态称为“全图”。

3. 中心缩放

选择“中心”备选项，或单击工具按钮，将进入中心缩放状态。要求先确定中心点；然后以该中心点为基点，整个图形按照指定的缩放比例(或高度)缩放。而这个点在缩放操作之后将成为新视图的中心点。

4. 窗口缩放

这是 AutoCAD 最常用的缩放功能，选择“窗口”备选项，或者单击工具按钮，通过确定矩形的两个角点，可以拉出一个矩形窗口，窗口区域的图形将放大到整个视图范围如图 1-17 所示。

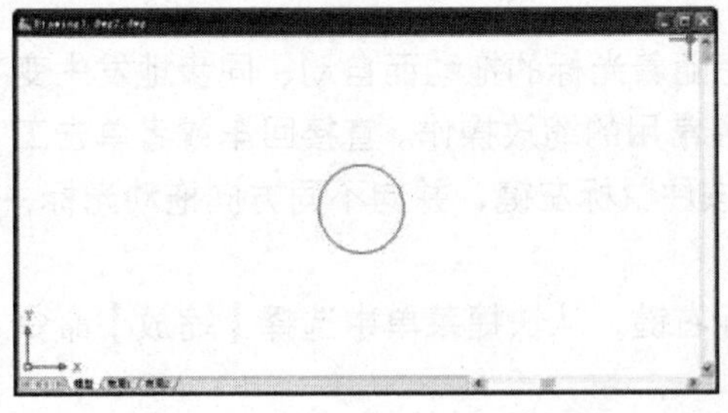

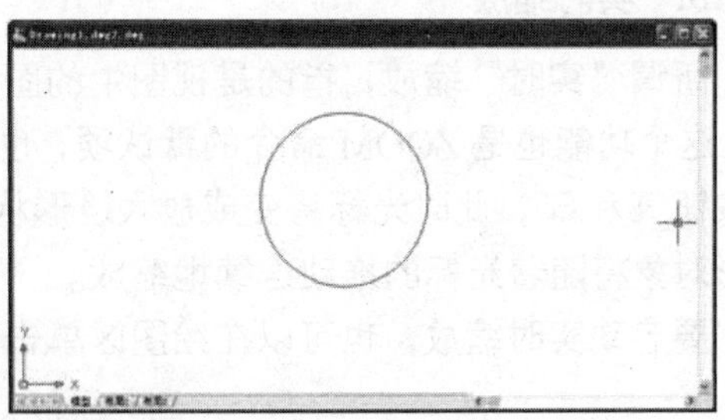

图 1-17　【窗口缩放】命令的应用

5. 范围缩放

实际制图过程中，通常模型空间的界限非常大，但是所绘制图形所占的区域又很小。缩放视图时如果使用显示全图功能，那么图形对象将会缩成很小的一部分。因此，

AutoCAD 提供了范围显示功能，用来显示所绘制的所有图形对象的最大范围。选择“范围”备选项，或单击工具按钮，可使用此功能。

6. 回到前一个视图

选择“上一个”备选项，或者单击工具按钮，可以回复到前一个视图(previous)显示的图形状态。这也是一个常用的缩放功能。

7. 比例缩放

比例缩放是一个定量的精确缩放命令。选择“比例”备选项，或者单击工具按钮，要求输入一个缩放比例因子，然后按这个比例值进行缩放。

输入值与图形界限有关。例如：若缩放到图形界限且输入 2，那么将以对象原来尺寸的两倍显示对象。若输入的值后面跟着“x”，AutoCAD 根据当前视图确定比例，例如，输入“0.5x”，屏幕上的对象显示为原大小的 1/2；若输入的值后面跟着“xp”，AutoCAD 将根据图纸空间单位确定比例，例如：输入“0.5xp”将以图纸空间单位的 1/2 缩放。

8. 动态缩放

动态缩放是 AutoCAD 的一个非常具有特色的缩放功能。该功能如同在模仿一架照相机的取景框，先用取景框在全图状态下“取景”，然后将取景框取到的内容放大到整个视图。

选择“动态”备选项，或者单击工具按钮，将进入动态缩放状态。视图此时显示为“全图”状态，视图的周围出现两个虚线方框，蓝色虚线方框表示模型空间的界限，绿色虚线方框表示上一视图的视图范围。

光标变成了一个矩形的取景框，取景框的中央有一个十字叉形的焦点。首先拖动取景框到所需位置并单击，然后调整取景框大小，按 Enter 键进行缩放。调整完毕后回车确定，取景框范围以内的所有实体将迅速放大到整个视图状态。

9. 实时缩放

所谓“实时”缩放，指的是视图中的图形将随着光标的拖动而自动、同步地发生变化。这个功能也是 ZOOM 命令的默认项，也是最常用的缩放操作。直接回车或者单击工具按钮和，此时光标将变成放大镜形状。按住鼠标左键，并向不同方向拖动光标，图形对象将随着光标的拖动连续地缩放。

要启动实时缩放，也可以在绘图区单击鼠标右键，从快捷菜单中选择【缩放】命令项。

滚动鼠标滚轮，可以快速地实时缩放视图。

10. 视图平移

和缩放不同，平移命令不改变视图的显示比例，只改变显示范围。输入命令 PAN/P，或者单击工具按钮，此时光标将变成小手形状。按住鼠标左键，并向不同方向拖动光标，当前视图的显示区域将随之实时平移，如图 1-18 所示。

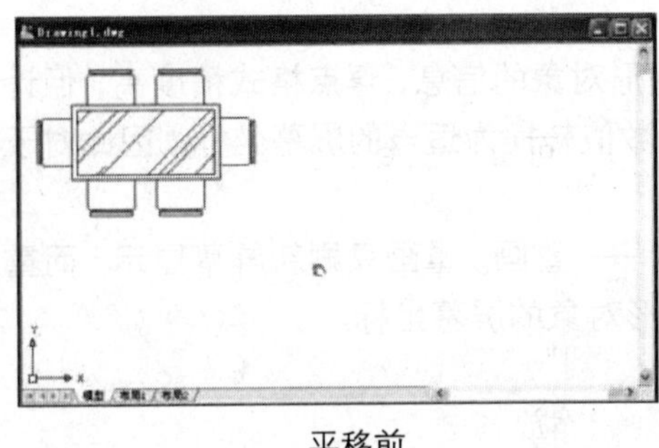

平移前

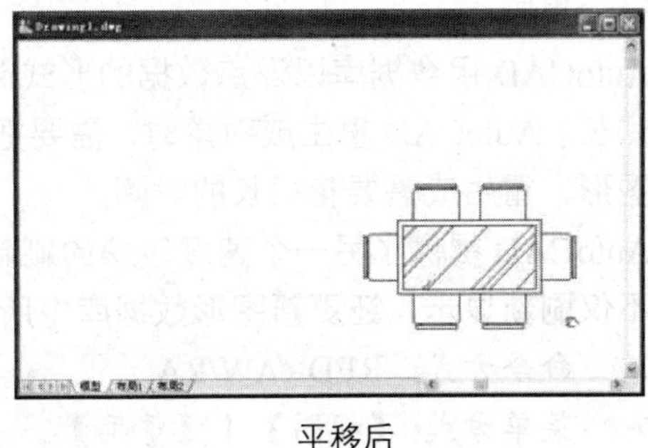

平移后

图 1-18　视图平移

技巧 按住鼠标中键拖动，可以进行视图平移。

11. 重新生成与重画图形

如果用户在绘图过程中，由于操作的原因，使得屏幕上出现一些残留光标点，为了擦除这些不必要的光标点，使图形显得整洁清晰，可以利用 AutoCAD 的重画和重新生成功能达到这些要求。

❑ 重生成

重生成 REGEN 命令重新计算当前视区中所有对象的屏幕坐标并重新生成整个图形。它还重新建立图形数据库索引，从而优化显示和对象选择的性能，如图 1-19 所示。

重生成前

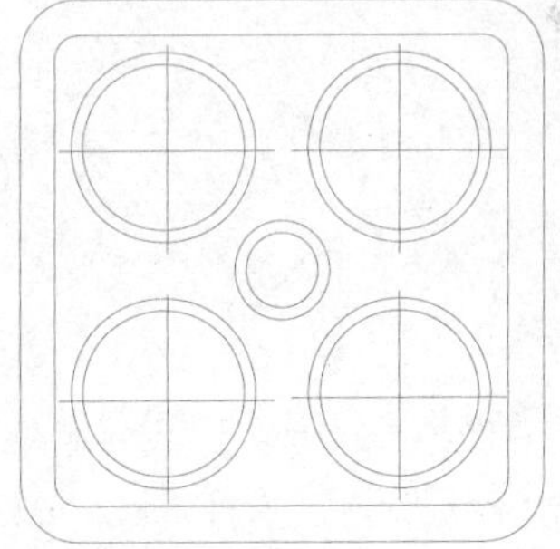

重生成后

图 1-19　重生成前后对比

启动“重生成”命令的方式：

➢ 命令方式：REGEN/RE。

➢ 菜单方式：【视图】|【重生成】。

另外，使用全部重生成命令不仅重生成当前视图中的内容，而且重生成所有视图中的内容。启动全部重生成命令的方式：

➢ 命令方式：REGENALL/REA。

➢ 菜单方式:【视图】|【全部重生成】。

❑ 重画

AutoCAD 用数据库以浮点数据的形式储存图形对象的信息，浮点格式精度高，但计算时间长。AutoCAD 重生成对象时，需要把浮点数值转换为适当的屏幕坐标。因此对于复杂图形，重生成需要花很长的时间。

AutoCAD 提供了另一个速度较快的刷新命令——重画。重画只刷新屏幕显示；而重生成不仅刷新显示，还更新图形数据库中所有图形对象的屏幕坐标。

➢ 命令方式：REDRAW/RA。

➢ 菜单方式:【视图】|【重画】。

在进行复杂的图形处理时，应当充分考虑到重画和重生成命令的不同工作机制，合理使用。重画命令耗时较短，可以经常使用以刷新屏幕。每隔一段较长的时间，或重画命令无效时，可以使用一次重生成命令，更新后台数据库。

AutoCAD 绘制建筑平面图

本章导读 本章通过绘制办公楼建筑平面图，来说明 AutoCAD 2014 中各种命令的用法，并通过该实例，来说明如何使用 AutoCAD 2014 绘制建筑平面图。

本章重点

★ 建筑平面图概述

★ 绘制办公楼首层建筑平面图

2.1 建筑平面图概述

建筑平面图是用一个水平的剖切平面沿房屋窗台以上部分剖开，移去上部后向下投影所得的水平投影图，简称平面图，如图 2-1 所示。建筑平面图主要反映房屋的平面形状、大小及房间布置、墙和柱的位置、厚度及材料、门窗的位置及开启方向等。

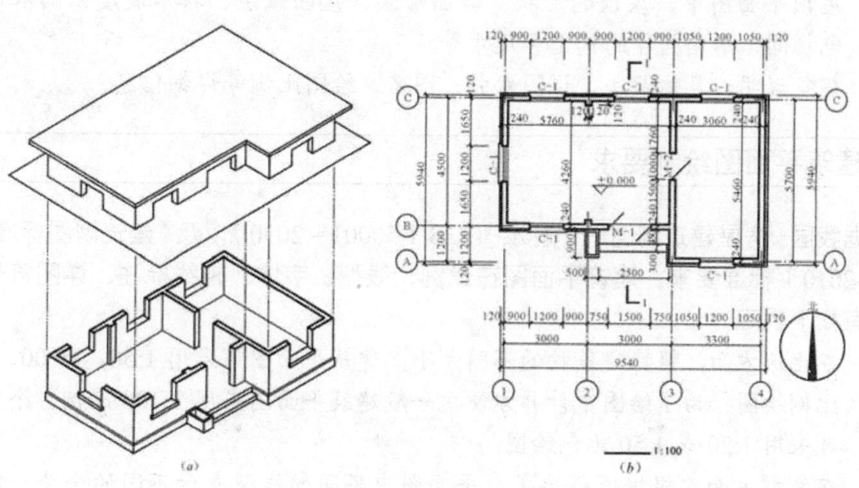

图 2-1　平面图形成原理

为了方便初学者学习，本节首先介绍建筑平面图的基本概念、绘制内容、绘制要求及绘制流程。

2.1.1 建筑平面图概念

建筑平面图是全套建筑施工图中的一个重要组成部分，与建筑立面图、建筑剖面图三者结合能够完整地表示建筑的各部分构成情况及尺寸等。建筑平面图主要表现建筑的平面形状和组成，包含平面各房间的开间、进深、形状、用途，墙、柱的位置和尺寸，楼层的标高，门窗的尺寸、位置和内部家具的摆放位置等信息，是建筑施工最基本的依据。平面图是建筑施工图的主要图纸之一。在施工过程中，对房屋的定位放线、墙体砌筑、设备安装、装修，以及预算的编制、备料都有重要的指导作用。

2.1.2 建筑平面图绘制内容

对于多层建筑，建筑平面图主要包括首层平面图、标准层平面图、顶层平面图和屋顶平面图等。为了配合这几部分，还需要一些详图用来表示厨房、卫生间、楼梯等在单层平面图中表示不清楚的部分。

各种建筑平面图的绘制具体包含以下内容：

- 建筑物平面的形状及总长、总宽等尺寸。
- 建筑平面组合和各房间的开间、进深等尺寸。
- 墙、柱、门窗的尺寸、位置、材料及开启方式。
- 走廊、电梯、楼梯等交通联系部分的位置、尺寸和方向。
- 阳台、雨篷、台阶、散水、雨水管等附属设施的位置、尺寸及材料等。
- 未剖切到的门窗洞口等（一般用虚线表示）。
- 楼层、楼梯的标高，定位轴线的尺寸和细部尺寸等。
- 屋顶平面图中，屋顶的形状、坡面形式、屋面做法、排水坡度、雨水口位置、电梯间、水箱间等的构造和尺寸等。
- 建筑说明、具体做法、详图索引、图名、绘图比例等详细信息。

2.1.3 建筑平面图绘制要求

根据我国《房屋建筑制图统一标准》（GB/T 50001－2010）以及《建筑制图标准》（GB/T 50104—2010）标准要求，建筑平面图在比例、线型、字体、轴线标注、详图符号索引等几方面有如下规定：

- 在比例方面，根据建筑物的不同大小，建筑平面图可采用 1:50、1:100、1:200 等比例绘图。为了绘图中计算方便，一般建筑平面图采用 1:100 比例，个别平面图可采用 1:20 或 1:50 比例绘图。
- 在线型方面，根据规范要求，平面图中不同的线型表示不同的含义。定位轴线统一采用点画线表示，并给予编号；被剖切到的墙体、柱子的轮廓线采用粗实线表示；门的开启线采用中实线绘制；其余可见轮廓线和尺寸标注线，标高符号等采用细实线绘制。
- 字体采用标准汉字矢量字库字体，一般采用仿宋体。汉字的字高不小于

2.5mm，数字和字高不小于 1.8mm。

➢ 在尺寸标注方面，尺寸标注分外部尺寸和内部尺寸。外部尺寸一般标注在平面图的下方和左方，分三道标注，最外面一道是总尺寸，表示房屋的总长和总宽；中间一道是定位尺寸，表示房屋的开间和进深；最里面一道是细部尺寸，表示门窗洞口、窗间墙、墙厚等细部尺寸，同时还应标注室外附属设施，如台阶、阳台、散水、雨篷等尺寸。内部尺寸一般应标注内门窗洞、墙厚、柱、砖垛和固定设备（如卫生间设备等）的大小位置，及其他需要详细标注的尺寸等。

➢ 定位轴线必须在端部按规定标注编号，水平方向从左至右采用阿拉伯数字编号，竖直方向采用大写英文字线编号（其中字母 I、O、Z 不能使用）。建筑内部局部定位轴线可采用分数标注轴线编号。

➢ 在详图索引符号方面，为配合平面图表示，建筑平面图中常需引用标准图集或其他详图上的节点图样作为说明，这此引用图集或节点详图均应在平面图上以详图索引符号表示出来。

2.1.4 建筑平面图绘制步骤

采用 AutoCAD 2014 绘制建筑平面图时，一般都按照建筑设计的尺寸绘制，绘制完成后根据具体图纸篇幅套入相应图框打印完成。一幅图上主要比例应一致，比例不同的应根据出图时所用比例表示清楚。绘制建筑平面图的一般步骤如下：

01 设置并调整绘图环境。根据所绘建筑长宽尺寸相应调整绘图区域，设置数字和角度单位，并建立相应的图层。根据建筑平面图表示内容的不同，一般需要建立的图层包括轴线、墙体、柱子、门窗、楼梯、阳台、标注、其他等 8 个图层。

02 绘制定位轴线。在轴线图层上用点画线将主要轴线绘制出来，形成轴线网格。

03 绘制各种建筑构配件，如墙体、柱子、门窗洞口等。

04 绘制及编辑建筑平面图细部内容。

05 标注尺寸、标高等数字，索引符号和相关文字注释。

06 添加图框和图名、比例等内容，调整图幅比例和各部分位置。

07 打印输出。

2.2 绘制办公楼首层建筑平面图

通过前面小节的介绍，应该对建筑平面图有了一个大概的了解和认识。本小节以某办公楼的首层平面图为例，介绍建筑平面图的具体绘制方法。

2.2.1 设置绘图环境

在绘制任何一幅图之前，都应首先对绘图环境进行相应的设置，确定各选项参数。

01 启动 AutoCAD 2014 应用程序。选择【文件】|【新建】菜单命令，打开【选择样板】对话框，如图 2-2 所示。在该对话框中选择 acadiso.dwt 样板，单击【打开】按钮，即可自样板创建一个图形。

02 设定绘图区范围。选择【格式】|【图形界限】菜单命令，或直接在命令行输入 LIMITS，可启动该命令，并输入左下角坐标和右上角坐标，以这两点为对角线的矩形范围就是所设置的绘图区域。启动该命令后，命令行提示：

```
命令: LIMITS↙
重新设置模型空间界限。
指定左下角点或[开(ON)/关(OFF)]<0.0000, 0.0000>:↙
/默认坐标原点为绘图范围左下角点/
指定右上角点<420.0000,297.0000>:50000, 21000↙
/输入“50000, 21000”后按回车键/
```

03 设置显示范围。选择【视图】|【缩放】|【全部】菜单命令，或者在命令行输入 ZOOM 命令后，选择 A 选项，全部显示绘图范围。

图 2-2 【选择样板】对话框

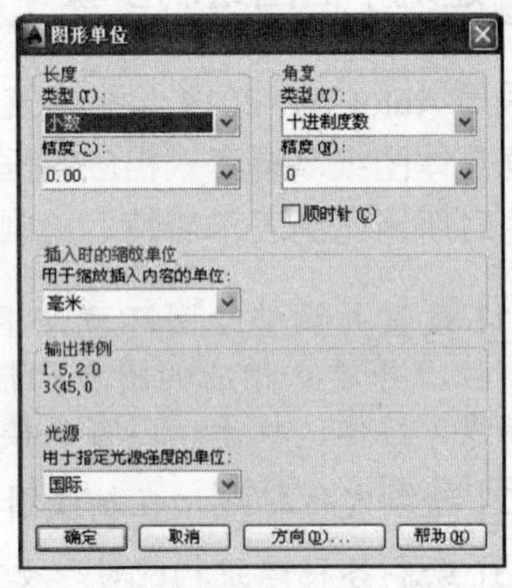

图 2-3 【图形单位】对话框

04 设置数字、角度单位和精度。选择【格式】|【单位】菜单命令，显示【图形单位】对话框，设置参数如图 2-3 所示。设置完成后，单击【确定】按钮，即可完成图形单位的设置。

05 设置图层及线型。选择【格式】|【图层】菜单命令或单击【图层特性管理器】按钮，打开【图层特性管理器】对话框，对图层名称、颜色、线型等参数进行设置，如图 2-4 所示，并在该对话框中，将图层“轴线”设为不打印。

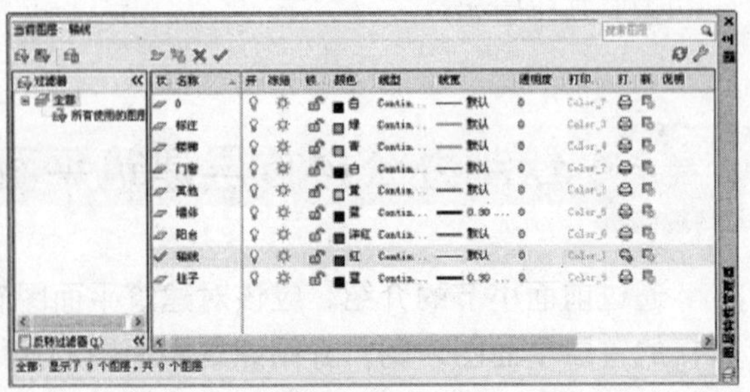

图 2-4 【图层特性管理器】对话框

2.2.2 绘制定位轴线

在完成了绘图环境的设置以后，就可以进行平面图的绘制了。绘制建筑首层平面图的第一步就是绘制定位轴网、轴线。轴网是指由横竖向轴线所构成的网格。轴线是墙柱中心线或根据需要偏离中心线的定位线，它是平面图的框架，墙体、柱子、门窗等主要构件都应由轴线来确定其位置，所以绘制平面图时应先绘制轴网，具体操作步骤如下：

01 选择图层下拉列表中的“轴线”图层，或在【图层特性管理器】对话框中，将“轴线”图层置为当前图层。

02 单击状态栏“正交”模式按钮或直接按下 F8 键开启正交模式。

03 调用 LINE 命令，绘制垂直的基准轴线。命令提示如下：

```
命令:LINE↙
指定第一点:                                      //单击绘图区左下角任意一点
指定下一点或 [放弃(U)]:21800↙                    //垂直向上移动鼠标，输入21800后按回车键即可创建一根垂直轴线
```

04 调用 OFFSET 命令，生成轴网的下开间轴线，命令提示如下：

```
命令:OFFSET↙
当前设置: 删除源=否  图层=源  OFFSETGAPTYPE=0
指定偏移距离或 [通过(T)/删除(E)/图层(L)] <通过>:3800↙    //指定偏移距离为3800
选择要偏移的对象，或 [退出(E)/放弃(U)] <退出>:            //选择上一步创建的直线
指定要偏移的那一侧上的点，或 [退出(E)/多个(M)/放弃(U)] <退出>:
```

/直接在该直线右方单击，即可完成该直线的偏移，重复上述步骤，完成该下开间轴线的绘制，得到如图 2-5 所示的效果/

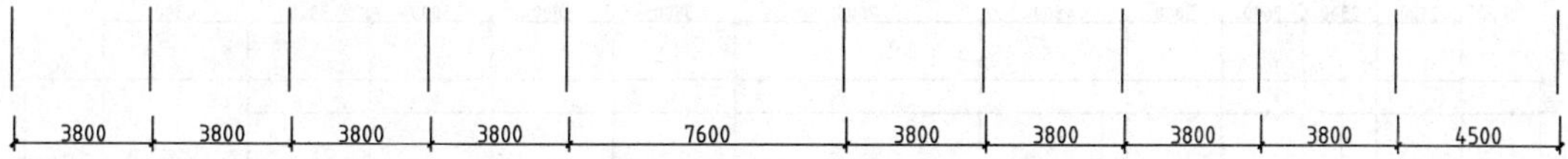

图 2-5 下开间轴线

05 调用 OFFSET 偏移命令，生成轴网的上开间轴线，如图 2-6 所示。

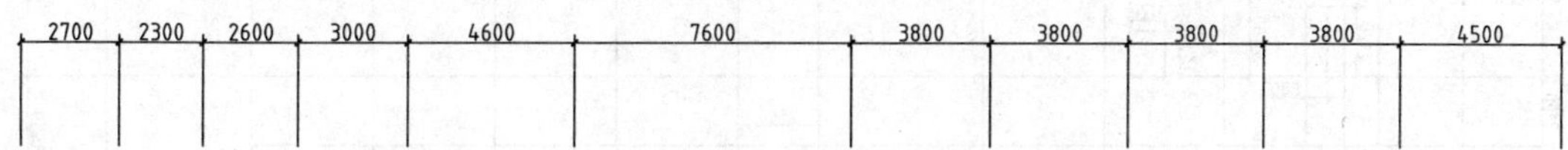

图 2-6 上开间轴线

06 单击绘图工具栏按钮或直接调用 LINE 命令，在纵轴线下端绘制一根横向轴线，效果如图 2-7 所示。

07 调用 OFFSET 命令，生成轴网的左进深轴线，如图 2-8 所示。

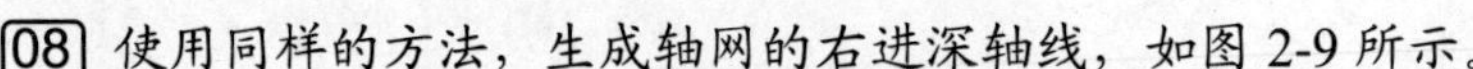

08 使用同样的方法，生成轴网的右进深轴线，如图 2-9 所示。

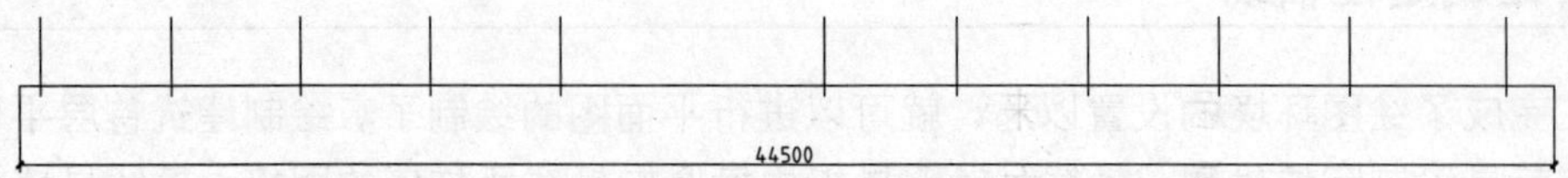

图 2-7　绘制一条横轴线

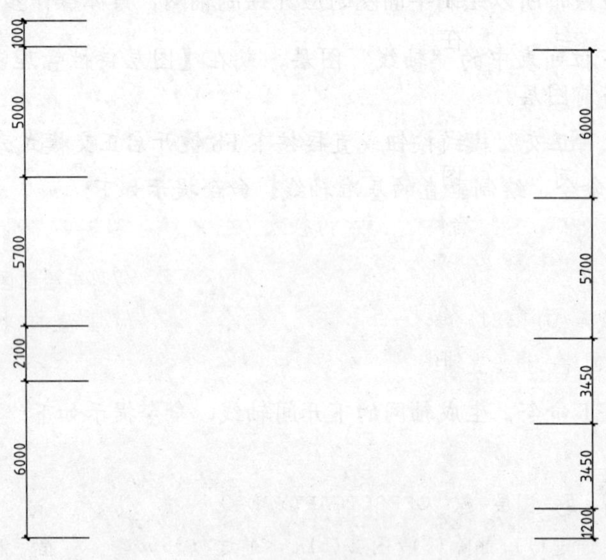

图 2-8　左进深参数　　　　图 2-9　右进深参数

09 调用 OFFSET 和 TRIM 修剪命令，完成内轴线的创建，得到的轴网效果如图 2-10 所示。

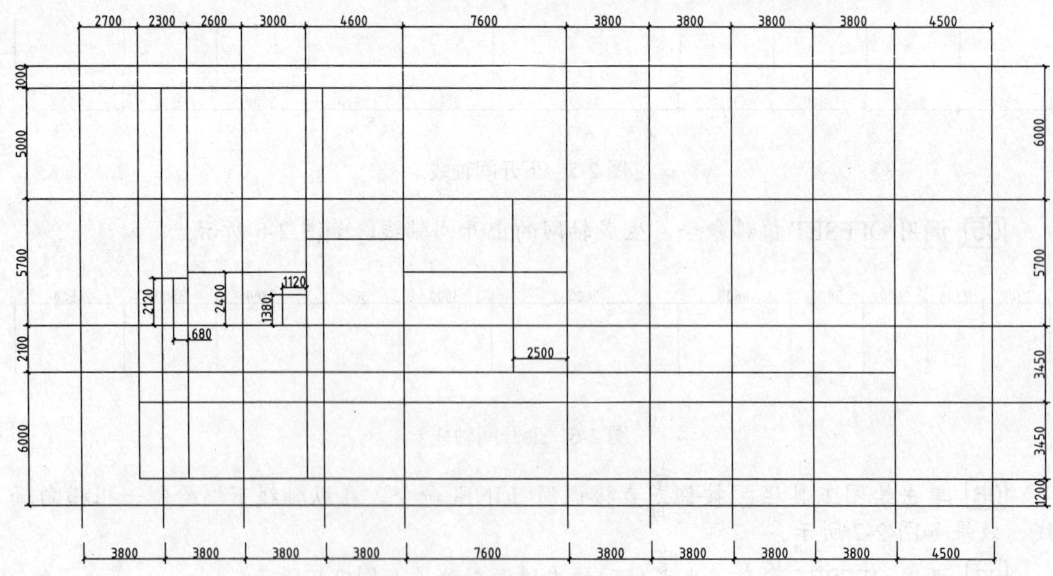

图 2-10　轴网最终效果

2.2.3 绘制墙体

“轴线”绘制完成后，接下来就是绘制墙体。墙体反映房屋的平面形状、大小、房间的布置、墙体的位置及厚度等。而门窗都必须依附于墙体而存在，墙体通常采用两根粗实线来表示。

墙体一般使用多线命令（MLINE）来绘制，也可以先绘制一侧墙体线，再利用偏移命令来绘制另外一侧墙体线，最后在墙线相交处使用修剪、延伸等命令进行编辑即可。绘制墙体的操作步骤如下：

01 将“墙体”图层置为当前层，设置颜色、线型、线宽随图层，并使“对象捕捉”处于开启状态，也可以在绘图过程中按 F3 键随时切换。

02 调用 MLINE 命令绘制墙体，命令行提示如下：

```
命令:MLINE↙
当前设置:对正 = 上，比例 = 20.00，样式 = STANDARD。
指定起点或[对正(J)/比例(S)/样式(ST)]:S↙          //输入选项“s”后按回车键
输入多线比例 <20.00>:240↙                         //输入墙厚值 240
指定起点或 [对正(J)/比例(S)/样式(ST)]:J↙         //选择对正选项
输入对正类型 [上(T)/无(Z)/下(B)] <上>:Z↙          //选择“无”对正选项
当前设置:对正 = 无，比例 = 240.00，样式 = STANDARD
指定起点或[对正(J)/比例(S)/样式(ST)]:             //在左下角要绘制墙体的轴线相交处单击
指定下一点:                                       //依次单击轴线交点绘制墙体
……                                                //依照此方法，完成所有 240 宽度墙体的绘制。将“轴线”图层隐藏，得到如图 2-11 所示的 240 宽度墙体效果
```

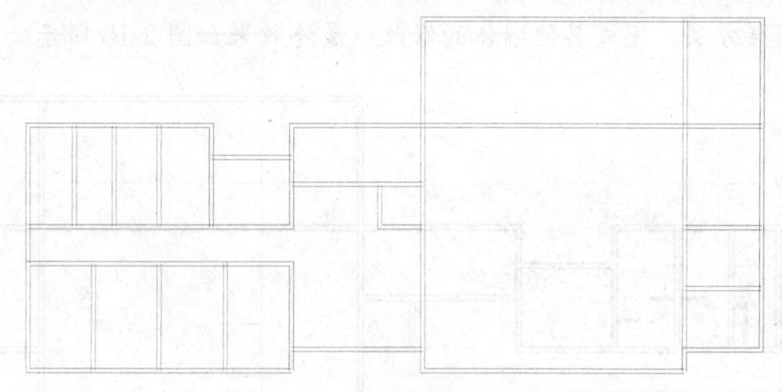

图 2-11　绘制的 240 墙体

03 将“轴线”图层重新显示，调用绘图工具栏 MLINE 命令，设置比例为 120，绘制设备间 120 宽墙体，如图 2-12 所示。

04 绘制卫生间 120 隔墙，隐藏“轴线”图层，得到墙体如图 2-13 所示。

05 编辑墙线。调用 MLEDIT 命令，打开【多线编辑工具】对话框，如图 2-14 所示。

选择【T 形合并】图标，依次单击需 T 形合并的墙线，合并前后对比效果如图 2-15 所示。

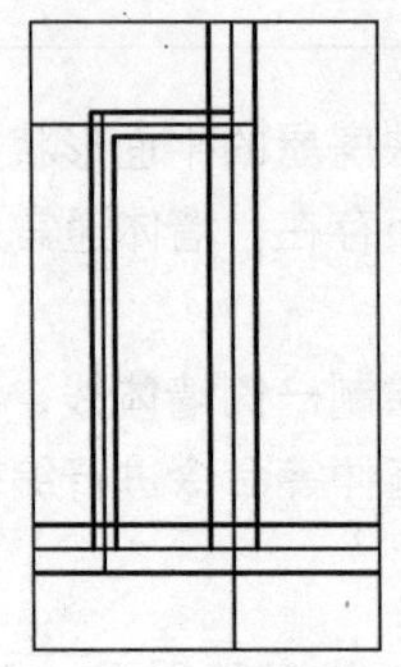

图 2-12　绘制设备间墙体

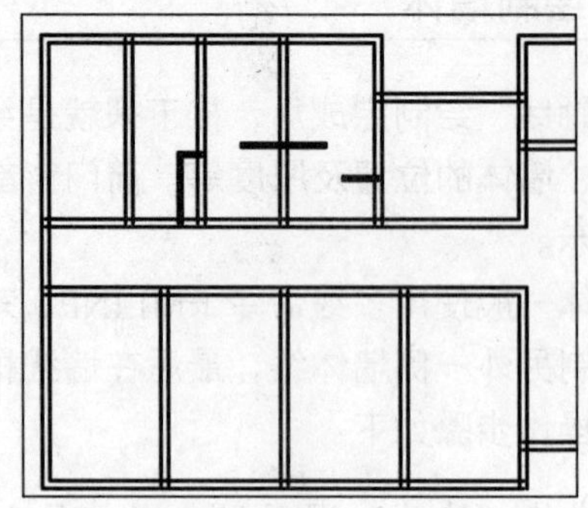

图 2-13　绘制卫生间隔墙

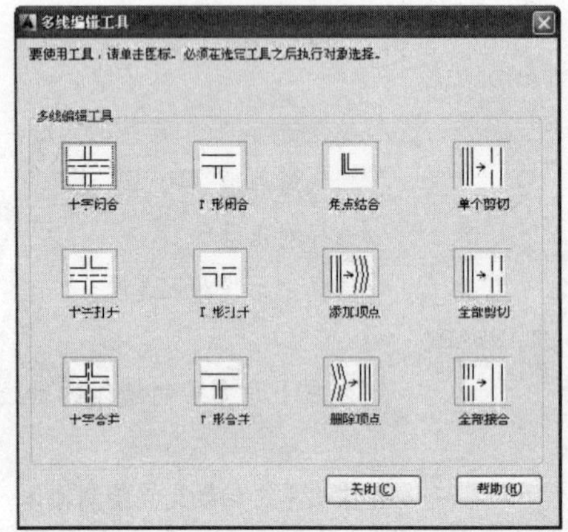

图 2-14　【多线编辑工具】对话框

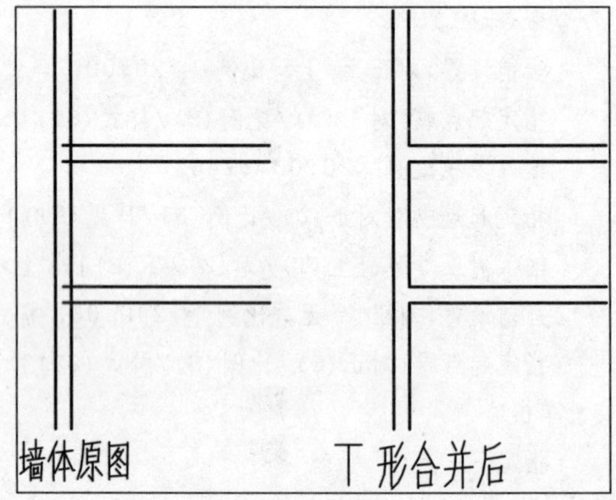

图 2-15　T 形合并墙体

06 使用同样方法，完成其他墙体的修改，最终效果如图 2-16 所示。

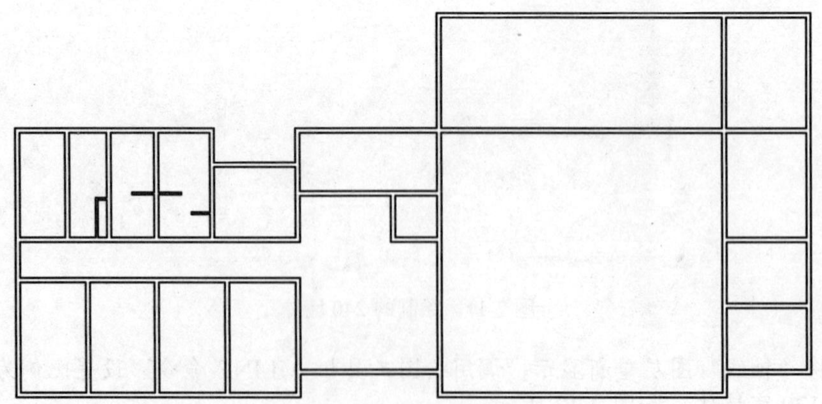

图 2-16　墙体最终效果

2.2.4 插入柱子

墙体绘制完成后，就要在平面图中插入柱子。柱子是房屋建筑中不可缺少的一部分，是房屋的承重构件。在建筑设计当中，柱子的主要功能是起到结构支撑作用，也有的是起到装饰美观的功能。

01 将“柱子”图层置为当前层。

02 调用 RECTANG 命令，绘制如图 2-17 所示大小的矩形表示柱子。

03 调用 HATCH 命令，选择 SOLID 图案进行填充，得到如图 2-18 所示的柱子填充效果。

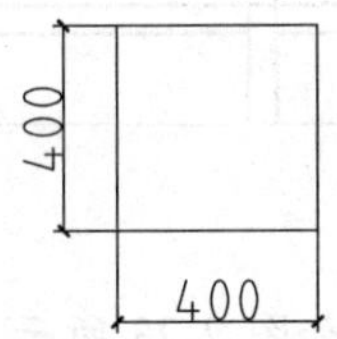

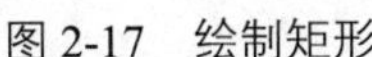

图 2-17　绘制矩形

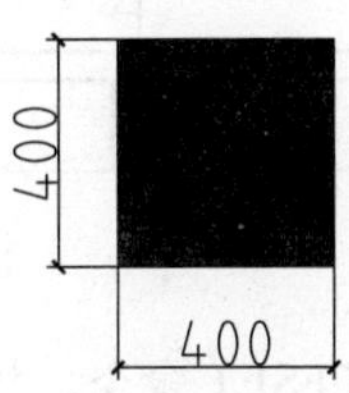

图 2-18　填充柱子

04 调用 COPY 命令，复制柱子至墙体适当位置，如图 2-19 所示。不同尺寸的柱子，可以使用夹点编辑的方法进行修改。

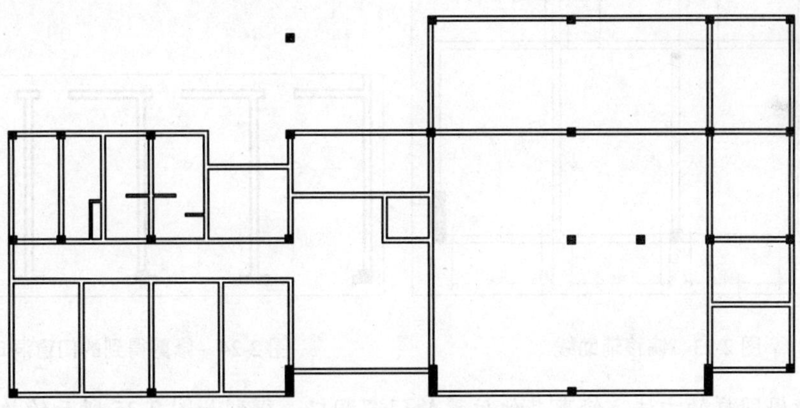

图 2-19　创建柱子

2.2.5 绘制门窗洞口

绘制门窗洞口的方法是偏移直线后再进行修剪，但应注意的是，窗的位置一般在两墙的中间，下面以绘制大门左侧南门部分门窗洞口为例，来说明绘制门窗洞口的方法，具体操作步骤如下：

01 将“轴线”图层关闭，调用 LINE 命令，绘制一条辅助线，效果如图 2-20 所示。

02 调用 COPY 命令，复制所设区域，南面墙段的辅助线，效果如图 2-21 所示。

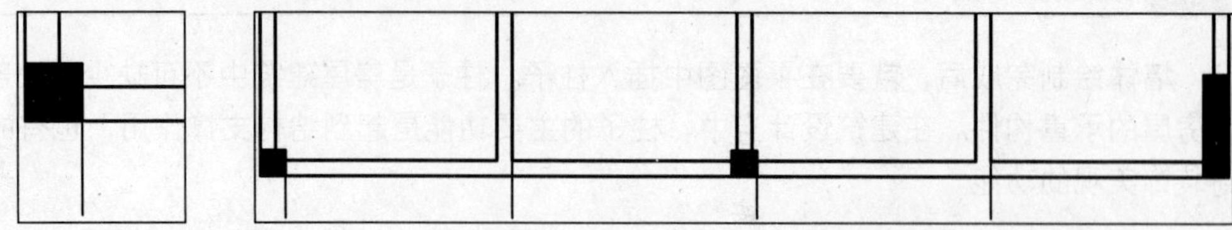

图 2-20　创建一条辅助直线　　　　图 2-21　复制南面辅助线

03 调用 COPY 命令，复制所设区域，北面墙段的辅助线，效果如图 2-22 所示。

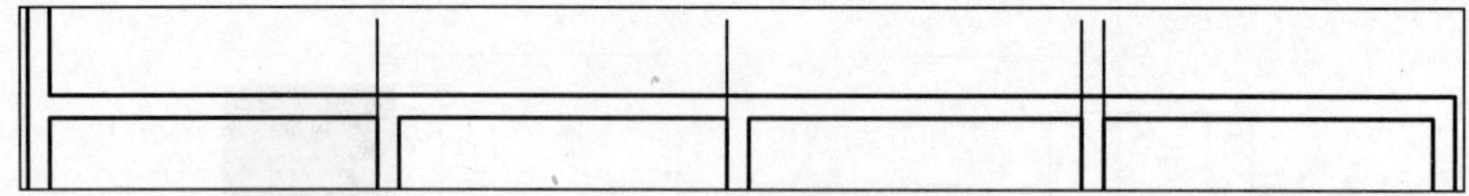

图 2-22　复制北面墙段辅助线

04 调用 OFFSET 命令，根据尺寸偏移出多条辅助线，如图 2-23 所示。

05 调用 TRIM 命令，修剪出门窗洞口。

06 调用 ERASE 命令，将创建的辅助线删除，得到如图 2-24 所示南门部分区域门窗洞口。

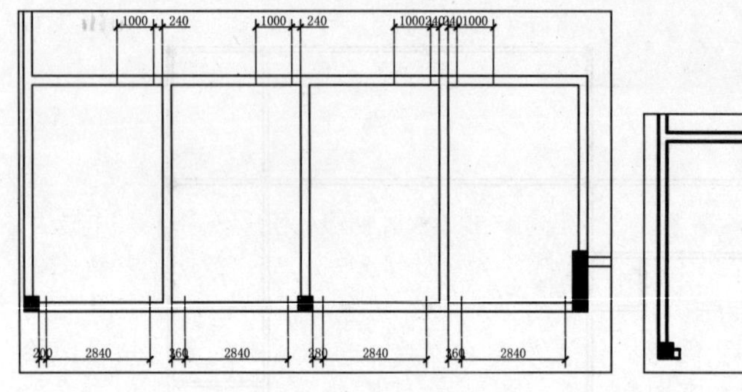

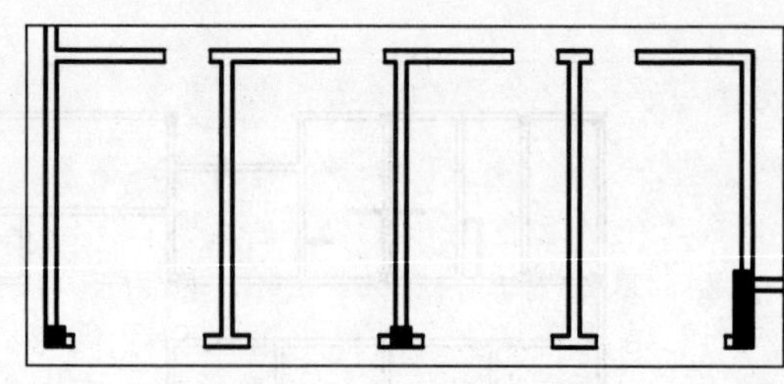

图 2-23　偏移辅助线　　　　图 2-24　修剪得到的门窗洞口

07 使用同样的方法，修剪其他位置的门窗洞口，得到如图 2-25 所示的效果。

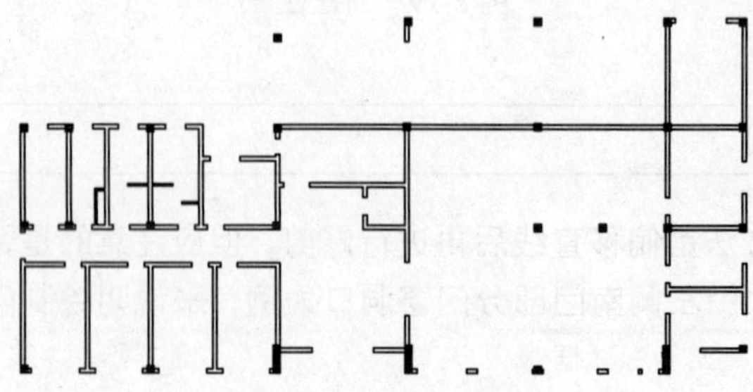

图 2-25　修剪其他门窗洞口

2.2.6 绘制门、窗

门窗洞口修剪完成后，接下来绘制门窗图形。

01 将“门窗”图层置为当前层。

02 在绘图区域空白位置，按照窗的样式绘制一个窗的形状（沿水平方向剖切的投影）。调用 LINE 命令，绘制一条长为 1000mm 的直线，调用 OFFSET 命令，偏移出三条直线，效果如图 2-26 所示，其中上下两道实线表示墙体的轮廓线，中间两道实线表示窗户的玻璃。

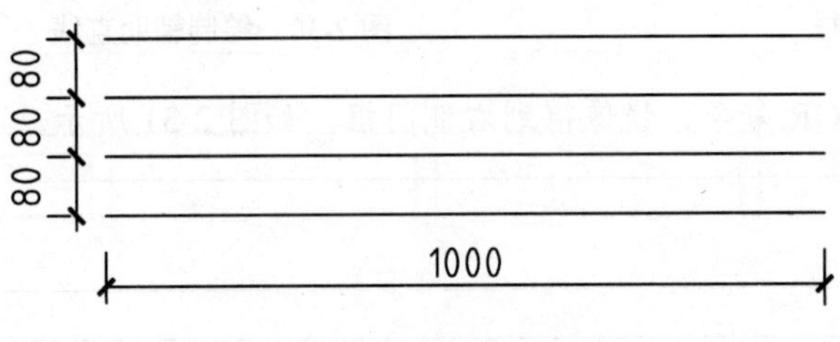

图 2-26　窗样式图

03 调用 BLOCK 命令，打开【块定义】对话框，如图 2-27 所示。在【名称】文本框中输入“窗户”名称，单击【选择对象】按钮，【块定义】对话框消失，命令行提示：

选择对象：　　//框选上一步创建的窗图形

选择对象：↙　　//按回车键结束选择，软件返回到【块定义】对话框中，单击【拾取点】按钮，该对话框消失，命令行继续如下提示信息

指定插入基点：　　//单击窗样式中下面一根线的左端点，返回到【块定义】对话框中，单击【确定】按钮即可完成窗户块的定义

04 调用 INSERT 命令，打开【插入】对话框，如图 2-28 所示。在【名称】栏中选择需要插入块的名称，在【比例】选项栏中输入需要修改的比例，这里修改 X 选项中的比例为 2.84，表示窗户的宽为 2840，即为平面图下方的第一个窗户宽度值。如果窗户是竖向排列时，在【角度】选项栏中输入 90° 即可。设置好参数以后，单击【确定】按钮返回绘图窗口，指定窗图形的插入位置，插入窗图形。

05 使用同样的方法插入其他位置的窗图形。

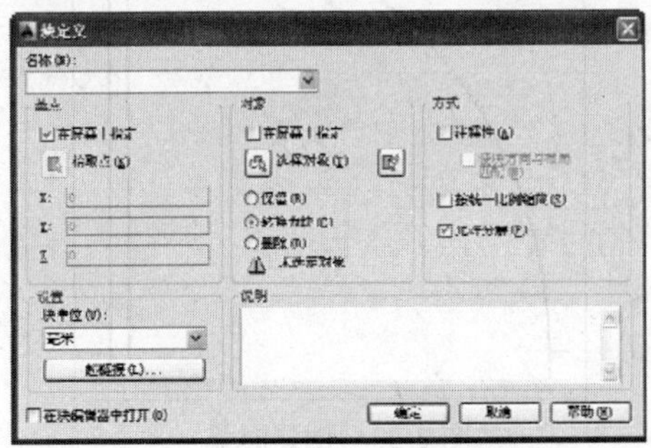

图 2-27　【块定义】对话框

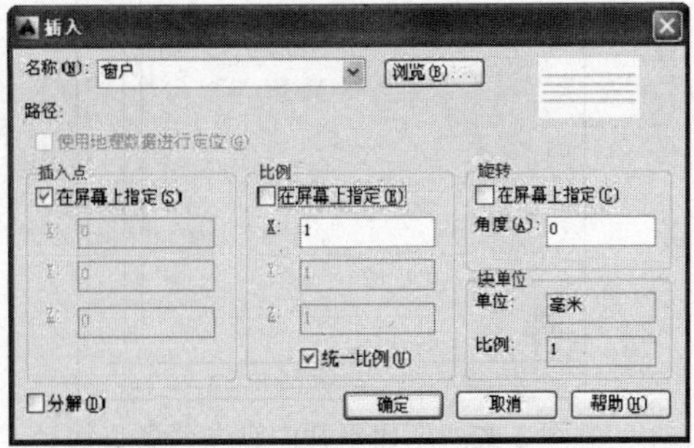

图 2-28　【插入】对话框

06 调用 LINE 命令，绘制左边门框的效果如图 2-29 所示。

07 调用 LINE 命令，绘制水平辅助直线如图 2-30 所示。

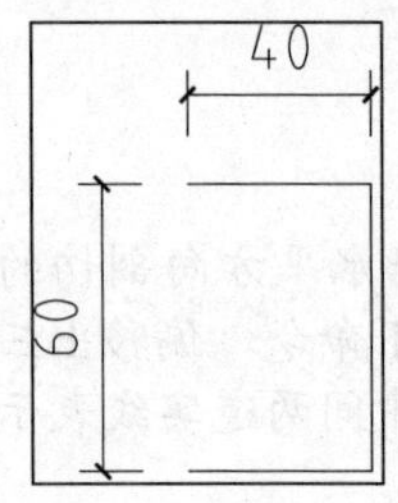

图 2-29 创建左侧门框

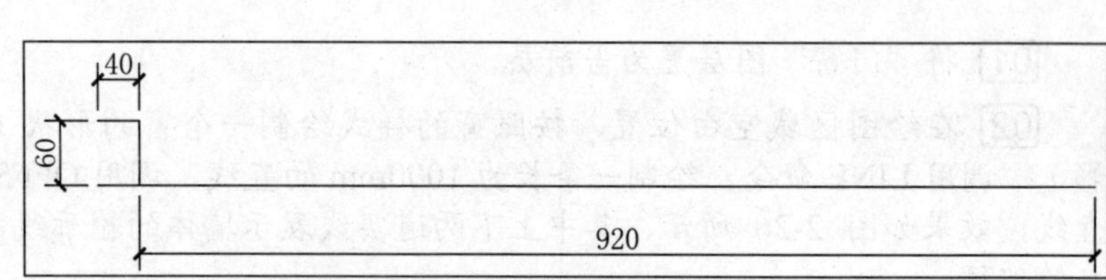

图 2-30 绘制辅助直线

08 调用 MIRROR 命令，镜像得到右侧门框，如图 2-31 所示。

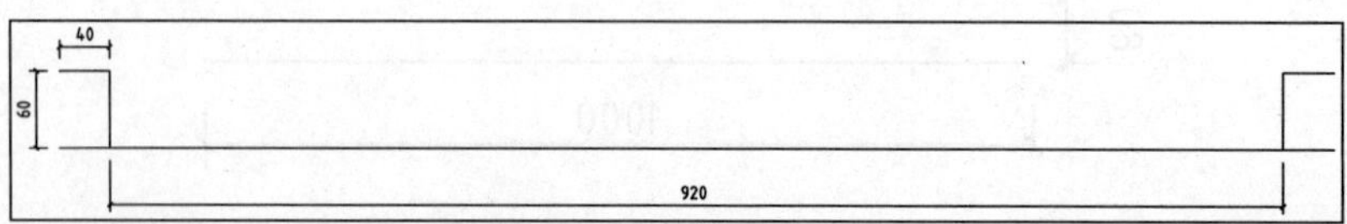

图 2-31 镜像复制门框

09 调用 LINE 命令，以右门框左上角的点为基点，绘制一条直线。调用工具栏中的 OFFSET 命令，偏移一条直线。为了方便讲解，这里标注出三个顶点名称，效果如图 2-32 所示。

10 调用 ARC 命令绘制圆弧，命令行提示:

```
命令:ARC↙
指定圆弧的起点或 [圆心(C)]:C ↙                    //输入 C 后按回车键
指定圆弧的圆心:                                     //单击顶点 B
指定圆弧的起点:                                     //单击顶点 C
指定圆弧的端点或 [角度(A)/弦长(L)]:                //单击顶点 A，即可完成圆弧的创建，效果
如图 2-33 所示
```

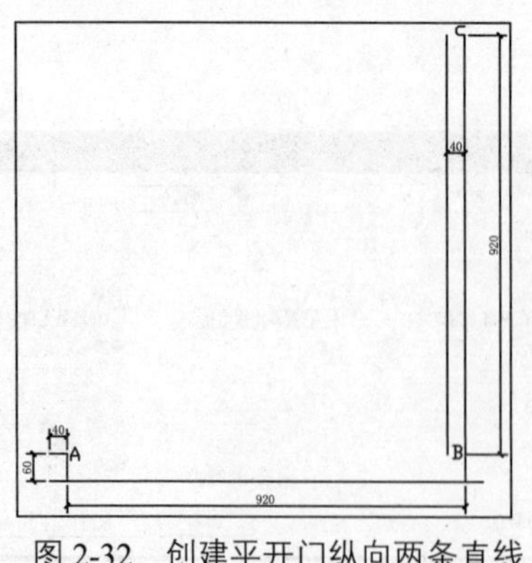

图 2-32 创建平开门纵向两条直线

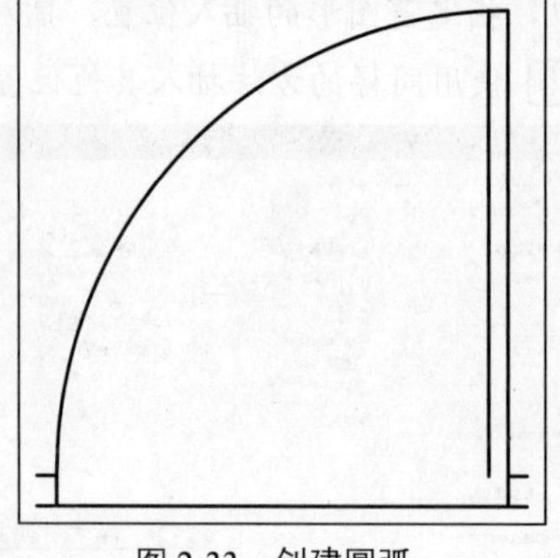

图 2-33 创建圆弧

11 调用 TRIM 命令，修剪偏移冒出圆弧的直线，按住 Shift 键，将顶点 B 延伸至偏

移生成的直线顶点上。

12 调用 ERASE 命令，将两个门框之间的水平辅助线删除，得到平开门的效果如图 2-34 所示。

13 使用同样的方法创建双扇平开门效果如图 2-35 所示。

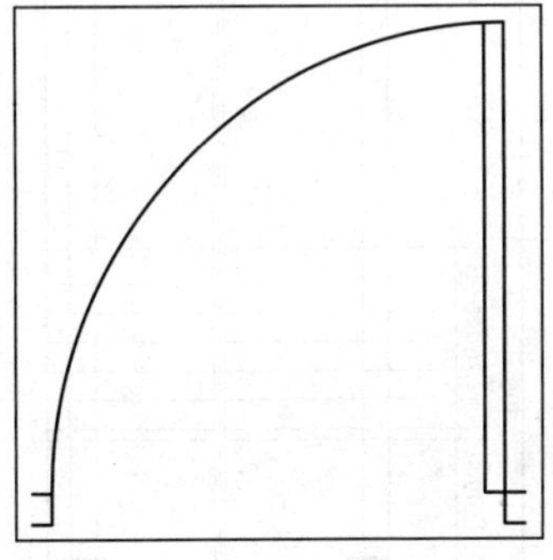

图 2-34　创建平开门效果

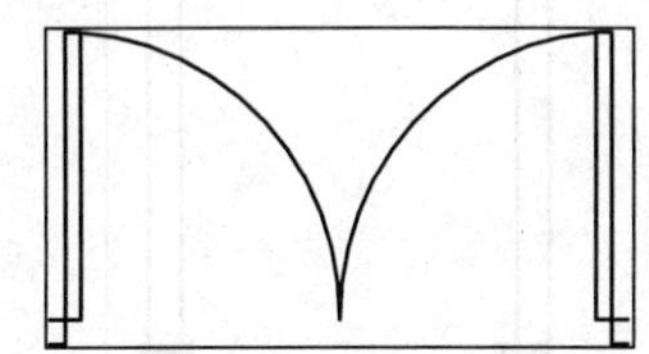

图 2-35　双扇平开门效果

14 调用 BLOCK 命令，定义门图块。调用 INSERT 命令，插入门图块至门洞位置。在插入门图块过程中，经常会用到 MIRROR、ROTATE 等命令，这里就不再详细讲解了。

15 调用 LINE 命令，创建卷帘门，此时的办公楼首页建筑平面图如图 2-36 所示。

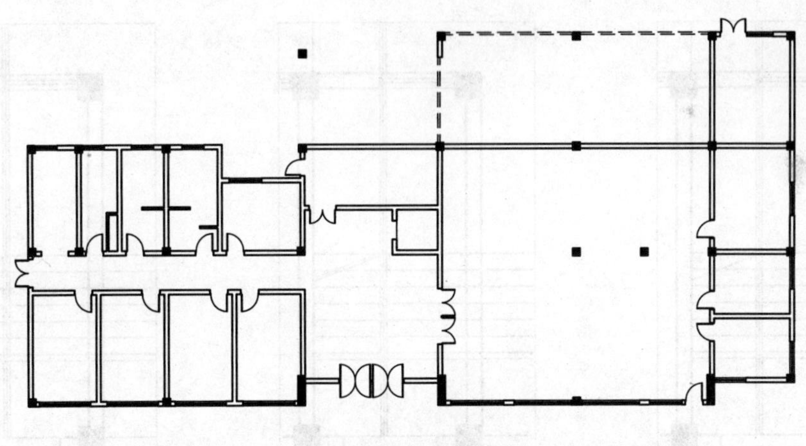

图 2-36　创建门窗

2.2.7 创建楼梯及电梯

楼梯是由一步步台阶构成的，而台阶又是由一根根直线表示，所以可以利用偏移的方法来绘制楼梯。绘制楼梯的主要步骤为：首先设置“楼梯”层为当前层，颜色、线型、线宽随图层；然后将视图缩放或平移至将要绘制的楼梯处；随后再对楼梯进行绘制。

01 将“楼梯”图层置为当前层，调用 LINE 命令，绘制两条辅助线，得到辅助线效果如图 2-37 所示。

02 调用 OFFSET 命令，偏移辅助线，效果如图 2-38 所示。

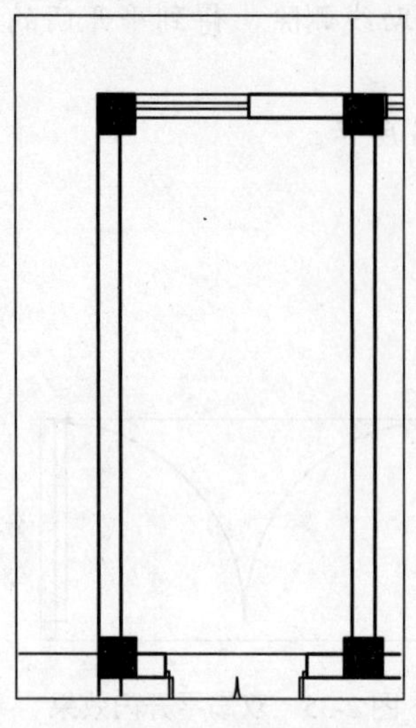

图 2-37　创建辅助直线

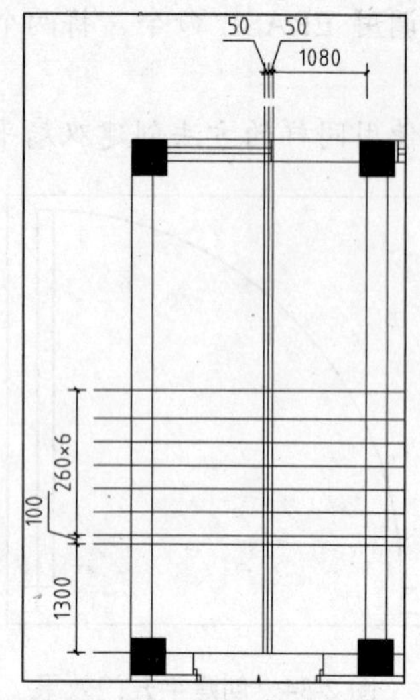

图 2-38　偏移辅助线

03 调用 LINE 命令，绘制一条直线，效果如图 2-39 所示。

04 调用 OFFSET 命令，偏移直线距离为 50，效果如图 2-40 所示。

05 调用 LINE 命令，绘制折断线效果如图 2-41 所示。

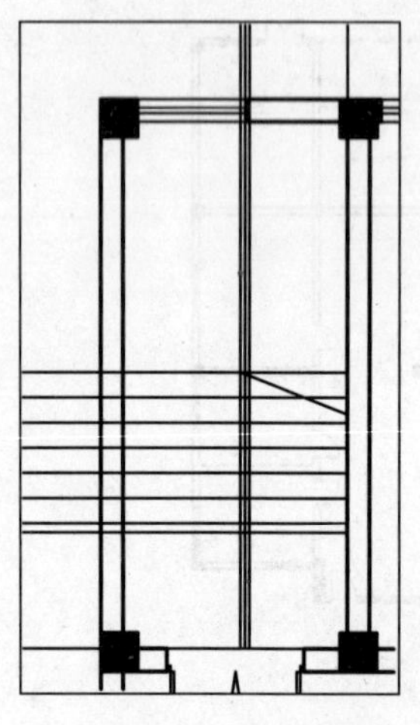

图 2-39　绘制直线

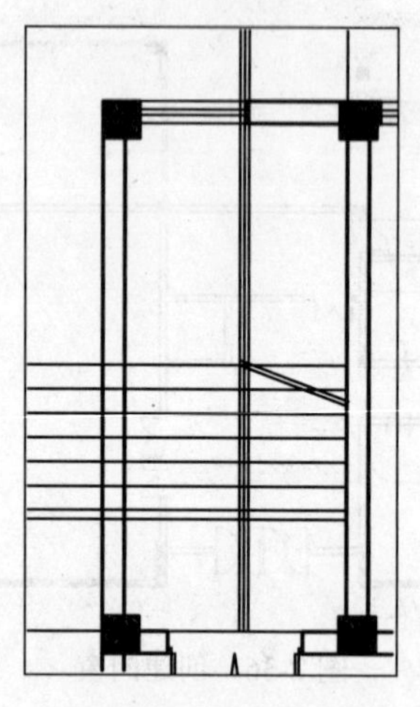

图 2-40　偏移直线

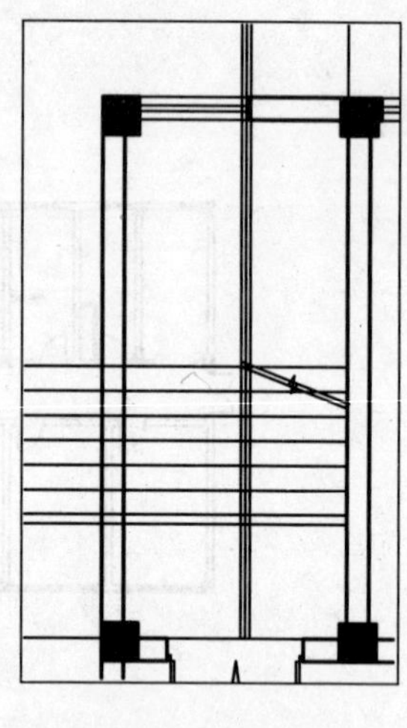

图 2-41　创建折断线

06 调用 TRIM 命令，将楼梯平面图中的直线进行修剪，得到修剪后的楼梯平面效果如图 2-42 所示。

07 调用 PLINE 命令，绘制楼梯指示箭头，效果如图 2-43 所示。

08 调用 MTEXT 命令，输入“上”文字，如图 2-44 所示。

09 使用同样方法，创建出其它两个首层楼梯平面及一个电梯平面，得到楼梯和电梯首层平面图，如图 2-45 所示。

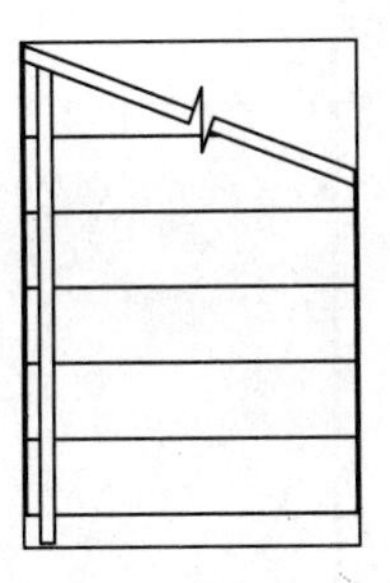

图 2-42　修剪图形

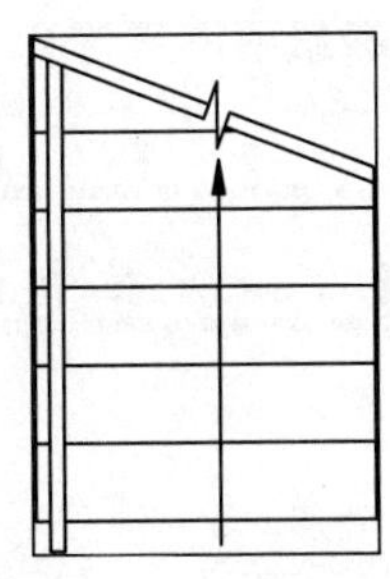

图 2-43　绘制箭头

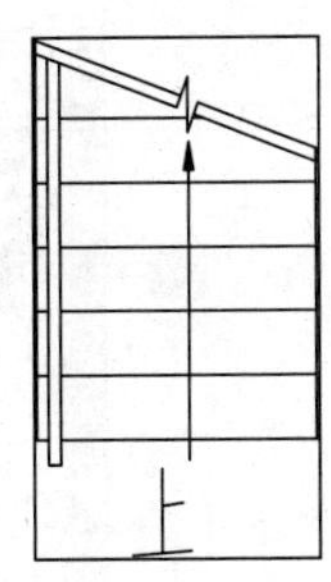

图 2-44　输入文字

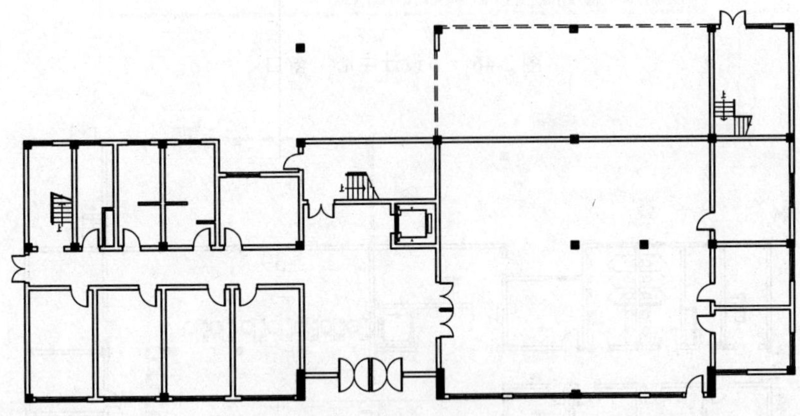

图 2-45　创建楼梯及电梯

2.2.8 使用设计中心插入图块

执行菜单栏中的【工具】|【选项板】|【设计中心】命令，或按下快捷键 Ctrl + 2，打开【设计中心】窗口，如图 2-46 所示。

设计中心是 AutoCAD 中的一个非常重要的工具，利用该工具可以方便地进行如下的工作：

- 浏览不同的图形资源，从当前打开图形到 Web 上的图形库都可以观看。
- 观察例如块、层的定义，并可插入、添加、复制这些内容定义到当前图形中。
- 对经常访问的图形、文件夹及 Internet 网址创建快捷方式。
- 在计算机和网络驱动器上寻找所需的图形，一旦找到这些图形就可以把它们加载到 AutoCAD 设计中心或当前图形中。
- 从内容显示框上把一个图形文件拖动到绘图区域就可打开该图形文件等。

利用 AutoCAD 设计中心为该平面图插入家具和洁具图块，得到该办公楼首层平面图的洁具及家具平面图，如图 2-47 所示。

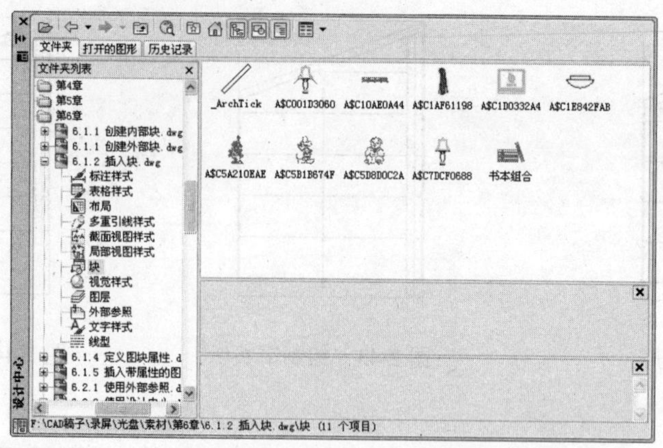

图 2-46 “设计中心”窗口

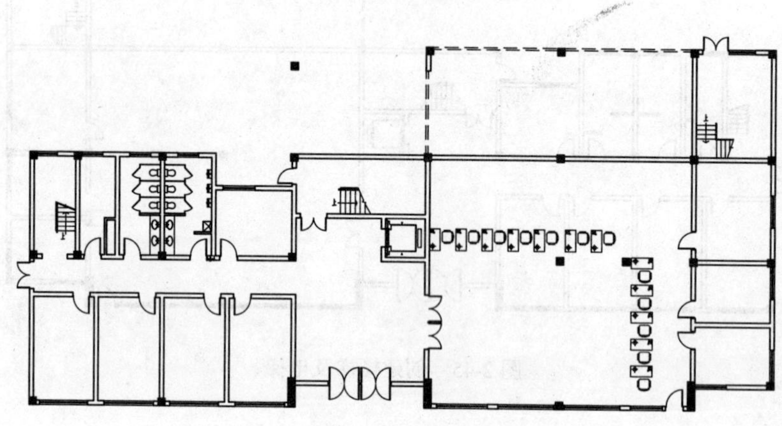

图 2-47 利用 AutoCAD 设计中心插入图块

2.2.9 标注尺寸

绘制完上述部分后，平面图的各部分尺寸都已经确定，接下来将尺寸标注在已经绘制好的建筑平面图中。

建筑平面图中的尺寸标注可分为外部尺寸和内部尺寸两种。这两种尺寸可以反映建筑物中房间的开间、进深、门窗及室内设备的大小和位置等。外部尺寸有利于读图和施工，一般在图形的下方及左侧注写。外部尺寸一般分三道标注，但对于台阶（或坡道）及散水等部分的尺寸和位置，可单独标注。内部尺寸包括室内房间的净尺寸、门窗洞、墙厚、柱、砖垛和固定设备（如卫生设备、工作台等）的大小与位置。

建筑平面图中的标注要符合建筑制图规范。因此，在进行尺寸标注前要对标注样式进行设置。

1. 设置标注样式

01 选择【标注】|【标注样式】菜单命令或输入 DIMSTYLE 命令，打开【标注样式管理器】对话框，如图 2-48 所示。通过该对话框可以修改标注箭头样式、标注文字的字

高、文字与尺寸线的距离等内容。

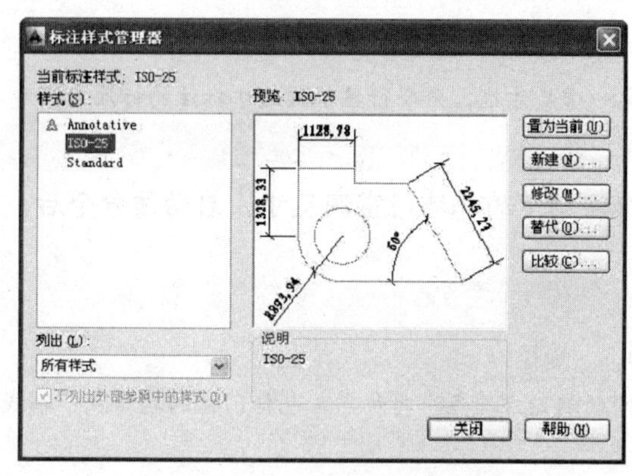

图 2-48　【标注样式管理器】对话框

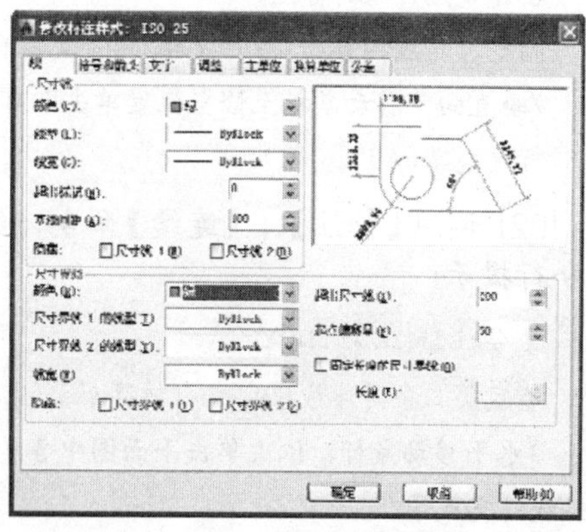

图 2-49　【线】选项卡

02 单击【修改】按钮，打开【修改标注样式】对话框，设置【线】选项卡参数如图 2-49 所示。

03 单击【符号和箭头】选项卡，设置参数如图 2-50 所示。

04 单击【文字】选项卡，设置参数如图 2-51 所示。

05 参数设置完成以后，单击【确定】按钮，完成标注样式的设置，并返回到【标注样式管理器】对话框中，单击【关闭】按钮退出标注样式的设置。

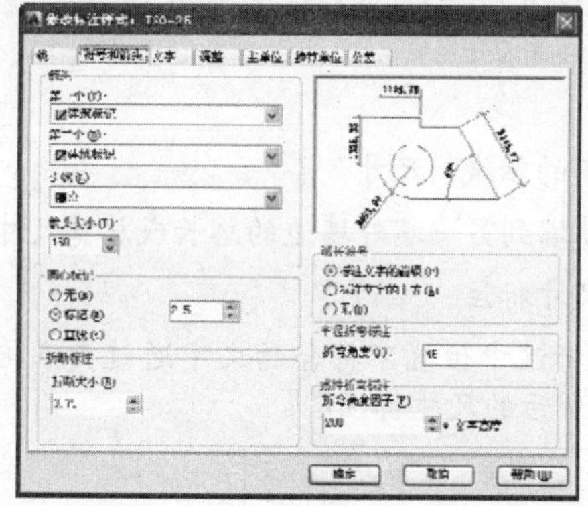

图 2-50　【符号和箭头】选项卡

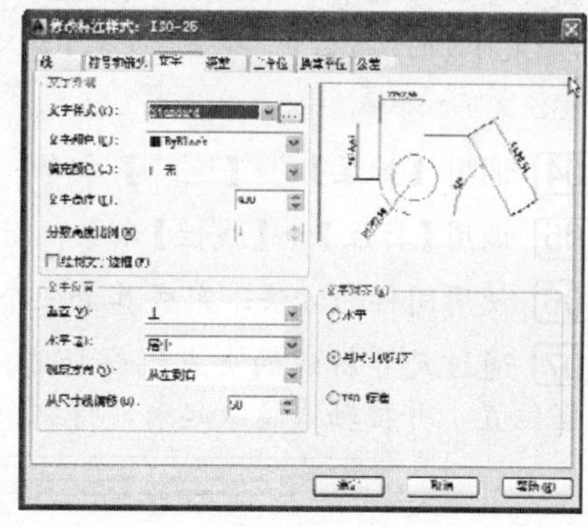

图 2-51　【文字】选项卡

2. 标注尺寸

标注样式设置完成后，接下来即可对创建的首层平面图进行尺寸标注。

01 标注外墙门窗洞的第一道尺寸。调用【标注】|【线性】命令，命令行提示：

```
命令:DIMLINEAR↙
指定第一条延伸线原点或<选择对象>:
/单击左侧第一根纵向轴线与下方第一根横向轴线的交点/
指定第二条延伸线原点:
```

/水平移动鼠标至第一个窗户块的起点位置与轴线的交接处单击/

创建了无关联的标注。
指定尺寸线位置或[多行文字(M)/文字(T)/角度(A)/水平(H)/垂直(V)/旋转(R)]:

/垂直向下移动鼠标至恰当位置单击即可生成第一道尺寸线，命令行显示该尺寸标注的标注文字/

标注文字=480。

02 调用【标注】|【连续】命令，继续标注剩下的外墙门窗洞尺寸。启动该命令后，命令行提示:

命令:DIMCONTINUE↙
指定第二条延伸线原点或 [放弃(U)/选择(S)] <选择>:

/水平移动鼠标，依次单击平面图中各构件之间的起始点及各个特征点，包括门窗的起始点、轴线与轴线的交点等/

03 调用【标注】|【线性】命令，标注各轴线间距离的第二道尺寸。启动该命令后，命令行提示如下:

命令:Dimlinear↙
指定第一条延伸线原点或 <选择对象>:

/单击左侧第一根纵向轴线与下方第一根横向轴线的交点/

指定第二条延伸线原点:

/水平移动鼠标单击左侧第二根纵向轴线与下方第一根横向轴线的交点/

创建了无关联的标注。
指定尺寸线位置或[多行文字(M)/文字(T)/角度(A)/水平(H)/垂直(V)/旋转(R)]:

/指定标注的放置位置，命令行显示了该尺寸标注的标注文字/

标注文字=3800。

04 调用【标注】|【连续】命令，标注剩下的轴线间尺寸。

05 调用【标注】|【线性】命令，标注一端外墙到另一端外墙边的总长或总宽尺寸。

06 使用同样的方法，完成其余三个方向的尺寸标注。

07 通过尺寸标注的夹点编辑功能，将尺寸标注中位置不符合的文字通过夹点拖动至恰当位置，并把轴线隐藏起来，得到如图 2-52 所示的尺寸标注图。

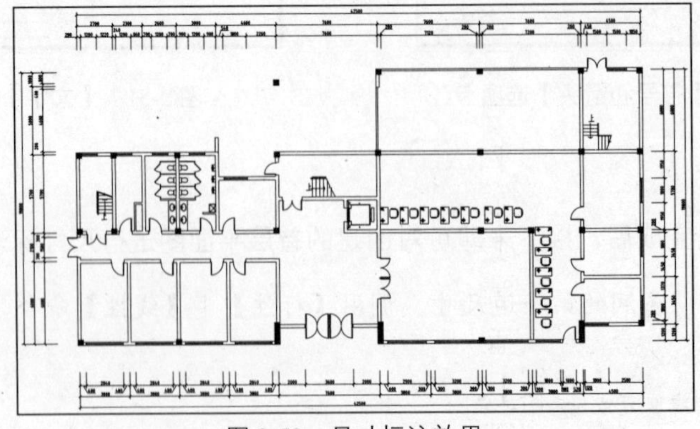

图 2-52　尺寸标注效果

2.2.10 添加文字说明

在建筑平面图中，还需要有必要的文字说明。选择【绘图】|【文字】菜单，根据需要选择【单行文字】或【多行文字】命令，或者直接单击工具栏【多行文字】按钮，进行说明文字的输入。在输入文字前，应该在命令行的提示下选择合适的字高。

文字说明的作用主要是标出房间的标高、功能、名称、面积和一些附属说明等内容。创建文字说明的具体操作步骤如下：

01 根据轴线，调用 LINE 命令分别在需要轴线标记的位置画长度为 1000mm 的轴线标记。

02 调用 CIRCLE 命令及 MTEXT 命令绘制出轴号。轴号水平方向由左至右用 1、2、3 等数字表示，竖直方向由下至上用 A、B、C 等大写字母表示，圆直径为 800mm，如图 2-53 所示。

03 调用 COPY 命令将轴号复制到各处，接着调用 MTEDIT 命令，改变其他轴号的数字或字母。

04 调用 LINE 命令，用细实线绘制以直角等腰三角形形式的标高符号，然后调用 DTEXT 命令，在直线上方注写标高数字，效果如图 2-54 所示。

图 2-53　轴号标识　　　　图 2-54　标高标识

05 调用 MTEXT 命令和修改菜单栏中的 DDEDIT 命令标注各房间的名称及楼梯台阶上下方向。

06 调用 MTEXT 命令，在平面图下方标注图名为“首层平面图”，标注图样比例为 1: 100。

07 调用 LINE 命令，绘制台阶、散水等，最终得到首层平面图如图 2-55 所示。

2.2.11 添加图框

根据图幅大小的需要，为该平面图加上图框，一般 A2 的图幅为 594 mm×420mm，按照 1:100，绘制一个图框并将它放到图纸的合适位置，接着调整图面位置，添加上图纸标题栏的图名、图号等信息，保存成完整的一副图纸。由于标准图纸对图框标题的要求都是一样的，在添加图框标题时，通常的做法是把图框标题制成一个单独的文件，这样在使用的时候，把其作为一个单独的块插入图纸中，简化绘图步骤，提高绘图效率。

图框插入以后，选择【修改】菜单栏下的【分解】命令或单击【分解】工具按钮，对图框进行分解，然后修改图框内容，即可完成图框标题的绘制。

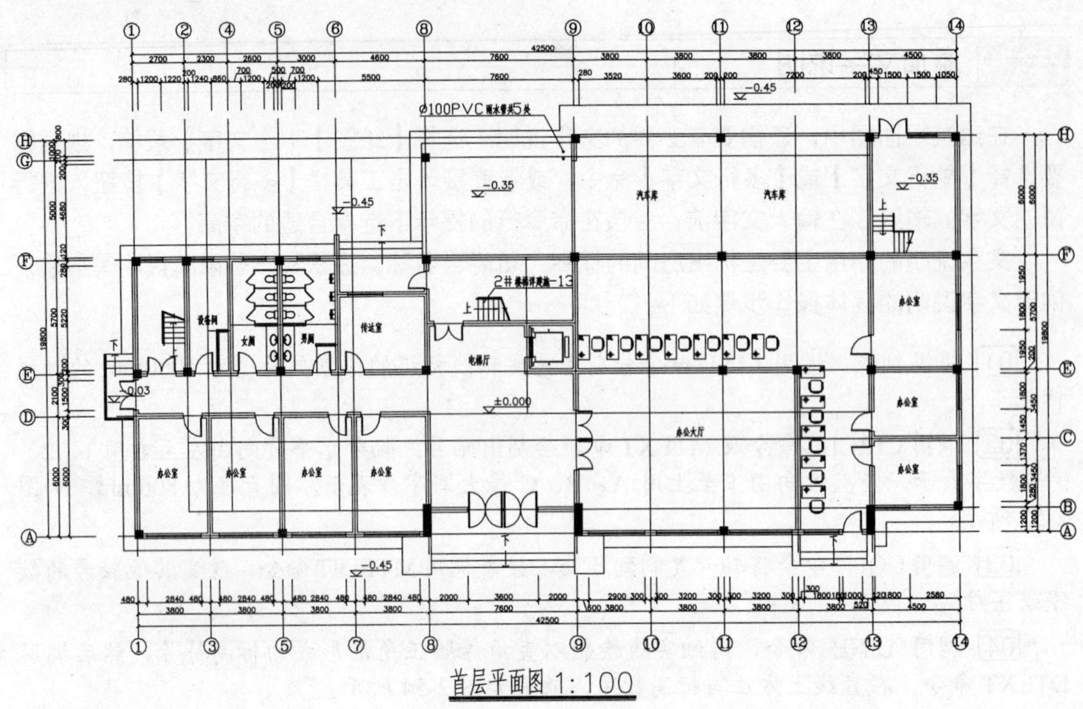

图 2-55　首层平面图

2.2.12 打印出图

建筑制图的最后一个步骤就是打印出图，图纸打印前要进行很多的设置工作，如布局等。对于设置建筑平面图的打印输入，选择【文件】菜单栏下的【打印】命令（或按组合键 Ctrl + P），即可显示【打印-模型】对话框，设置参数如图 2-56 所示。具体的设置包括如下几项：

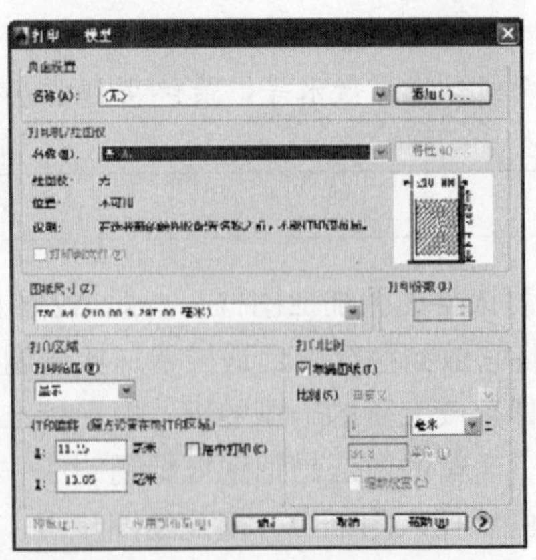

图 2-56　【打印-模型】对话框

➢　在【图纸尺寸】选项下拉列表框中选择图纸的尺寸。

➢　在【打印范围】选项下拉列表框中选中“范围”选项。

➢　在【打印比例】选项栏中选中【布满图纸】复选框。

完成这些设置以后，选择【文件】|【打印预览】菜单命令，如果预览觉得满意，单击对话框下方的【确定】按钮，就可以进行打印了，如果不满意，需要继续调整，直到满意为止。最终得到如图 2-57 所示的首层平面图。

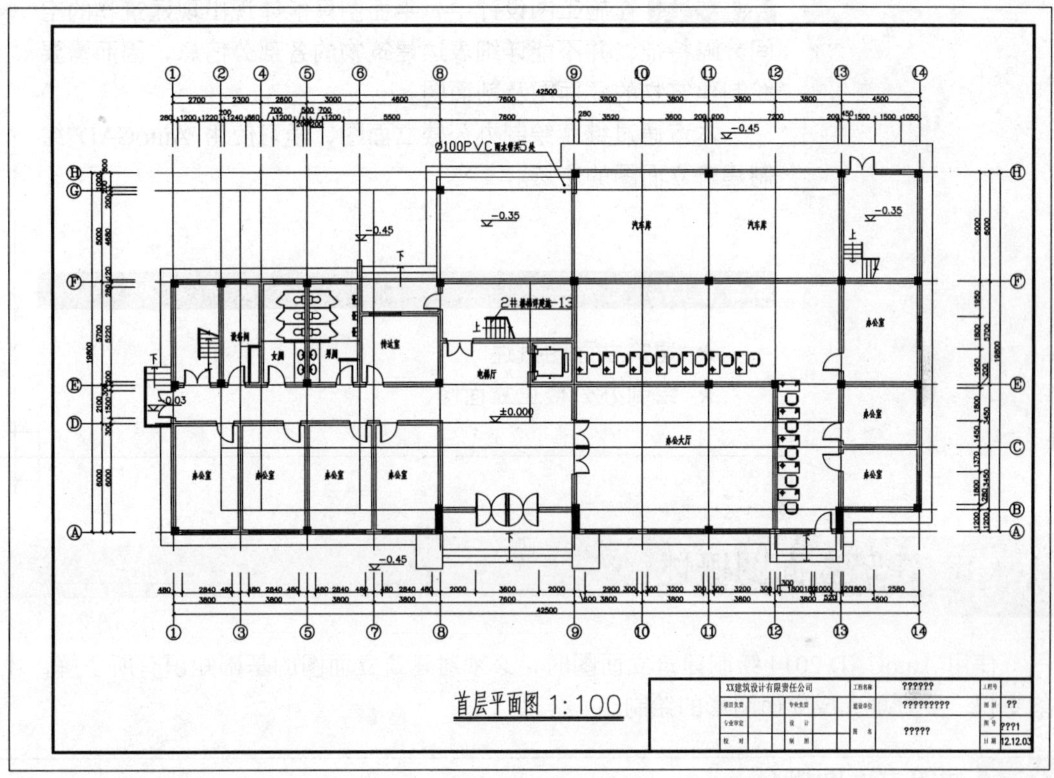

图 2-57　首层平面图

第3章 AutoCAD 绘制建筑立面图

本章导读 在施工图设计中，平面图只能体现出现建筑物的空间分隔特征，并不能详细表达建筑物的各部分信息，因而需要绘制建筑物的立面图及剖面图。

本章通过继续绘制办公楼立面图，学习使用 AutoCAD 绘制建筑立面图的方法。

本章重点

★ 建筑立面图概述

★ 绘制办公楼正立面图

3.1 建筑立面图概述

使用 AutoCAD 2014 绘制建筑立面图时，必须对建筑立面图的基础知识有所了解，才能更快、更好地完成立面图形的绘制。

3.1.1 建筑立面图概念

建筑立面图是建筑物在与建筑物立面相平行的投影面上投影所得的正投影图，如图 3-1 所示，它主要用来表示建筑物的体型和外貌、外墙装修、门窗的位置与形式，以及遮阳板、窗台、窗套、屋顶水箱、檐口、阳台、雨篷、雨水管、水斗、引条线、勒脚、台阶、平台、花坛等构配件各部位的标高和必要尺寸，是建筑物施工中进行高度控制的技术依据。

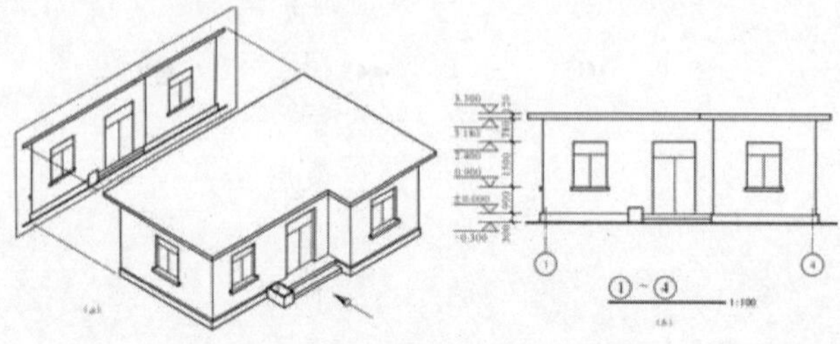

图 3-1　建筑立面图形成原理

建筑立面图宜根据立面图两端定位轴线号编注立面图名称，如 1-10 立面图等，也可以将反映主要出入口或比较显著地反映出建筑物外貌特征那一面的立面图，称为正立面图。如果建筑物无定位轴线，也可按平面图各面的朝向确定名称，如南立面图等。

3.1.2 建筑立面图绘制内容

建筑立面图的主要内容通常包括以下几个部分：

- 建筑物某侧立面的立面形式、外貌及大小。
- 外墙面上装修做法、材料、装饰图线、色调等。
- 门窗及各种墙面线脚、台阶、雨篷、阳台等构配件的位置、立面形状及大小。
- 标高及必须标注的局部尺寸。
- 详图索引符号，立面图两端定位轴线及编号。
- 图名和比例。

3.1.3 建筑立面图绘制要求

根据国家标准制图规范，对建筑立面图的绘制有如下几方面的要求：

- 在定位轴线方面，建筑立面图中，一般只绘制两端的轴线及编号，以便和平面图对照，确定立面图的投影方向。
- 尺寸标注方面，建筑立面图中高度方向的尺寸主要使用标高的形式标注，主要包括建筑物室内外地坪、各楼层地面、窗台、门窗顶部、檐口、屋脊、阳台底部、女儿墙、雨篷、台阶等处的标高尺寸。在所标注处画一条水平引出线，标高符号一般画在图形外，符号大小一致整齐排列在同一铅垂线上。必要时为使尺寸标注更清晰，可标注在图内，如楼梯间的窗台面标高。应注意，不同的地方采用不同的标高符号。
- 详图索引符号方面，一般在屋顶平面图附近有檐口、女儿墙和雨水口等构造详图，凡是需要绘制详图的地方都要标注详图符号。
- 建筑材料和颜色标注方面，在建筑立面图上，外墙表面分格线应表示清楚。应用文字说明各部分所用面材料及色彩。外墙的色彩和材质决定建筑立面的效果，因此一定要进行标注。
- 图线方面，在建筑立面图中，为了加强立面图的表达效果，使建筑物的轮廓突出，通常采用不同的线型来表达不同的对象。屋脊线和外墙最外轮廓线一般采用粗实线(b)，室外地坪采用加粗实线(1.4b)，所有凹凸部位如建筑物的转折、立面上的阳台、雨篷、门窗洞、室外台阶、窗台等用中实线（0.5b），其他部分的图形（如门窗、雨水管等）、定位轴线、尺寸线、图例线、标高和索引符号、详图材料做法引出线等采用细实线（0.25b）绘制。
- 图例方面，建筑立面图上的门、窗等内容都是采用图例来绘制的。在建筑物立面图上，相同的门窗、阳台、外檐装修、构造做法等可在局部重点表示，绘出其完整图形，其余部分只画轮廓线。
- 比例方面，国家标准《建筑制图标准》(GB/T50104－2010)规定：立面图宜采用1:50、1:100、1:150、1:200 和 1:300 等比例绘制。在绘制建筑物立面图时，应根据建筑物的大小采用不同的比例。通常采用 1:100 的比例绘制。

3.2 绘制办公楼正立面图

本小节以绘制某办公楼的正立面图为例，来讲解如何利用 AutoCAD 2014 绘制建筑立面图，读者可以通过绘制该立面图来进一步掌握 AutoCAD 2014 绘图和编辑命令的用法。

3.2.1 设置绘图环境

设置绘图环境的具体步骤如下：

01 启动 AutoCAD 2014 应用程序，选择【文件】|【新建】菜单命令，或单击工具栏上的【新建】按钮，打开【选择样板】对话框，如图 3-2 所示。在该对话框选择“acadiso.dwt”样板文件，单击【打开】按钮，即可新建一个图形文件。

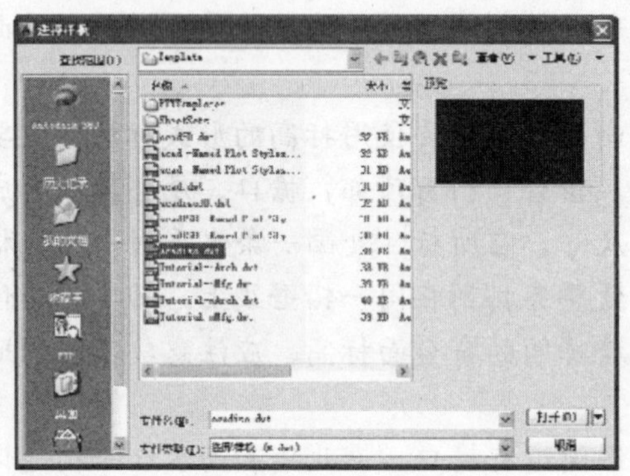

图 3-2 “选择样板”对话框

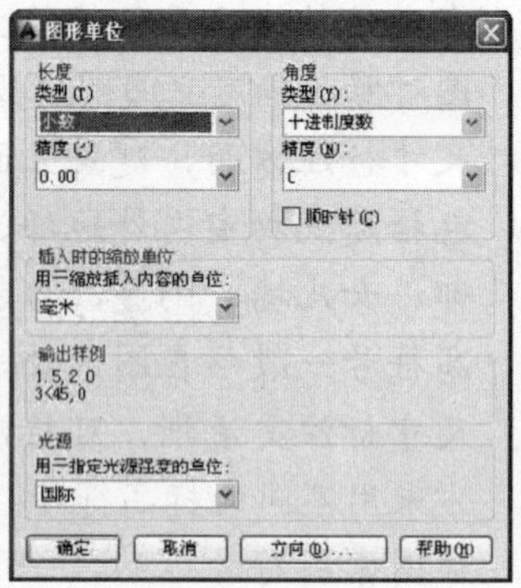

图 3-3 “图形单位”对话框

02 选择【格式】|【单位】菜单命令，打开【图形单位】对话框，在【长度】选项栏【类型】下拉列表中选择【小数】选项，在精度下拉列表中选择 0 选项，如图 3-3 所示，单击【确定】按钮完成单位的设置。

03 选择【格式】|【图层】菜单命令，或单击工具栏上的【图层特性管理器】按钮，打开【图层特性管理器】对话框，创建图层并设置图层颜色如图 3-4 所示。

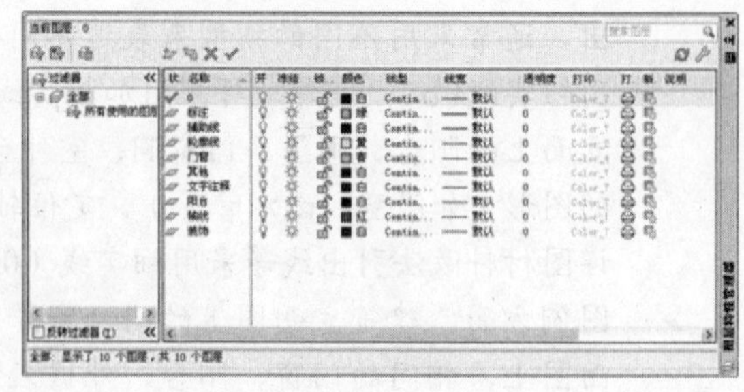

图 3-4 “图层特性管理器”对话框

04 绘图区范围的设定。选择【格式】|【图形界限】菜单命令，或直接在命令行输入 LIMITS，设置绘图范围为 50000 × 34000。

05 选择【视图】|【缩放】|【全部】命令，全部显示绘图范围区域，以方便绘图。

3.2.2 绘制底层立面图

该办公楼的正立面图并不复杂，正立面图的墙体没有错位现象，主要由底层、二至五层、六层及一个屋顶组成。绘制立面图宜自下而上绘制。在绘制过程中，对于建筑物立面图相似或是相同的图形对象，一般可以灵活运用复制、镜像、阵列等操作，以快速绘制出建筑立面图。

01 将第 2 章绘制的首层平面图复制到该立面文件中。选择【文件】|【打开】菜单命令，打开已创建好的“办公楼首层平面图.dwg”文件，选择所有图形后，按下 Ctrl + C 组合键复制。

02 切转到刚创建的正立面图文件窗口，按下 Ctrl + V 组合键，在视图中任意位置单击，即可将平面图复制到当前窗口，接着删除尺寸标注、编号、文字等内容，得到首层平面图效果如图 3-5 所示。

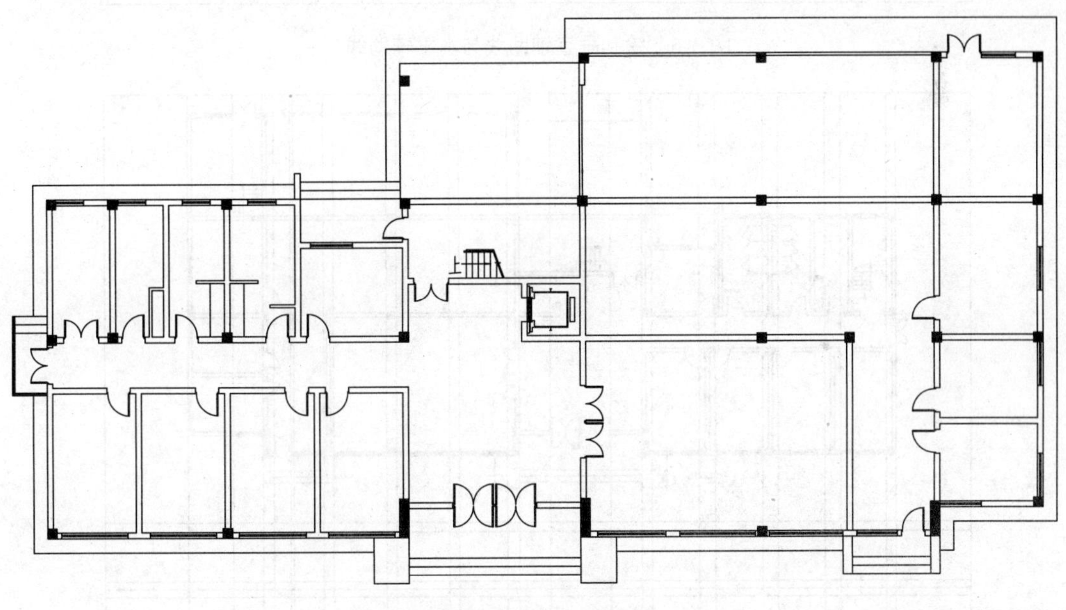

图 3-5　首层平面图

03 选择【视图】|【缩放】|【全部】菜单命令，将首层平面图形显示在绘图区域内。

04 绘制立面图，首先要绘制出立面辅助线，并且做到与平面图一一对应。打开图层工具栏图层下拉列表，选中“辅助线”图层，将“辅助线”图层置为当前图层。

05 调用构造线 XLINE 命令，选择 V 选项，依次捕捉单击平面图下方要在立面图上显示的各特征点，绘制多条垂直辅助线如图 3-6 所示。最后选择 H 选项，在平面图下方绘制一条水平构造线。

06 调用 OFFSET 命令，从下往上偏移辅助线，偏移的距离依次为 450、450、2900、550，偏移结果如图 3-7 所示。

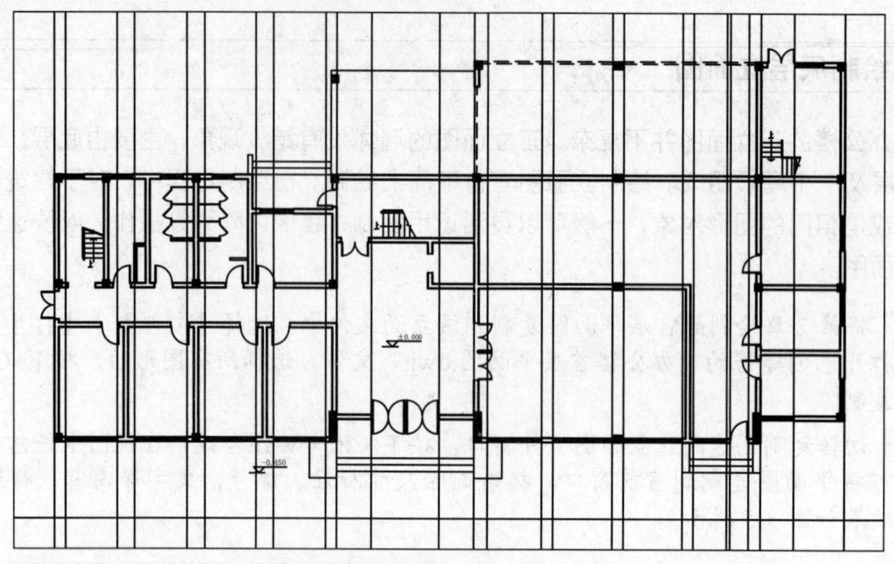

图 3-6　绘制垂直辅助线与水平辅助线

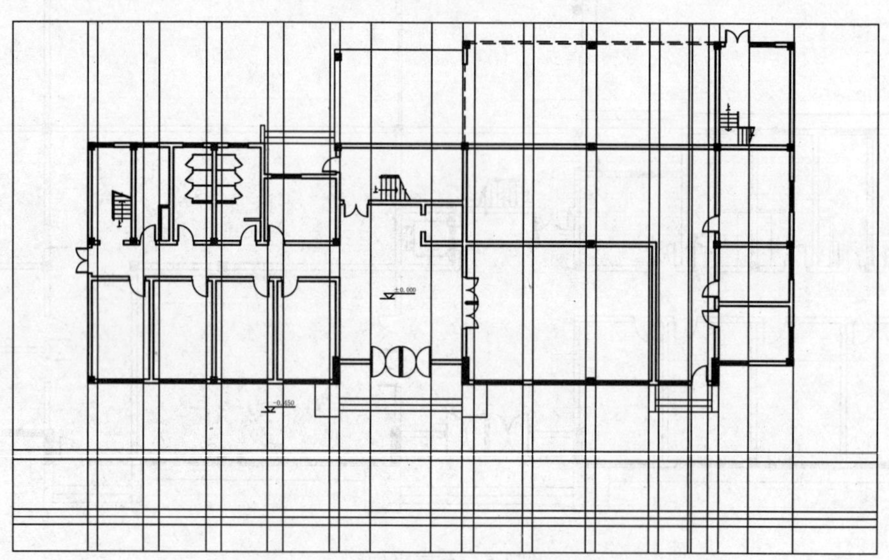

图 3-7　偏移复制水平辅助线

07 调用 TRIM 命令，对各个门窗洞口等线条进行修剪，得到如图 3-8 所示的底层轮廓线。

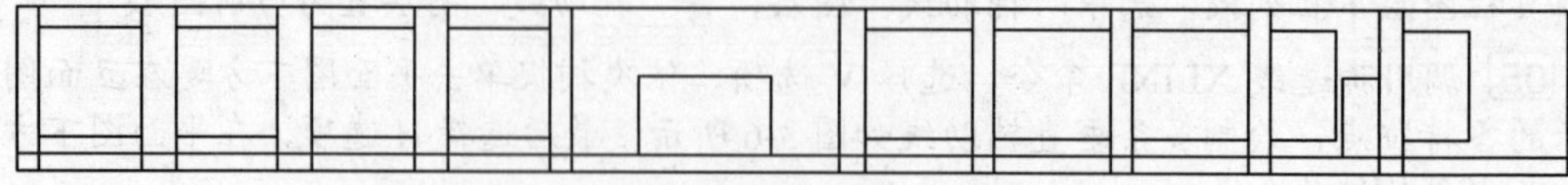

图 3-8　底层轮廓线

08 绘制入口门。设置“门窗”图层为当前层，并将状态栏中的“正交”“对象捕捉”打开。选择【绘图】|【点】|【定数等分】命令，或输入快捷键 DIV，将上一步创

建的入口门上部分的水平直线等分为 4 份。

09 调用 LINE（直线）、OFFSET（偏移）及 TRIM（修剪）等命令，绘制出如图 3-9 所示的入口门样式。

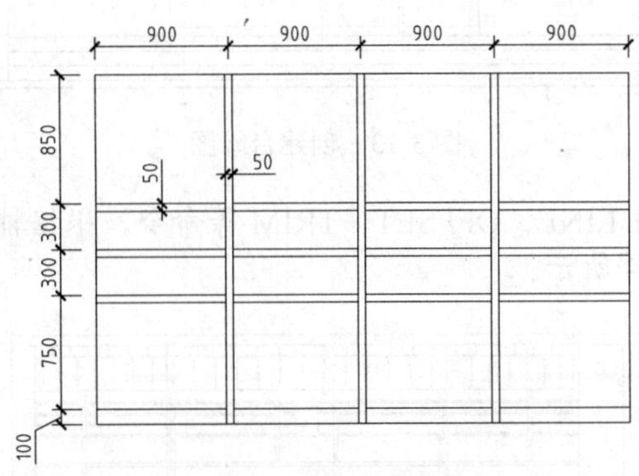

图 3-9　立面门样式

10 使用同样的方法，绘制得到如图 3-10 所示的立面窗样式。

11 使用同样方法完成另一个立面门的绘制，得到如图 3-11 所示的立面门效果。

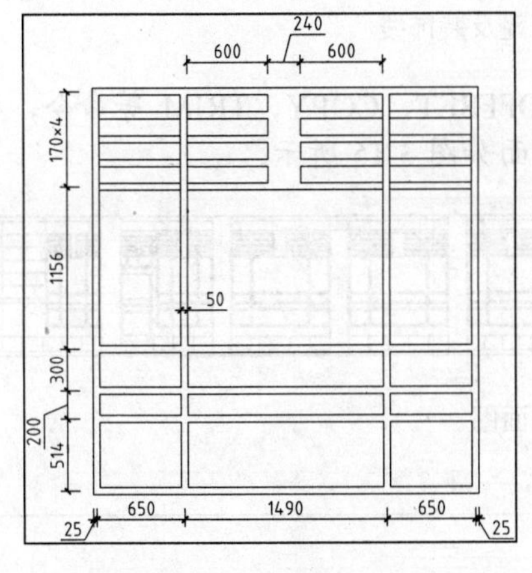

图 3-10　立面窗样式

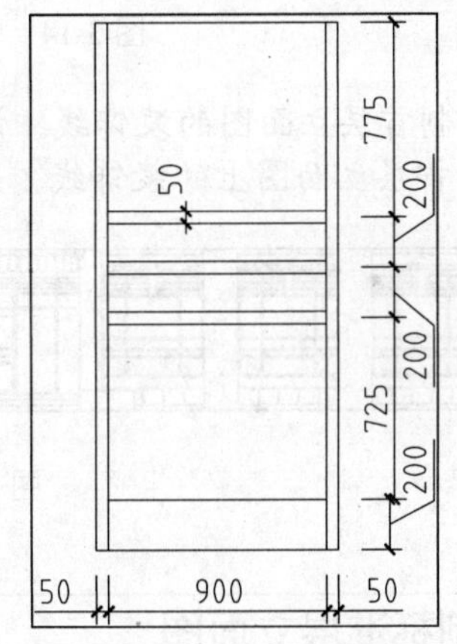

图 3-11　立面门样式

12 调用 COPY 命令，复制立面门窗，并对立面门窗尺寸进行调整，得到如图 3-12 所示的首层立面门窗图。

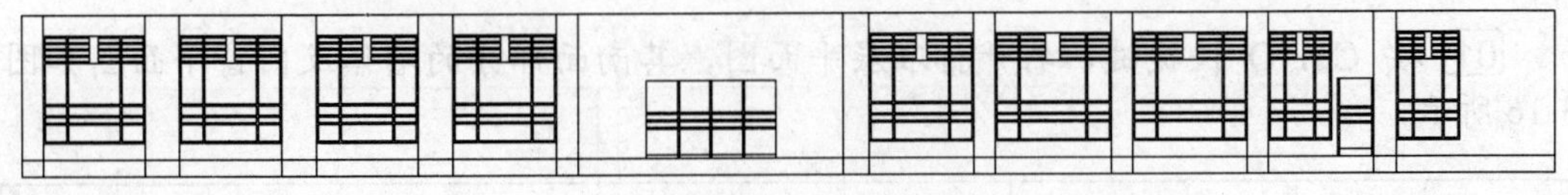

图 3-12　首层立面门窗图

13 绘制台阶。台阶每阶高 150mm，宽 300mm。调用 OFFSET 命令，将水平辅助线连续向下偏移 150mm 三次，并调用 LINE 命令绘制出主入口处的水平站台，高度为 550mm。然后，调用 TRIM 命令将多余的直线修剪，得到如图 3-13 所示的台阶图。

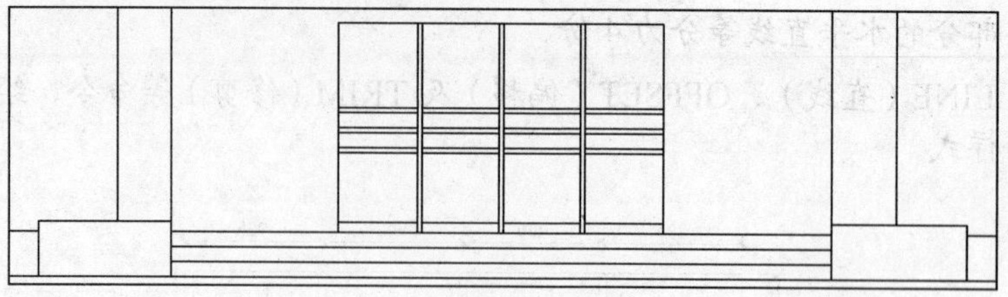

图 3-13　创建台阶图

14 绘制雨篷。调用 LINE、OFFSET、TRIM 等命令，根据辅助线绘制入口处的雨篷及装饰线，效果如图 3-14 所示。

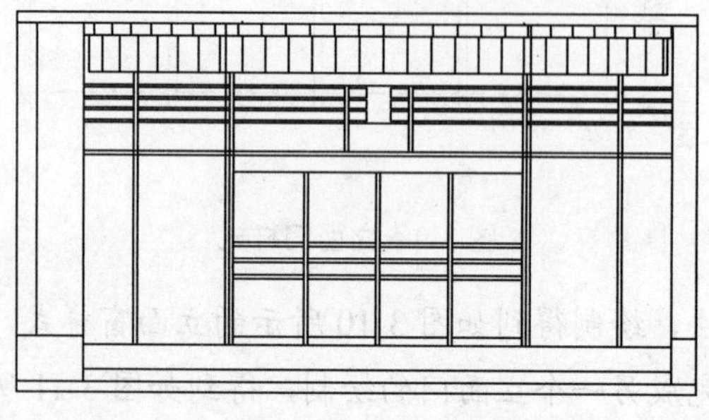

图 3-14　创建入口处的雨篷及装饰线

15 绘制首层立面图的装饰线。调用 LINE、OFFSET、COPY、TRIM 等命令，根据辅助线绘制首层立面图上的装饰线。最到首层正立面如图 3-15 所示。

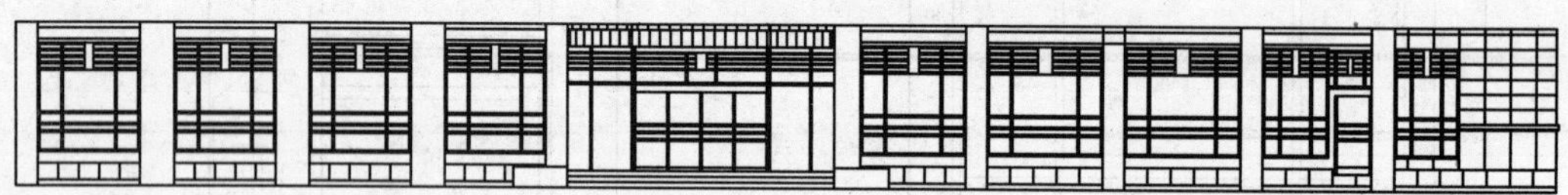

图 3-15　首层正立面图

3.2.3 绘制标准层立面图

该办公楼的标准层为二至五层，其立面图与底层立面图有所不同，主要区别在于底层有入口门，且窗户的大小也有所不同，因此应该分别绘制，其绘制过程与底层正立面图基本相同。具体绘制过程如下：

01 按 Ctrl+O 快捷键，打开标准层平面图，其南面部分的墙体及门窗平面图如图 3-16 所示。

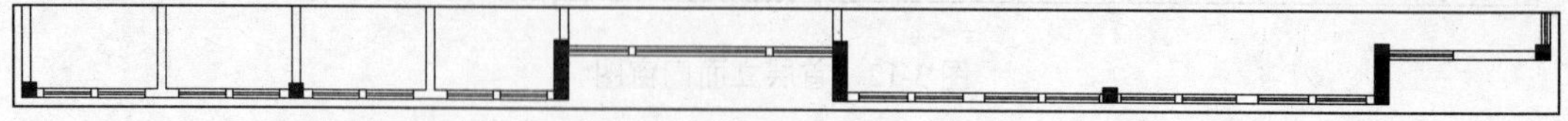

图 3-16　标准层平面图南面部分

02 绘制辅助线。将“辅助线”图层置为当前层。调用 XLINE、COPY 等命令，绘制出标准层立面的辅助线，其方法与绘制首层立面图的辅助线相同。绘制的标准层水平和竖直辅助线效果如图 3-17 所示。

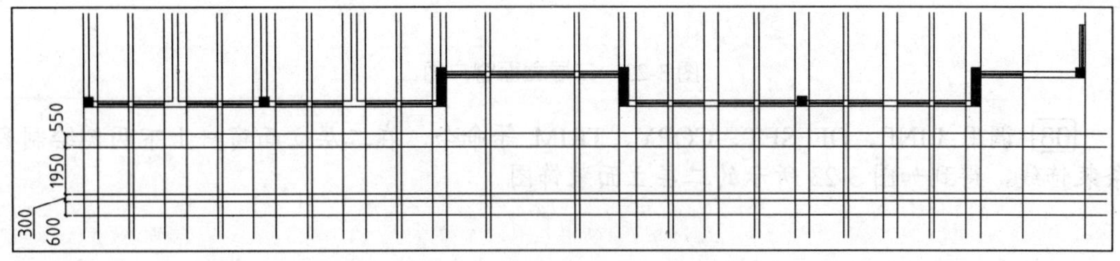

图 3-17　标准层正立面辅助线

03 调用 TRIM 命令，将构造线进行修剪，得到的效果如图 3-18 所示。

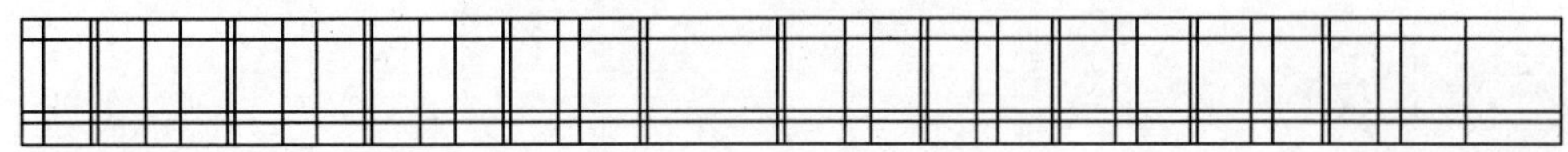

图 3-18　修剪后的辅助线

04 将“门窗”图层置为当前层，调用 RECTANG 命令，绘制出二层立面的门窗洞口。将“轮廓线”图层置为当前层，调用 RECTANG 命令，绘制二层立面的轮廓线，并将“辅助线”图层隐藏起来，效果如图 3-19 所示。

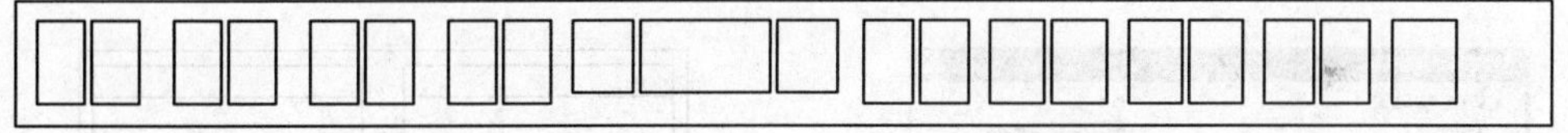

图 3-19　绘制二层立面图的窗户洞口及轮廓线

05 调用 LINE、OFFSET、TRIM 等命令，绘制出左右两边窗的立面图样式，如图 3-20 所示。

06 调用 LINE、OFFSET、TRIM 等命令，绘制出中间窗的立面图，如图 3-21 所示。

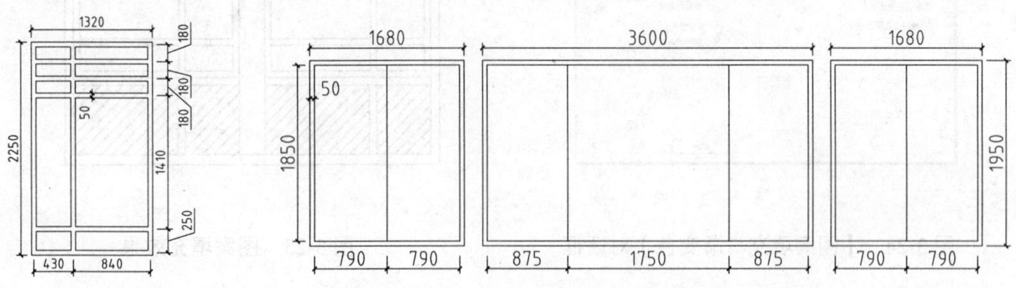

图 3-20　立面窗样式　　　　图 3-21　立面窗样式

07 调用 COPY、MIRROR 等命令，将二层立面窗户图全部绘制出来，效果如图 3-22 所示。

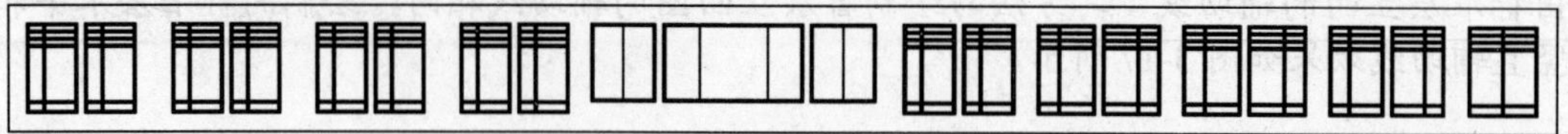

图 3-22　二层立面窗户图

08 调用 LINE、OFFSET、COPY、TRIM 等命令，在二层立面窗户上下两侧绘制多条装饰线，得到如图 3-23 所示的二层立面装饰图。

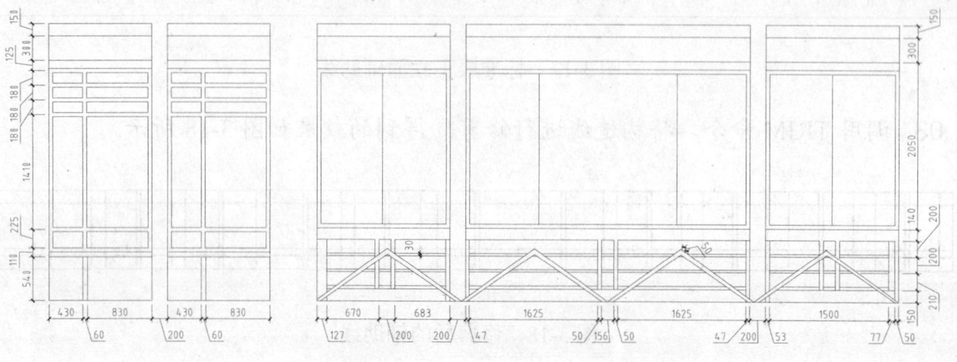

图 3-23　二层立面装饰线

09 调用 HATCH 命令，打开【图案填充和渐变色】对话框，设置参数如图 3-24 所示，在立面窗下方填充图案，如图 3-25 所示。

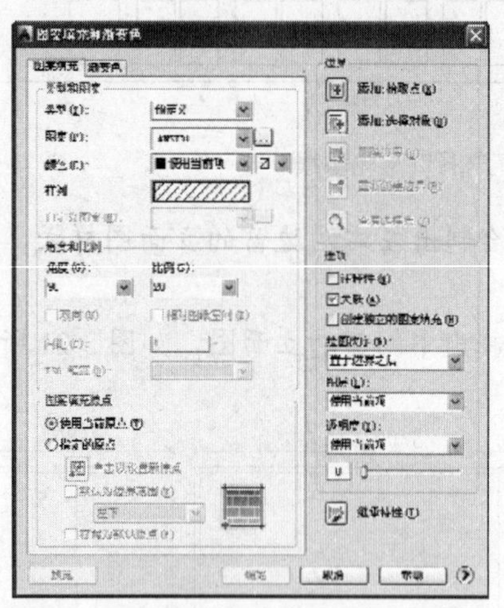

图 3-24　【图案填充与渐变色】对话框

图 3-25　图案填充效果

10 调用 ARRAY 命令，选择两层立面门窗为阵列对象，阵列得到如图 3-27 所示的标准层立面图。命令行提示如下：

```
命令： ARRAY
选择对象： 指定对角点： 找到 1 个                              //选择图形
```

```
选择对象： 输入阵列类型 [矩形(R)/路径(PA)/极轴(PO)] <矩形>: R↙    //选择矩形选项
类型 = 矩形  关联 = 是
选择夹点以编辑阵列或 [关联(AS)/基点(B)/计数(COU)/间距(S)/列数(COL)/行数(R)/层数(L)/退出(X)] <退出>: R↙    //选择行数选项
输入行数数或 [表达式(E)] <3>: 4↙    //输入行数数
指定 行数 之间的距离或 [总计(T)/表达式(E)] <7894.68>: 3400↙    //输入行数距离
指定 行数 之间的标高增量或 [表达式(E)] <0>:  指定第二点:
选择夹点以编辑阵列或 [关联(AS)/基点(B)/计数(COU)/间距(S)/列数(COL)/行数(R)/层数(L)/退出(X)] <退出>: COL↙    //选择列数选项
输入列数数或 [表达式(E)] <4>: 1↙    //输入行数数
指定 列数 之间的距离或 [总计(T)/表达式(E)] <14499.3>: 1↙    //输入列数距离
选择夹点以编辑阵列或 [关联(AS)/基点(B)/计数(COU)/间距(S)/列数(COL)/行数(R)/层数(L)/退出(X)] <退出>:
```

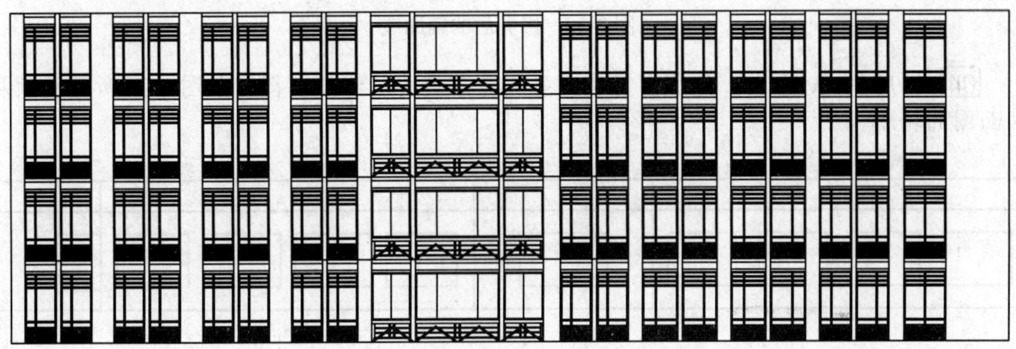

图 3-27　标准层立面图

3.2.4 绘制顶层立面图

办公楼的六层立面图与标准层有所不同，因此应该单独绘制，其绘制过程与标准层立面图的绘制过程相同。具体绘制步骤如下：

01 打开顶层平面图，其南面部分的墙体及门窗效果如图 3-28 所示。

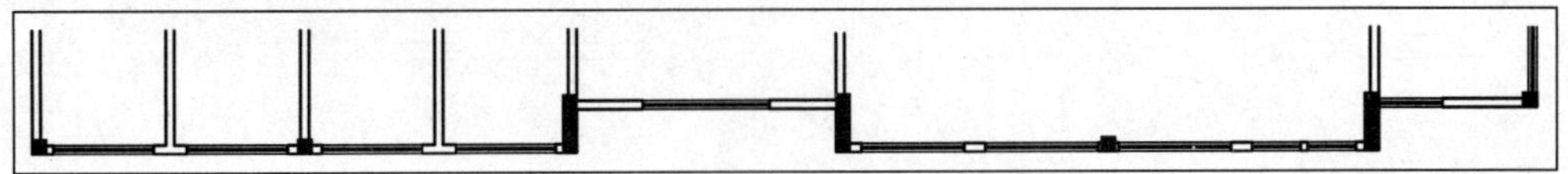

图 3-28　顶层平面图南面部分

02 绘制辅助线。将“辅助线”图层置为当前层，调用 XLINE 命令，绘制顶层立面图的辅助线，绘制方法与绘制标准层辅助线相同，得到顶层立面的水平和垂直辅助线效果如图 3-29 所示。

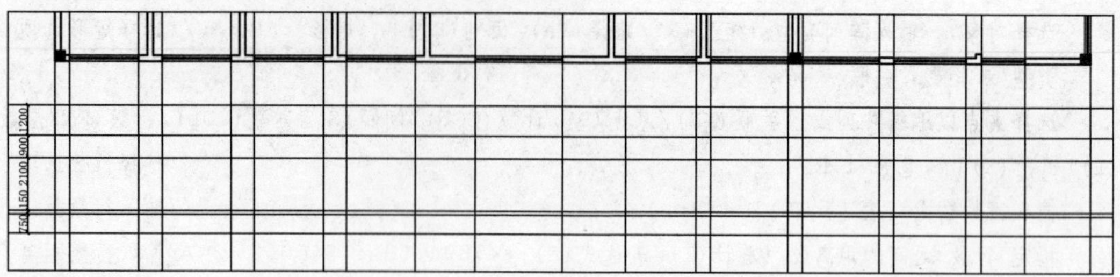

图 3-29　绘制顶层正立面辅助线

03 调用 TRIM 命令，将构造线进行修剪，得到如图 3-30 所示效果。

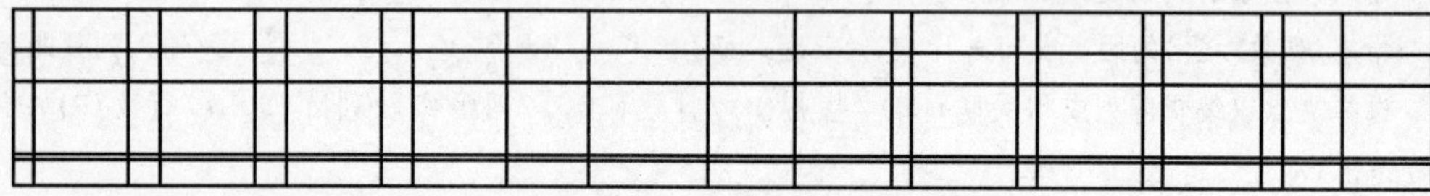

图 3-30　修剪后的辅助线

04 调用 TRIM 命令，修剪出窗洞，并删除不需要的线段，得到如图 3-31 所示的顶层立面图的轮廓。

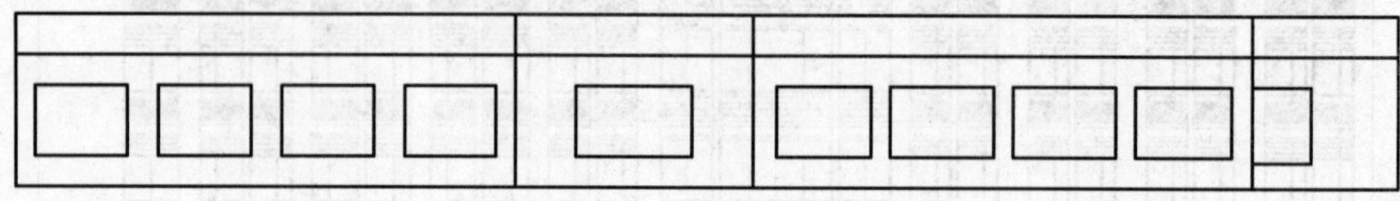

图 3-31　顶层立面图轮廓

05 将“门窗”图层置为当前层，调用 LINE、COPY、OFFSET、TRIM 等命令，绘制顶层立面图两侧窗的立面样式，如图 3-32 所示。

06 调用 LINE、COPY、OFFSET、TRIM 等命令，绘制顶层立面图窗的立面样式，如图 3-33 所示。

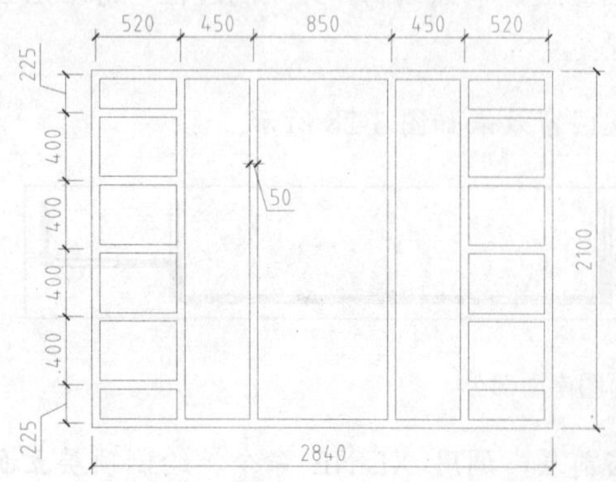

图 3-32　立面窗样式

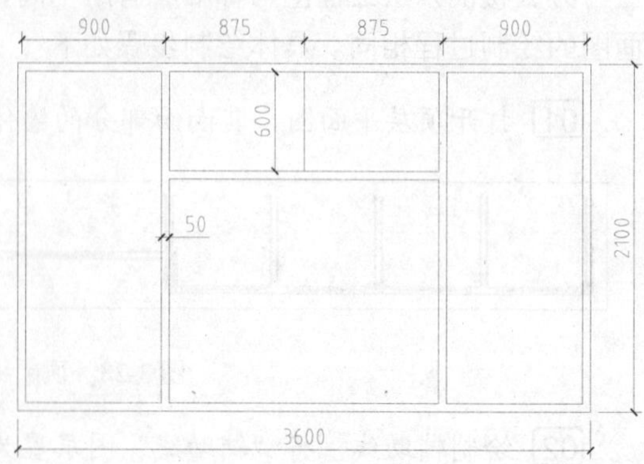

图 3-33　立面窗样式

07 调用 COPY、OFFSET、TRIM 等命令，完成顶层立面图窗户的绘制，得到如图 3-34 所示的顶层门窗立面图。

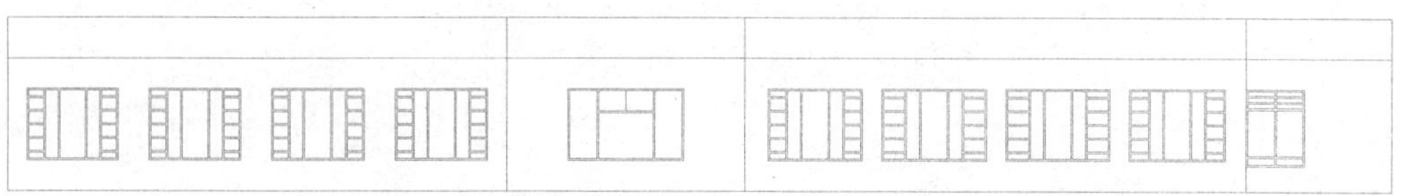

图 3-34　顶层立面门窗图

08 调用 LINE、COPY、OFFSET、TRIM 等命令，完成顶层立面图上装饰线及立面装饰柱头的绘制，得到顶层立面图效果如图 3-35 所示。

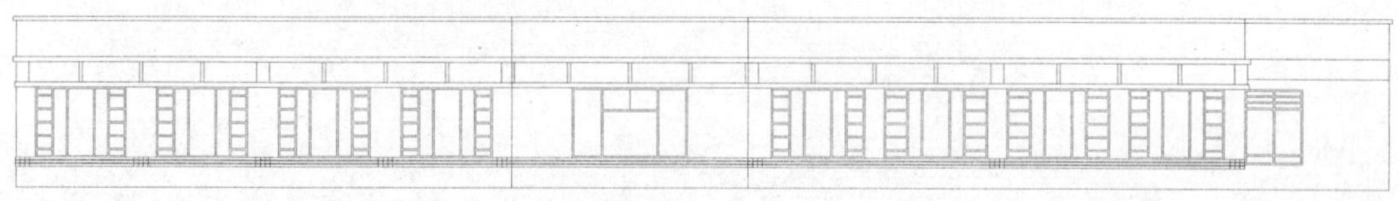

图 3-35　顶层立面图

3.2.5 绘制屋顶立面图

办公楼的正立面屋顶上是一些装饰构架，这些图形没有在平面图中显示出来。根据设计的参数尺寸，通过调用 LINE、COPY、OFFSET、TRIM 等命令，绘制出屋顶的建筑立面图效果，如图 3-36 所示。

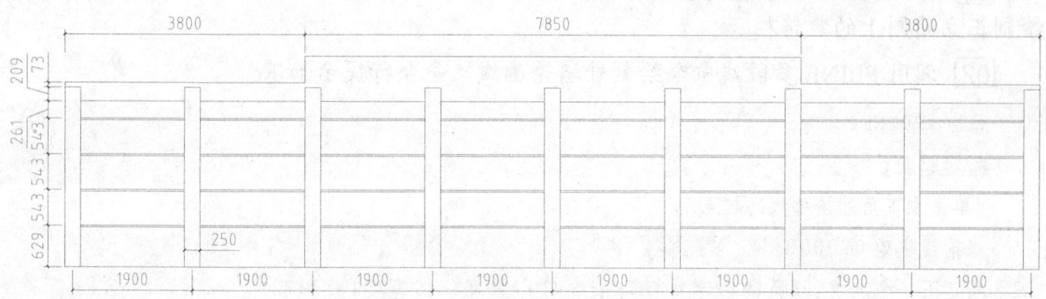

图 3-36　屋顶立面图

3.2.6 组合立面图

01 调用 MOVE 移动命令，通过捕捉，将标准层立面图、顶层立面图及屋顶立面图按照相应位置移动到首层立面图之上，完成该办公楼正立面图的组合。

02 依据建筑立面图方案进行适当修改，得到该办公楼的正立面效果，如图 3-37 所示。

图 3-37　组合完成的正立面图

3.2.7 绘制装饰柱及立面轮廓线

01 将“装饰”图层置为当前图层，调用 LINE、COPY、OFFSET、TRIM 等命令，绘制正立面图上的装饰柱。

02 调用 PLINE 多段线命令绘制外墙轮廓线，命令行提示如下：

```
命令:PLINE↙
指定起点:
/单击左下角外轮廓线的起点/
当前线宽为 0.0000
指定下一个点或[圆弧(A)/半宽(H)/长度(L)/放弃(U)/宽度(W)]:W↙
/选择宽度选项/
指定起点宽度 <0.0000>:40↙
/输入宽度值 40 后按回车键/
指定端点宽度 <40.0000>:↙
/直接按回车键接受默认值/
指定下一个点或[圆弧(A)/半宽(H)/长度(L)/放弃(U)/宽度(W)]:
/依次捕捉墙体端点，完成办公楼立面四周轮廓线的创建，按回车键退出命令/
```

03 调用 PLINE 命令绘制地坪线，如图 3-38 所示。

图 3-38　绘制外轮廓和地坪线

3.2.8 添加尺寸标注、轴线和文字注释

接下来为正立面图添加尺寸标注，这是立面图中不可缺少的一部分。尺寸标注主要包括立面图各层的层高、室内外地坪标高、屋顶标高以及门窗洞口的标高。立面图的尺寸标注与平面图不同，它无法完全采用软件自带的标注功能来完成，需要自行绘制出不同的标高符号。

01 将“标注”图层置为当前图层。

02 调用绘图工具栏 LINE 命令，绘制如图 3-39 左图所示的直角等腰三角形作为标高符号，如果标注位置不够，也可按图 3-39 右图所示形式绘制。

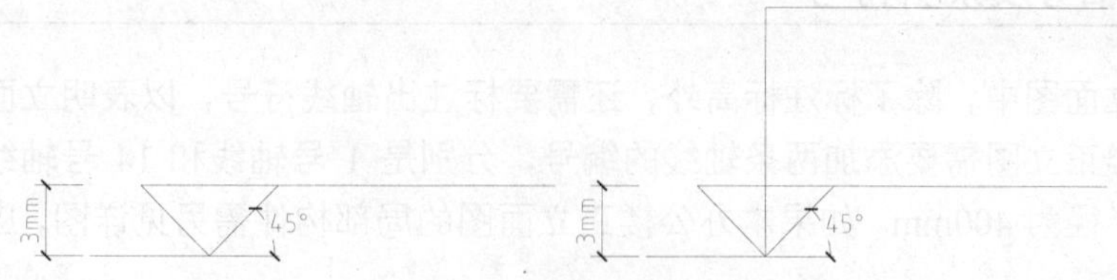

图 3-39　标高标注样式

03 调用 MTEXT 命令，在直线上方注写标高数字，标高数值应以“m”为单位，注写到小数点以后第三位，零点标高应注写成 ± 0.000，正数标高不注“+”，负数标高应注“−”。完成的零点标高绘制效果如图 3-40 所示。

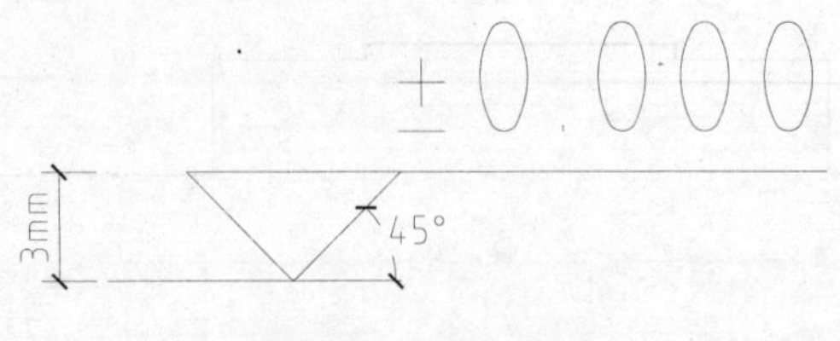

图 3-40　零点标高

注意 标高符号的尖端应指至被注高度的位置上，尖端一般应向下，也可向上。标高数字应注写在标高符号的左侧或右侧。

04 调用 COPY 及修改菜单栏下的 DDEDIT 命令，得到正立面图上的所有标高，如图 3-41 所示。

图 3-41　标注标高

3.2.9 标注轴号及索引符号

在建筑立面图中，除了标注标高外，还需要标注出轴线符号，以表明立面图所在的范围。该办公楼正立图需要添加两条轴线的编号，分别是 1 号轴线和 14 号轴线，其中轴线符号的圆圈半径为 400mm。如果本办公楼正立面图的局部构件需另见详图，应添加索引符号。

01 调用 LINE 直线命令，绘制出轴线的引线。

02 调用 CIRCLE 命令，绘制半径为 400 的圆作为轴线符号的圆圈。

03 调用 MOVE 命令，捕捉圆的象限点为基点，移动圆到引线正下方。

04 调用 MTEXT 命令填写轴线的编号，编号文字对齐中心为圆心。

05 调用 COPY 命令，结合对象捕捉功能，绘制出另一条轴线编号，绘制好的两个轴线符号如图 3-42 所示。

06 调用 CIRCLE 命令绘制索引符号的圆圈，半径为 500mm。

07 将状态栏中的“对象捕捉”打开，调用 LINE 命令在圆内绘制水平直径线。调用 MTEXT 命令在圆内填写索引符号内的详图符号及详图所在图样的编号，以及标准图册的编号。如果详图与被索引的详图在同一张图样上，索引符号如图 3-43（1）所示；如果详图与被索引的详图不在同一张图样上，索引符号如图 3-43（2）所示；如果采用标准图绘制，索引符号如图 3-43（3）所示。

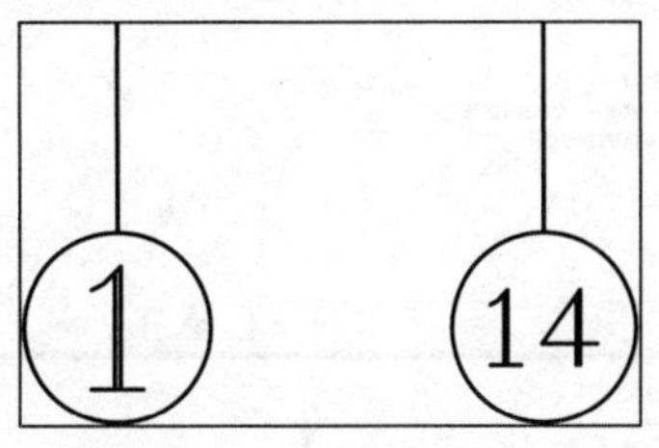

图 3-42　轴线符号

图 3-43　索引符号

3.2.10 多重引线标注

建筑立面外墙的色彩和材质决定建筑立面的效果，因此一定要进行标注。立面上的文字标注主要包括立面所选用的面层材料、门窗材料以及立面图的说明等。

在使用引线对图形进行标注说明之前，首先应该对多重引线的样式进行设置。标注多重引线的具体操作步骤如下：

01 单击菜单栏中的【格式】|【多重引线样式】命令，弹出了【多重引线样式管理器】对话框，如图 3-44 所示。

02 单击【新建】按钮，弹出了【创建新多重引线样式】对话框，输入新样式名为“样式 1”，如图 3-45 所示。

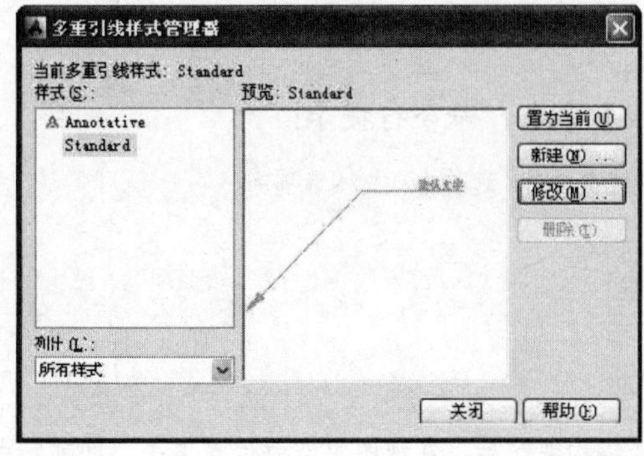

图 3-44　【多重引线样式管理器】对话框

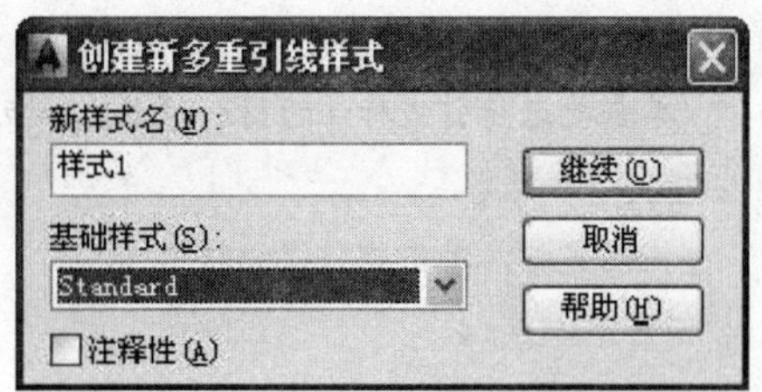

图 3-45　【创建新多重引线样式】对话框

03 单击【继续】按钮，弹出了【修改多重引线样式：样式 1】对话框，单击【引线格式】选项，设置参数如图 3-46 所示；单击【引线结构】选项卡，设置参数如图 3-47 所示；单击【内容】选项卡，设置参数如图 3-48 所示。

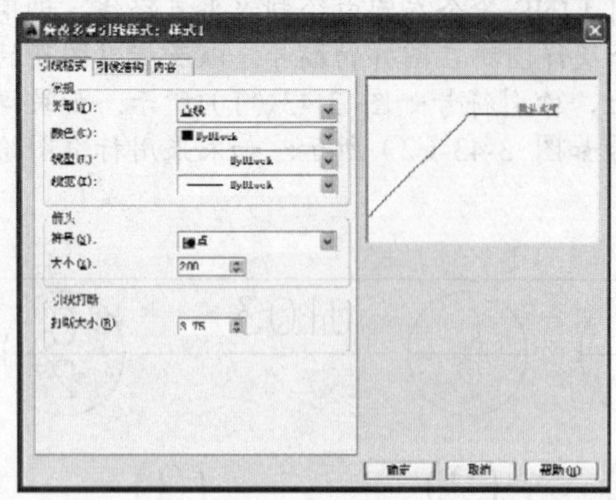

图 3-46 【引线格式】选项卡

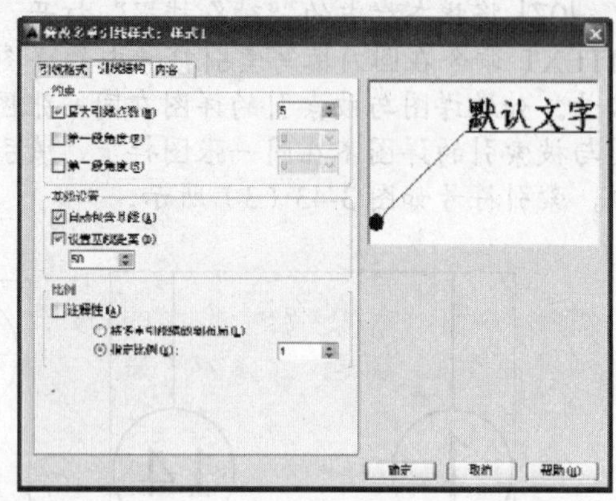

图 3-47 【引线结构】选项卡

04 单击【确定】按钮，返回到【多重引线样式管理器】对话框中，如图 3-49 所示，单击【置为当前】按钮，单击【关闭】按钮，即可完成多重引线样式的设置。

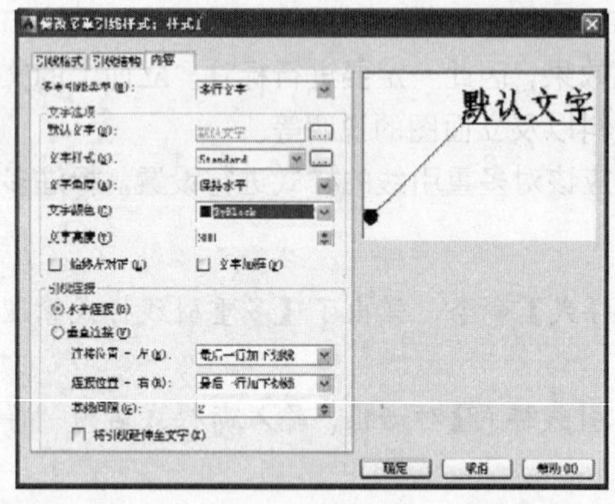

图 3-48 【内容】选项卡

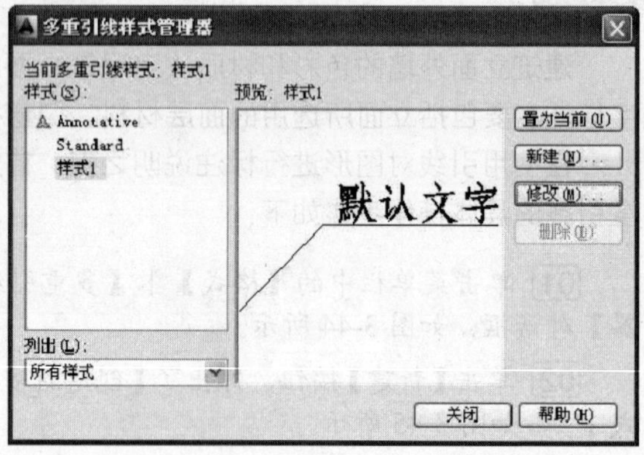

图 3-49 设置多重引线样式

05 单击菜单栏中的【标注】|【多重引线】命令，命令行提示：

指定引线箭头的位置或［引线基线优先(L)/内容优先(C)/选项(O)］<选项>:

/单击要进行引线标注的材料位置上一点/

指定下一点：

/拖动鼠标，单击要引线的转角点/

指定下一点：↙

/按回车键结束，并弹出文本框，输入文本“不锈钢构架”后，在视图中空白位置单击，即可完成引线的标注，如图 3-50 所示，同样方法完成其余引线的标注/

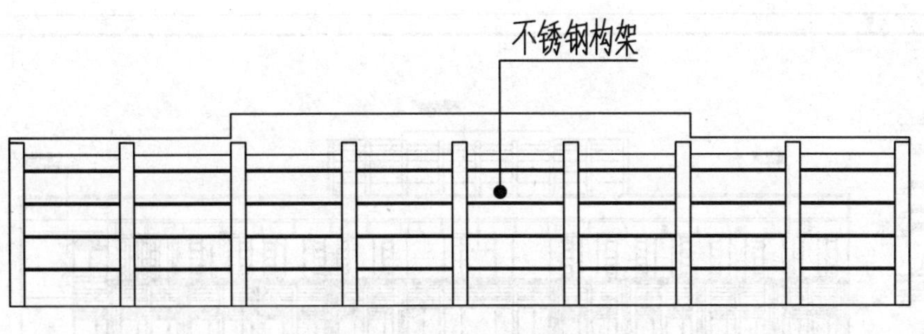

图 3-50　标注多重引线

06 调用绘图工具栏中的 TTEXT 命令，注写立面图的名称及比例，添加了图名、轴线标注、文字注释后的正立面图如图 3-51 所示。

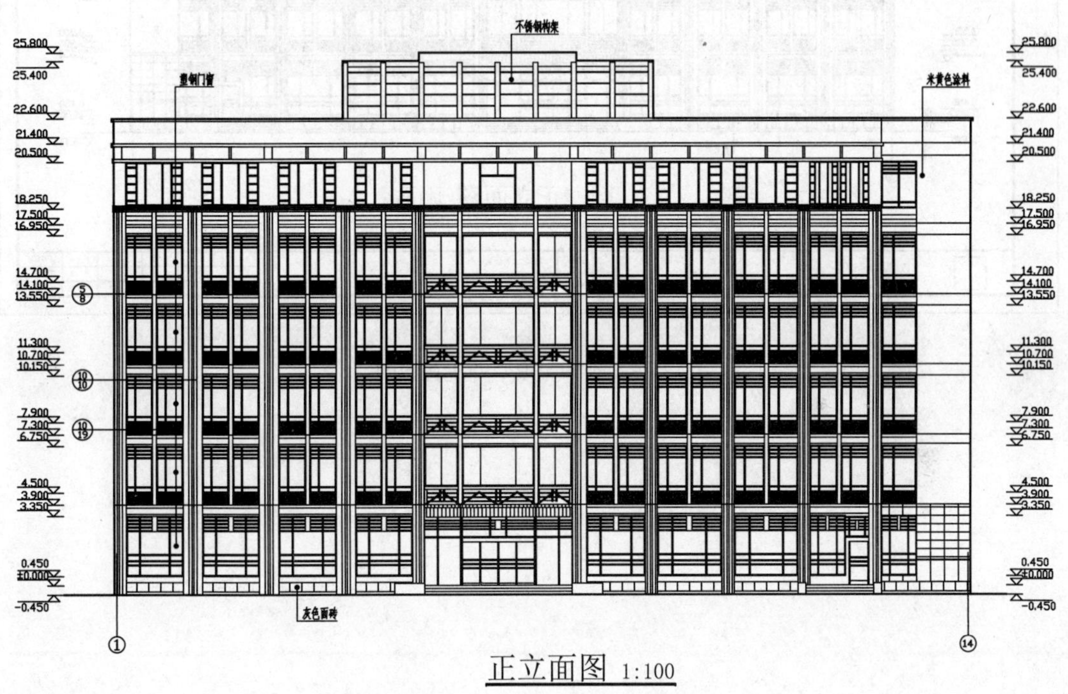

图 3-51　标注后的正立面图

3.2.11 添加图框和标题栏

正立面图绘制完成后，要为该图添加上图框和标题栏，可采用插入图块的方式来插入图框和标题栏。

这幅正立面图长约为 51500mm，宽约为 32000mm，按照 1:100 的比例出图，则需要制作一个 A2 页面（长 594mm，宽 420mm）的图框。将制作好的图框插入到已保存过的立面图中，调用 MOVE 命令对图框位置进行调整。然后填写标题栏中图样的有关内容，得到如图 3-52 所示的立面图。

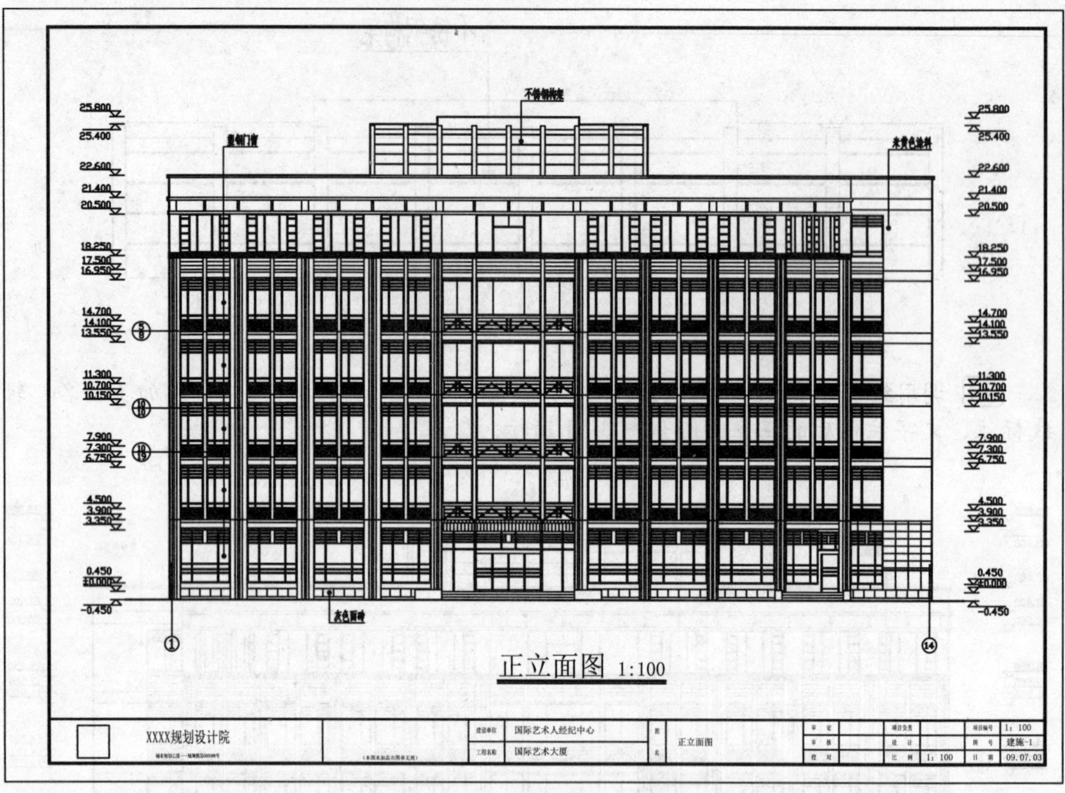

图 3-52　添加图框后的正立面图

第4章 AutoCAD 绘制建筑剖面图

本章导读 建筑剖面图主要反映建筑物的结构形式、垂直空间利用、各层构造做法和门窗洞口高度等内容。本章通过绘制办公楼剖面图，详细讲解利用 AutoCAD 2014 绘制建筑剖面图的方法和相关技巧。

本章重点

★ 建筑剖面图概述
★ 绘制办公楼剖面图

4.1 建筑剖面图概述

建筑剖面图是与平面图和立面图相互配合表达建筑物的重要图样。在绘制建筑剖面图之前，本节先介绍一些剖面图的相关知识，以便能够更快、更准确地绘制出建筑剖面图。

4.1.1 建筑剖面图概念

建筑剖面图是建筑物的垂直剖面图，是用一个假想的平行于正立投影面或侧立投影面的垂直剖切面剖开房屋，移去剖切面与观察者之间的部分，将剩余的部分按剖面方向向投影面作正投影所到的图样，如图 4-1 所示。建筑剖面图主要用来表示建筑物在垂直方向上各部分的形状、尺度和组合关系，以及在建筑物剖面位置的层数、层高、结构形式和构造方法等。

在施工过程中，建筑剖面图是进行分层、砌筑内墙、铺设楼板、屋面板、楼梯及内部装饰等的依据。建筑剖面图与建筑平立面图是互相配套的，都是表达建筑物整体概况的基本图样之一。

建筑剖面图的剖切位置一般选择在内部构造复杂或具有代表性的位置，使之能够反映建筑内部的构造特征。剖切平面一般应平行于建筑物的长度方向或者宽度方向，并且通过门、窗洞。剖切面的数量应根据建筑物的实际复杂程度和建筑物自身的特点来确定。

对于建筑剖面图，如果建筑物是对称的，可以在剖面图中绘制一半。如果建筑物在某一条轴线之间具有不同的布置，可以在同一个剖面图上绘制不同位置剖切的剖面图，只要标出说明就可以了。

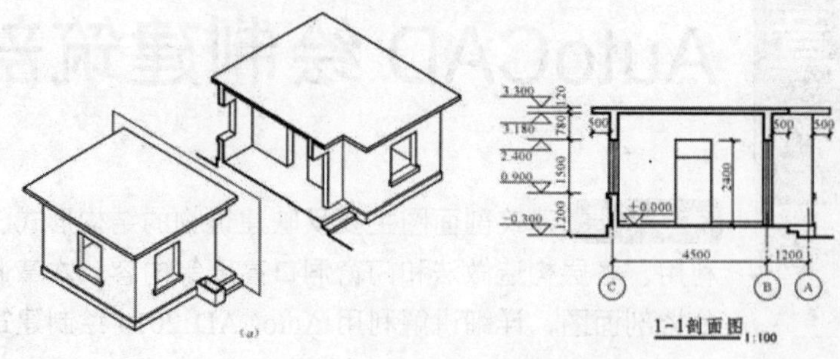

图 4-1　剖面图形成原理

4.1.2 建筑剖面图绘制内容

建筑剖面图主要表达的内容如下：

- 表示被剖切到的建筑物各部位，包括各楼层地面、内外墙、屋顶、楼梯、阳台等构造的做法。
- 表示建筑物主要承重构件的位置及相互关系，包括各层的梁、板、柱及墙体的连接关系等。
- 一些没有被剖切到的但在剖切图中可以看到的建筑物构配件，包括室内的窗户、楼梯、栏杆及扶手等。
- 表示屋顶的形式和排水坡度。
- 建筑物的内外部尺寸和标高。
- 详细的索引符号和必要的文字注释。
- 剖面图的比例与平面图、立面图相一致，为了图示清楚，也可用较大的比例进行绘制。
- 标注图名、轴线及轴线编号，从图名和轴线编号可知剖面图的剖切位置和剖视方向。

4.1.3 建筑剖面图绘制要求

绘制建筑剖面图，有如下几个方面的要求：

- 在比例方面，国家标准《建筑制图标准》（GB/T50104—2010）规定，剖面图宜采用 1:50、1:100、1:150、1:200 和 1:300 等比例进行绘制。在绘制建筑物剖面图时，应根据建筑物的大小采用不同的比例。一般采用 1:100 的比例，这样绘制起来比较方便。
- 在定位轴线方面，建筑剖面图中，除了需要绘制两端轴线及其编号外，还要与平面图的轴线对照，在被剖切到的墙体处绘制轴线及编号。
- 在图线方面，建筑剖面图中，凡是被剖切到的建筑构件的轮廓线一般采用粗实线（*b*）或中实线（0.5*b*）来表示，没有被剖切到的可见构配件采用细实线（0.25*b*）

来表示。绘制较简单的图样时，可采用两种线宽的线宽组，其线宽比宜为 b: $0.25b$。被剖切到的构件一般应表示出该构件的材质。

- 在尺寸标注方面，应标注建筑物外部、内部的尺寸和标注。外部尺寸一般应标注出室外地坪、窗台等处的标高和尺寸，应与立面图相一致，若建筑物两侧对称时，可只在一边标注。内部尺寸应标注出底层地面、各层楼面与楼梯平台面的标高，室内其作部分如门窗和其他设备等标注出其位置和大小的尺寸，楼梯一般另有详图。
- 在图例方面，门窗都是采用图例来绘制的，具体的门窗等尺寸可查看有关建筑标准。
- 在详图索引符号方面，一般在屋顶平面图附近有檐口、女儿墙和雨水口等构造详图，凡是需要绘制详图的地方都要标注详图符号。
- 在材料说明方面，建筑物的楼地面、屋面等用多层材料构成，一般应在剖面图中加以说明。

4.2 绘制办公楼剖面图

该办公楼实例形体变化较大，各层平面差异较大，在绘制剖面图时应按层分开处理，分别利用各部分生成剖面，然后加以组合调整成整体剖面图，最终剖面图效果如图 4-2 所示。

4.2.1 设置绘图环境

绘图环境的设置方法在绘制立面图时已进行了讲解，这里就不重复介绍了。

4.2.2 绘制底层剖面图

该办公楼的剖面图主要由底层办公剖面、二层办公剖面、四个标准层办公剖面、一个顶层办公剖面、七层办公剖面和屋顶剖面组成，适宜自下而上分别绘制各层剖切面，再将其合并为一个整体剖面。在绘制过程中，对于建筑物剖面相似的图形对象，一般需要灵活应用复制、镜像、阵列等操作，才能快速地绘制出建筑剖面图。绘制底层剖面的具体操作步骤如下：

01 打开前面创建好的办公楼首层平面图，框选整栋办公楼首层平面图，将其复制到新建的“剖面图”文件中，删除尺寸标注、编号等，得到如图 4-3 所示的平面图。

02 调用 ROTATE 命令，将底层平面图按逆时针方向旋转 90°，如图 4-4 所示。

03 设置“辅助线”图层为当前层，按下 F3 快捷键，打开对象捕捉，选择【端点】和【交点】对象捕捉方式。调用 TRIM 和 ERASE 命令，对剖切部位多余的线条进行修剪和删除处理。

04 调用 XLINE 命令，绘制垂直辅助线如图 4-5 所示。

05 调用 XLINE 命令，在垂直辅助线上绘制一条水平辅助线，如图 4-6 所示。调用

OFFSET 命令，对水平辅助线进行偏移，偏移距离从下往上依次为 450、450、750、900、1250、120，绘制出首层剖面图上不同标高部分的水平辅助线，如图 4-7 所示。

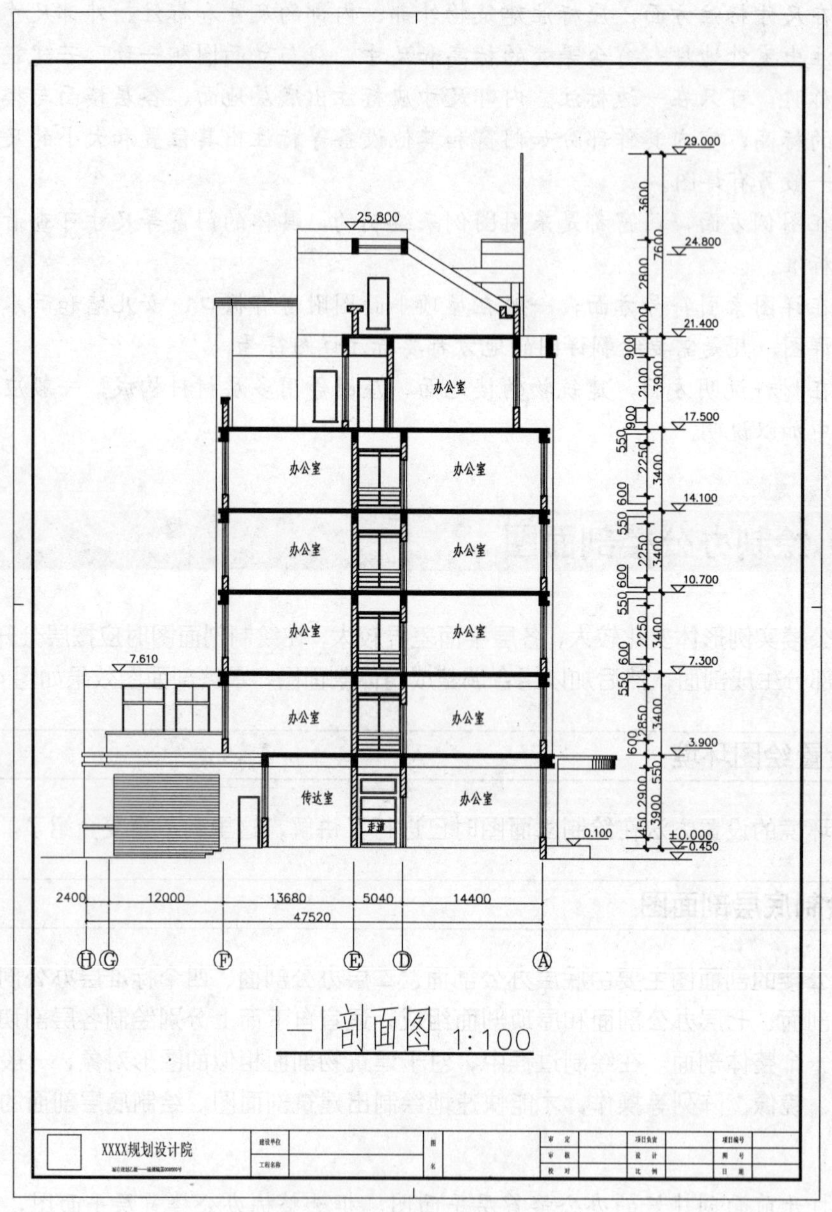

图 4-2　办公楼 I-I 剖面图

06 调用 TRIM 命令，选择 F（栏选）方式，对多余的辅助线进行修剪，得到如图 4-8 所示的效果。

07 将“地坪线”图层置为当前层，调用 PLINE 命令，选择 W 选项，设置线宽为 40，依次捕捉单击地坪线各转角点，绘制地坪线。

08 调用 ERASE 命令，删除与地坪线重合的直线及下方的直线，得到地坪线图，效果如图 4-9 所示。

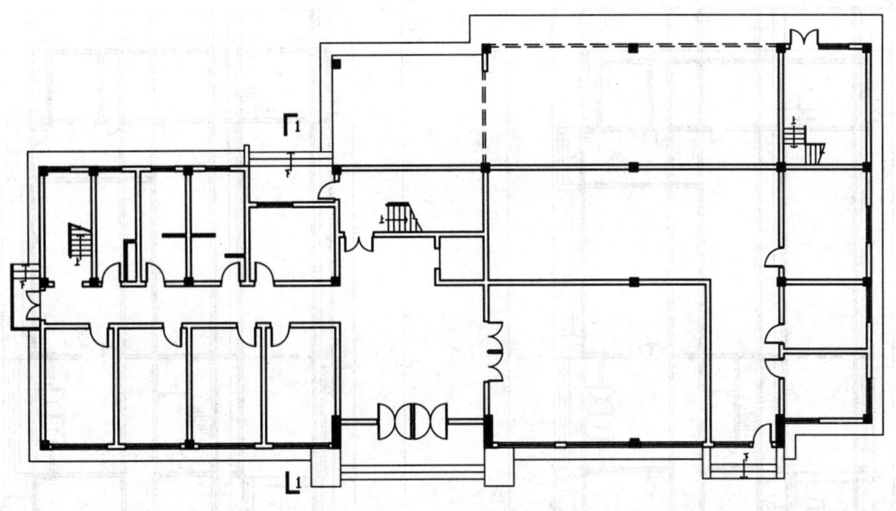

图 4-3　办公楼底层平面图

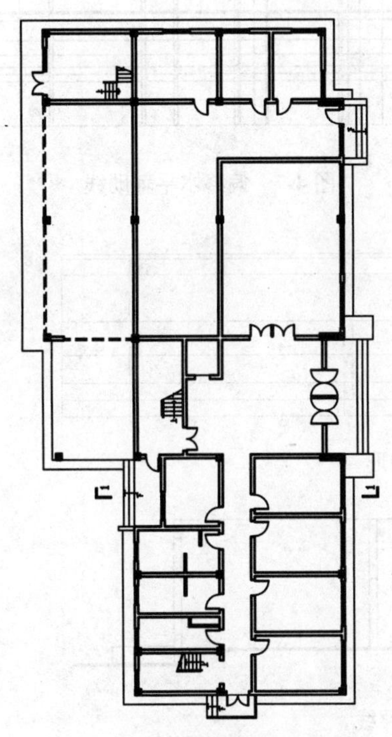

图 4-4　旋转平面图

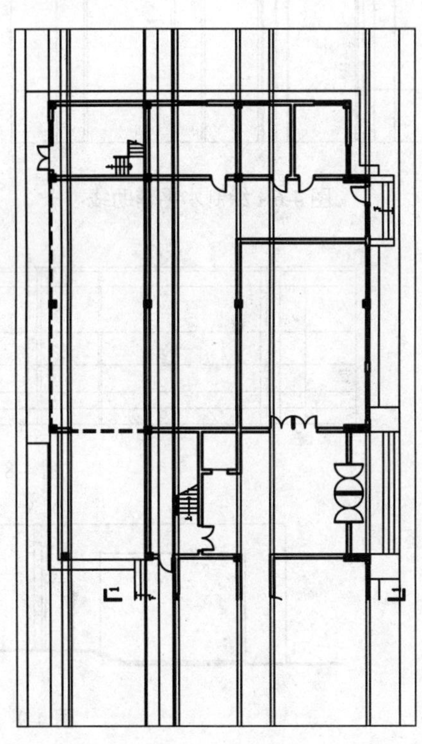

图 4-5　绘制垂直辅助线

09 调用 TRIM 命令，对构造线进行修剪，得到底层剖面的轮廓线，如图 4-10 所示。

10 将“楼板、梁”图层置为当前层，调用 OFFSET 命令，绘制出梁板辅助线。调用 TRIM 命令对楼板等进行修剪，调用 PLINE 命令，指定多段线线宽，根据辅助线绘制剖切到的楼板和梁，结果如图 4-11 所示。

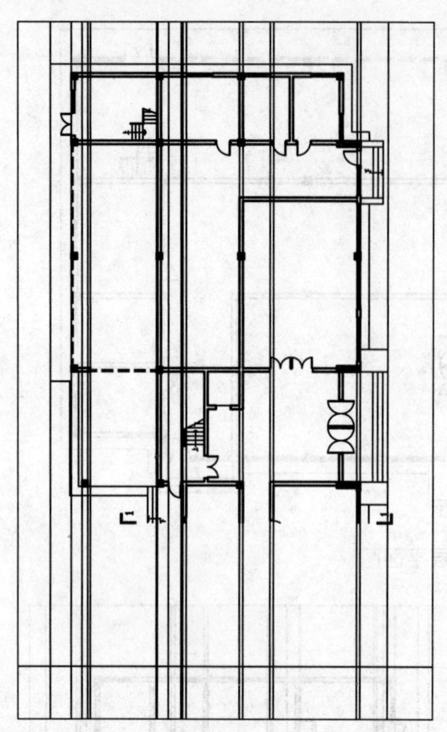

图 4-6　绘制水平辅助线

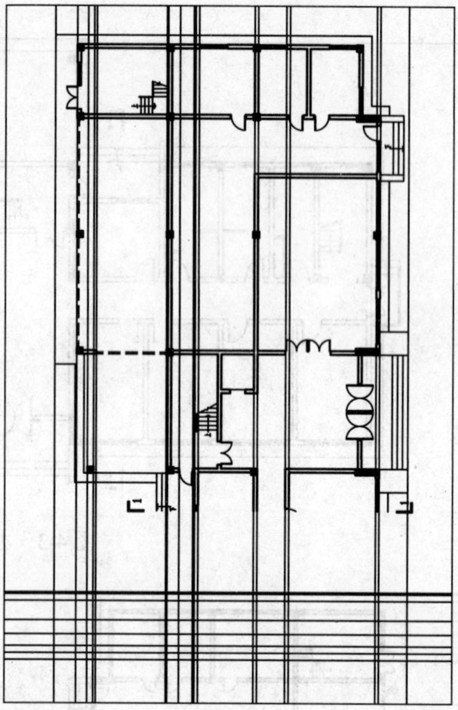

图 4-7　偏移水平辅助线

图 4-8　修剪后的图形

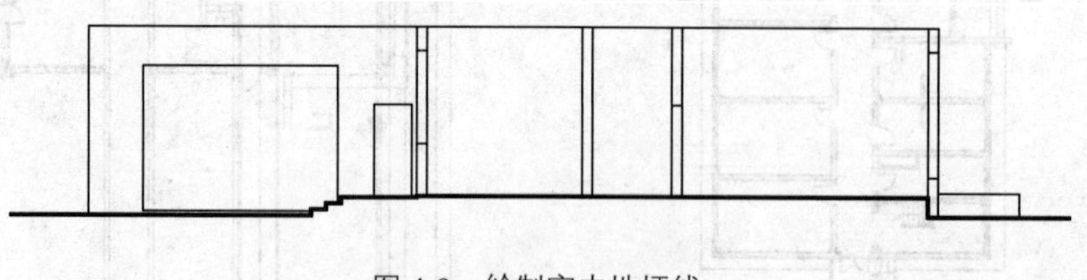

图 4-9　绘制室内地坪线

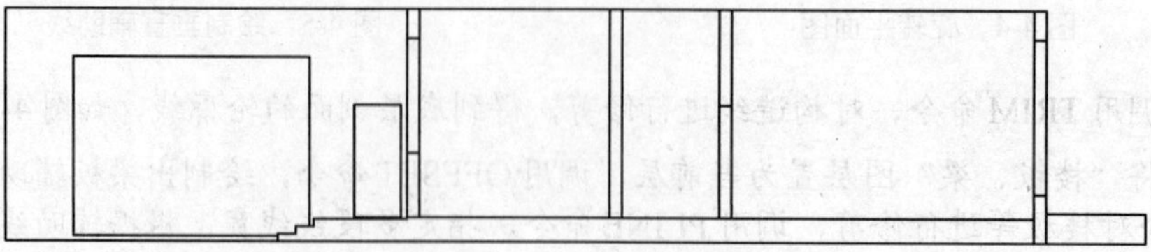

图 4-10　底层轮廓线

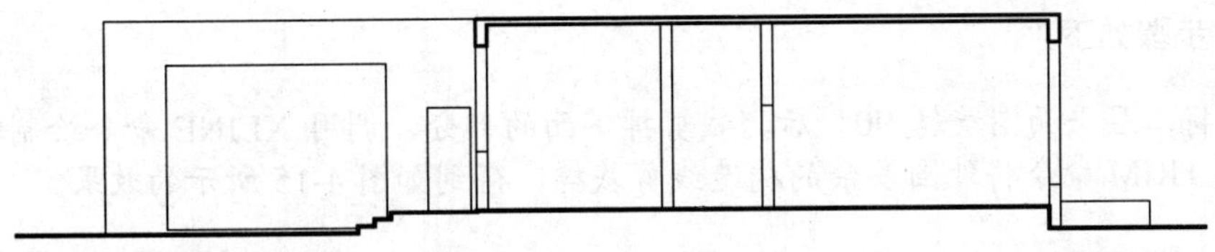

图 4-11　绘制楼板、梁

11 将“墙体”图层置为当前层，调用 PLINE 命令，根据辅助线绘制出剖切到的墙体，效果如图 4-12 所示。

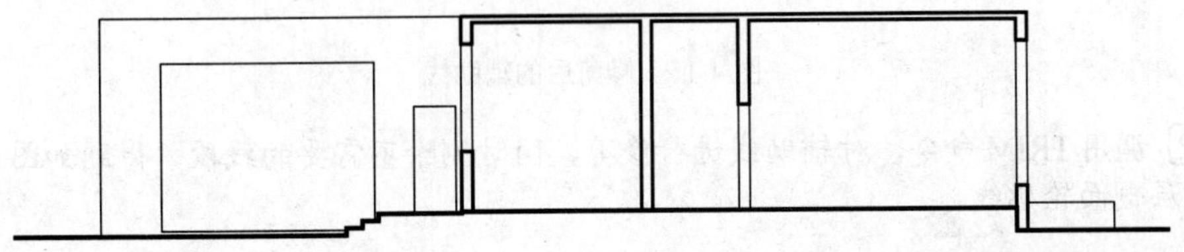

图 4-12　绘制墙体

12 将“门窗”图层置为当前层，调用 OFFSET 命令，偏移生成底层剖面图上剖切到的门和窗，效果如图 4-13 所示。

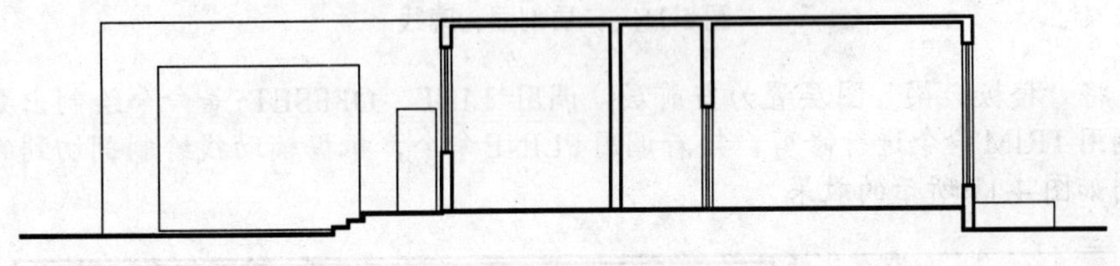

图 4-13　绘制门和窗

13 将“其他”图层置为当前层，调用 LINE、OFFSET、TRIM 等命令，绘制底层剖面图中的立面门及立面雨篷，加入文字后并作局部修改，绘制好的底层剖面图效果如图 4-14 所示。

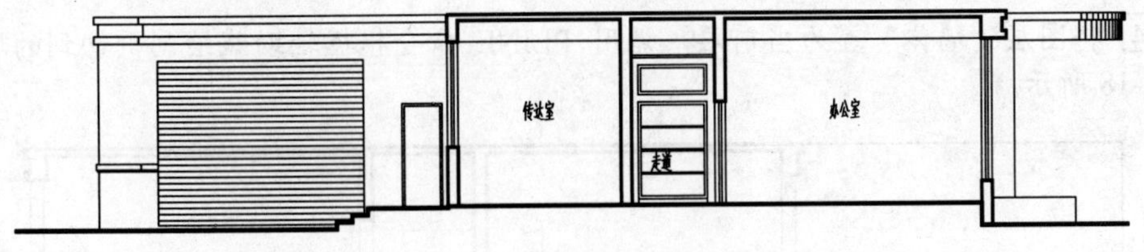

图 4-14　底层剖面图

4.2.3 绘制二层剖面图

二层剖面结构与底层稍有区别，但绘制二层剖面的方法与绘制底层剖面基本相同。

操作步骤如下：

01 将二层平面图旋转 90° 后，裁剪掉下面的部分，调用 XLINE 命令绘制辅助线，然后调用 TRIM 命令将外围多余的构造线剪裁掉，得到如图 4-15 所示的效果。

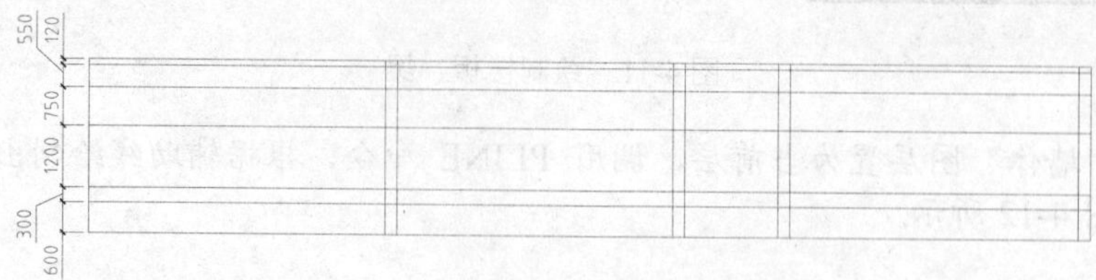

图 4-15 修剪后的辅助线

02 调用 TRIM 命令，对辅助线进行修剪，同时删除不需要的线段，得到如图 4-16 所示的二层剖面轮廓线。

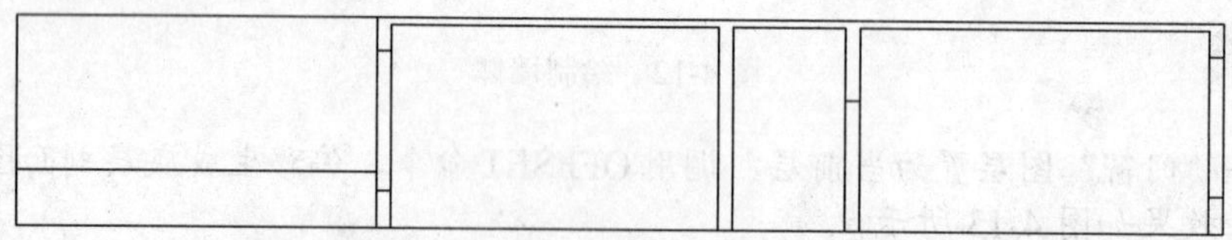

图 4-16 二层剖面轮廓线

03 将“楼板、梁”图层置为当前层，调用 LINE、OFFSET 等命令绘制出梁、板辅助线，调用 TRIM 命令进行修剪，接着调用 PLINE 命令，根据辅助线绘制剖切到的楼板和梁，得到如图 4-17 所示的效果。

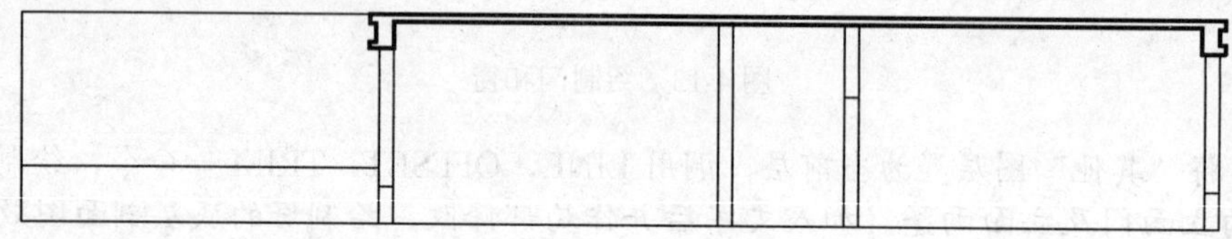

图 4-17 绘制楼板和梁

04 将图层“墙体”置为当前层，调用 PLINE 命令根据辅助线绘制剖切到的墙体，如图 4-18 所示。

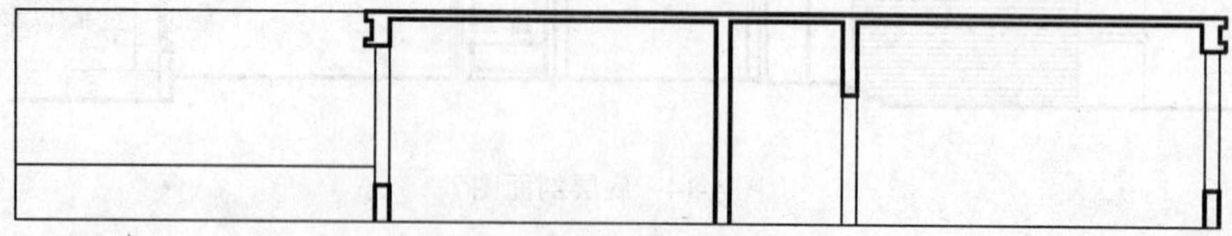

图 4-18 绘制剖面墙体

05 将图层“门窗”置为当前层，根据门窗洞口的高度，调用 LINE、OFFSET 命令，用细实线绘制剖切到的门和窗，如图 4-19 所示。

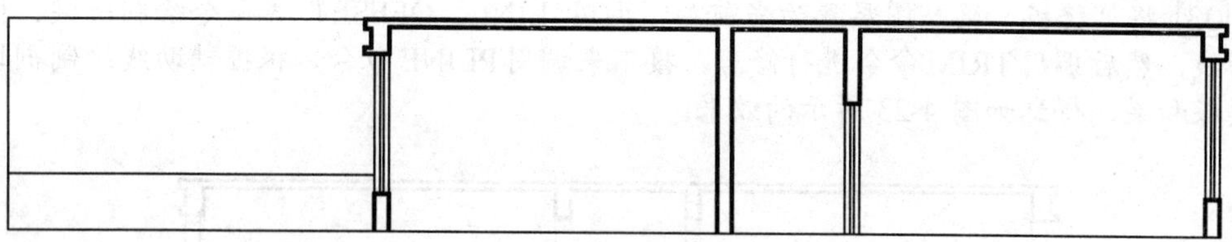

图 4-19　绘制剖面门窗

06 将“其他”图层置为当前层，根据立面门窗的尺寸，调用 LINE、OFFSET、TRIM、MTEXT 等命令，绘制出二层剖面图上的立面门窗、露台、文字，得到二层剖面图效果如图 4-20 所示。

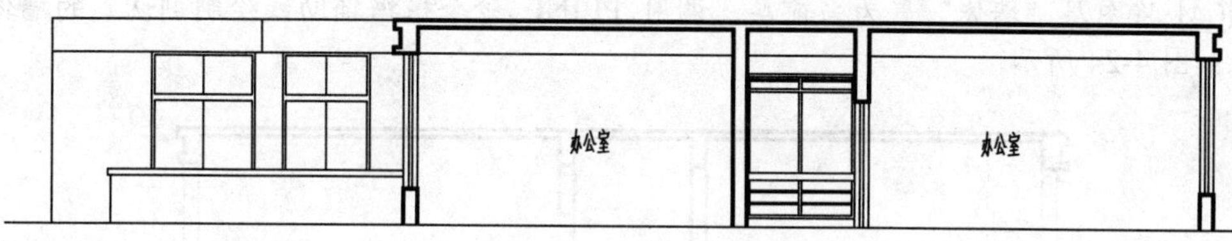

图 4-20　二层剖面图

4.2.4 绘制三至六层剖面图

01 将标准层平面图旋转 90° 后，裁剪掉下面的部分，调用 XLINE 命令绘制辅助线，然后调用 TRIM 命令将外围多余的构造线剪裁掉，得到如图 4-21 所示的效果。

图 4-21　绘制辅助线

02 调用 TRIM 命令，对辅助线进行修剪，同时删除不必要的线段，得到如图 4-22 所示的标准层剖面轮廓线。

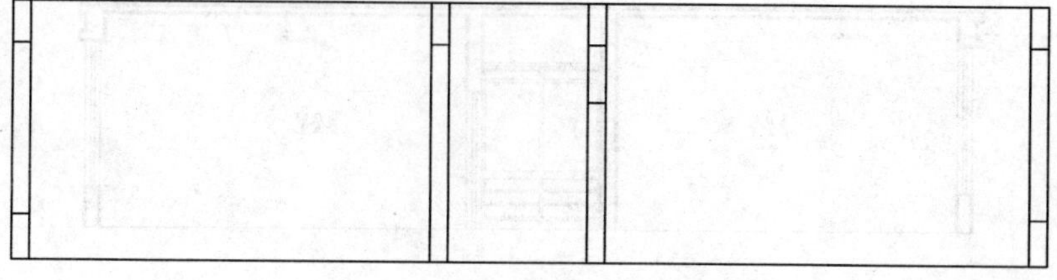

图 4-22　标准层剖面轮廓线

03 将“楼板、梁”图层置为当前层，调用 LINE、OFFSET 等命令绘制出梁、板的辅助线，然后调用 TRIM 命令进行修剪，接下来调用 PLINE 命令，根据辅助线绘制剖切到的楼板和梁，得到如图 4-23 所示的效果。

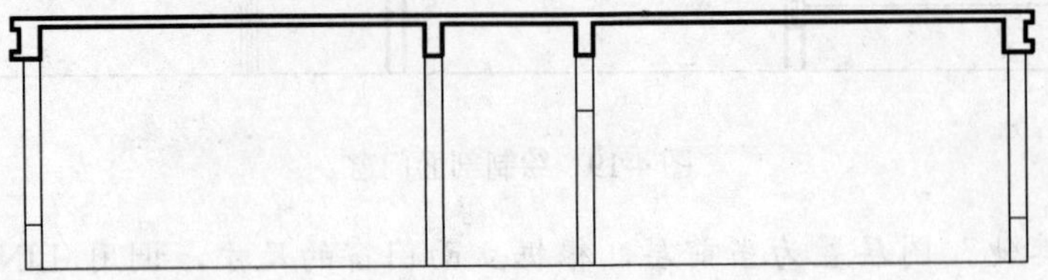

图 4-23　绘制楼板和梁

04 将图层“墙体”置为当前层，调用 PLINE 命令根据辅助线绘制剖切到的墙体，效果如图 4-24 所示。

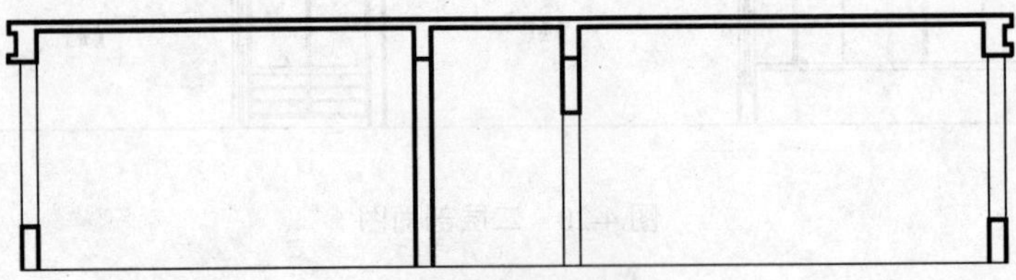

图 4-24　绘制墙体

05 将图层“门窗”置为当前层，根据门窗洞口的高度，调用 LINE、OFFSET 命令，用细实线绘制剖切到的门和窗，如图 4-25 所示。

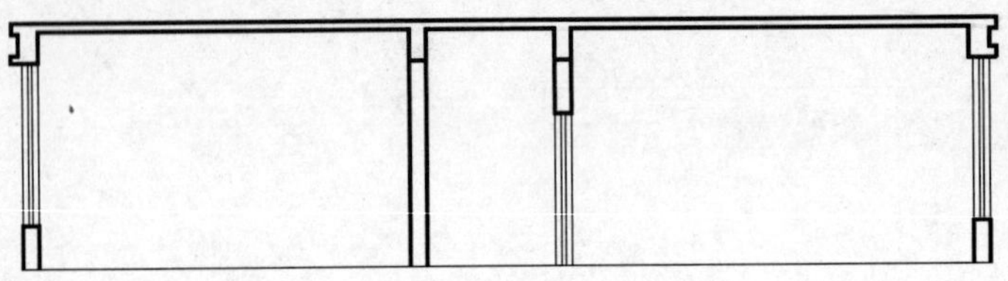

图 4-25　绘制剖面门窗

06 将图层“其他”置为当前层，根据立面门窗的尺寸，调用 LINE、OFFSET、TRIM、MTEXT 等命令，绘制出三层剖面图上的立面窗、文字，得到如图 4-26 所示的三层剖面图。

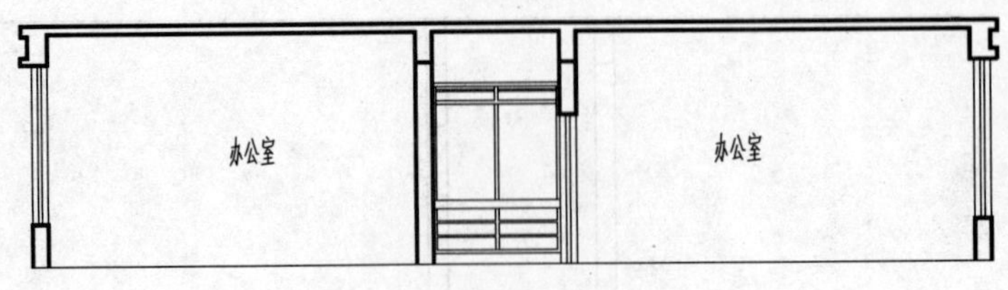

图 4-26　三层剖面图

07 调用 ARRAY 命令，设置阵列行数为 4，列数为 1，选择创建好的三层剖面图为阵列对象，阵列得到如图 4-27 所示的标准层剖面图。

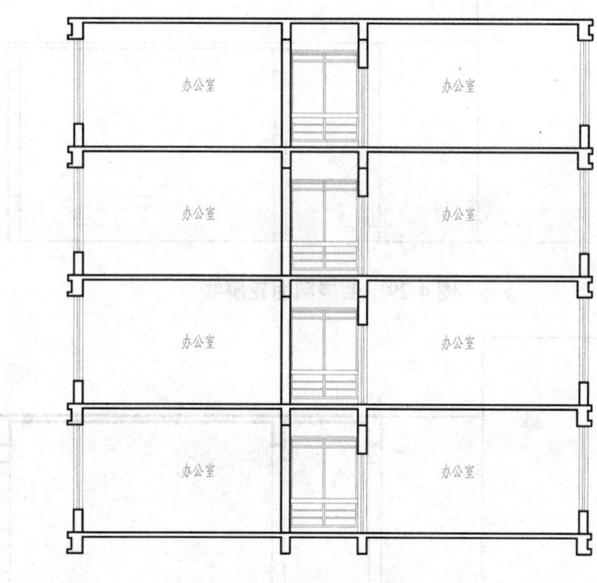

图 4-27　阵列图形

4.2.5 绘制七层剖面图

01 将六层平面图旋转 90° 后，裁剪掉下面的部分，调用 XLINE 命令绘制辅助线，然后调用 TRIM 命令将外围多余的构造线剪裁掉，得到如图 4-28 所示的效果。

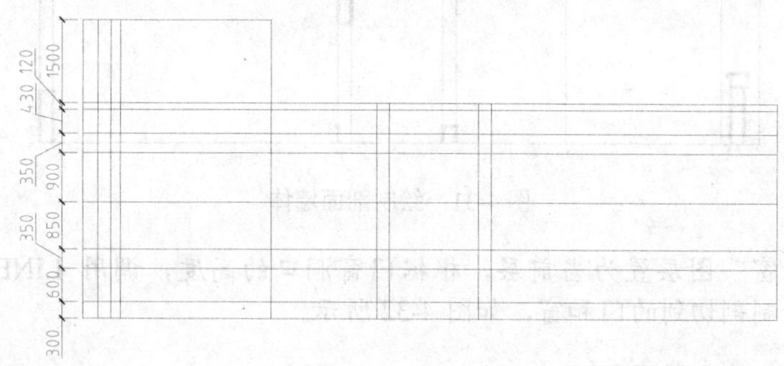

图 4-28　绘制辅助线

02 调用 TRIM 命令，对辅助线进行修剪，同时删除不必要的线段，得到如图 4-29 所示的七层剖面图轮廓线。

03 将“楼板、梁”图层置为当前层，调用 LINE、OFFSET 等命令绘制出梁、板辅助线，然后调用 TRIM 命令进行修剪，接下来调用 PLINE 命令，根据辅助线绘制剖切到的楼板和梁，效果如图 4-30 所示。

04 将“墙体”图层置为当前层，调用 PLINE 命令根据辅助线绘制剖切到的墙体，如图 4-31 所示。

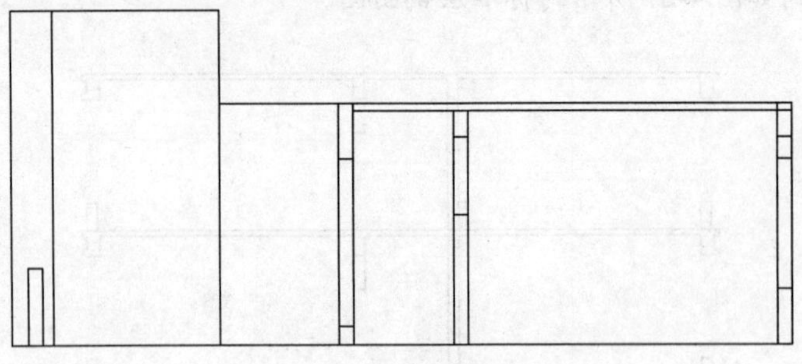

图 4-29　七层剖面轮廓线

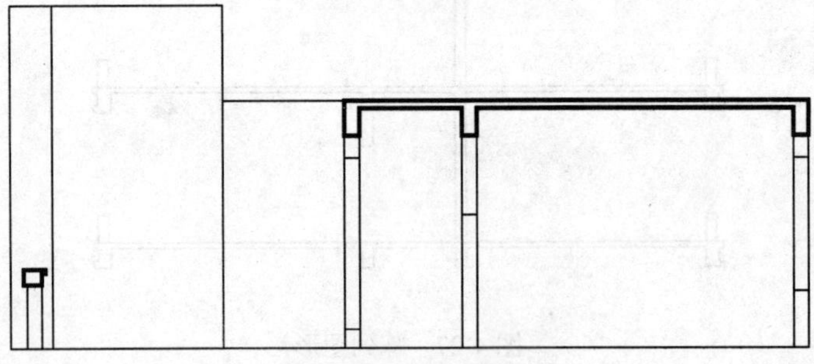

图 4-30　绘制剖面楼板和梁

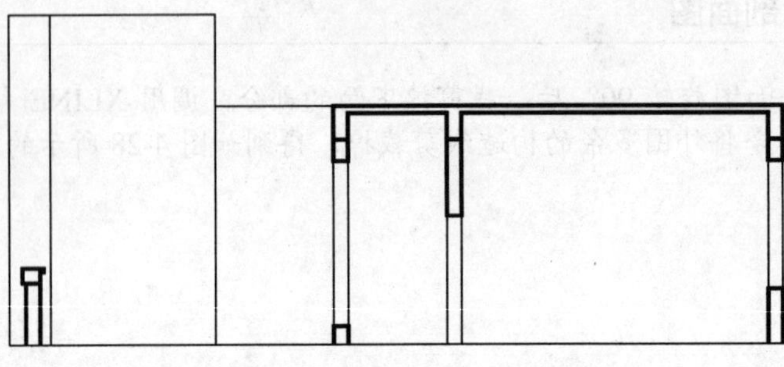

图 4-31　绘制剖面墙体

05 将“门窗”图层置为当前层，根据门窗洞口的高度，调用 LINE、OFFSET 命令，用细实线绘制剖切到的门和窗，如图 4-32 所示。

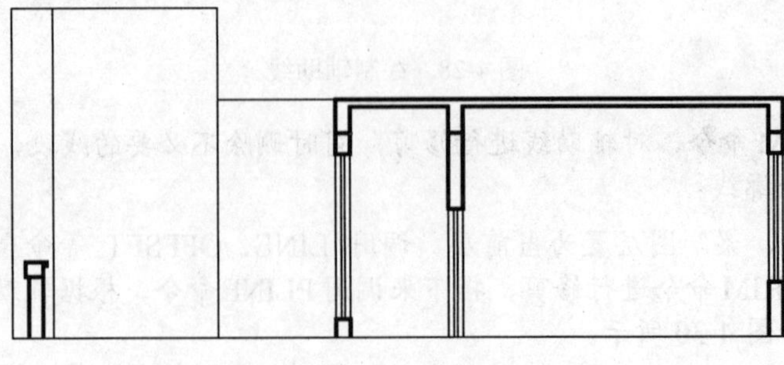

图 4-32　绘制剖面门窗

06 将“其他”图层置为当前层，根据立面门窗的数据，调用 LINE、OFFSET 等命令，绘制立面门窗及装饰线，得到如图 4-33 所示的七层剖面图。

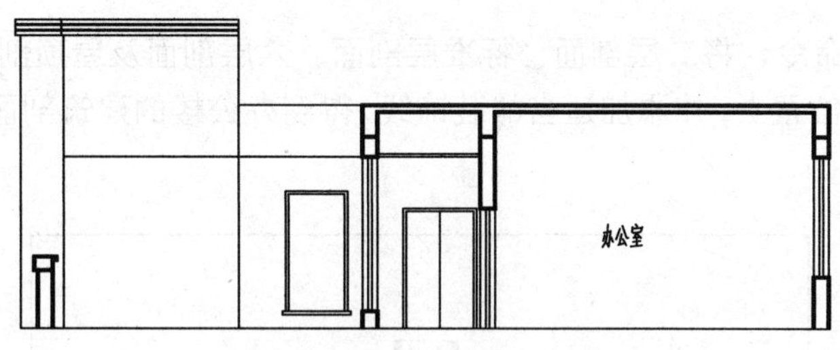

图 4-33　七层剖面图

4.2.6 绘制屋顶剖面图

01 调用 XLINE 命令绘制屋顶剖面辅助线，然后调用 TRIM 命令将外围多余的构造线剪裁掉，效果如图 4-34 所示。

02 调用 TRIM 命令，对辅助线进行修剪；然后调用 ERASE 命令，删除不需要的线段。接下来调用 LINE 命令，添加需要的直线，效果如图 4-35 所示。

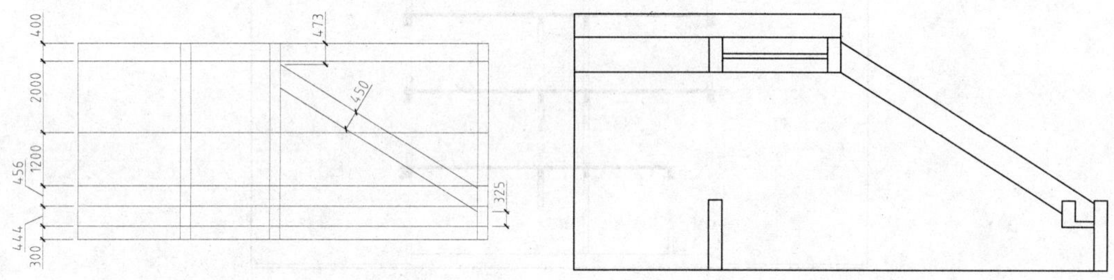

图 4-34　绘制辅助线　　图 4-35　顶层剖面轮廓线

03 将“楼板、梁”图层置为当前层，调用 LINE、OFFSET 等命令绘制出梁、墙体辅助线。调用 TRIM 命令进行修剪，最后调用 PLINE 命令，根据辅助线绘制剖切到的楼板和梁，得到如图 4-36 所示的图形。

04 将图层“门窗”置为当前层，根据门洞口的高度，调用 LINE、OFFSET 等命令，用细实线绘制立面门及顶层装饰构架，得到顶层剖面图效果，如图 4-37 所示。

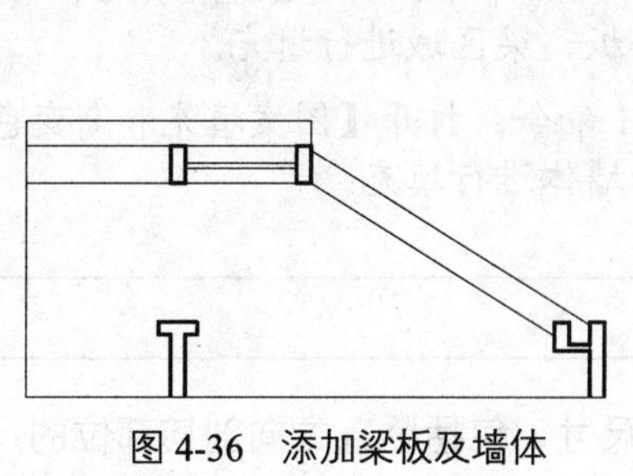

图 4-36　添加梁板及墙体

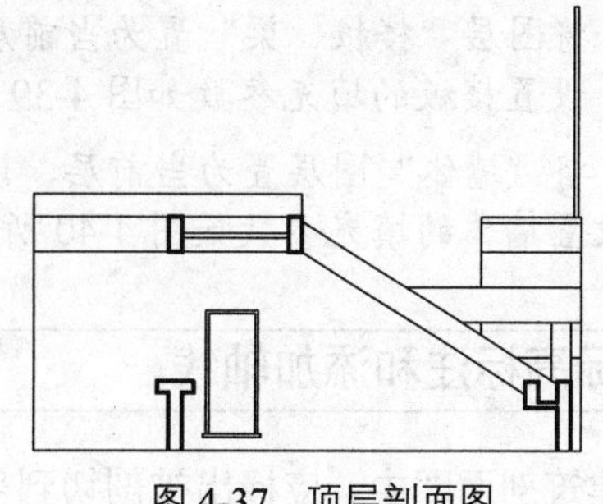

图 4-37　顶层剖面图

4.2.7 组合各层剖面图

调用 MOVE 命令，将二层剖面、标准层剖面、六层剖面及屋顶剖面移动到已绘制好的底层剖面相应的位置上，并添加适当的装饰线，得到办公楼的建筑剖面图，效果如图 4-38 所示。

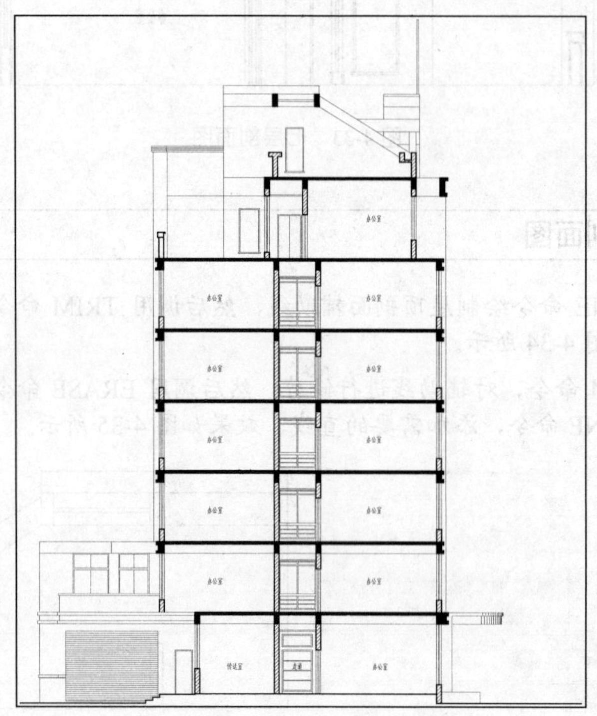

图 4-38　办公楼建筑剖面图

4.2.8 添加剖面材料填充

在建筑设计制图中，对于剖切到的墙体和楼板，必须要用材料填充表示。下面对剖切到的墙体或楼板等部位进行材料填充。

01 将图层“楼板、梁”置为当前层，调用 HATCH 命令，打开【图案填充和渐变色】对话框，设置楼板的填充参数如图 4-39 所示，对楼板、梁区域进行填充。

02 将“墙体”图层置为当前层，调用 HATCH 命令，打开【图案填充和渐变色】对话框，设置墙体的填充参数如图 4-40 所示，对剖面墙体进行填充。

4.2.9 标高标注和添加轴线

在建筑剖面图中，应标出被剖切到部分的必要尺寸，包括竖直方向剖切部位的尺寸和标高。需要标注门窗洞口的高度尺寸、层高以及室内外的高度差和建筑物总的标高等。

在标高标注方面，剖面图中的标高无法完全采用 AutoCAD 2014 自带的标注功能来完成，在立面图中对立面图进行了标高标注，请参考立面标高的方法绘制标高标注符号，再进行标注。

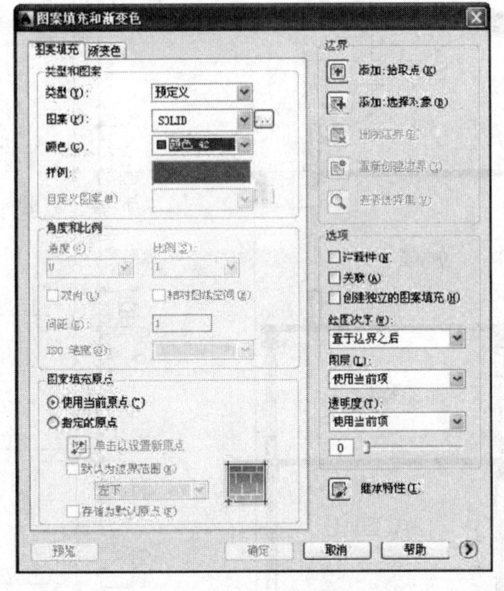

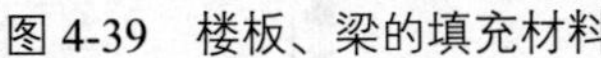
图 4-39　楼板、梁的填充材料

图 4-40　墙体的填充材料

在轴线标注方面，剖面图中除了标高标注外，还需要标注出轴线编号，标注轴线编号的方法与标注立面图相同，请参照立面图进行轴线标注。

4.2.10 尺寸标注

尺寸标注是建筑制图中的一个重要的组成部分，其标注的文字、线条直接影响施工，所以利用尺寸标注命令对图形进行标注时，应该先对尺寸的样式进行必要的设置，从而以更加规范、更加明确的线条及文字表现图形。设置尺寸标注样式的方法请参照平面图绘制中的相关内容。

完成轴线、标高标注及尺寸标注后的剖面图，效果如图 4-41 所示。

4.2.11 添加标题栏和图框

所有图形完成后，就要对所绘的剖面图加上标题和图框。标题的名称为"I—I 剖面图"，用【单行文字】命令绘制，其下划线用【多段线】命令创建，比例 1:100 用【单行文字】命令绘制。

由于剖面图的大小约为 30600 mm×43000mm，按照 1:100 的比例出图，则长度为 306 mm×430mm，所以需要制作一个 A2 页面（长 420mm，宽 594mm）的图框。将制作好的图框插入到已保存过的剖面图中，为剖面图插入图框，利用【移动】工具移动图框位置，直至满意为止。然后填写标题栏中的图纸的有关属性即可。

添加标题栏和图框后的剖面图如图 4-42 所示。

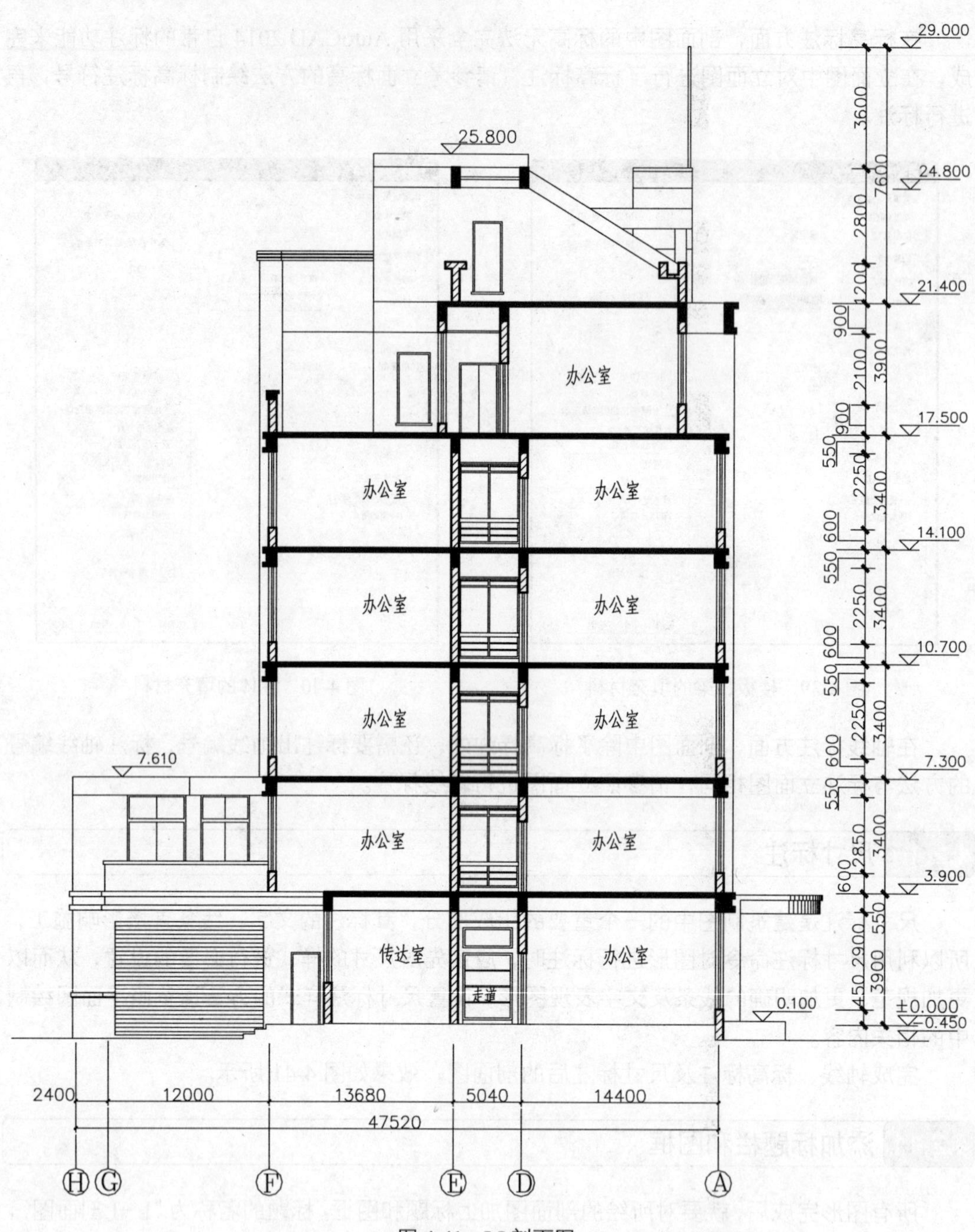
29.000
3600
24.800
7600
2800
1200
21.400
900
2100
3900
900
17.500
550
2250
3400
600
14.100
550
2250
3400
600
10.700
550
2250
3400
600
7.300
550
2850
3400
600
3.900
550
2900
3900
450
25.800
7.610
0.100
±0.000
-0.450
办公室
传达室
走道
2400
12000
13680
5040
14400
47520
H
G
F
E
D
A

图 4-41 I-I 剖面图

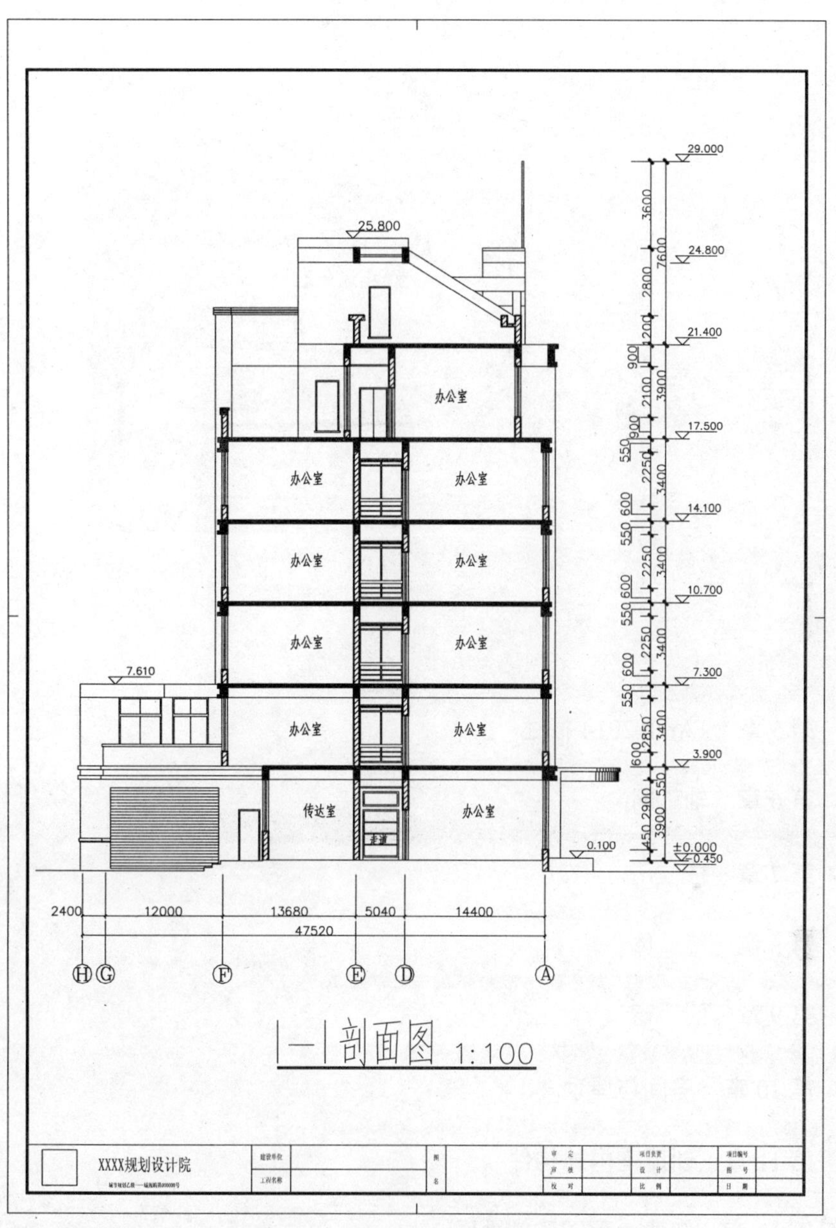

图 4-42　添加标题和图框后的剖面图

下篇

天正建筑篇

第5章 TArch 2014 概述

本章导读 TArch是北京市天正工程软件公司在AutoCAD之下研制开发的一个专用建筑图绘制软件，也是目前国内很流行的一个专用软件。该软件针对建筑图的特点开发，用它可以绘制建筑平面图、剖面图、立面图和某些结构详图，标注建筑图样等，其速度比 AutoCAD 等通用软件快几倍甚至几十倍。因而国内的建筑单位一般多用 TArch 等建筑图专用软件绘制主要建筑图样，而用 AutoCAD 绘制专用软件难以绘制的其他图形。

TArch 目前的最新版本是 TArch 2014。本章首先介绍天正软件的操作界面、设计特点、新增功能及基本操作，使读者对 TArch 2014 有一个大致的了解和认识。

本章重点

- ★ TArch 2014 的安装与启动
- ★ TArch 2014 窗口的组成
- ★ TArch 2014 的主要特点
- ★ TArch 2014 新特性
- ★ TArch2014 建筑设计流程

5.1 TArch 2014 的安装与启动

TArch 2014 是在 AutoCAD 平台上开发的专用软件，对 AutoCAD 的版本支持有一定的限制。本节介绍 TArch 2014 的软件和硬件配置环境，以及安装的方法。

5.1.1 软件与硬件配置环境

TArch 2014 完全基于 AutoCAD 2014 以上版本的应用而开发，因此对软硬件环境要求取决于 AutoCAD 平台的要求。只是由于用户的工作范围不同，硬件的配置也应有所区别。对于只绘制工程图，不关心三维表现的用户，Pentium 4 + 512MB 内存这一档次的机器就足够了；如果要把 TArch 2014 用于三维建模，在本机使用 3D MAX 渲染的用户，推荐使用双核 Pentium D/2GMz 以上 + 1GB 以上内存以及使用支持 OpenGL 加速的显示卡。

天正这样的 CAD 应用软件倚重于滚轮进行缩放与平移，鼠标附带滚轮十分重要，没有滚轮的鼠标效率会大大降低，用户可确认鼠标支持滚轮缩放和中键(滚轮兼作中键用)平移，如要将中键变为捕捉功能，可以在命令行键入 Mbuttonpan，设置该变量值为 1。

TArch 2014 支持 AutoCAD R15(2000/200i/2002) 和 R16(2004/2005/2006)、R17(2007-2014)三代 dwg 图形格式。然而由于 AutoCAD 2000 和 AutoCAD 2000i 固有的缺陷无法通过补丁改善，不能保证 TArch 2014 在上面很好地工作，希望用户使用 AutoCAD 2002-2014 平台，而且尽量安装这些平台下可以得到的补丁文件。

TArch 2014 支持 32 位 AutoCAD2004-2014 以及 64 位 AutoCAD2010-2014 平台。

需要指出，由于从 AutoCAD 2004 开始，Autodesk 官方已经不再正式支持 Windows98 操作系统，因此用户在 Windows98 上运行这些平台后带来的问题将无法获得有效的技术支持。

5.1.2 安装和启动

TArch 2014 的正式商品以光盘的形式发行，安装之前请阅读自述说明文件。在安装软件前，首先要确认计算机上已正确安装了 AutoCAD 20 X X，并能够正常运行。

安装 TArch 2014 的具体操作步骤如下：

01 在计算机上安装了 AutoCAD2014 并能正常运行后，就可以安装天正建筑软件。双击 TArch 2014 的安装图标，在弹出的对话框中选择【我接受许可证协议中的条款】选项，如图 5-1 所示。

02 在对话框中单击【下一步】按钮，在弹出的对话框中选择安装位置及要安装的组件（保持默认设置）进行安装即可。在对话框中单击【完成】按钮，关闭对话框，即可完成安装，如图 5-2 所示。

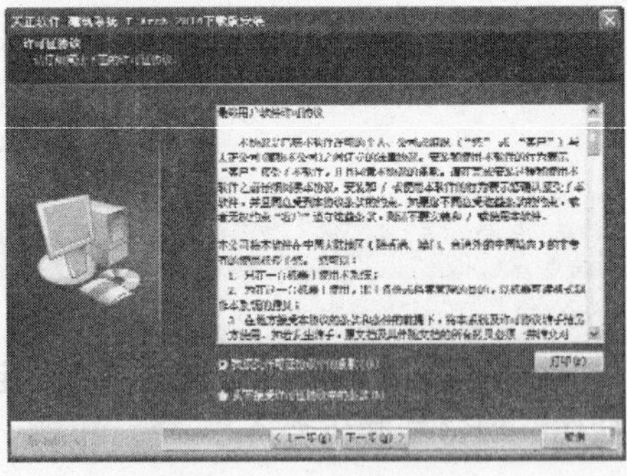

图 5-1　选择选项

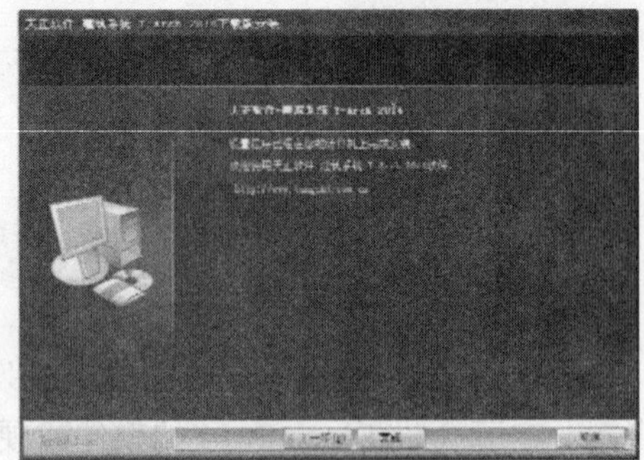

图 5-2　安装完成

5.2 TArch 2014 窗口的组成

TArch 2014 安装完毕后会生成“天正建筑 2014”工作组，并在桌面建立“天正建筑

2014”图标，双击任何一个图标即可运行该平台上的 TArch 2014。

第一次启动 TArch 2014 以后，会显示【日积月累】对话框。该对话框显示所装 TArch 版本的新功能和一些使用技巧，可以单击【下一条】按钮继续浏览，或单击【关闭】按钮关闭对话框。如果单击去掉【在开始时显示】选项的勾选，以后不会再显示该对话框。

关闭【日积月累】窗口后，系统界面如图 5-3 所示。从界面可以看出，TArch 运行在 AutoCAD 之下，只是在 AutoCAD 的基础上添加了一些专门绘制建筑图形的折叠菜单和工具栏。其命令的调用方法与 AutoCAD 完全相同。

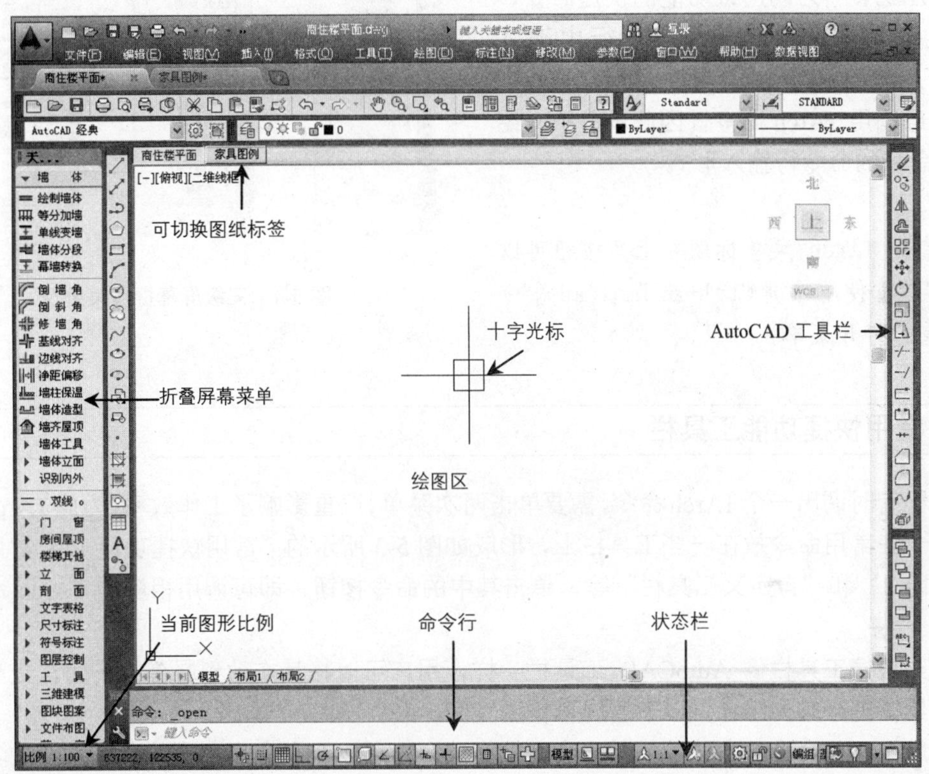

图 5-3　TArch 2014 工作界面

5.2.1 屏幕折叠菜单

天正的屏幕菜单默认依靠在 AutoCAD 图形编辑界面的左侧，也可以拖动菜单标题栏，使菜单在界面上浮动或改在 AutoCAD 界面右侧停靠。

TArch 2014 的主要功能都列在“折叠式”三级结构的屏幕菜单上，上一级菜单可以单击展开下一级菜单，如图 5-4 所示。同级菜单互相关联，展开另外一个同级菜单时，原来展开的菜单自动合拢，以节省宝贵的屏幕空间。二到三级菜单项是天正建筑的可执行命令或者开关项，全部菜单项都提供 256 色图标，图标设计具有专业含义，以方便用户增强记忆，更快地确定菜单项的位置。

提示 在 TArch 2014 图标菜单中，如果菜单按钮的左边有一个小的黑色三角形，表示该按钮还有相对应的下一级图标菜单。

当光标移到菜单项上时，AutoCAD 的状态行会出现该菜单项功能的简短提示。例如光标指针指向 # 绘制轴网时，屏蔽最下方会显示 生成直线轴网、斜交轴网或弧线轴网：HZZW，其中的“HZZW”为调用该功能的快捷命令，用户也可以在 AutoCAD 命令行中输入 HZZW 启动绘制轴网功能。由于用户一般不输入字母调用 TArch 命令，因此本书不介绍 TArch 命令的命令行输入形式。

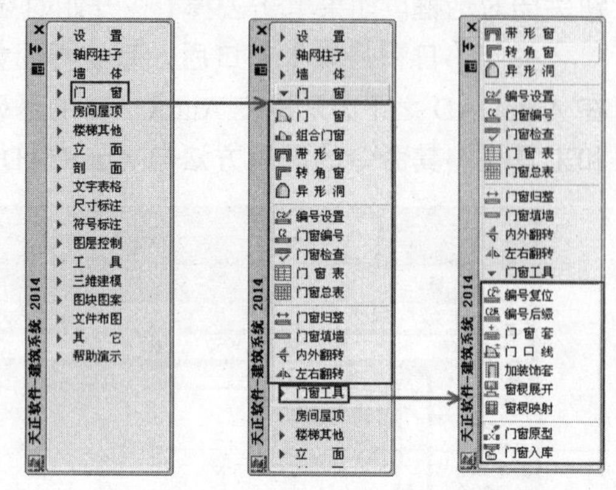

图 5-4 三级屏幕折叠菜单

技巧 单击 TArch 菜单标题右上角按钮可以关闭菜单，使用热键 Ctrl+或 Tmnload 命令可以重新打开菜单。

5.2.2 常用快捷功能工具栏

由于有时调出一个 TArch 命令，需要单击两次菜单，严重影响了工作效率，为此 TArch 软件将一些常用命令放在一些工具栏上，形成如图 5-3 所示的“常用快捷功能 1”“常用快捷功能 2”和“自定义工具栏”等，单击其中的命令按钮，即可调用相应的 TArch 命令。

这些快捷工具栏像 AutoCAD 工具栏一样，用户可以将其拖动到屏幕的一侧，或与其他工具栏进行排列组合，以节省屏幕作图空间。

调用 TArch 命令的方法除了单击命令按钮外，还可以在命令行中输入命令的中文名称中每一个汉字拼音的第一个字母调用命令，即命令行输入方式。当光标指向某一命令按钮时，在屏幕最下方会显示该按钮对应命令的功能简介，以及命令的命令行输入形式。

快捷功能工具栏上的按钮与 TArch 屏幕菜单中的命令是一一对应的，其命令图标完全相同，移动光标至某图标上方，会出现该图标功能的相关提示，如图 5-5 所示。

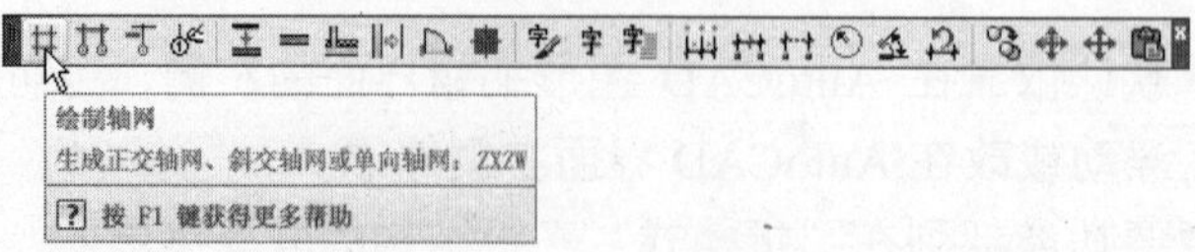

图 5-5 工具栏按钮提示

5.2.3 文档标签

TArch 在 AutoCAD 20XX 支持打开多个 DWG 文件，为方便在几个 DWG 文件之间切换，TArch 2014 提供了文档标签功能，为打开的每个图形在界面上方提供了显示文件名的标签，如图 5-6 所示，单击标签即可将标签代表的图形切换为当前图形，右击文档标签可显示多文档专用的关闭和保存所有图形、图形导出等命令。

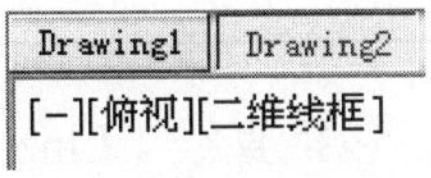

Drawing1　Drawing2
[-][俯视][二维线框]

图 5-6　文档标签

技巧 按“Ctrl + -”快捷键，可以快速打开或关闭 TArch 的文档标签功能。

5.3 TArch 2014 的主要特点

TArch 2014 是以新一代自定义对象化的 ObjectARX 技术开发的建筑软件，具有专业化、可视化、智能化等特点。在介绍 TArch 2014 之前，先来了解一下天正建筑软件的特点。

5.3.1 二维图形与三维图形设计同步

三维模型除了提供效果图外，还可以用来分析空间尺度，有助于设计者与设计团队的交流和与业主的沟通。

天正建筑应用专业对象技术，在满足建筑施工图绘制功能的前提下，兼顾三维快速建模，模型与平面图同步完成，不需要额外操作，如图 5-7 所示。

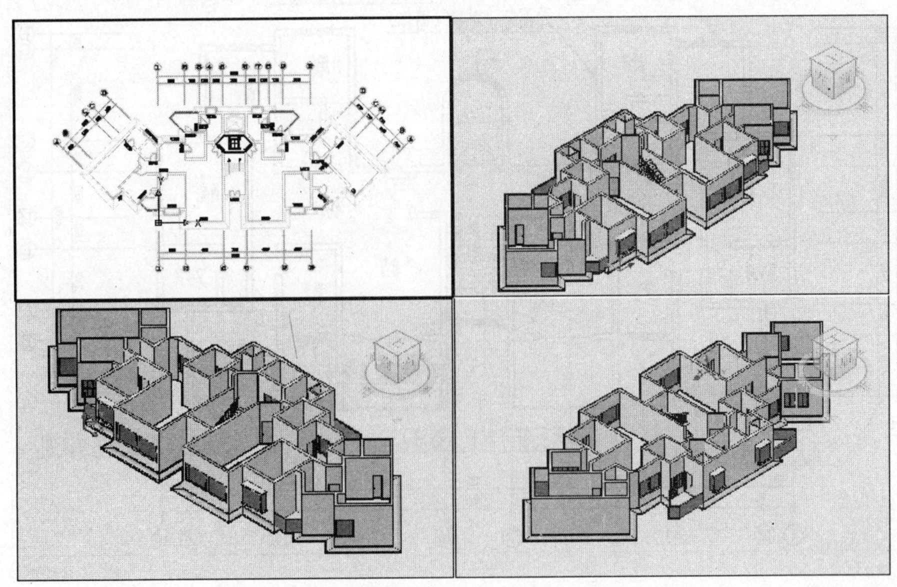

图 5-7　二维图形与三维模型同步生成

除了三维模型外，正天建筑可以在平面图的基础上自动生成立面图和剖面图，并且 TArch 2014 提供的【三维切割】命令可建立剖切透视效果图。

5.3.2 自定义对象技术

AutoCAD 提供了图形基本对象，包括直线（Line）、多段线（Pline）、圆（Circle）等二维基本对象及各种三维面与三维实体等几何对象、文字、尺寸标注、表格中注释性对象，AutoCAD 基本对象是实现图纸无障碍交流的基础。

天正软件在开发工具的支持下，运用面向对象的编程技术，由自己创造带有专业特性的图形对象（包括文字、尺寸标注等），这些由开发者自己定义的图形对象被称为专业对象，其特点如下：

- 自定义对象在 AutoCAD 中的几何表达完全由开发者按照自己的意图指定，可以是纯二维的，也可以是二维与三维共存的。其显示方式和内部结构可以很简单，也可以很复杂。
- 自定义对象可以具有完整的几何及物理特征。天正创建的对象不但可以像 AutoCAD 的图形基本对象一样进行操作，还可以内部预先定义对象夹点的行为模式。
- 自定义对象不但可以按专业特性独立定义，而且各种自定义对象之间可按预先设定的相互关系进行智能联动。

如图 5-8 所示是一个建筑标准层平面图，其中用到了 TArch 2014 部分自定义对象。

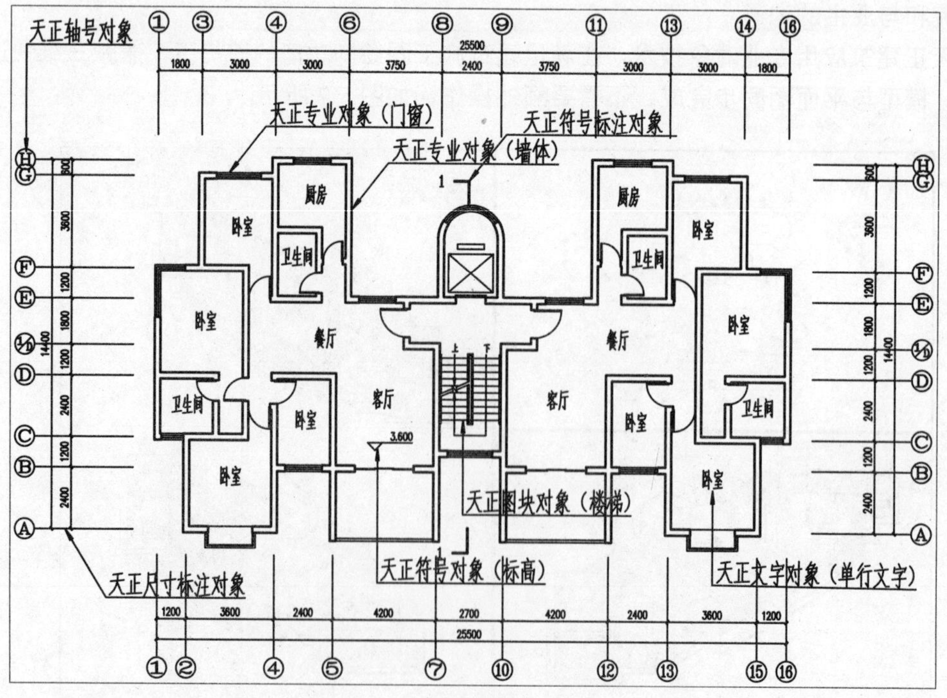

图 5-8 TArch 2014 图形中部分自定义对象图例

5.4 TArch 2014 新特性

TArch 2014 以提高用户的工作效率和完善建筑制图内容为出发点，引入了大量先进的操作技术，来大幅度提高设计师的工作效率。

- 新增【快速标注】命令，一步标注出图中选中所有天正对象的尺寸。
- 新增【弧弦标注】命令，通过光标位置判断标注类型，准确标注。
- 增加【标高对齐】命令用于把选中标高按新点取的标高位置或参考标高位置竖向对齐。
- 【墙体分段】命令采用更高效的操作方式，可以预设目标墙体材料、左右墙宽等，可以连续多次操作，允许在墙体外取分段点，可以作用于于玻璃幕墙对象。
- 增加【布停车位】命令用于布置直线与弧形排列的车位。
- 增加【总平图例】命令用于绘制总平面图的图例块。
- 优化【等式标注】命令，可以自动进行计算。
- 优化【取消尺寸】命令，不仅可以取消单个区间，也可框选删除尺寸。
- 【两点标注】命令通过点选门窗、柱子增补或删除区间。
- 【合并区间】支持点选区间进行合并。
- 尺寸标注支持文字带引线的形式。
- 【逐点标注】支持通过键盘精确输入数值来指定尺寸线位置，在布局空间操作时支持根据视口比例自动换算尺寸值。
- 【连接尺寸】支持框选。
- 【角度标注】取消逆时针点取的限制，改为手工点取标注侧。
- 弧长标注可以设置其尺寸界线是指向圆心（新国标）还是垂直于该圆弧的弦（旧国标）。
- 角度、弧长标注支持修改箭头大小。
- 修改尺寸自调方式，使其更符合工程实际需要。
- 【多行文字】增加文字颜色和段落格式设置。

5.5 TArch 2014 建筑设计流程

TArch 2014 的主要功能可支持建筑设计各个阶段的需求，无论是初期的方案设计还是最后阶段的施工图设计，设计图的绘制详细程度(设计深度)取决于设计需求，由用户自己把握，而不需要通过切换软件的菜单来选择，TArch 2014 不需要先有三维建模，后做施工图设计这样的转换过程，除了具有因果关系的步骤必须严格遵守外，通常没有严格的先后顺序限制。

如图 5-9 所示是包括日照分析与节能设计在内的建筑设计流程图。

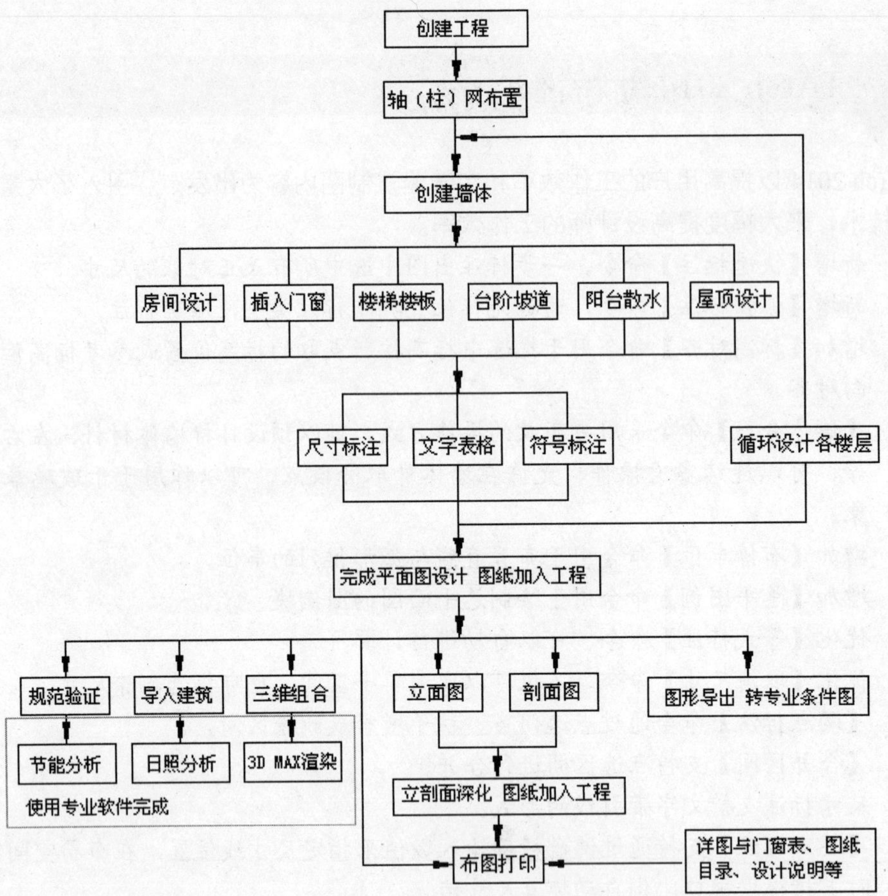

图 5-9　天正建筑操作流程

第6章 轴　网

本章导读 轴线是建筑物各组成部分的定位中心线。在 TArch 中，将网状分布的轴线称为轴网。用 TArch 绘制建筑图，一般要先画出建筑物的轴网，然后由轴线生成墙线，以轴线为定位基准插入立柱、绘制墙体等。

本章通过大量的实例来详细阐述定位轴线的绘制、编辑方法和相关技巧。

本章重点

★ 轴网概述
★ 轴网的创建
★ 轴网标注与编辑
★ 轴号的编辑

6.1 轴网概述

轴网是由两组或多组轴线及轴线的轴号、尺寸标注组成的平面网格，是建筑物平面布置和墙柱构件定位的依据。完整的轴网应由轴线、轴号以及尺寸标注三个相对独立的系统所构成。本章先介绍轴线系统和轴号系统的创建和编辑方法，尺寸标注系统内容将在本书后面章节中介绍。

6.1.1 轴线系统

轴线系统是由众多轴线构成的，如图 6-1 所示。由于轴线的操作灵活多变，为了在操作中不造成各项限制，所以在 TArch 中轴网系统没有做成自定义对象，而是把位于轴线图层上的 AutoCAD 的基本图形对象（包括直线、圆、圆弧）识别为轴线对象，以便于修改轴线对象。TArch 默认的轴线图层为“DOTE”。为了在绘图过程中方便捕捉和操作，轴线默认使用的线型为细实线。在出图前可调用【轴改线型】命令改为规范要求的点画线。

6.1.2 轴号系统

TArch 的轴号是按照《房屋建筑制图统一标准》（GB/T50001-2010）的规范编制的，

带有比例的自定义对象。轴号为建筑设计人员提供了便利，更为施工人员看图作业提供了方便，如图 6-1 所示显示了【轴号系统】的图例。

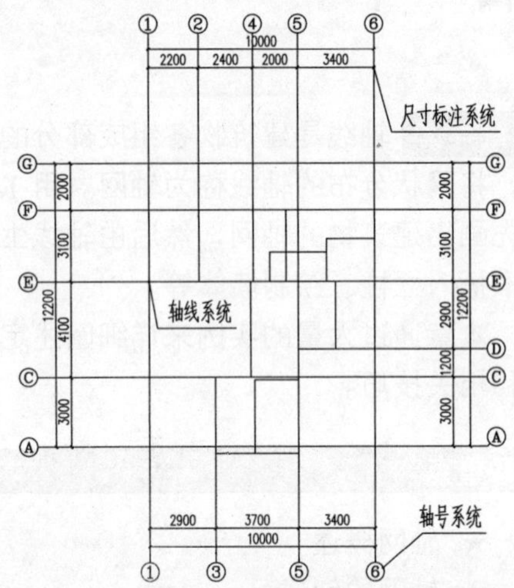

图 6-1　轴线系统、轴号系统和尺寸标注系统

轴号一般是在轴线两段成对出现，也可只有一端。可以通过对象编辑单独控制个别轴号或某一段的显示，轴号的大小与编号方式必须符合现行制图的规范要求，保证出图后圆的直径是 8mm。轴号对象预设有用于编辑的夹点。

6.1.3 尺寸标注系统

TArch 尺寸标注系统由轴号标注命令生成，尺寸标注伴随轴号标注进行，不需要单独进行尺寸标注。TArch 尺寸标注系统由自定义设置的多个尺寸标注对象构成，在标注轴线时软件自动生成了轴线 DOTE 图层上，如图 6-1 所示显示了【尺寸标注系统】的图例。尺寸标注系统中除了图层外，与其他命令的尺寸标注没有区别，尺寸标注会在后面的章节里详细介绍。创建轴网的方法有如下几种：

- 使用屏幕菜单【轴网柱子】|【绘图轴网】命令生成标准的直轴网或弧轴网.
- 根据已有的平面布置图，使用【轴网柱子】|【墙生轴网】命令生成轴网.
- 直接在轴线图层上绘制直线、圆、圆弧，轴网标注命令均识别为轴线。

6.2 轴网的创建

轴网有直线轴网、弧形轴网等多种类型，可分别使用不同的方法创建。

6.2.1 绘制直线轴网

直线轴网顾名思义就是用直线创建的轴网，中间不包含弧线。直线轴网用于正交轴网、斜交轴网或单向轴网中。

选择【轴网柱子】|【绘制轴网】菜单命令，打开【绘制轴网】对话框，在其中选择【直线轴网】选项卡，输入上下开间距距离及左右进深距离，如图 6-2 所示，单击【确定】按钮即可生成直线轴网。

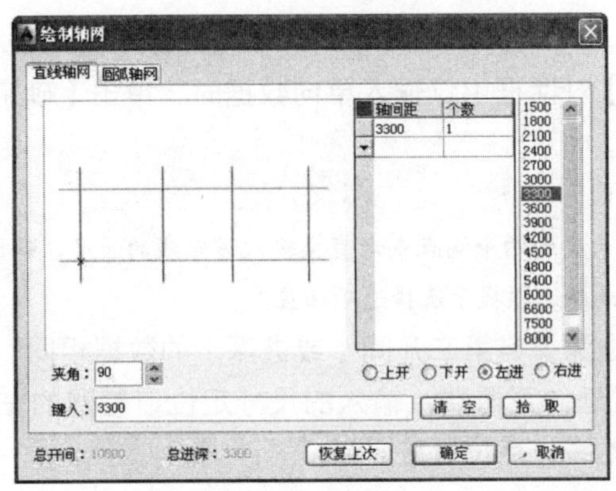

图 6-2 【绘制轴网】对话框

输入轴网数据有如下两种方法：

- 直接在【键入】栏内输入轴网数据，每个数据之间用空格或英文逗号隔开，输入完毕后按回车键或【确定】按钮生效。
- 直接输入【轴间距】和【个数】，常用值可直接选取右方数据栏，或下拉表中的预设数据。

1. 参数详解

【绘制轴网】对话框中各参数含义解释如下：

- 上开：在轴网上方进行轴网标注的房间开间尺寸。
- 下开：在轴网下方进行轴网标注的房间开间尺寸。
- 左进：在轴网左侧进行轴网标注的房间进深尺寸。
- 右进：在轴网右侧进行轴网标注的房间进深尺寸。
- 轴间距:开间或进深的尺寸数据，用空格或英文逗号隔开，按回车键或【确定】按钮输入到电子表格中。
- 个数：栏中数据的重复次数，可以单击右方数据栏或下拉列表获得，也可以直接输入数据。
- 键入：输入一组尺寸数值，用空格或英文逗号隔开，按回车键或【确定】按钮输入到电子表格中。输入“2*3600”，表示添加 2 根间距为 3600 的轴线。
- 夹角：输入开间与进深轴线之间的夹角数据，默认为夹角为 90° 的正交轴网。
- 清空：把某一组开间或某一组进深数据清空，保留其他组的数据。
- 总开间：显示出本次输入轴网总开间的尺寸数据。
- 总进深：显示出本次输入轴网总进深的尺寸数据。
- 恢复上次：把上次绘制轴网的参数恢复到对话框中。

➢ 确定/取消：单击【确定】按钮后，开始绘制轴网并保存数据；单击“取消”按钮后，取消绘制轴网并放弃输入数据。

在【绘制轴网】对话框中输入了所有尺寸数据，单击【确定】按钮后，命令行显示：

```
点取位置或[转 90 度 A/左右翻（S）/上下翻（D）/对齐（F）/改转角（R）/改基点（T）]<退出>:
```

/此时可拖动基点插入轴网，直接点取轴网目标位置或按选项提示回应/

如果在【绘制轴网】对话框中仅输入单向数据时，单击【确定】按钮后，命令行会提示如下：

```
单向轴线长度<3600>:
```

/此时可以单击该轴线长度的两个端点或者直接输入该轴线的长度，软件会接着提示“点取位置”，此时可拖动基点插入轴网，或按选项提示选择选项回应/

如果第一开间（或进深）与第二开间（或进深）的数据相同，不必输入另一开间（或进深），软件自动将轴线延伸至两端。输入的尺寸定位以轴网的左下角轴线交点为基点，多层建筑各层平面同号轴线交点位置应一致。

2．绘制直线轴网

绘制如图 6-3 所示的直线轴网。

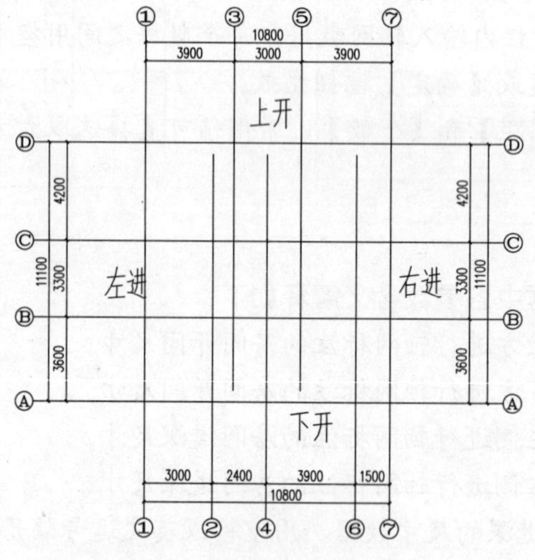

图 6-3　直线轴网图

01 选择【轴网柱子】|【绘制轴网】命令，单击该命令后，显示了【绘制轴网】对话框，选择【直线轴网】标签，并设定“上开”参数如图 6-4 所示。

02 选择【下开】单选按钮，设置“下开”参数如图 6-5 所示。

03 选择【左进】单选按钮，设置“左进深”尺寸，如图 6-6 所示，右进深尺寸和左进深尺寸相同时不需要重复设置。

04 参数设置完成之后，单击【确定】按钮。，在空白处单击即可完成直线轴网的创建，得到如图 6-7 所示的轴网效果。

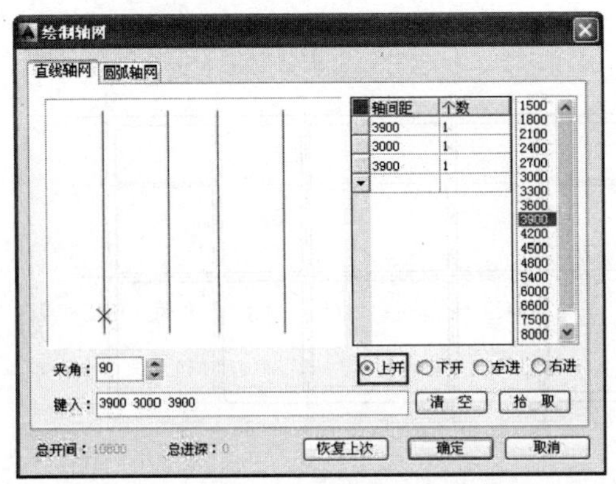

图 6-4　上开参数设置

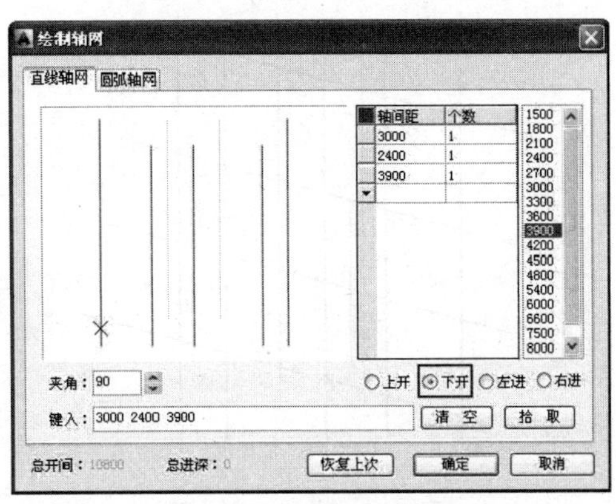

图 6-5　下开参数设置

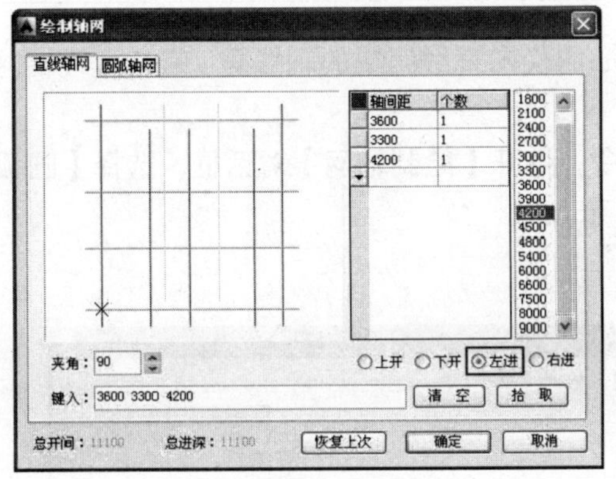

图 6-6　左进深尺寸

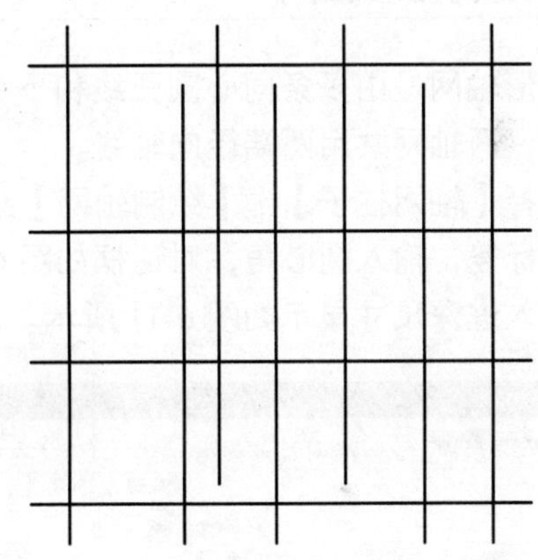

图 6-7　直线轴网图

3. 绘制斜交直线轴网

创建斜交直线轴网，参数与上述直线轴网相同，夹角为 75°，得到效果如图 6-8 所示。

6.2.2 墙生轴网

在建筑方案设计过程中，设计师们绘制设计图时不可能一次达到满意的程度，往往需要反复修改，如添加墙体、删除墙体、修改开间及进深尺寸等，专用轴线定位有时并不方便。为此天正建筑提供了墙生轴网的功能，可以在参考栅格点上直接进行设计，待平面方案图确定下来后，再用墙生轴网功能生成轴网；也可用【绘制墙体】命令先绘制草图，然后用【墙生轴网】命令生成轴网。

选择【轴网柱子】|【墙生轴网】菜单命令，单击该命令后，命令行提示：

请选择要从中生成轴网的墙体：

选择已经绘制好的任意墙体，按回车键，软件即从墙体中间生成轴中心线，如图 6-9 所示。

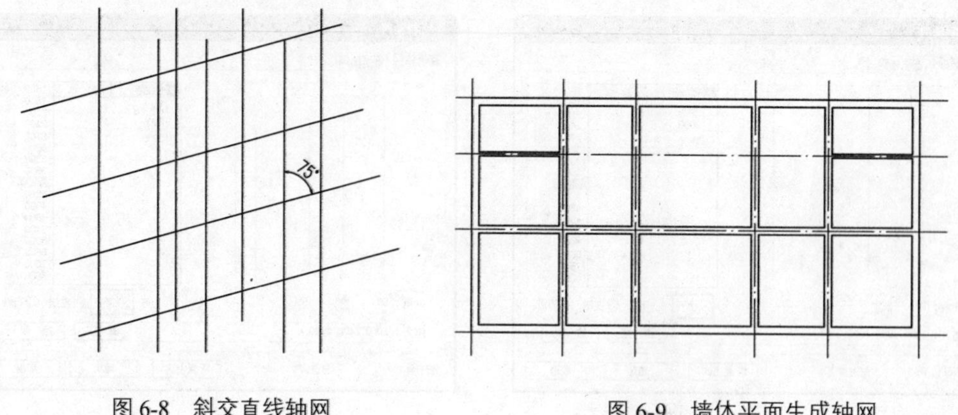

图 6-8　斜交直线轴网　　　　图 6-9　墙体平面生成轴网

6.2.3 绘制弧形轴网

弧形轴网是由多条同心圆弧线和不经过圆心的径向直线组成的轴线网，常与直线轴网相结合，两轴网共用两端径向轴线。

选择【轴网柱子】|【绘制轴网】菜单命令，打开【绘制轴网】对话框，选择【圆弧轴网】标签，输入圆心角，对话框如图 6-10 所示。

输入进深尺寸显示如图 6-11 所示。

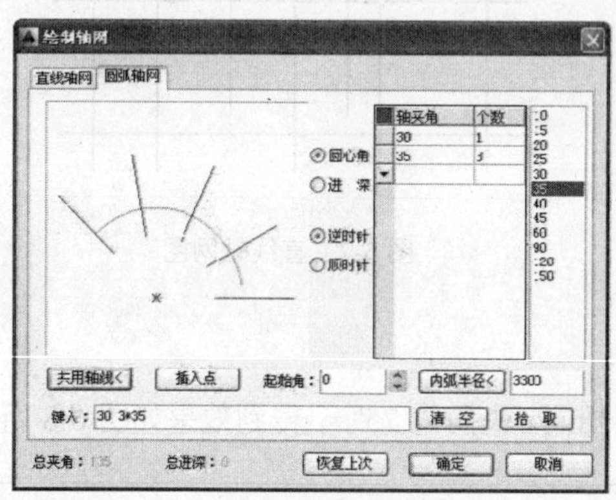

图 6-10　设置圆心角

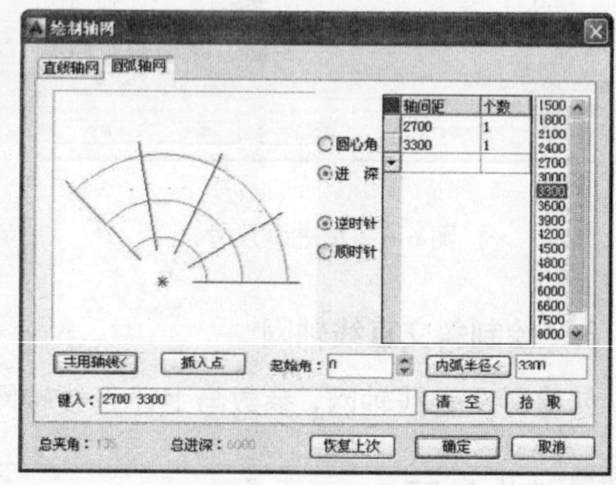

图 6-11　设置进深

【圆弧轴网】选项卡各选项解释如下：

- 进深：在轴网径向，并由圆心起到外圆的轴线尺寸序列，单位 mm。
- 圆心角：由起始角起算，按旋转方向排列的轴线开间序列，单位（°）。
- 轴间距：进深的尺寸数据，点击右方数值栏或下拉列表获得，也可以直接输入数值，单位 mm。
- 轴夹角：开间轴线之间的夹角数据，常用数据可以从下拉列表中获得，也可以直接输入，单位（°）。
- 个数：栏中数据的重复次数，点击右方数值栏或下拉列表获得，也可以直接输入数值。

- 内弧半径：从圆心起算的最内环向轴线半径，可从图上取两点获得，也可以为0。
- 起始角：X轴正方向与起始径向轴线的夹角（按旋转方向定）。
- 逆时针：径向轴线的旋转方向。
- 顺时针：径向轴线的旋转方向。
- 共用轴线：在与其他轴网共用一条轴线时，从图上指定该径向轴线不再重复绘出，点取时通过拖动圆弧轴网确定与其他轴网连接的方向。
- 键入：输入一组尺寸数据，用空格或英文逗号隔开，回车后输入到表格中。
- 插入点：单击【插入点】按钮，可改变插入点基点位置。
- 清空：单击该按钮可以清空本次设定的数据，保留其他组数据。
- 恢复上次：把上次绘制圆弧轴网的参数恢复到对话框中。
- 确定/取消：单击【确定】按钮后开始绘制圆弧轴网并保存数据，单击【取消】后，取消绘制圆弧轴网并放弃保存数据。

在对话框中输入所有数据后，单击【确定】按钮，命令行提示：

```
点取位置或[转90度(A)/左右翻(S)/上下翻(D)/对齐(F)/改转角(R)/改基点(T)<退出>:
```

此时可拖动基点直接插入到已有直线轴网中，或者按提示进行操作，提示中的内容与用法和直线轴网相同，在这里就不再重复介绍了。

当圆心角总夹角为360º时，可生成圆形轴网。

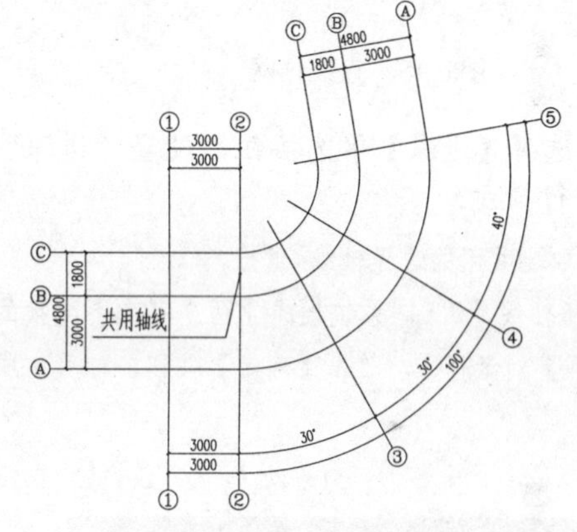

图6-12　弧形轴网效果

绘制如图6-12所示的弧形轴网，操作步骤如下：

01 选择【轴网柱子】|【绘制轴网】菜单命令，打开【绘制轴网】对话框，选择【直线轴网】标签，并选择【上开】单选按钮，设置其参数如图6-13所示。

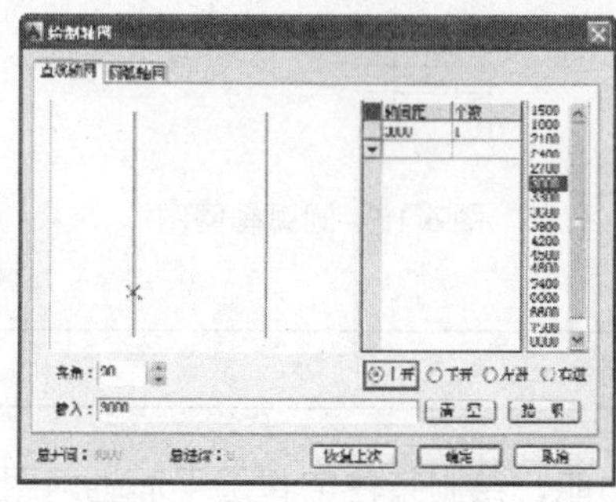
图6-13　上开参数

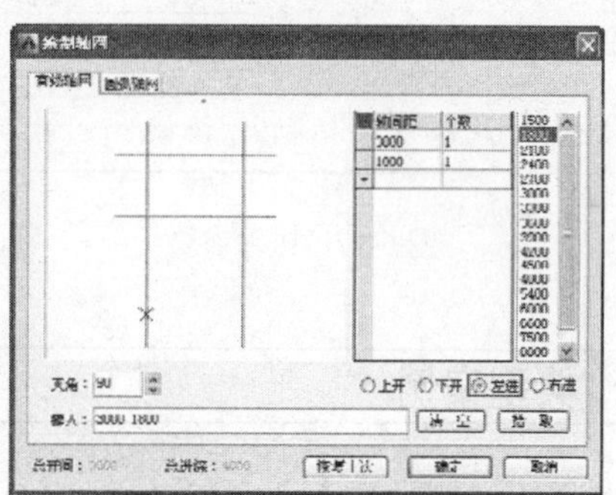
图6-14　左进深参数

02 选择【左进】单选按钮，设定“左进深”参数如图 6-14 所示，单击【确定】按钮，在绘图窗口单击得到左边部分的直线轴网，如图 6-15 所示。

03 选择【轴网柱子】|【绘制轴网】菜单命令，再次打开【绘制轴网】对话框，选择【圆弧轴网】标签，并选择【圆心角】单选按钮，设置“圆心角”参数如图 6-16 所示。

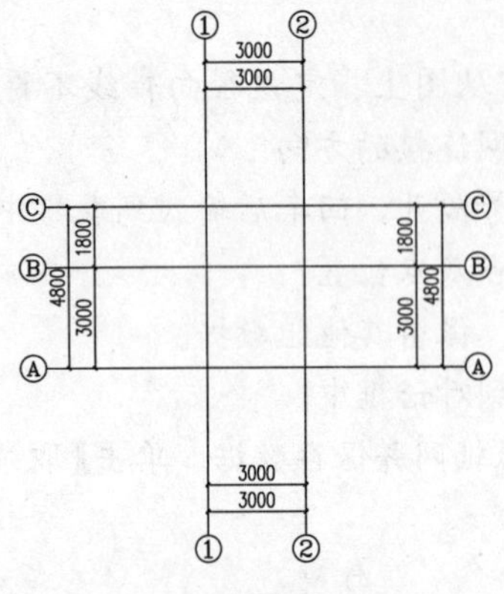

图 6-15　直线轴网

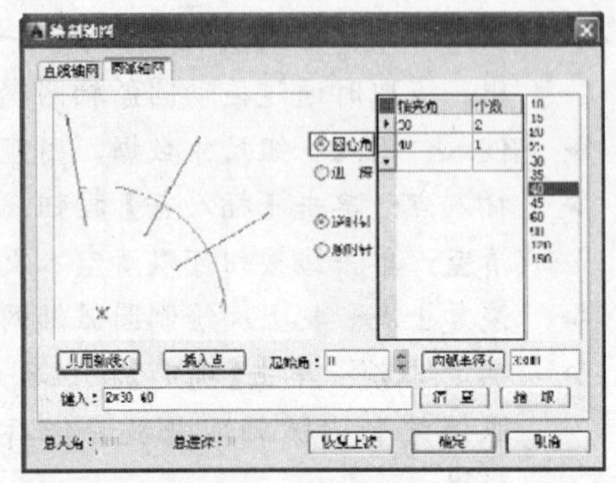

图 6-16　圆心角参数

04 选择【进深】单选按钮，设置“进深”参数如图 6-17 所示，单击【共用轴线】按钮，命令行提示：

请拾取要共用的边界轴线<退出>:

/选择轴线“2”，系统生成了两个可上下变换的圆弧轴网，此时需单击定位，定位以后，返回至【绘制轴网】对话框中，单击【确定】按钮，即可生成圆弧轴网如图 6-18 所示/

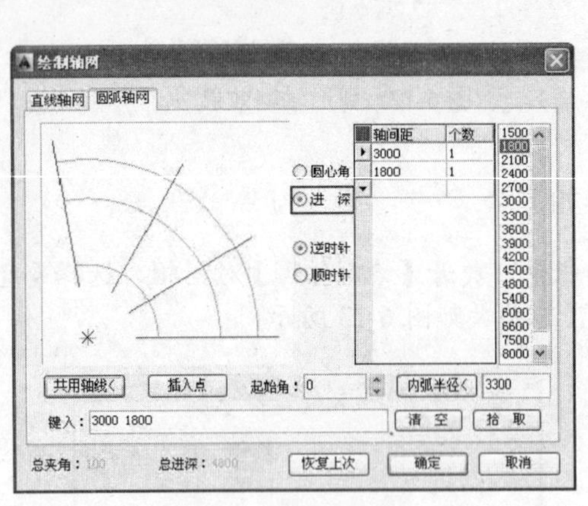

图 6-17　进深参数

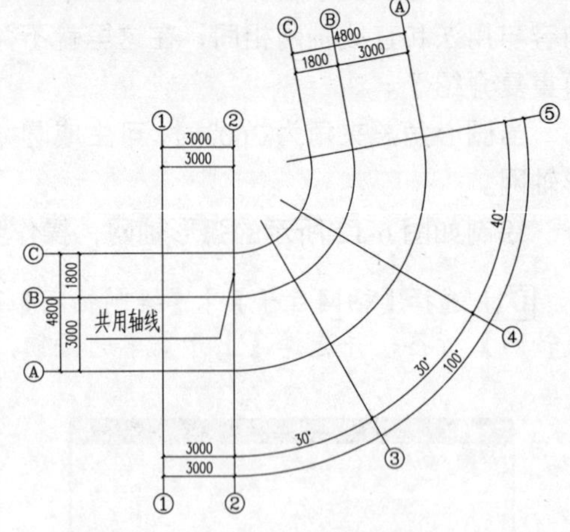

图 6-18　圆弧轴网图

6.2.4 典型案例

利用【绘制轴网】命令和 AutoCAD 绘制圆弧功能，绘制某住宅首层平面轴网图如图 6-19 所示。

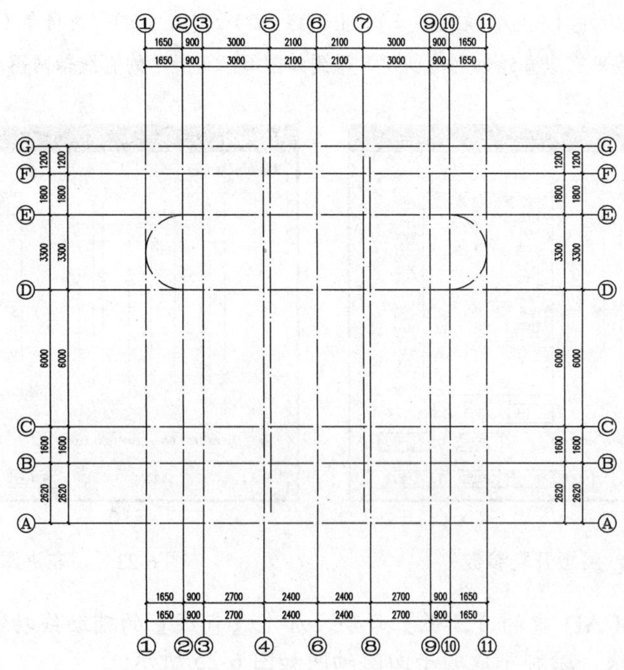

图 6-19 住宅首层平面轴网图

操作步骤如下：

01 选择【文件】|【新建】菜单命令，打开【样板文件】对话框，选择 ACAD.dwt 样板，如图 6-20 所示，选择【打开】按钮，即可以样板创建新文件。

02 选择【轴网柱子】|【绘制轴网】命令，单击该命令后，显示了【绘制轴网】对话框，选择【直线轴网】标签，选择【下开】单选按钮，设置“下开”参数如图 6-21 所示。

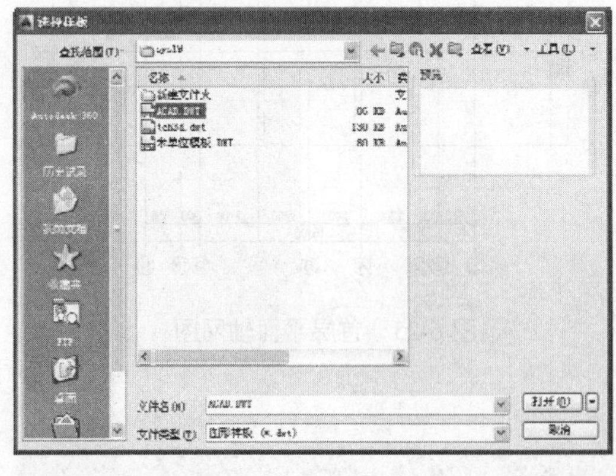

图 6-20 【样板文件】对话框

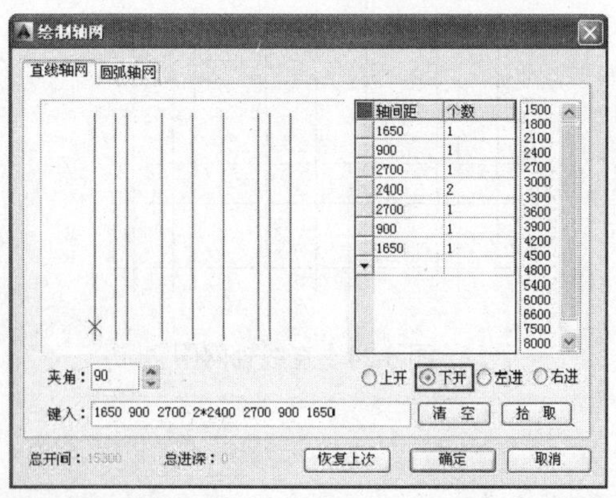

图 6-21 “下开”参数

03 选择【上开】单选按钮，设置“上开”参数如图 6-22 所示。

04 选择【左进】单选按钮，设置“左进深”参数如图 6-23 所示。输入完成后，单击【确定】按钮。命令行提示：

点取位置或[转 90 度(A)/左右翻(S)/上下翻(D)/对齐(F)/改转角(R)/改基点(T)]:
/在空白处单击即可完成直线轴网的创建，得到如图 6-24 所示的直线轴网图/

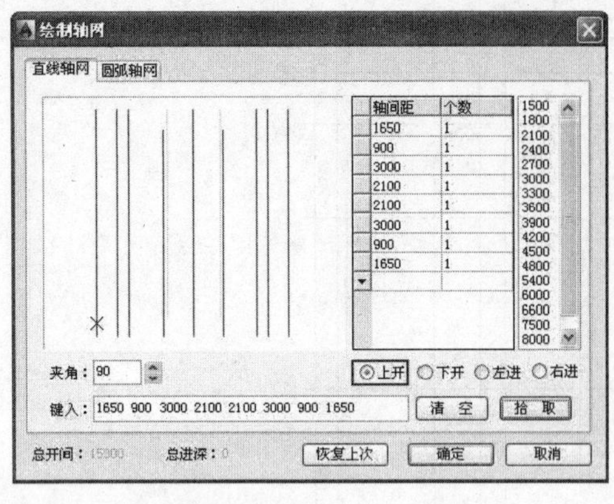

图 6-22 “上开”参数

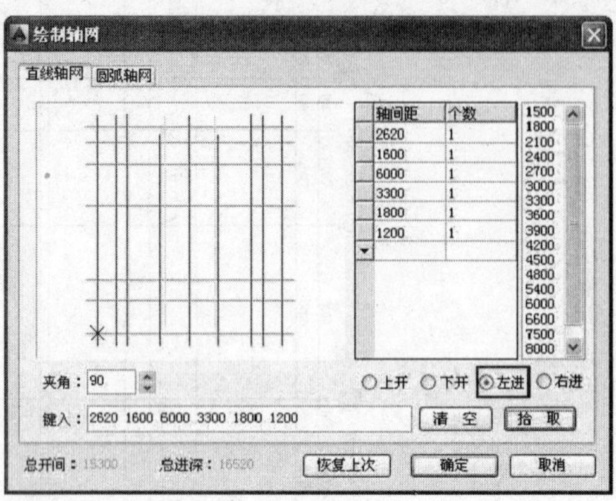

图 6-23 “左进深”参数

05 利用 AutoCAD 中的【圆弧】命令，加上【直线】的辅助线功能，在图层 DOTE 上绘制两条圆弧轴线，绘制完成的平面图轴网如图 6-25 所示。

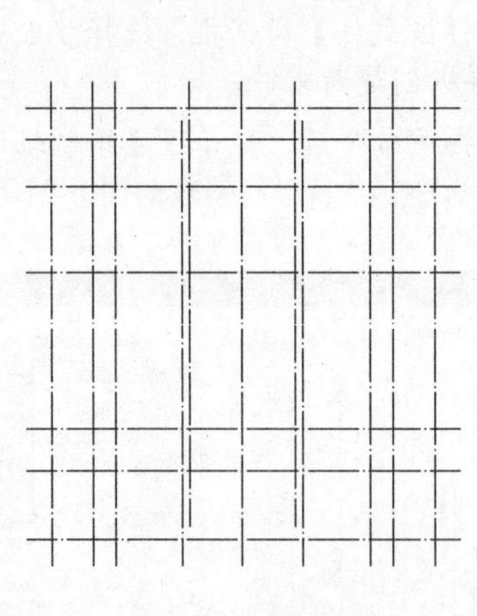

图 6-24 直线轴网图

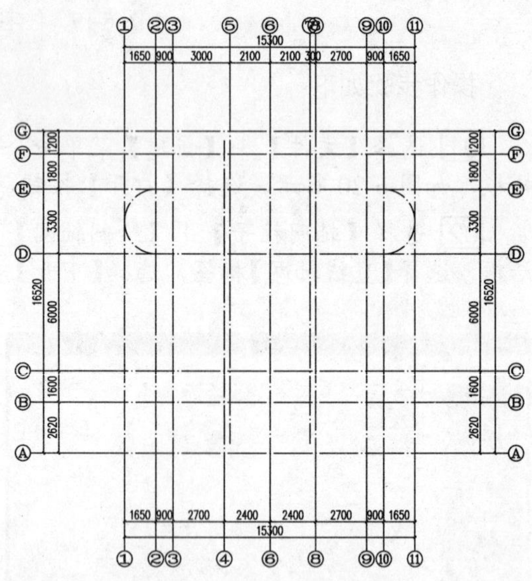

图 6-25 首层平面轴网图

6.3 轴网标注与编辑

轴网标注是指对已经生成的轴网进行标注，轴网标注包括轴号标注及尺寸标注，轴号按照规范要求可用数字、大写字母、小写字母、双字母、双字母间隔连字符等方式标注，适应于各种复杂分区轴网。

按照绘图规范，平面图上定位轴线的编号，横向编号应用阿拉伯数字，从左至右顺序编写，竖向编号应用大写英文字母，从下至上顺序编写。英文字母的 I、Z、O 不得用作编号，以免与数字 1、2、0 混淆。

6.3.1 轴网标注

【轴网标注】命令通过指定两点，标注矩形、弧形、圆形轴网的尺寸和轴号。该命令能自动将纵向轴线以数字作轴号，横向轴网以字母作轴号。

选择【轴网柱子】|【轴网标注】菜单命令，打开【轴网标注】对话框，如图 6-26 所示。

图 6-26　【轴网标注】对话框

这时，命令行提示：(选取要标注的始末轴线，以下标注为直线轴网)

请选择起始轴线<退出>:　　　　//选择一个轴网某开间或进深一侧的起始轴线

请选择终止轴线<退出>:　　　　//选择一个轴网某开间或进深同侧的末轴线，即可完成两轴线的轴线标注

【轴网标注】对话框中各选项解释如下：

- 起始轴号：一般设置为 1 或者 A，如果起始轴号不设 1 或 A 时，在此输入自定义起始轴号，可以使用字母和数字组合轴号。
- 单侧标注/双侧标注：“单侧标注”选项表示所进行的标注只在所选取的轴线一端进行，“双侧标注”选项表示所进行的标注在选取轴线两端都进行。
- 共用轴号：勾选此复选框后，表示起始轴号由所选择的已有轴号后继数字或字母决定。

绘制一个直线轴网与弧线轴网组合标注效果，如图 6-27 所示。

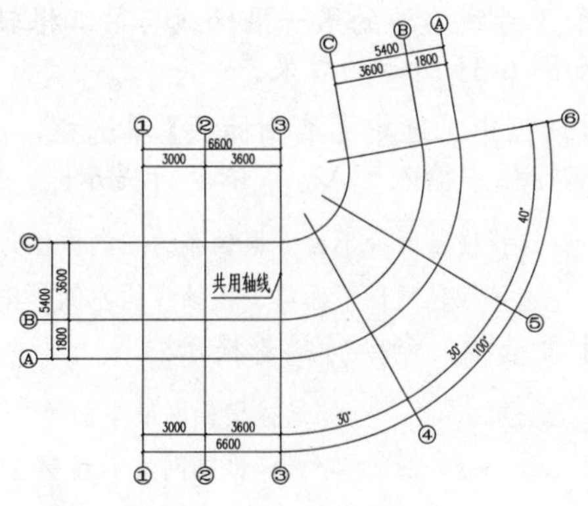

图 6-27　直线轴网与弧线轴网组合标注

操作步骤如下：

01 打开一幅绘制好的直线与弧轴网图，如　　图 6-28 所示。

02 选择【轴网柱子】|【轴网标注】菜单命令，打开【轴网标注】对话框，设置参数如图 6-29 所示，同时命令行提示：

请选择起始轴线<退出>:　　　　//选择直轴网左边第一根纵向轴线作为起始轴线
请选择终止轴线<退出>:　　　　//选择直轴网左边第二根纵向轴线作为终止轴线

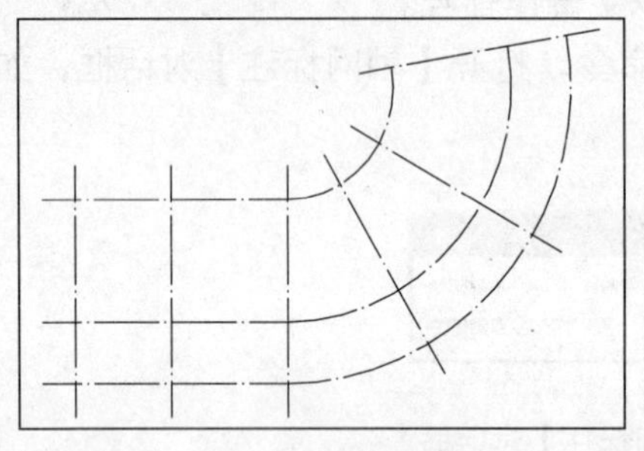

图 6-28　直线与弧线轴网

图 6-29　【轴网标注】对话框

03 单击选中【共用轴号】复选框，命令行接着提示：

请选择起始轴线<退出>:　　　　//选择直轴网左边第二根纵向轴线作为起始轴线
请选择终止轴线<退出>:　　　　//选择直轴网左边第三轴线作为终止轴线，此时就得到直轴网纵向标注如图 6-30 所示

04 选中【单侧标注】单选框，并且使【共用轴号】复选框处于选中状态，命令行提示如下：

请选择起始轴线<退出>:　　　　//选择 3 号轴线
请选择终止轴线<退出>:　　　　//选择 3 号轴线右边的第一根纵向轴线
是否按逆时针方向排序编号？[是（Y）/否（N）]<Y>: Y↙　　　　//输入选项“Y”后按回车键

05 用同样的方法选择 3 号线右边的第一根轴线与第二根轴线，3 号线右边的第二根轴线与第三根轴线，得到如图 6-31 所示的效果。

06 在【轴网标注】对话框中，选中【单侧标注】单选框，并且取消选中【共用轴号】复选框，在【起始轴号】标签栏中输入“A”，命令行提示：

请选择起始轴线<退出>:　/选择横轴网最下面一根轴线的左侧作作为起始轴线/
请选择终止轴线<退出>:　/选择横轴网最下面第二根轴线的左侧作作为终止轴线/

07 选中【共用轴号】复选框，命令行接着提示：

请选择起始轴线<退出>:　　　　//选择横轴网最下面第二根轴线的左侧作为起始轴线
请选择终止轴线<退出>:　　　　//选择横轴网最下面第三根轴线的左侧作为终止轴线，得到如图 6-32 所示轴线标注效果

08 在【轴网标注】对话框中，选中【单侧标注】单选项，取消选中【共用轴号】，

在【起始轴号】框中输入“A”，命令行提示：

请选择起始轴线<退出>: //选择“A”轴线弧段右端

请选择终止轴线<退出>: //选择“B”轴线弧段右端，此时，单击【共用轴号】复选框，命令行接着提示

请选择起始轴线<退出>: //选择“B”轴线弧段右端

请选择终止轴线<退出>: //选择“C”轴线弧段右端，得到最终的直线与弧线轴网组合标注效果如图 6-33 所示

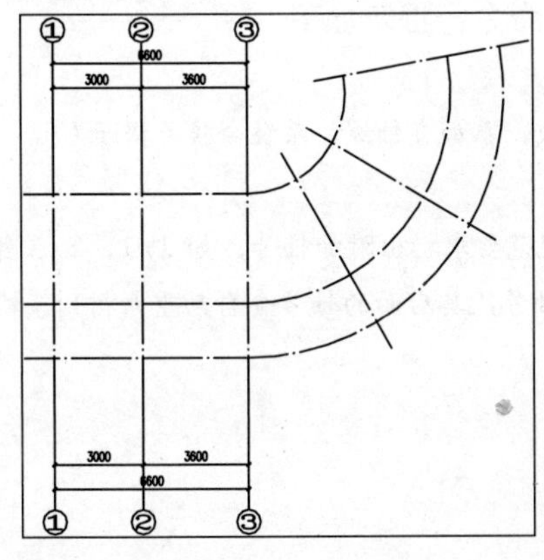

图 6-30 直轴网纵向标注

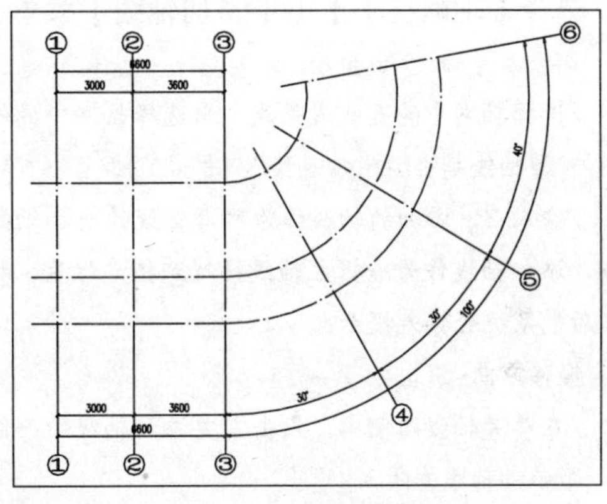

图 6-31 直轴与弧轴纵向标注

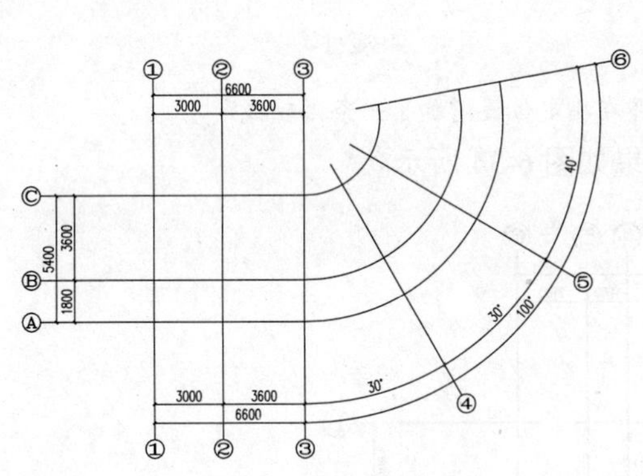

图 6-32 横向直线轴网标注

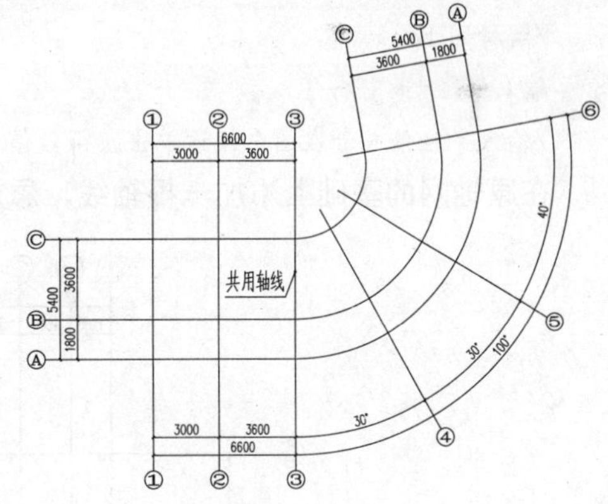

图 6-33 轴网标注效果图

6.3.2 单轴标注

【单轴标注】命令是指对单条轴线进行编号且轴号独立生成，不与已经存在的轴号系统和尺寸标注系统相关联。【单轴标注】命令常用于立面、剖面与详图等个别存在的轴线标柱中，而不适应于一般的平面轴网标注中。

选择【轴网柱子】|【单轴标注】菜单命令，单击该命令后，命令行提示：

点取待标注的轴线 <退出>: //点取要标注的某根轴线或按 Esc 键退出
请输入轴号<空号>: ↙ //输入轴号编号，或直接回车键标注一个空轴号

6.3.3 添加轴线

【添加轴线】命令一般在【轴网标注】命令完成之后才执行，用途是参考已经存在的某一条轴线，在其任意一侧添加一根新轴线，同时根据选择和需要给予新的轴号，把新轴线和新轴号一起融入到存在的参考轴号系统中。

选择【轴网柱子】|【添加轴线】菜单命令，命令行提示如下：

选择参考轴线<退出>:

/选择轴网中的直线或弧线，当选择轴网中的一根直线，添加直轴线，系统会接着提示/

新增轴线是否为附加轴线？[是（Y）/否（N）]<N>:

/输入 Y，添加的轴线作为参考轴线的附加轴线，按规范要求标出附加轴号，如 1/1，1/A 等；输入 N，添加轴线作为一根主轴线插入到指定位置，标出主轴号，其后面的轴号会自动重新排列。输入 Y 或 N 后，系统会接着提示/

偏移方向<退出>:

/在参考轴线两侧中，点击需要添加轴线的一侧/

距参考轴线的距离<退出>:

/输入距参考轴线的距离按回车键，此时就完成了直轴线的添加。

若选择轴网中的一根弧线，添加弧轴线，系统会提示：

新增轴线是否为附加轴线？[是（Y）/否（N）]<N>: ↙

/解释同上/

输入半径<退出>:

/输入半径值或者在图中任意单击获得数值后，即在指定位置增加了一条弧轴线/

在原轴网的基础上添加一根轴线，添加结果如图 6-34 所示。

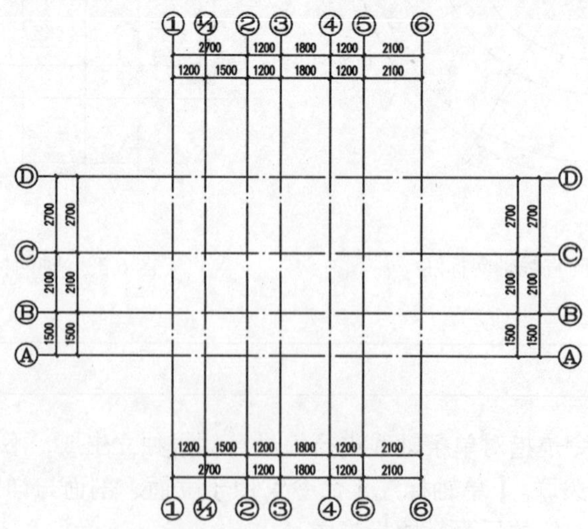

图 6-34 添加轴线示例

01 打开一幅原有的轴网图，如图 6-35 所示。

02 选择【轴网柱子】|【添加轴线】菜单命令，命令行提示：

选择参考轴线<退出>: //选择 2 号轴线，为 1 号轴线创建一条附加轴线
新增轴线是否为附加轴线？[是（Y）/否（N）]<N>: Y↙ //输入选项 "Y"
偏移方向<退出>: //鼠标在 2 号轴线左侧单击
距参考线的距离<退出>: 1500↙ //输入距离值 1500 后，按回车键即可创建一条附加轴线，最终效果如图 6-36 所示

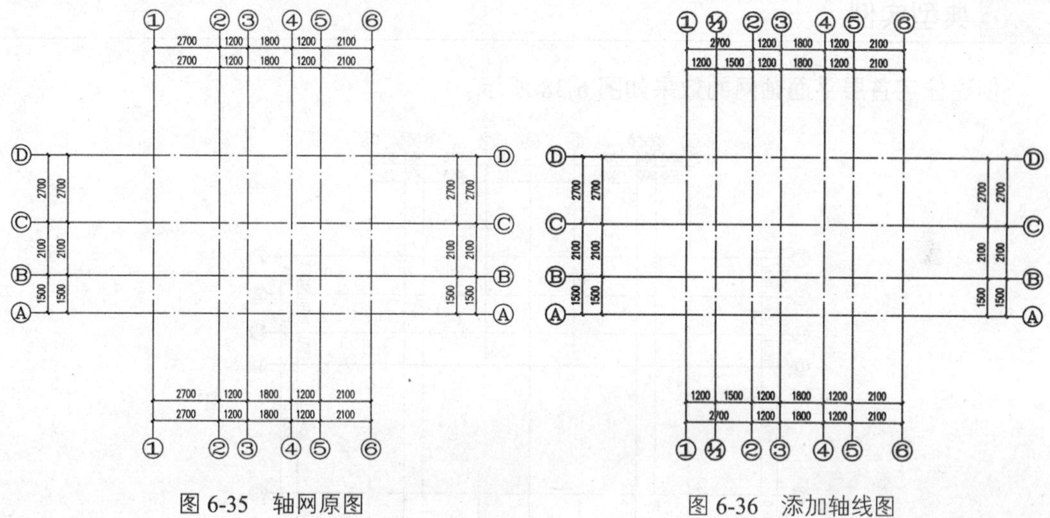

图 6-35 轴网原图　　图 6-36 添加轴线图

6.3.4 轴线裁剪

【轴线裁剪】命令用于把多余的轴线按照一定的方法裁剪掉。选择【轴网柱子】|【轴线裁剪】菜单命令，命令行提示：

矩形的第一个角点或[多边形裁剪（P）/轴线取齐（F）] <退出>:
/单击多边形的第一点或按选项提示进行操作/
另一个角点<退出>:
/单击矩形另一个对角点，矩形内的轴线将被裁剪/

如图 6-37 所示是轴线裁剪过程实例。

【轴线裁剪】命令行各选项解释如下：

➢ 多边形裁剪（P）：是指所裁剪的区域为多边形，由多边形的各个角点来控制。
➢ 轴线取齐（F）：是指以某一条直线为参考线，确定参考线一边被裁剪掉。

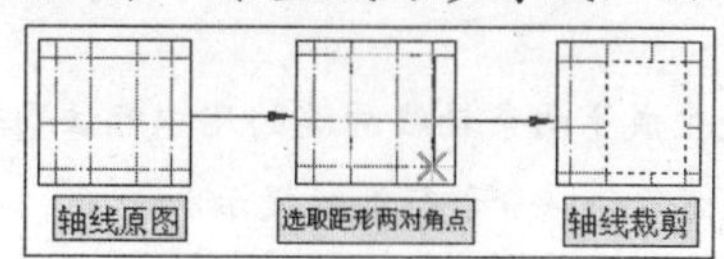

图 6-37 轴线裁剪过程

6.3.5 轴改线型

选择【轴网柱子】|【轴改线型】菜单命令，可将轴线网在点画线和连续线之间切换。建筑制图规范要求轴线必须使用点画线。但因为点画线不便于对象捕捉和编辑，所以在绘图过程中经常使用连续线，只有在输出的时候才切换成点画线。如果使用模型空间出图，则线型比例用 10×“当前比例”决定，当出图比例为 1:100 时，则默认线型比例为 1:1000。如果使用图纸空间出图，TArch 2014 内部会自动执行缩放功能。

6.3.6 典型实例

创建住宅首层平面轴网的效果如图 6-38 所示。

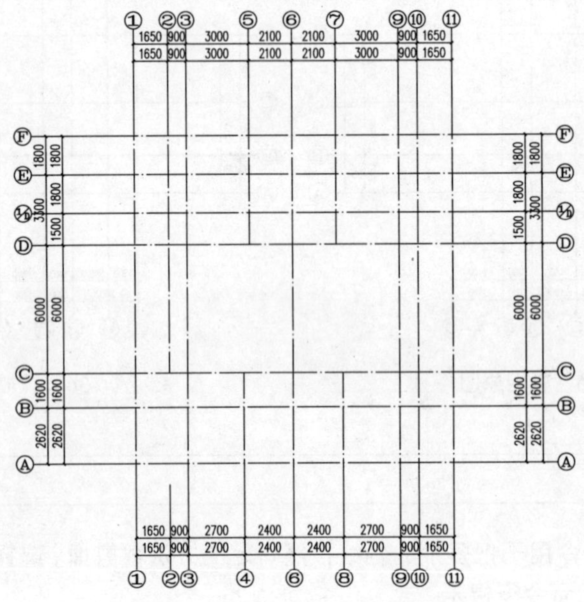

图 6-38　住宅首层平面轴网图

操作步骤如下：

01 打开一副已绘好的轴网图，如图 6-39 所示，选择【轴网柱子】|【轴网标注】菜单命令，单击该命令后，显示了【轴网标注】对话框，设置参数如图 6-40 所示，命令行提示：

请选择起始轴线<退出>:

/单击纵向第一条轴线/

请选择终止轴线<退出>:

/单击纵向第二条轴线，系统生成了两条轴线两端的尺寸标注及轴标，在【轴网标柱】对话框中，选中【共用轴号】复选框，重复上述命令，命令行继续提示/

请选择起始轴线<退出>:

/选择纵向第二条轴线/

请选择终止轴线<退出>:

/选择纵向第三条轴线，系统生成了第二条轴线（与第三条轴线之间）两端的尺寸标注及轴标。同样方法，生成其他的纵向轴网的尺寸标注及轴标。横向轴网的尺寸标注及轴标与纵向的方法相同，在这里就不再介绍了，只是起始轴号要填写“A”，在进行轴网标注过程中，要注意实时更换【单侧标注】与【双侧标注】单选按钮，得到轴网标注如图6-41所示/

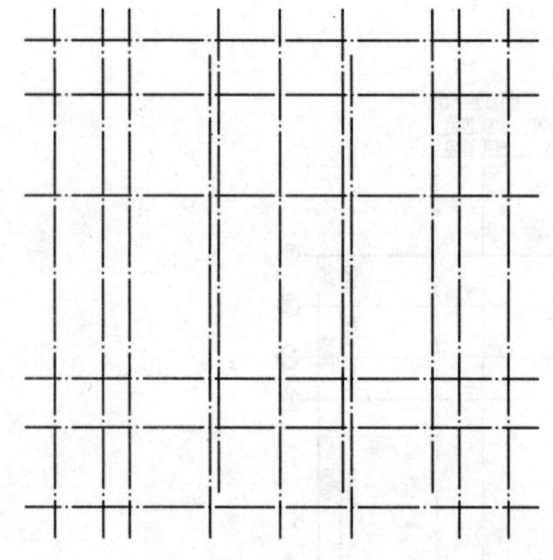

图6-39 轴网原图

图6-40 【轴网标注】对话框

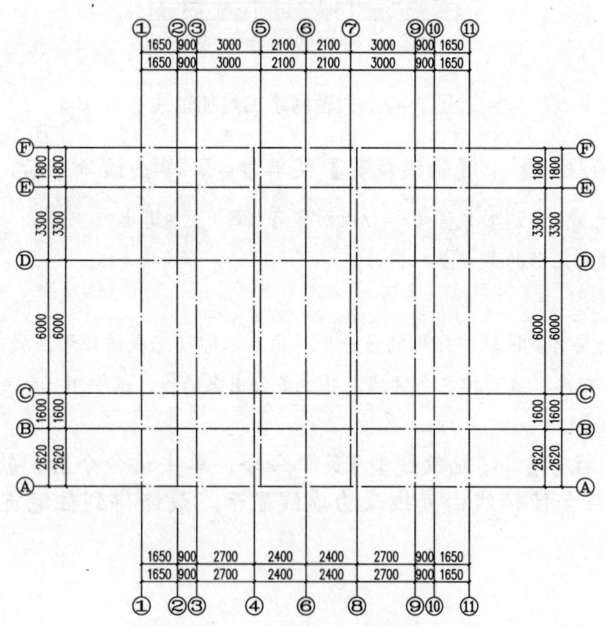

图6-41 轴网标注及轴标图

02 选择【轴网柱子】|【添加轴线】菜单命令，单击该命令后，命令行提示：

选择参考轴线<退出>: //选择E号轴线，为D号轴线创建

一条附加轴线

新增轴线是否为附加轴线? [是（Y）/否（N）]<N>: Y↙ //输入选项 “Y”

偏移方向<退出>: //光标在 E 号轴线下侧单击

距参考线的距离<退出>: 1800↙ //输入距离值 “1800” 后按回车键即可创建一条附加轴线，效果如图 6-42 所示

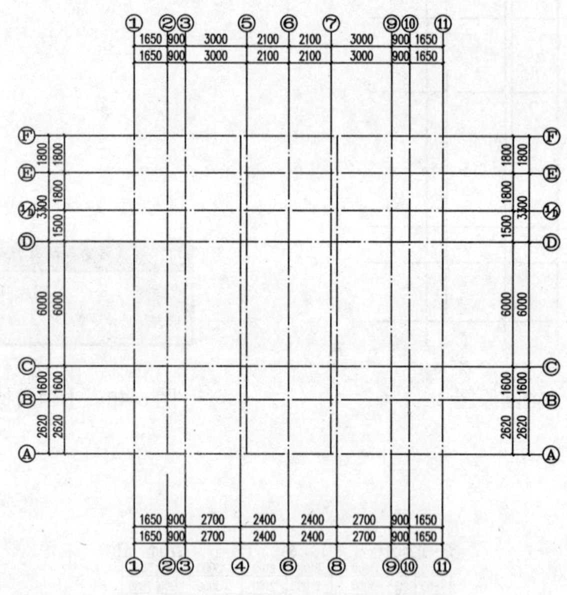

图 6-42　为轴网添加附加轴线

03 选择【轴网柱子】|【轴线裁剪】菜单命令，单击该命令后，命令行提示：

矩形的第一个角点或[多边形裁剪（P）/轴线取齐（F）] <退出>:

/单击要剪裁区域中矩形的第一点/

另一个角点<退出>:

/拖动鼠标，单击要剪裁区域中矩形的另一个对角点，即可完成该矩形区域内轴线的裁剪。同样方法，在轴网中画出三个矩形，裁剪掉三个区域，并把多余出来的线，选中用 Delete 键删除掉，完成住宅首层平面轴网的创建/．

04 选择【轴网柱子】|【轴改线型】菜单命令，单击该命令后，软件立即执行命令，没有命令提示，并且会使轴线由直线改为虚线显示，最终得到住宅首层平面轴网效果，如图 6-43 所示。

6.4 轴号的编辑

轴号对象是一组专门为建筑轴网定义的标注符号，一般来说就是在轴网的开间或进深

方向上的一排轴号。选择对象并单击鼠标右键可启动轴号编辑菜单，所有轴号编辑的命令都在右键菜单中，可供用户随时选择使用；修改轴号文字时则需要直接双击文字内容，可打开文字编辑框，用户可随时编辑。

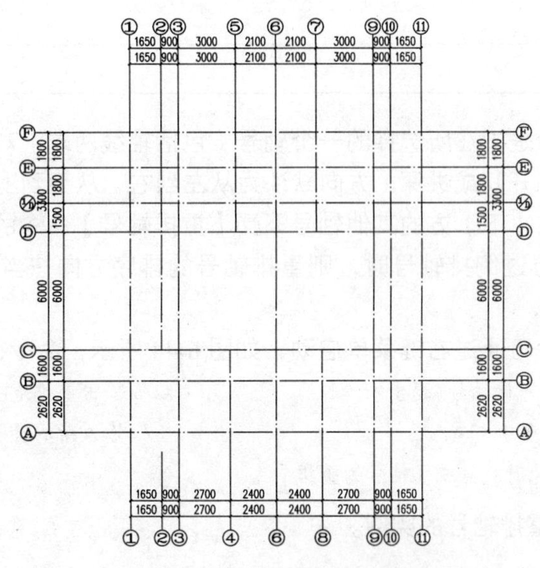

图 6-43 住宅首层平面轴网图

6.4.1 添补轴号

【添补轴号】命令主要是为在矩形、弧形、圆形轴网中的新增加的轴线来添加轴号，使得新增轴号对象成为原有轴号对象的一部分，但是并不会生成轴线，也不会更新尺寸标注，它只适用于用其他方式增添或修改轴线后进行的轴号标注。

选择【轴网柱子】|【添补轴号】菜单命令，命令行提示：

请选择轴号对象<退出>: //单击与新轴号对象相临的已有轴号对象，不能单击原有轴线

请点取新轴号的位置参考点] <退出>: //单击新增轴号的一侧，同时输入间距

新增轴号是否双侧标注？(Y/N) [Y]: ↙ //根据需要输入 Y 或 N，输入 Y 时，两端标注轴号，输入 N 时，单侧标注轴号

新增轴号是否为附加轴号？(Y/N) [Y]: //根据需要输入 Y 或 N，输入 Y 时，不重排轴号，输入 N 时重排轴号

6.4.2 删除轴号

【删除轴号】命令是指在建筑平面图中删除个别不需要的轴号，可根据需要决定是否重排轴号，TArch 2014 支持多选轴号一次删除。

选择【轴网柱子】|【删除轴号】菜单命令，命令行提示：

请框选轴号对象<退出>:　　　　//使用窗选方式选择多个需要删除的轴号

请框选轴号对象<退出>: ↙　　　　//按回车键结束选择

是否重排轴号？（Y/N）[Y]: ↙　　　　//根据需要输入Y或N，输入Y时，其他轴号重排，输入N时其他轴号不重排

6.4.3 重排轴号

【重排轴号】命令是指在所选择的一个轴号（包括轴线两端）对象中，从选择的某个轴号位置开始对轴网的开间或进深（方向默认为从左到右，从下到上）按输入的新轴号重新排序，在此新轴号左（下）方的其他轴号不受【重排轴号】命令的影响。

轴号对象事先执行过倒排轴号时，则重排轴号的排序方向按当前正确轴号的排序方向。

【重排轴号】命令可通过右键菜单启动，如图 6-44 所示，命令行提示：

请选择需要重排的第一根轴号<退出>:　　　　//单击重排范围内的左下第一个轴号

请输入新的轴号（空号）<1>:　　　　//输入新的轴号数字（字母或数字与字母的结合）后按回车键，此时就完成了轴号的重排

如图 6-45 所示是重排轴号的实例。

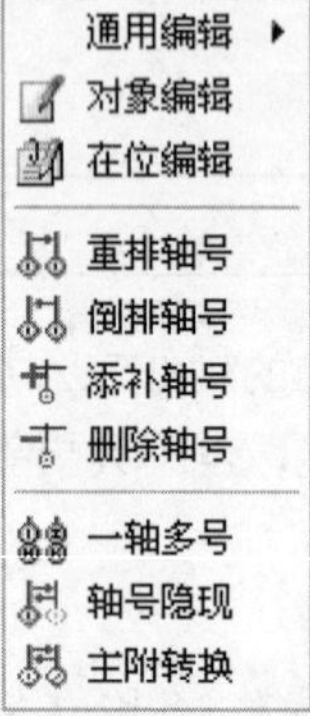

图 6-44　轴号编辑右键菜单

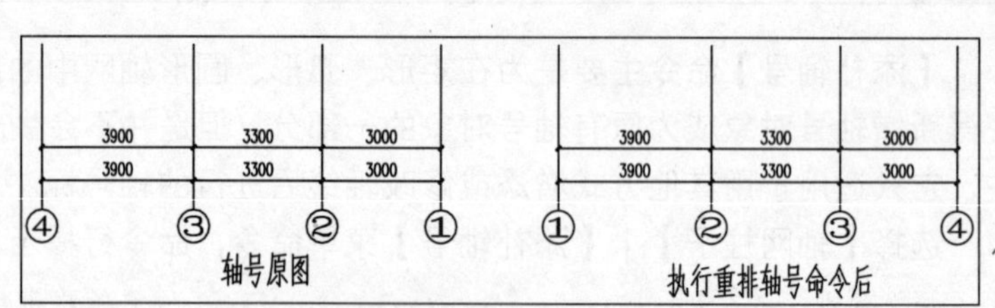

图 6-45　重排轴号实例

6.4.4 倒排轴号

【倒排轴号】命令是指在所选择的一组轴号对象中，按轴号的名称顺序逆向排列。选择需要倒排的轴号，执行右键菜单的【倒排轴号】命令，命令行提示：

是否为该对象？[是（Y）/否（N）]<Y>:

/输入“Y”即可实现倒排轴号。输入“N”，系统会接着提示是否为选择的其他对象/

如图 6-46 所示为倒排轴号实例。

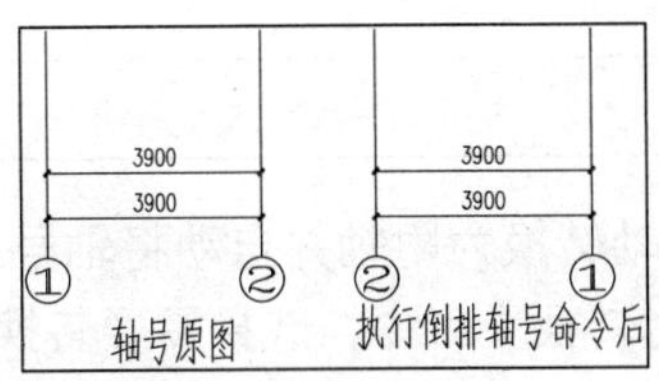

图 6-46 倒排轴号实例

6.4.5 一轴多号

【一轴多号】命令是指一个轴网上有多个轴号，轴号同名称并且并列排列，如图 6-47 所示。

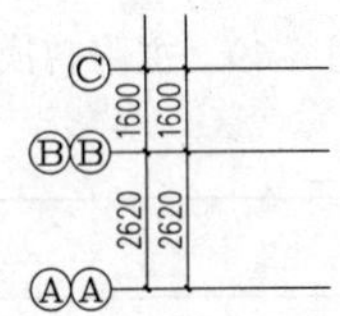

图 6-47 一轴多号

执行屏幕菜单的【一轴多号】命令，命令行提示：

```
命令：TMutiLabel
当前：忽略附加轴号。状态可在高级选项中修改。
请选择已有轴号或[框选轴圈局部操作(F)/双侧创建多号(Q)]<退出>:
请选择已有轴号：
请输入复制排数<2>:1
```

6.4.6 轴号隐现

【轴号隐现】命令是指将没有显示出来的轴号以虚线的方式显示出来或者将已显示的轴号进行隐藏。执行屏幕菜单的【轴号隐现】命令，隐藏的轴线即可显示出来，如

图 6-48 所示。

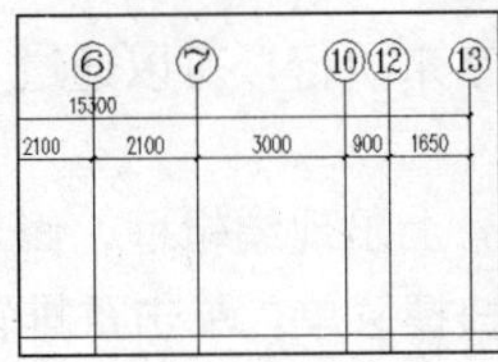

原图

操作结果

图 6-48 轴号隐现

6.4.7 主附转换

【主附转换】命令是指将主轴转换为附轴并自动将轴号重新进行排列或者将附轴转换为主轴。执行屏幕菜单的【主附转换】命令，选择需要转换的轴号即可进行主附转换，如图 6-49 所示。

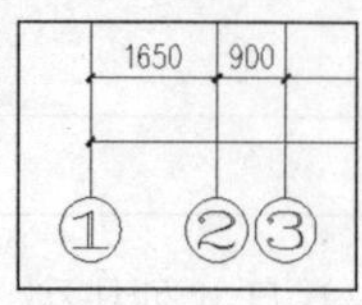

原图

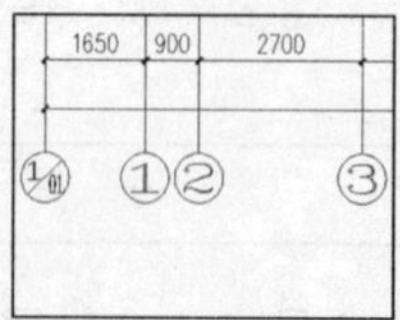

操作结果

图 6-49 主附转换

6.4.8 轴号夹点编辑

轴号夹点编辑是指通过对夹点的调整来编辑轴号，由于每个轴号对象都设有夹点，用户可方便通过拖动这些夹点来编辑轴号，轴号夹点编辑命令省下了以前繁琐的工作过程，包括轴号的恢复、成组轴号的相对偏移等命令都可以直接拖动来完成；所选对象每个夹点的功能都会在光标靠近时由软件自动显示出来，如

图 6-50 所示。

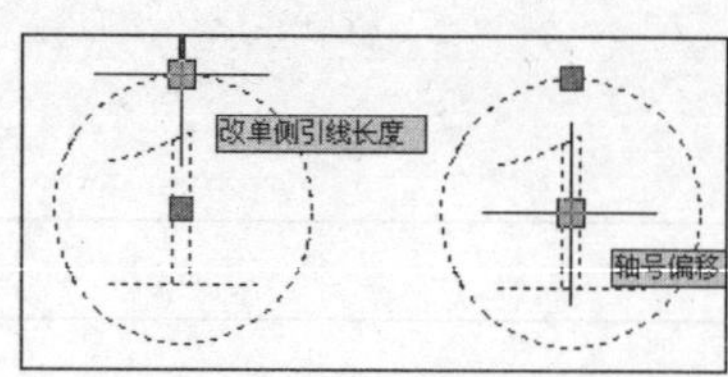

图 6-50 夹点编辑功能显示

6.4.9 轴号在位编辑

【轴号在位编辑】命令通过右键菜单或双击数字来执行，可以通过【轴号在位编辑】命令方便地修改轴号。

双击轴号圈内数字，即可进入编辑状态，在轴号上出现编辑框，修改这一轴号后，如果要关联后续的各个编号，右击快捷菜单，单击重排轴号命令即可完成轴号排序，否则只是修改当前轴号名称。

轴号的在位编辑步骤及实例如图 6-51 所示。

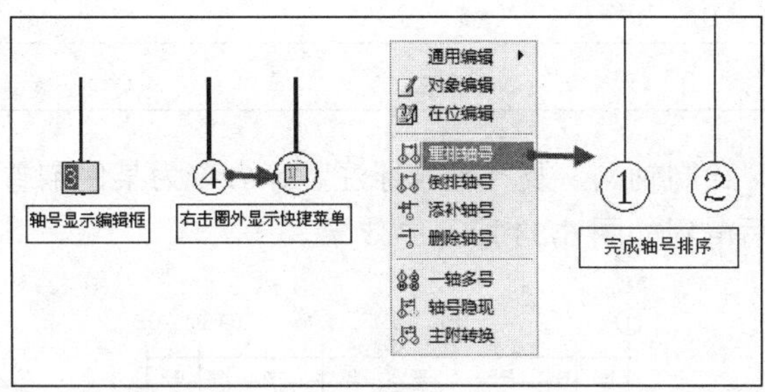

图 6-51 轴号在位编辑过程实例

6.4.10 轴号对象编辑

【轴号对象编辑】命令通过右键快捷菜单来执行。单击选择轴号后，此时轴号以虚线显示，单击右键弹出快捷菜单，选择【轴号对象编辑】命令，命令行提示如下：

选择[变标注侧（M）/单轴变标注侧（S）/添补轴号（A）/删除轴号（D）/单轴变号（N）/重排轴号（R）/轴圈半径（Z）] <退出>:

命令行中各选项命令都已在前面讲解过，在这里就不重复介绍了。如图 6-52 所示是轴号对象编辑实例。

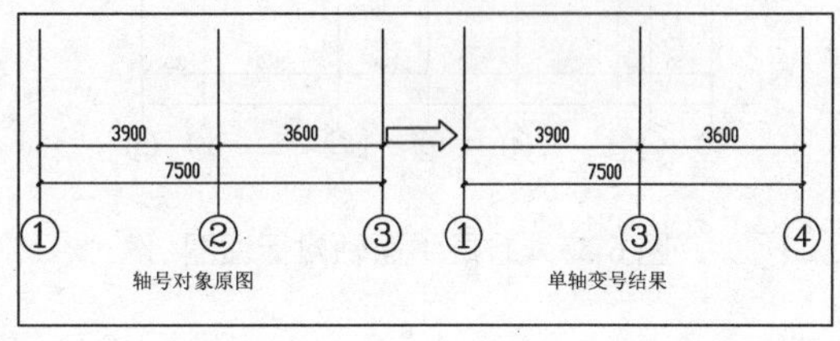

图 6-52 轴号对象编辑实例

命令行中各选项解释如下：

- 变标注侧：它的功能是仅改变轴号的显示方式，有三种轴号标注状态反复切换，包括本侧标轴号、另侧标轴号和双侧标轴号，是全部轴号一起变化，而尺寸标注不变。
- 单轴变标注侧：它的功能是由用户逐个点取要改变显示方式的轴号（在轴号不显示时改为选取轴线端点），轴号显示的状态立即改变。
- 添补轴号：指为平面图增加轴号。
- 删除轴号：指删除不需要的轴号。
- 单轴变号：指改变某一条轴线的编号，要使该轴网后面的轴号随之改变，可执行【重排轴号】命令。
- 重排轴号：指被打乱了顺序的轴号重新按照一定的规则排列。
- 轴圈半径：指包围轴号圆圈的半径打印出图时的大小，建筑制图规范要求半径为 4mm。

6.4.11 典型实例

利用本章所学的“绘制轴网”及“轴号标注”等命令为某住宅首层平面轴网加入轴号标柱并修改轴网，最后得到如图 6-53 所示的效果。

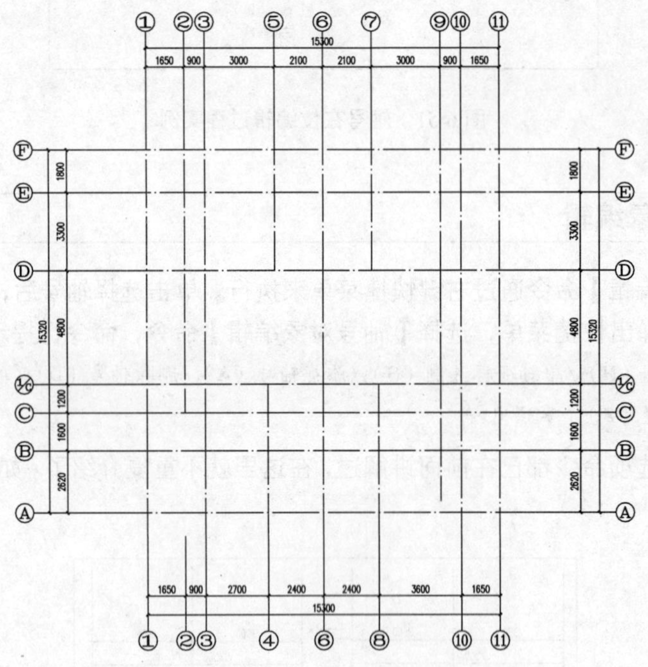

图 6-53　首层平面轴网标注图

操作步骤如下：

01 打开一幅已有的住宅首层平面轴网图，如图 6-54 所示。

02 选择【轴网柱子】|【轴网标注】菜单命令，单击该命令后，显示了【轴网标注】对话框，设置参数如　　图 6-55 所示，同时命令行提示：

请选择起始轴线<退出>:　　　//选择纵向第一根轴线

请选择终止轴线<退出>:　　　//选择纵向第二根轴线，此时软件生成了两根轴线两端之间的标注及轴号

03 在【轴网标注】对话框中选中【共用轴号】复选框，命令行继续提示：

请选择起始轴线<退出>:　　　//选择纵向第二根轴线

请选择终止轴线<退出>:　　　//选择纵向三第根轴线，此时软件生成了两根轴线两端之间的标注及轴号

……　　　//在选择“第四条纵轴线与第六条纵轴线、第六条纵轴线与第八条纵轴线、第八条纵轴线与第九条纵轴线”时，轴网标注对话框中须选中【单侧标注】单选框，且在进行单侧标注时，需选择靠近轴标的那一段轴线。标注完成后按回车键，得到纵向的轴网标注图如图 6-56 所示

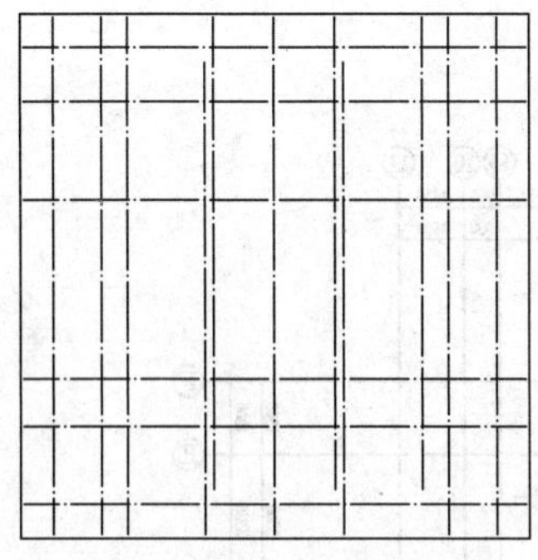

图 6-54 首层平面轴网原图

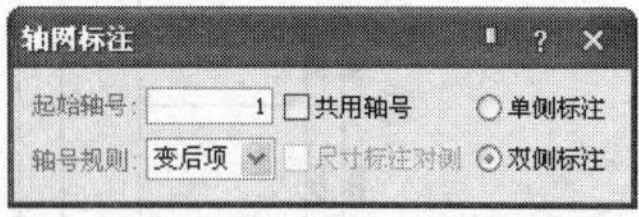

图 6-55 【轴网标注】对话框

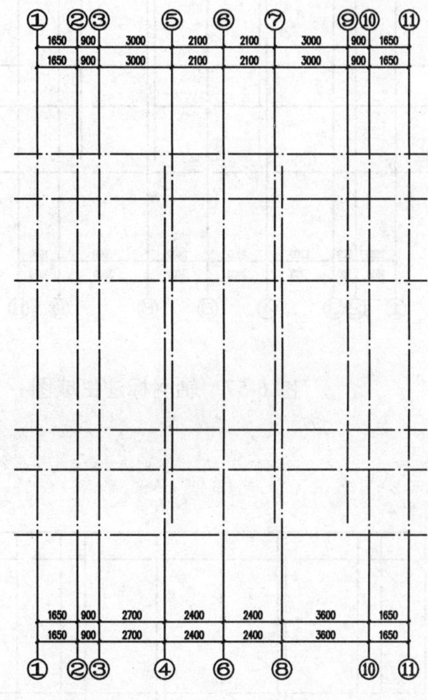

图 6-56 纵向轴网标注图

04 横向标注方法和纵向标注方法相同，不同的是在【起始轴号】中输入“A”，得到轴网标注的生成图，如图 6-57 所示。

05 选择【轴网柱子】|【添加轴线】菜单命令，单击该命令后，命令行提示：

选择参考轴线<退出>: //选择 D 号轴线

新增轴线是否为附加轴线？[是（Y）/否（N）]<N>: Y↙ //输入选项“Y”，系统会接着提示

偏移方向<退出>: //单击靠近 C 轴线方向一侧

距参考轴线的距离<退出>: 4800↙ //输入距离值 4800 后，按回车键，即可创建 C 轴线的一根子轴线，如图 6-58 所示

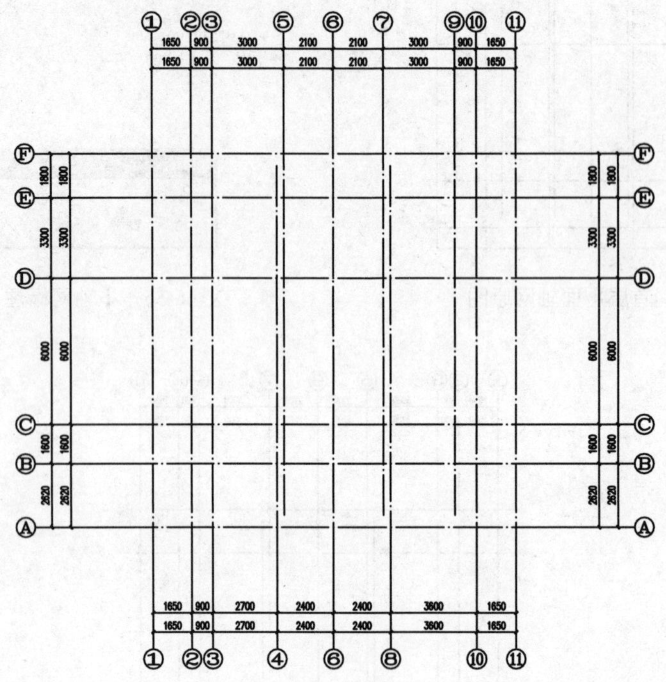

图 6-57 轴网标注生成图

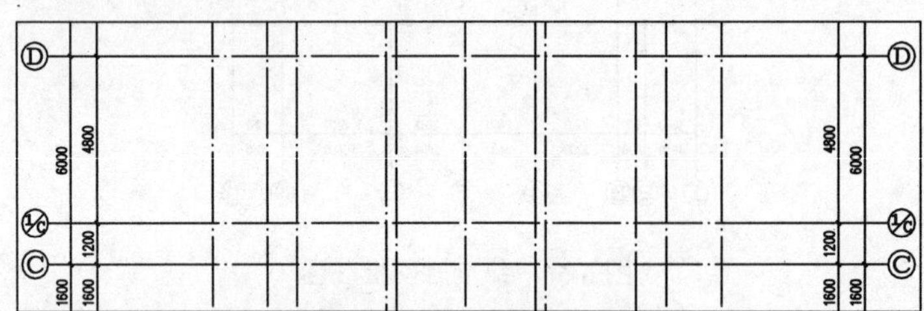

图 6-58 添加子轴线图

06 选择【轴网柱子】|【轴线裁剪】菜单命令，命令行提示：

矩形的第一个角点或[多边形裁剪（P）/轴线取齐（F）] <退出>:

/单击要裁剪矩形的第一角点/

另一个角点<退出>:

/单击要裁剪矩形的另一个对角点，即可完成该矩形区域内轴线的裁剪。如此重复几次，从轴网中裁剪下几个区域，再用删除命令删除剩余伸出来的轴线，得到首层平面最终轴网标注图如图 6-59 所示/

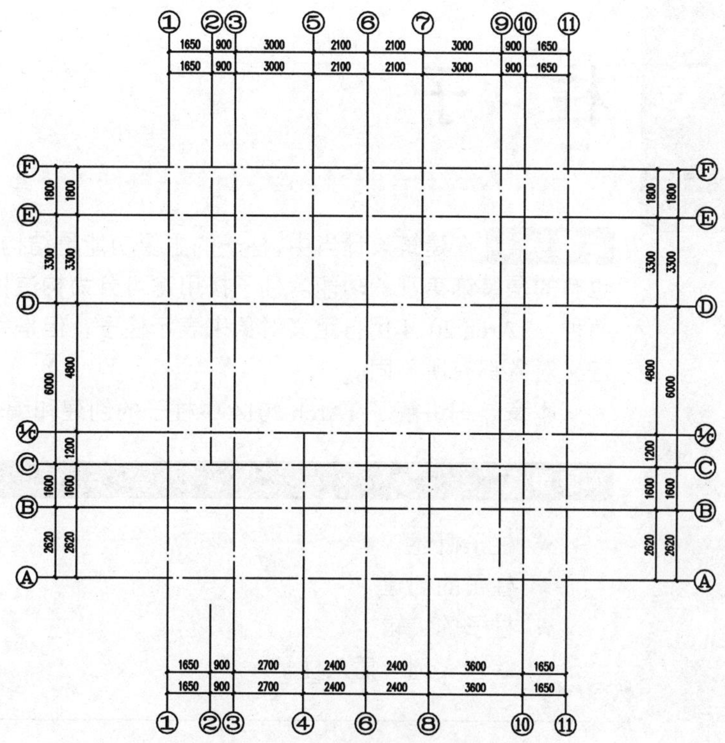

图 6-59 首层平面轴网标注图

第7章 柱 子

本章导读 在建筑设计当中,柱子的主要功能是结构支撑作用,也有的是装饰美观的功能。柱子按用途可分为构造柱和装饰柱两种。TArch 2014 用自定义对象来表示柱子，但是每种柱子的定义对象都有所不同。

本章详细讲解了 TArch 2014 中柱子的创建和编辑方法。

本章重点

★ 柱子概述
★ 柱子的创建
★ 柱子的编辑
★ 综合实例：插入柱子

7.1 柱子概述

柱子与墙体相交时，按照墙柱之间的材料等级关系，来决定是柱子自动打断墙体还是墙体穿过柱子；如果墙体和柱子是相同材料的，那么墙体会被打断，同时墙体会与柱子连成一体。

柱子的填充方式由柱子的当前比例来决定，如果柱子的当前比例大于预设的详图模式比例，则柱子和墙的填充图案按详图填充图案填充；如果柱子的当前比例小于预设的详图模式比例，则柱子和墙的填充图案按标准填充图案填充。

用 TArch 命令生成的柱子，在实践操作当中往往需要变动，因而 TArch 提供了夹点功能和对象编辑功能。对于柱子的整体属性，可以进行批量修改，使用“替换”方法可以达到目的。另外，利用 AutoCAD 里的各种编辑命令也可以对柱子进行修改。

7.2 柱子的创建

柱子按形状划分可分为标准柱及异形柱。标准柱的常用截面形式包括矩形、圆形、多边形等，标准柱可由【标准柱】命令生成。异形截面柱由【异形柱】命令定义生成，或者由任意形状柱和其他封闭的曲线通过布尔运算获取。

7.2.1 标准柱

标准柱是具有均匀断面形状的竖直构件，其三维空间的位置和形状主要由底标高（指构件底部相对于坐标原点的高度）、柱高和柱截面参数来决定。柱子的二维表现除由截面确定的形状外，还受柱子材料的影响，通过柱子材料控制柱子的加粗、填充及柱与墙之间连接的接头处理。

可在轴线的交点或任何位置插入矩形柱、圆形柱或正多边形柱，后者包括常用的三、五、六、八、十二边形柱断面。

创建标准柱的步骤如下：

01 设置柱的参数，包括截面类型、截面尺寸和材料等。

02 单击下面的工具栏图标，选择柱子的定位方式。

03 根据不同的定位方式回应相应的命令行输入。

04 重复上述三个步骤或回车结束标准柱的创建。

选择【轴网柱子】|【标准柱】菜单命令，打开【标准柱】对话框，如图 7-1 所示。从此对话框中可以看出，标准柱的参数包括材料、截面类型、截面尺寸和偏心转角等。

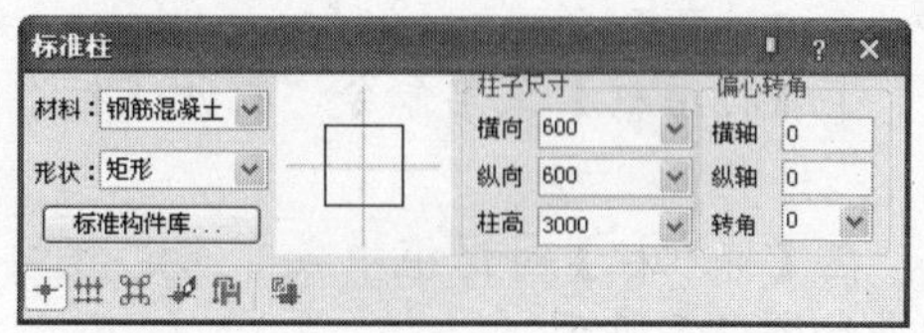

图 7-1 【标准柱】对话框

“标准柱”对话框中，各选项含义如下：

- 材料：可从下拉列表中选择材料，柱子与墙之间的连接方式由两者的材料决定，已有材料包括砖、石材、钢筋混凝土和金属，默认为钢筋混凝土。
- 形状：指柱子截面的类型，下拉列表框中的类型有矩形、圆形、正多边形和异形柱等柱形状截面。
- 标准构件库：是指从天正构件库中选取异形柱的类型，单击它可以打开天正构件，选择你需要的异形柱形状。
- 柱子尺寸：柱子尺寸的参数因柱子的形状而不同。
- 偏心转角：其旋转角度在矩形轴网中以 x 轴为基准线，在弧形、圆形轴网中以环向弧线为基准线，逆时针方向为正，顺时针方向为负。
- ：点选插入柱子。直接选择插入柱子的位置，优先选择轴线交点插柱，如果未捕捉到轴线交点，则在点取位置插柱子。
- ：沿着一根轴线布置柱子。指在选定的轴线与其他轴线的交点处插入柱子。
- ：在指定的矩形区域内，所有轴线的交点处插入柱子。
- ：替换已插入的柱子。指以当前设定的参数柱子替换图上的已有柱子，可以单个替换，也可以以窗选成批替换。

通过单击【标准柱】对话框左下角的四个按钮中的任意一个，可以选择不同的定位方式。选择不同的按钮，命令行会出现不同的输入提示命令。

插入如图 7-2 所示的标准柱。

01 利用【绘制轴网】及【两点轴标】命令，在视图中创建如图 7-3 所示的轴网图及轴标图。

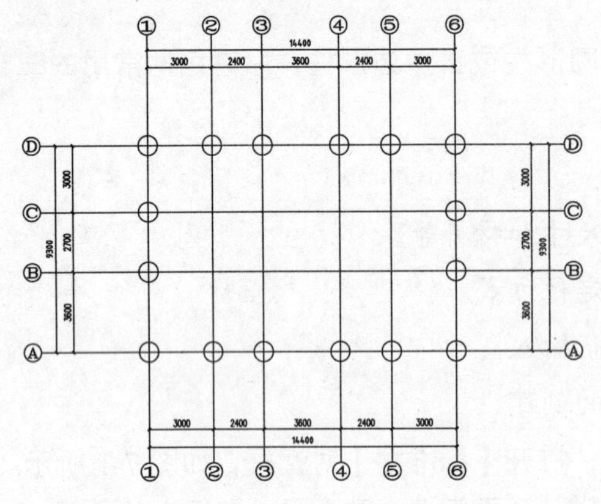

图 7-2　插入标准柱

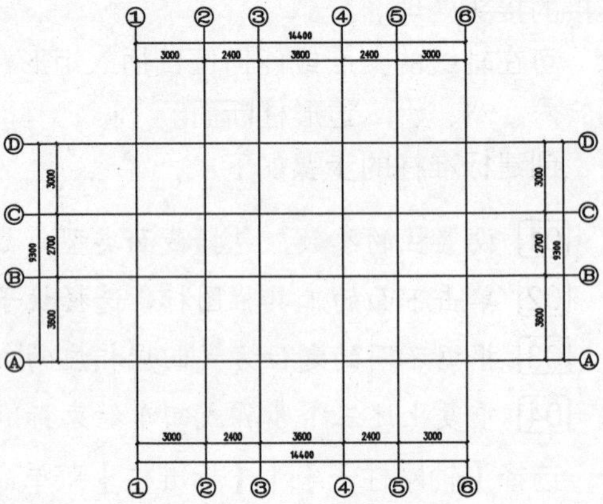

图 7-3　绘制的轴网图

02 选择【轴网柱子】|【标准柱】菜单命令，打开【标准柱】对话框，设置参数如图 7-4 所示。

03 参数设置完成后，在【标准柱】对话框中底部选定按钮，然后在绘图区域中多次框选轴线网格，得到结果如图 7-5 所示。

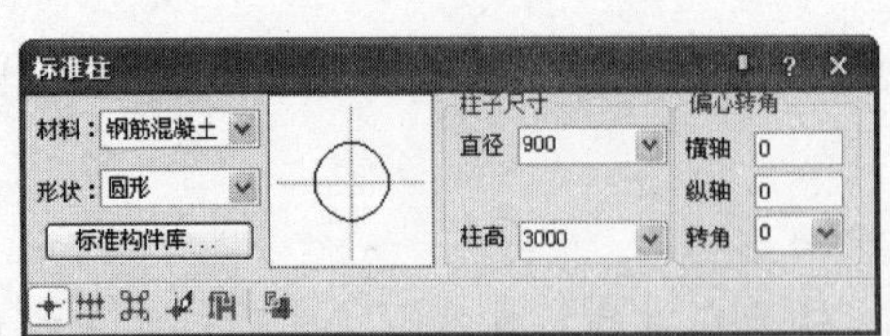

图 7-4　【标准柱】对话框

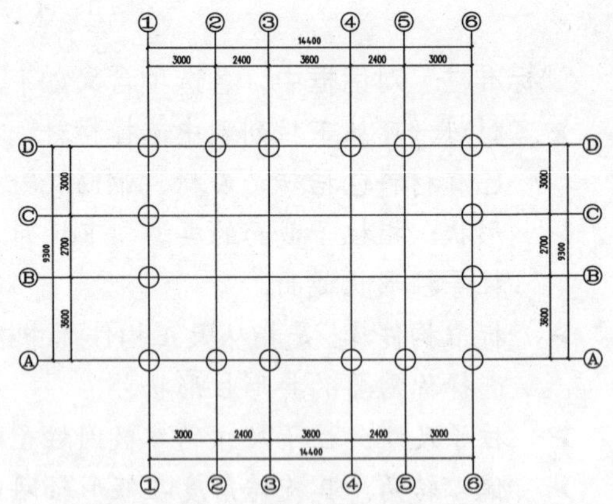

图 7-5　插入标准柱的效果

7.2.2 角柱

在框架结构的建筑设计中，常在墙角处运用 L 形或 T 形平面的角柱，以达到增大室内使用面积或为建筑物增大受力面积的目的。一般在墙角处插入形状与墙一致的角柱，可改变各肢长度及各分肢的宽度，宽度默认居中，高度为当前层高。生成的角柱的每一边都可调整长度和宽度的夹点，从而方便地按要求修改。

新角柱分肢长度= 设计分肢长度-（新分肢宽度-原墙宽度）/2

在 TArch 2014 中，选择【轴网柱子】|【角柱】菜单命令，命令行提示“请选取墙角或[参考点（R）]”，选择墙角后，显示【转角柱参数】对话框，如图 7-6 所示。

【转角柱参数】对话框中，各选项解释如下：

- 材料：在此材料下拉列表框中可以选取角柱的材料，其中包括砖、石材、钢筋混凝土及金属。【转角柱】的材料参数与【标准柱】的材料参数是一样的，当【转角柱】的材料和墙体的材料相同时，图上将不会显示接缝线。
- 长度：角柱各分肢长度。
- 宽度：各分肢宽度默认等于墙宽，改变柱宽后默认对中变化，要求偏心变化在完成之后以夹点来修改。
- 取点 A<：单击此按钮，可通过墙上取点得到真实长度，用户依照此按钮的颜色从对应的墙上给出角柱端点；其他取点同样依照此方法。

如图 7-7 所示是使用夹点调整角柱的实例。

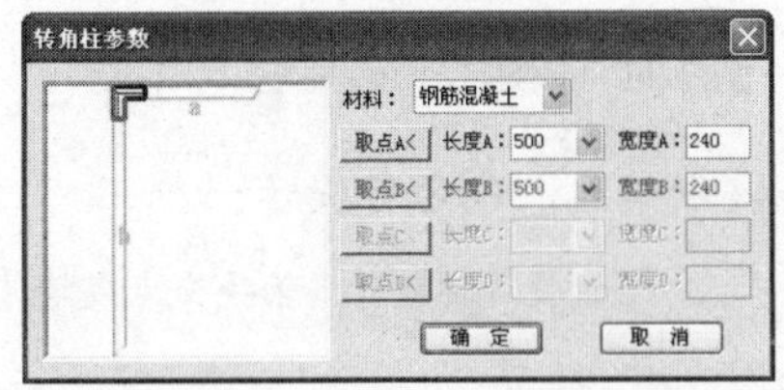

图 7-6 【转角柱参数】对话框

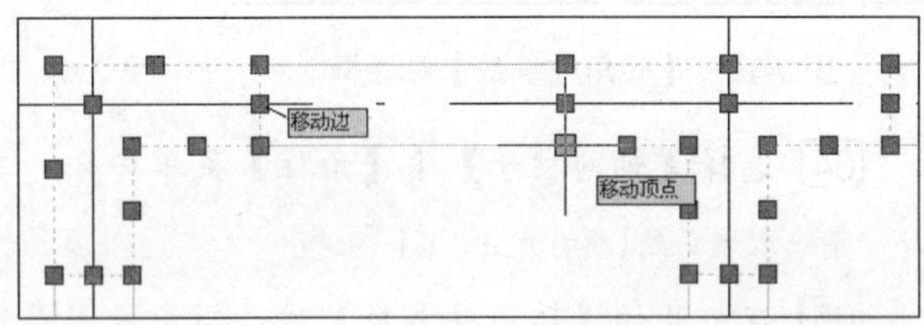

图 7-7 使用夹点调整角柱

插入如图 7-8 所示的角柱实例。

操作步骤如下：

01 打开一幅已经创建好的平面图，如图 7-9 所示。

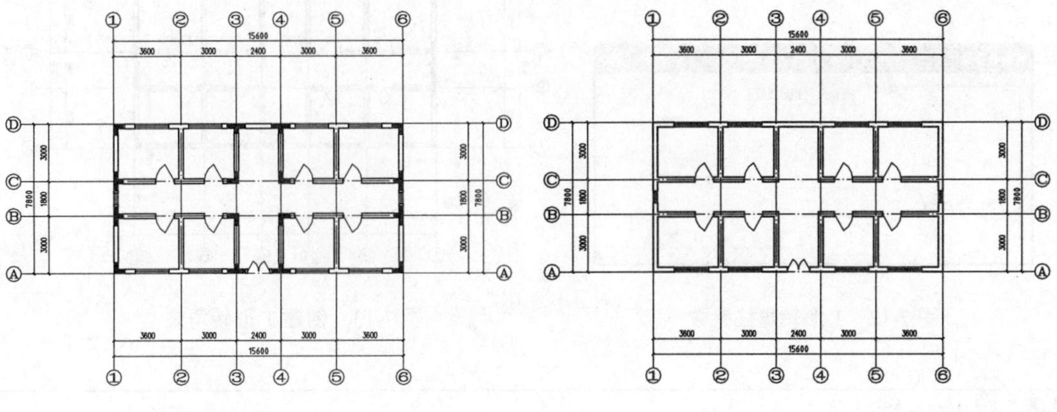

图 7-8 插入角柱实例

图 7-9 平面原图

02 选择【轴网柱子】|【角柱】菜单命令，单击该命令后，命令行提示：

```
请选取墙角或[参考点(R)] <退出>:                    //选择D轴线与1轴线交点或墙角
```

03 打开【转角柱参数】对话框，设置参数如图 7-10 所示，单击【确定】按钮完成该转角柱的创建，重复上述步骤，完成另外 7 个 L 形转角柱的创建，得到效果如图 7-11 所示。

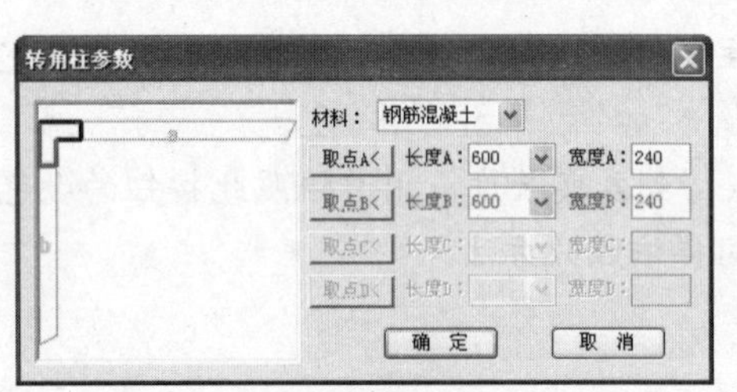

图 7-10 【转角柱参数】对话框

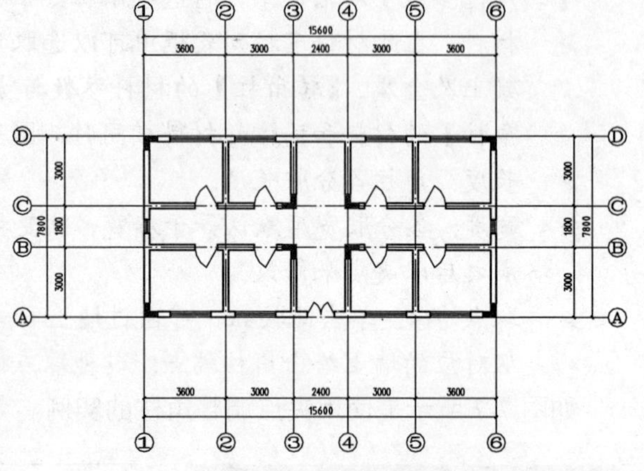

图 7-11 创建 L 形转角柱

04 选择【轴网柱子】|【角柱】菜单命令，单击该命令后，命令行提示：

```
请选取墙角或[参考点(R)] <退出>:                    //选择A轴线与3轴线交点或墙体
```

05 在打开的【转角柱参数】对话框中设置参数如图 7-12 所示。

06 单击【确定】按钮完成该转角柱的创建，重复上述步骤，完成另外 7 个 T 形角柱的创建，得到效果如图 7-13 所示。

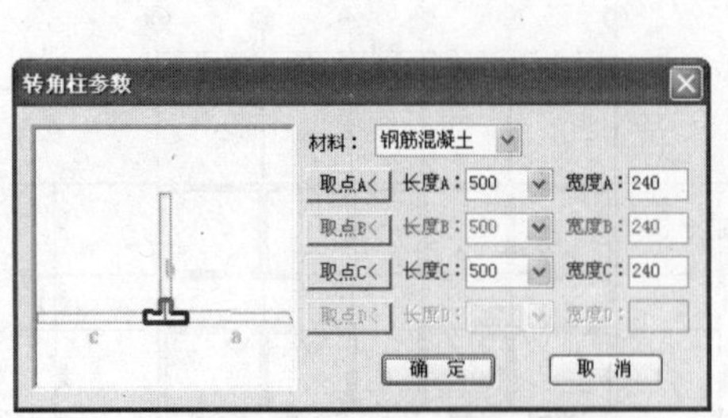

图 7-12 T 形转角柱参数

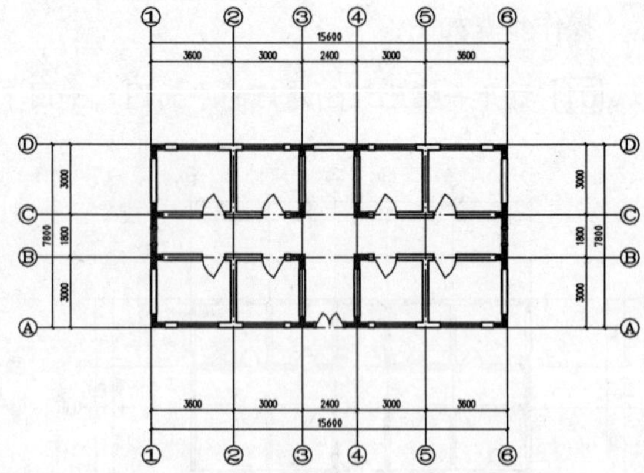

图 7-13 创建 T 形转角柱

7.2.3 构造柱

【构造柱】命令用于在墙角内或墙角交点处插入构造柱。使用【构造柱】命令绘制的构造柱，是专门用于施工图设计的，对三维模型不起作用。而且，使用【构造柱】命令绘制的构造柱是不标准的，不能使用对象编辑功能。

在 TArch 2014 中，选择【轴网柱子】|【造构柱】菜单命令，打开【构造柱参数】对话框，如图 7-14 所示。参数输入完毕后，单击【确定】按钮，即可完成该构造柱的创建，如果要修改长度或宽度，可通过夹点修改。

【构造柱参数】对话框中各标签名称解释如下：

➢ A-C 尺寸：沿着 A 到 C 方向的构造柱尺寸，在 TArch2014 中，构造柱尺寸不能超过墙体尺寸。

➢ B-D 尺寸：沿着 B 到 D 方向的构造柱尺寸，在 TArch2014 中，他的尺寸也不能超过墙体尺寸；

➢ A-C 与 B-D：对齐边的互锁按钮，用于对齐柱子到墙的两边。

如果构造柱需要超出墙边时，请使用夹点拉伸或移动来完成，如图 7-15 所示。

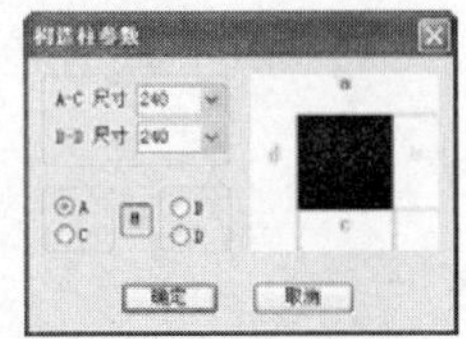

图 7-14 【构造柱参数】对话框

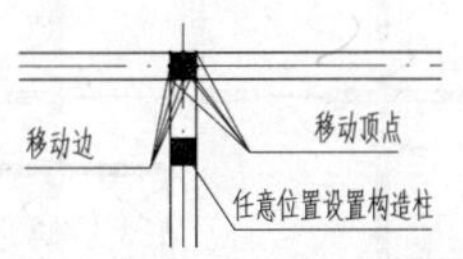

图 7-15 构造柱编辑

7.2.4 典型实例

利用本节所学过的柱子及其功能插入如图 7-18 所示的柱子。

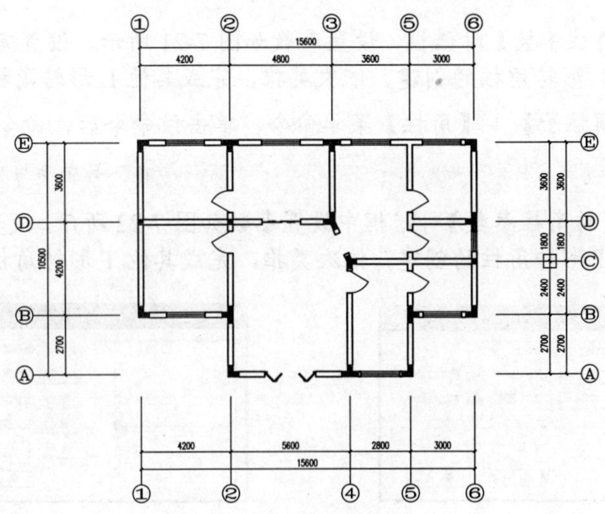

图 7-18 为某建筑平面图插入柱子

操作步骤如下：

01 创建一幅平面图，包括绘制轴网，进行轴号标注，绘制墙体以及门窗等，在这里不做详细介绍了，得到效果如图 7-19 所示。

02 选择【轴网柱子】|【标准柱】菜单命令，打开【标准柱】对话框，设置参数如图 7-20 所示。此时，命令行提示：

点取柱子的插入位置<退出>或[参考点（R）] <退出>：　//在 1 号轴线与 D 号轴线交点处单击

点取柱子的插入位置<退出>或[参考点（R）] <退出>：　//在 2 号轴线与 D 号轴线交点处单击

点取柱子的插入位置<退出>或[参考点（R）] <退出>：　//在 6 号轴线与 C 号轴线交点处单击后，按回车键结束并退出当前命令，完成了标准柱的创建

03 选择【轴网柱子】|【角柱】菜单命令，命令行提示：

请选取墙角或[参考点（R）] <退出>：　//在 2 号轴线与 A 号轴线相交处单击

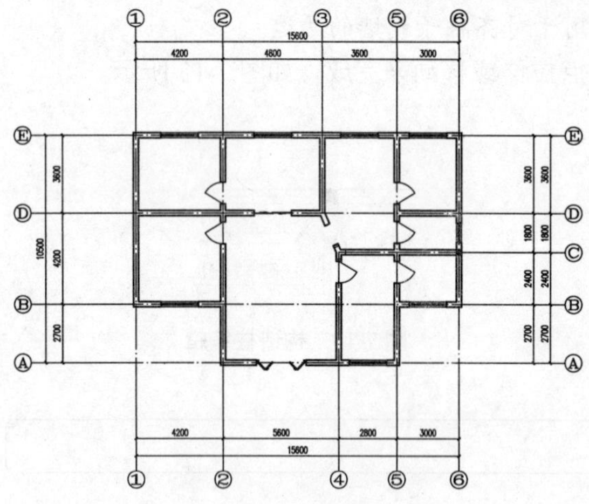

图 7-19　住宅平面图初图

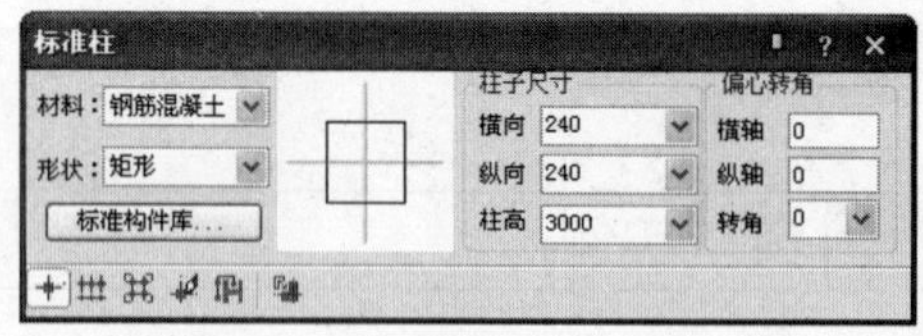

图 7-20　“标准柱”参数

04 显示【转角柱参数】对话框，设置参数如图 7-21 所示，设置完成以后，单击【确定】按钮，完成该 L 形转角柱的创建。依次类推，完成其他 L 形转角柱的创建。

05 选择【轴网柱子】|【角柱】菜单命令，单击该命令后，命令行提示：

请选取墙角或[参考点（R）] <退出>：　//在 2 号轴线与 B 号轴线相交处单击

06 在打开的【转角柱参数】对话框中设置参数如图 7-22 所示，设置完成后，单击【确定】按钮，完成该 T 形转角柱的创建。依次类推，完成其他 T 形转角柱的创建。

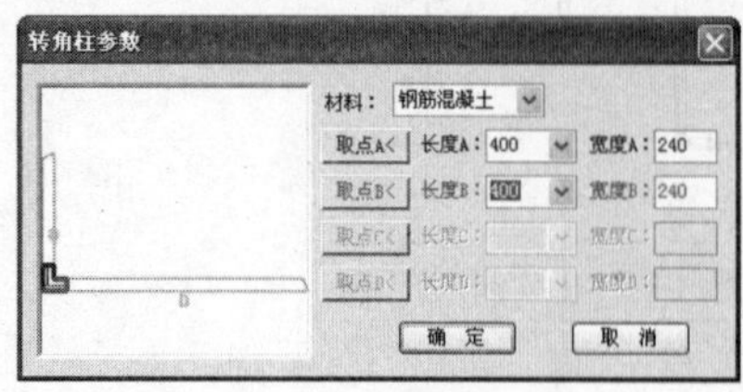

图 7-21　L 形角柱参数

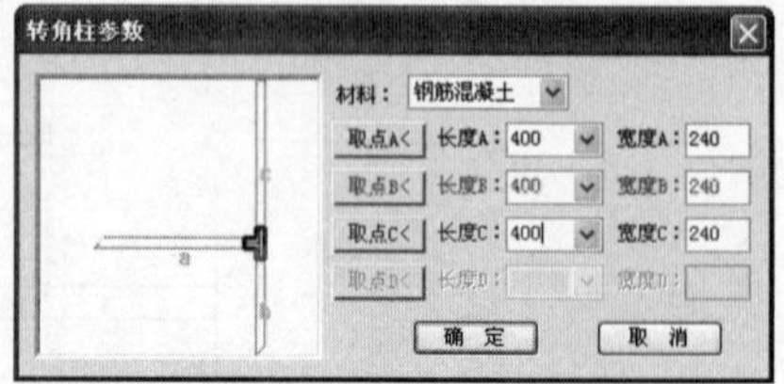

图 7-22　T 形角柱参数

07 在平面图上利用 AutoCAD 功能，在 3 号轴线与 4 号轴线的所夹的墙体间创建两条闭合的多段线，如图 7-23 所示。选择【轴网柱子】|【异形柱】菜单命令，单击该命令

后，命令行提示：

请选取封闭的多段线<退出>:

/选择刚创建好的两条多段线/

请选取封闭的多段线<退出>: ↙

/按回车键结束选择，命令行继续提示/

柱子材料：[砖（0）/石材（1）/钢筋混凝土（2）/金属（3）] <2>: ↙

/按回车键接受默认值钢筋混凝土，并结束异形柱的创建，插入柱子效果如图 7-24 所示/

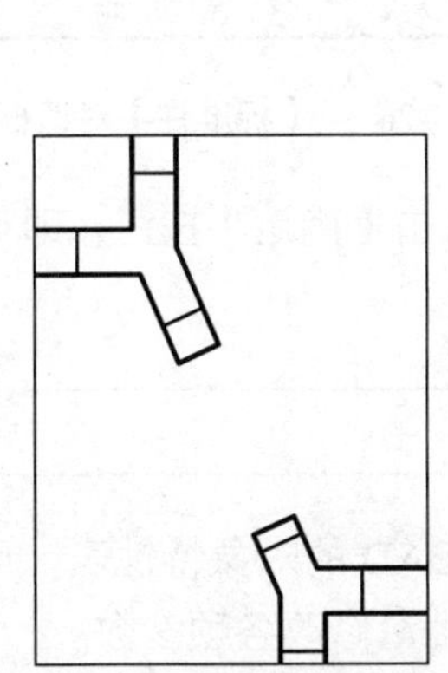

图 7-23 创建闭合的多段线位置

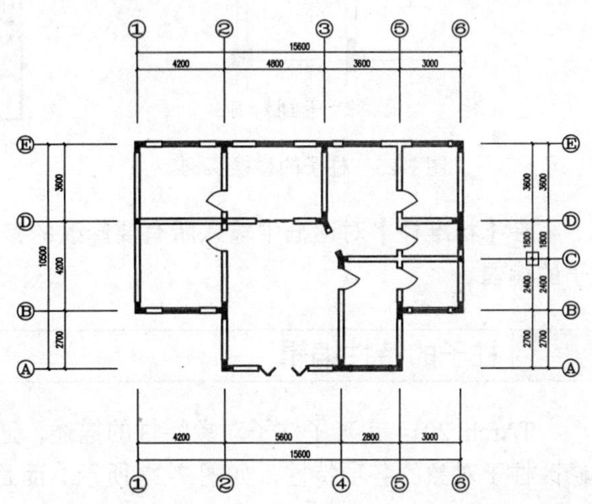

图 7-24 插入柱子效果

7.3 柱子的编辑

柱子的编辑是指对已经存在的柱子进行替换，以及修改柱子形状及尺寸等。对于已经插入图中的柱子，用户如果需要成批修改，可以使用柱子替换功能或特性编辑功能；如果需要个别修改时，应充分利用柱子的夹点编辑功能和对象编辑功能。

7.3.1 柱子的替换

选择【轴网柱子】|【标准柱】菜单命令，单击该命令后，可以打开【标准柱】对话框，设置参数后，选中“替换图中已插入的柱子”按钮，此时命令行提示：

选择被替换的柱子: //选择要替换的柱子

选择被替换的柱子: ↙ //按回车键结束选择，所选择的柱子就被替换成了标准柱。也可以通过用两点框选多个要替换的柱子区域或直接选择要替换的柱子

如图 7-25 所示是一个标准柱替换角柱的示例。

7.3.2 柱子的对象编辑

在 TArch2014 中，双击要进行修改的柱子，即可打开【标准柱】编辑对话框，如图 7-26 所示。

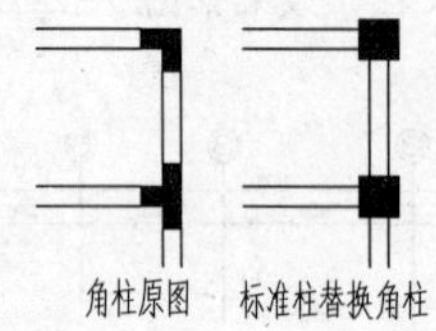

图 7-25　柱子的替换实例

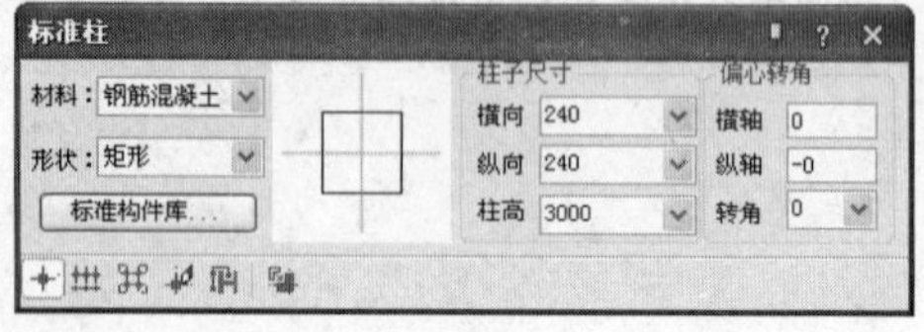

图 7-26　【标准柱】对话框

在【标准柱】对话框中输入所有要修改的参数后，单击【确定】按钮，即可完成该柱子的编辑。

7.3.3 柱子的特性编辑

TArch 2014 完善了柱子对象特性的描述，通过 AutoCAD 的对象特性表，可以方便地修改柱子对象的各项特性，如图 7-27 所示。而且利于成批量修改各项参数。

应用方法如下：

01 利用 TArch 2014 的对象选择等方法，选取要修改特性的多个柱子对象。

02 键入快捷键 Ctrl+1，激活特性编辑功能，使 AutoCAD 显示柱子的特性表。

03 在特性表中修改柱子参数，各柱子自动更新。

7.3.4 柱齐墙边

【柱齐墙边】命令是指将柱子边与指定墙边对齐，可以一次性选取多个柱子一起与墙边对齐，前提条件是各个柱子都有在同一墙段上，且与对齐方向的柱子尺寸相同。

选择【轴网柱子】|【柱齐墙边】菜单命令，单击该命令后，命令行提示：

请点取墙边<退出>:　　//单击要对齐的墙边

选择对齐方式相同的多个柱子<退出>:　　//选择要对齐的柱子

选择对齐方式相同的多个柱子<退出>: ↙　　//按回车键结束柱子的选择

请点取柱边<退出>:　　//选择上一步所选任意一个柱子的最下面的水平边后，按回车键完成【柱齐墙边】命令，命令行会重复上述步骤，按回车键退出【柱齐墙边】命令

如图 7-28 所示是执行【柱齐墙边】命令的实例。

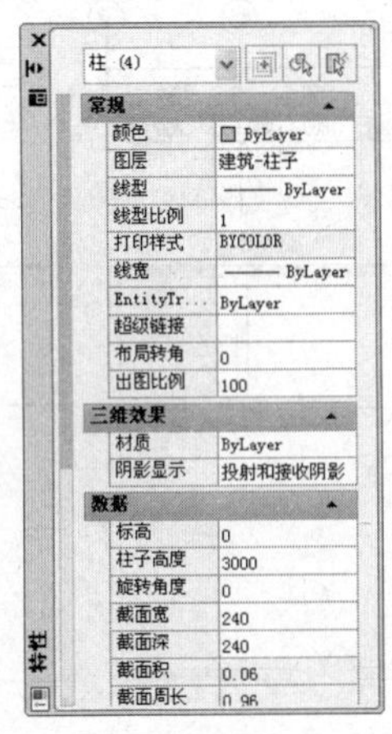

图 7-27 【特性】对话框

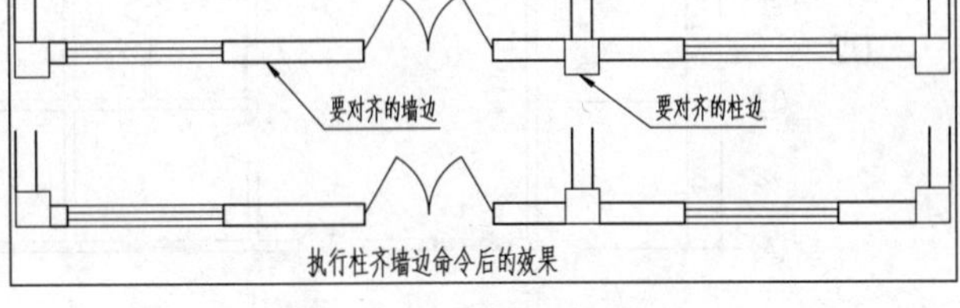

图 7-28 柱齐墙边实例

7.4 综合实例：插入柱子

通过前面的介绍，读者对柱子的用法已经有了一定的了解。本节通过一个典型实例来练习如何在建筑平面图中插入并修改柱子，最终效果如图 7-29 所示。

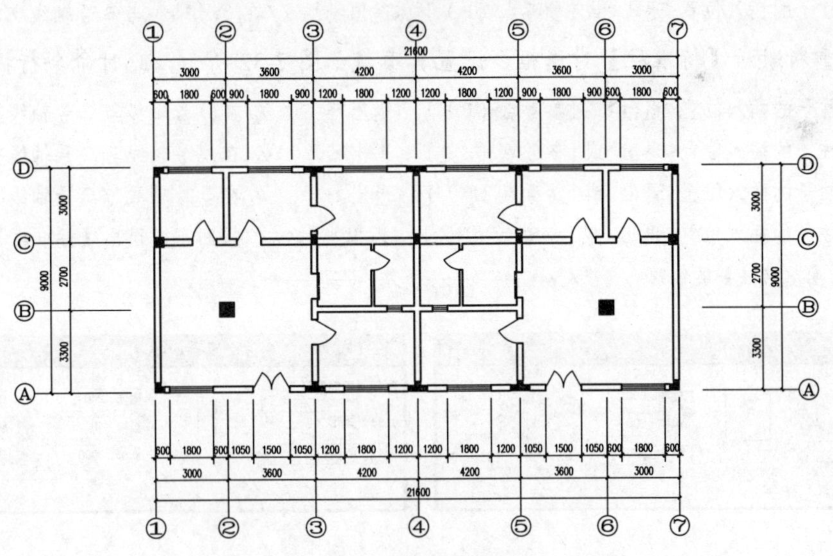

图 7-29 创建与编辑柱子图

操作步骤如下：

01 根据指定的平面图，绘制出建筑物的定位轴网、墙体、轴号标注以及门窗，在这里就不再作详细介绍了，并把“轴线”图层隐藏起来，得到如图 7-30 所示的平面图。

02

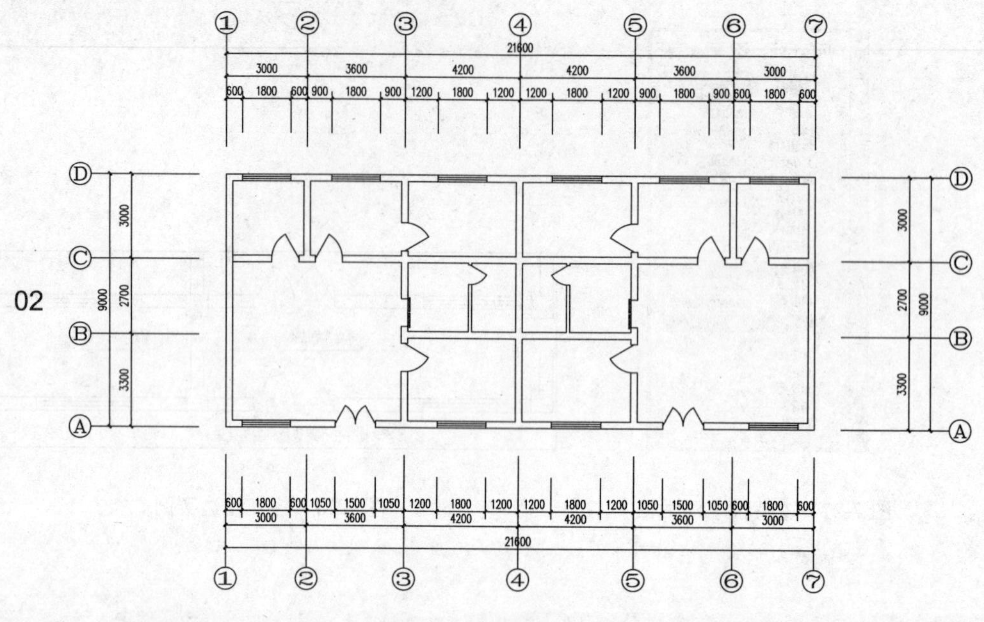

图 7-30　平面图

03 将“轴线”图层打开，选择【轴网柱子】|【标准柱】菜单命令，打开【标准柱】对话框，设置其参数如图 7-31 所示，此时命令行提示：

点取柱子的插入位置<退出>或[参考点（R）] <退出>:　//在 2 号轴线与 B 号轴线交点处单击
点取柱子的插入位置<退出>或[参考点（R）] <退出>:　//在 6 号轴线与 B 号轴线交点处单击

04 重新激活【标准柱】对话框，设置其参数如图 7-32 所示，此时命令行提示：

点取柱子的插入位置<退出>或[参考点（R）] <退出>:　//在 3 号轴线与 C 号轴线交点处单击
点取柱子的插入位置<退出>或[参考点（R）] <退出>:　//在 4 号轴线与 C 号轴线交点处单击
点取柱子的插入位置<退出>或[参考点（R）] <退出>:　//在 5 号轴线与 C 号轴线交点处单击
点取柱子的插入位置<退出>或[参考点（R）] <退出>: ↙ //按回车键退出【标准柱】命令，此时就完成了【标准柱】的创建

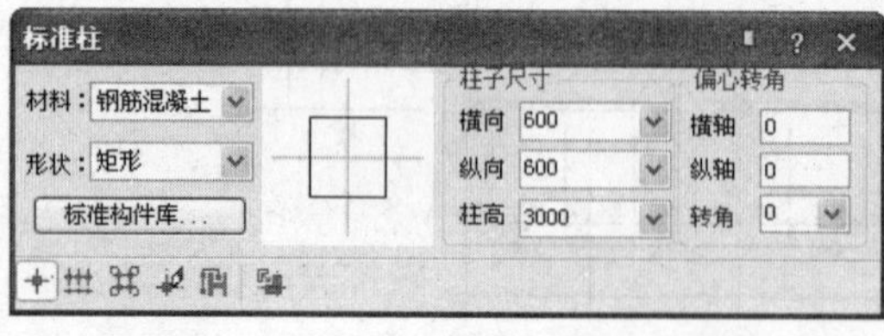

图 7-31　“标准柱”参数设置 I

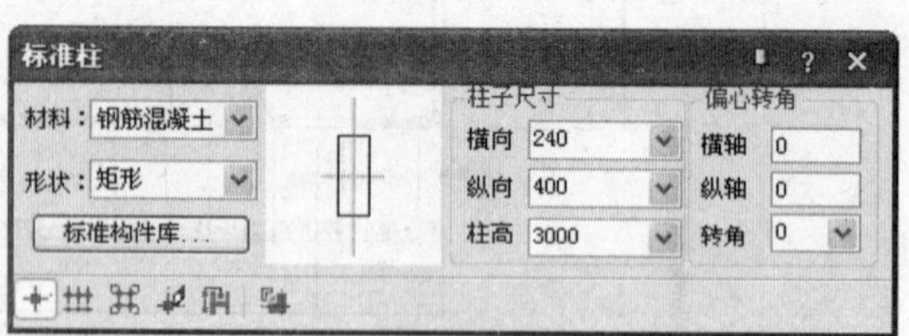

图 7-32　“标准柱”参数设置 II

05 选择【轴网柱子】|【角柱】菜单命令，命令行提示：

请选取墙角或[参考点（R）] <退出>:　//选择 C 号轴线与 1 号轴线交点或墙角

06 在打开的【转角柱参数】对话框中设置参数如图 7-33 所示，单击【确定】按钮，完成该 T 形转角柱的创建。依此类推，完成其余 T 形转角柱的创建。

07 选择【轴网柱子】|【角柱】菜单命令，命令行提示：

```
请选取墙角或[参考点(R)] <退出>:                //选择A号轴线与1号轴线交点或墙角
```

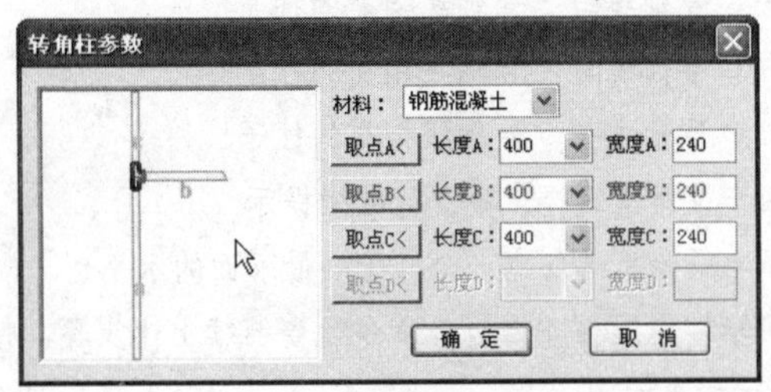

图 7-33　T 形转角柱参数

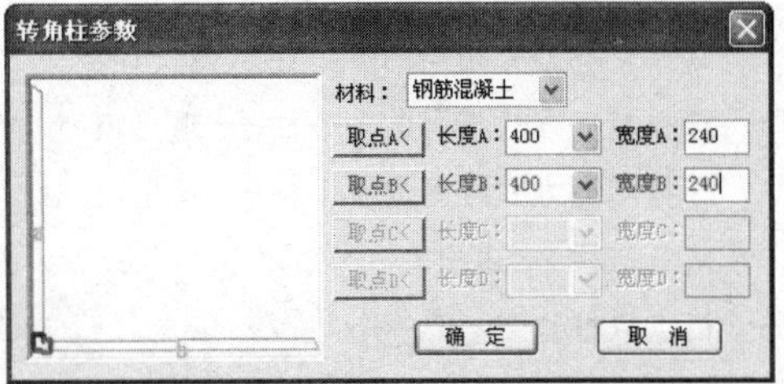

图 7-34　L 形转角柱参数

08 软件显示了【转角柱参数】对话框，设置其参数如图 7-34 所示，单击【确定】按钮，完成 L 形转角柱的创建。依此类推，完成其余 L 形转角柱的创建。得到插入柱子的效果如图 7-35 所示。

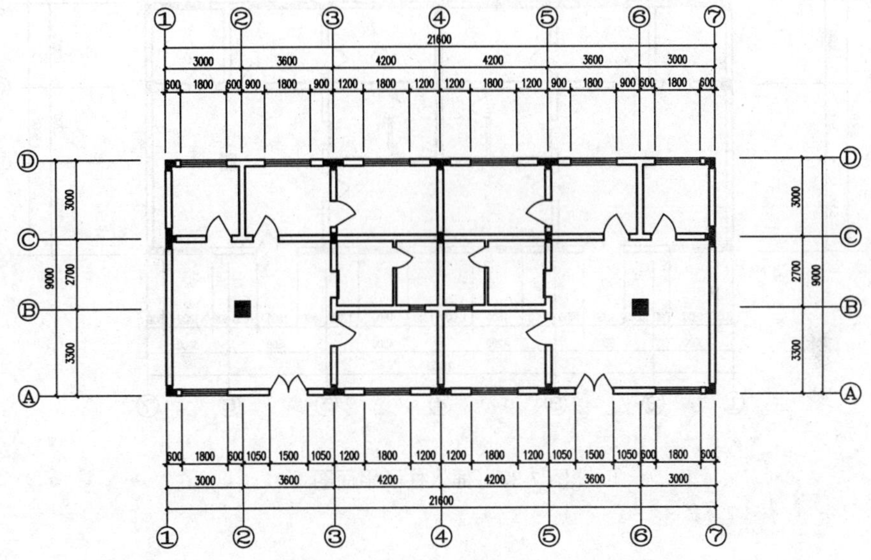

图 7-35　插入柱子

09 双击 C 号轴线与 1 号轴线相交处的 T 形转角柱，显示【标准柱】对话框，设置其参数如图 7-36 所示，单击【确定】按钮，完成【标准柱】的替换。双击 C 号轴线与 7 号轴线相交处的 T 形转角柱，单击【确定】按钮，完成该【标准柱】的替换。

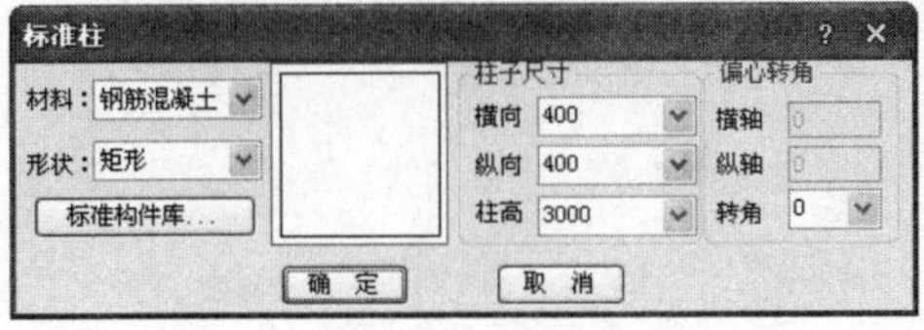

图 7-36　【标准柱】对话框

10 选择【轴网柱子】|【柱齐墙边】菜单命令，单击该命令后，命令行提示：

请点取墙边<退出>: //单击 C 号轴线下面的墙边

选择对齐方式相同的多个柱子<退出>: //单击 C 号轴线与 3 号轴线相交的柱子

选择对齐方式相同的多个柱子<退出>: //单击 C 号轴线与 4 号轴线相交的柱子

选择对齐方式相同的多个柱子<退出>: //单击 C 号轴线与 5 号轴线相交的柱子

选择对齐方式相同的多个柱子<退出>: ↙ //按回车键结束选择，命令行继续提示

请点取柱边<退出>: //选择上一步所选任意一个柱子的最下面的水平边

请点取柱边<退出>: ↙ //按回车键完成柱齐墙边，命令行会继续上述步骤，按回车键退出【柱齐墙边】命令。最后得到如图 7-37 所示的平面图

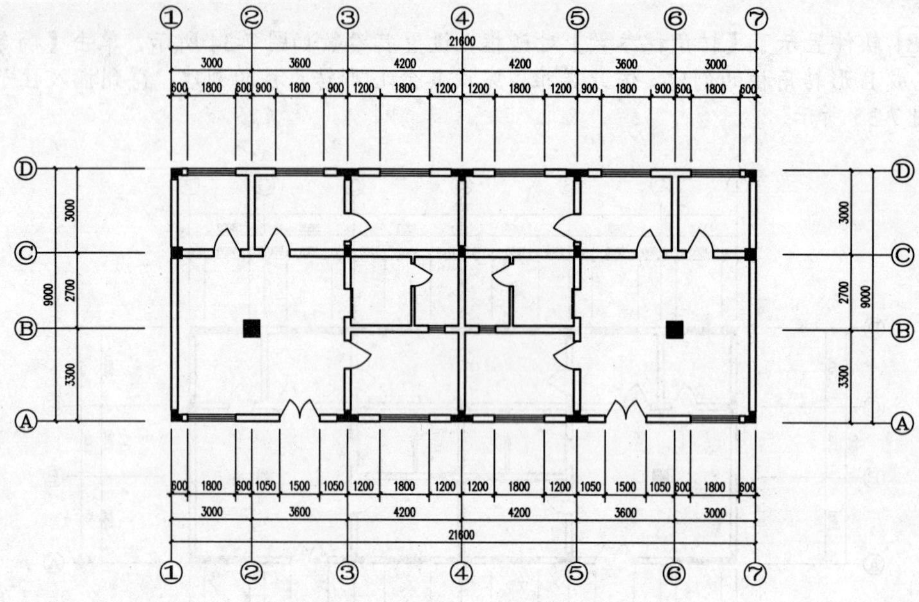

图 7-37 插入柱子平面图

第8章 墙 体

本章导读 墙体是组成建筑物最重要的构件，是 TArch 2014 的核心对象。TArch 2014 为用户提供了多种墙体类型，可以实现墙角的自动剪裁、各墙体之间按材料特性进行连接以及墙体与柱子和门窗的相互关联等智能特性，从而有效提高了绘图效率。

本章重点

★ 墙体的创建
★ 墙体的修改与编辑
★ 综合实例：绘制建筑墙体

8.1 墙体的创建

TArch 2014 为用户提供了多种墙体生成工具，包括【绘制墙体】【等分加墙】【单线变墙】【墙体分段】以及【幕墙转换】。通过【绘制墙体】命令，可以在已有轴线基础上直接绘制墙体，也可以利用【单线变墙】命令在用直线生成墙体。

8.1.1 绘制墙体

选择【墙体】|【绘制墙体】菜单命令，打开【绘制墙体】对话框，如图 8-1 所示。通过该对话框，可以控制墙体的生成样式。

【绘制墙体】对话框各选项含义如下：

- 左宽/右宽：设置中心轴线向墙线两侧偏移的距离，通过这两个参数可以控制墙体的宽度值。
- 墙宽组：墙宽组显示了常用墙宽的数据，也可以添加自定义墙宽组，或按 Delete 键删除墙宽组。
- 墙基线：墙基线位置设置有左、中、右、交换 4 种控制方式，左、右是指设定当前墙宽以后，全部左偏或全部右偏，当单击其中左时，左宽的值为墙宽，右宽的值为 0，反之一样。中是指墙体总宽值平均分配。交换是指左宽和右宽的数据对调。
- 高度：即墙高，从墙底到墙顶计算的高度。
- 底高：墙底标高。

- 材料：墙体所选用的材料，包括轻质隔墙、玻璃幕墙、填充墙、填充墙 1、填充墙 2、砖墙、石材及钢筋混凝土 8 种材质，通过选用不同的材料绘制不同的墙体。
- 用途：包括用于一般墙、卫生隔断、虚墙及矮墙 4 种类型。其中矮墙是新添的类型，表示具有不加粗、不填充的特性，表示女儿墙等特殊墙体。
- 绘制墙体按钮组：包括绘制直墙、绘制弧墙、矩形绘墙及自动捕捉。

绘制如图 8-2 所示的直线和弧形墙体。

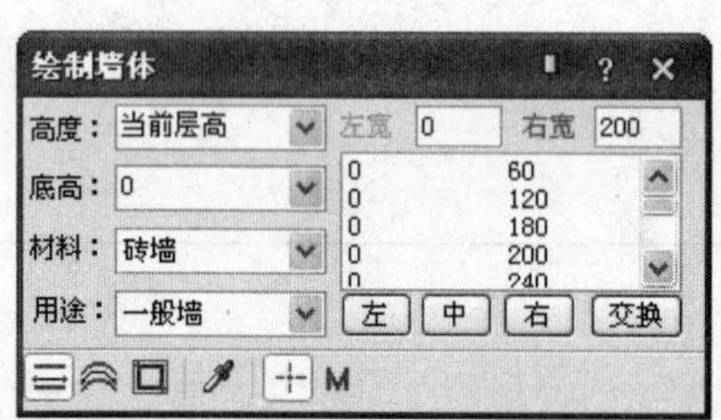

图 8-1 【绘制墙体】对话框

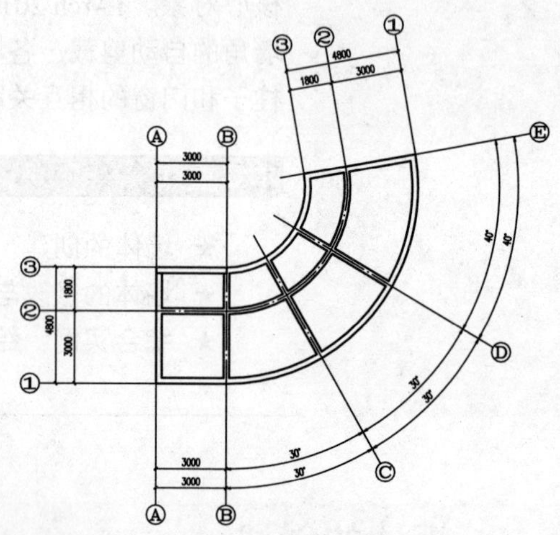

图 8-2 绘制墙体

操作步骤如下：

01 打开一幅绘制好的直线与弧线轴网图，如图 8-3 所示。

02 选择【墙体】|【绘制墙体】菜单命令，打开【绘制墙体】对话框，单击【右】按钮，其他参数设置如图 8-4 所示。命令行提示如下：

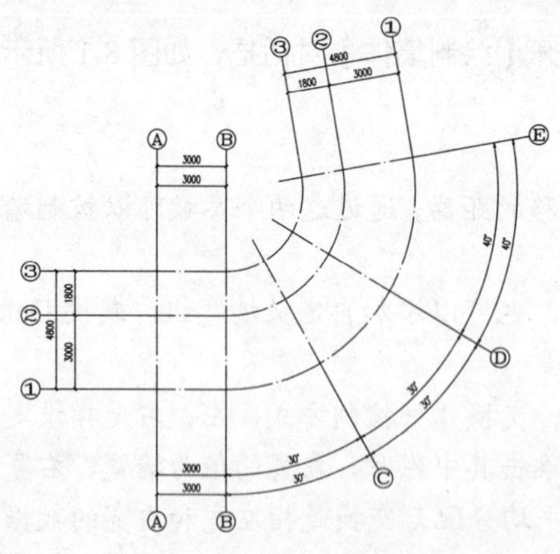

图 8-3 直线与弧线轴网图

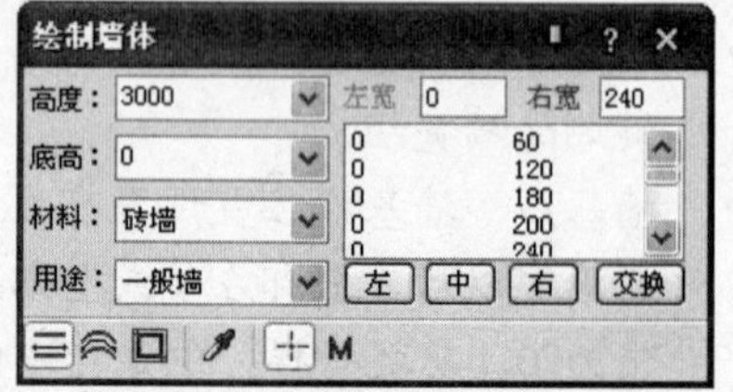

图 8-4 【绘制墙体】对话框

```
起点或[参考点(R)]<退出>:
```

/单击 3 号轴线与 A 号轴线的交点/

直墙下一点或[弧墙(A)/矩形画墙(R)/闭合(C)/回退(U)] <另一段>:

/单击 3 号轴线与 B 号轴线的交点/

直墙下一点或[弧墙(A)/矩形画墙(R)/闭合(C)/回退(U)] <另一段>: A↙

/输入选项"A"/

弧墙终点<取消>:

/单击 3 号轴线与 E 号轴线的交点/

点取弧上任一点或[半径(R)] <取消>:

/单击 3 号轴线上 B 号轴线与 E 号轴线夹段处的任意一点/

直墙下一点或[弧墙(A)/矩形画墙(R)/闭合(C)/回退(U)] <另一段>:

/单击 1 号轴线与 E 号轴线的交点/

直墙下一点或[弧墙(A)/矩形画墙(R)/闭合(C)/回退(U)] <另一段>: A↙

/输入选项"A"/

弧墙终点<取消>:

/单击 1 号轴线与 B 号轴线的交点/

点取弧上任一点或[半径(R)] <取消>:

/单击 1 号轴线上 B 号轴线与 E 轴线夹段处的任意一点/

直墙下一点或[弧墙(A)/矩形画墙(R)/闭合(C)/回退(U)] <另一段>:

/单击 1 号轴线与 A 号轴线的交点/

直墙下一点或[弧墙(A)/矩形画墙(R)/闭合(C)/回退(U)] <另一段>: C↙

/输入 C 闭合该段墙体,完成了该段墙体的创建,得到如图 8-5 所示的效果。

03 在【绘制墙体】对话框中,单击【中】按钮,使得轴线位于墙体中心,同时命令行提示:

起点或[参考点(R)]<退出>:

/单击 2 号轴线与 A 号轴线的交点/

直墙下一点或[弧墙(A)/矩形画墙(R)/闭合(C)/回退(U)] <另一段>:

/单击 2 号轴线与 B 号轴线的交点/

直墙下一点或[弧墙(A)/矩形画墙(R)/闭合(C)/回退(U)] <另一段>: A↙

/输入选项"A"/

弧墙终点<取消>:

/单击 2 号轴线与 E 号轴线的交点/

点取弧上任一点或[半径(R)] <取消>:

/单击 2 号轴线上 B 号轴线与 E 轴线夹段处任意一点,完成弧墙的创建,命令行继续提示/

起点或[参考点(R)]<退出>:

/单击 1 号轴线与 B 号轴线的交点/

直墙下一点或[弧墙(A)/矩形画墙(R)/闭合(C)/回退(U)] <另一段>:

/单击 3 号轴线与 B 号轴线的交点/

04 同样方法,完成剩余两段直墙的创建,得到如图 8-6 所示的墙体绘制完成图。

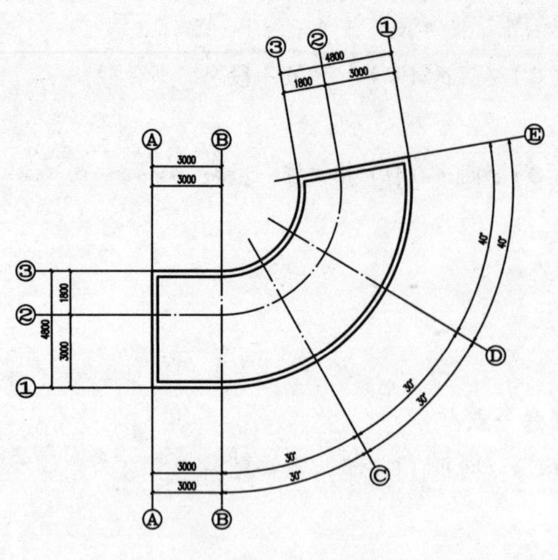

图 8-5 创建墙体

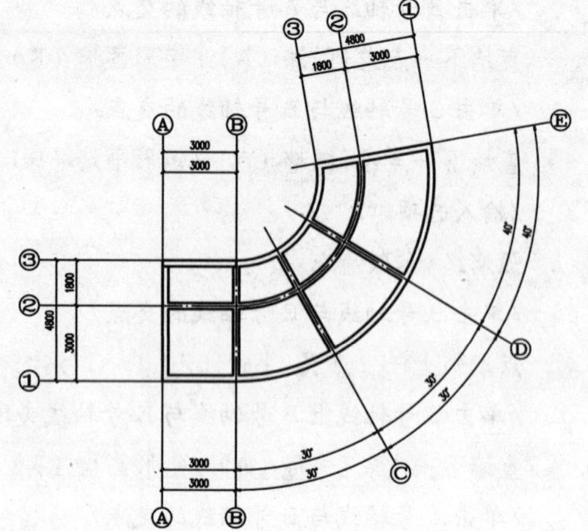

图 8-6 绘制的墙体图

8.1.2 等分加墙

【等分加墙】命令用于在已有的大房间按等分的原则划分出多个小房间。使用该命令可以选择两段墙作为端点，添加隔断墙。

选择【墙体】|【等分加墙】菜单命令，打开【等分加墙】对话框，如图 8-7 所示，设置参数后，单击选择边界段墙，系统自动会在在两墙段之间生成若干段相等的墙体。

绘制如图 8-8 所示的等分加墙。

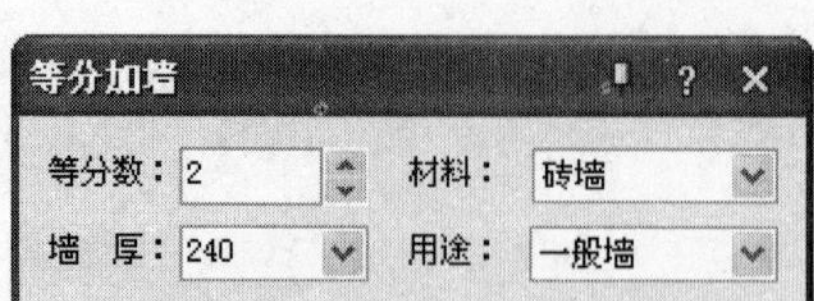

图 8-7 【等分加墙】对话框

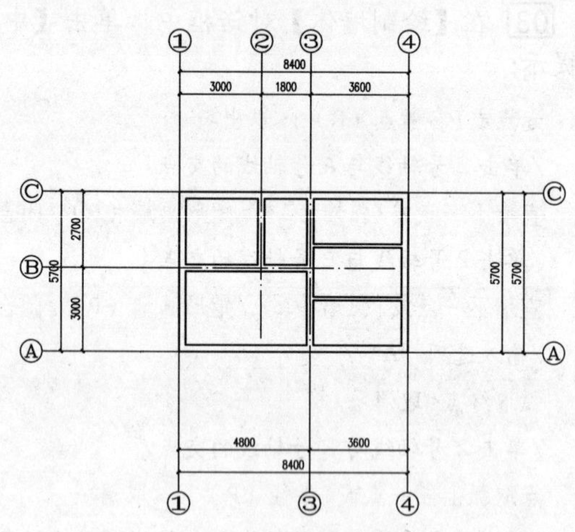

图 8-8 等分加墙实例图

01 用前面学过的 TArch 2014 相关命令绘制轴网、轴号标注及墙体，得到如图 8-9 所示的平面图。

02 选择【墙体】|【等分加墙】菜单命令，命令行提示：

```
选择等分所参照的墙段<退出>:                    //单击经过 4 号轴线的墙段
```

03 打开【等分加墙】对话框，设置参数如图 8-10 所示，命令行提示：

选择作为另一边界的墙段<退出>:　　　　//单击经过 3 号轴线的墙段

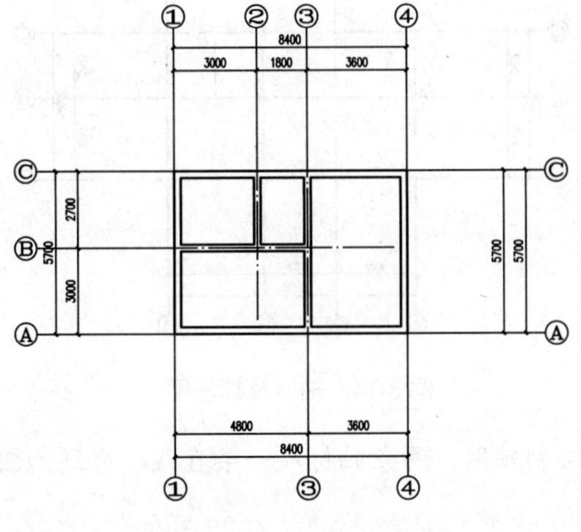

图 8-9　初步平面图

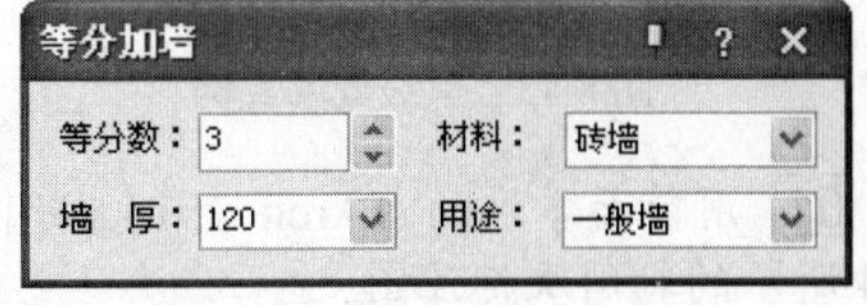

图 8-10　【等分加墙】对话框

04 完成等分加墙的创建，得到如图 8-11 所示的平面图。

8.1.3 单线变墙

【单线变墙】命令用于将 AutoCAD 绘制的 Line、Arc 等单线，或 TArch 2014 生成的轴线转换为 TArch 2014 墙体对象，生成的墙体的基线与对应的单线或轴线重合。

【单线变墙】对话框如图 8-12 所示。

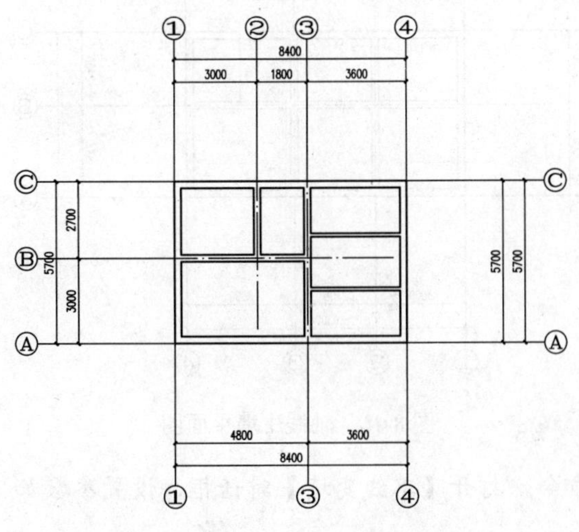

图 8-11　绘制完成的等分加墙平面

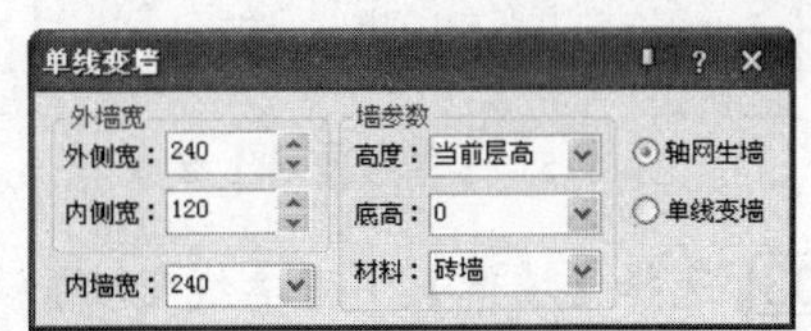

图 8-12　【单线变墙】对话框

使用单线变墙与轴线生墙，绘制如图 8-13 所示的平面图。

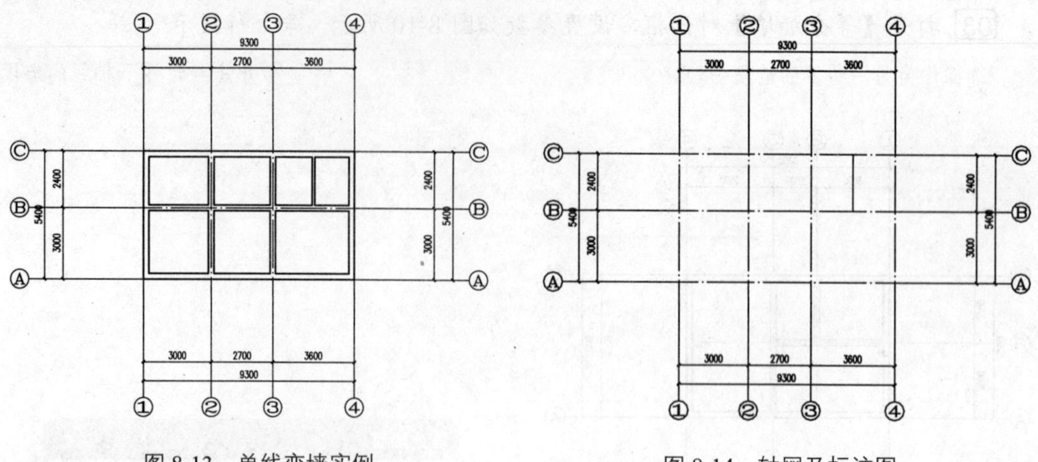

图 8-13　单线变墙实例　　　　图 8-14　轴网及标注图

01 用前面学过的 TArch 2014 操作命令绘制轴网、两点轴标及一条直线，得到如图 8-14 所示的轴网及标注图。

02 选择【墙体】|【单线变墙】菜单命令，打开【单线变墙】对话框，设置参数如图 8-15 所示。同时命令行提示：

选择要变成墙体的直线、圆弧、圆或多段线：　　　　//选择要变为墙体的所有轴线
选择要变成墙体的直线、圆弧、圆或多段线：↙　　　　//按回车键结束选择，完成轴线生墙，得到如图 8-16 所示的墙体。

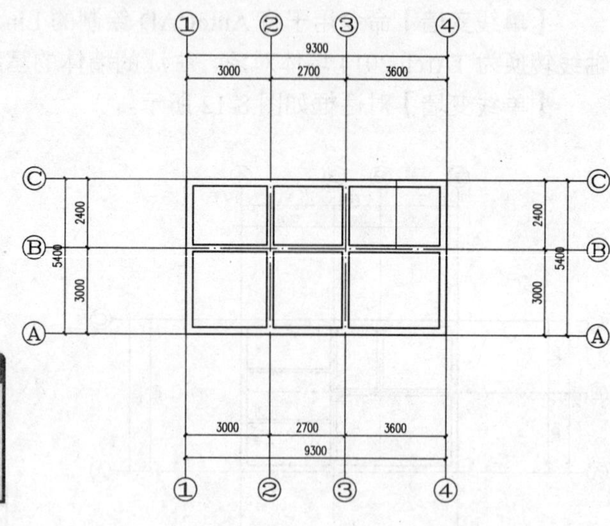

图 8-15　【单线变墙】参数　　　　图 8-16　轴线生墙平面图

03 选择【墙体】|【单线变墙】菜单命令，打开【单线变墙】对话框，设置参数如图 8-17 所示。同时命令行提示：

选择要变成墙体的直线、圆弧、圆或多段线：　　　　//单击 B 号轴线与 C 号轴线之间的唯一直线
选择要变成墙体的直线、圆弧、圆或多段线：↙　　　　//按回车键结束选择，完成单线变墙的

创建，得到如图 8-18 所示的效果

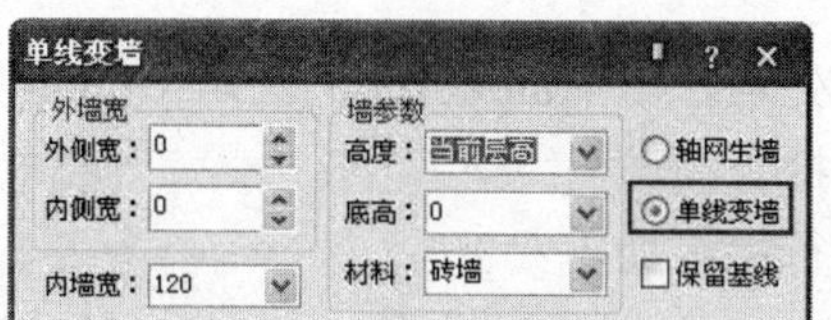

图 8-17 【单线变墙】参数

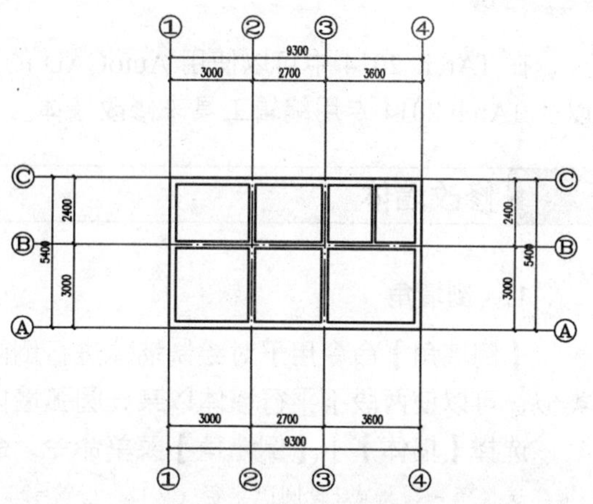

图 8-18 单线变墙效果

8.1.4 墙体分段

“墙体分段”命令是指将原来的一段墙按给定的两点分为两段或者三段，两点间的墙段按新给定的材料和左右墙宽重新定值。单击【墙体】|【墙体分段】菜单命令，命令行会提示选择要分段的一段墙，接着提示输入分段墙的起点和终点，然后弹出【墙体编辑】对话框，在该对话框中修改墙体参数，最后单击【确定】按钮，即可完成“墙体分段”命令。

【墙体分段设置】对话框如图 8-19 所示。

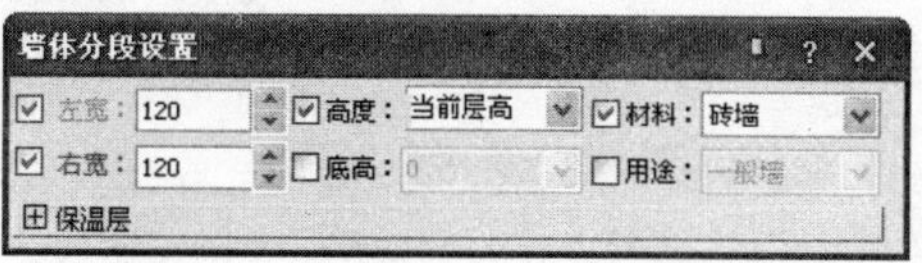

图 8-19 【墙体分段设置】对话框

8.1.5 幕墙转换

“幕墙转换”命令是指把墙体改为示意幕墙。利用“墙体分段”命令或者墙体的特性编辑，也可以将墙体改为示意幕墙，但仅用于绘图而不满足节能分析的要求。使用“转为幕墙”命令可以把包括示意幕墙在内的墙对象转换为玻璃幕墙对象，用于节能分析。

单击【墙体】|【幕墙转换】菜单命令，根据命令行提示选择要转换为玻璃幕墙的墙体，转换后的玻璃幕墙改为按玻璃幕墙对象的表示方式和颜色显示，三线或者四线按当前比例是否大于设定的比例限值（如 1:100）而定。

8.2 墙体的修改与编辑

在 TArch 2014 中可以使用 AutoCAD 的通用编辑工具（例如 Offset、Trim、Extend）以及 TArch 2014 专用编辑工具来修改墙体。

8.2.1 修改墙体

1. 倒墙角

【倒墙角】命令用于对绘制墙体进行倒圆角处理，与 AutoCAD 的圆角（Fillet）命令类似，可以使两段不平行墙体以某一圆弧墙体连接。

选择【墙体】|【倒墙角】菜单命令，命令行提示如下：

```
选择第一段墙或[设圆弧半径(R), 当前=0]<退出>:
```

/当圆弧半径为 0 时，系统自动延伸两段墙体至相交，平行墙体除外，此时两段墙体的材料和厚度可以不一致。当圆弧半径为 0，且两直墙平行时，软件自动以墙间距为直径加弧墙连接。当圆弧半径不为 0 时，两段墙体的类型、总墙宽各左右宽必须相同，否则无法进行倒圆角/

如图 8-20 所示为【倒墙角】命令的应用示例。

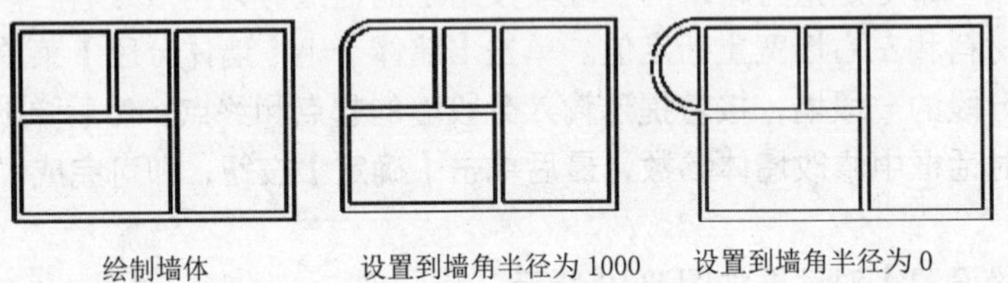

绘制墙体　　设置到墙角半径为 1000　　设置到墙角半径为 0

图 8-20　倒墙角示例

2. 倒斜角

"倒斜角"命令是指用于处理两段不平行墙体的端头交角，使两段墙以指定倒角连接，倒角距离按墙中线计算。单击【墙体】|【倒斜角】菜单命令，根据设定的倒角距离生成斜角。

选择【墙体】|【倒斜角】菜单命令，命令行提示如下：

```
选择第一段直墙或 [设距离(D),当前距离 1=0,距离 2=0]<退出>: D  //输入选项"D"
指定第一个倒角距离<0>:600                                  //输入第一个倒角距离
指定第二个倒角距离<0>:1000                                 //输入第二个倒角距离
选择第一段直墙或 [设距离(D),当前距离 1=600,距离 2=1000]<退出>://选择第一条直墙
选择另一段直墙<退出>:                            //选择第二条直墙，完成绘制
```

3. 修墙角

【修墙角】命令用于对多余的墙线进行修剪并连接两端交叉的墙体，以及清理绘制失败的墙体。【修墙角】命令是 TArch 2014 系统中比较智能的修改工具。

选择【墙体】|【修墙角】菜单命令，单击该命令后，命令行提示：

```
请点取第一个角点或[参考点(R)] <退出>:                    //单击第一个墙角点
请点取另一个角点<退出>:                    //单击另一个墙角点，系统将自动对交叉处的墙线进行修剪，完成该墙角的修墙角操作
```

4. 基线对齐

【基线对齐】命令用于存在短墙而造成墙体显示不正确时，去除短墙并连接剩余墙体。如图 8-21 所示为【基线对齐】命令的应用示例。

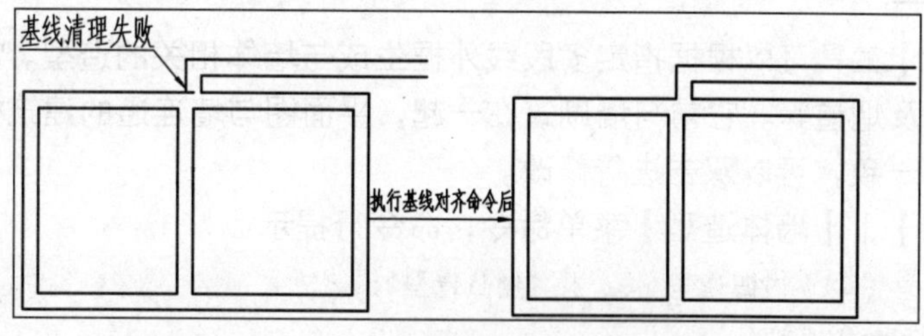

图 8-21 墙体基线对齐示例

5. 边线对齐

【边线对齐】是指在维持基线位置和总宽不变的前提下，通过修改左右宽度达到边线与给定位置对齐的目的。【边线对齐】命令通常用于处理墙体与某特定位置的对齐，例如，墙和柱子的边线对齐。

如果要把墙边和柱边对齐，有两个途径，第一种方法是直接用基线对齐柱边绘制。第二种方法是不考虑对齐，快速地沿轴线绘制墙体，待绘制完成后再执行【边线对齐】命令来处理。第二种方法可以把同一延长线方向上的多个墙段一次取齐，方便简洁。

如图 8-22 所示为【边线对齐】命令示例。

6. 净距偏移

使用【净距偏移】工具可以方便地绘制与已经存在的墙体平行的墙体，偏移完成后，系统会对绘制的墙体进行自动修剪。

如图 8-23 所示为【净距偏移】命令的示例。

7. 墙柱保温

【墙柱保温】命令可以在已有的墙段上加入或删除保温层线。当保温层遇到门时，该保温层线自动打断。当遇到窗时，则自动将窗厚增加。

选择【墙体】|【墙柱保温】菜单命令，命令行提示如下：

```
指定墙、柱、墙体造型保温一侧或 [内保温(I)/外保温(E)/消保温层(D)/保温层厚(当前
```

=80)(T)]<退出>:

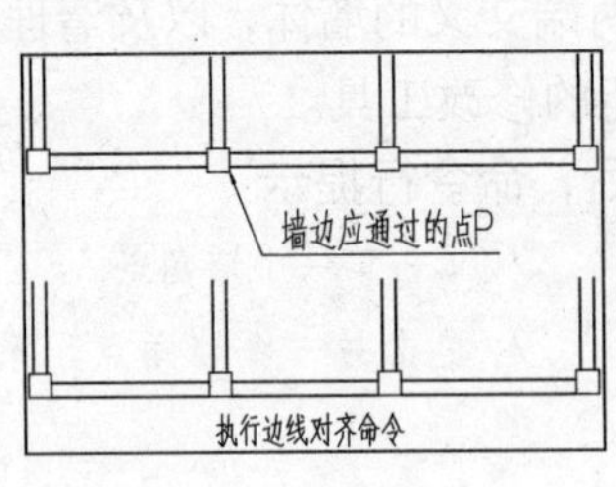

图 8-22 边线对齐示例

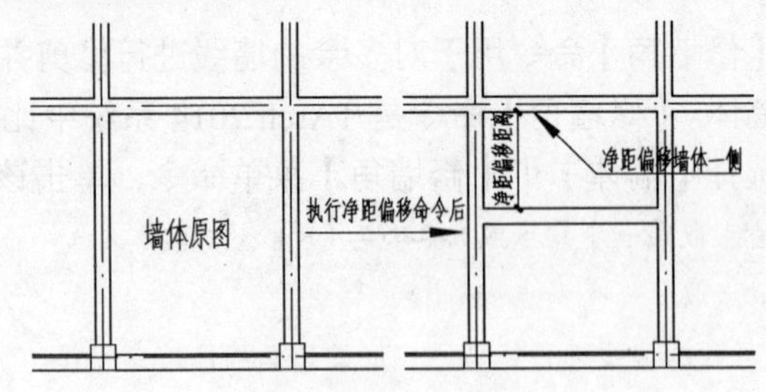

图 8-23 净距偏移实例

如图 8-24 所示为使用【墙柱保温】命令添加墙柱保湿的示例。

8. 墙体造型

【墙体造型】工具可以根据指定多段线外框生成与墙体相关的造型。常见的墙体造型包括墙垛、壁炉及烟道等。它常与墙砌筑在一起，平面图与墙连通的建筑构造。墙体造型与其关联的墙高一致，可以双击进行修改。

选择【墙体】|【墙体造型】菜单命令，命令行提示：

```
选择[外凸造型(T)/内凹造型(A)] <外凸造型>: ↙
/按回车键接受默认造型/
墙体造型轮廓起点或 [点取图中曲线(P)/点取参考点(R)]<退出>:
/单击造型轮廓线的起点或输入选项提示进行操作/
```

如图 8-25 所示为【墙体造型】命令的应用示例。

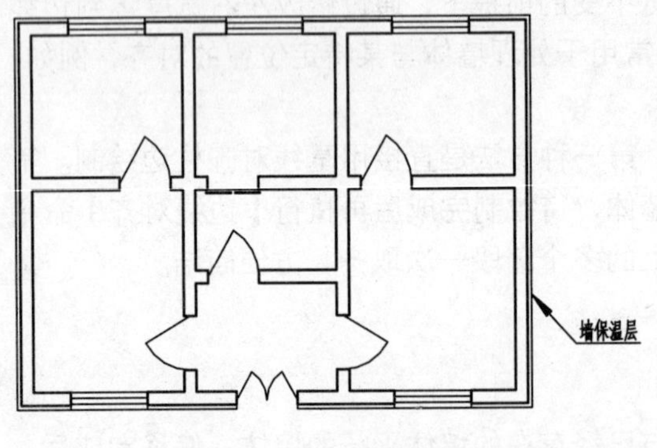

图 8-24 墙保温层实例

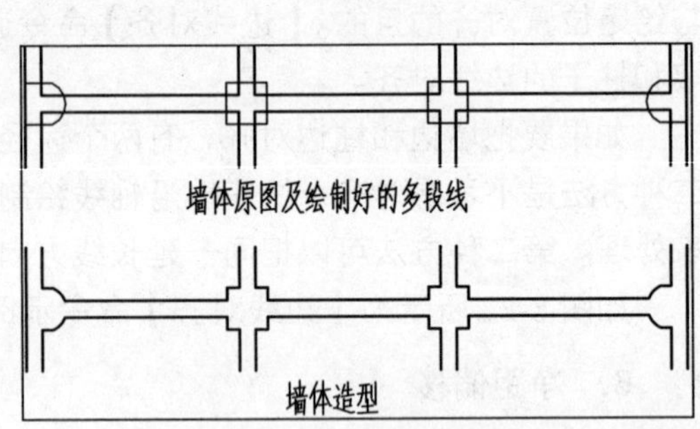

图 8-25 墙体造型实例

9. 墙齐屋顶

本命令用来向上延伸墙体，使原来水平的墙顶成为与单坡和双坡屋顶一致的斜面，从而解决了坡屋顶建模时的繁锁与困难。

选择【墙体】|【墙齐屋顶】菜单命令，单击该命令后，命令行提示：

```
请选择人字屋顶:                              //在平面图上选择人字屋顶
请选择墙:                                    //选择一侧山墙
```

请选择墙:　　　　　　　　　　　　　　　　　　　　　　//选择另一侧山墙

请选择墙: ↙　　　　　　　　　　　　　　　　　　　　//按回车键结束选择，完成墙体对齐。此时，在平面图上看不出墙齐屋顶发生了什么变化，只有在轴测图和立面视图中才可见山墙延伸至坡顶的效果。该命令与“人字坡顶”命令配合使用，方法请参照 10.5 节中的典型实例

8.2.2 墙体工具

在单段墙体创建后，双击墙体，即可打开【墙体编辑】对话框，对该段墙体进行编辑，如图 8-26 所示。但如果需要批量修改多段墙体，则需要用到天正的墙体工具，使用墙体工具可以完成墙体厚度、墙体高度以及墙体的封口处理等。

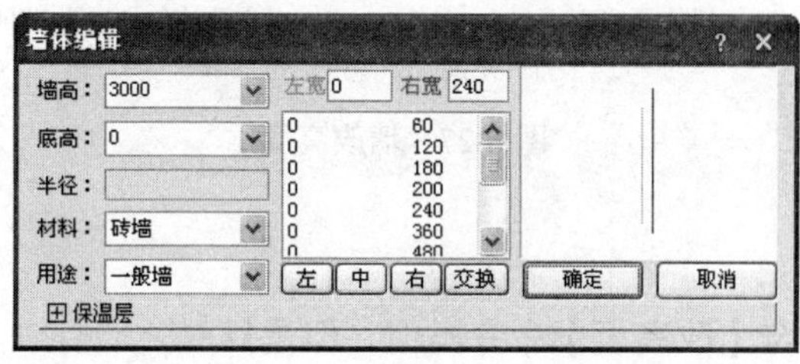

图 8-26　【墙体编辑】对话框

1. 改墙厚

选择【墙体】|【墙体工具】|【改墙厚】菜单命令，命令行提示：

选择墙体:　　　　　　　　　　　　//单击选中一个墙体或框选要多个墙体

选择墙体: ↙　　　　　　　　　　　//选择完墙体之后，按回车键，命令行继续提示

新的墙宽<240>:360↙　　　　　　//输入新的数值后，按回车键即可完成墙厚的修改

2. 改外墙厚

【改外墙厚】命令用于整体修改外墙厚度，执行该命令之前应事先识别外墙，否则无法对外墙进行处理。选择【墙体】|【墙体工具】|【改外墙厚】菜单命令，命令行提示：

请选择外墙:　　　　　　　　　　　//选择外墙或框选外墙

请选择外墙:　　　　　　　　　　　//选择完毕后，按回车键结束选择，命令行继续提示

内侧宽<120>:↙　　　　　　　　　//指定外墙内侧宽度后，按回车键

外侧宽<240>:↙　　　　　　　　　//输入外墙外侧宽度后，按回车键即可完成外墙厚的更改

3. 改高度

【改高度】命令用于对图中需修改的柱、墙体及其造型的高度与各底标高成批进行修改。修改底标高时，门窗底的标高可以和柱子、墙体等联动修改。

选择【墙体】|【墙体工具】|【改高度】菜单命令，命令行提示：

请选择墙体、柱子或墙体造型:　　　　　　　　//选择墙体、柱子或墙体造型

请选择墙体、柱子或墙体造型:　　　　　　　　//选择完成后，按回车键结束选择，命令行继续提示

新的高度<3000>: ↙ //输入新的高度值后按回车键

新的标高<0>: //输入新的底标高度值后按回车键

是否维持窗墙底部间距不变?[是(Y)/否(N)]<N>: ↙ //输入 "Y" 或 "N" 完成墙体高度的改动。输入 "Y" 时各窗的窗台相对墙底标高而言高度维持不变，如图 8-27 所示。输入 "N" 时，则窗台高度相对于底标高间距就作了改变

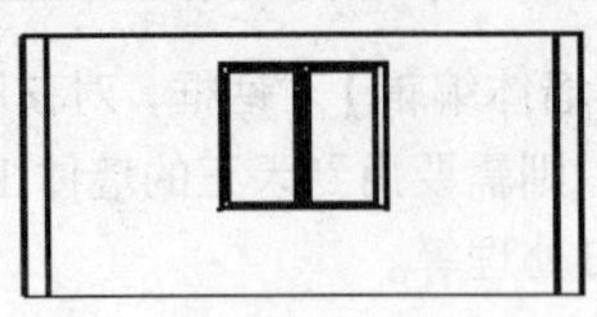

墙体高 2700

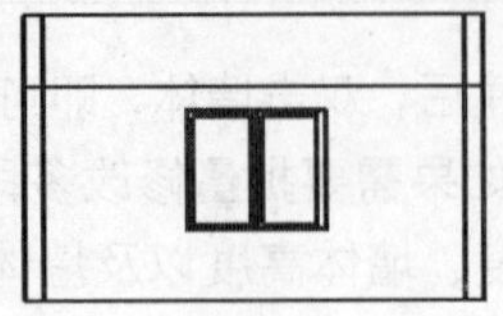

更改墙体高度为 3000

图 8-27 墙改高度

4. 改外墙高

【改外墙高】命令与【改高度】命令类似，但是只对外墙有效。该命令通常用在无地下室的首层平面。

5. 平行生线

【平行生线】命令是指生成一条与墙线（分侧）平行的曲线，也可生成与柱子周边平行的一圈粉刷线或勒脚线等。选择【墙体】|【墙体工具】|【平行生线】菜单命令，命令行提示：

请点取墙边或柱子<退出>: //单击墙体或柱子的外皮或内皮

输入偏移距离<50>: //输入墙皮到线的距离值，按回车键后系统生成了一条平行线

如图 8-28 所示为【平行生线】命令的应用示例。

6. 墙端封口

【墙端封口】命令用于改变墙体对象自由端的二维显示形式，使其在封闭和开口两种形式下互相转换。选择【墙体】|【墙体工具】|【墙端封口】菜单命令。

如图 8-29 所示为【墙端封口】命令的应用示例。

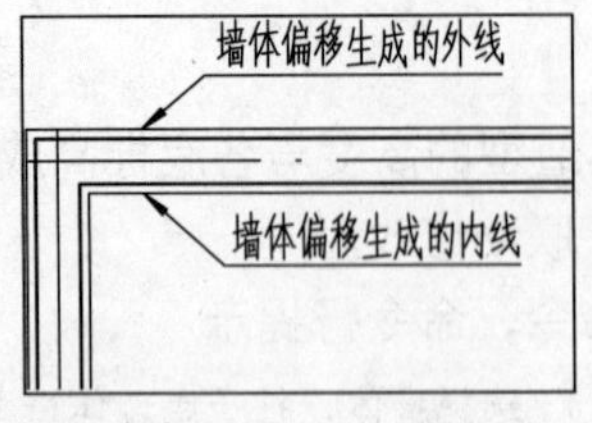

图 8-28 平行生线示例

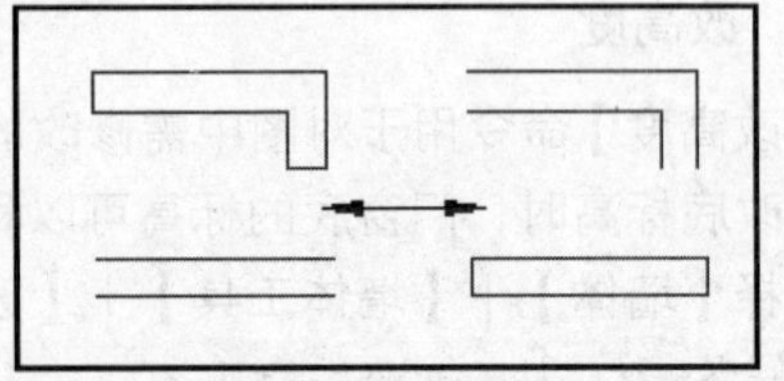

图 8-29 墙端封口示例

8.2.3 墙体立面工具

墙体立面工具是指在绘制平面图时，为立面或三维建模做准备而编制的几个墙体立面工具，它包括墙面 UCS、异形立面、矩形立面等三个工具。

1. 墙面 UCS

【墙面 UCS】命令定义了一个基于所选墙面(分侧)的 UCS 用户坐标系，在指定视口转为立面显示。在构造异形洞口或异型墙立面时，必须在墙体立面上定位和绘制图元，需要把 UCS 设置于墙面上。

选择【墙体】|【墙体立面】|【墙面 UCS】菜单命令，命令行提示:

请点取墙体一侧<退出>:

/单击选择墙体的外皮，需要设置成多个视口，命令行会继续提示/

点取要设置坐标系的视口<当前>:

/单击视口内一点，系统把选择的视图置为平行于坐标系的视图，如图 8-30 所示/

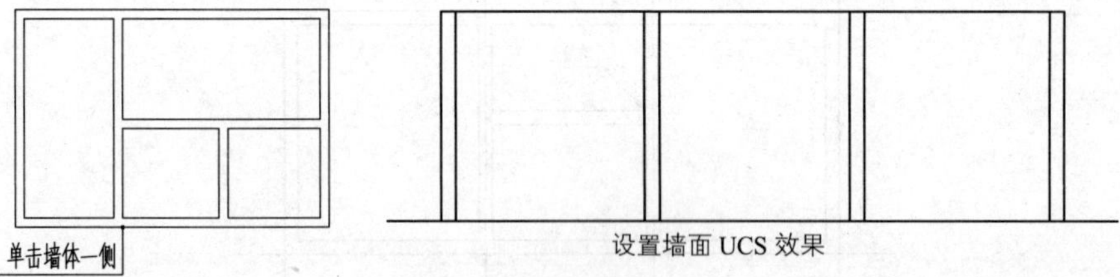

图 8-30 设置墙面 UCS

2. 异形立面

使用【异形立面】工具可以构造立面形状不规则的特殊墙体，并对矩形墙适当剪裁。选择【墙体】|【墙体立面】|【异形立面】菜单命令，命令行提示:

选择定制墙立面的形状的不闭合多段线<退出>: //在立面视口中单击范围线

选择墙体: //在平面或轴测图中选择要改为异形立面的墙体

选择墙体: ↙ //按回车键结束选择，系统随即根据边界线变为不规则立面形状或更新为新的立面形状，如图 8-31 所示

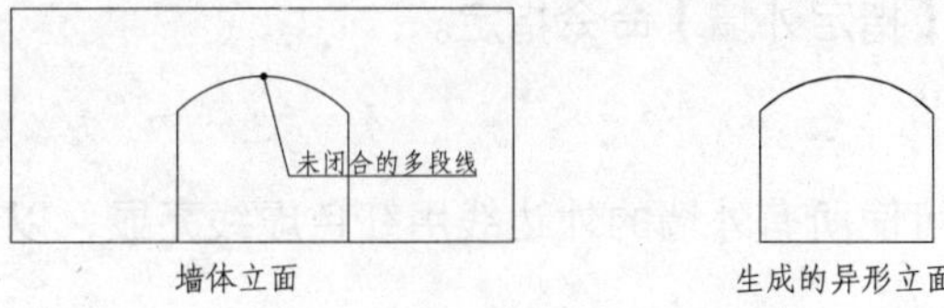

图 8-31 生成异形立面

3. 矩形立面

【矩形立面】是【异形立面】的逆命令，同样方式，可将异型立面墙恢复为标准的矩

形立面墙。选择【墙体】|【墙体立面】|【矩形立面】菜单命令，命令行提示：

8.2.4 识别内外

该组命令用于识别内墙和外墙。执行相关命令后，系统将自动判断内墙和外墙，并用红色虚线加亮显示外墙边线。如果外墙的包线是多个封闭的区域，比如存在天井或庭院时，应结合手工指定外墙分别进行处理。

1. 识别内外

【识别内外】命令用于自动识别内墙和外墙，并同时设置墙体的内外特征。选择【墙体】|【识别内外】|【识别内外】菜单命令，单击该命令后，命令行提示：

请选择一栋建筑物的所有墙体(或门窗)：

/框选建筑的所有墙体，按回车键结束选择，即可识别出内外墙，并且外墙用红色的虚线示意/

如图 8-32 所示为【识别内外】命令的应用示例。

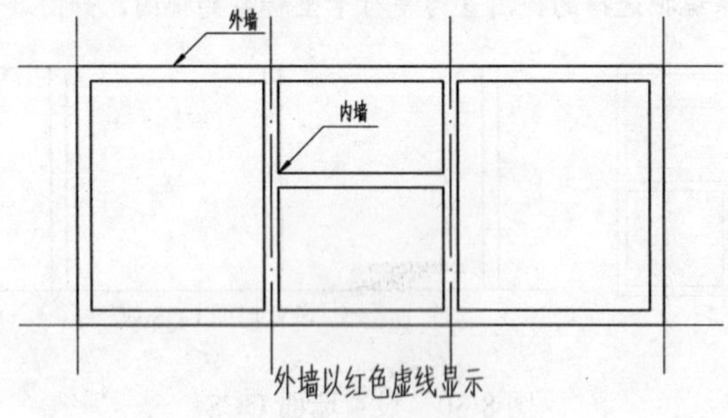

图 8-32　识别内外

2. 指定内墙

将选中的墙体置为内墙，内墙在三维组合时不参与建模，这样可以减少三维渲染模型的大小与内存占用。

3. 指定外墙

【指定外墙】与【指定内墙】命令相似，【指定外墙】将选中的普通墙体置为外墙，还能指定内外特性用于节能计算。在做节能设计时，必须先执行【识别内外】命令，如果识别不成功，则需要用【指定外墙】命令指定。

4. 加亮外墙

【加亮外墙】命令可使所有外墙的外边线用红色虚线亮显，以便观察。

8.3 综合实例：绘制建筑墙体

墙体的绘制在建筑设计中占据了较大的比例，它是设计者对空间功能划分是否合理的主要依据。本节利用本章所学的绘制墙体和编辑墙体的知识，绘制如图 8-33 所示的平面图。

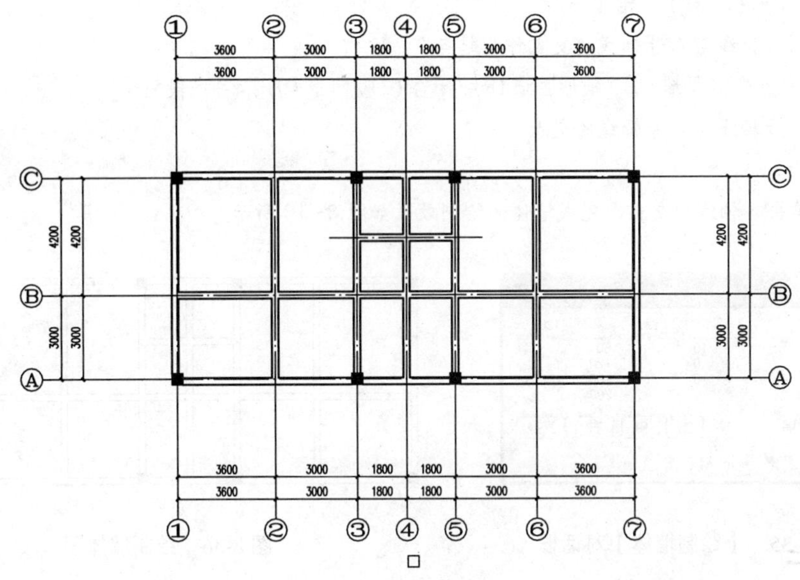

图 8-33　墙体平面图

操作步骤如下：

01 用前面学过的 TArch 2014 操作命令绘制轴网、两点轴标以及插入柱子，得到如图 8-34 所示的柱网图。

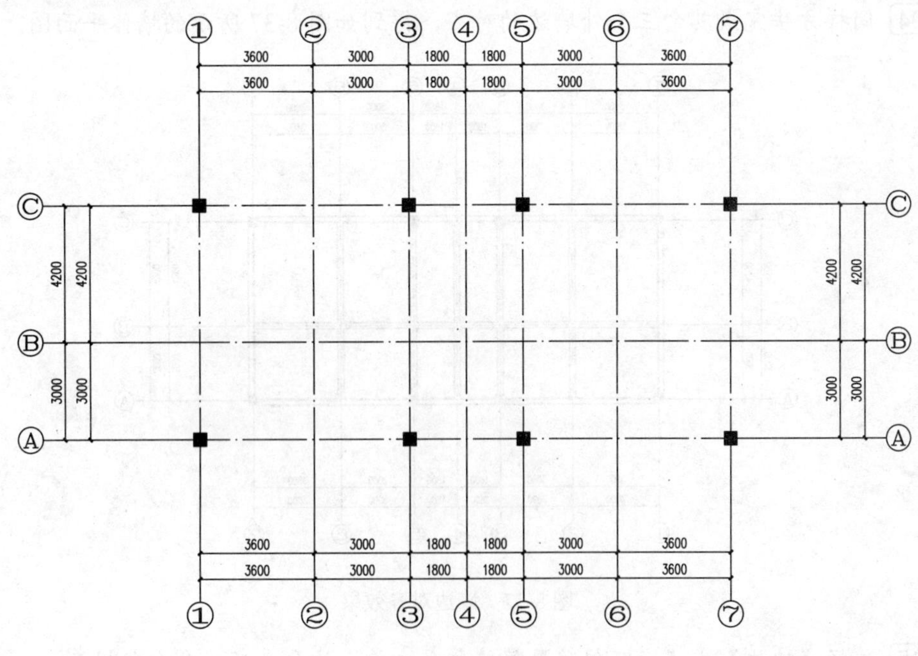

图 8-34　柱网图

02 选择【墙体】|【绘制墙体】菜单命令，打开【绘制墙体】对话框，设置参数如

图 8-35 所示。同时命令行提示：

起点或 [参考点(R)]<退出>:

/单击 1 号轴线与 A 号轴线的交点作为起点/

直墙下一点或 [弧墙(A)/矩形画墙(R)/闭合(C)/回退(U)]<另一段>:

/单击 1 号轴线与 C 号轴线的交点/

……

/依次单击各轴线的交点，完成墙体的绘制效果如图 8-36 所示/

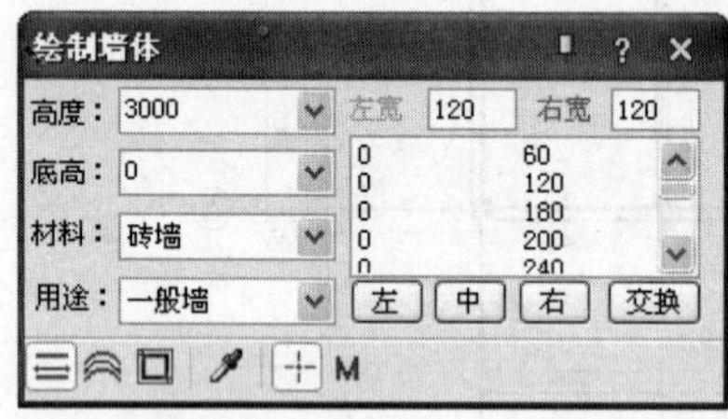

图 8-35 【绘制墙体】对话框

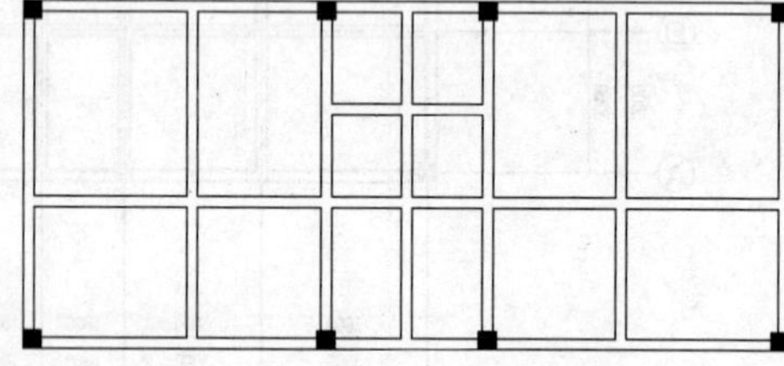

图 8-36 绘制墙体图

03 选择【墙体】|【边线对齐】菜单命令，命令行提示：

请点取墙边应通过的点或 [参考点(R)]<退出>:

/单击 A 号轴线经过的柱子下边的任意一点/

请点取一段墙<退出>:

/单击夹住 A 号轴线的一段墙体，完成边线对齐/

04 同样方法完成其余三个外墙边的对齐，得到如图 8-37 所示的墙体平面图。

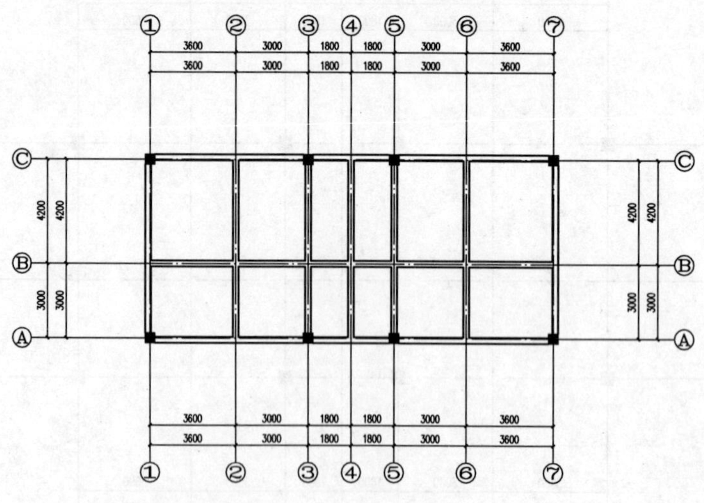

图 8-37 墙边对齐效果

05 选择【墙体】|【净距偏移】菜单命令，单击该命令后，命令行提示：

输入偏移距离<0>:1800↙

/输入偏移距离值 1800 后按回车键/

请点取墙体一侧<退出>:

/单击 B 号轴线上（3 号轴线与 4 号轴线间）的墙体，完成净距偏移/

06 同样方法创建另一段墙体，得到墙体的平面图最终效果如图 8-38 所示。

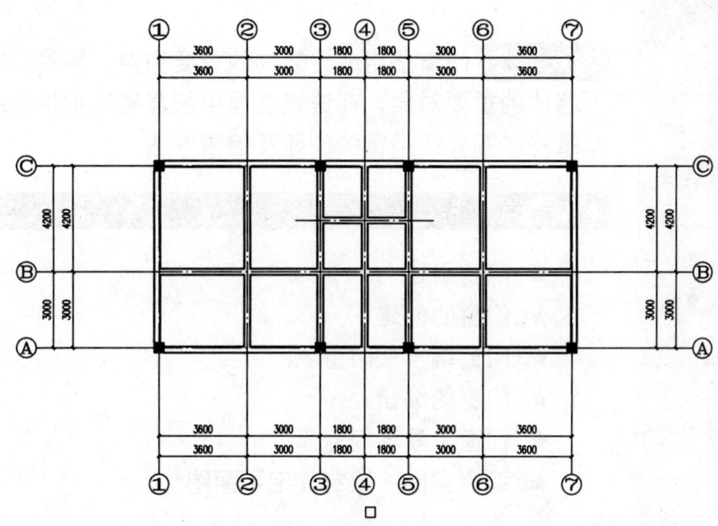

图 8-38　净距偏移效果

第9章 门 窗

本章导读 门窗是组成建筑物的重要构件，是建筑软件中仅次于墙体的重要对象，在建筑立面中起着建筑维护及装饰作用。本章将详细介绍门窗的创建及编辑方法。

本章重点

- ★ 门窗概述
- ★ 门窗的创建
- ★ 门窗编号及门窗表
- ★ 门窗的编辑
- ★ 门窗工具与门窗库
- ★ 综合实例：绘制住宅平面图

9.1 门窗概述

在 TArch 2014 系统中，门窗属于一种自定义对象，它和墙体之间建立了智能联动关系。当插入门窗后，墙体的外观几何尺寸不变，但墙体对象的粉刷面积、开洞面积已经进行了更新。门窗和其他自定义对象一样，都可使用 AutoCAD 相关命令及夹点编辑功能，并可以通过电子表格检查和统计出门窗编号。

9.1.1 门窗的插入方式

在 TArch 2014 中选择【门窗】|【门窗】菜单命令，即可打开【门窗参数】对话框，如图 9-1 所示。该对话框下方有两组控制按钮，左边的一组控制按钮是控制门窗的插入方式，右边的一组控制按钮是选择插入门窗的类型。

图 9-1 【门窗参数】对话框

插入方式按钮包括自由插入、沿着直墙顺序插入、依据点取位置两侧的轴线进行等分插入、在点取的墙段上进行等分插入等。不同的门窗插入方式有不同的参数，下面详细介绍这些插入方式工具按钮的使用方法。

1. 自由插入

单击该工具按钮后，用户可以在所绘制的墙段上任意位置处单击插入，并且系统会显示门窗两侧到轴线的动态尺寸，如图 9-2 所示。当没有显示动态尺寸时，那就说明光标并没有在墙体内或者所处的位置插入门窗后将与其他构件（包括柱子及其他构件）发生干扰，然而用户在这种条件下仍然可以插入门窗。

以墙中线为分界内外移动光标，可控制内外开启方向，按 Shift 键控制左右开启方向。

按 Shift+F12 快捷键，可以开启/关闭动态距离输入功能。

2. 沿着墙顺序插入

单击该工具按钮可以以一墙段的起点为基点，按照设定的距离插入门窗。单击该工具栏后，命令行提示：

```
点取门窗插入位置(Shift-左右开)<退出>:
```

如图 9-3 所示是使用【沿着直墙顺序插入】命令的示例。

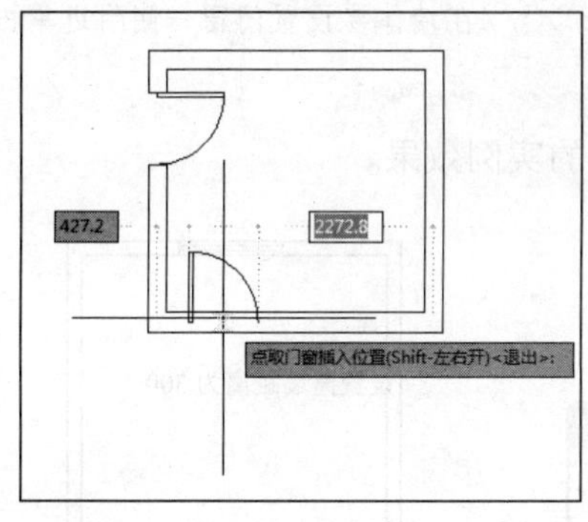

图 9-2 自由插入实例

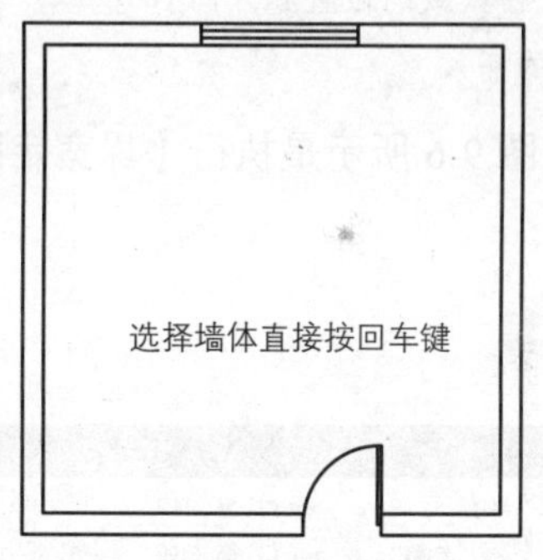

图 9-3 沿着直墙顺序插入实例

3. 轴线等分插入

单击该工具按钮后，可以选择墙体的两侧轴线间距插入。如果该墙段内没有轴线时，则按墙段等分插入，插入时屏幕将出现门窗的动态尺寸及开启方向。

在工具栏中单击该工具按钮后，命令行提示：

```
点取门窗大致的位置和开向(Shift－左右开)<退出>:    //把光标移动到合适墙体位置单击
指定参考轴线[S]/门窗个数(1~3)<1>:↙              //输入门窗个数后按回车键
```

如图 9-4 所示是使用【轴线等分插入】的示例。

4. 墙段等分插入

单击该工具按钮后，可以使门窗沿墙段等间距插入，它类似于轴线等分插入。两者不同的是，墙段等分插入针对的是当前操作的墙体，而轴线等分插入则针对的是当前操作墙体两侧的轴线。

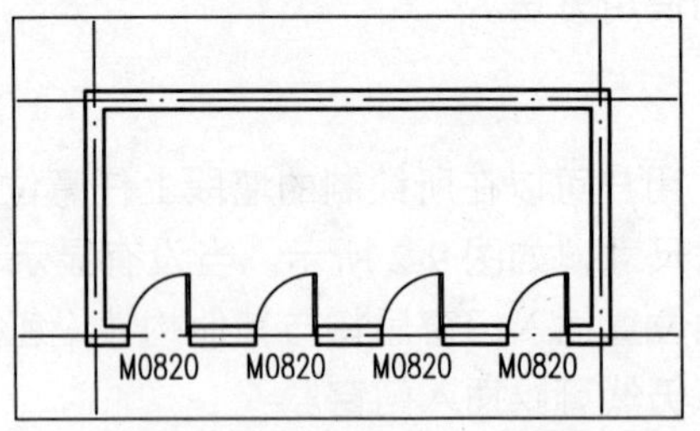

图 9-4　轴线等分插入实例

在工具栏中单击该工具按钮后，命令行提示：

点取门窗大致的位置和开向(Shift－左右开)<退出>：　//把光标移动到合适墙体位置单击

门窗个数(1~3)<1>：↙　//输入个数后按回车键即可完成墙段等分插入命令，命令行重复上述提示，按回车键退出命令

5. 垛宽定距插入

系统选取距点取位置最近的墙边线顶点作为参考点，按指定垛宽距离插入门窗，适合插入室内门。单击工具后，显示垛宽参数设置如图 9-5 所示，同时命令行提示：

点取门窗大致的位置和开向(Shift－左右开)<退出>：　//在墙体要设置门窗一侧附近单击即可完成该门窗的插入

如　图 9-6 所示是执行【垛宽定距插入】命令的实例效果。

图 9-5　【门窗参数】对话框

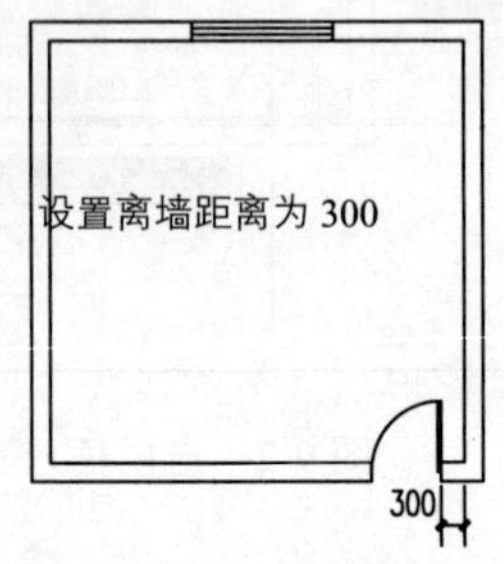

图 9-6　垛宽定距插入实例

6. 轴线定距插入

单击该工具按钮，可以将所设门窗按照设定的与轴线间距离插入到指定的位置上。它类似于垛宽定距插入，与之不同的是轴线定距插入是以轴线为基准点，计算至门窗的距离；而垛宽定距插入是以墙体转角内边交叉点为基准点，计算至门窗的距离。

7. 角度插入

单击该工具按钮，可以在弧墙上按照预先设定后的角度值插入门窗。角度插入的方法是首先在视图中选择需要插入门窗的弧形墙，然后设置插入时的角度值，按回车键即可在视图中插入门窗。

单击该工具按钮后，命令行提示：

```
点取弧墙<退出>:                        //单击选择一段弧墙
门窗中心的角度<退出>: ↙                 //输入角度值后按回车键即可完成角度插入命令
```

如图 9-7 所示是执行【角度插入】命令的实例效果。

8. 根据鼠标位置居中或定距插入

当用户在【门】对话框中单击【根据光标位置居中或定距插入】按钮后，在“距离”文本框中输入相应的距离，即可根据光标的位置以相应的距离插入；当光标位置靠居中时，则可居中插入“门”。

9. 充满整个墙段插入

单击该工具按钮，可以使整个墙段被门窗所替换，换句话说就是整个墙段上都是门或窗。单击该工具按钮后，命令行提示：

```
点取门窗大致的位置和开向(Shift－左右开)<退出>:
/单击要开门窗的墙段及大致方向，即可完成充满整个墙段插入命令/
```

如图 9-8 所示是执行【充满整个墙段插入】命令，将下端墙体替换为门窗的实例效果。

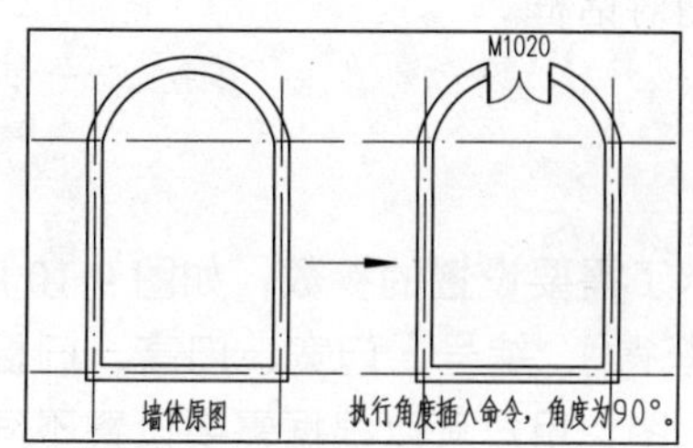

图 9-7　角度插入实例

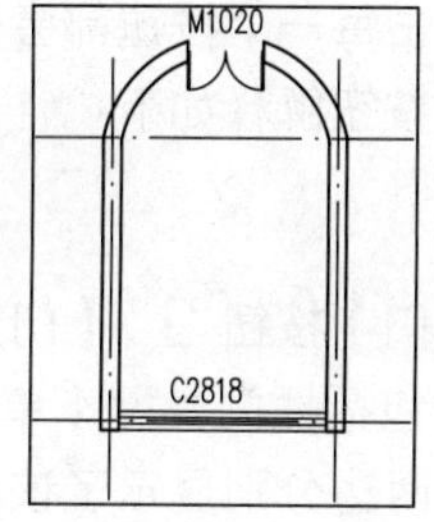

图 9-8　充满整个墙段插入实例

10. 插入上层门窗

单击该工具按钮插入门窗，可以在已经存在的门窗上再加一个宽度相同、高度不相同的门窗，在平面视图中的上层门窗只显示编号。厂房或者大堂的墙体上经常会出现这样的情况。

单击该工具按钮后，命令行提示：

```
选择下层门窗<退出>:                     //选择门窗，按回车键即可创建上层门窗
```

11. 门窗替换

单击该工具按钮，可以批量修改门窗参数及类型等，以对话框内的参数作为目标参数，按回车键后替换图中已经插入的门窗。使用时应注意选中【替换】按钮，并在右侧设置好需要替换的参数。

如图 9-9 所示是执行【替换门窗】命令的实例效果。

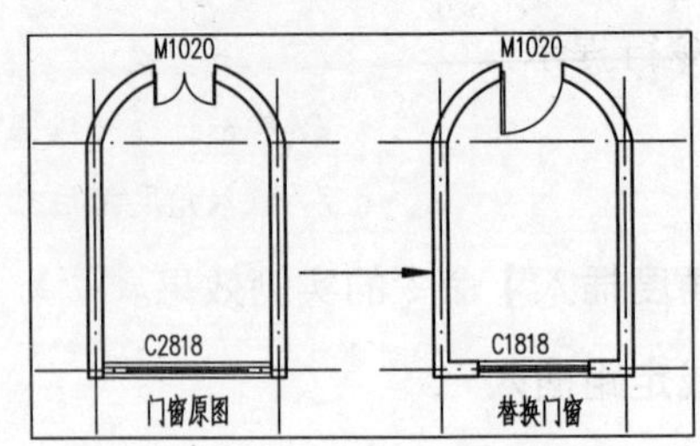

图 9-9　替换图中已有的门窗

12. 拾取门窗参数

即拾取图中已存在的门窗参数的功能。单击【拾取门窗参数】按钮时，即可拾取图中以有的门窗参数，进行门窗的插入。

9.1.2 门窗的类型

在【门窗参数】面板底部的右侧是门窗类型控制按钮，用户可以选择插入不同的门窗类型，包括有插门、插窗、插门连窗、插子母门、插弧窗、插凸窗、插矩形洞、标准构件库等按钮，单击每一个按钮都会生成一个不同参数的对话框。

门窗类型按钮解释如下：

1. 插门

单击【插门】按钮，【门窗参数】对话框显示了需要设置的参数，如图 9-10 所示，【插门】参数包括插门类型（单击平面或立面视图获得）、编号、门宽、门高、门槛高以及距离，左右两边分别显示了该门的平面及立面效果图，用户可以根据需要设置不同的参数，在自由插入模式下【距离】参数不可用。

2. 插窗

单击【插窗】按钮，【门窗参数】对话框显示了需要设置的参数，如图 9-11 所示，【插窗】参数包括插窗类型（单击平面或立面视图获得）、编号、窗宽、高窗（复选框）、窗高、窗台高、距离（在轴线定距插入模式下可用）。

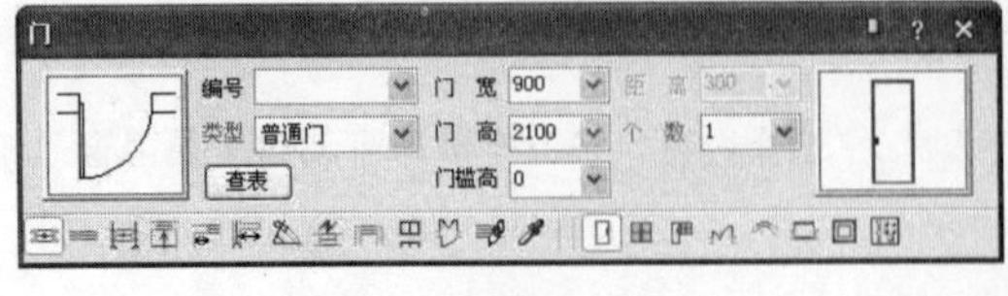

图 9-10　插门参数

图 9-11　插窗参数

3. 插门连窗

单击【插门连窗】按钮，【门连窗】对话框显示了需要设置的参数，如图 9-12 所示，【插门连窗】参数包括门连窗立面显示类型（分别位于左右两侧，单击选择类型）、编号、总宽、门宽、门高、窗高、门槛高及距离等。

4. 插子母门

单击【插子母门】按钮，【子母门】对话框显示了需要设置的参数，如图 9-13 所示，【插子母门】参数包括大门样式及小门样式（单击视图在天正图库系统中选择）、编号、总门宽、大门宽、门高、门槛高、距离等。

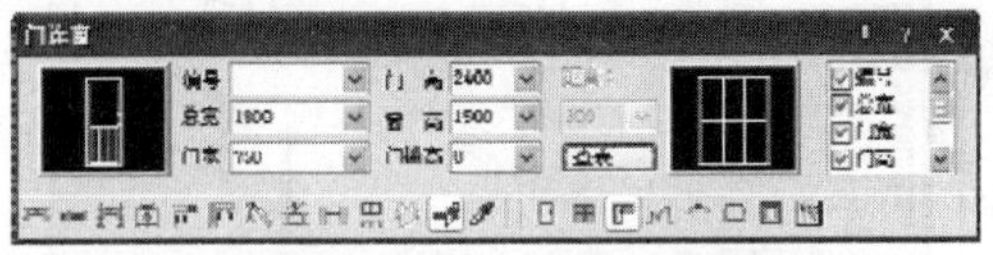

图 9-12　【门连窗】对话框

图 9-13　【子母门】对话框

5. 插弧窗

单击【插弧窗】按钮，【弧窗】对话框显示了需要设置的参数，如图 9-14 所示。【插弧窗】参数包括编号、宽度、窗高、窗台高及距离等。

6. 插凸窗

单击【插凸窗】按钮，【凸窗】对话框显示了需要设置的参数，如图 9-15 所示。【插凸窗】参数包括编号、型式、宽度、高度、窗台高、形状参数、左右挡板复选框等。

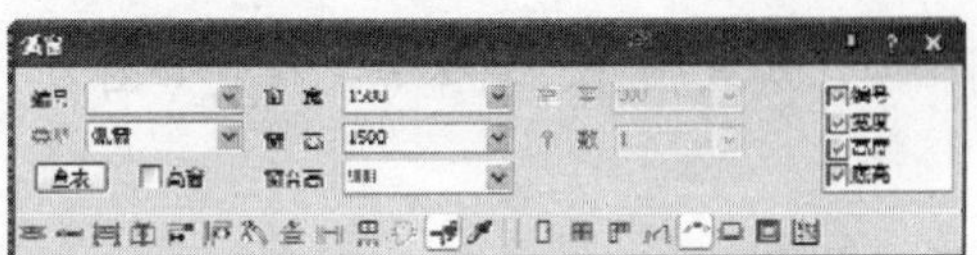

图 9-14　【弧窗】对话框

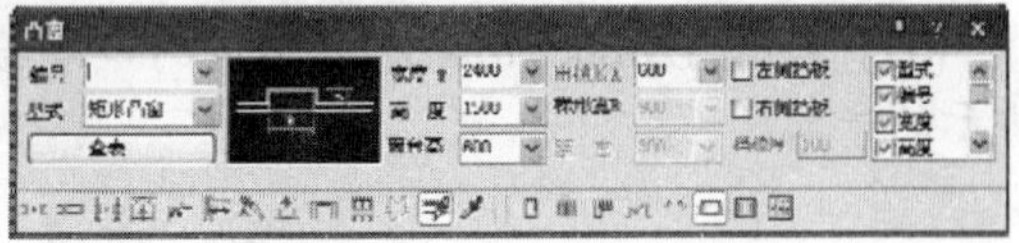

图 9-15　【凸窗】对话框

7. 插矩形洞

单击【插矩形洞】按钮，【矩形洞】对话框显示了需要设置的参数，如图 9-16 所示。【矩形洞】参数包括编号、洞宽、洞高、底高、距离及矩形洞样式（在右方图上单击即可在矩形洞三种显示方式上切换）等。

8. 标准构件库

单击【标准构件库】按钮，显示了【天正构件库】窗口，如图 9-17 所示。可以在该窗口中选择需要的门窗，双击图片即可完成选择。

9.2 门窗的创建

上一节详细介绍了门窗的插入方式、类型等基础知识，使读者对普通门窗有了一定的了解。本节将介绍如何插入各种不同类型的门窗。

图 9-16 【矩形洞】对话框

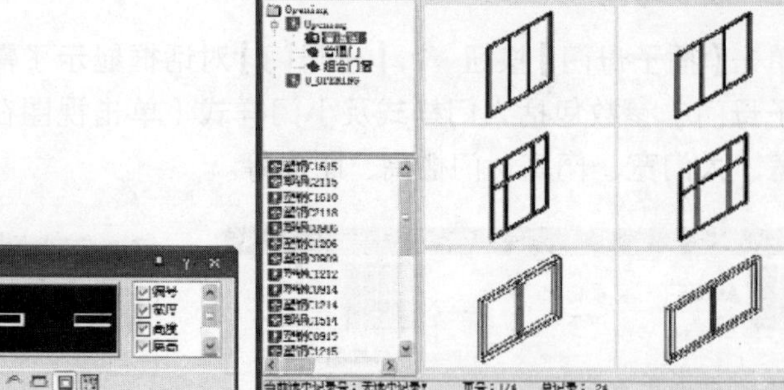

图 9-17 “天正构件库”窗口

9.2.1 普通门窗

选择【门窗】|【门窗】菜单命令，打开【门窗参数】对话框，设置参数并选择不同的门窗插入方式，即可有不同的命令行提示。

绘制如图 9-18 所示的门窗。

操作步骤如下：

01 利用 TArch 2014 以前学过的命令绘制轴网、两点轴标、墙体等，得到如图 9-19 所示的平面图。

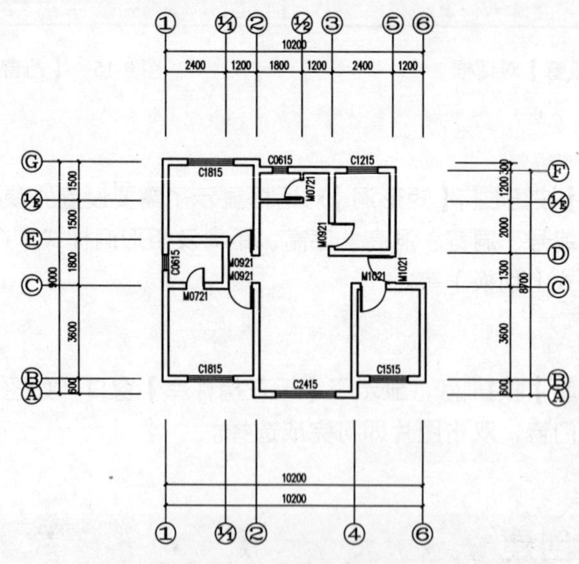

图 9-18 绘制门窗图

02 选择【门窗】|【门窗】菜单命令，打开【门窗参数】对话框，设置参数如图 9-20 所示。此时，命令行提示：

点取门窗大致的位置和开向(Shift－左右开)<退出>:

/在经过B号轴线与1号轴线和2号轴线之间的墙体处单击/

门窗个数(1~2)<1>:↙

/输入1或直接按回车键即可完成该窗户的创建/

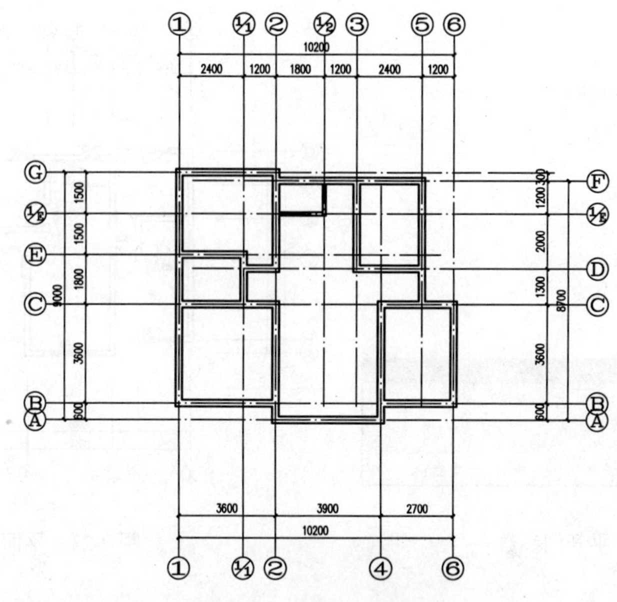

图 9-19 墙体平面图

03 重复上一步操作，在【门窗参数】对话框中调整【窗宽】的数值，同样方法创建出其他的窗，得到如图 9-21 所示的窗户平面图。

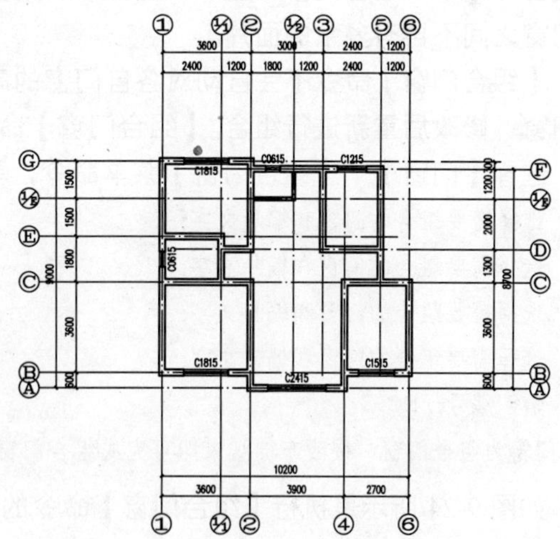

图 9-20 窗户参数

图 9-21 创建普通窗

04 选择【门窗】|【门窗】菜单命令，再次打开【门窗参数】对话框，设置参数如图 9-22 所示。此时，命令行提示:

点取门窗大致的位置和开向(Shift－左右开)<退出>:

/在 C 号轴线与 D 号轴线的住宅入口出单击，完成了该门的创建/

05 根据需要，在【门窗参数】对话框中修改参数后，单击视图中的墙体位置，依此方法完成所有门的创建，最后得到住宅平面图门窗的完成图，如图 9-23 所示。

图 9-22 平开门参数

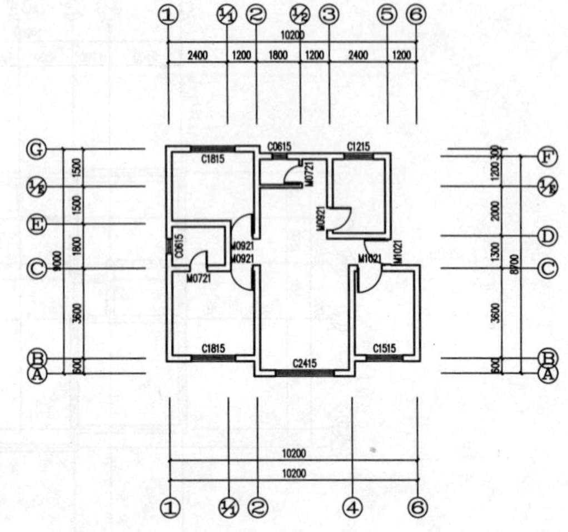

图 9-23 平面门窗图

9.2.2 组合门窗

【组合门窗】命令并不是直接插入一个组合门窗，而是将【门窗】命令插入的多个门窗组合为一个“组合门窗”整体，组合后的门窗按一个门窗编号进行统计，在三维显示时子门窗之间不再有多余的面片。

【组合门窗】命令不会自动对各自门窗的高度进行对齐，修改组合门窗时临时分解成子门窗，修改后重新进行组合。【组合门窗】命令用于绘制复杂的门连窗和子母门。

选择【门窗】|【组合门窗】菜单命令，单击该命令后，命令行提示：

选择需要组合的门窗和编号文字: //选择要组合的第一个门窗

选择需要组合的门窗和编号文字: //选择要组合的第二个门窗

选择需要组合的门窗和编号文字: //选择要组合的第三个门窗

选择需要组合的门窗和编号文字: ↙ //按回车键结束选择

输入编号: MC-1 ↙ //输入组合门窗编号，更新这些门窗为组合门窗，按回车键结束即可完成组合门窗命令

如图 9-24 所示是执行【组合门窗】命令的实例效果。

9.2.3 带形窗

本命令用于创建窗台高与窗高相同，沿墙连续的带形窗对象，按一个门窗编号进行统计，带形窗转角可以被柱子、墙体造型遮挡。

选择【门窗】|【带形窗】菜单命令，打开如 图 9-25 所示的【带形窗】对话框，在其中输入带形窗参数，同时，命令行提示：

```
起始点或 [参考点(R)]<退出>:            //在带形窗开始墙段单击准确的起始位置
终止点或 [参考点(R)]<退出>:            //在带形窗结束墙段单击准确的结束位置
选择带形窗经过的墙:                    //选择带形窗经过的多个墙段
选择带形窗经过的墙:↙                   //按回车键结束命令
```

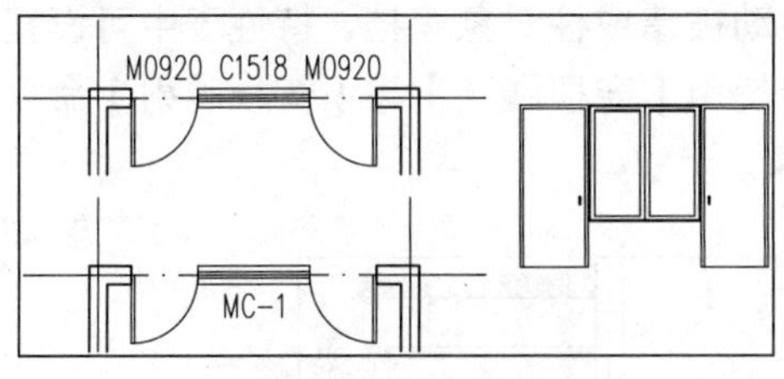

图 9-24 组合门窗实例

图 9-25 【带形窗】对话框

如果在带形窗经过的路径存在相交的内墙，应把它们的材料级别设置得比带形窗所在墙低，才能正确表示窗墙相交。玻璃分格的三维效果要使用【窗棂展开】与【窗棂映射】命令处理，带形窗暂时还不能设置为洞口，带形窗本身不能被Stretch(拉伸)命令拉伸，否则会消失且转角处插入柱子可以自动遮挡带形窗，其他位置应先插入柱子后创建带形窗。如图 9-26 所示是创建带形窗的实例效果。

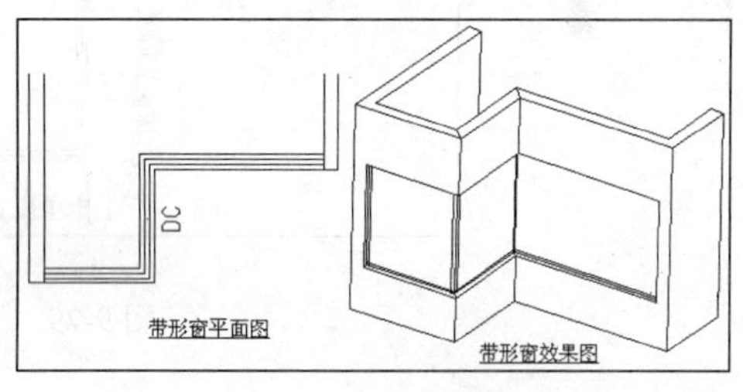

图 9-26 带形窗实例

9.2.4 转角窗

【转角窗】命令是指在墙角两侧插入窗台高及窗高相同、长度可选的两段带形窗，它包括普通角窗与角凸窗两种形式，按一个门窗编号进行统计。

选择【门窗】|【转角窗】菜单命令，打开【绘制角窗】对话框，如图 9-27 所示，用户可以根据设计要求，从中选择转角窗的三种类型，包括角窗、角凸窗与落地的角凸窗。

单击图中【凸窗】按钮，绘制角窗变成了绘制转角凸窗，如图 9-28 所示。当取消选中【凸窗】按钮时，绘制的是普通角窗，窗随墙布置，软件默认为普通角窗；当选中【凸窗】按钮，再勾选【落地凸窗】复选框，创建的将是落地的角凸窗；当选中【凸窗】按钮，取消勾选【落地凸窗】复选框，创建的将是普通的角凸窗。

在上述【绘制角窗】对话框中设置完参数后，命令行同时提示：

```
请选取墙内角<退出>:          //单击转角窗所在墙内角，窗长从内角起算
转角距离 1<1000>:↙           //前墙段变虚，输入从内角计算的窗长，按回车键
转角距离 2<1000>: ↙          //另一墙段变虚，输入从内角计算的窗长，按回车键即
可完成绘制角窗命令
```

图 9-27 绘制转角平窗

图 9-28 绘制转角凸窗

在侧面碰墙、碰柱时角凸窗的侧面玻璃会自动被墙或柱对象遮挡，特性表中可设置转角窗“作为洞口”处理，玻璃分格的三维效果请使用【窗棂展开】与【窗棂映射】命令处理。如图 9-29 所示是绘制三种转角窗的实例效果。

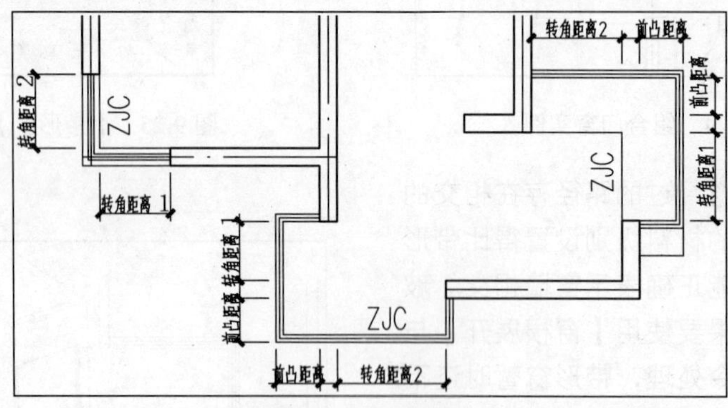

图 9-29 三种转角窗实例

9.2.5 异形洞

本命令在墙面上按给定的闭合 Pline 轮廓线生成任意形状的洞口。建议先将屏幕设为两个或更多视口，分别显示平面和正立面，然后用【墙面 UCS】命令把墙面转为立面 UCS，在立面用闭合多段线画出洞口轮廓线，最后使用本命令创建异型洞。

选择【门窗】|【异形洞】菜单命令，命令行提示：

请点取墙体一侧：

/单击平面视图中开洞墙段，当洞口不穿透墙体时，单击开口一侧/

选择墙面上的多段线作为洞口轮廓线：

/光标移至对应立面视口中，单击洞口轮廓线/

此时系统显示【异形洞】参数对话框，如图 9-30 所示。用户设置完参数以后，单击【确定】按钮即可完成异形洞的创建。在该对话框中单击图形表示切换洞口的图例，或者取消选中【穿透墙体】复选框后，输入洞深参数，表示异形洞没有穿透墙体，单击【确定】按钮完成异形洞的绘制。

如果洞深小于墙厚，在墙面上构造凹龛，可以单击图片选择平面表示方式，异形洞支持墙线加粗。如图 9-31 所示是创建异形洞的实例。

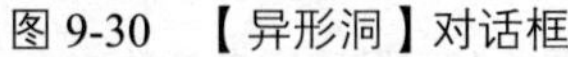

图 9-30　【异形洞】对话框

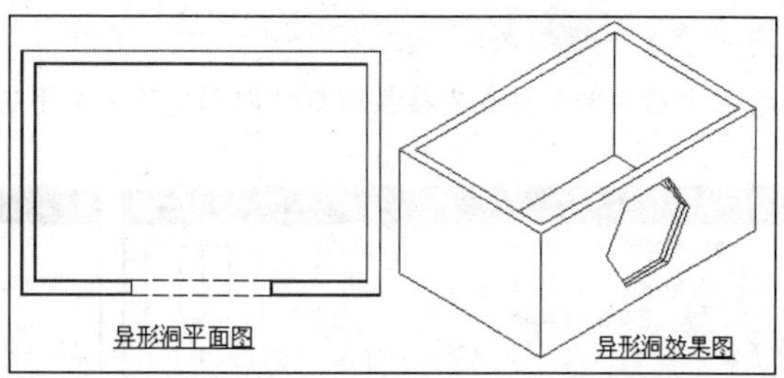

图 9-31　创建异形洞实例

9.2.6 典型案例

创建某住宅平面图的门窗效果如图 9-32 所示。

1. 添加平窗

01 利用以前学过的各项命令用 TArch 2014 绘制轴网、轴标、墙体，再绘制出阳台、文字及卫生洁具，得到如图 9-33 所示的平面图。

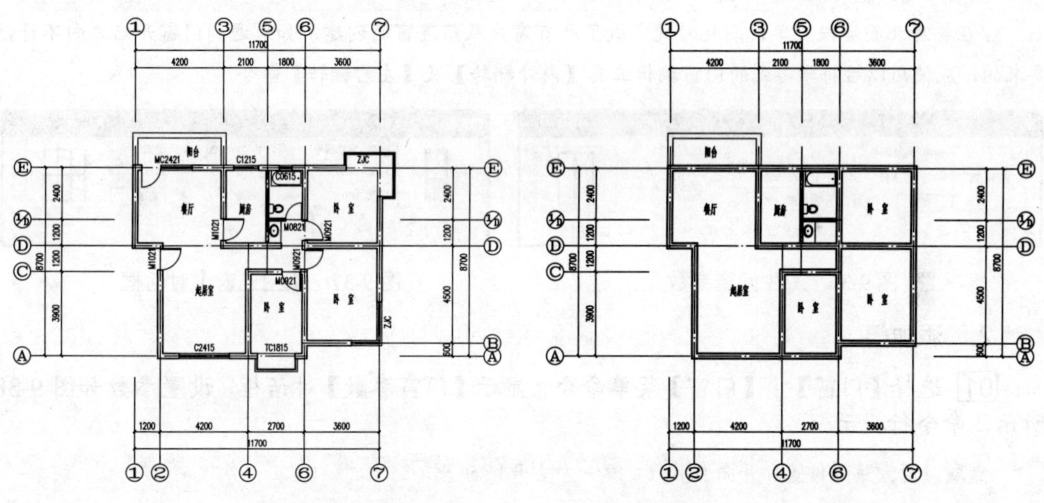

图 9-32　某住宅平面图　　　图 9-33　墙体平面图

02 选择【门窗】|【门窗】菜单命令，单击该命令后，显示了【门窗参数】对话框，设置参数如图 9-34 所示。此时，命令行提示：

点取门窗大致的位置和开向(Shift－左右开)<退出>:

/在起居室南面墙段上单击/

门窗个数(1~3)<1>: ↙

/输入 1 后按回车键或直接按回车键接受默认值即可创建一个平窗/

03 修改【门窗参数】对话框中的参数，如图 9-35 所示。命令行继续上次提示：

点取门窗大致的位置和开向(Shift－左右开)<退出>:

/在厨房北面墙段上单击/

门窗个数(1~3)<1>:

/输入 1 后按回车键或直接按回车键即创建了一个平窗/

图 9-34　起居室窗户参数

图 9-35　卧室窗户参数

04 修改【门窗参数】对话框中的参数，如图 9-36 所示。命令行继续上次提示：

点取门窗大致的位置和开向(Shift－左右开)<退出>:

/在卫生间北面墙段上单击/

门窗个数(1~3)<1>:

/输入 1 后按回车键或直接按回车键即创建了一个平窗/

05 修改【门连窗】对话框中的参数，如图 9-37 所示。命令行继续上次提示：

点取门窗大致的位置和开向(Shift－左右开)<退出>:

/在餐厅北面墙段上单击，此时就完成了所有窗户及门连窗的创建，如果遇到门窗开启方向不符合要求的，应使用以后将学习到的门窗编辑工具【内外翻转】及【左右翻转】命令/

图 9-36　卫生间窗参数

图 9-37　【门连窗】对话框

2. 添加门

01 选择【门窗】|【门窗】菜单命令，显示【门窗参数】对话框，设置参数如图 9-38 所示，命令行提示：

点取门窗大致的位置和开向(Shift 键－左右开)<退出>:

/在要设入口门的起居室东面墙段上单击，完成入口门的创建/

02 依照此方法，修改【门宽】参数及【距离】参数，在其他墙段上完成剩余门的创建，在这里就不再作详细介绍了。

图 9-38　起居室入口门参数

3. 添加凸窗和转角窗

01 选择【门窗】|【门窗】菜单命令，打开【门窗参数】对话框，单击【插凸窗】按钮，显示了【凸窗】对话框，设置参数如图 9-39 所示。此时，命令行提示：

```
点取门窗大致的位置和开向(Shift键-左右开)<退出>:
```

/在需要插入凸窗的卧室南面墙段上单击，即完成了凸窗的创建/

02 选择【门窗】|【转角窗】菜单命令，单击该命令后，显示了【绘制角窗】对话框，设置参数如图 9-40 所示。此时，命令行提示：

```
请选取墙内角<退出>:              //在要绘制转角窗的卧室右下内墙角处单击
转角距离 1<1000>: 1800↙          //输入数值 1800 后按回车键
转角距离 2<1000>: 1200↙          //输入数值 1200 后按回车键即可完成此转角平窗的创建
```

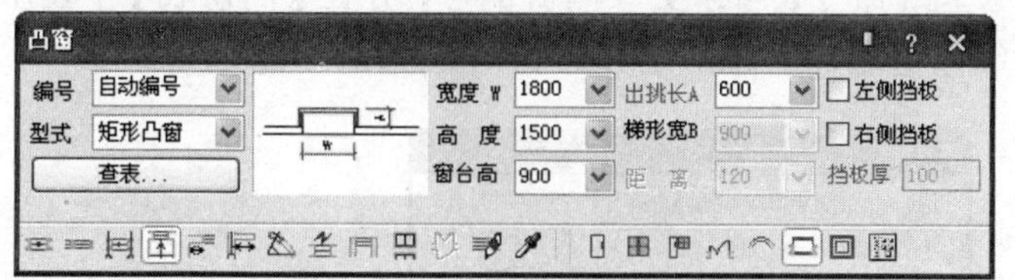

图 9-39 【凸窗】对话框

图 9-40 转角平窗参数

03 选择【门窗】|【转角窗】菜单命令，打开【绘制角窗】对话框，单击【凸窗】按钮，显示了【绘制角窗】对话框，设置参数如图 9-41 所示，此时，命令行提示：

```
请选取墙内角<退出>:              //在要绘制转角窗的卧室左上内墙角处单击
转角距离 1<1800>: 1500↙          //输入数值 1500 后按回车键
转角距离 2<800>:1200↙            //输入数值 1200 后按回车键，命令行继续
上步提示，按回车键退出【绘制角窗】命令，得到如图 9-42 所示的平面图
```

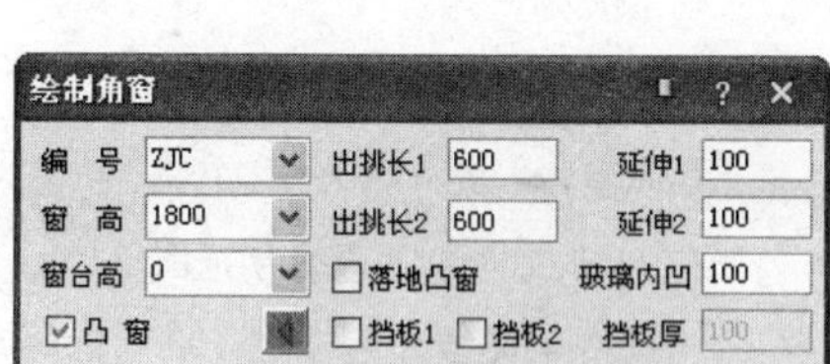

图 9-41 凸窗参数

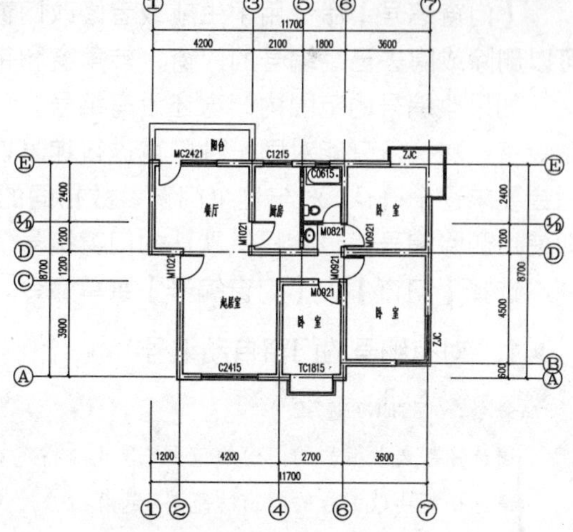

图 9-42 住宅平面图

9.3 门窗编号及门窗表

TArch 2014 提供了门窗自动编号功能，并且改进完善了转角窗、带形窗对象的门窗编

号功能，使得这些门窗对象的编号能够自动纳入到门窗表的统计范围。【组合门窗】命令解决了复杂的门连窗和子母门的门窗编号问题；而墙厚有关的推拉门(密闭门)插入方法的改进，使得这类门得以按门插入，为门窗统计提供了方便。

9.3.1 编号设置

【编号设置】命令用于设置门窗编号，设置编号规则可以根据按尺寸、按顺序等方式，如图 9-43 所示。通过【编号设置】命令，可以更改门窗编号，并在【门窗表】中显示出来，方便用户根据自己的设置生成门窗表，这也是 TArch 2014 新增的功能。

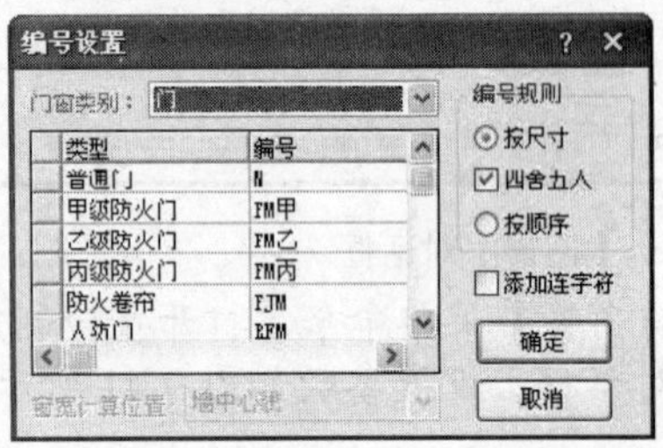

图 9-43　编号设置

9.3.2 门窗编号

【门窗编号】命令用于生成或者修改门窗编号，根据普通门窗的门洞尺寸大小编号，可以删除或隐去已经编号的门窗，转角窗和带形窗按默认规则编号。。

如果改编号的范围内门窗还没有编号，会出现选择要修改编号的样板门窗的提示，本命令每一次执行只能对同一种门窗进行编号，因此只能选择一个门窗作为样板，多次选择后会要求逐个确认，对与这个门窗参数相同的编为同一个号，如果以前这些门窗有过编号，即使用删除编号，也会提供默认的门窗编号值。

选择【门窗】|【门窗编号】菜单命令，单击该命令后，命令行提示：

1. 对有编号的门窗自动编号

```
命令： TCHWINLAB
请选择需要改编号的门窗的范围<退出>:指定对角点：      //单击或框选门窗编号范围
请选择需要改编号的门窗的范围<退出>:                   //按回车键结束选择
请输入新的门窗编号或[删除编号(E)]：                   //按 E 键将原有编号删除，否则输入新编号
```

2. 对无编号的门窗编号

```
命令： TCHWINLAB
请选择需要改编号的门窗的范围<退出>:指定对角点：      //单击或框选门窗编号范围
请选择需要改编号的门窗的范围<退出>:                   //按回车键结束选择
请输入新的门窗编号或[删除编号(E)]：                   //输入新编号
```

转角窗的默认编号规则为 ZJC1、ZJC2...，带形窗为 DC1、DC2...可根据具体情况自定义修改。

9.3.3 门窗检查

【门窗检查】命令用于检查当前图中已经插入的门窗数据是否合理，并提供出门窗参数电子表格。

选择【门窗】|【门窗检查】菜单命令，打开【门窗检查】对话框，如图 9-44 所示。

【门窗检查】对话框显示了当前图中所示的门窗参数及样式，包括编号、类型、宽度、高度、二维样式及三维样式。当用户单击【确定】按钮，退出当前门窗检查命令。

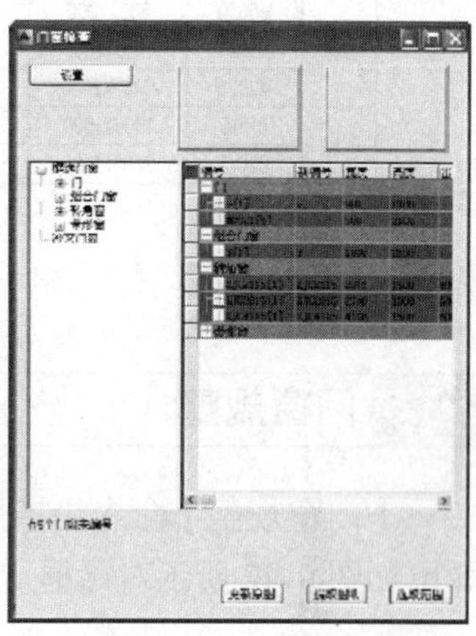

图 9-44 门窗检查表

9.3.4 门窗表

【门窗表】命令用于统计本图中使用的门窗参数，检查后生成传统样式门窗表或者符合国标《建筑工程设计文件编制深度规定》样式的门窗表。

选择【门窗】|【门窗表】菜单命令，单击该命令后，命令行提示：

请选择门窗： //全选图形或框选需统计的部分楼层平面图

请点取门窗表位置(左上角点)<退出>： //选择门窗表位置

如图 9-45 所示。

如果门窗中有数据冲突的，软件则自动将冲突的门窗按尺寸大小归到相应的门窗类型中，同时在命令行提示参数不同的门窗编号；如果用户对生成的表格宽高及标题不满意，可以通过表格编辑或双击表格内容进入在位编辑，直接进行修改。

门窗表

类型	设计编号	洞口尺寸(mm)	数量	图集名称	页次	选用型号	备注
普通门	M0820	800X2000	2				
	M1120	1100X2000	1				
	M2020	2000X2000	1				
普通窗	C1515	1500X1500	3				
	C2015	2000X1500	3				

图 9-45 门窗表

9.3.5 门窗总表

【门窗总表】命令是指用于统计一个工程中多个平面图使用的门窗编号，检查后生成门窗总表，可由用户在当前图上指定各楼层平面所属门窗，适用于在一个 CAD 图形文件

上存放多楼层平面图的情况。选择【门窗】|【门窗总表】菜单命令，单击该命令后，单击鼠标右键即可完成创作门窗总表的操作，如图 9-46 所示。

门窗表

类型	设计编号	洞口尺寸(mm)	数量				图集选用			备注
			1	2	3	合计	图集名称	页次	选用型号	
普通门	M0820	800X2000	2	2	2	6				
	M1120	1100X2000	1	1	1	3				
	M2020	2000X2000	1	1	1	3				
普通窗	C1515	1500X1500	3	3	3	9				
	C2015	2000X1500	3	3	3	9				

图 9-46　门窗总表

9.3.6 门窗规整

【门窗规整】命令是指用于将平面图的门窗进行定距规整。执行【门窗规整】命令后弹出如图 9-47 所示对话框，在对话框中设置参数并执行该命令，结果如图 9-48 所示。

图 9-47　【门窗规整】对话框

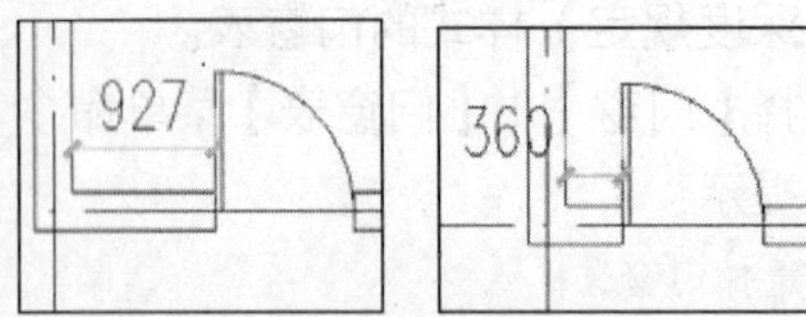

图 9-48　执行门窗规整命令前后

9.3.7 门窗填墙

【门窗填墙】命令主要用于将平面图总的门窗删除或以其他显示方式进行显示。执行该命令后，命令行提示：

"选择需填补的墙体材料:[填充墙(0)/填充墙 1(1)/填充墙 2(2)/砖墙(3)/无(4)]<4>:"

如　　图 9-49 所示，选择不同的填充方式填充的显示将不同，例如选择填充方式为 0，显示结果如图 9-50 所示。

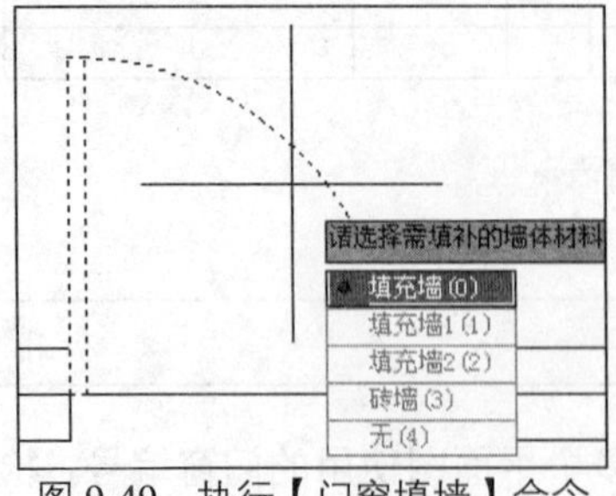

图 9-49　执行【门窗填墙】命令

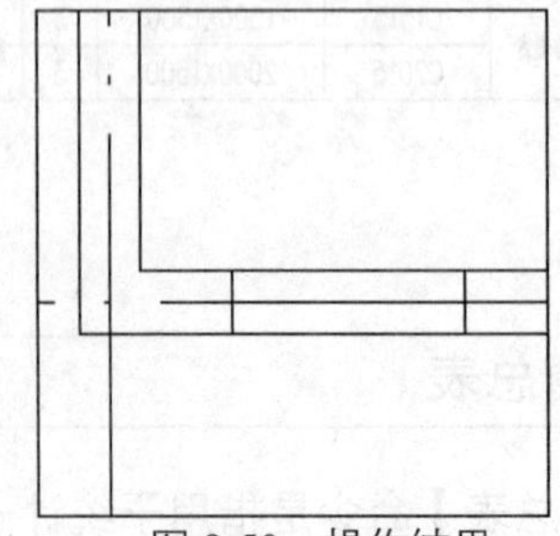

图 9-50　操作结果

9.4 门窗的编辑

用户对门窗的编辑包括夹点编辑、对象编辑与特性编辑、内外翻转、左右翻转等。选择创建好的门窗可以激活夹点编辑，拖动夹点可以对单个门窗进行编辑；执行内外翻转及左右翻转命令可以批量修改门窗开启的方向。

9.4.1 夹点编辑

选择需要修改的门窗后，系统将进入门窗夹点编辑状态，夹点编辑没有任何命令输入。门窗对象提供多种夹点编辑功能，当光标移动到所在夹点时，软件将自动显示该夹点的功能，其中部分夹点用 Ctrl 键来切换功能。如图 9-51 所示为夹点编辑方法的说明。

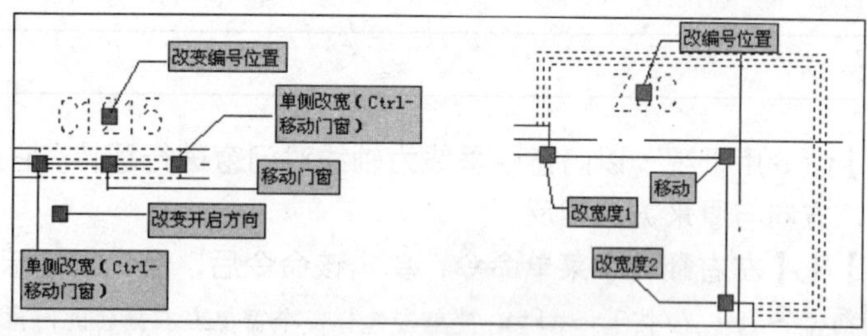

图 9-51　夹点编辑方法

9.4.2 对象编辑与特性编辑

双击创建的门窗对象或者把光标移至门窗对象上，右键打开快捷菜单，选中对象编辑，都可进入对象编辑状态，打开对象编辑对话框。门窗对象编辑与【窗】对话框中的参数相似，只是减少了最下面一排插入和替换按钮，多了一项【单侧改宽】复选框，如图 9-52 所示。

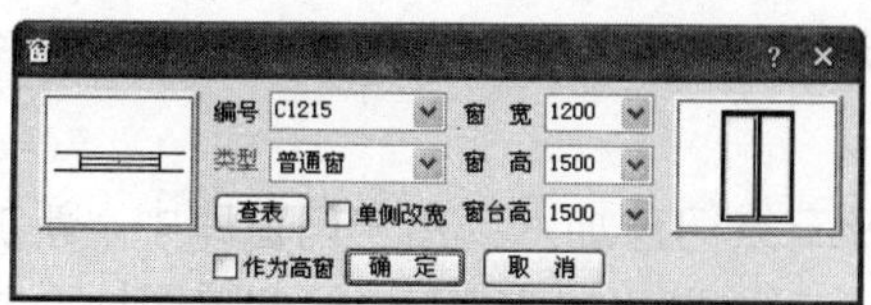

图 9-52　【门窗参数】对话框

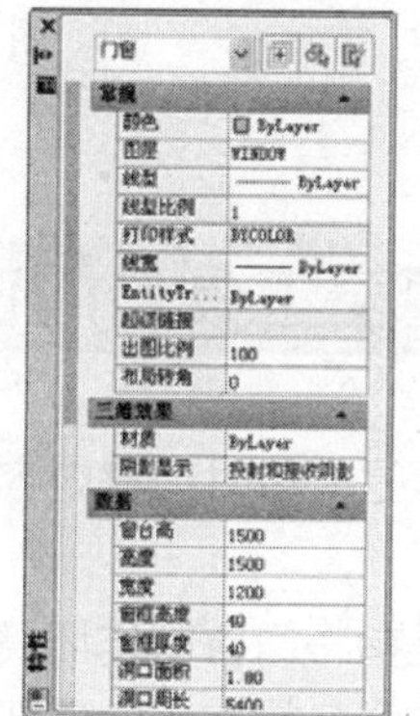

图 9-53　【特性】对话框

修改【窗宽】参数并选中【单侧改宽】复选框，单击【确定】按钮后，命令行提示：

点取发生变化的一侧：　　　　　　　//单击发生变化的一侧，软件自动完成了左边窗宽的计算

选择需要修改的门窗，按下快捷键 Ctrl+1，打开【特性】对话框，如图 9-53 所示。在对话框里可以修改每个门窗的参数。特性编辑可以批量修改门窗的参数，也可以控制一些其他途径无法修改的细节参数，如门窗套、内部图层等。

9.4.3 内外翻转

【内外翻转】命令用于统一以墙中为轴线对门窗进行翻转。它适用于一次处理多个门窗的情况，方向与原来方向相反。

选择【门窗】|【内外翻转】菜单命令，单击该命令后，命令行提示：

选择待翻转的门窗：　　　　　　　//选择多个需要内外翻转的门窗

选择待翻转的门窗：　　　　　　　//按回车键完成门窗的【内外翻转】命令

9.4.4 左右翻转

【左右翻转】命令用于统一以门窗中垂线为轴线对门窗进行翻转。它适用于一次处理多个门窗的情况，方向与原来方向相反。

选择【门窗】|【左右翻转】菜单命令，单击该命令后，命令行提示：

选择待翻转的门窗：　　//按下 Shift 键单击选择多个需要左右翻转的门窗，按回车键即可完成门窗左右翻转

如图 9-54 所示执行【内外翻转】及【左右翻转】命令的实例。

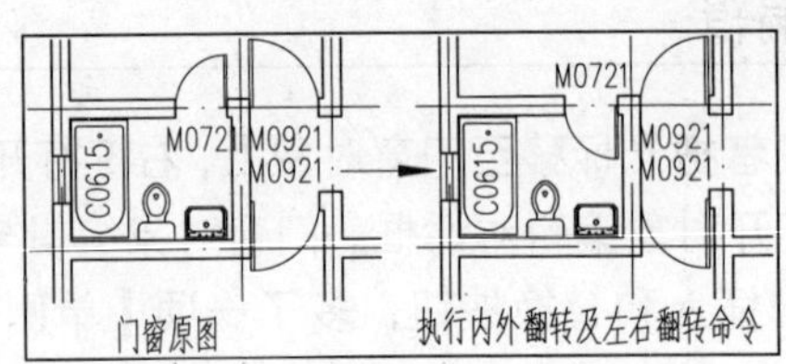

图 9-54　内外翻转与左右翻转实例

9.5 门窗工具与门窗库

门窗工具是一组对门窗内容进行修改及添加内容的工具，利用这些工具可以完善门窗的创建。

门窗库是指将门窗制作环境中制作好的平面及三维门窗加入到用户门窗库中，新加入的图块处于未命名状态，应打开图库管理系统，从二维或三维门窗库中找到该图块，并及时对图块命名。

9.5.1 编号复位

【编号复位】命令是指把门窗编号恢复到默认位置，特别适用于解决门窗“改变编号位置”夹点与其他夹点重合，使两者无法分开。

选择【门窗】|【门窗工具】|【编号复位】菜单命令，单击该命令后，命令行提示：

```
选择编号待复位的门窗：                    //选择门窗或框选门窗
选择编号待复位的门窗：                    //按回车键结束选择，即完成了门窗的编号复位
```

9.5.2 编号后缀

【编号后缀】命令把选定的一批门窗编号添加指定的后缀，适用于对称的门窗在编号后增加“反”缀号的情况，添加后缀的门窗与原门窗独立编号。

选择【门窗】|【门窗工具】|【编号后缀】菜单命令，单击该命令后，命令行提示：

```
选择需要在编号后加缀的门窗：              //选择或框选门窗
选择需要在编号后加缀的窗：                //按回车键结束选择
请输入需要加的门窗编号后缀<反>：          //输入新编号后缀或者按回车键增加“反”后缀
```

9.5.3 门窗套

【门窗套】命令在门窗两侧加墙垛，在三维视图中显示四周加全门窗框套，用户可以单击选项删除添加的门窗套。

选择【门窗】|【门窗工具】|【门窗套】菜单命令，打开【门窗套】对话框，如图 9-55 所示。在对话框设置参数后，同时命令行提示：

```
请选择外墙上的门窗：                  //单击选择门窗或框选门窗
请选择外墙上的门窗：↙                //选择完成后按回车键结束选择
点取窗套所在的一侧：                  //在要生成窗套的一侧单击，完成【加门窗套】命令
```

当在【门窗套】对话框中选中【消门窗套】单选按钮时，命令行提示：

```
请选择外墙上的门窗：                  //单击要消除门窗套的门窗或框选门窗
请选择外墙上的门窗：↙                //按回车键结束选择并消除了门窗套
```

如图 9-56 所示是添加门窗套的实例。

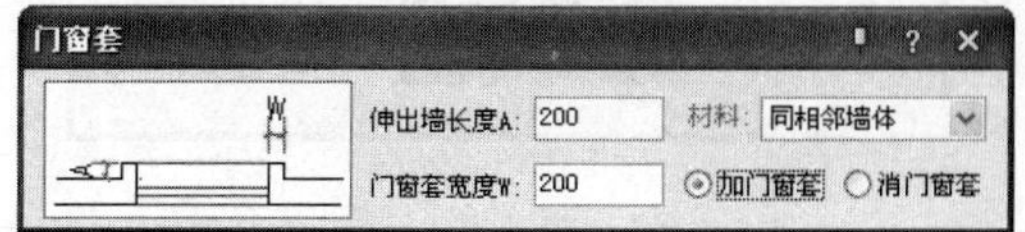

图 9-55 【门窗套】对话框

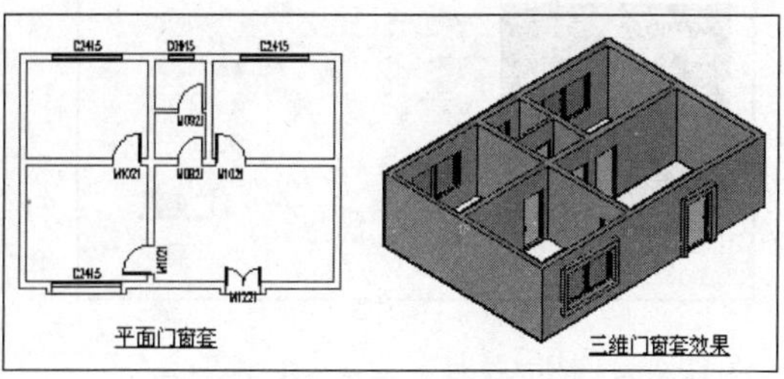

图 9-56 添加门窗套实例

9.5.4 门口线

【门口线】命令在平面图上的一个或多个门的某一侧添加门口线，用来表示门槛或者门两侧地面标高不同，门口线是门的对象属性之一，因此门口线会自动随门移动。

选择【门窗】|【门窗工具】|【门口线】菜单命令，单击该命令后，命令行提示：

```
选择要加减门口线的门窗:                    //单击要增减门口线的门窗
选择要加减门口线的门窗: ↙                  //选择完毕后按回车键结束选择
请点取门口线所在的一侧<退出>:              //在要添加门口线的一侧单击完成门口线的添加
```

当需要表示门槛时，门口两侧都要添加门口线，这时需要重复执行本命令。对已有门口线一侧执行本命令，即可清除本侧的门口线。如图 9-57 所示是添加门口线的实例。

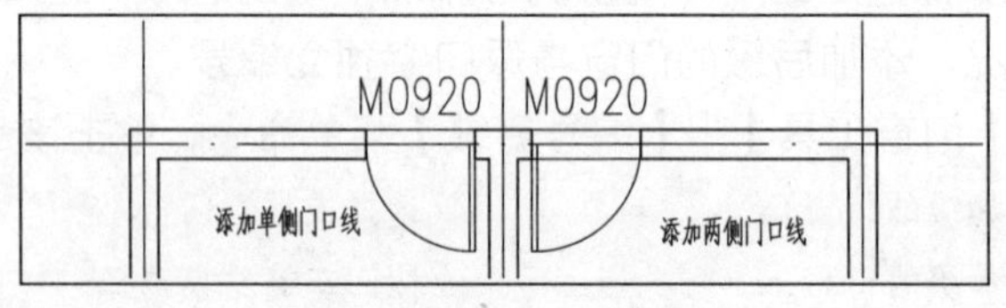

图 9-57　添加门口线实例

9.5.5 加装饰套

【加装饰套】命令在已有门窗上添加装饰门窗套线，用户在装饰套对话框中可以选择各种不同装饰风格和参数的装饰套，其各种参数都可自行设定。

选择【门窗】|【门窗工具】|【加装饰套】菜单命令，打开【门窗套设计】对话框，如图 9-58 所示。

【门窗套设计】对话框参数设置的方法是：在【截面定义】栏中设置门窗套的类型，选中【取自截面库】单选按钮，此时在其右侧显示了【选择断面形状】按钮，单击此按钮会显示【天正图库管理系统】窗口，从中可以选择需要的门窗套类型，如图 9-59 所示。

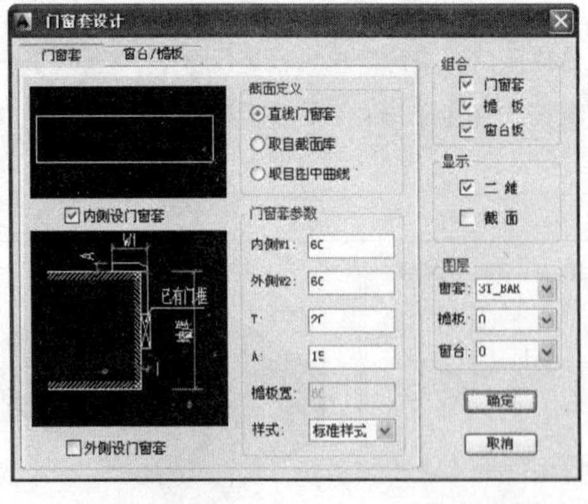

图 9-58　【门窗套设计】对话框

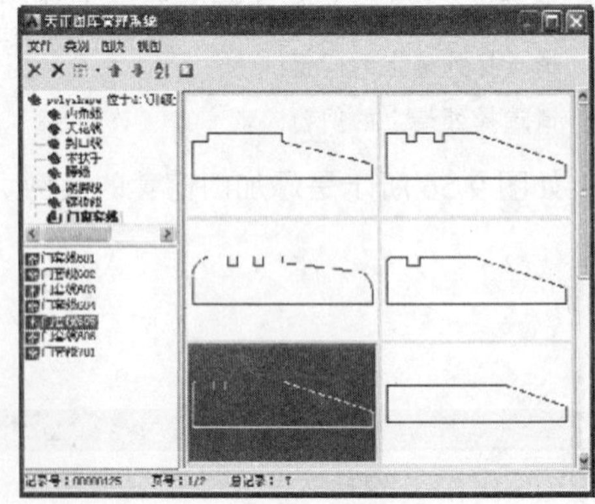

图 9-59　“天正图库管理系统”窗口

进行加装饰套设计的步骤为：先确定门窗套的位置(内侧与外侧)；再确定门窗套截面

的形式和尺寸参数；当需要设置【窗台/檐板】时，单击【窗台/檐板】按钮，进入有关选项，设置参数如图 9-60 所示。设置好所有参数后，单击【确定】按钮，此时，命令行提示：

选择需要加门窗套的门窗:　　　　　　　　　　//单击选择需要添加门窗套的门窗
选择需要加门窗套的门窗:　　　　　　　　　　//选择完成后按回车键结束选择
点取室内一侧<退出>:　　　　　　　　　　　//单击室内一点，即可完成门窗套的添加

如图 9-61 所示是加装饰套的实例。

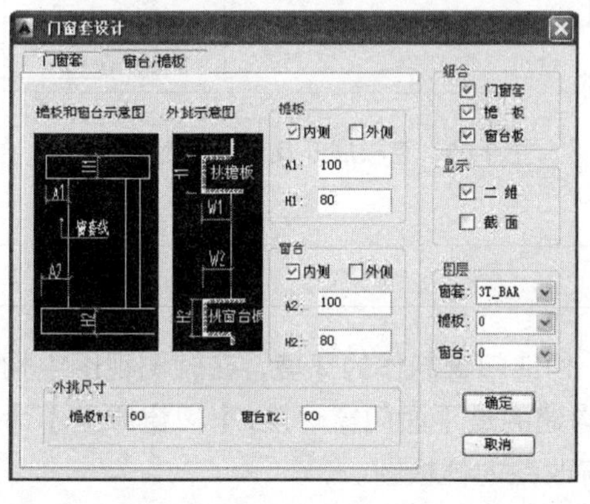

图 9-60　窗台/檐板选项参数设置

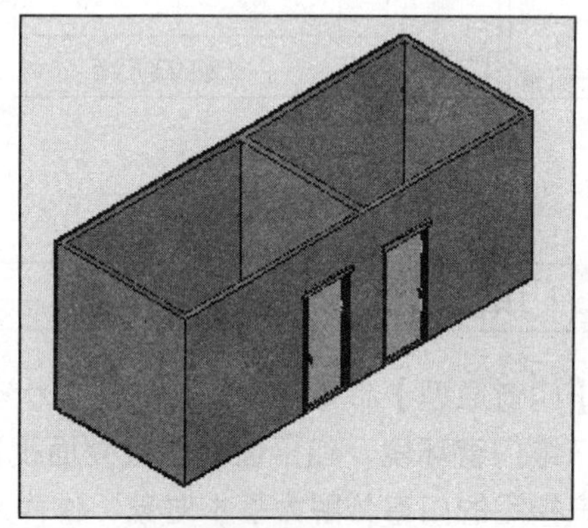

图 9-61　加装饰套实例

9.5.6 窗棂展开

【窗棂展开】命令把窗玻璃在平面图上按立面尺寸展开，用户可以在上面用直线和圆弧添加窗棂分格线，通过【窗棂映射】命令可以创建窗棂分格。

选择【门窗】|【门窗工具】|【窗棂展开】菜单命令，单击该命令后，命令行提示：

选择窗:　　　　　　　　//单击要展开的窗
展开到位置<退出>:　　//在视图中单击要放置展开窗的位置，此时即可完成【窗棂展开】命令

如图 9-62 所示执行【窗棂展开】命令的实例。

9.5.7 窗棂映射

【窗棂映射】命令把【窗棂展开】命令生成的展开立面用用户定义的立面窗棂分格线分格窗户，且在目标门窗上按默认尺寸映射并更新为用户定义的三维窗棂分格效果。

选择【门窗】|【门窗工具】|【窗棂映射】菜单命令，单击该命令后，命令行提示：

选择待映射的窗:　　　　　　/选择多个要映射的窗按回车键结束选择/
选择待映射的棱线：/选择定义的窗棂分格线（使用 LINE,ARC 和 CIRCLE 添加窗棂分格，细化窗棂的展开图，这些线段要求绘制在图层 0 上）/
选择待映射的棱线：↙/按回车键结束选择/
基点<退出>:/在展开图上选择窗棂展开的基点/

提示 空选择则恢复原始默认的窗框。

如图 9-63 所示是执行【窗棂映射】命令的实例。

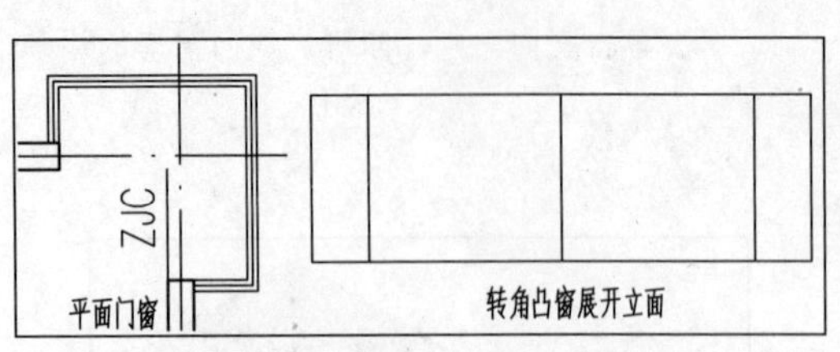

图 9-62 窗棂展开实例

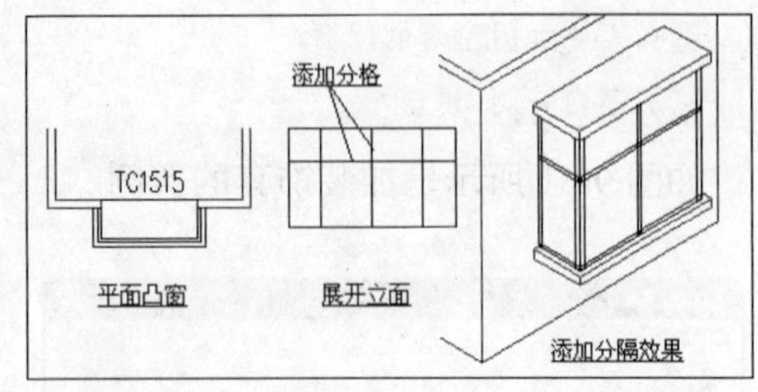

图 9-63 窗棂展开及窗棂映射实例

9.5.8 门窗原型

【门窗原型】命令用于在当前视图状态下，构造门窗制作的环境，在轴侧视图中构建的是三维门窗环境，在平面视图或立面视图中构建的是平面门窗环境，【门窗原型】命令把用户指定的门窗分解为基本对象，作为新门窗改绘的样板图。

选择【门窗】|【门窗工具】|【门窗原型】菜单命令，单击该命令后，命令行提示：

选择图中的门窗:

/选择图上打算作为门窗图块样板的门窗（不要选择加门窗套的门窗），如果选择的视图是二维，则进入二维门窗原型，选择的视图是三维，则进入三维门窗原型/

二维门窗原型：选中的门（或窗）被水平地放置在一个墙洞中。还有一个用红色×表示的基点，门窗尺寸与样式完全与用户所选择的一致，但此时门(窗)不再是图块，而是由 LINE（直线）、ARC（弧线）、CIRCLE（圆）、PLINE(多段线)等容易编辑的图元组成，用户用上述图元可在墙洞之间绘制门窗。

三维门窗原型：软件将提示是否按照三维图块的原始尺寸构造原型。如果按照原始尺寸构造原型，则能够维持该三维图块的原始模样。反之门窗原型的尺寸采用插入后的尺寸，并且门窗图块全部分解为 3DFACE。对于非矩形立面的门窗，需要在 TCH_BOUNDARY 图层上用闭合多段线描出立面边界。

门窗原型放置在单独的临时文档窗口中，直到【门窗入库】或放弃制作门窗，此期间用户不可以切换文档，放弃入库时关闭原型的文档窗口即可。

9.5.9 门窗入库

【门窗入库】命令是将门窗制作环境中制作好的平面及三维门窗放入到用户门窗库中，并从二维或三维门窗库中找到该图块，并及时对图块命名。软件能自动识别当前用户的门窗原型环境，平面门入库到 U_DORLIB2D 中，平面窗入库到 U_WINLIB2D 中，三维门窗入库到 U_WDLIB3D 中。

选择【门窗】|【门窗工具】|【门窗入库】菜单命令，单击该命令后，软件显示了

【天正图库管理系统】对话框，如图 9-64 所示。

软件自动将入库的门窗图块命名为新名字，可双击名字对该图块进行重命名，用户可以对已存在的图块进行删除、与其他图块文件夹进行合并、还原等操作。

平开门的二维开启方向和三维开启方向是由门窗图块制作入库时的方向决定的，为了保证开启方向的一致性，入库时门的开启方向(开启线与门拉手)要全部统一为左边。

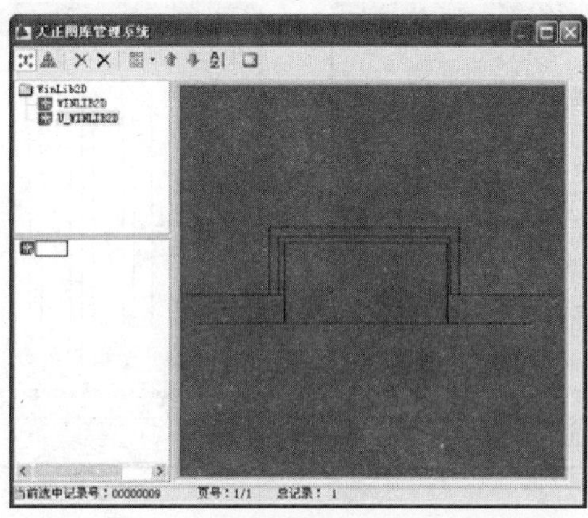

图 9-64 “天正图库管理系统”窗口

9.6 综合实例：绘制住宅平面图

利用以前所学过的知识，绘制出如图 9-65 所示的住宅平面图。

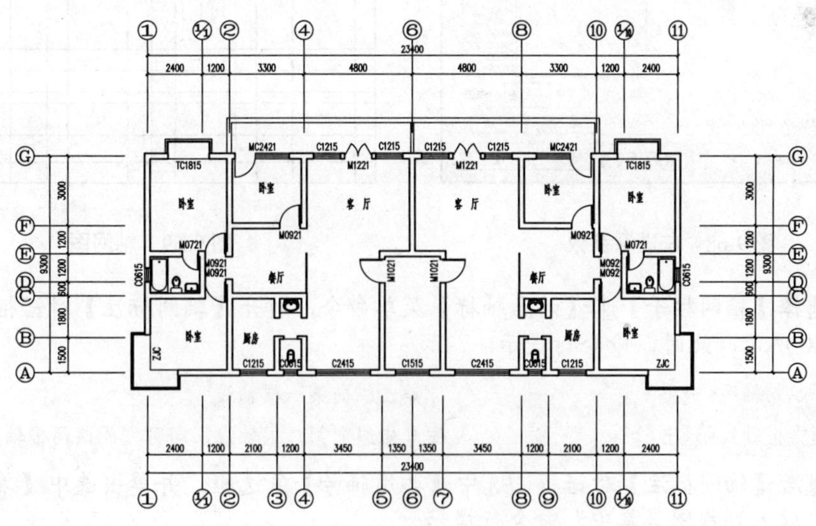

图 9-65 住宅平面图

1. 绘制轴网

01 执行【轴网柱子】|【绘制轴网】菜单命令，打开【绘制轴网】对话框，选择【直

线轴网】标签，设置【下开】参数如图 9-66 所示，设置【上开】参数如图 9-67 所示，设置【左进深】参数如图 9-68 所示，单击【确定】按钮，命令行提示：

点取位置或 [转 90 度(A)/左右翻(S)/上下翻(D)/对齐(F)/改转角(R)/改基点(T)]<退出>:
/在视图中空白处单击，得到如图 9-69 所示的轴网图/

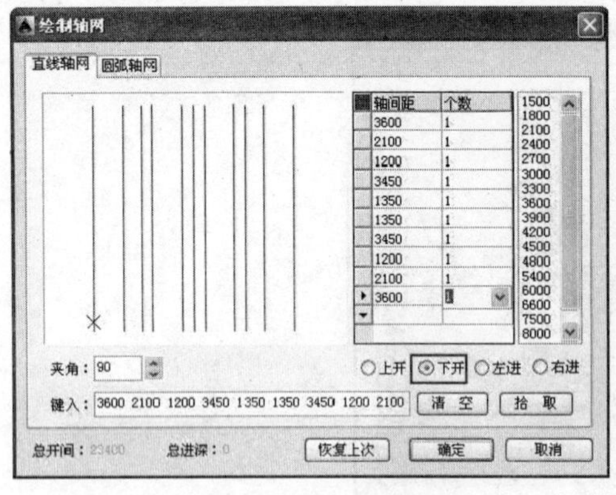

图 9-66　下开参数

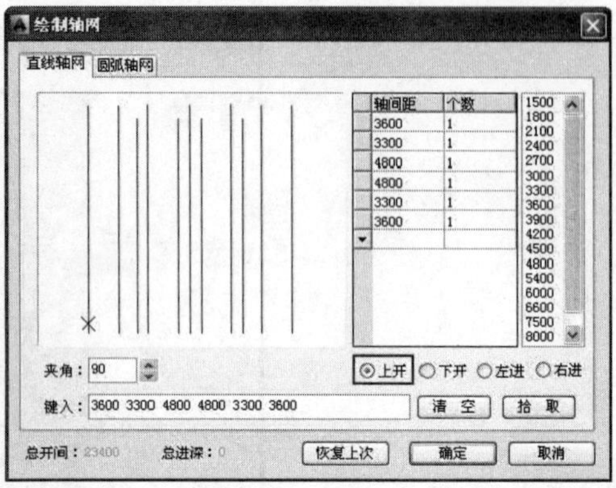

图 9-67　上开参数

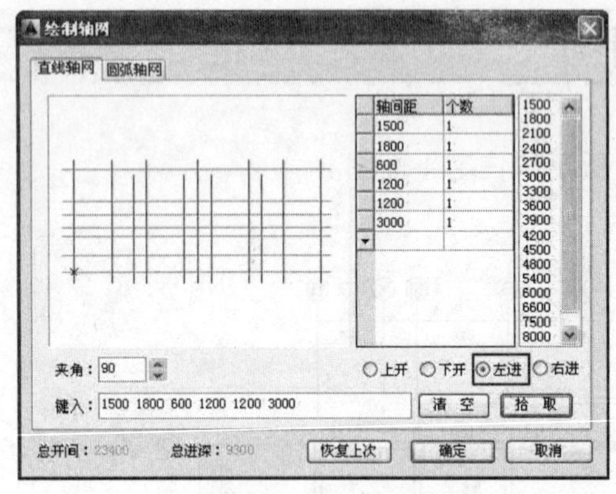

图 9-68　左进深参数

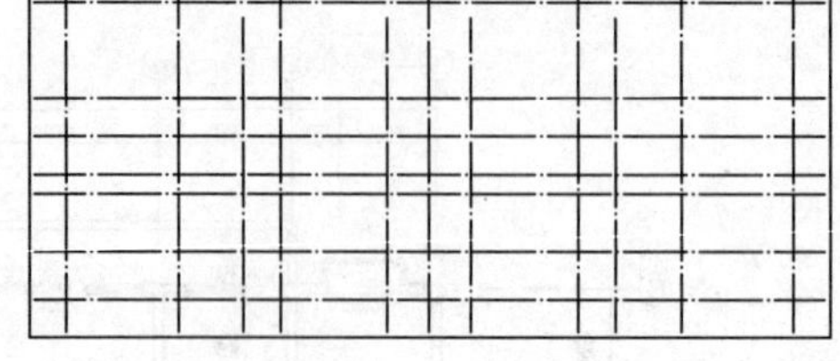

图 9-69　轴网图

02 选择【轴网柱子】｜【两点轴标】菜单命令，打开【轴网标注】对话框，设置参数如图 9-70 所示，此时，命令行提示：

请选择起始轴线<退出>:　　　　//单击纵向第一根轴线
请选择终止轴线<退出>:　　　　//单击纵向第二根轴线，即可完成该两根轴线轴号标注

03 激活【轴网标注】对话框，选中【共用轴号】复选框，并单击选中【单侧标注】单选按钮，转入到视图屏幕中，命令行提示：

请选择起始轴线<退出>:　　　　//单击纵向第二根轴线
请选择起始轴线<退出>:　　　　//单击纵向第三根轴线。在选择的时候要注意，选择起始轴线时，要对一端进行两点轴标，必须单击靠近轴号标注的那一段轴线。依此类推，完成剩余的两点

轴标。得到如图 9-71 所示的轴网标注图

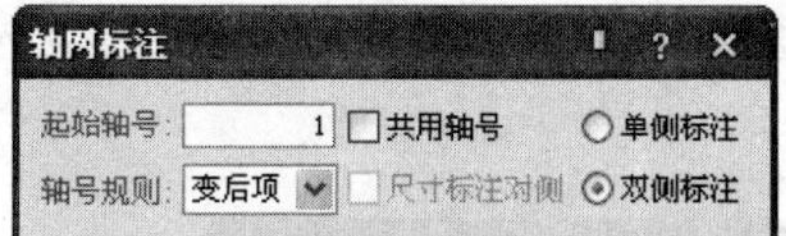

图 9-70 【轴网标注】对话框

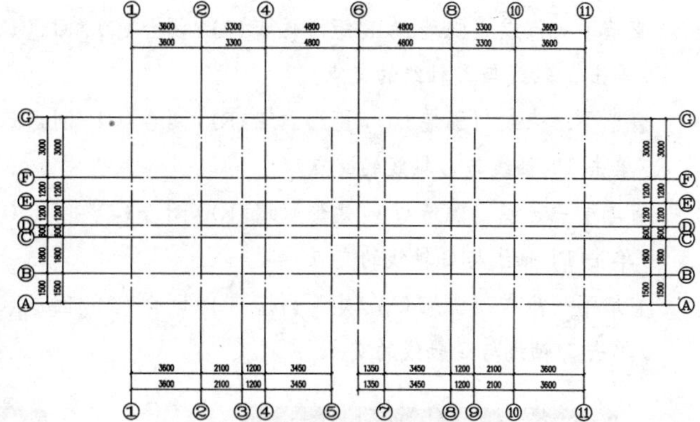

图 9-71 轴网标注

04 单击【轴网柱子】|【添加轴线】命令，命令行提示：

选择参考轴线 <退出>: //单击选择 2 号轴线

新增轴线是否为附加轴线？[是(Y)/否(N)]<N>: Y↙ //输入 Y 后按回车键

偏移方向<退出>: //在 2 号轴线左侧单击

距参考轴线的距离<退出>:1200↙

/输入 1200 后，按回车键结束添加轴线命令，为 1 号轴线增加了一条附加轴线，同样方法，为 10 号轴线增加一条附加轴线，得到如图 9-72 所示的轴网图/

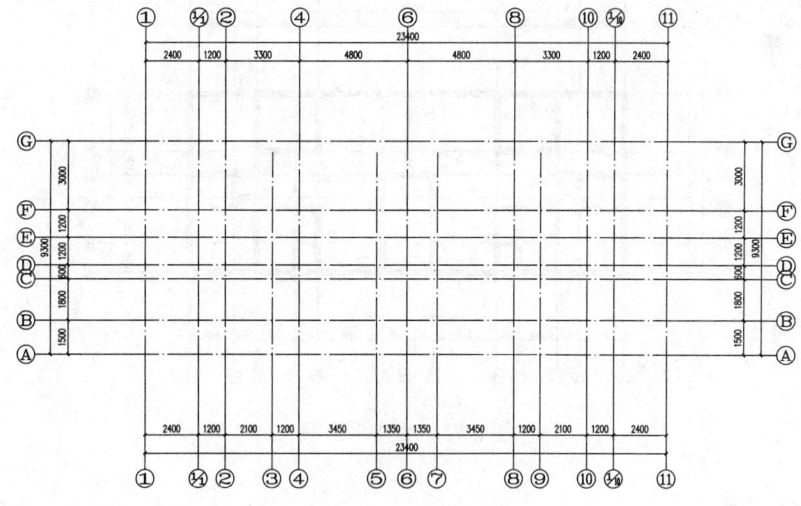

图 9-72 添加轴线

2. 绘制墙体

01 选择【墙体】|【绘制墙体】菜单命令，打开【绘制墙体】对话框，设置参数，如图 9-73 所示，此时命令行提示：

起点或 [参考点(R)]<退出>:

/单击要绘制墙段上的第一个轴线交点/

直墙下一点或 [弧墙(A)/矩形画墙(R)/闭合(C)/回退(U)]<另一段>:

/单击 1 轴线与 A 轴线的交点/

直墙下一点或 [弧墙(A)/矩形画墙(R)/闭合(C)/回退(U)]<另一段>:

/单击 11 轴线与 A 轴线的交点/

直墙下一点或 [弧墙(A)/矩形画墙(R)/闭合(C)/回退(U)]<另一段>:

/单击 11 轴线与 G 轴线的交点/

直墙下一点或 [弧墙(A)/矩形画墙(R)/闭合(C)/回退(U)]<另一段>:

/单击 1 轴线与 G 轴线的交点/

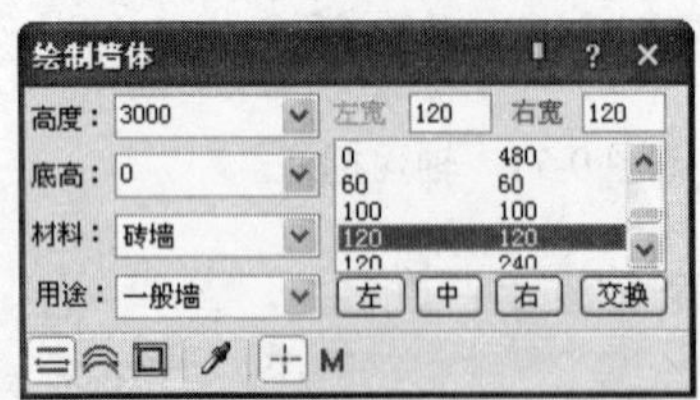

图 9-73 “240”墙体参数

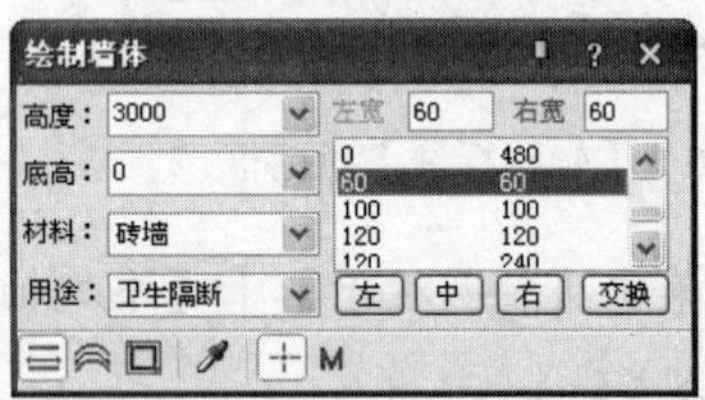

图 9-74 “120”墙体参数

02 这样就完成了这一圈墙体的创建，右击鼠标，命令行继续上步提示，依此方法完成其余的墙体创建，只是在绘制卫生间墙体的时候，需要修改墙体参数，如图 9-74 所示，得到如图 9-75 所示的墙体平面图。

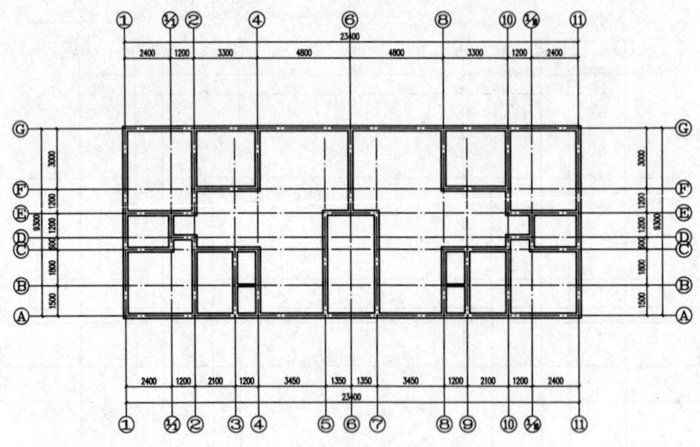

图 9-75 墙体平面图

3. 绘制门窗

01 选择【门窗】|【门窗】菜单命令，打开【窗】对话框，设置参数如图 9-76 所示。命令行提示：

点取门窗大致的位置和开向(Shift-左右开)<退出>:

/在厨房南面墙段位置上单击/

门窗个数(1~2)<1>：↙

/直接按回车键，就创建了厨房的窗户，命令行重复上述提示。依照此方法，在【门窗参数】对话框中，修改窗宽尺寸及选择不同的门窗插入方式，完成其他窗的插入/

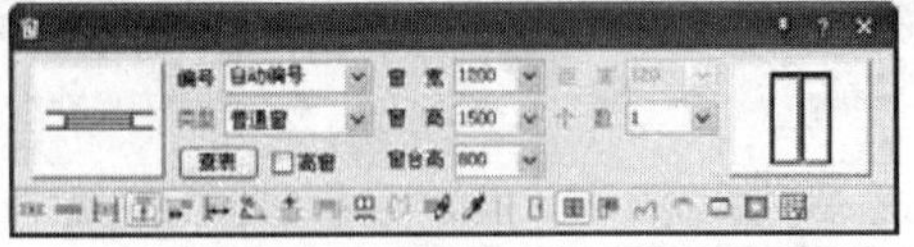

图 9-76　【门窗参数】对话框窗参数

图 9-77　【门】对话框

02 在门窗参数对话框中，单击【插入门】按钮，选中【垛宽定距插入方式】，设置其参数如图 9-77 所示。命令行提示：

点取门窗大致的位置和开向(Shift－左右开)<退出>：　　//单击住户入口的墙体上侧，完成该入户门的创建

点取门窗大致的位置和开向(Shift－左右开)<退出>：　　//单击另一个住户入口的墙体上侧，完成该入户门的创建。依照此方法，在【门窗参数】对话框中，修改【门宽】参数、【距离】参数及【门类型】，完成其余门的创建，得到如图 9-78 所示的普通门窗平面图

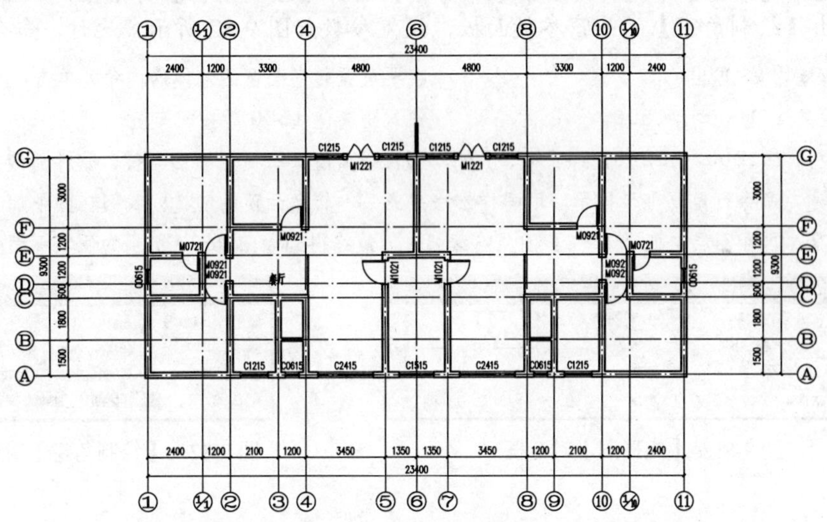

图 9-78　普通门窗平面图

03 在门窗参数对话框中，单击【插门连窗】按钮，设置【门连窗】参数如图 9-79 所示，命令行提示：

点取门窗大致的位置和开向(Shift－左右开)<退出>：

/在卧室要设门连窗的墙段上单击即可完成该门连窗的创建/

04 运用以上相同的方法创建另外一个对称门的联窗，在插入门连窗时，如果门连窗的方向与事实不符时，可以在插入门窗时，按一下快捷键 Shift+F12 即可改变插入方向，或等插入门窗完成后，利用【内外翻转】或【左右翻转】命令对其方向进行改变。

05 在门窗参数对话框中，单击【插凸窗】按钮，设置【凸窗】参数如图 9-80 所示，命令行提示：

点取门窗大致的位置和开向(Shift 键－左右开)<退出>：　　//在要设凸窗的墙段上

单击

门窗个数(1~2)<1>: ↙　　　　//直接按回车键即可完成凸窗的创建，同样方法创建另一个凸窗

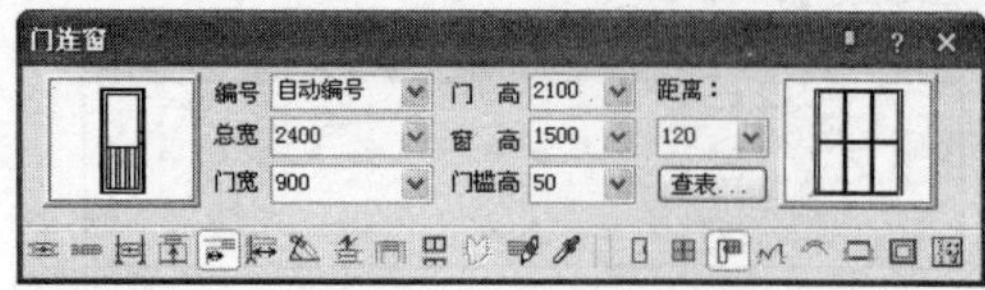

图 9-79　【门连窗】对话框

图 9-80　【凸窗】对话框

06 在门窗参数对话框中，单击【插矩形洞】按钮，设置参数如图 9-81 所示，命令行提示：

点取门窗大致的位置和开向(Shift－左右开)<退出>:　　　　//在要插入矩形洞的墙垛处单击，即可完成插矩形洞命令，依此方法完成其余矩形洞的创建，只是在插入盥洗室的矩形洞时，矩形洞的插入方式应改为【在点取的墙段上等分插入】

点取门窗大致的位置和开向(Shift－左右开)<退出>: ↙　　　　//按回车键退出当前门窗的创建

07 选择【门窗】|【转角窗】菜单命令，打开【绘制角窗】对话框，单击【凸窗】按钮，弹出【绘制角窗】的凸窗参数面板，设置参数如图 9-82 所示。此时，命令行提示：

请选取墙内角<退出>:　　　　//在要设置转角凸窗的墙体的内角处单击

转角距离 1<1000>: 1500↙　　　　//输入距离值 1500 后按回车键

转角距离 2<1000>: 1200↙　　　　//输入距离值 1200 后按回车键，软件随即完成了该转角凸窗的创建，命令行重复上步提示，用同样方法完成另一转角凸窗的创建，我们在图中加入阳台、文字及卫生洁具，再在图层中把【DOTE】图层隐藏起来，最终得到如图 9-83 所示的住宅平面图

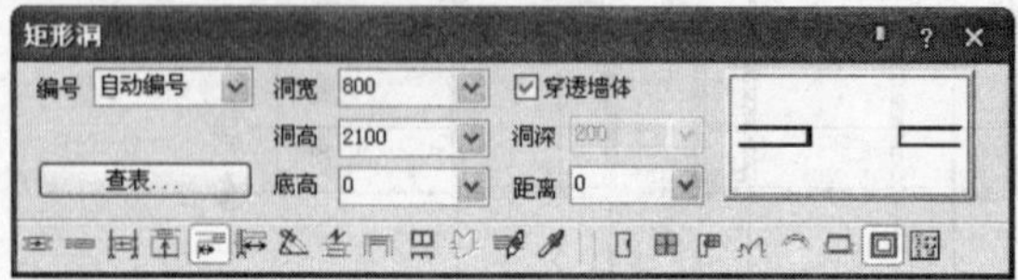

图 9-81　【矩形洞】对话框

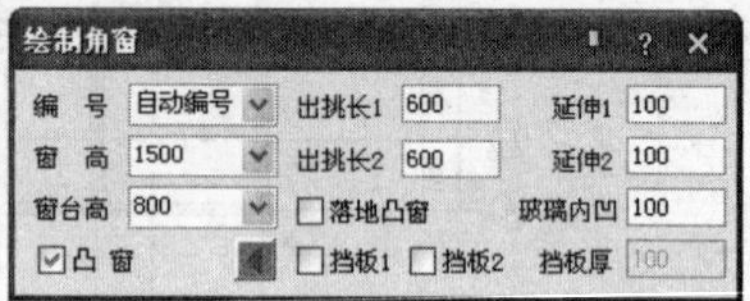

图 9-82　【绘制角窗】对话框

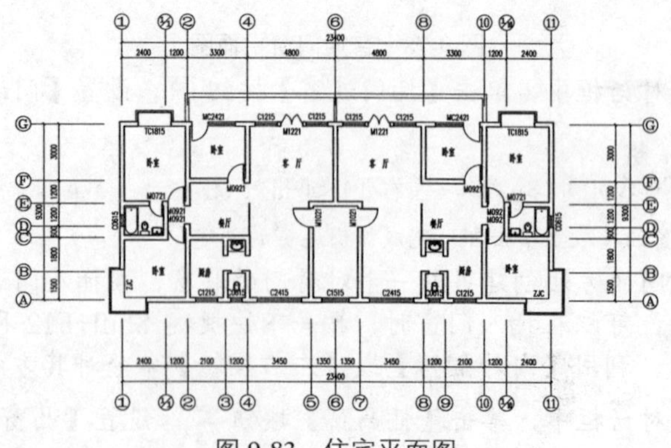

图 9-83　住宅平面图

第10章 房间与屋顶

本章导读 在一栋建筑物设计中，当墙体和门窗都创建好之后，这栋建筑物的大体轮廓就已经设计好了，这时就可以在此建筑物内部分隔不同功能的房间及计算每个房间的尺寸大小。屋顶在建筑物中，起着遮风挡雨等防护以及装饰美化的作用，是建筑设计及工程运用中不可缺少的部分。

本章通过 TArch 2014，介绍如何来查询房间面积、房间布置、创建屋顶以及加老虎窗、雨水管等。

本章重点

- ★ 房间查询
- ★ 房间布置
- ★ 创建屋顶
- ★ 加老虎窗和加雨水管
- ★ 综合实例：创建住宅屋顶平面图

10.1 房间查询

房间一般描述为一个由墙体、门窗、柱子围合而成的封闭区域。所谓房间查询，主要针对于房间面积的查询。面积有建筑总面积、套内面积和房间面积等多种类型，分别使用 TArch 提供的不同命令进行创建。

10.1.1 搜索房间

【搜索房间】命令可用来批量搜索建立或更新已有的普通房间和建筑轮廓，建立房间信息并标注室内使用面积，标注位置自动置于房间的中心。当用户编辑墙体时改变了房间边界，房间信息也不会自动更新，用户可以通过再次执行本命令更新房间或拖动边界夹点和当前边界保持一致。

选择【房间屋顶】|【搜索房间】菜单命令，打开【搜索房间】对话框，如图 10-1 所示。

【搜索房间】对话框各选项解释如下：

➢ 显示房间名称/显示房间编号：这是一个单选按钮组，是房间标识的内容，建筑平面图一般标识房间名称，其他专业的人员标识房间编号。

- 标注面积：房间使用面积的标注形式，勾选此复选框表示显示面积数据。
- 面积单位：勾选此复选框表示显示标注面积，默认面积单位为 m^2 。
- 三维地面：勾选此复选框表示同时沿着房间对象边界生成三维地面。
- 屏蔽背景：勾选此复选框表示屏蔽房间标注下面的填充图案。
- 板厚：生成三维地面时，指定地面的厚度。
- 起始编号：房间的第一个编号，由数字组成。
- 生成建筑面积：在搜索生成房间同时，计算建筑面积。
- 建筑面积忽略柱子：根据建筑面积侧量规范，勾选此复选框表示建筑面积忽略凸出墙面的柱子与墙垛。

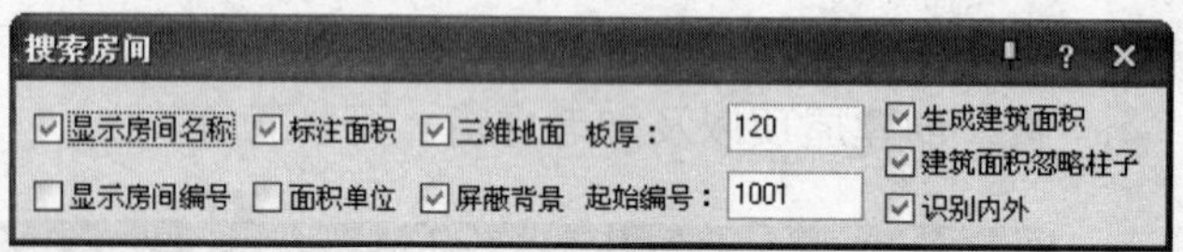

图 10-1　【搜索房间】对话框

如图 10-2 所示是一个执行【搜索房间】命令的实例。

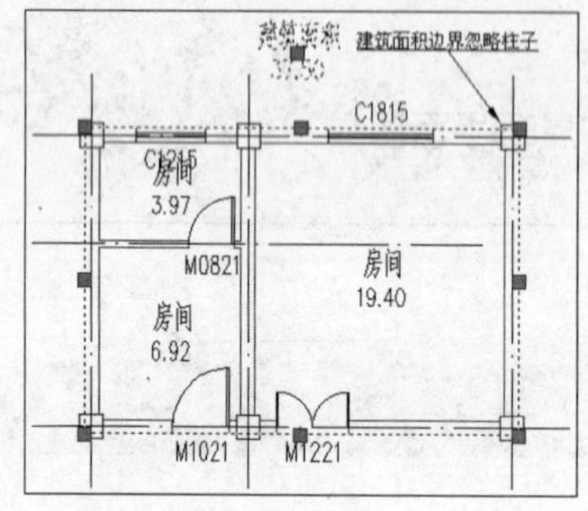

图 10-2　搜索房间实例

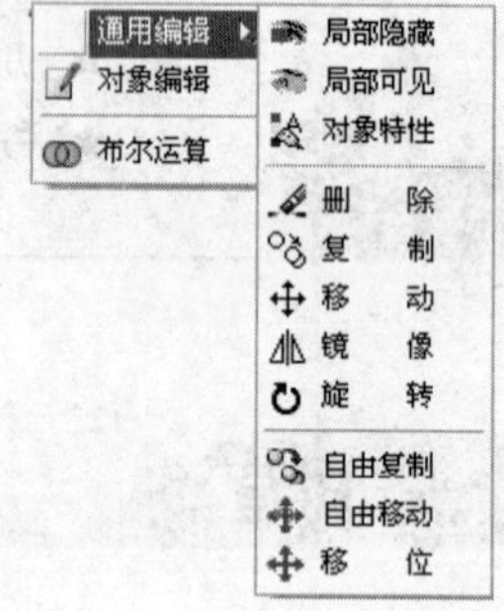

图 10-3　右键编辑菜单

用户在执行过【搜索房间】命令之后，图形中会生成房间文字对象及面积对象。此时需要根据房间的功能对房间名称进行重新命名。

房间名称的编辑方法有两种，一种是双击文字，对文字进行单个编辑，并打开在位编辑对话框，输入新的文字后，按回车键结束并修改了该文字的内容；一种是把光标移至文字上方，按右键打开快捷方式，选择【对象编辑】选项，如图 10-3 所示，即可打开【编辑房间】对话框，如图 10-4 所示。双击文字与数字中间也可以打开【编辑房间】对话框。

【编辑房间】对话框各选项解释如下：

- 编号：各房间的自动数字编号，可以自行修改。
- 名称：各房间功能的描述，用户可从右侧对话框选择需要的房间名称，也可以自行输入修改。
- 高度：指房间的墙体高度，可以自行设定，用于统计粉刷面积。
- 板厚：设定三维地面厚度。

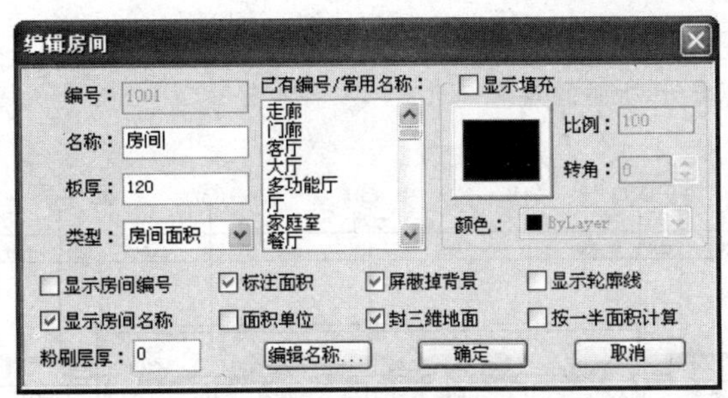

图 10-4　【编辑房间】对话框

- 封三维地面：勾选此复选框表示沿着房间对象边界生成三维地面。
- 屏蔽掉背景：勾选此复选框表示隐藏房间标注下面的填充图案。
- 标注面积/面积单位：勾选这两个复选框表示显示面积数据及单位，面积单位必须在勾选标注面积的前提下才能显示。
- 显示房间编号/显示房间名称：这是一个单选按钮组，勾选前者表示显示房间编号，但不显示房间名称。

标注如图 10-5 所示房间的面积。

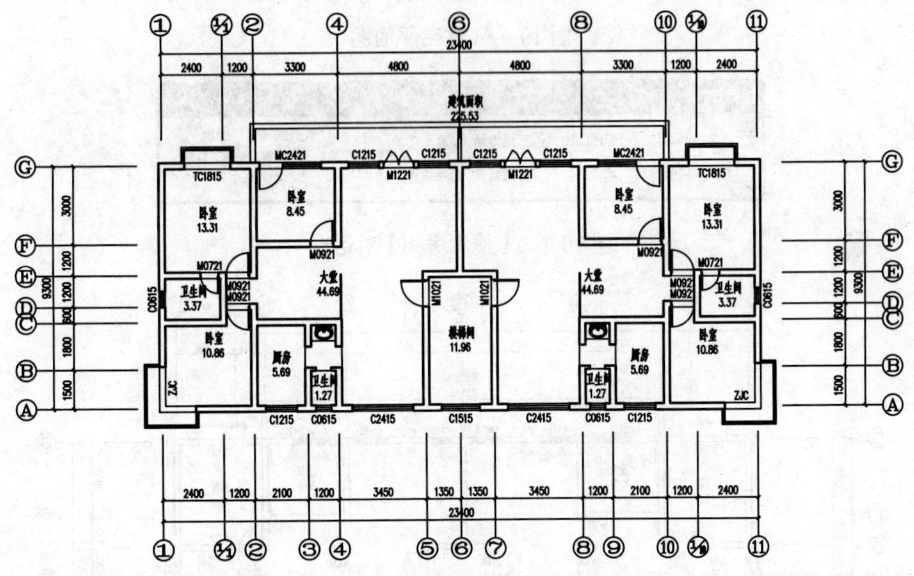

图 10-5　标注平面房间面积

操作步骤如下：

01 打开已创建好的住宅平面图如图 10-6 所示。

02 选择【房间屋顶】|【搜索房间】菜单命令，打开【搜索房间】对话框，设置参数如图 10-7 所示，命令行同时提示：

```
请选择构成一完整建筑物的所有墙体(或门窗)：            //框选本层平面图
请选择构成一完整建筑物的所有墙体(或门窗)：↙          //按回车键结束选择
```

请点取建筑面积的标注位置<退出>: //在平面图上方单击，这样就完成了搜索房间的命令，得到如图 10-8 所示的效果

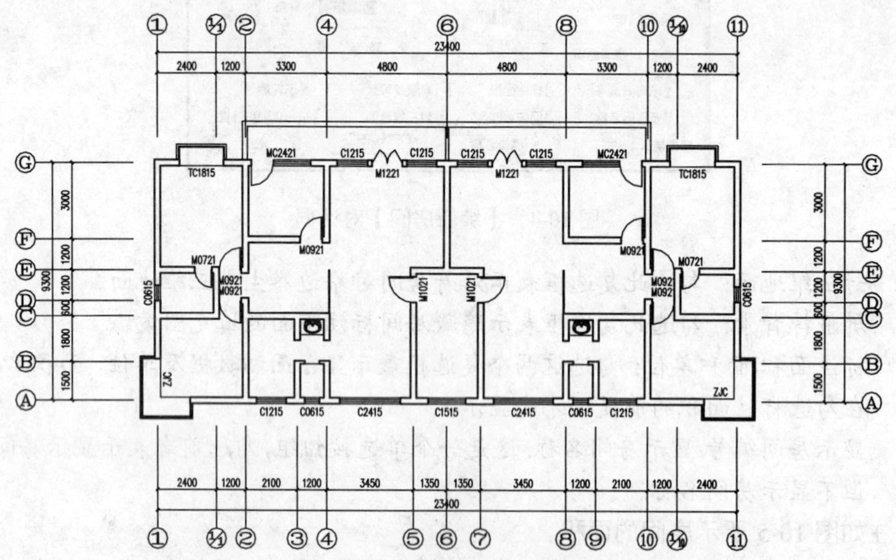

图 10-6 住宅平面图

图 10-7 【搜索房间】对话框

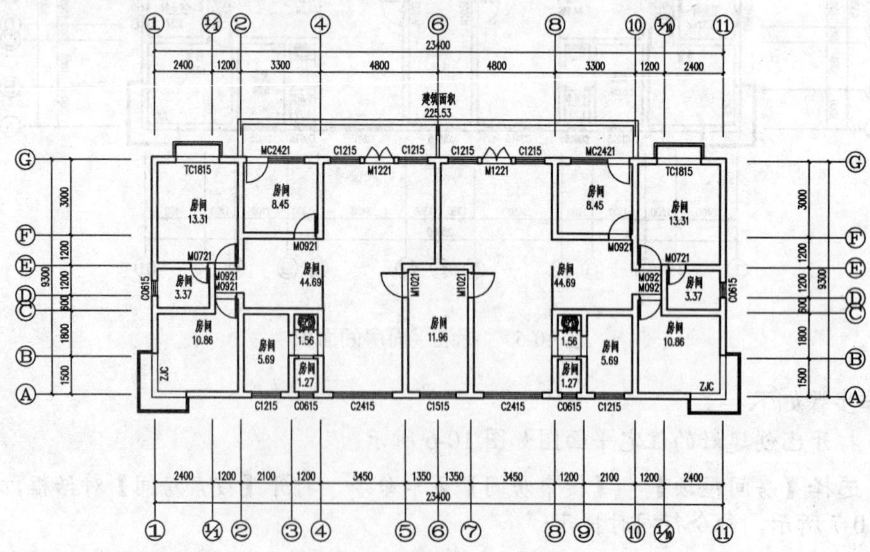

图 10-8 搜索房间生成图

03 把光标移至房间文字上，右击鼠标弹出快捷菜单，从中选择【对象编辑】选项，此时显示了【编辑房间】对话框，在其中选中【名称】选项，并在右侧列表框中单击【大堂】选项，【名称】文本框内的内容就变成了【大堂】，如图 10-9 所示。

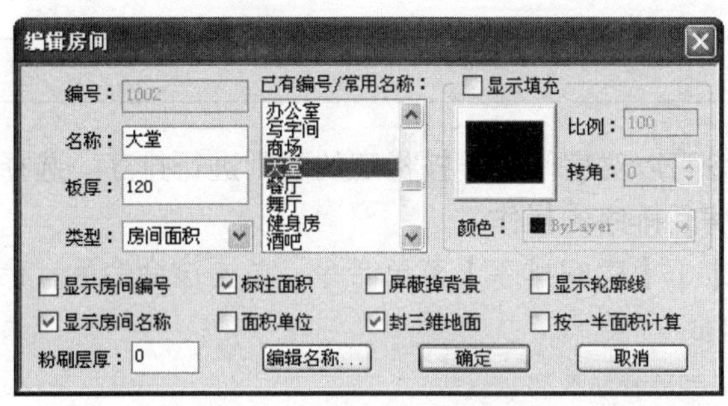

图 10-9　【编辑房间】对话框

04 单击【确定】按钮即可完成该房间名称的修改。同样方法完成其余房间名称的修改，得到如图 10-10 所示的效果。

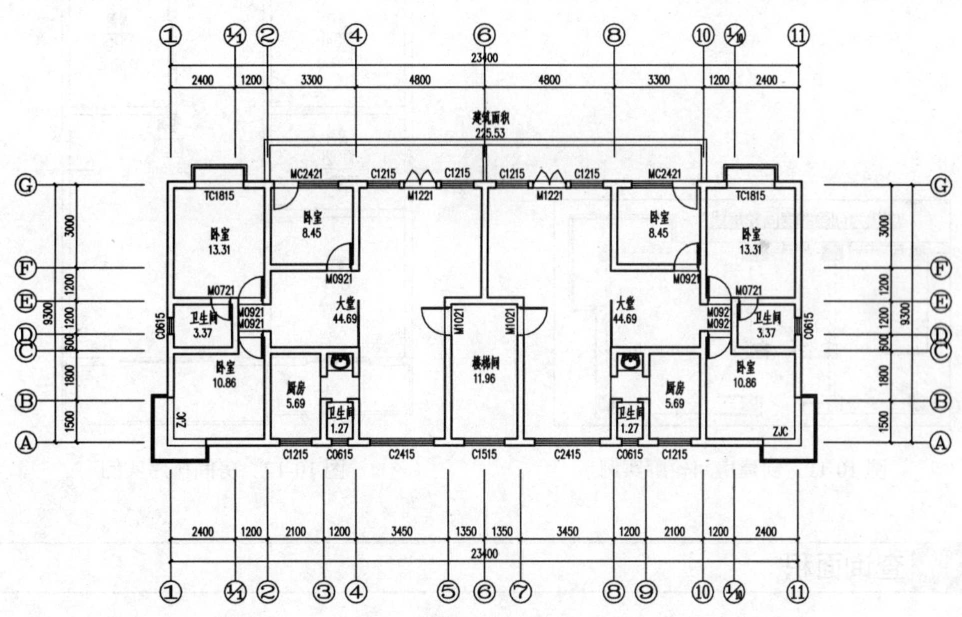

图 10-10　平面效果图

10.1.2 房间轮廓

【房间轮廓】命令是指在房间内部生成一条闭合的多段线，轮廓线可以用作其他用途，如把它转为地面或用来作为生成踢脚线等装饰线脚的边界等。

选择【房间屋顶】|【房间轮廓】菜单命令，单击该命令后，命令行提示：

```
请指定房间内一点或 [参考点(R)]<退出>:              //在房间内部单击
```

是否生成封闭的多段线?[是(Y)/否(N)]<Y>: //输入“Y”创建一条封闭房间轮廓线，输入“N”，取消该多段线的创建，命令行继续提示创建另外房间的轮廓线，按回车键退出

如图 10-11 所示是一个创建房间轮廓实例。

10.1.3 房间排序

【房间排序】命令可以对房间编号按指定的规则进行排序。选择房间对象，输入新的起始编号，即可完成房间排序的操作。

选择【房间屋顶】|【房间排序】菜单命令，单击该命令后，命令行提示：

```
请选择房间对象<退出>:                              //选择对象
指定 UCS 原点<使用当前坐标系>:                     //指定原点
指定绕 Z 轴的旋转角度<0>:                          //选择旋转角度
起始编号<1001>:                                    //输入新编号
```

如图 10-12 所示是一个房间排序的实例。

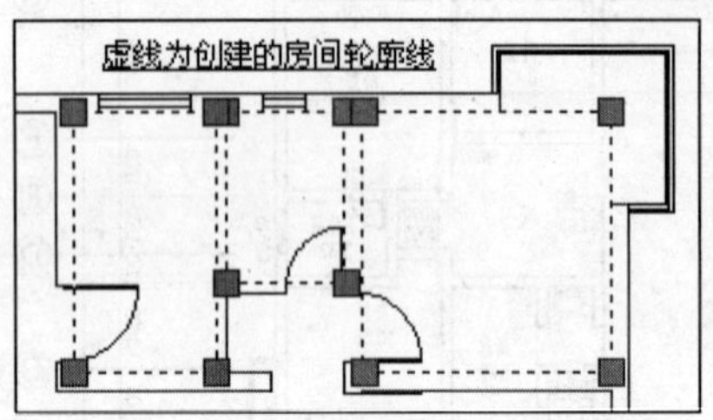

图 10-11 创建房间轮廓实例

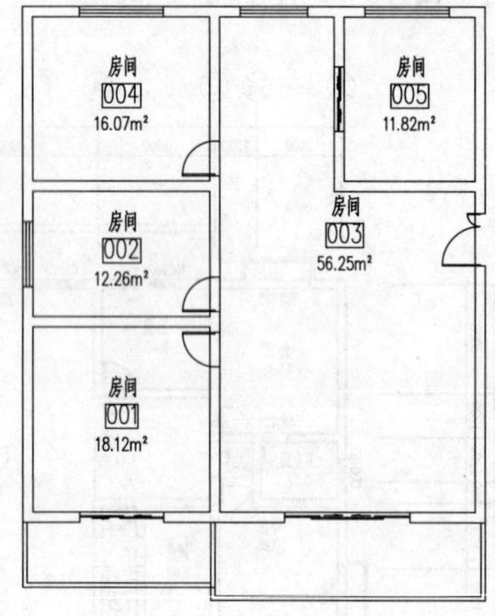

图 10-12 房间排序实例

10.1.4 查询面积

【查询面积】命令动态查询由天正墙体组成的房间面积、阳台面积以及闭合多段线围合的区域面积，并可将创建面积对象标注在图上。该命令获得的平面建筑面积是不包括墙垛和柱子凸出部分的面积。

选择【房间屋顶】|【查询面积】菜单命令，打开【查询面积】对话框，如图 10-13 所示。当用户勾选【生成房间对象】复选框时，【查询面积】对话框功能就和【搜索房间】命令相同。当取消选中【生成房间对象】复选框的同时，命令行提示：

请在屏幕上点取一点或 [查询闭合 PLINE 面积(P)/查询阳台面积(B)]<退出>:

/把光标移至房间处，软件自动视别房间分隔，显示为闪亮的光环，此时单击即可创建该房间的面

积数据或按选项提示输入查询其他面积/

请在屏幕上点取一点或 [查询闭合 PLINE 面积(P)/查询阳台面积(B)]<退出>:

/重复执行上述步骤或按回车键退出命令/

当在上步命令行中输入选项“P”时，命令行提示：

选择闭合多段线<返回>:

/选择表示面积的闭合多段线，即可标注围合的面积/

当在上步命令行中输入选项“B”时，命令行提示：

选择阳台<返回>:

/选择阳台对象，即可标注阳台的面积。/

在动态显示房间面积时单击，即在该处创建当前房间的面积对象，如果在房间外面单击，可获得平面的建筑面积(不包括墙垛和柱子凸出部分)。

在一个 CAD 文件中布置多个平面图时，【查询面积】命令目前只能查询其中一个平面图的建筑面积，如果要搜索其他房间的建筑面积，请使用【搜索房间】命令查询其他平面图的建筑面积。如图 10-14 所示，是一个执行【查询面积】命令的实例。

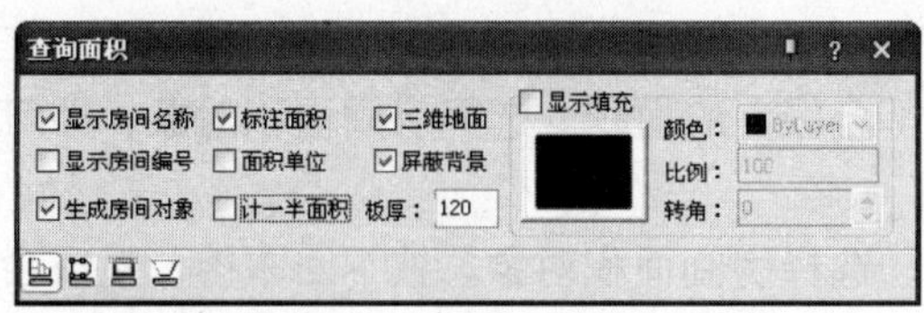

图 10-13　【查询面积】对话框

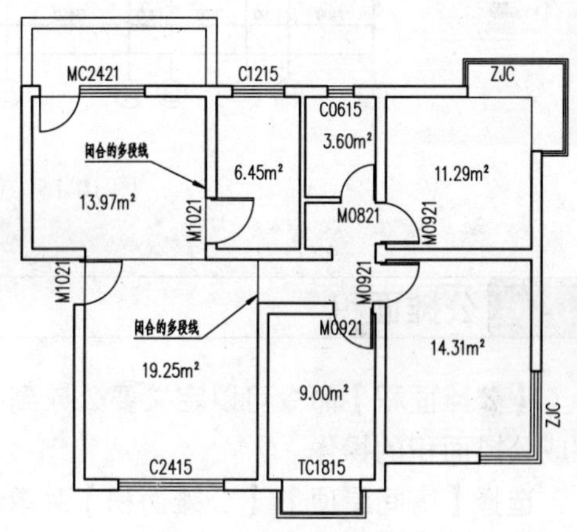

图 10-14　查询面积实例

10.1.5 套内面积

【套内面积】命令是指按照国家标准房屋侧量的要求，计算住宅单元房间的套内面积，并创建套内面积的房间对象。套内面积的计算范围是以分户单元墙中线起计算（包括保温层厚度），得到的套内面积不包括阳台面积。

选择【房间屋顶】|【套内面积】菜单命令，单击该命令后，命令行提示：

请选择构成一套房子的所有墙体(或门窗):

/从分户墙中线开始框选套内房间所有墙体，命令行即会显示面积数据/

套内建筑面积(不含阳台)=101.925

是否生成封闭的多段线?[是(Y)/否(N)]<Y>:

/输入“Y”生成封闭的多段线，输入“N”不生成/

如图 10-15 所示是一个创建套内面积的实例。

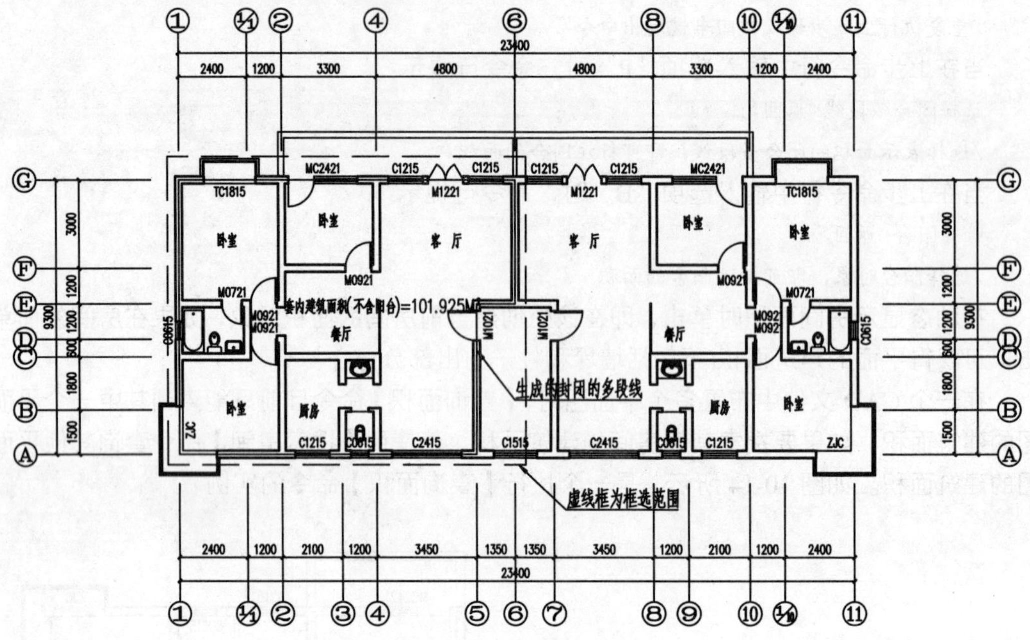

图 10-15　创建套内面积实例

10.1.6 公摊面积

【公摊面积】命令可以定义要公摊到各户（各级）的面积。选择房间面积对象，即可完成公摊面积的操作。

选择【房间屋顶】|【公摊面积】菜单命令，选择房间面积对象，按下回车键，系统会将选中的房间面积对象归入 SPACE_SHARE 图层，以备面积统计时使用。

10.1.7 面积计算

【面积计算】命令可以对选取房间或者数字得到的面积进行加减运算，结果标注在图上。选择求和的面积对象或面积数值文字，按回车键即可完成面积计算的操作。

选择【房间屋顶】|【面积计算】菜单命令，选择求和的房间面积对象或面积数值文字，按回车键，单击面积的标注位置，结果如图 10-16 所示。

提示：调用该命令后，可以根据命令行的提示输入 Q，转换为对话框模式进行计算，如图 10-17 所示。

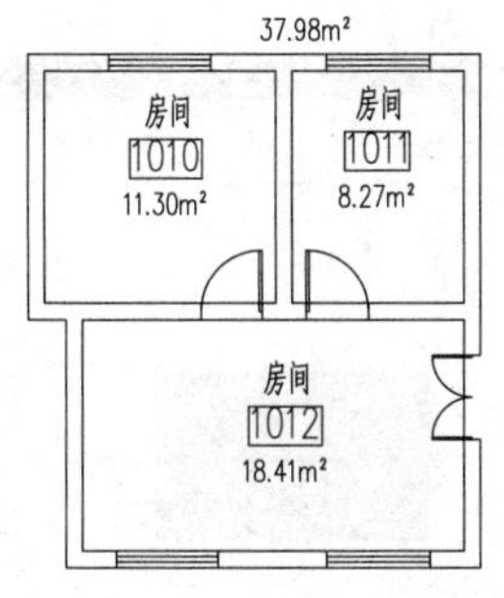

图 10-16　面积计算

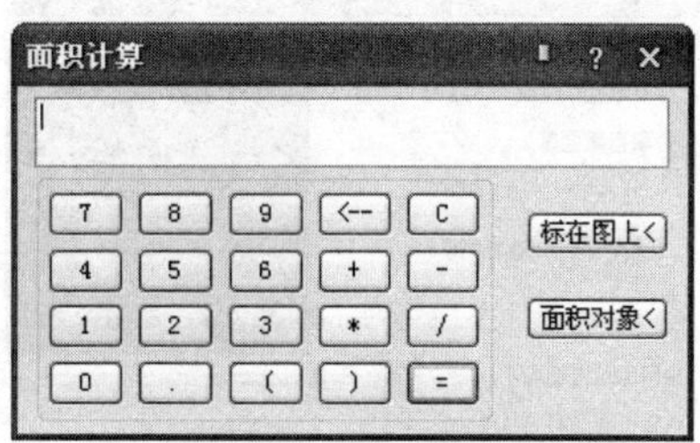

图 10-17　对话框模式

10.1.8 面积统计

【面积统计】命令可以最终统计各户分摊后的面积指标。

选择【房间屋顶】|【面积统计】菜单命令，在弹出的【面积统计】对话框中勾选“整个工程面积统计”选项，单击【开始统计】按钮；接着在弹出的【统计结果】对话框中即显示了统计的结果，完成面积统计的操作。

值得注意的是在调用该命令前必须新建工程且创建楼层表，否则不能进行面积统计。

10.2 房间布置

在现代建筑当中，房间布置是现代建筑美学设计的一个重要方面，房间布置得好，不仅可给人美的感受，更能给人生活带来许多便利。在天正建筑软件当中，提供了房间布置的工具，包括有加踢脚线、基数分隔、偶数分隔、布置洁具、布置隔断以及布置隔板。

10.2.1 加踢脚线

【加踢脚线】命令主要用于室内装饰模型的建立，也可以作为室外勒脚使用。选择【加踢脚线】命令后，软件自动搜索房间轮廓，按照用户选择的踢脚线截面生成二维和三维一体的踢脚线，门和洞口处自动断开。踢脚线支持 AutoCAD 的打断（Break）命令。

选择【房间屋顶】|【房间布置】|【加踢脚线】菜单命令，打开【踢脚线生成】对话框，如图 10-18 所示。对话框各项参数解释如下：

➢ 点取图中曲线：选中该单选按钮，单击右侧的 < 按钮，进入绘图窗口中选取截面形状。此时，命令行提示：

```
请选择作为断面形状的封闭多段线:                    //单击选择一条多段线即返回原对话框
```

踢脚线必须是多段线，视图显示的 X 轴方向表示踢脚线的厚度，Y 轴方向表示踢脚线的高度。

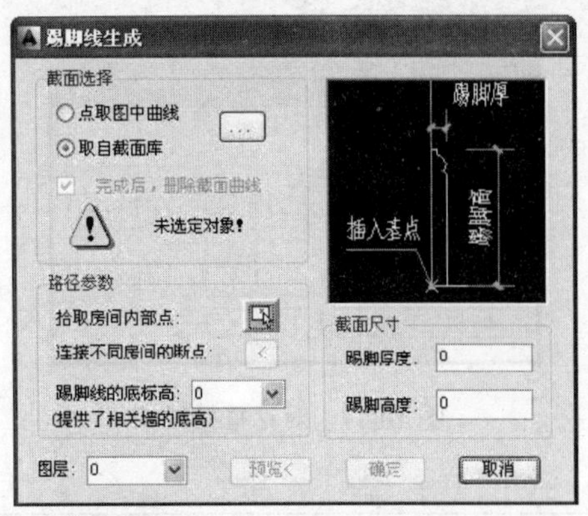

图 10-18 【踢脚线生成】对话框

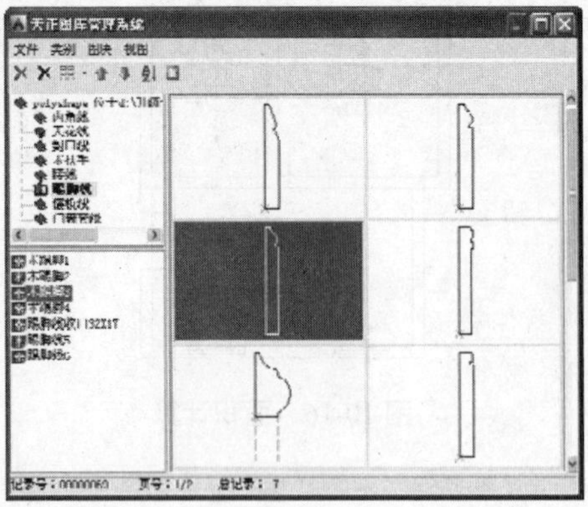

图 10-19 “天正图库管理系统”窗口

➢ 取自截面库：选中该单选按钮，单击右侧的 ... 按钮，打开【天正图库管理系统】窗口，如图 10-19 所示，可以在图库中选择需要的踢脚线截面类型。

➢ 拾取房间内部点：单击其右面的按钮后，【踢脚线生成】对话框暂时消失，命令行提示：

```
请指定房间内一点或[参考点(R)]<退出>:          //在加踢脚线的房间里单击取一个点
请指定房间内一点或[参考点(R)]<退出>: ↙        //按回车键结束指定点，创建踢脚线路径
```

连接不同房间的断点：单击其右边的 < 按钮后，命令行提示：

```
第一点<退出>:                                //单击门洞外侧一点
下一点<退出>:                                //单击门洞内侧一点。如果房间之间的门洞
是无门套的，应该使用连接踢脚线断点选项
```

➢ 踢脚线的底标高：可以根据需要随意更改踢脚线的底标高。

➢ 截面尺寸：选择的截面形状的尺寸，可以随意修改。

➢ 预览：单击此按钮，可以观察用户设定好的踢脚线效果，按右键退出预览。

绘制如图 10-20 所示的踢脚线。

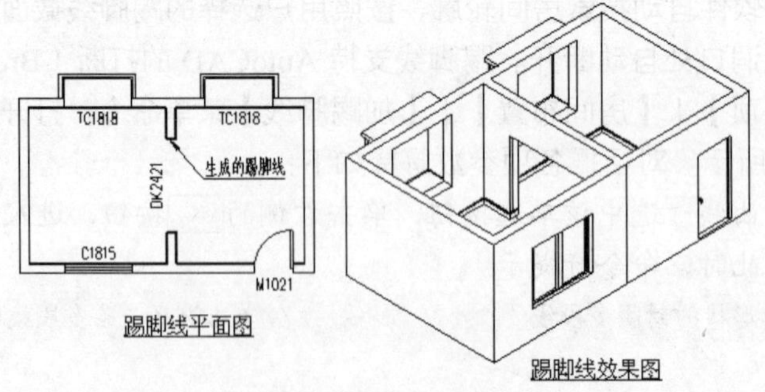

图 10-20 踢脚线生成图

操作步骤如下：

01 利用以前学过的轴线、墙体、门窗等命令绘制出如图 10-21 所示的平面图，或按 Ctrl+O 快捷键，直接打开配套光盘提供的平面图。

02 选择【房间屋顶】|【房间布置】|【加踢脚线】菜单命令，打开【踢脚线生成】对话框，单击【截面选择】按钮[…]，从【天正图库管理系统】窗口中选择【木踢脚 2】选项，并设定截面尺寸如图 10-22 所示。

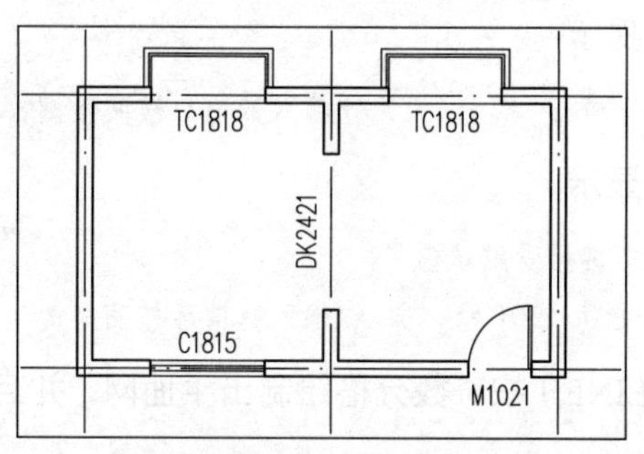

图 10-21　平面图

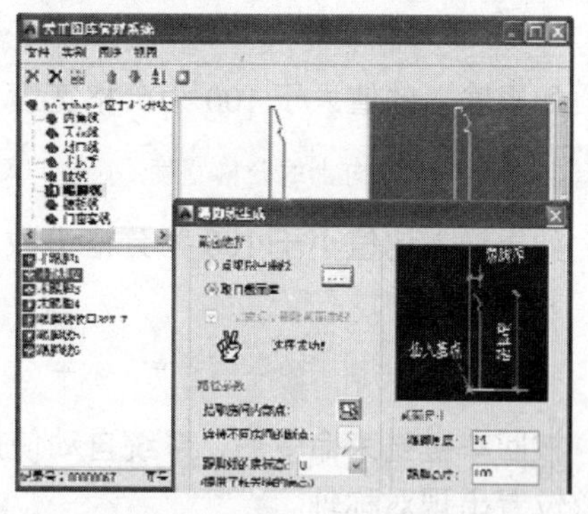

图 10-22　踢脚线生成参数

03 在【踢脚线生成】对话框中，单击【拾取房间内部点】按钮后，对话框消失，命令行提示：

```
请指定房间内一点或 [参考点(R)]<退出>:                //在左边房间内单击
请指定房间内一点或 [参考点(R)]<退出>:                //在右边房间内单击
请指定房间内一点或 [参考点(R)]<退出>: ↙              //按回车键结束选择
```

04 系统显示【踢脚线生成】对话框，在对话框中单击【连接不同房间的断点】按钮[<]，对话框消失，命令行提示：

```
第一点<退出>:
    //单击门洞上侧左边一个洞点
下一点<退出>:
    //单击门洞上侧右边一个洞点
第一点<退出>:
    //单击门洞下侧左边一个洞点
下一点<退出>:
    //单击门洞下侧右边一个洞点
第一点<退出>: ↙
    //按回车键结束选择点
```

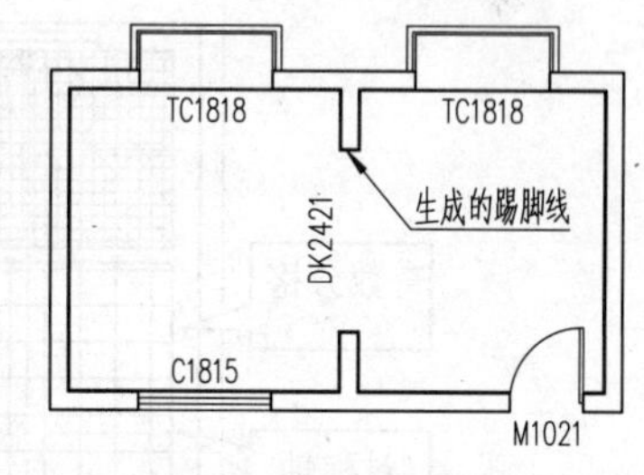

图 10-23　踢脚线平面图

05 返回到【踢脚线生成】对话框，单击【确定】按钮即可完成踢脚线的创建，得到如图 10-23 所示的踢脚线图。

10.2.2 奇数分格

【奇数分格】命令用于绘制按照奇数分格的地面或天花板平面，分格使用 AutoCAD 的【直线】命令来绘制。

选择【房间屋顶】|【房间布置】|【奇数分格】菜单命令，单击该命令后，命令行提示：

```
请用三点定一个要奇数分格的四边形，第一点 <退出>:              //单击四边形的第一点
第二点 <退出>:                                              //单击四边形的第二点
第三点 <退出>:                                              //单击四边形的第三点
第一、二点方向上的分格宽度(小于 100 为格数) <500>: ↙           //直接输入数值后按回车键
```

如果输入的值大于 100 为分格宽度，命令行提示：

```
第二、三点方向上的分格宽度(小于 100 为格数)<500>:               //输入数值后按回车键
```

如果输入的值小于 100 为分格份数，命令行显示：

```
分格宽度为<600>: ↙           //输入新值或按回车键接受默认值
第二、三点方向上的分格宽度(小于 100 为分格份数)<500>:↙          //输入数值后按回车键
```

按回车键结束命令后，系统自动使用直线（LINE）按奇数分格绘制出平面网，并且在中心位置出现对称轴。

10.2.3 偶数分格

【偶数分格】命令用于绘制按照偶数分格的地面或天花板平面，分格使用 AutoCAD 的【直线】命令来绘制。

【偶数分格】命令的操作步骤和方法与【奇数分格】命令一样，这里就不再作详细介绍了。只是得到的是偶数分格结果，且不出现对称轴。

如图 10-24 所示是创建奇数分格和偶数分格的实例。

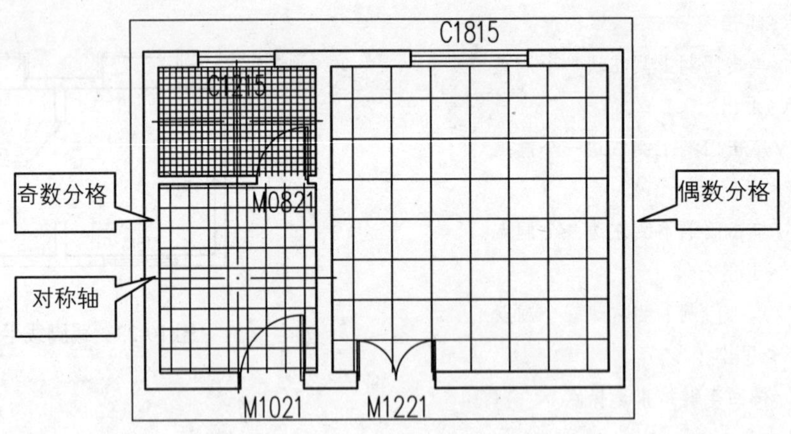

图 10-24　奇数分格与偶数分格实例

10.2.4 布置洁具

卫生洁具是浴厕里的专用设施，是家庭生活中处理个人卫生的设备，布置洁具是建筑设计必不可少的一部分。

选择【房间屋顶】|【房间布置】|【布置洁具】菜单命令后，打开【天正洁具】对话框，如图 10-25 所示。

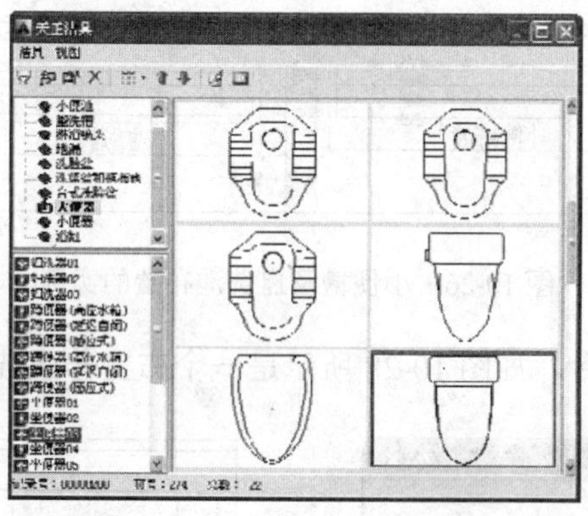

图 10-25　“天正洁具”窗口

在【天正洁具】对话框中，标题栏下方是一排工具栏，可以通过工具栏对洁具进行添加、删除、观察等操作。

1．小便池和盥洗槽的布置

在【天正洁具】对话框中，双击要布置的小便池图标。此时，【天正洁具】对话框消失，命令行提示：

```
请点取墙体一侧<退出>:                    //单击墙体一侧
小便池离墙角的距离<0>:                   //输入离墙角的距离后按回车键
小便池的长度<3000>:                      //输入小便池的长度后按回车键
小便池的宽度<400>:                       //输入小便池的宽度后按回车键
台阶宽度<250>:                           //输入台阶高度后按回车键完成小便池的布置
```

在【天正洁具】对话框中，双击要布置的盥洗槽图标，此时，【天正洁具】对话框消失，命令行提示：

```
请点取墙体一侧<退出>:              //单击墙体一侧
盥洗槽离墙角的距离<0>:↙            //输入离墙的距离后按回车键
盥洗槽的长度<5300>:↙               //输入长度数值后按回车键
盥洗槽的宽度<690>:↙                //输入宽度数值后按回车键
排水沟宽度<100>:↙                  //输入宽度数值后按回车键
请输入水龙头的数目<7>:↙            //输入个数后按回车键结束，即可创建一个盥洗槽
```

小便槽及盥洗池布置的实例如图 10-26 所示。

2．淋浴喷头、普通洗脸盆、洗涤盆、拖布池、大小便器的布置

在【天正洁具】对话框中，双击要布置的关于上述洁具中的任何一个图标，都会弹出一个类似的对话框，如图 10-27 所示，它们的参数设置都一样。同时，命令行提示：

```
请点取墙体边线或选择已有洁具：    //单击要放置洁具的墙边
```

```
下一个<退出>:                    //在下一个位置单击，由设备间距控制两个洁具之间的距离
下一个<退出>:                    //多次执行该命令后按回车键结束，命令行继续上述提示
```

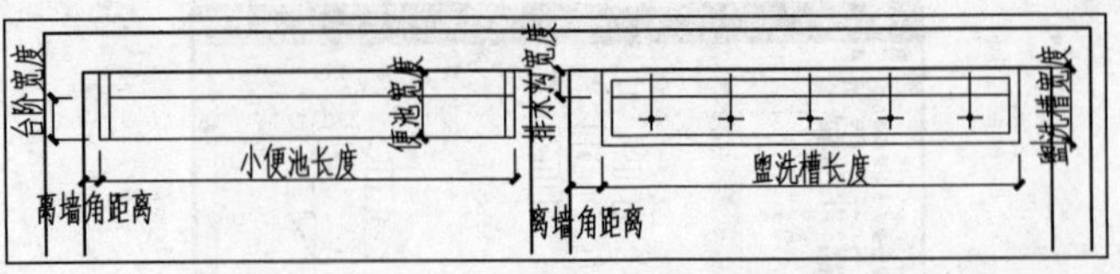

图 10-26　小便槽及盥洗池布置的实例

按回车键退出当前命令，如图 10-28 所示是一个布置普通洗脸盆的实例。

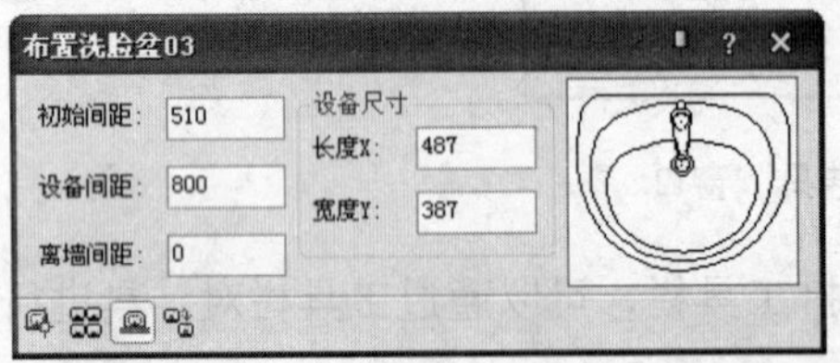

图 10-27　【布置洗脸盆 03】对话框

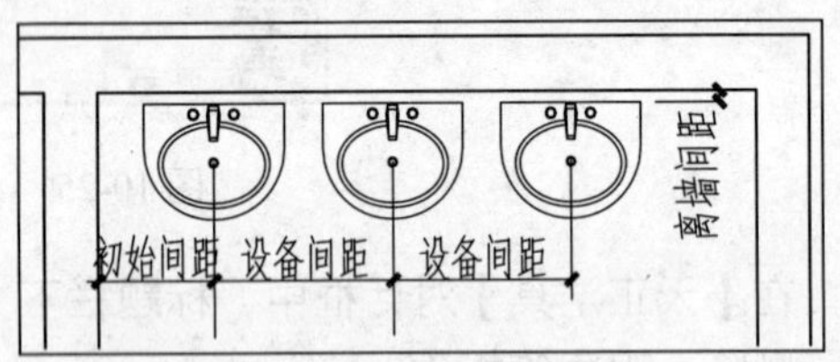

图 10-28　布置普通洗脸盆实例

3. 台式洗脸盆的布置

在【天正洁具】对话框中，双击要布置的台式洗脸盆图标，可以启动台式洗脸盆的布置，其布置参数设置和普通洗脸盆相同。

如图 10-29 所示是一个布置台式洗脸盆的实例。

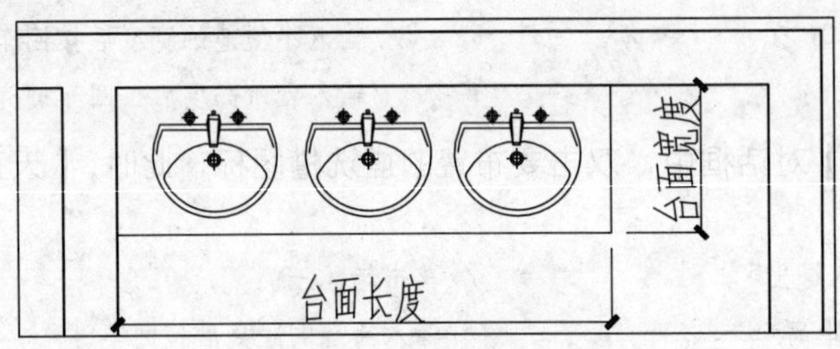

图 10-29　布置台式洗脸盆实例

4. 浴缸的布置

在【天正洁具】对话框中，双击要布置的浴缸图标，会打开如图 10-30 所示的对话框。浴缸的尺寸可以在中间数据栏内单击选用，也可以直接在【宽度】和【长度】参数栏内输入。

5. 地漏的布置

在【天正洁具】对话框中，双击要布置的地漏图标，命令行提示：

```
点取插入点或 [参考点(R)]<退出>:          //在要加入地漏的位置单击即可创建地漏
```

对于已插入的洁具，可以利 AutoCAD 中的移动功能来对其位置进行修改。

绘制如图 10-31 所示的某教学楼卫生间平面图并布置洁具。

01 利用以前学过的知识，使用 TArch 2014 绘制轴网、柱子、墙体以及插入门窗，绘制出卫生间平面图，得到如图 10-32 所示的效果。

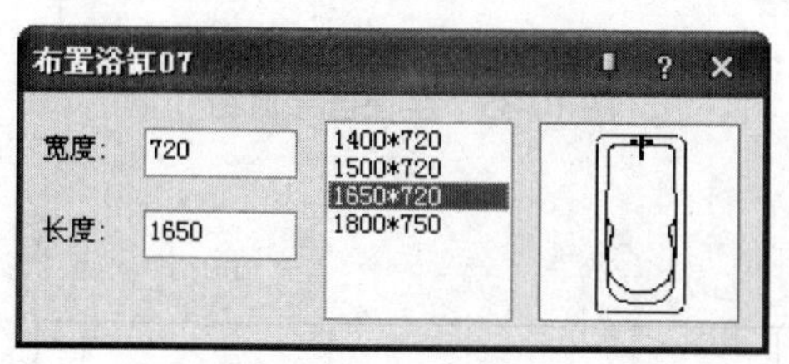

图 10-30　【布置浴缸 07】对话框

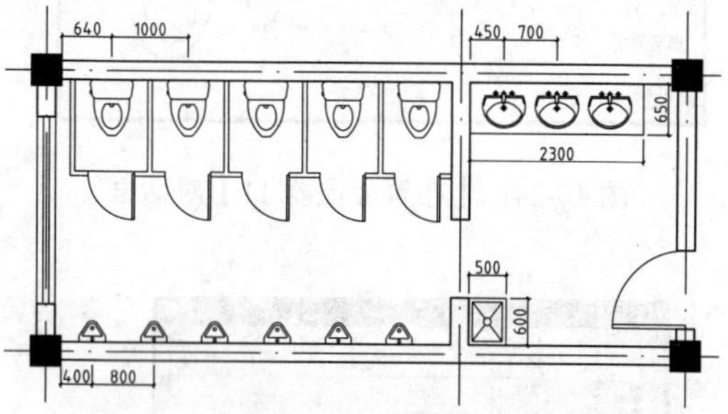

图 10-31　卫生间平面图

02 选择【房间屋顶】|【房间布置】|【布置洁具】菜单命令，打开【天正洁具】对话框，选择如图 10-33 所示的洁具类型。双击该图标，打开【布置坐便器 11】对话框，设置参数如图 10-34 所示。同时，命令行提示：

请点取墙体边线或选择已有洁具：

/单击选择柱右边的一小段墙体/

是否为该对象?[是(Y)/否(N)]<Y>:

/当虚线显示那一小段墙体时，表示已经被选中，则输入"Y"，否则就输入"N"，输入"Y"按回车就创建了一个大便器/

下一个<退出>:

/在要创建的洁具右边依次单击，得到如图 10-35 所示坐便器平面图/

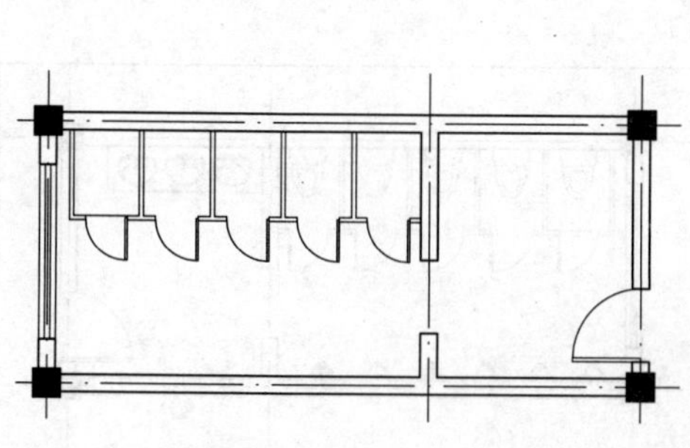

图 10-32　卫生间平面图

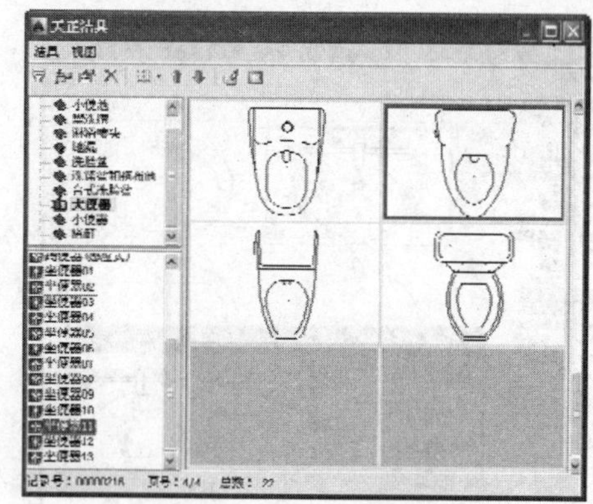

图 10-33　选择坐便器类型

03 选择【房间屋顶】|【房间布置】|【布置洁具】菜单命令，打开【天正洁具】对话框，选择小便器类型，双击小便器图片，【天正洁具】对话框消失，显示了【布置小便器（感应式）01】对话框，设置参数如图 10-36 所示。

04 按命令行提示进行操作，得到如图 10-37 所示的小便器平面图。

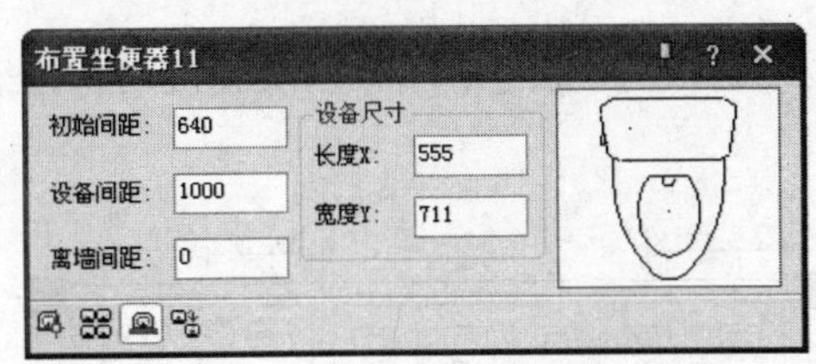

图 10-34 【布置坐便器 11】对话框

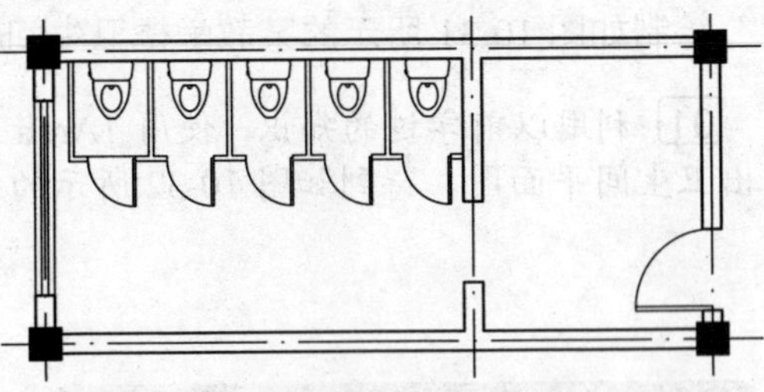

图 10-35 坐便器平面图

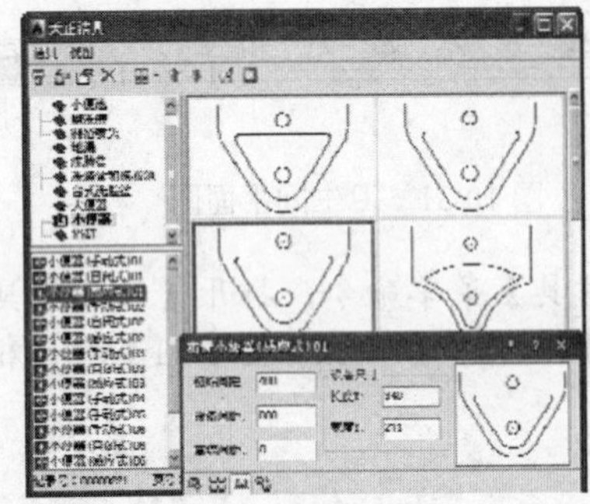

图 10-36 设置小便器参数

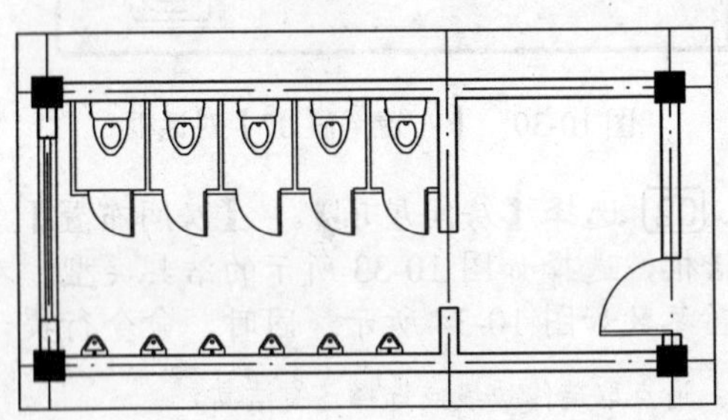

图 10-37 小便器生成平面图

05 选择【房间屋顶】|【房间布置】|【布置洁具】菜单命令，打开【天正洁具】对话框，选择台上式洗脸盆类型，双击台上式洗脸盆图片，【天正洁具】对话框消失，显示了【布置台上式洗脸盆】对话框，设置参数如图 10-38 所示。

06 根据命令行提示，选取墙体边线，并设置台面宽度为 650，台面长度为 2300，即可完成台上式洗脸盆的创建，得到了如图 10-39 所示的平面图。

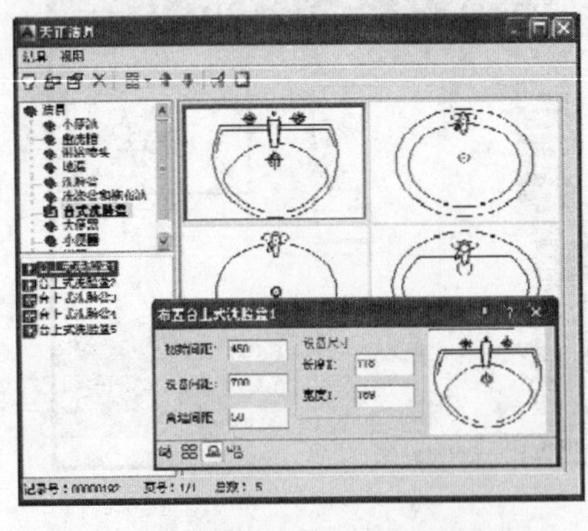

图 10-38 选择台上式洗脸盆

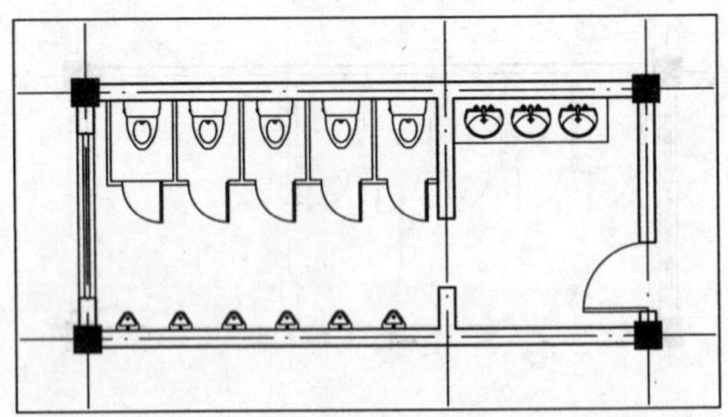

图 10-39 台上式洗脸盆生成平面图

07 选择【房间屋顶】|【房间布置】|【布置洁具】菜单命令，打开【天正洁具】对话框，选择洗涤盆和拖布池类型，双击拖布池图片，【天正洁具】对话框消失，显示了【布置拖布池】对话框，设置参数如图 10-40 所示。

08 根据命令行提示，单击门洞右下侧墙线作为墙体边线，得到如图 10-41 所示的布置效果。

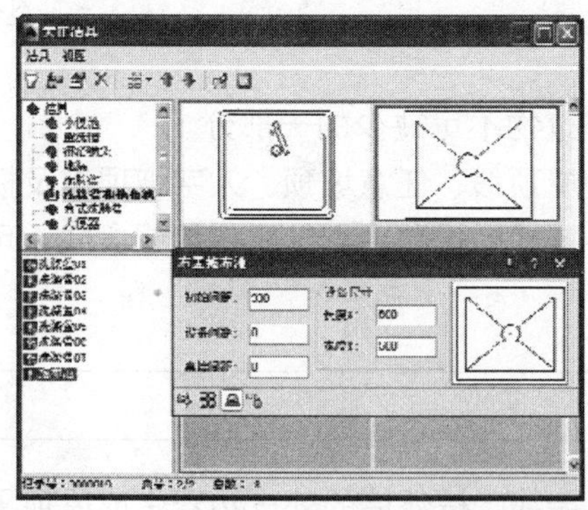

图 10-40　设置拖布池参数

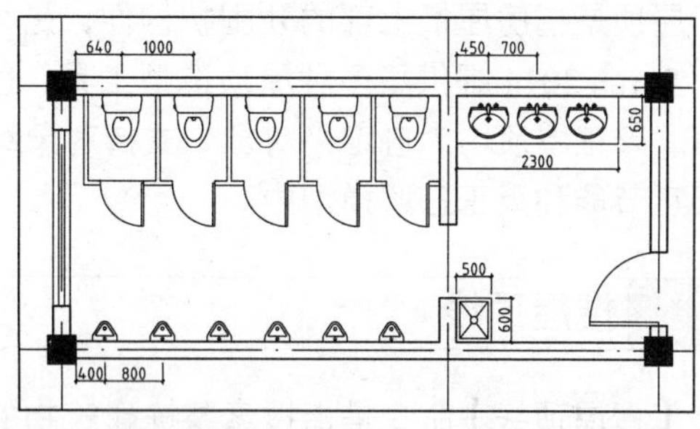

图 10-41　卫生间洁具布置图

10.2.5 布置隔断

【布置隔断】命令通过两点选取已经插入的洁具，布置卫生间隔断，这个命令要求在布置洁具命令后执行，隔板与门采用了墙体对象与门窗对象，支持对象编辑。墙类型由于使用卫生隔断类型，隔断内的面积不参与房间划分与面积计算。

选择【房间屋顶】|【房间布置】|【布置隔断】菜单命令，命令行提示：

```
输入一直线来选洁具！
起点：                          //单击靠近端墙的洁具外侧
终点：                          //单击经过要布置隔断的一排洁具另一端点
隔板长度<1200>: ↙               //输入数值后按回车键
隔断门宽<600>:↙                 //输入数值后按回车键，此时就完成了布置隔断命令
```

10.2.6 布置隔板

【布置隔板】命令通过两点选取已经插入的洁具，布置卫生洁具，主要用于小便器之间的隔板。选择【房间屋顶】|【房间布置】|【布置隔板】菜单命令，命令行提示：

```
输入一直线来选洁具！
起点：                          //单击靠近端墙的洁具外侧
终点：                          //单击经过要布置隔断的一排洁具另一端点
隔板长度<400>:                  //输入数据或直接按回车键即可创建出隔板
```

如图 10-42 所示为布置隔断和隔板的实例图，其中卫生间隔断门的开启方向可以通过夹点拖动来改变方向，也可以通过【内外翻转】命令来改变方向。

10.3 创建屋顶

屋顶是指房屋最上部的外围护构件，是每幢建筑物不可缺少的一部分。

TArch 2014 提供了多种屋顶造型工具，包括搜屋顶线、任意坡顶、人字坡顶以及攒尖屋顶。天正屋顶均为自定义对象，支持对象编辑、特性编辑和夹点编辑等编辑方式，可用于天正节能和天正日照模型中。

10.3.1 搜屋顶线

【搜屋顶线】命令是指搜索整栋建筑物的所有墙线，按外墙的外皮边界生成屋顶平面轮廓线。所生成的屋顶线为一个闭合的多段线（PLINE）。它可以作为屋顶轮廓线，进而绘制屋顶的平面施工图，也可以作构造其他楼层平面轮廓的辅助边界或用作外墙装饰线脚的路径。

选择【房间屋顶】|【搜屋顶线】菜单命令，命令行提示：

```
请选择构成一完整建筑物的所有墙体(或门窗):          //框选一栋建筑物的所有墙体和门窗
请选择构成一完整建筑物的所有墙体(或门窗):          //按回车键结束选择
偏移外皮距离<600>: ↙                             //输入屋顶的出檐长度或直接按回车键
默认当前数值，即创建了屋顶轮廓线
```

如果在特殊情况下系统无法搜索屋顶线时，用户可沿外墙外皮绘制一条封闭的多段线（PLINE），然后再用偏移（Offset）命令偏移出一个屋檐挑出长度，之后可把它当作屋顶线进行操作。

如图 10-43 所示是执行【搜屋顶线】命令创建屋顶轮廓线的实例。

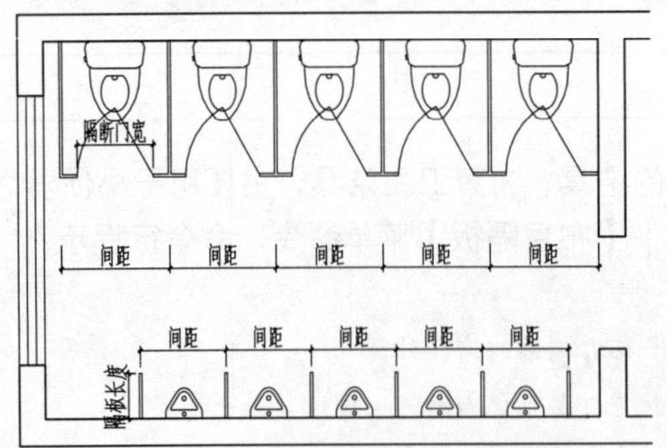

图 10-42　布置隔断和隔板示意图

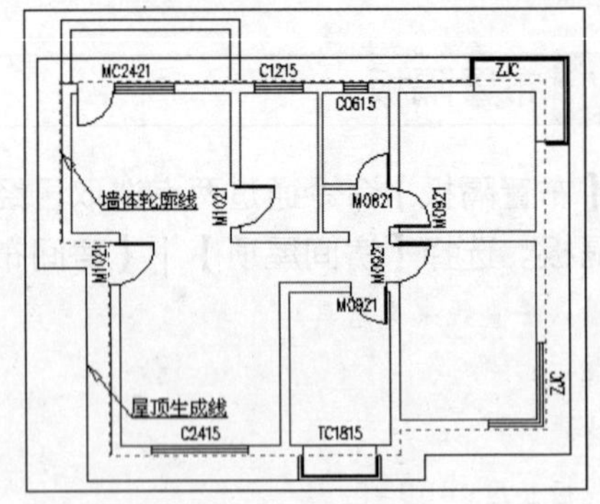

图 10-43　创建屋顶轮廓实例

10.3.2 任意坡顶

在现实建筑设计当中，有时会遇到很多房屋的框架不规则的情形，此时可以通过使用

【任意坡顶】命令来创建一个不规则的坡顶。【任意坡顶】命令由封闭的任意形状 PLINE 线生成指定坡度的坡形屋顶，它可采用对象编辑单独修改每个边坡的坡度，不支持布尔运算开洞功能。

选择【房间屋顶】|【任意坡顶】菜单命令，单击该命令后，命令行提示：

```
选择一封闭的多段线<退出>:                        //单击选择屋顶轮廓线
请输入坡度角 <30>: ↙                             //输入屋顶坡度角数值后按回车键
出檐长<600>: ↙                                   //当屋顶有出檐时，输入与搜屋顶线时输入
的对应偏移距离，用于确定标高，没有时输入 0，按回车键即可完成任意坡顶的创建
```

选择已创建好的任意坡顶，系统显示该坡顶平面可编辑的各个夹点，可以对各个夹点进行拖动，修改夹点的位置。当光标移至夹点对象上时，软件显示了每个夹点的功能，对边和顶点进行移动修改。

双击坡顶任意图形位置，显示了【任意坡顶】编辑对话框，如图 10-44 所示。单击边号数字前的▢按钮，视图将选中边以红色方框标识，在任意坡角数值或坡度数值栏内单击都可对其参数进行修改，坡角还可以选择下拉菜单中预设的角度值。

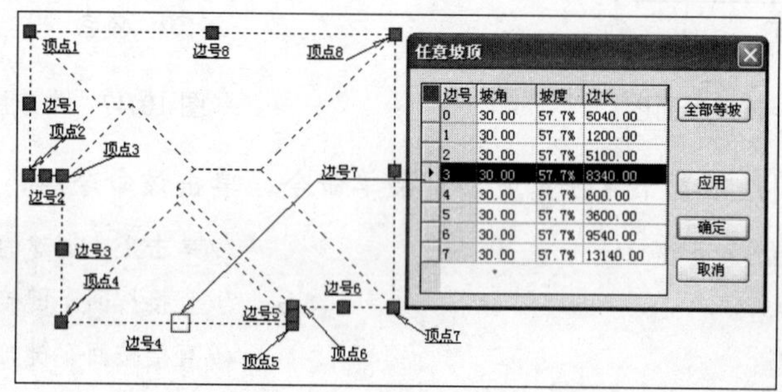

图 10-44　任意坡顶的编辑

绘制如图 10-45 所示的任意坡顶图。

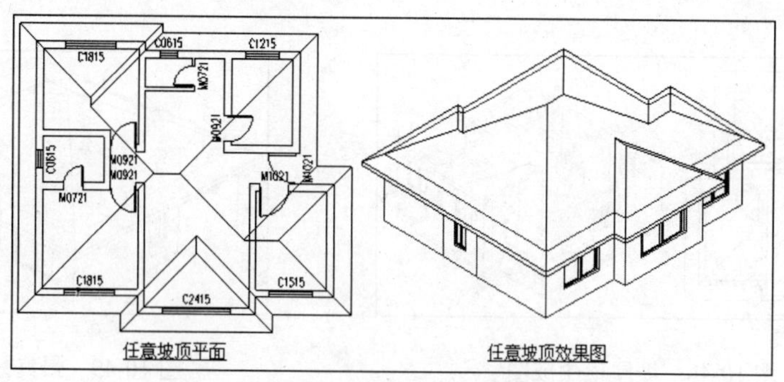

图 10-45　绘制任意坡顶图

操作步骤如下：

01 按 Ctrl+O 快捷键，打开配套光盘提供的如图 10-46 所示的平面图。

02 选择【房间屋顶】|【搜屋顶线】菜单命令，命令行提示：

请选择构成一完整建筑物的所有墙体(或门窗)：　　//框选整个平面图
请选择构成一完整建筑物的所有墙体(或门窗)：　　//按回车键结束选择
偏移外皮距离<600>：↙　　//直接按回车键接受默认值，系统沿着墙体轮廓在向外 600mm 的位置上均匀生成了一条闭合的多段线，如图 10-47 所示

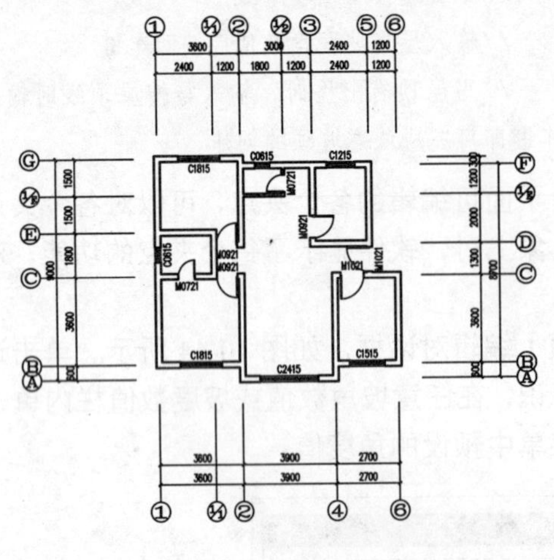

图 10-46　平面图

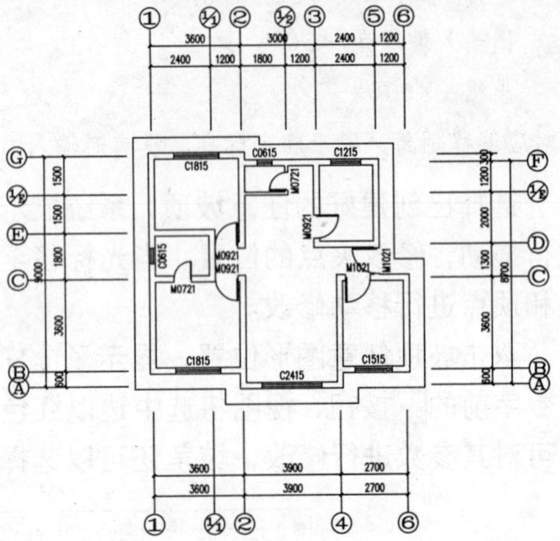

图 10-47　生成屋顶线

03 选择【房间屋顶】|【任意坡顶】菜单命令，单击该命令后，命令行提示：

选择一封闭的多段线<退出>：　　//单击上步创建的多段线
请输入坡度角 <30>：↙　　//直接按回车键接受默认值 30°
出檐长<600>：↙　　//直接按回车键接受默认值 600，完成任意屋顶的创建，得到如图 10-48 所示的坡屋顶图

04 在三维视图下，选中坡屋顶，利用 AutoCAD 的移动工具，在 Z 轴方向上向上移动 3000，将此屋顶移动到房屋上方，完成此坡屋顶的创建，其在三维视图中的效果如图 10-49 所示。

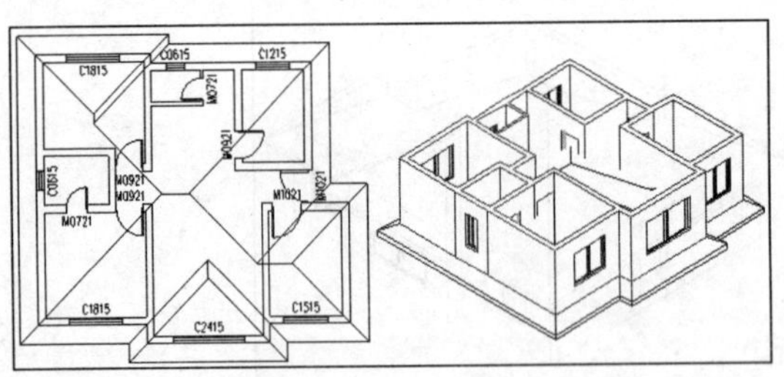

图 10-48　坡屋顶生成图

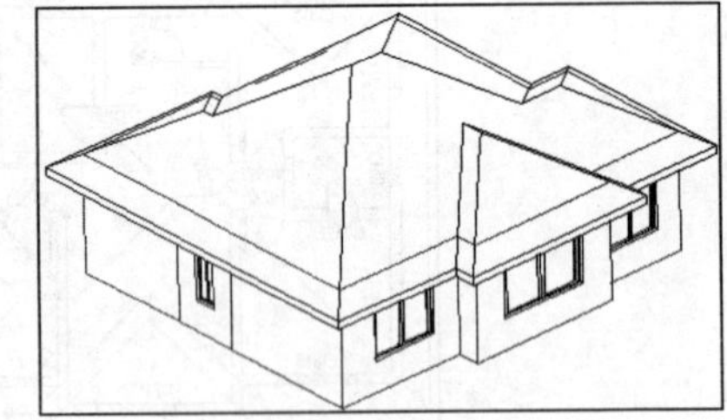

图 10-49　最终效果图

10.3.3 人字坡顶

【人字坡顶】命令以闭合的多段线（PLINE）为屋顶边界，生成人字坡屋顶和单坡屋顶，用于创建新的人字坡顶对象。人字两侧坡面可以具有不同的坡角，也可指定屋脊位置

与标高，屋脊线可随意指定和调整，因此两侧坡面就可具有不同的底标高，除了使用角度设置坡顶的坡角外，还可以通过限定坡顶高度的方式自动求算坡角，此时创建的屋面具有相同的底标高。

人字屋顶边的形式多种多样，既可以是包括弧线在内的多段线，也可以生成屋顶后再使用【布尔运算】求差命令裁剪屋顶的边界。

选择【房间屋顶】|【人字坡顶】菜单命令，命令行提示：

```
请选择一封闭的多段线<退出>:          //单击作为坡屋顶边界的多段线
请输入屋脊线的起点<退出>:            //在屋顶一侧边界上单击一点作为屋脊的起点
请输入屋脊线的终点<退出>:            //在屋顶相对的一侧边界上单击一点作为屋脊的终点
```

此时，系统打开【人字屋顶】的对话框，如图 10-50 所示。根据【人字屋顶】对话框中的参数，有三种确定人字屋顶的方法：

- 在已知两个坡角大小的前提下，可直接输入【坡角】度数，然后设置【屋脊标高】数值，单击【确定】按钮即可。
- 在已知屋顶高度的前提下，可以选中【限定高度】复选框，然后输入高度数值，单击【确定】按钮即可。
- 在屋顶与墙关联的情况下，单击【参考墙顶标高<】按钮，进入视图中选择墙体对象，完成之后再对墙顶进行移动，直至达到合适位置即可。

在设定好【人字屋顶】参数后，可以先在【人字屋顶】对话框右侧预览效果，如图 10-51 所示，得到满意结果后，单击【确定】按钮完成创建。

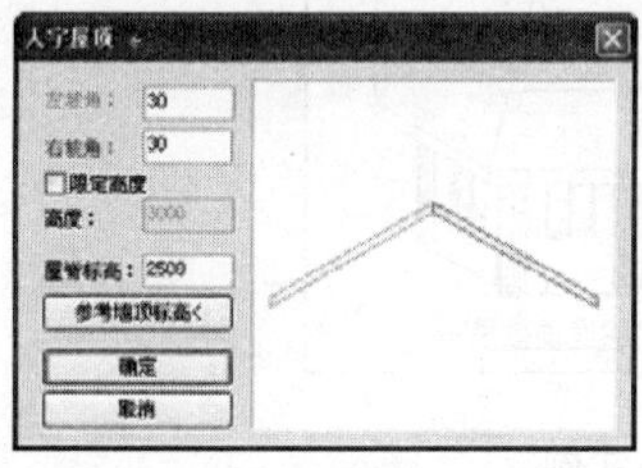

图 10-50　【人字屋顶】对话框

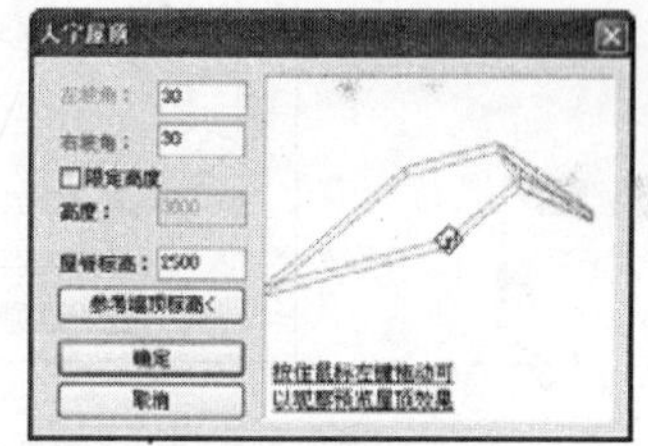

图 10-51　【人字屋顶】对话框操作预览方法

如图 10-52 所示是屋顶与墙体关系的绘制实例。

在绘制出人字屋顶后，选中已绘制的人字屋顶，右键弹出快捷菜单，从中选择【布尔运算】求差命令，可以裁剪屋顶的边界，如图 10-53 所示是裁剪屋顶边界的实例。

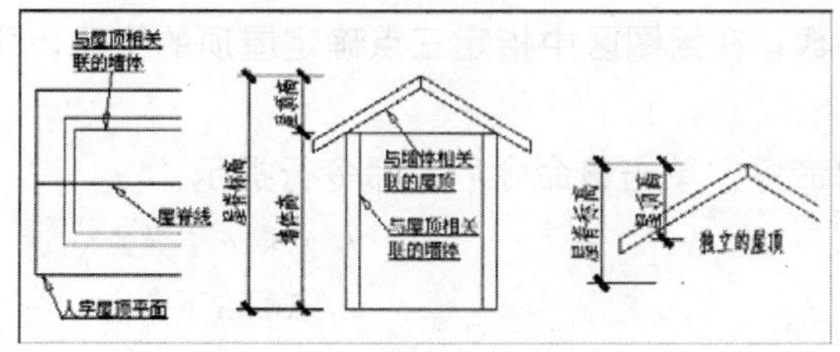

图 10-52　屋顶与墙体关系绘制实例

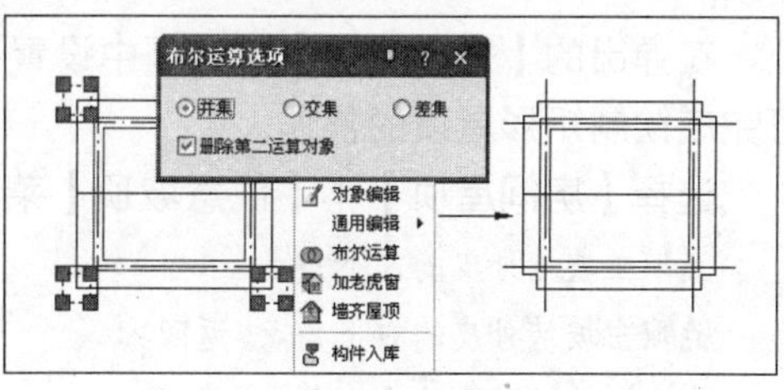

图 10-53　屋顶布尔运算实例

10.3.4 攒尖屋顶

【攒尖屋顶】命令主要用于古建筑的屋顶或现代建筑的景观屋顶的创建，TArch 2014 提供了构造攒尖屋顶的三维模型，但它不能生成曲面构成的中国古建亭子顶。

选择【房间屋顶】|【攒尖坡顶】菜单命令，打开【攒尖屋顶】对话框，如图 10-54 所示，各参数含义如图 10-55 所示。设置攒尖屋顶的参数之后，命令行同时提示：

```
请输入屋顶中心位置<退出>:                    //在视图中单击屋顶的中心点
获得第二个点:                                //拖动鼠标，单击屋顶与柱子的交点(定位
多边形外接圆)，此时就完成了攒尖屋顶的创建
```

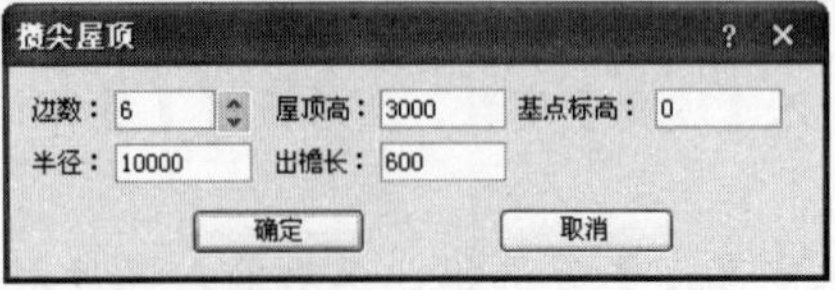

图 10-54 【攒尖屋顶】对话框

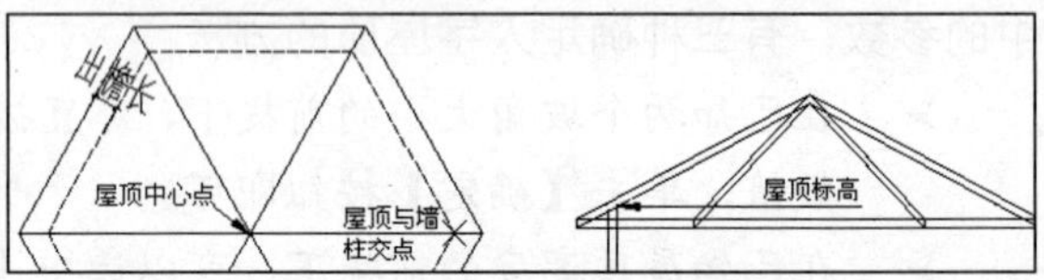

图 10-55 攒尖屋顶参数含义

如图 10-56 所示是一个创建攒尖屋顶的实例。

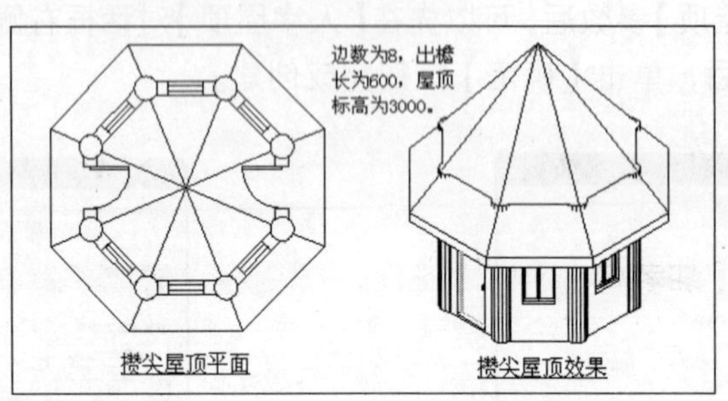

图 10-56 攒尖屋顶绘制实例

10.3.5 矩形屋顶

【矩形屋顶】命令可以由三点定义矩形，生成指定坡度角和屋顶高的歇山屋顶等矩形屋顶。

在弹出的【矩形屋顶】对话框中设置参数，在绘图区中指定三点确定屋顶的位置，即可完成绘制矩形屋顶的操作。

选择【房间屋顶】|【任意坡顶】菜单命令，单击该命令后，命令行提示：

```
点取主坡墙外皮的左下角点<退出>:                    //点取左下角点
点取主坡墙外皮的右下角点<返回>:                    //点取右下角点
点取主坡墙外皮的右上角点<返回>:                    //点取右上角点
```

如图 10-58 所示是一个创建矩形屋顶的实例。

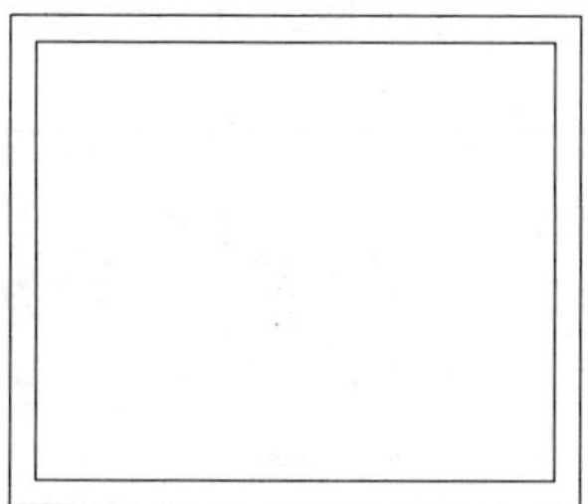

图 10-57　素材

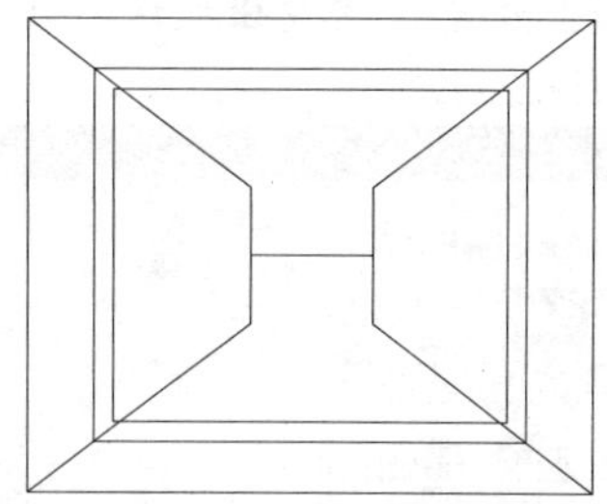

图 10-58　矩形屋顶效果

10.4 加老虎窗和加雨水管

前面已经学过了屋顶的创建，当屋顶创建出来后，要想把屋顶的功能体现得更加完美，就要在屋顶上加上一些构件。例如，老虎窗、雨水管等。

10.4.1 加老虎窗

【加老虎窗】命令可在三维屋顶上生成多种老虎窗形式，老虎窗对象提供了屋顶上开窗功能，并提供了图层设置、窗宽、窗高等多种参数，也可通过对象编辑修改。

选择【房间屋顶】|【加老虎窗】菜单命令，命令行提示：

```
请选择屋顶:                                //单击选择已创建好的屋顶
请选择屋顶: ↙                              //按回车键结束选择
```

此时，系统打开【加老虎窗】对话框，如图 10-59 所示。其参数设置完成以后，单击【确定】按钮，对话框消失，命令行提示：

```
请点取插入点或 [修改参数(S)]<退出>:          //在坡屋面上拖动老虎窗到插入位置，反坡
向时老虎窗自动适应坡面改变其方向，或者输入“S”修改老虎窗参数
请点取插入点或 [修改参数(S)]<退出>: ↙        //重复上次步骤，按回车键退出当前命令
```

系统在坡顶处插入指定形式的老虎窗，求出与坡顶的相贯线。双击老虎窗可进入对象编辑，在对话框中修改参数。【编辑老虎窗】对话框和【加老虎窗】对话框参数相同，修改参数后单击【确定】按钮即可。也可以选择老虎窗，按 Ctrl+1 快捷键进入特性选项板进行修改。

【加老虎窗】对话框参数解释如下：

- 老虎窗图层：显示了与老虎窗参数相关的构件所处图层的参数。
- 型式：老虎窗的型式包括三角坡、双坡、三坡、梯形坡、平顶窗 5 种形式，单击下拉列表选中任一种形式，其效果会显示在右边视图框里。如图 10-60 所示是加老虎窗型式。
- 坡度/坡顶高：用于设置老虎窗自身的坡顶高度及坡面的倾斜度。
- 墙宽/墙高：用于设置老虎窗正面墙体的宽度及侧面墙体的高度。
- 窗宽/窗高：用于设置老虎窗开启的小窗宽度及高度。

➢ 墙上开窗：该按钮默认打开，单击关闭，老虎窗自身的墙上将不开窗。

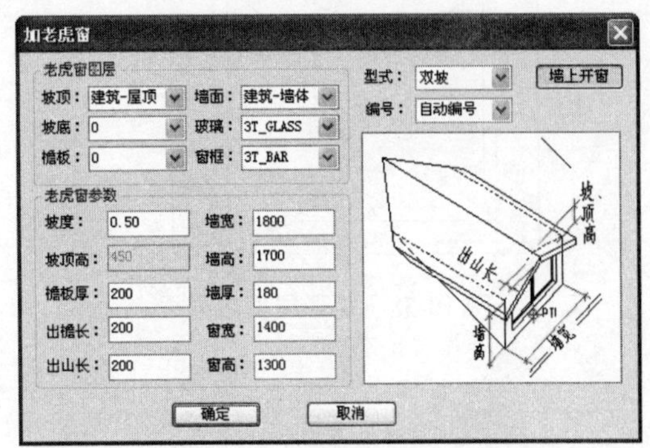

图 10-59 【加老虎窗】对话框

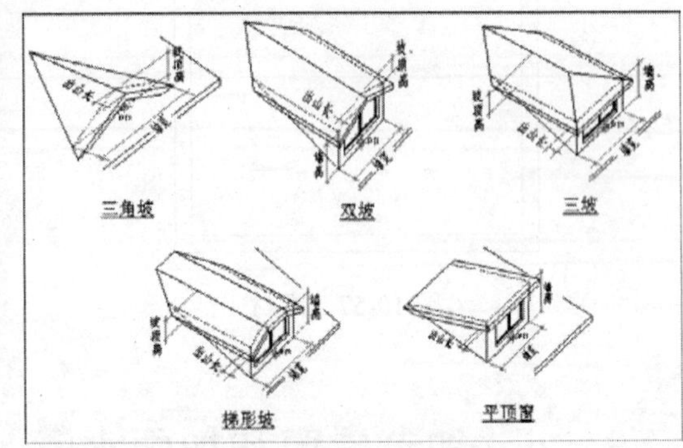

图 10-60 老虎窗型式

10.4.2 加雨水管

雨水管是屋顶的排水设施，在房屋建筑中是必不可少的，其功能是便于雨水及时排出。【加雨水管】命令用于在屋顶平面图中绘制雨水管穿过女儿墙或檐板的图例。

选择【房间屋顶】|【加雨水管】菜单命令，单击该命令后，命令行提示：

```
请给出雨水管的起始点(入水口) <退出>:                    //单击雨水管的起始点
结束点(出水口) <退出>:                                  //单击雨水管的结束点，此时在平面图中就绘制好了雨水管位置的图例
```

如图 10-61 所示是加雨水管的图例。

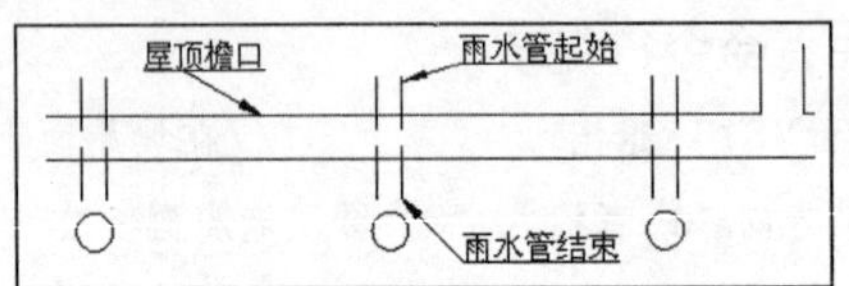

图 10-61 加雨水管图例

10.5 综合实例：创建住宅屋顶平面图

通过对本章的学习，相信读者对屋顶的创建方法已经有了初步的了解，下面通过一个实例来加深理解和认识。创建屋顶的最终效果如图 10-62 所示。

操作步骤如下：

01 按 Ctrl+O 快捷键，打开配套光盘提供的如图 10-63 所示的平面图。

02 选择【房间屋顶】|【搜屋顶线】菜单命令，单击该命令后，命令行提示：

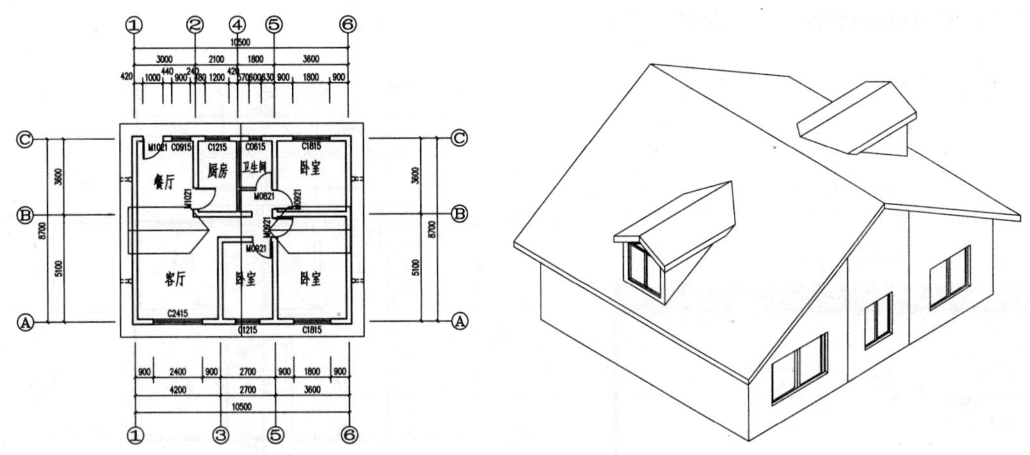

图 10-62　创建屋顶效果

请选择构成一完整建筑物的所有墙体(或门窗):　　　　　　//框选整栋建筑物平面图

请选择构成一完整建筑物的所有墙体(或门窗):　　　　　　//按回车键结束选择

偏移外皮距离<600>:↙　　　　　　//直接按回车键接受默认值 600，系统自动生成了一条与墙体轮廓平行的且距离墙体为 600 的多段线，如图 10-64 所示

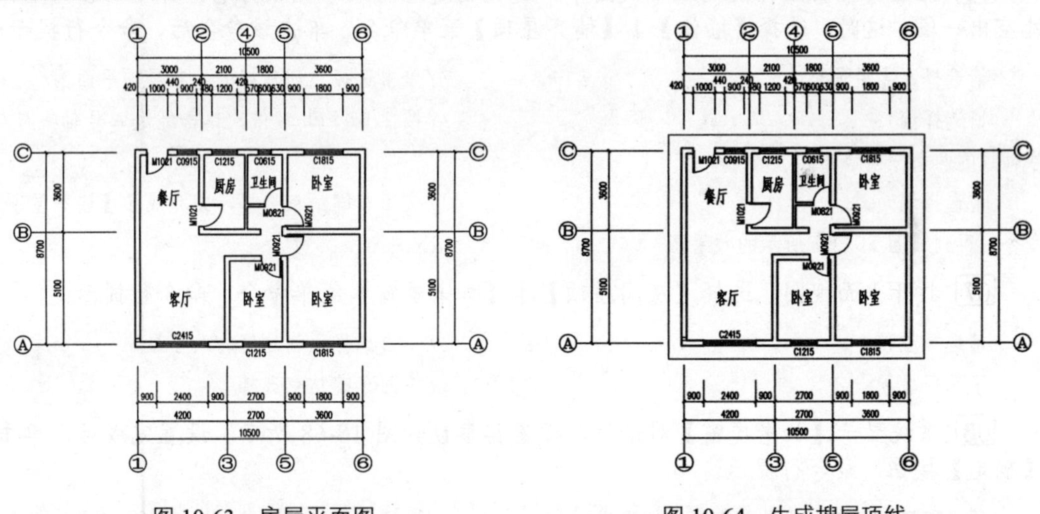

图 10-63　房屋平面图　　　　图 10-64　生成搜屋顶线

03 选择【房间屋顶】|【人字坡顶】菜单命令，命令行提示:

请选择一封闭的多段线<退出>:　　　　　　//单击选择创建好的搜屋顶线

请输入屋脊线的起点<退出>:　　　　　　//单击搜屋顶线下方水平线的中点

请输入屋脊线的终点<退出>:　　　　　　//单击搜屋顶线上方水平线的中点

04 系统显示【人字屋顶】对话框，设置参数如图 10-65 所示。单击【参考墙顶标高】按钮，【人字屋顶】对话框暂时消失，命令行提示:

请选择墙:　　　　　　//单击视图中任意一段墙体

05 返回到【人字屋顶】对话框中，单击【确定】按钮，完成【人字屋顶】的创建，

得到如图 10-66 所示的人字屋顶平面图。

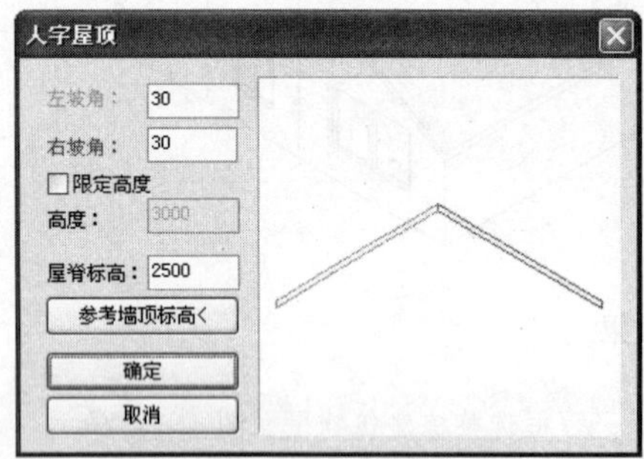

图 10-65 【人字屋顶】参数

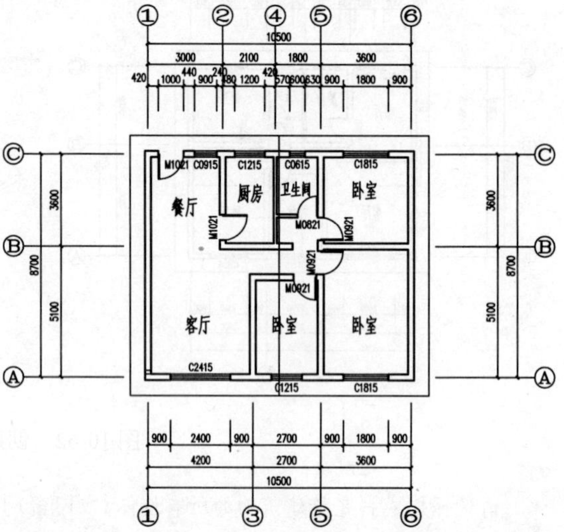

图 10-66 创建人字屋顶

06 把当前平面图转换到三维视图中，发现创建好的人字屋顶与墙体并不吻合，墙体处空出一段，这时，选择【墙体】|【墙齐屋顶】菜单命令，单击该命令后，命令行提示：

请选择人字屋顶: //单击选择已创建好的人字屋顶平面图

请选择墙: //按住 Shift 键依次单击经过 A 号轴线与 C 号轴线的两条横向墙体

请选择墙: ↙ //按回车键结束选择，并完成了【墙齐屋顶】命令，得到如图 10-67 所示的效果图

07 打开平面视图，选择【房间屋顶】|【加老虎窗】菜单命令，命令行提示：

请选择屋顶: //单击选择已创建好的人字屋顶

请选择屋顶: ↙ //按回车键结束选择

08 系统显示【加老虎窗】对话框，设置其参数如图 10-68 所示。设置完成后，单击【确定】按钮，命令行提示：

请点取插入点或 [修改参数(S)]<退出>: //在经过 1 号轴线的纵向墙体的中点处单击

请点取插入点或 [修改参数(S)]<退出>: //在经过 6 号轴线且与上一个单击点对称的位置单击

请点取插入点或 [修改参数(S)]<退出>: ↙ //按回车键完成老虎窗的创建，得到如图 10-69 所示的老虎窗效果图

09 将视图再次切换到平面视图中，选择【房间屋顶】|【加雨水管】菜单命令，命令行提示：

请给出雨水管的起始点(入水口) <退出>:

/在要创建雨水管的起点位置单击/

结束点(出水口) <退出>:

/在要创建雨水管的终点位置单击，此时就完成了该雨水管的创建。此时生成的雨水管图形，仅仅是一个二维线条图形，不具备三维模型效果，如图 10-70 所示/

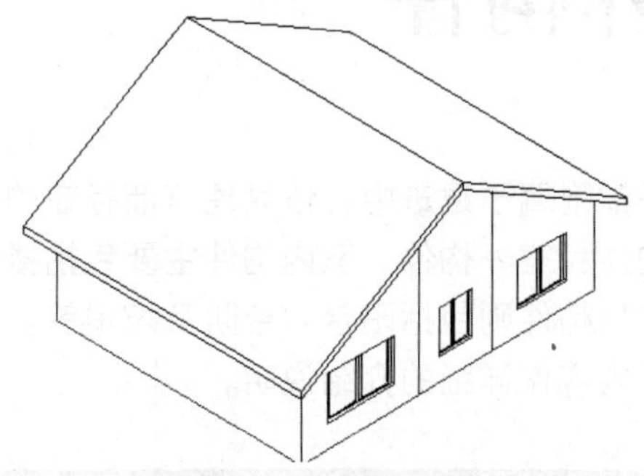

图 10-67　墙齐屋顶效果

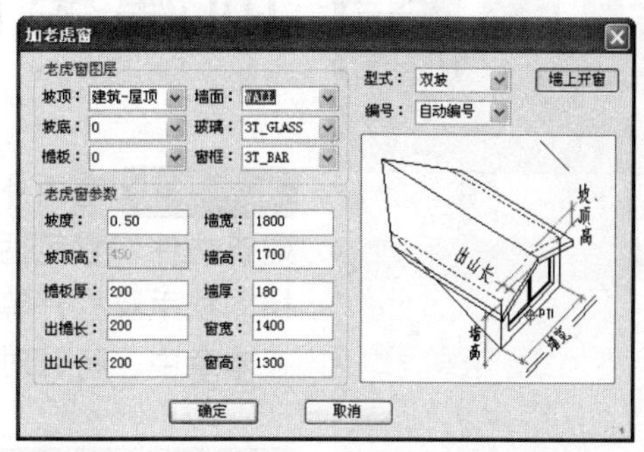

图 10-68　【加老虎窗】参数

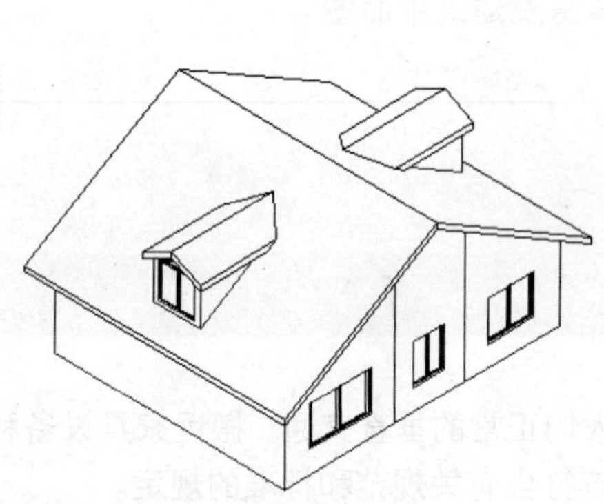

图 10-69　创建老虎窗

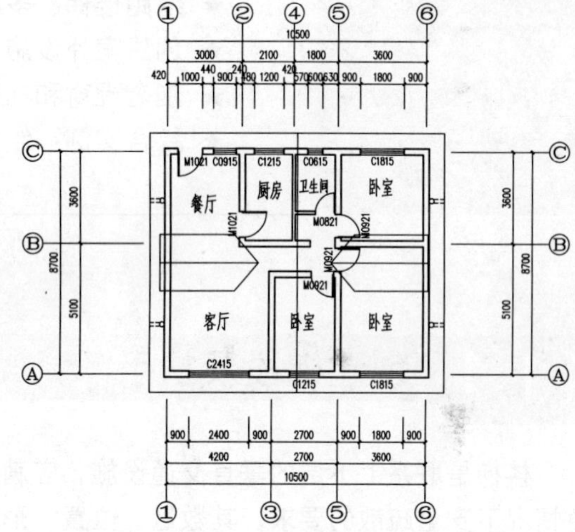

图 10-70　加雨水管位置图

第11章 创建室内外构件

本章导读 室内外构件是指附属于建筑中，依靠建筑而存在的建筑构件，它包括室内构件和室外构件。室内构件主要包括楼梯、扶手及栏杆等；而室外构件则包括阳台、台阶及坡道等。在本章中，将针对这部分内容作详细的介绍说明。

本章重点

★ 创建梯段及扶手

★ 双跑楼梯、多跑楼梯、电梯及自动扶梯

★ 创建室外设施

★ 加老虎窗和加雨水管

★ 综合实例：绘制某医院建筑平面图

11.1 创建梯段及扶手

楼梯是联系上下层的垂直交通设施，应满足人们正常的垂直交通、搬运家具设备和紧急情况下安全疏散的要求，其数量、位置、形式应符合有关规范和标准的规定。

梯段是楼梯的构成单元，按照平面形式主要分为直线梯段、圆弧梯段、任意梯段 3 种。栏杆和扶手是可供人们用手扶持的斜向配件，可以确保使用安全。

11.1.1 直线梯段

【直线梯段】用于楼层不高的室内空间，既可以单独使用，也可以用于组合复杂楼梯与坡道。

选择【楼梯其他】|【直线梯段】菜单命令，打开【直线梯段】对话框，如图 11-1 所示。

【直线梯段】对话框中各参数的含义如下：

- 起始高度：当前所绘梯段所在楼层地面起算的楼梯起始高度，梯段高也以此算起。
- 梯段高度：当前所绘制直线梯段的总高度。
- 梯段宽：该梯段水平方向上的宽度值。
- 梯段长度：该梯段垂直方向上的长度值。

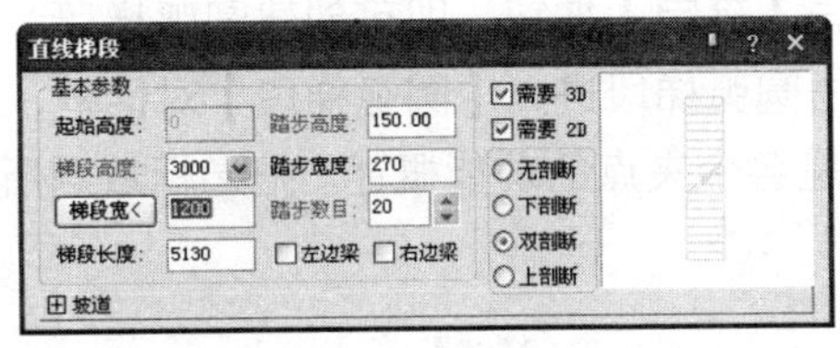

图 11-1　“直线梯段”对话框

➢ 踏步高度：该梯段每一个台阶的高度值。由于踏步数目是整数，梯段高度是一个给定的整数，因此踏步高度并不是都是整数。可以给定一个粗略的目标值后，系统经过计算，确定踏步高度的精确值。
➢ 踏步宽度：梯段中踏步板的宽度。
➢ 踏步数目：该梯段踏步的总数，可以直接输入数字，也可以用右边的微调按钮增加或减少踏步数。
➢ 左边梁/右边梁：勾选表示为直线梯段添加梁，反之不添加。
➢ 需要 2D/需要 3D：设置楼梯在视图中的显示方式。
➢ 剖断组：指楼梯剖断的方式。
➢ 坡道：勾选此复选框，表示将梯段转化为坡道。

在设置完【直线梯段】的所有参数后，单击【确定】按钮，命令行提示：

点取位置或 [转 90 度(A)/左右翻(S)/上下翻(D)/对齐(F)/改转角(R)/改基点(T)]<退出>:

/直接在视图中需要插入直线梯段的位置单击，或按照命令行选项操作来改变插入方式，即可完成直线梯段的创建/

如果需要修改创建好的梯段，只需双击创建好的直线梯段，就会打开【直线梯段】对话框，在对话框中修改参数，单击【确定】按钮即可完成修改。

11.1.2 圆弧梯段

【圆弧梯段】命令用于创建单段弧线型梯段，适应于单独的圆弧楼梯，也可用于与直线梯段组合创建复杂楼梯和坡道。选择【楼梯其他】|【圆弧梯段】菜单命令，打开【圆弧梯段】对话框，如图 11-2 所示。

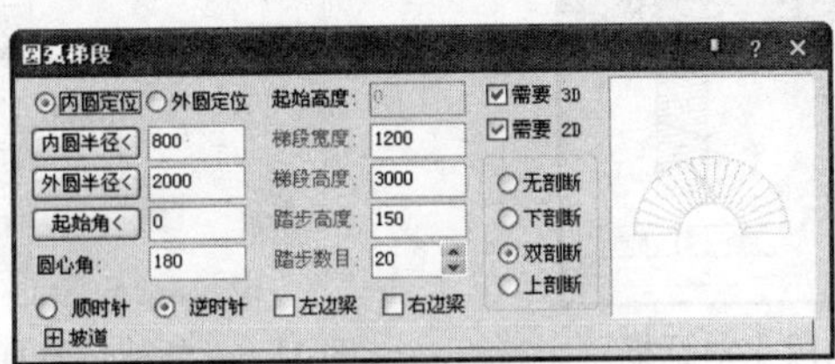

图 11-2　【圆弧梯段】对话框

【圆弧梯段】对话框和【直线梯段】对话框类似，有部分参数和【直线梯段】的参数相同，作用也一样，在这里就不再作介绍了，其他参数说明如图 11-3 所示。

参数设置完成后，单击【确定】按钮，即可创建圆弧梯段。创建完成之后，同样可以对圆弧梯段进行修改，双击圆弧梯段进入【圆弧梯段】对话框，修改参数或者对梯段夹点进行修改，如图 11-4 所示是各个夹点的功能概述。把光标放到所在夹点上，即可显示移动该夹点的功能。

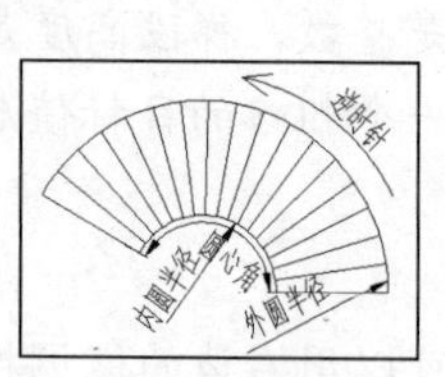

图 11-3　圆弧梯段参数解释

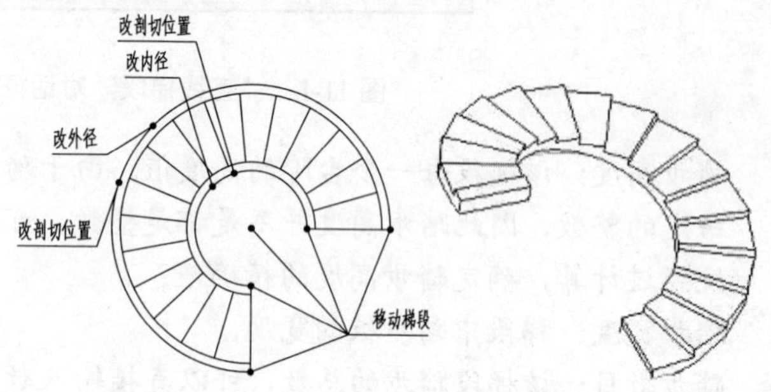

图 11-4　夹点功能显示

11.1.3 任意梯段

【任意梯段】命令是以预先绘制的直线或弧线作为梯段两侧边界，在对话框中输入踏步参数，创建出形状多变的梯段。任意梯段除了两条边线为直线或弧线外，其余参数与直线梯段相同。

选择【楼梯其他】|【任意梯段】菜单命令，命令行提示：

```
请点取梯段左侧边线(LINE/ARC):                    //单击左侧梯段边线
请点取梯段右侧边线(LINE/ARC):                    //单击右侧梯段边线
```

此时，系统打开【任意梯段】对话框，如图 11-5 所示。设置参数后，单击【确定】按钮即可完成任意梯段的创建。【任意梯段】对话框的参数和【直线梯段】参数相同。

任意梯段创建完成后，可以双击该梯段，打开【任意梯段】对话框，对【任意梯段】参数进行修改来调整该梯段，也可以单击该梯段，系统显示该梯段可编辑的夹点，通过对夹点位置的调节从而改变整个梯段的参数。每个夹点的功能在光标移至夹点处显示出来，如图 11-6 所示。

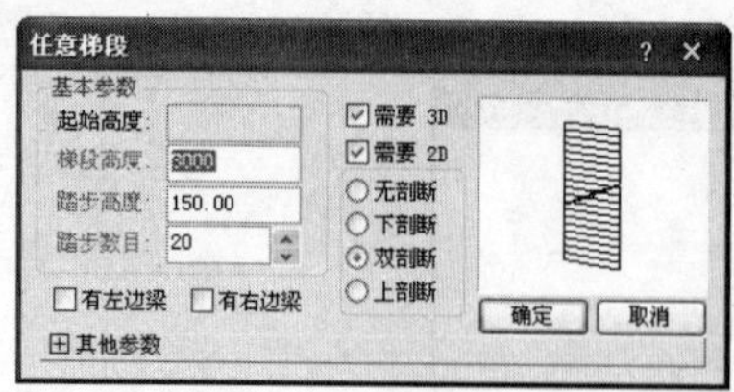

图 11-5　【任意梯段】对话框

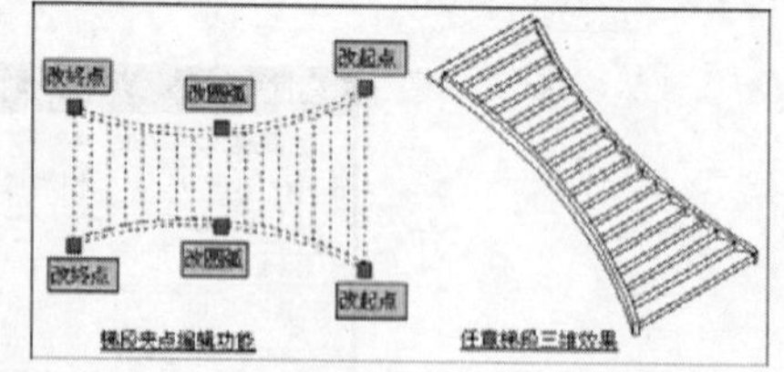

图 11-6　创建任意梯段实例及夹点功能显示

11.1.4 添加扶手

扶手是加入到梯段上的构件，与梯段和台阶相关联。安置在梯段上的扶手，在生活中起到安全防护作用，它即可以遮挡梯段，也可以被梯段的剖切线剖断，通过【连接扶手】命令把不同分段的扶手连接起来。

【添加扶手】命令以楼梯段或沿上楼方向的多段线路径为基线，生成楼梯扶手。【添加扶手】命令可以自动识别楼梯段和台阶，但是不能识别组合后的双跑楼梯与多跑楼梯。

选择【楼梯其他】|【添加扶手】菜单命令，命令行提示：

```
请选择梯段或作为路径的曲线(线/弧/圆/多段线)：          //选择创建好的梯段或多段线
扶手宽度<60>：↙                    //输入扶手宽度数据后，按回车键后进入下一步提示
扶手顶面高度<900>：↙               //输入扶手高度值，按回车键后进入下一步提示
扶手距边<0>：↙                     //输入扶手距离边的距离值，按回车键结束【添加扶手】
命令，完成扶手的添加
```

双击扶手，打开【扶手】对话框，可以对当前创建的扶手进行编辑，如图 11-7 所示。如图 11-8 所示是为任意梯段添加扶手的实例。

【扶手】对话框中各参数的解释如下：

- 形状：指扶手的形状，有三个单选按钮，包括方形、圆形及栏板。
- 显示：扶手在视图中的显示方式，包括 2D 和 3D 两个复选框。
- 尺寸：显示了该扶手的尺寸数据，可输入数值进行修改。
- 对齐：仅对直线、多段线、弧线和圆作为基线时起作用。当用直线和多段线作基线时，以绘制时取点方向作为基准方向；当用圆和圆弧作基线时，内侧为左，外侧为右；当楼梯段用作基线时对齐默认为居中，与其他扶手连接，往往需要改为一致的对齐方向。
- 加顶点/删顶点/改顶点：通过这三个按钮，可以对扶手顶点进行修改。单击其中任意一个，命令行都会有相应的提示，对顶点进行操作。

图 11-7　【扶手】对话框

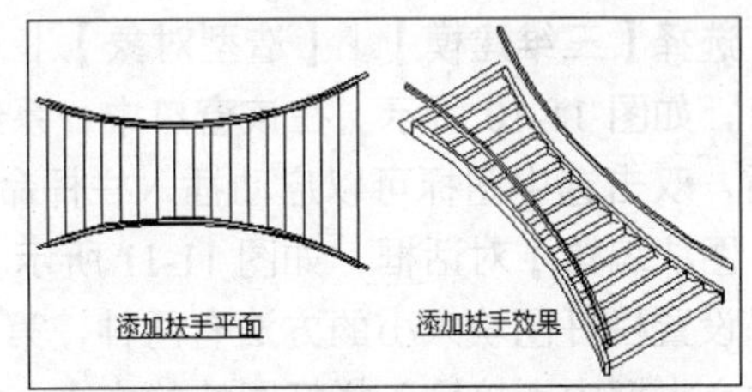

图 11-8　为任意梯段添加扶手实例

11.1.5 连接扶手

【连接扶手】命令是指把未连接的扶手彼此连接起来。如果要连接的两段扶手的样式不同，连接后的样式将以第一段为准。连接顺序要求是前一段扶手的末端连接下一段扶手的始端，梯段的扶手则按上行方向为正向，需要从低到高顺序选择扶手的连接，接头之间应留出空隙，不能相接或重叠。

选择【楼梯其他】|【连接扶手】菜单命令，命令行提示：

选择待连接的扶手(注意与顶点顺序一致)：　　　　　　　　　　//选择第一段扶手

选择待连接的扶手(注意与顶点顺序一致)：　　　　　　　　　　//按住 Shift 键，选择另一段扶手，命令行继续提示选择待连接的扶手

选择待连接的扶手(注意与顶点顺序一致)：↙　　　　　　　　　//选择完成后，按回车键结束选择，完成了该扶手的连接

如图 11-9 所示是两段直线扶手通过选择【连接扶手】命令创建的连接扶手实例。

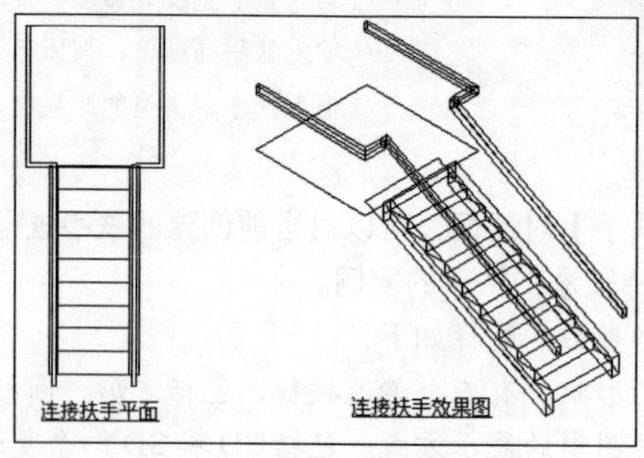

图 11-9　连接扶手实例

11.1.6 创建栏杆

TArch 2014 在【双跑楼梯】和【多跑楼梯】命令中提供了【自动生成栏杆】选项，不需要再单独添加栏杆。而其他楼梯则仅可创建扶手或者栏杆与扶手都没有，当遇到这种情况时，必须另外创建栏杆。

下面介绍在梯段中添加栏杆的方法。

选择【三维建模】|【造型对象】|【栏杆库】菜单命令，打开【天正图库管理系统】窗口，如图 11-10 所示。在该窗口中，系统提供了多种类型的栏杆图块。选择其中一个图块后，双击选中图标可以启动插入栏杆命令，此时，【天正图库管理系统】窗口消失，显示【图块编辑】对话框，如图 11-11 所示。通过该对话框可以设置栏杆图块的大小。

设置栏杆图块大小的方法有两种，第一种是单击选中【输入尺寸】单选按钮后，在下面的文本框内直接输入栏杆图块的大小。第二种是单击选中【输入比例】单选按钮后，在下面的文本框内输入栏杆图块的各尺寸比例。

设置完栏杆的参数后，单击【应用】按钮后，即可使当前设定的栏杆参数生效。此时，命令行提示：

点取插入点[转 90(A)/左右(S)/上下(D)/对齐(F)/外框(E)/转角(R)/基点(T)/更换(C)]<退出>:

/直接单击插入点或者按选项提示进行操作。可以先在视图中任意位置单击，将栏杆图块暂时存放在屏幕中/

暂存了设定好的数据后，选择【三维建模】|【造型对象】|【路径排列】菜单命令，单击该命令后，命令行提示：

请选择作为路径的曲线(线/弧/圆/多段线)或可绑定对象(路径曲面/扶手/坡屋顶)：
//选择扶手作路径排列的曲线
选择作为排列单元的对象：　　//单击上一步在视图插入的栏杆图块
选择作为排列单元的对象：↙　　//按回车键结束选择

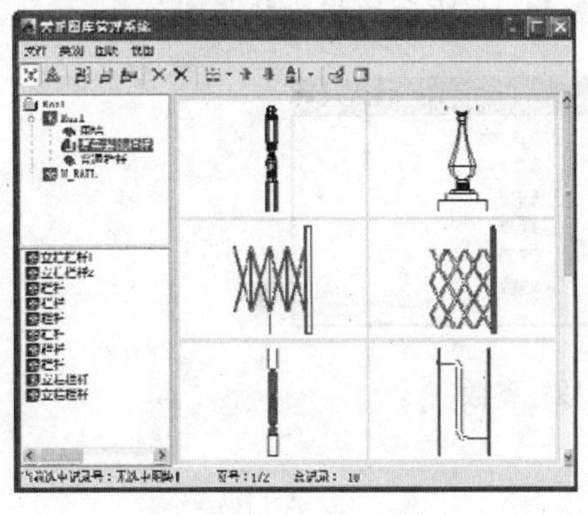

图 11-10　"天正图库管理系统"窗口

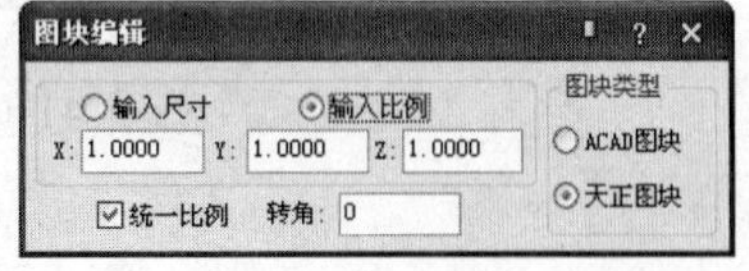

图 11-11　【图块编辑】对话框

此时系统显示【路径排列】对话框，如图 11-12 所示。在该对话框中，设置以扶手作为路径排列的栏杆单元相互之间的尺寸值后，单击【确定】按钮，系统以扶手为路径进行排列。

绘制如图 11-13 所示的直线梯段及栏杆。

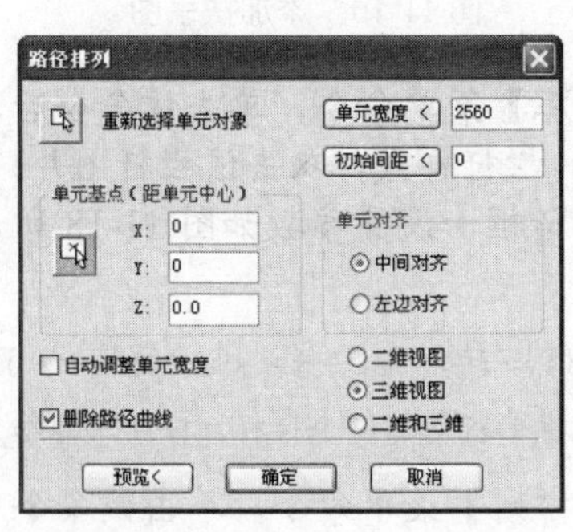

图 11-12　【路径排列】对话框

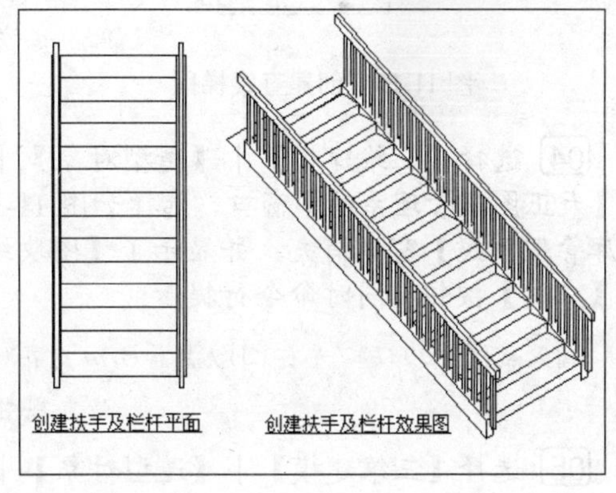

图 11-13　创建直线梯段及栏杆

01 选择【楼梯其他】|【直线梯段】菜单命令，打开【直线梯段】对话框，设置参数如图 11-14 所示。单击【确定】按钮，命令行提示：

点取位置或 [转 90 度(A)/左右翻(S)/上下翻(D)/对齐(F)/改转角(R)/改基点(T)]<退出>：
/在视图中任意位置单击即可完成直线梯段的创建，得到如图 11-15 所示的效果/

02 选择【楼梯其他】|【添加扶手】菜单命令，命令行提示：

请选择梯段或作为路径的曲线(线/弧/圆/多段线)：

```
                                    //在刚创建好的直线梯段左侧单击
扶手宽度<60>:↙                      //直接按回车键接受默认值
扶手顶面高度<900>:↙                 //直接按回车键接受默认值
扶手距边<0>:30↙                     //输入 30 后按回车键后，就绘制好了直线梯段一侧的扶手
```

03 同样方法，绘制另一侧的扶手，得到如图 11-16 所示的梯段扶手图。

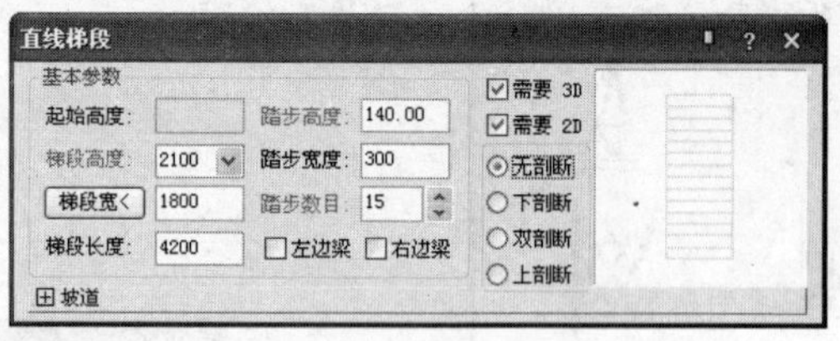

图 11-14 “直线梯段”参数

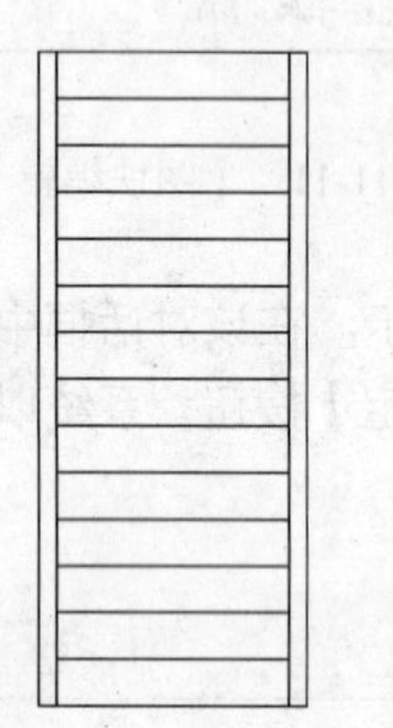

图 11-15 创建直线梯段

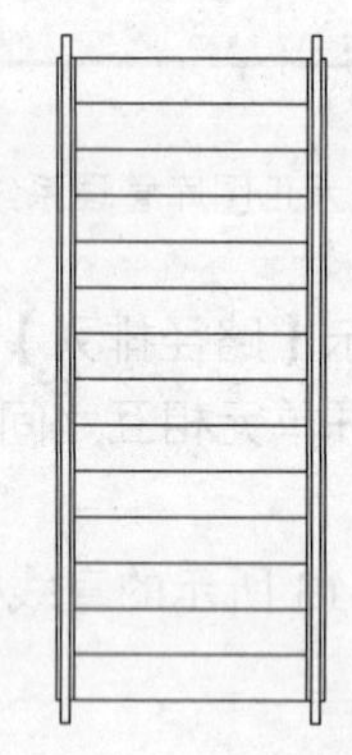

图 11-16 添加扶手图

04 选择【三维建模】|【造型对象】|【栏杆库】菜单命令，单击该命令后，显示了【天正图库管理系统】窗口，选择如图 11-17 所示的栏杆样式，双击该栏杆图片，【天正图库管理系统】窗口消失，并显示了【图块编辑】对话框，设置参数如图 11-18 所示，单击【应用】按钮，同时命令行提示：

```
插入点[转 90(A)/左右(S)/上下(D)/对齐(F)/外框(E)/转角(R)/基点(T)/更换(C)]<退出>:
                                    //在视图中任意位置单击创建一个栏杆，按回车键结束创建
```

05 选择【三维建模】|【造型对象】|【路径排列】菜单命令，单击该命令后，命令行提示：

```
请选择作为路径的曲线(线/弧/圆/多段线)或可绑定对象(路径曲面/扶手/坡屋顶):
                                    //单击选择左边扶手
选择作为排列单元的对象:              //单击上一步创建的一个栏杆，命令行重复提示选择作为排
列单元的对象，按回车键结束选择
```

06 软件显示了【路径排列】对话框，设置参数如图 11-19 所示，单击【确定】按钮，即可完成直线梯段左边栏杆的创建。同样方法，完成右边栏杆的创建，最后得到如图 11-20 所示的效果图。

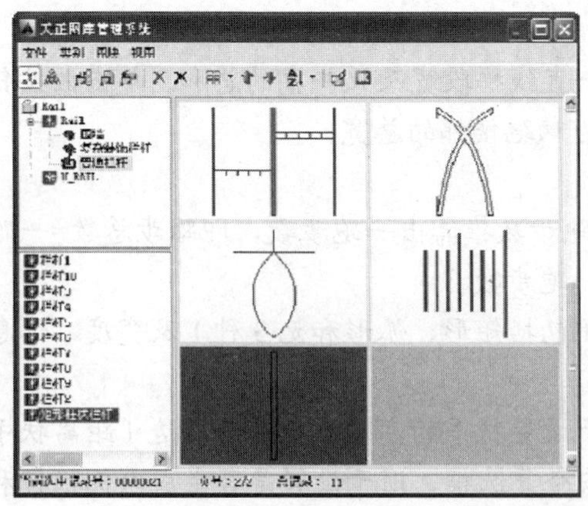

图 11-17　“天正图库管理系统”窗口

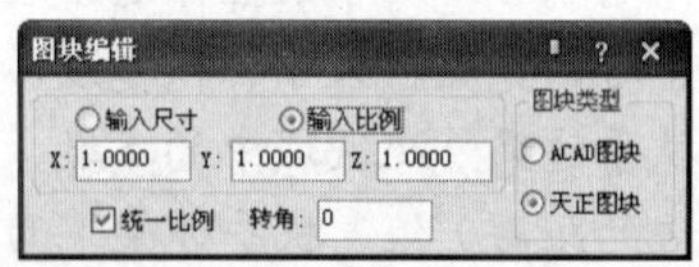

图 11-18　【图块编辑】对话框

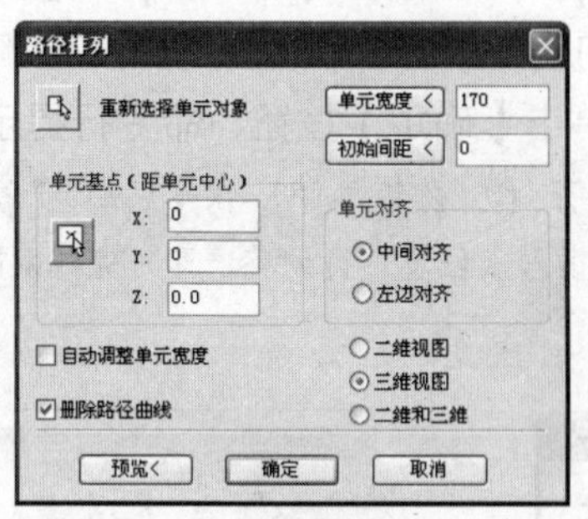

图 11-19　【路径排列】对话框

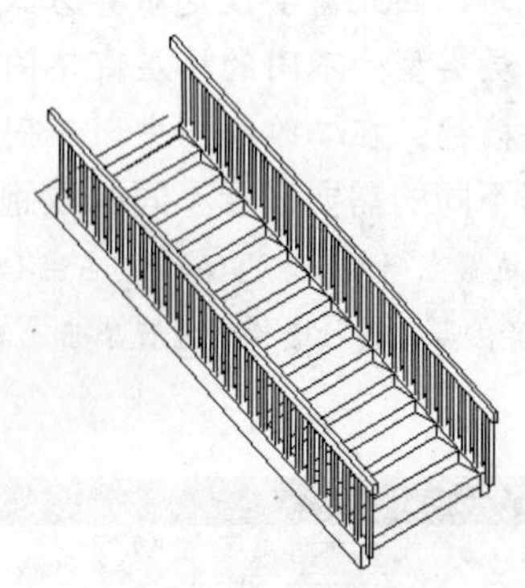

图 11-20　直线梯段效果图

11.2 双跑楼梯、多跑楼梯、电梯及自动扶梯

在上一节中，主要介绍了单跑梯段类型的楼梯及其运用，包括直线梯段、圆弧梯段及任意梯段。但在日常生活当中，单跑梯段已经满足不了发展的需要。本节介绍更为复杂的双跑、多跑、电梯及自动扶梯的创建方法。

11.2.1 双跑楼梯

双跑楼梯是最常见的楼梯形式，由两跑直线梯段、一个休息平台、一个或两个扶手和一组或两组栏杆构成的自定义对象，具有二维视图和三维视图。

选择【楼梯其他】|【双跑楼梯】菜单命令，打开【双跑楼梯】对话框，如图 11-21 所示。

在【双跑楼梯】对话框中有部分参数和【直线梯段】参数相同，这里就不再重复介绍了，接下来就针对不同的部分做出解释如下：

- 梯间宽：整个梯间的宽度值，包括两个直线梯段宽及天井宽的总和。单击该按钮可从平面图中直接量取楼梯间净宽作为双跑楼梯的总宽。
- 梯段宽：一个直线梯段的宽度值。
- 一跑步数/二跑步数：以踏步总数和二跑步数推算出一跑步数，即踏步总数=一跑步数 + 二跑步数，总数为奇数时先增一跑步数。
- 休息平台：用于设置休息平台的形状（包括矩形、弧形和无 3 种）及宽度，休息平台的宽度应大于梯段宽度。
- 扶手边梁：此区域中的参数，主要用于设置扶手的高度、宽度及距边（距离扶手边的距离）值。扶手边梁下面区域内四个复选框，用于设置是否生成内侧栏杆和梁。
- 踏步取齐：单选按钮组，当一跑和二跑步数不同时，则两个直线梯段的长度也不同，因此需要设定对齐方式。
- 层类型：不同的楼层有不同的剖断形式。例如，在首层剖断以后，只看到一部分楼梯。在二维视图中，不同的层类型有不同的平面。

根据不同的需要设置不同的双跑楼梯参数后，单击【确定】按钮，命令行提示：

```
点取位置或 [转 90 度(A)/左右翻(S)/上下翻(D)/对齐(F)/改转角(R)/改基点(T)]<退出>:
/直接在需要插入楼梯的位置单击或者按照选项提示对插入点位置进行调整，即可完成双跑楼梯的创建/
```

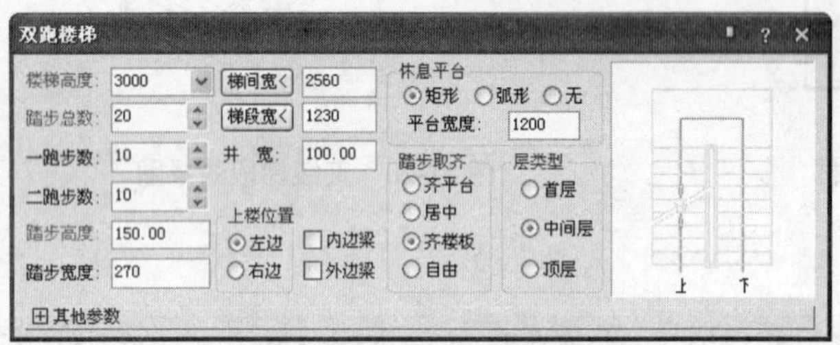

图 11-21 【双跑楼梯】对话框

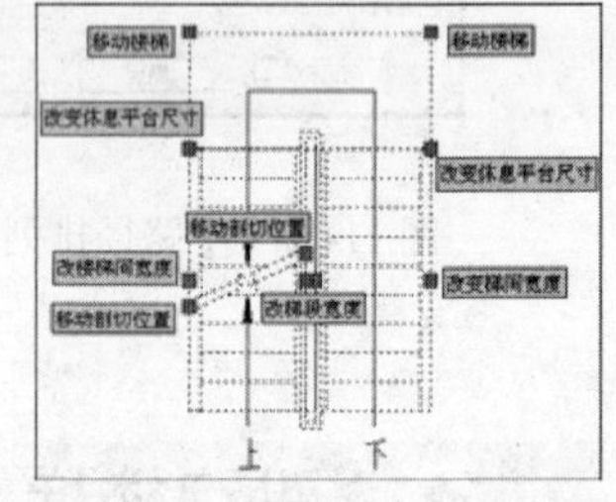

图 11-22 梯段夹点的编辑功能

双击已创建的楼梯，可以打开【双跑楼梯】对话框，在该对话框中，可以对其参数进行修改，修改完成后，单击【确定】按钮，即可完成该双跑楼梯的编辑。也可以单击选中该双跑楼梯，系统显示了该楼梯可编辑的各个节点，其功能显示如图 11-22 所示。如图 11-23 所示是创建双跑楼梯的实例。

11.2.2 多跑楼梯

【多跑楼梯】命令是创建由梯段开始且以梯段结束，梯段和休息平台交替布置且各梯段方向自由的多跑楼梯。

选择【楼梯其他】|【多跑楼梯】菜单命令，打开【多跑楼梯】对话框，如图 11-24 所示。从该对话框中可以看出，【多跑楼梯】的参数和【双跑楼梯】的参数大多是类似的，

只是增加了绘制方式选项及左右边靠墙复选框，需要确定【基线在左】或【基线在右】的绘制方向。

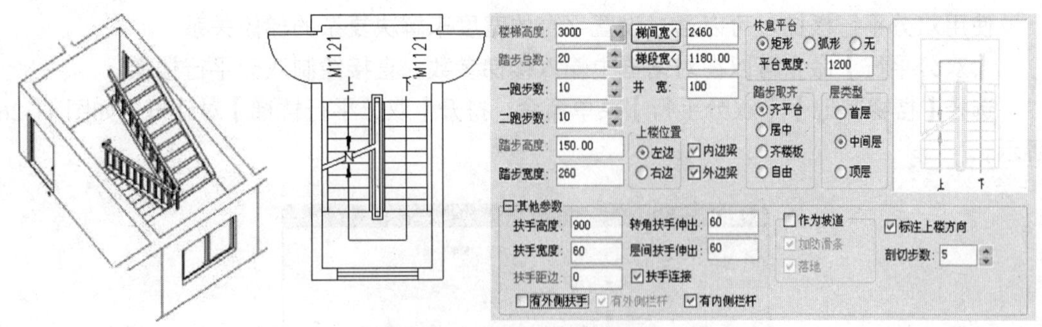

图 11-23　创建双跑楼梯实例

在【多跑梯段】对话框中设置好所有参数后，单击【确定】按钮，命令行提示：

起点<退出>:

/在起点位置单击/

输入下一点或 [路径切换到左侧(Q)]<退出>:

/拖动鼠标，在第一个直线梯段终点处单击/

输入下一点或 [路径切换到右侧(Q)/撤消上一点(U)]<退出>:

/拖动鼠标，在井道转角处单击首梯段终点/

输入下一点或 [路径切换到右侧(Q)/撤消上一点(U)]<退出>:

/拖动楼梯转角后单击第二梯段起点/

输入下一点或 [路径切换到右侧(Q)/撤消上一点(U)]<退出>:

/在井道转角处点单击第二梯段起点/

……

直至单击最后一点，完成多跑楼梯的创建，可以在井道转角处设置休息平台，只需在命令行中任意一步输入休息平台宽度后，按回车键即可在多跑楼梯中创建休息平台，也可以在命令过程中随时输入 Q 来切换路径，如图 11-25 所示是绘制的多跑楼梯实例。

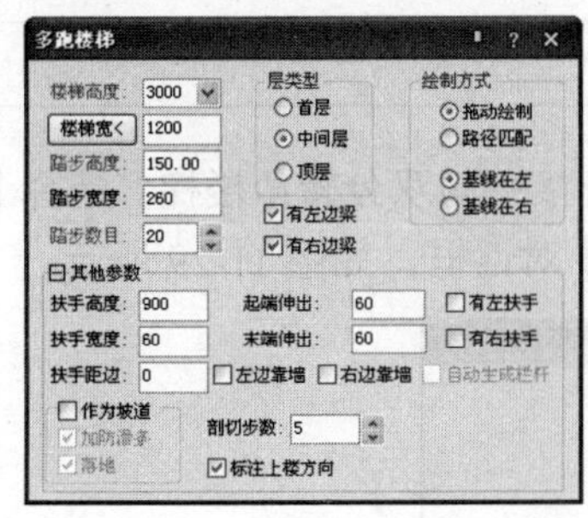

图 11-24　【多跑楼梯】对话框

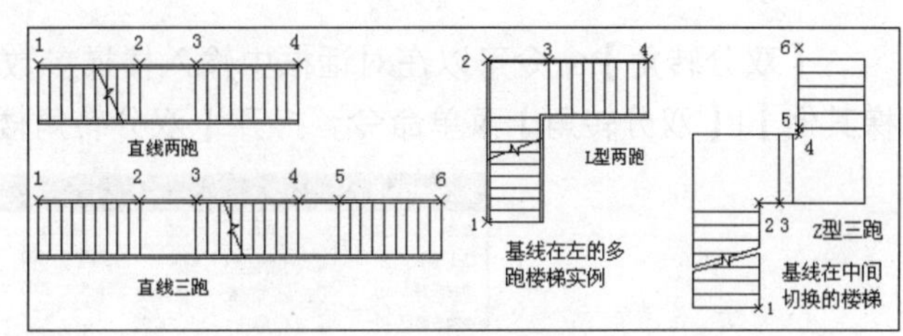

图 11-25　多跑楼梯实例

11.2.3 双分平行

使用双分平行楼梯，可以通过设置平台的宽度来解决复杂的梯段关系。

【双分平行】命令可以在对话框中输入楼梯参数，直接绘制双分平行楼梯。

选择【楼梯其他】|【双分平行】菜单命令，打开【双分平行楼梯】对话框，如图 11-26 所示。

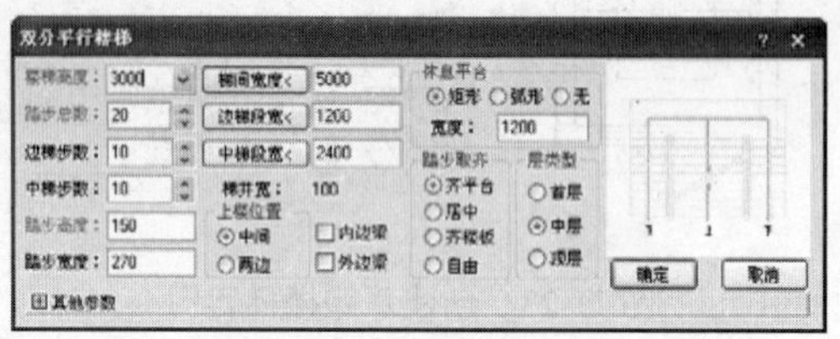

图 11-26 【双分平行楼梯】对话框

在弹出的【双分平行楼梯】对话框中设置参数，如图 11-27 所示。

单击【确定】按钮，在绘图区中单击梯段的插入位置，即可完成双分平行楼梯的创建，结果如图 11-28 所示。

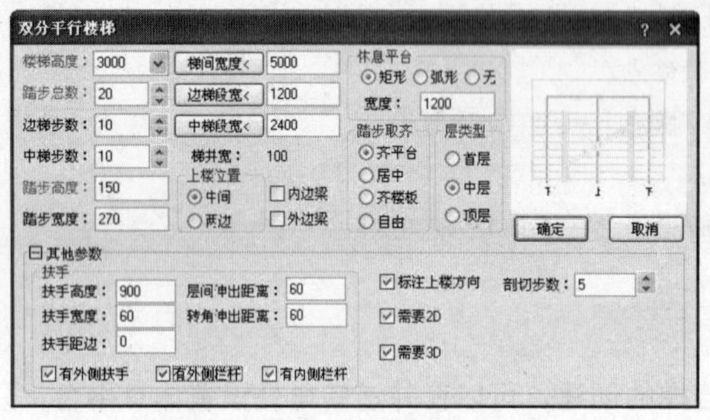

图 11-27 【双分平行楼梯】对话框

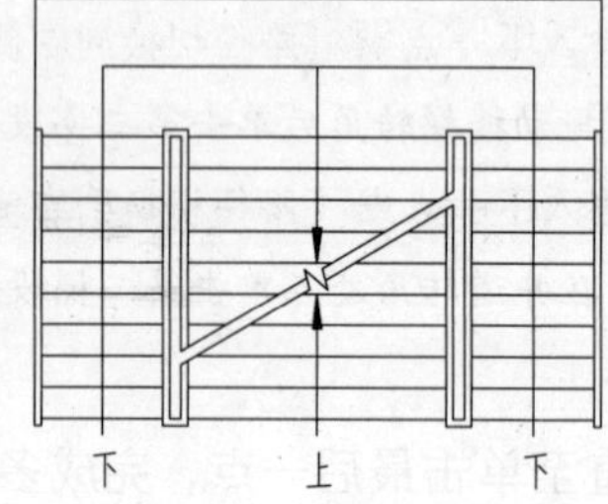

图 11-28 双分平行楼梯

11.2.4 双分转角

【双分转角】命令可以在对话框中输入楼梯参数，直接绘制双分转角楼梯。选择【楼梯其他】|【双分转角】菜单命令，打开【双分转角楼梯】对话框，如图 11-29 所示。

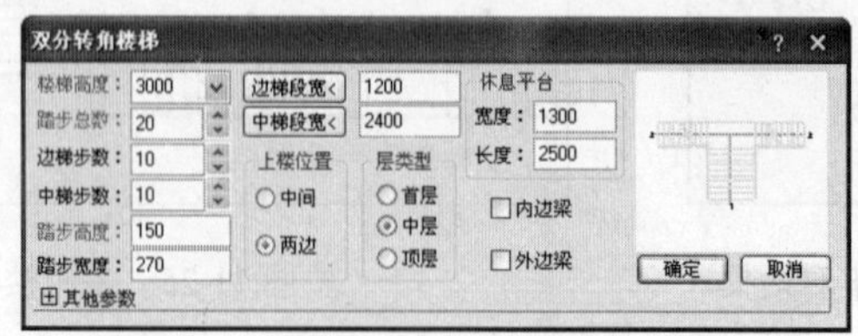

图 11-29 【双分转角楼梯】对话框

在弹出的【双分转角楼梯】对话框中设置参数，如图 11-30 所示。

单击【确定】按钮，在绘图区中单击梯段的插入位置，即可完成双分转角楼梯的创建，结果如图 11-31 所示。

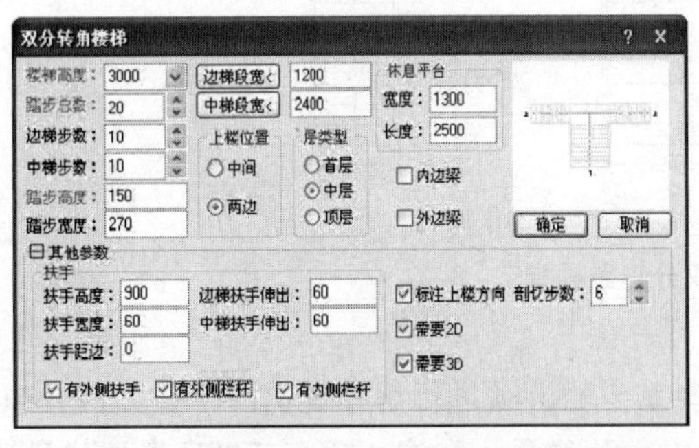

图 11-30　【双分转角楼梯】对话框

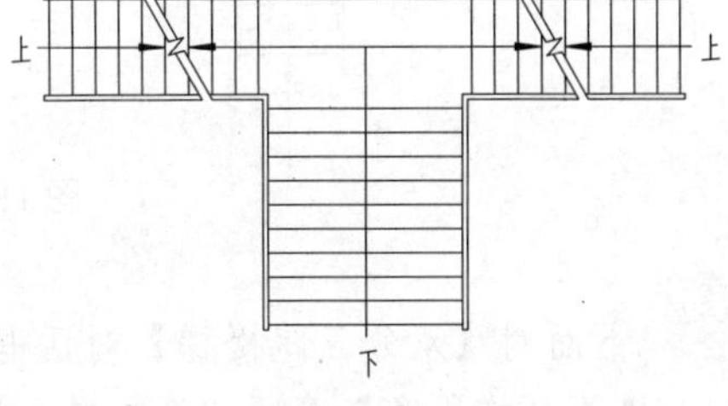

图 11-31　双分转角楼梯

下面对【双分转角楼梯】对话框中一些重要的选项进行解释说明:

【中间】选项：勾选此项，则上楼位置在双分转角楼梯的中间。

【两边】选项：勾选此项，则上楼位置在双分转角楼梯的两边。

11.2.5 双分三跑

【双分三跑】命令可以在对话框中输入楼梯参数，直接绘制双分三跑楼梯。选择【楼梯其他】|【双分三跑】菜单命令，打开【双分三跑楼梯】对话框，如图 11-32 所示。

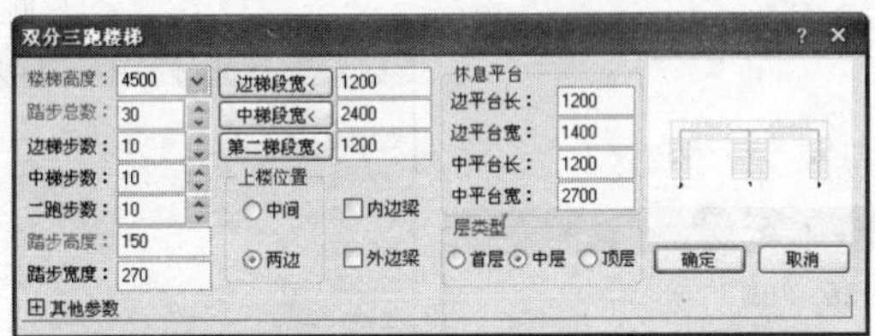

图 11-32　【双分三跑楼梯】对话框

在弹出的【双分三跑楼梯】对话框中设置参数，结果如图 11-33 所示。

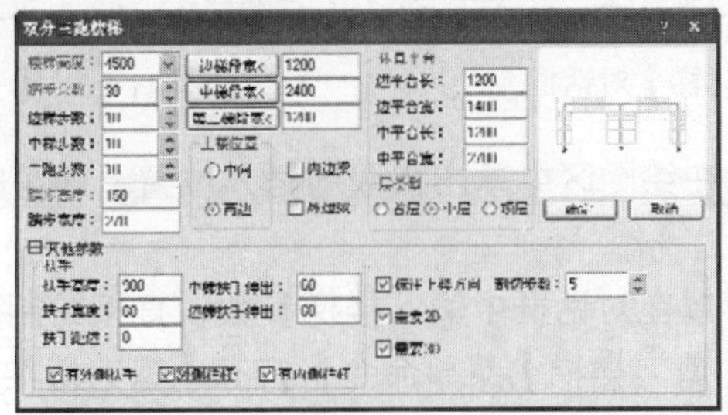

图 11-33　【双分三跑楼梯】对话框

单击【确定】按钮，在绘图区中单击梯段的插入位置，即可完成双分三跑楼梯的创建，结果如图 11-34 所示。

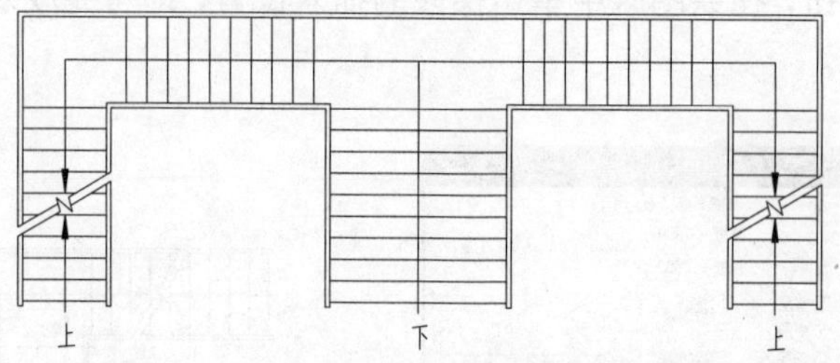

图 11-34 双分三跑楼梯

下面对【双分三跑楼梯】对话框中一些重要的选项进行解释说明：

【第二梯段宽】选项：第二梯是指水平方向的梯段，在该选项中可以设置该梯段的宽度。【边平台长】选项：边平台是指左右两边的平台，在此选项中可以设置边平台的长度。【边平台宽】选项：在此选项中可以设置边平台的宽度。【中平台长】选项：中平台是指中间的平台，在此选项中可以设置中间平台的长度。【中平台宽】选项：在此选项中可以设置中间平台的宽度。

11.2.6 交叉楼梯

【交叉楼梯】命令可以在对话框中输入楼梯参数，直接绘制交叉楼梯。

选择【楼梯其他】|【交叉楼梯】菜单命令，打开【交叉楼梯】对话框，如图 11-35 所示。

在弹出的【交叉楼梯】对话框中设置参数，结果如图 11-36 所示。

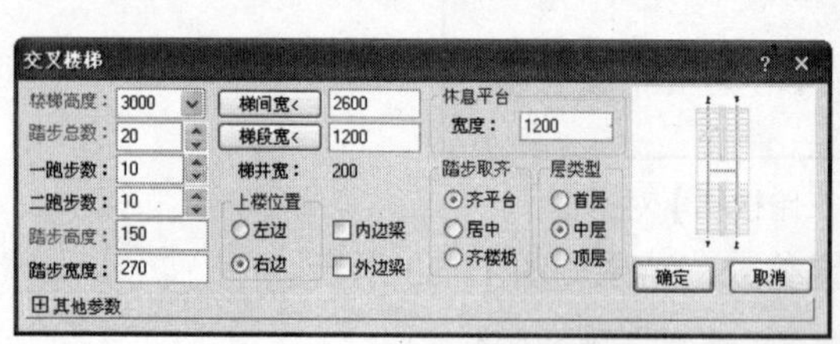

图 11-35 【交叉楼梯】对话框

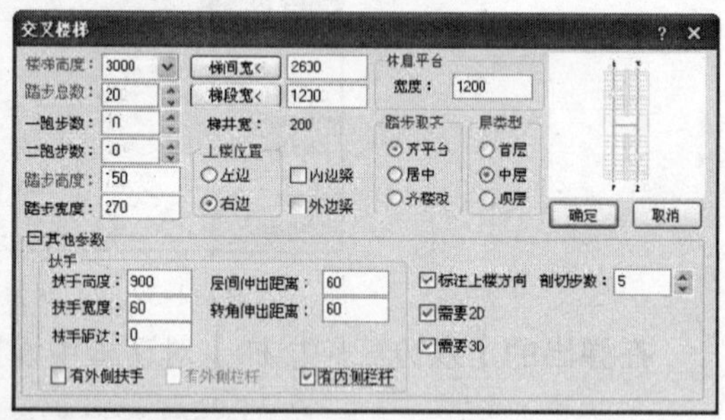

图 11-36 【交叉楼梯】对话框

单击【确定】按钮，在绘图区中单击梯段的插入位置，即可完成交叉楼梯的创建，结果如图 11-37 所示。

【剪刀楼梯】命令可以在对话框中输入楼梯参数，直接绘制剪刀楼梯。

选择【楼梯其他】|【剪刀楼梯】菜单命令，打开【剪刀楼梯】对话框，如图 11-38 所示。

在弹出的【剪刀楼梯】对话框中设置参数，结果如图 11-39 所示。单击【确定】按钮，在绘图区中单击梯段的插入位置，即可完成剪刀楼梯的创建，结果如图 11-40 所示。

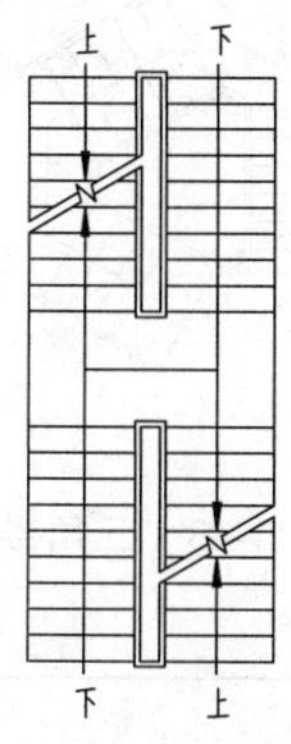

图 11-37　交叉楼梯

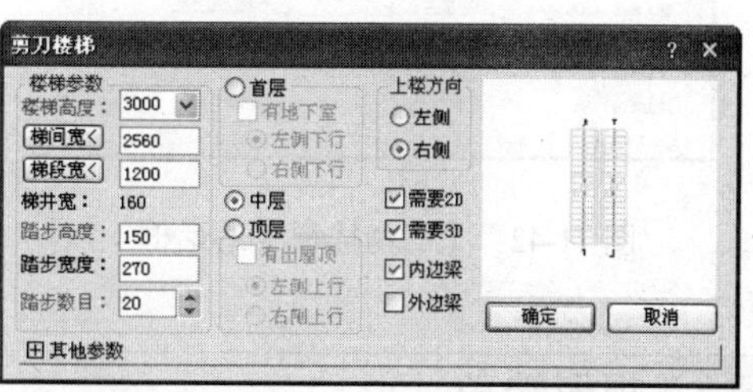

图 11-38　【剪刀楼梯】对话框

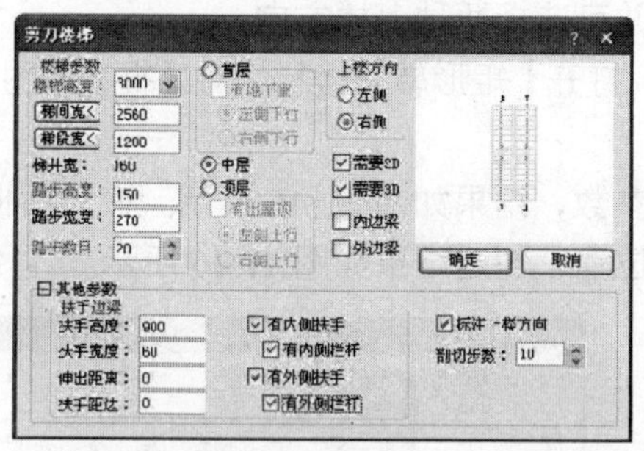

图 11-39　【剪刀楼梯】对话框

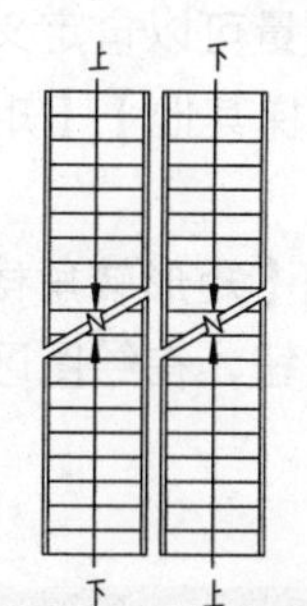

图 11-40　剪刀楼梯

11.2.7 三角楼梯

【三角楼梯】命令可以在对话框中输入楼梯参数，直接绘制三角楼梯，且三角楼梯可以设置不同的上楼方向。

选择【楼梯其他】|【三角楼梯】菜单命令，打开【三角楼梯】对话框，如图 11-41 所示。

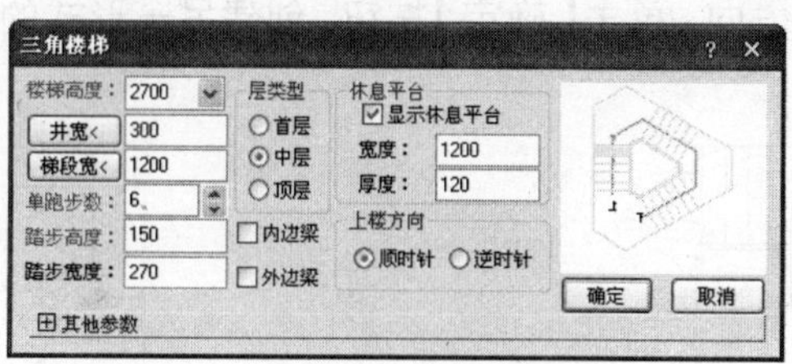

图 11-41　【三角楼梯】对话框

在弹出的【三角楼梯】对话框中设置参数，结果如图 11-42 所示。单击【确定】按钮，在绘图区中单击梯段的插入位置，即可完成三角楼梯的创建，结果如图 11-43 所示。

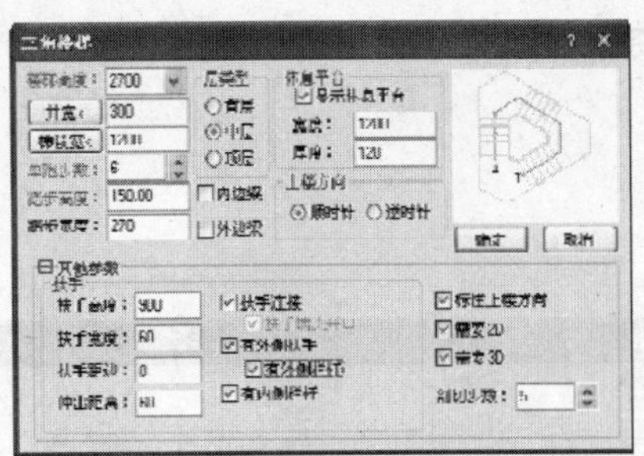

图 11-42 【三角楼梯】对话框

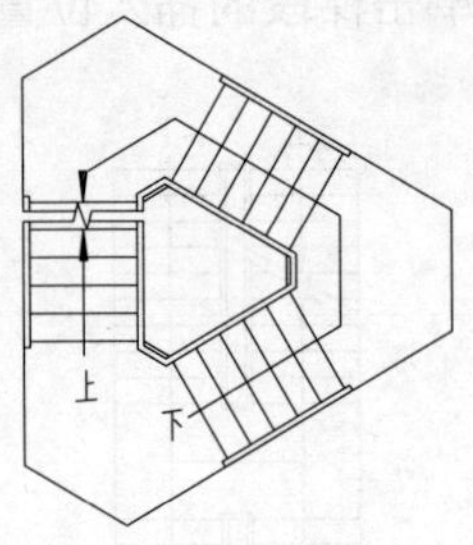

图 11-43 三角楼梯

11.2.8 矩形转角

【矩形转角】命令可以在对话框中输入楼梯参数，直接绘制矩形转角楼梯，矩形转角楼梯的梯跑数量可以自定义，从两跑到四跑，并可选择两种上楼方向。

选择【楼梯其他】|【矩形转角】菜单命令，打开【矩形转角楼梯】对话框，如图 11-44 所示。

在弹出的【矩形转角楼梯】对话框中设置参数，结果如图 11-45 所示。在对话框中单击【确定】按钮，在绘图区中点取梯段的插入位置，创建结果如图 11-46 所示。

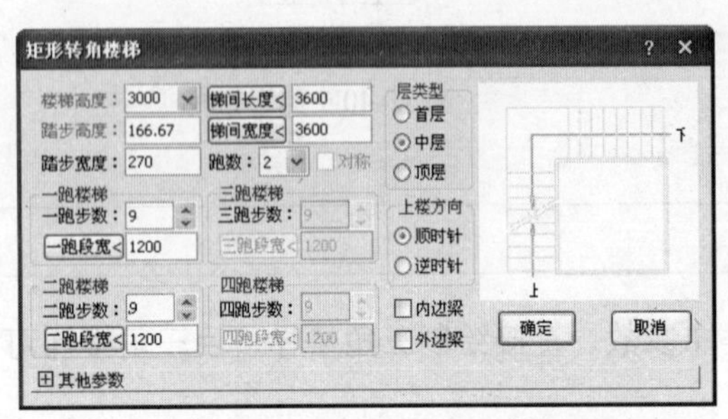

图 11-44 【矩形转角楼梯】对话框

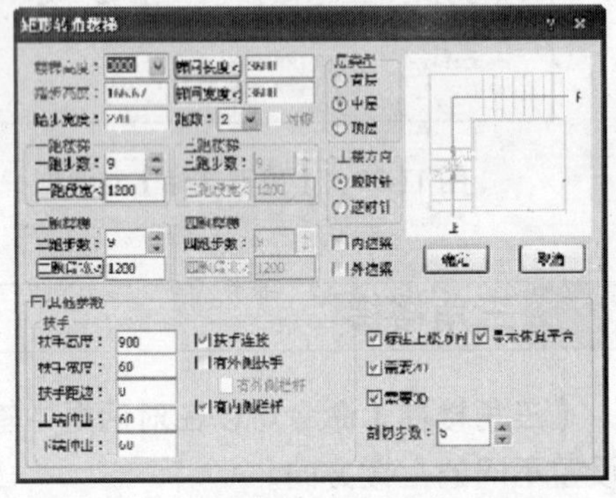

图 11-45 【矩形转角楼梯】对话框

在对话中的【跑数】选项中，设置跑数为 4，勾选【对称】复选框；在【上楼方向】选项组中选择【逆时针】方向，单击【确定】按钮，创建另一形式的矩形转角楼梯如图 11-47 所示。

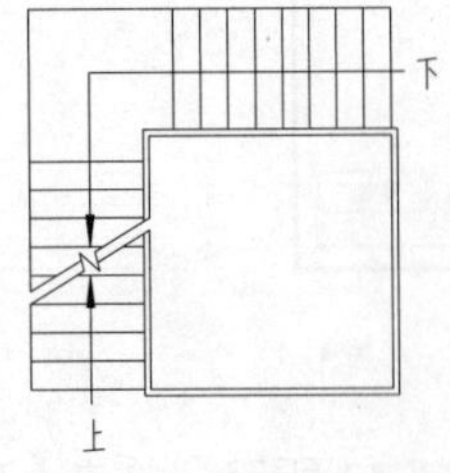

图 11-46 三角楼梯

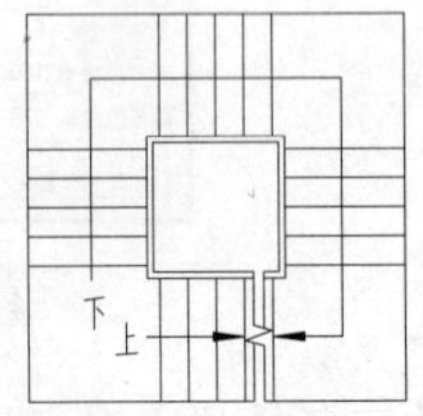

图 11-47 矩形转角楼梯

【跑数】选项：在该项中可以选择矩形转角楼梯的跑数，从 2 跑至 4 跑。
【顺时针】：矩形转角楼梯的上楼方向可以自定义，选择该项，则上楼方向为顺时针。
【逆时针】：选择该项，则上楼方向为逆时针。

11.2.9 添加扶手

【添加扶手】命令可以沿着多段线或者楼梯，为没有扶手的单跑楼梯添加扶手。

选择【楼梯其他】|【添加扶手】菜单命令，选择楼梯，根据命令行的提示设置扶手参数，按回车键即可完成添加扶手的操作。

01 按 Ctrl+O 组合键，打开配套光盘提供的“第 11 章/添加扶手素材.dwg”文件，如图 11-48 所示。

02 选择【楼梯其他】|【添加扶手】菜单命令，根据命令行的提示选择楼梯，设置扶手宽度为 60，如图 11-49 所示。

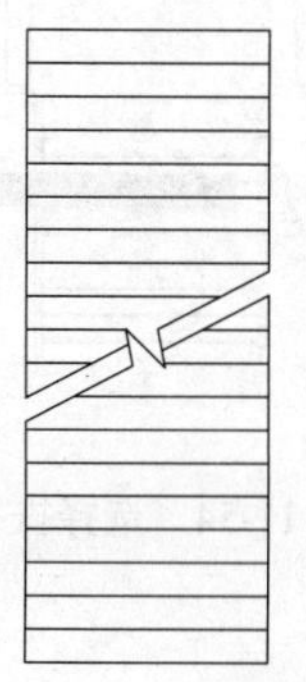

图 11-48　素材文件

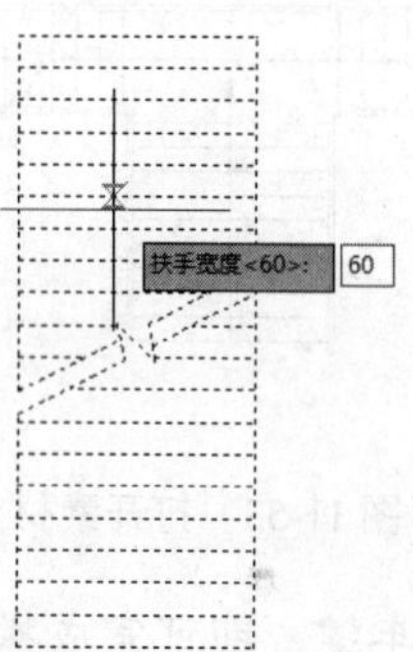

图 11-49　选择楼梯

03 在命令行的提示“扶手顶面高度<900>、扶手距边<0>”时，按回车键默认选择，扶手的添加结果如图 11-50 所示。

04 使用同样的方法，创建另一边的扶手图形，结果如图 11-51 所示。

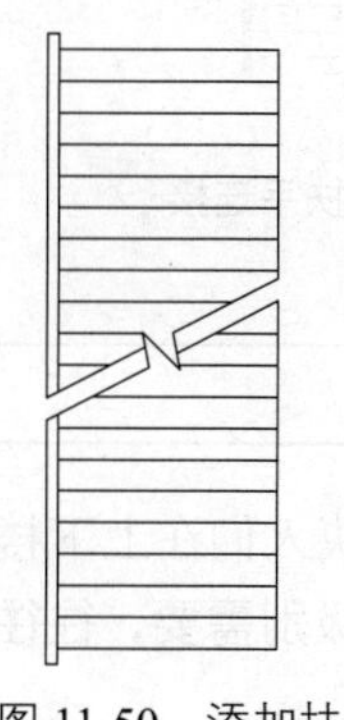

图 11-50　添加扶手

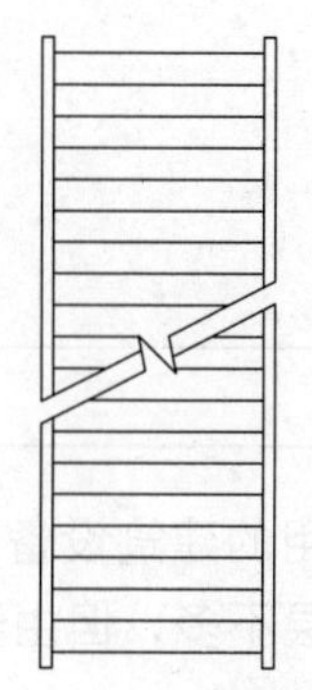

图 11-51　绘制结果

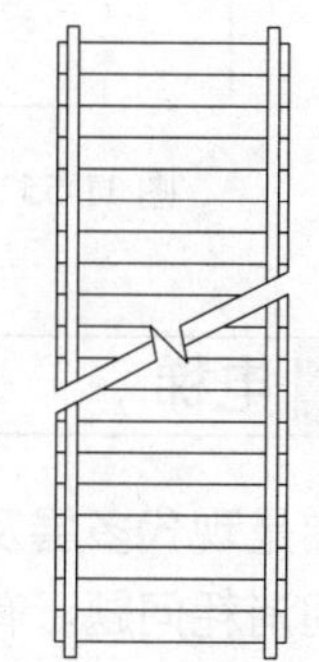

图 11-52　设置距边参数

【扶手顶面高度】选项：扶手从楼梯面至扶手面的距离，默认值为 900，符合常规使用习惯，用户也可自定义扶手高度。

【扶手距边】选项：指扶手与楼梯边的距离参数，如图 11-52 所示为扶手距边参数为 50 的显示状态。

11.2.10 连接扶手

【连接扶手】命令可以将两节扶手连接成一段。

选择【楼梯其他】|【连接扶手】菜单命令，选择待连接的扶手，即可完成扶手连接的操作。

01 按 Ctrl+O 组合键，打开配套光盘提供的“第 11 章/扶手连接素材.dwg”文件，如图 11-53 所示。

02 选择【楼梯其他】|【连接扶手】菜单命令，选择扶手，如图 11-54 所示。

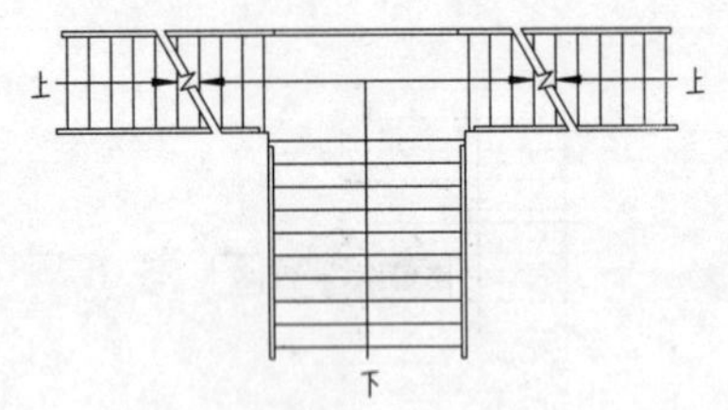

图 11-53 打开素材

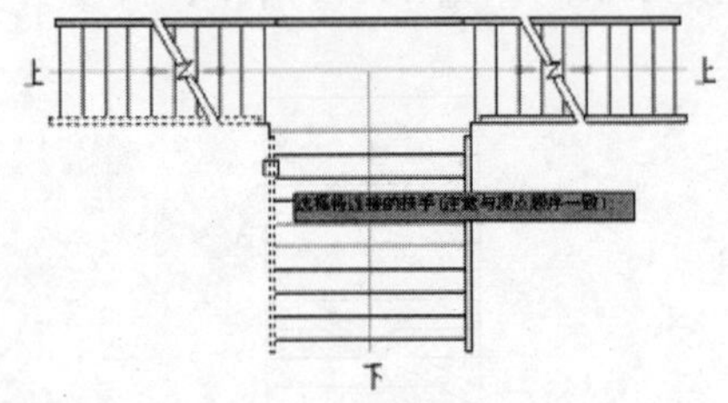

图 11-54 选择扶手

03 按回车键，即可完成操作，结果如图 11-55 所示。

04 重复操作，完成扶手连接的操作，结果如图 11-56 所示。

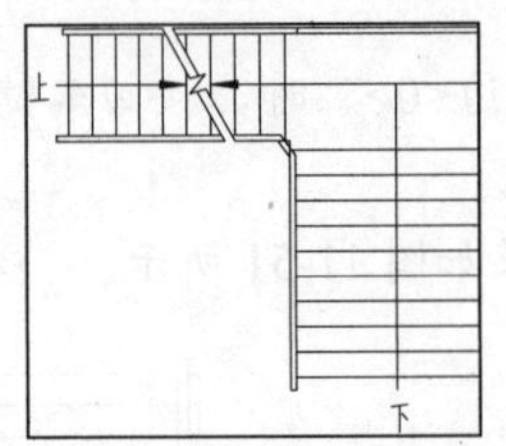

图 11-55 完成操作

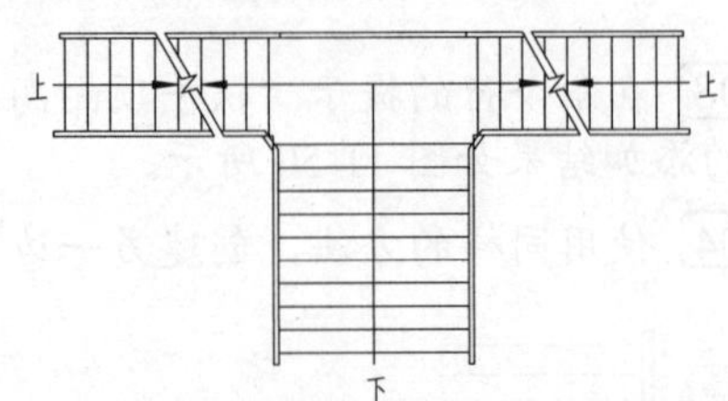

图 11-56 扶手连接

11.2.11 电梯

电梯是现代多层及高层建筑中常用的建筑设备，目的是为了解决人们在上下楼时的体力及时间消耗问题。有的建筑虽然楼层不多，但由于其特殊功能或级别需要，往往也会设置电梯，如宾馆、厂房等。

电梯包括井道、机房和轿厢三个部分。【电梯】命令创建的电梯图形包括轿厢、平衡块和电梯门，其中轿厢和平衡块是二维线对象，电梯门是天正门窗对象。绘制条件是每一个电梯周围已经由天正墙体创建了封闭空间作为电梯井。如果要求电梯井贯通多个电梯，需要临时加虚墙分隔。

选择【楼梯其他】|【电梯】菜单命令，打开【电梯参数】对话框，如图 11-57 所示。在该对话框中，用户可以设定电梯类型、载重量、门形式、轿厢宽、轿厢深、门宽等参数。其中电梯类别包括客梯、住宅梯、医院梯、货梯 4 种，每种电梯形式均有已设定好的不同设计参数，设置完参数以后，命令行同时提示：

```
请给出电梯间的一个角点或 [参考点(R)]<退出>:          //单击电梯间的第一个角点
再给出上一角点的对角点:                              //单击电梯间的另一个对角点
请点取开电梯门的墙线<退出>:                          //单击要设电梯门的墙线
请点取平衡块的所在的一侧<退出>:                      //单击平衡块所在一侧的墙线。
```

如图 11-58 所示是创建电梯的实例。

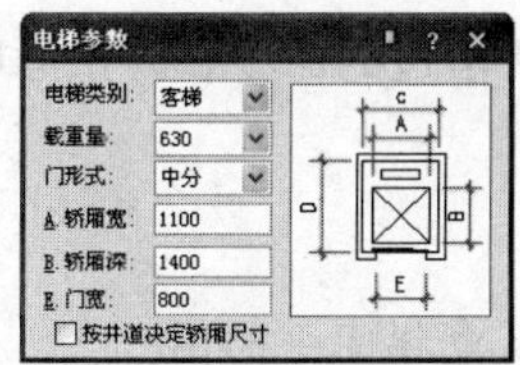

图 11-57　【电梯参数】对话框

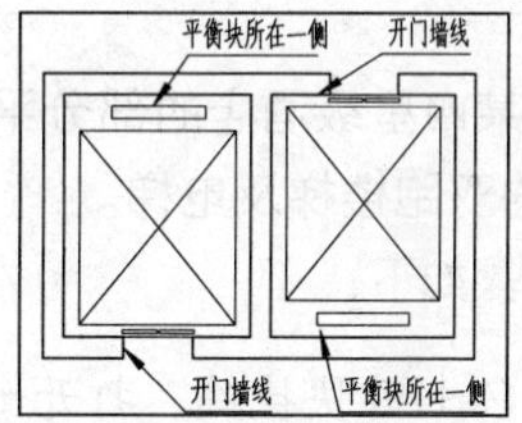

图 11-58　创建电梯实例

11.2.12 自动扶梯

自动扶梯常用于人流量集中的大型公共建筑中，如大型商场、火车站等公共建筑中都会设置自动扶梯。自动扶梯一般设置在室内，但也可以设置在室外。【自动扶梯】命令通过在对话框中输入梯段参数，绘制出单台、双台自动扶梯或自动人行步道(坡道)。【自动扶梯】命令只创建二维图形，对三维和立剖面生成不起作用。

选择【楼梯其他】|【自动扶梯】菜单命令，打开【自动扶梯】对话框，如图 11-59 所示。

【自动扶梯】参数解释如下：

- 倾斜角度：自动扶梯的倾斜角度，包括 27.3°、30°、35°三种角度。
- 楼梯高度：自动扶梯的设计高度。
- 梯段宽度：扶梯梯阶的宽度，随商家型号不同而异。
- 单梯/双梯：单选按钮组，选择绘制单台或双台连排的自动扶梯。

在【自动扶梯】对话框中，设置完所有参数后，单击【确定】按钮，命令行提示：

```
请给出自动扶梯的插入点 <退出>:
/在视图要插入自动扶梯的地方单击即可创建自动扶梯，生成的自动扶梯是单独的直线的组合，并不是一个整体，用户可以按照 AutoCAD 的直线的编辑功能对其进行修改/
```

如图 11-60 所示是自动扶梯样式及实例。

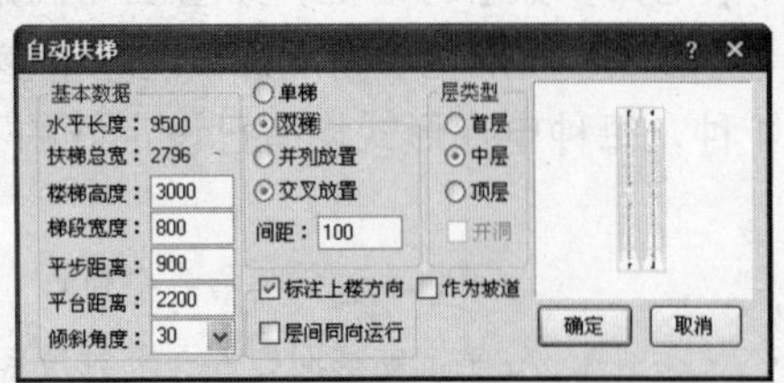

图 11-59 【自动扶梯】对话框

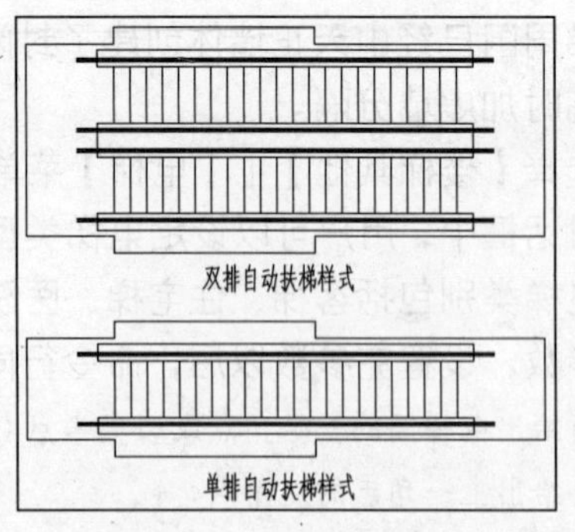

图 11-60 自动扶梯样式及实例

11.2.13 典型实例

下面是某四星级酒店的部分平面图，我们利用本节所学过的命令，为该酒店创建如图 11-61 所示的双跑楼梯及电梯。

操作步骤如下：

01 按 Ctrl+O 快捷键，打开如图 11-62 所示的楼梯及电梯间平面图。

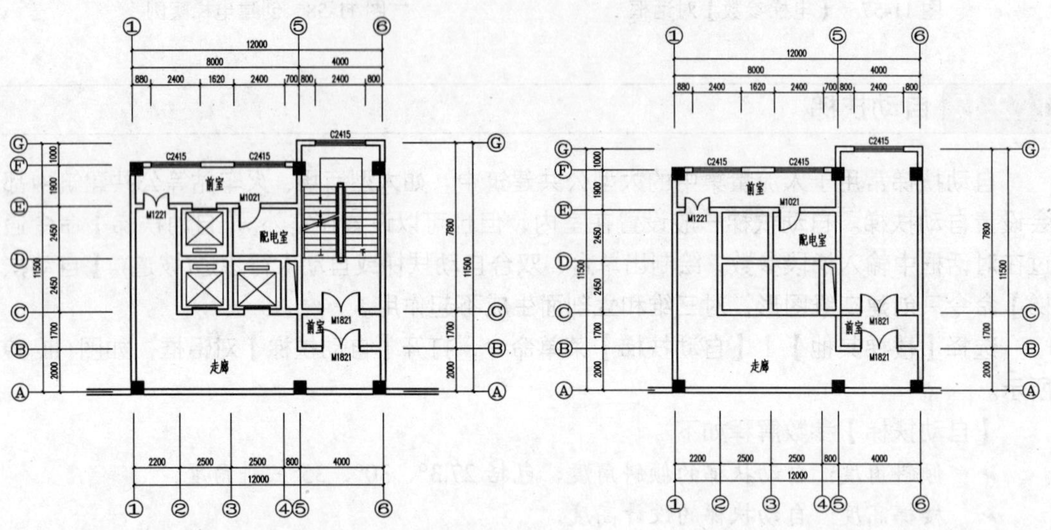

图 11-61 绘制双跑楼梯及电梯效果　　图 11-62 楼梯及电梯间平面图

02 选择【楼梯其他】|【双跑楼梯】菜单命令，打开【双跑梯段】对话框，设置参数如图 11-63 所示。单击【确定】按钮，命令行提示：

```
点取位置或 [转 90 度(A)/左右翻(S)/上下翻(D)/对齐(F)/改转角(R)/改基点(T)]<退出>:
/在楼梯间左上角的墙内角处单击即可完成直线双跑楼梯的创建，得到如图11-64所示的双跑楼梯平面图/
```

03 选择【楼梯其他】|【电梯】菜单命令，打开【电梯参数】对话框，设置参数如

图 11-65 所示。同时命令行提示：

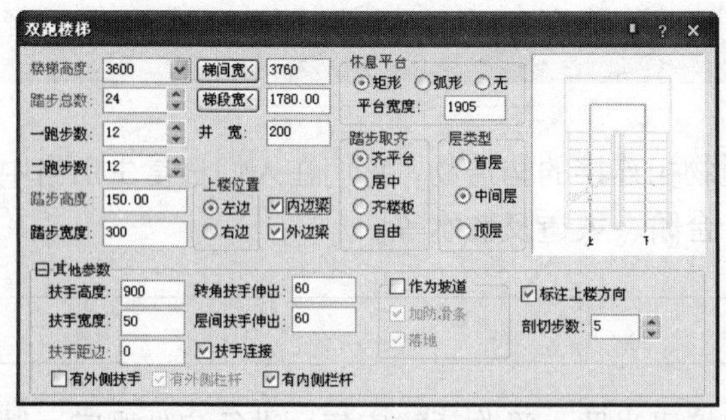

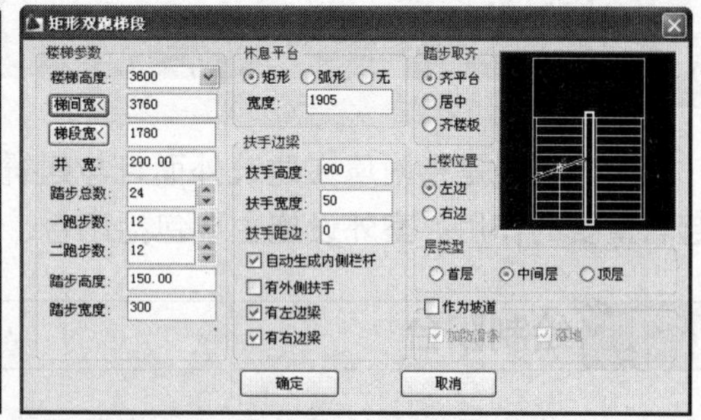

图 11-63　矩形双跑梯段参数设置

请给出电梯间的一个角点或 [参考点(R)]<退出>:　　　　//在电梯间的第一个角点单击
再给出上一角点的对角点:　　　　//在电梯间的第一个角点的对角点单击
请点取开电梯门的墙线<退出>:　　　　//单击要开门的墙体
请点取平衡块的所在的一侧<退出>:　　　　//单击开门墙体的对面墙体

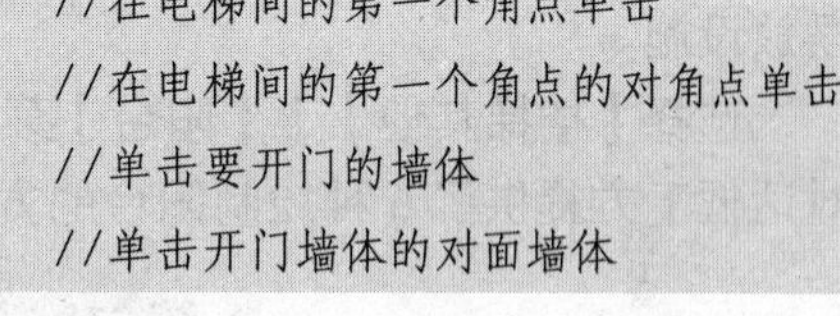

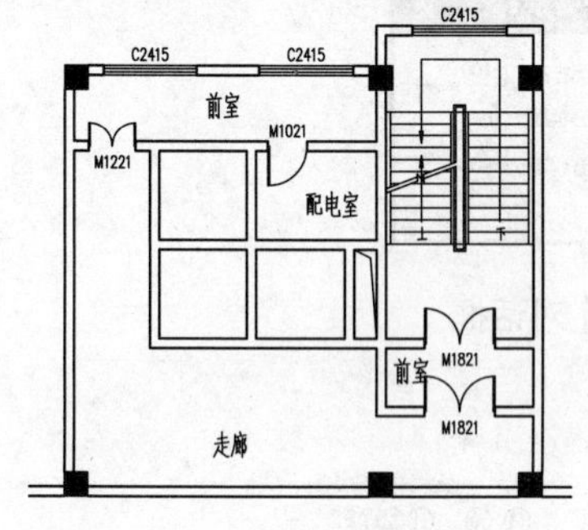

图 11-64　创建双跑楼梯平面图

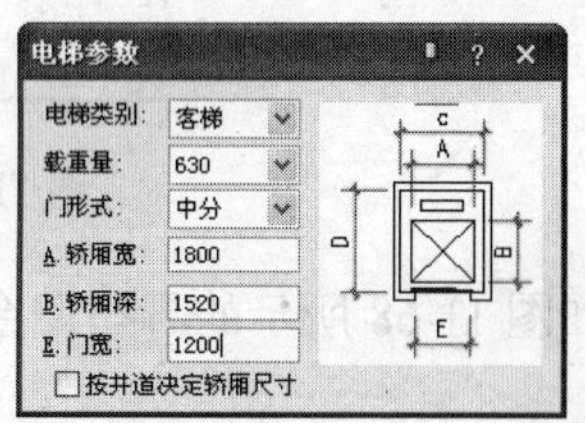

图 11-65　【电梯参数】对话框

04 根据上述步骤，制作出另两个电梯，最终得到如图 11-66 所示的某酒店的楼梯及电梯平面图。

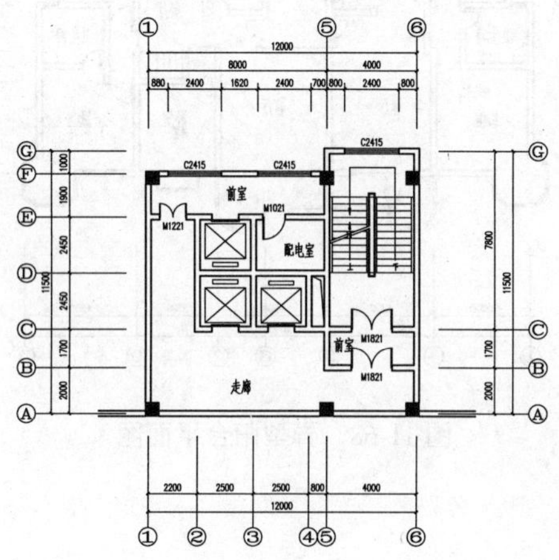

图 11-66　某酒店的楼梯及电梯平面图

11.3 创建室外设施

室外设施是指附属在建筑外面且与建筑物相连接的构造物，它们在人们日常生活当中起着重要的作用。室外设施主要包括阳台、台阶、坡道及散水等。

11.3.1 绘制阳台

阳台作为居住者的活动平台，便于用户接受光照，吸收新鲜空气，进行户外观赏、纳凉以及晾晒衣物等作用。人们根据需要来确定阳台的面积，面积狭小的阳台不适应于过多摆放设施。

选择【楼梯其他】|【阳台】菜单命令，打开【绘制阳台】对话框，如图 11-67 所示。对话框下方提供了 6 种绘制阳台的方式。

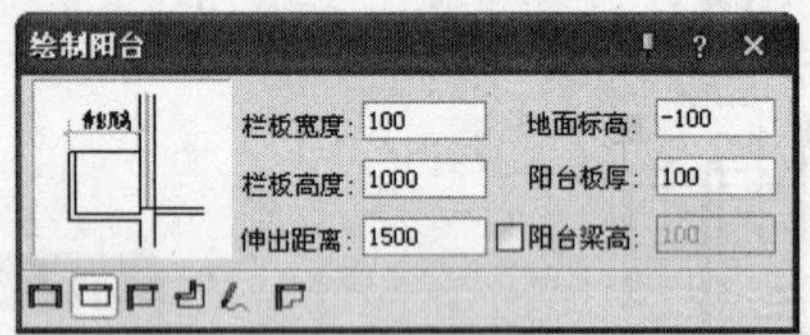

图 11-67 【绘制阳台】对话框

绘制如图 11-68 所示的异型阳台。

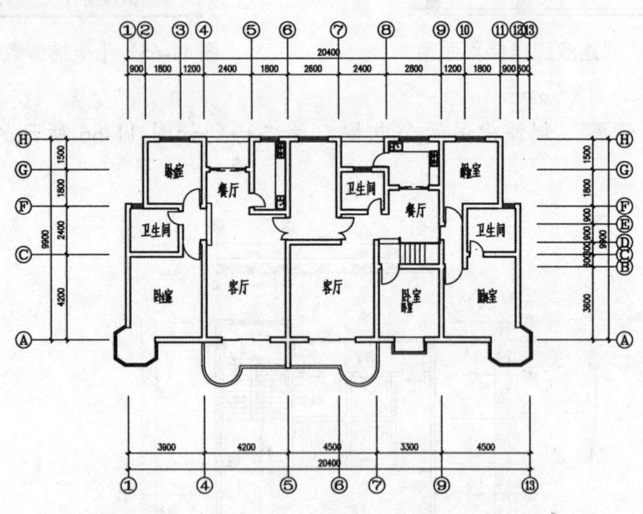

图 11-68 异型阳台平面图

操作步骤如下：

01 利用 TArch 2014 相关命令绘制出建筑平面图，并利用 AutoCAD 中的多段线命令，创建两条多段线，如图 11-69 所示。

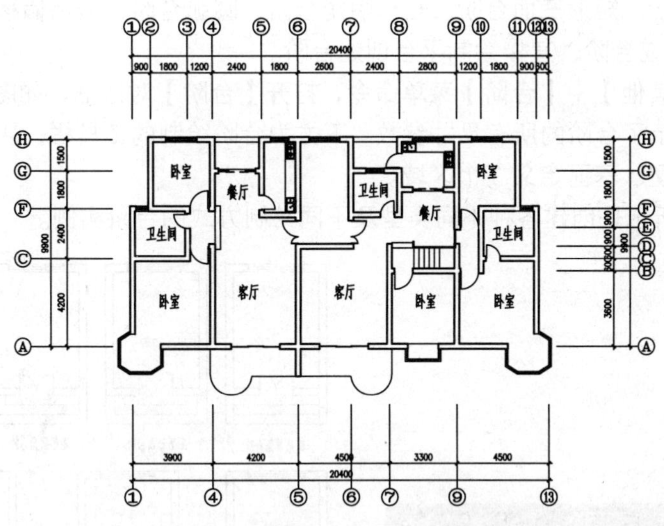

图 11-69　建筑平面图及创建的多段线

02 选择【楼梯其他】|【阳台】菜单命令，打开【绘制阳台】对话框，设置参数如图 11-70 所示。同时命令行提示：

选择一曲线(LINE/ARC/PLINE)<退出>:　　　　//单击创建好的一条多段线
请选择邻接的墙(或门窗)和柱:　　　　//依次单击与此多段线相临的所有墙体及门
请选择邻接的墙(或门窗)和柱:　　　　//按回车键结束选择，此时就完成了该阳台的创建，命令行继续上述提示

03 用同样方法绘制出另一个阳台，最后得到如图 11-71 所示的阳台平面图。

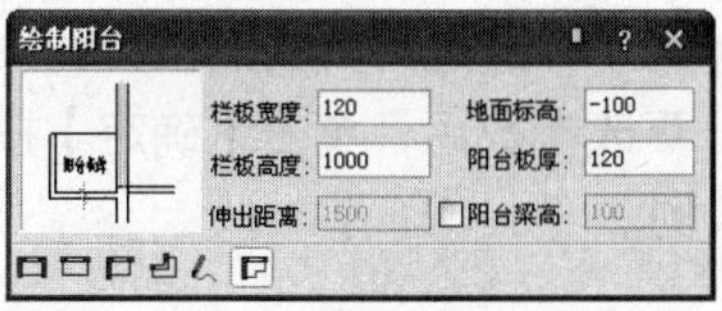

绘制阳台
栏板宽度: 120　地面标高: -100
栏板高度: 1000　阳台板厚: 120
伸出距离: 1500　□阳台梁高: 100

图 11-70　【绘制阳台】参数

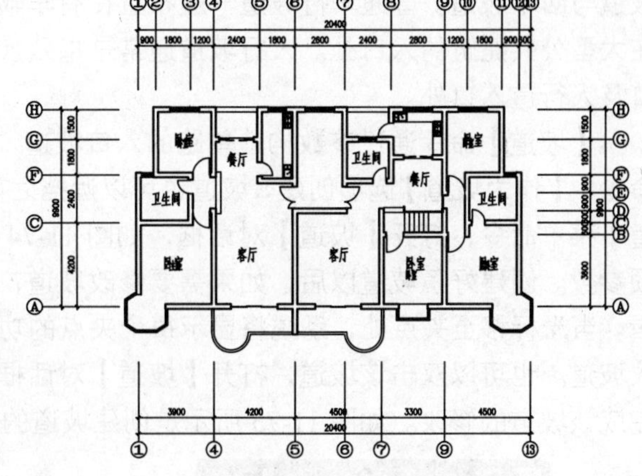

图 11-71　阳台平面图

11.3.2 绘制台阶

台阶的创建应与建筑的类别、功能及周围的环境相协调。台阶的形式多种多样，主要

包括矩形单面台阶、矩形三面台阶、矩形阴角台阶、圆弧台阶、沿墙偏移的台阶、预先绘制好的 PLINE 转成台阶、直接绘制平台创建台阶。

选择【楼梯其他】|【台阶】菜单命令，打开【台阶】对话框，如图 11-72 所示。在该对话框中，显示了台阶的所有尺寸参数。下方为台阶绘制的工具栏，从左到右分别为绘制方式、台阶类型、基面定义 3 个区域。

如图 11-73 所示是创建各种不同类型及不同绘制方式的台阶实例。

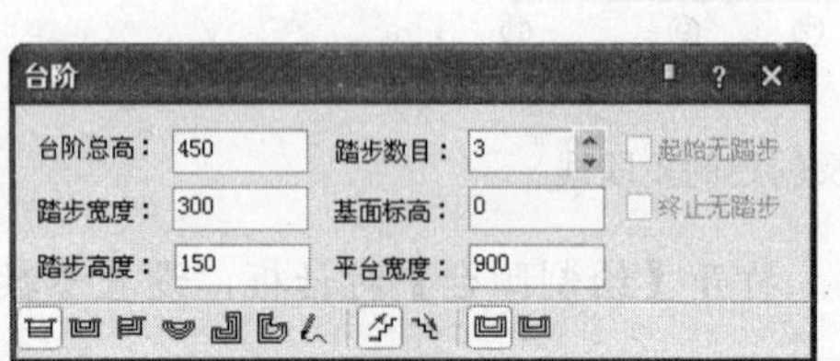

图 11-72 【台阶】对话框

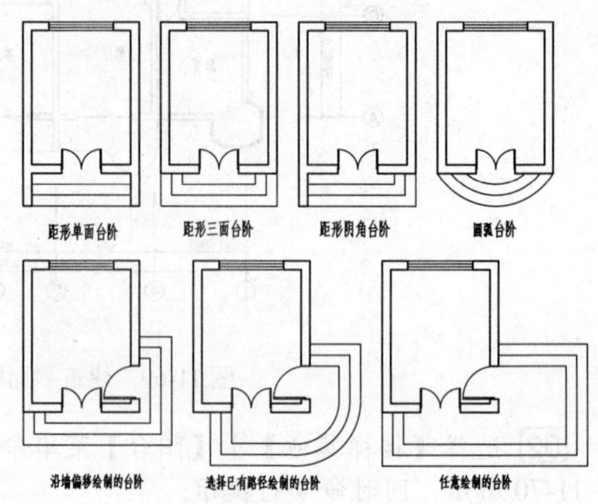

图 11-73 各种不同类型及不同绘制方式的台阶实例

11.3.3 绘制坡道

坡道按照其用途的不同，可分为车行坡道及人行坡道，而车行坡道又可分为普通车行坡道与回车坡道。普通车行坡道一般布置在有车辆进出的建筑入口处，回车坡道一般布置在大型公共建筑的入口处。人行坡道通常是指残疾人推行坡道，它一般设置在公共建筑入口及人行道入口处。

【坡道】命令通过参数构造单跑的入口坡道，多跑、曲边与圆弧坡道由【创建楼梯】命令中【作为坡道】选项创建，坡道也可以遮挡之前绘制的散水。选择【楼梯其他】|【坡道】菜单命令，打开【坡道】对话框，如图 11-74 所示。在该对话框中，显示了坡道的各项参数。创建好了坡道以后，如果需要修改坡道，可以单击选中该坡道，对其进行夹点编辑，当光标移至夹点处，系统将显示每个夹点的功能，可以通过对其夹点位置的改变来修改坡道。也可以双击该坡道，打开【坡道】对话框，更改参数后，单击【确定】按钮即可完成该坡道的修改。如图 11-75 所示是创建坡道的实例。

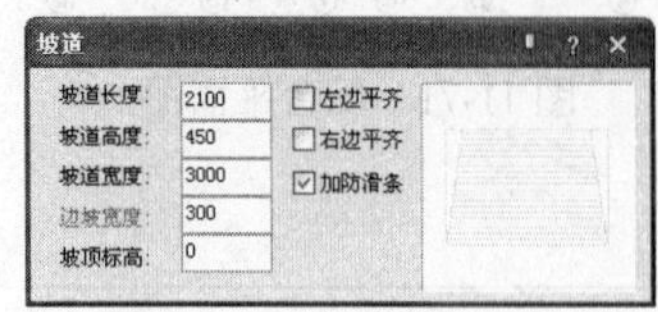

图 11-74 【坡道】对话框

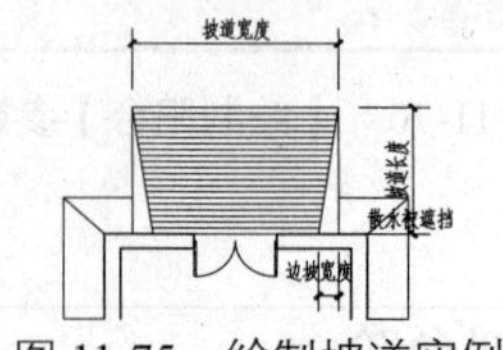

图 11-75 绘制坡道实例

11.3.4 绘制散水

散水是指在房屋的外墙外侧，用不透水材料做出一定宽度且带有向外倾斜的带状保护带，其外沿高于建筑外地坪面。散水的作用是防止墙根积水。

【散水】命令通过自动搜索外墙线，绘制出散水。在 TArch 2014 中，生成的散水自动被凸窗、柱子等对象裁剪，用户也可以通过对象编辑添加和删除顶点，可以满足绕壁柱、绕落地阳台等各种变化。阳台、台阶、坡道等对象自动遮挡散水，其位置移动后遮挡自动更新。

选择【楼梯其他】|【散水】菜单命令，打开【散水】对话框，如图 11-76 所示。

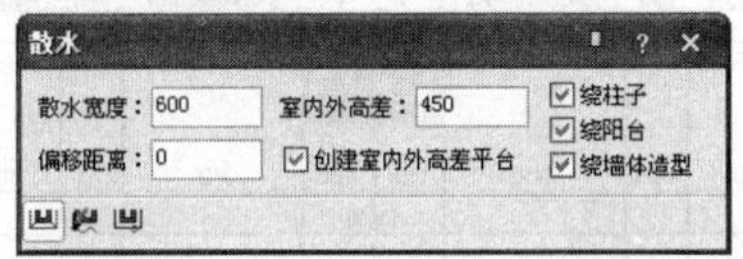

图 11-76　【散水】对话框

【散水】对话框各参数解释如下：

- 室内外高差：输入本工程项目的室内外高差，默认为 450mm。
- 散水宽度：输入新的散水宽度，用户也可用默认值。
- 偏移距离：输入本工程外墙勒脚至外墙皮的偏移距离。

创建室内外高差平台：勾选此复选框后，表示在各房间中按零标高创建室内地面。

为某住宅平面绘制如图 11-77 所示的台阶、坡道及散水。

操作步骤如下：

01 按 Ctrl+O 快捷键，打开配套光盘提供的如图 11-78 所示的平面图。

02 选择【楼梯其他】|【台阶】菜单命令，打开【台阶】对话框，设置参数如图 11-79 所示。同时命令行提示：

```
第一点<退出>:                      //单击右侧墙体处的台阶起点
第二点或 [翻转到另一侧(F)]<取消>:    //水平向左拖动鼠标，单击墙体处的台阶终点
第一点<退出>:                      //按回车键结束，此时就创建了一个台阶，效果
如图 11-80 所示
```

03 选择【楼梯其他】|【坡道】菜单命令，打开【坡道】对话框，设置参数如图 11-81 所示。单击【确定】按钮，命令行提示：

```
点取位置或 [转 90 度(A)/左右翻(S)/上下翻(D)/对齐(F)/改转角(R)/改基点(T)]<退出>:
/输入选项 "T" /
输入插入点或 [参考点(R)]<退出>:
/单击左上角点/
点取位置或 [转 90 度(A)/左右翻(S)/上下翻(D)/对齐(F)/改转角(R)/改基点(T)]<退出>:
/在 5 轴线与经过 A 轴线下端的墙体交点处单击，即可完成坡道的创建，效果如图 11-82 所示/
```

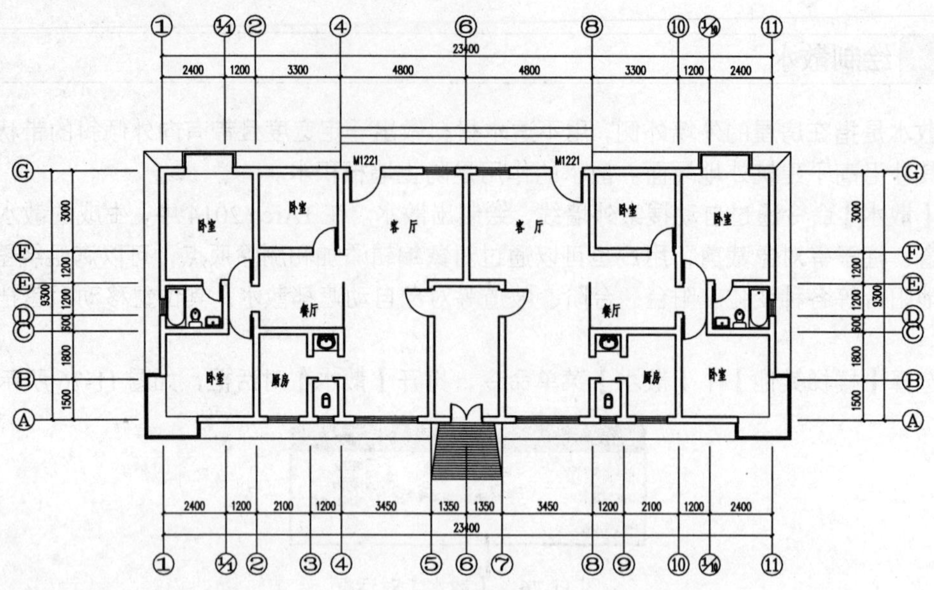

图 11-77　创建台阶、坡道及散水平面图

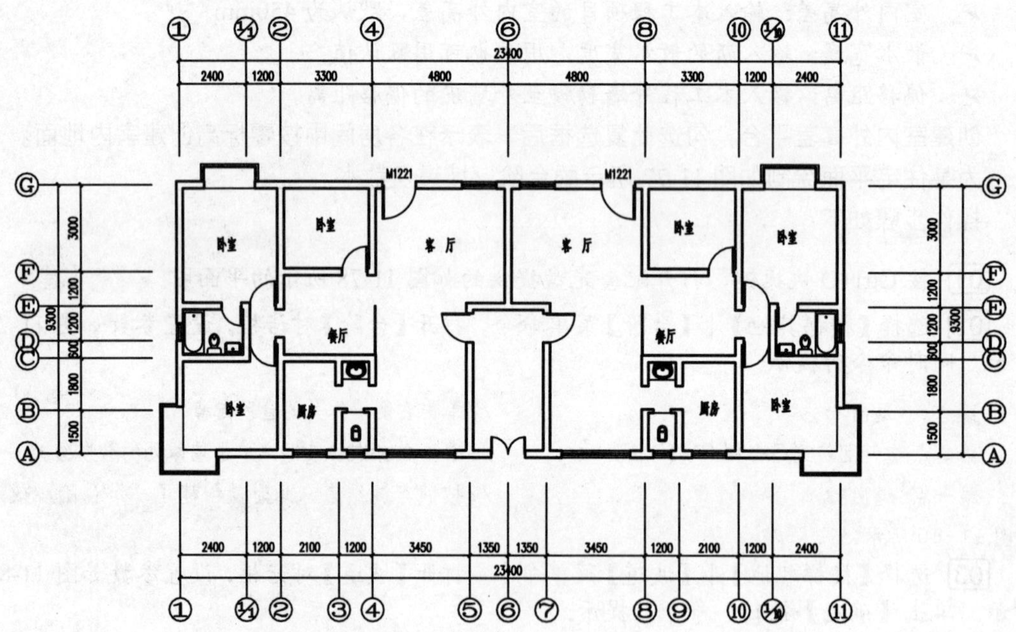

图 11-78　住宅首层平面图

【坡道】命令行各选项解释如下：

- 转 90 度：用于将该坡道旋转 90°，并且可以多次输入旋转。
- 左右翻转：用于将坡道进行左右方向上翻转。
- 上下翻转：用于将坡道进行上下方向上翻转。
- 对齐：用于按照参考边对齐目标边，精确放置某个位置上。

➢ 改转角：按照给定的旋转角度插入。
➢ 改基点：更改坡度的基点。

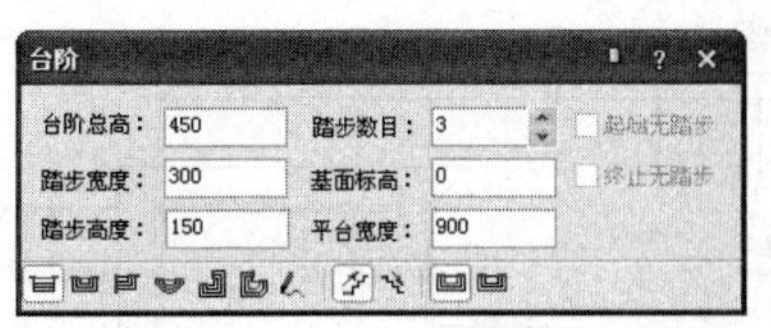

图 11-79　【台阶】对话框

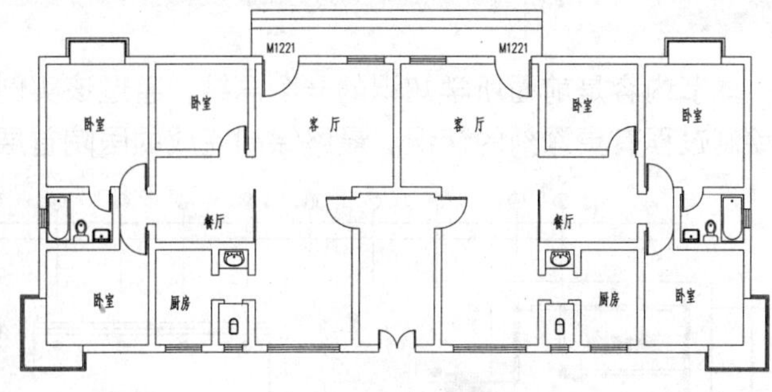

图 11-80　创建台阶

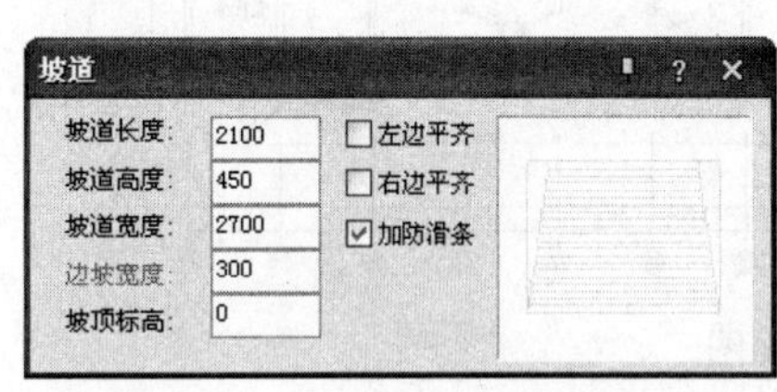

图 11-81　【坡道】对话框

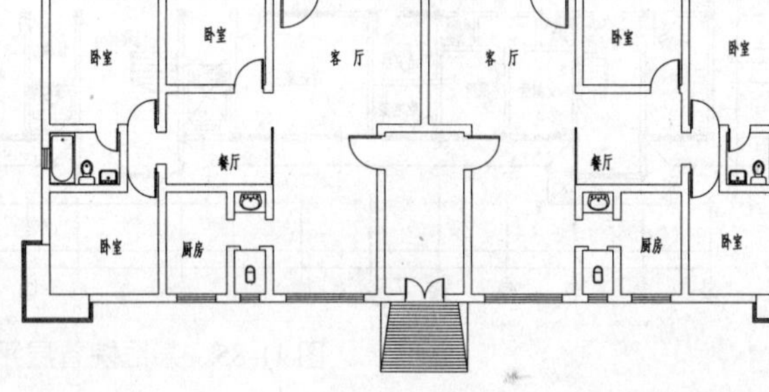

图 11-82　坡道平面图

04 选择【楼梯其他】|【散水】菜单命令，打开【散水】对话框，设置参数如图 11-83 所示。此时，命令行提示：

> 请选择构成一完整建筑物的所有墙体(或门窗)：
>
> /框选整体建筑物平面后，按回车键结束选择，这就完成了散水的创建，散水自动被台阶、坡道等遮挡，最终效果如图 11-84 所示/

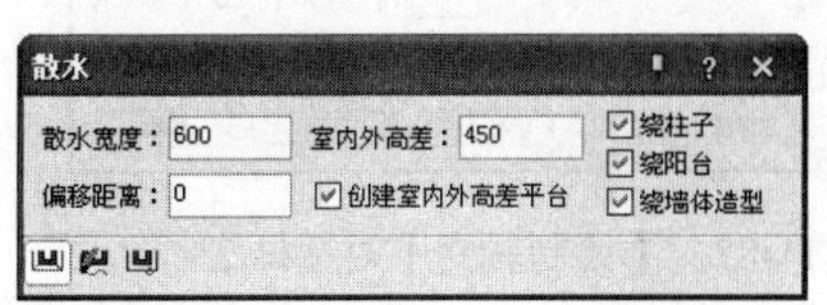

图 11-83　【散水】对话框

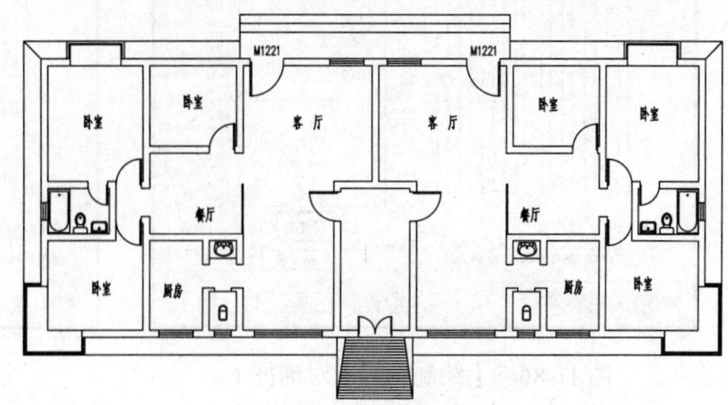

图 11-84　散水平面图

11.4 综合实例：绘制某医院建筑平面图

本节内容是前面所学知识的一个总结，通过该实例的制作，可以使读者对建筑平面图的绘制过程有更深刻的认识。最终绘制完成的医院首层平面图如图 11-85 所示。

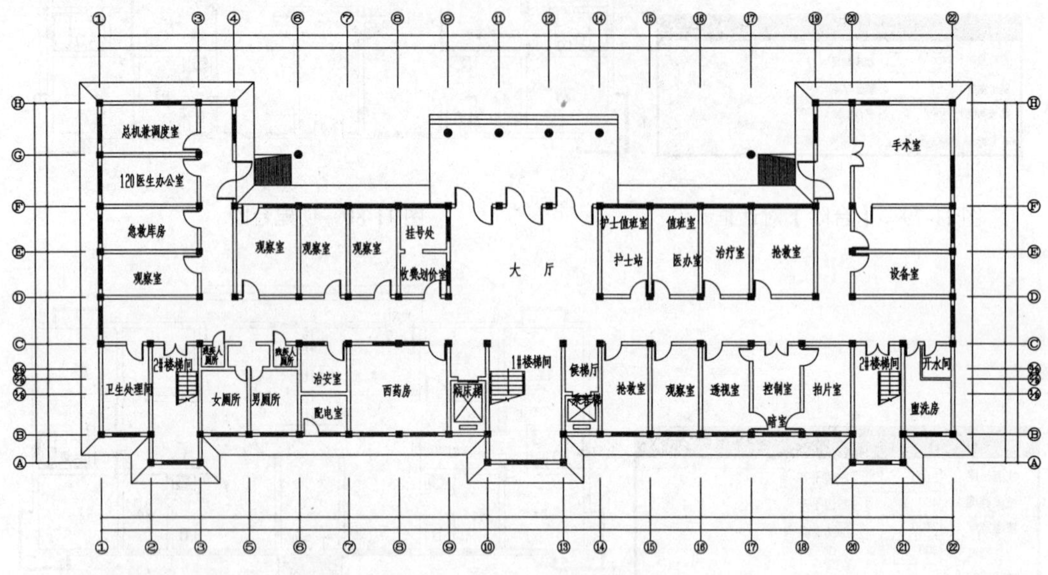

图 11-85 某医院首层平面图

1. 绘制轴网

01 选择【轴网柱子】|【绘制轴网】菜单命令，打开【绘制轴网】对话框，设置【下开】参数如图 11-86 所示，设置上开参数如图 11-87 所示，设置左进深参数如图 11-88 所示，设置右进深参数如图 11-89 所示。设置完成后，单击【确定】按钮，命令行提示：

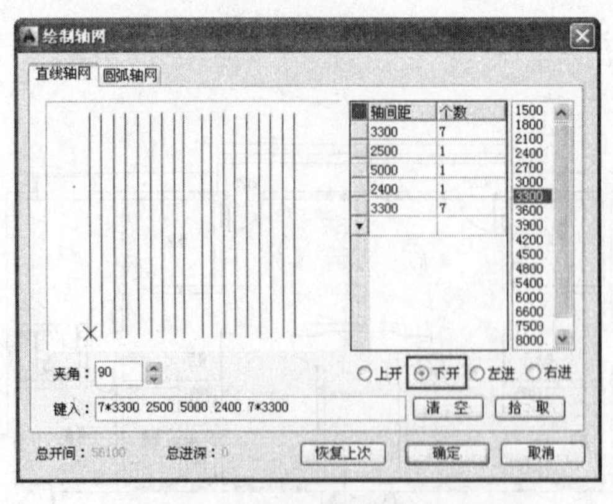

图 11-86 【绘制轴网】对话框 1

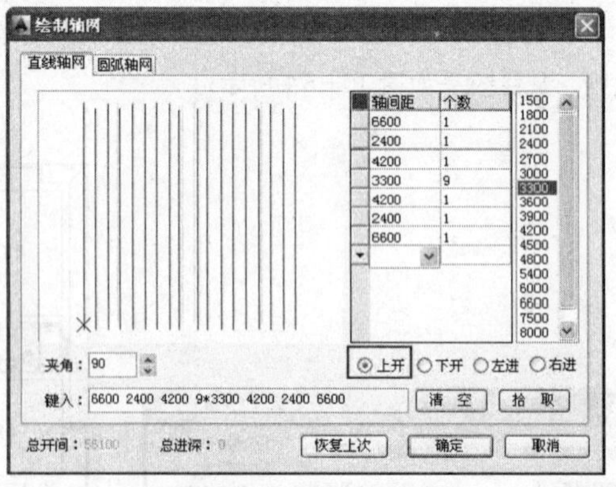

图 11-87 【绘制轴网】对话框 2

```
点取位置或 [转 90 度(A)/左右翻(S)/上下翻(D)/对齐(F)/改转角(R)/改基点(T)]<退出>:
```

/直接在视图中任意位置单击即可创建出轴网图，如图 11-90 所示/

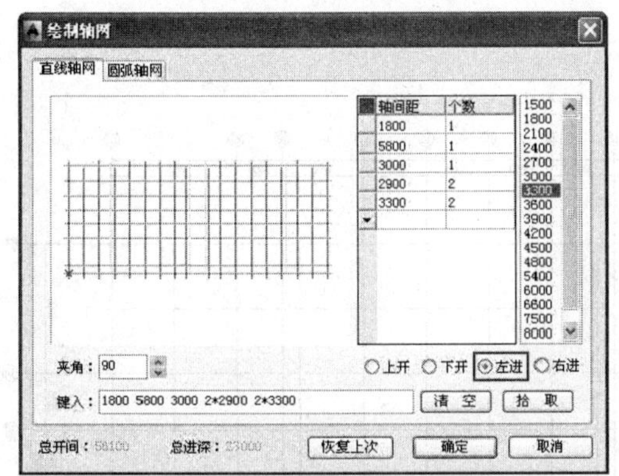

图 11-88　【绘制轴网】对话框 3

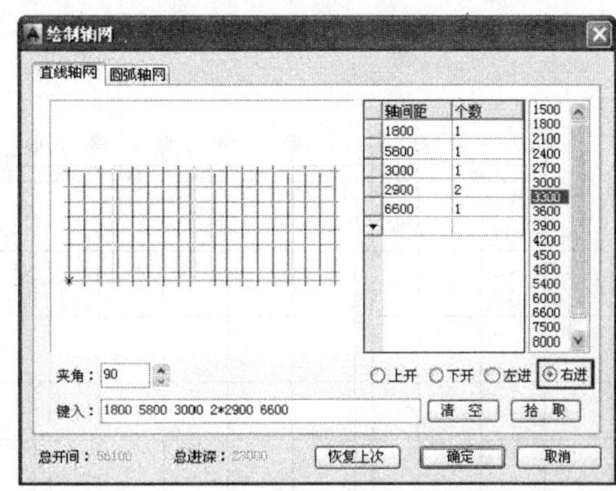

图 11-89　【绘制轴网】对话框 4

02 选择【轴网柱子】|【轴网标注】菜单命令，打开【轴网标注】对话框，设置参数如图 11-91 所示。同时，命令行提示：

请选择起始轴线<退出>:　　　　//单击纵向第一条轴线的下端

请选择终止轴线<退出>:　　　　//单击纵向第二条轴线的下端。此时，系统完成了纵向第一与第二条轴线之间的轴标。选中【共用轴号】复选框，命令行继续上步提示，依次单击第二条轴线下端与第三条轴线下端，第三条与第四条...得到如图 11-92 所示的轴网标注图

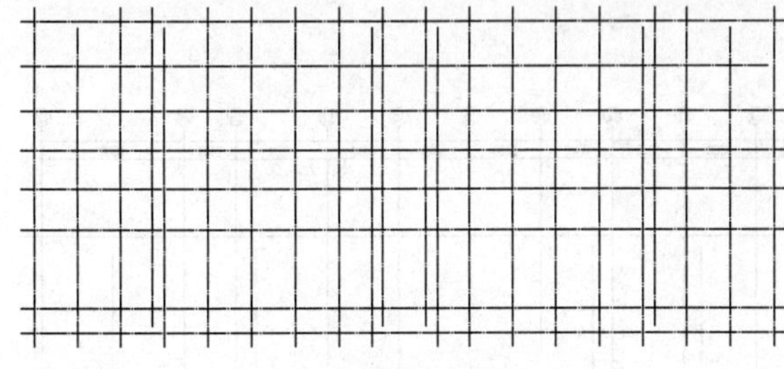

图 11-90　轴网生成图

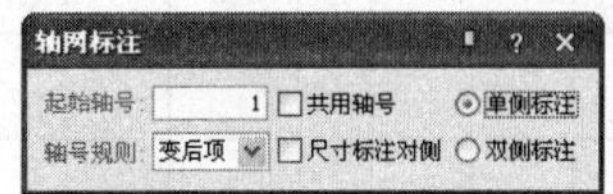

图 11-91　【轴网标注】对话框

2. 绘制柱子

01 选择【轴网柱子】|【添加轴线】菜单命令，单击该命令后，命令行提示：

选择参考轴线 <退出>:　　　　//单击选择 C 号轴线

新增轴线是否为附加轴线?[是(Y)/否(N)]<N>:Y　　　　//输入选项 "Y"

偏移方向<退出>:　　　　//在 C 号轴线下方单击

距参考轴线的距离<退出>:3200↙　　　　//输入 3200 后按回车键，这样就为 B 号轴线添加了一个附加轴线。同样方法，添加多条附加轴线，得到如图 11-93 所示的轴网完成图

02 选择【轴网柱子】|【标准柱】菜单命令，打开【标准柱】对话框，设置矩形标准柱参数如图 11-94 所示，圆形标准柱参数如图 11-95 所示，同时命令行提示：

点取柱子的插入位置<退出>或 [参考点(R)]<退出>:　　　　//在要插入柱子的位置单击

点取柱子的插入位置<退出>或 [参考点(R)]<退出>:　　　　//多次重复选择上述步骤后，按回车键退出命令，得到插入柱子效果如图 11-96 所示

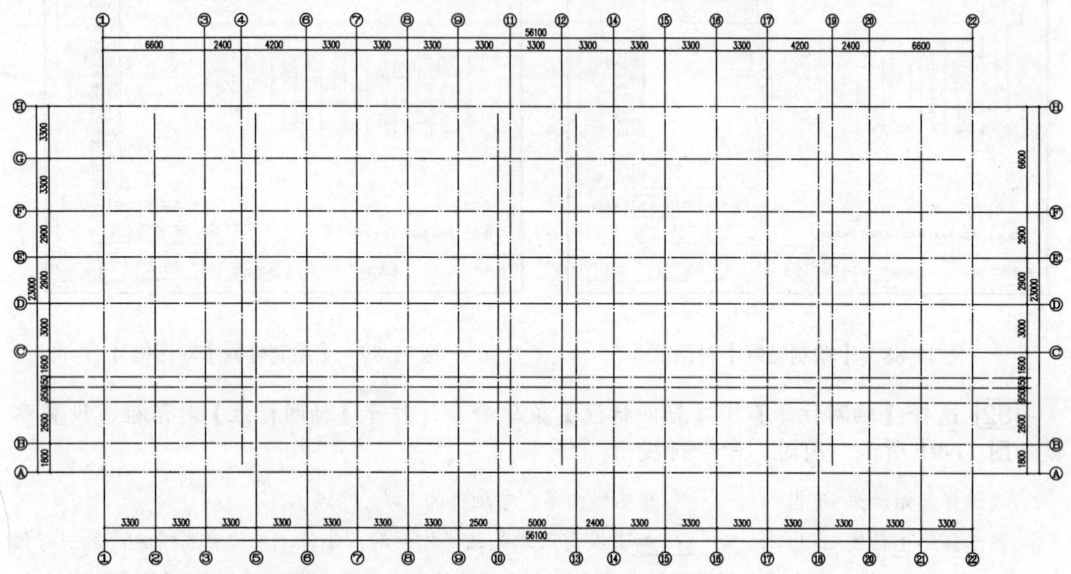

图 11-92　轴网标注图

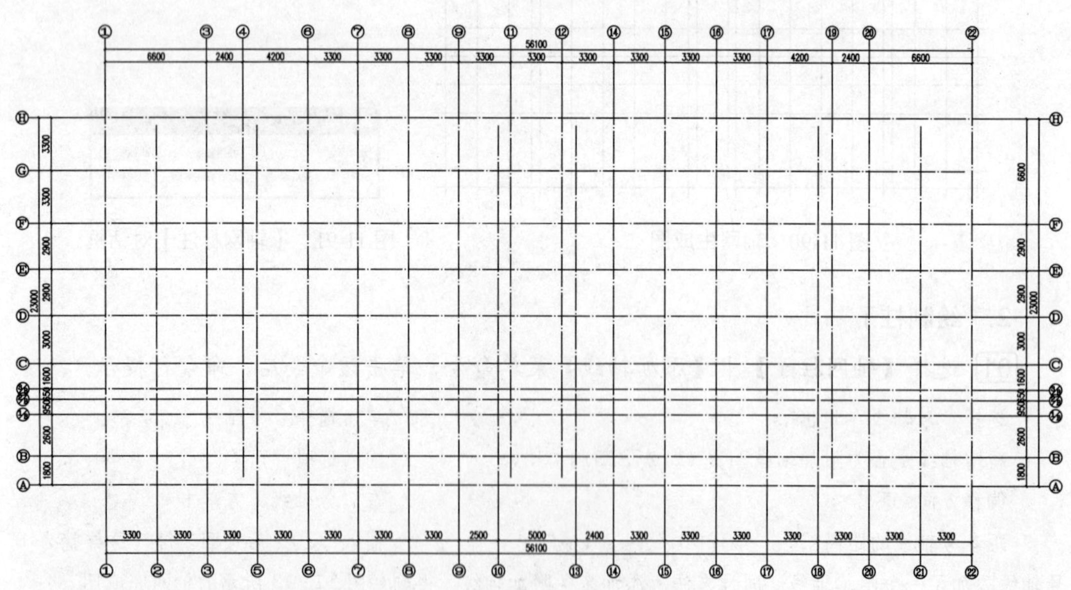

图 11-93　添加轴线图

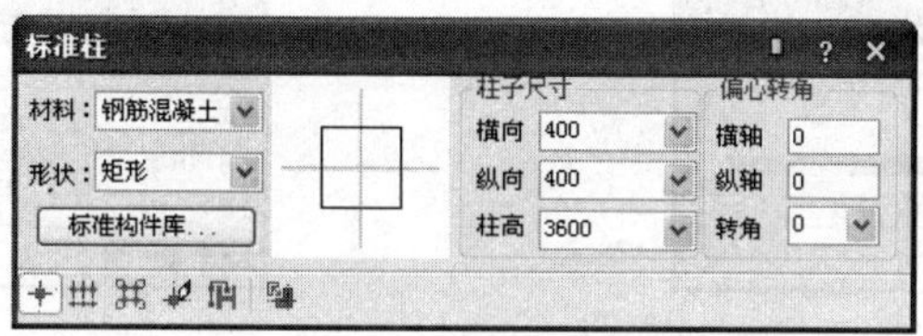

图 11-94　矩形柱参数

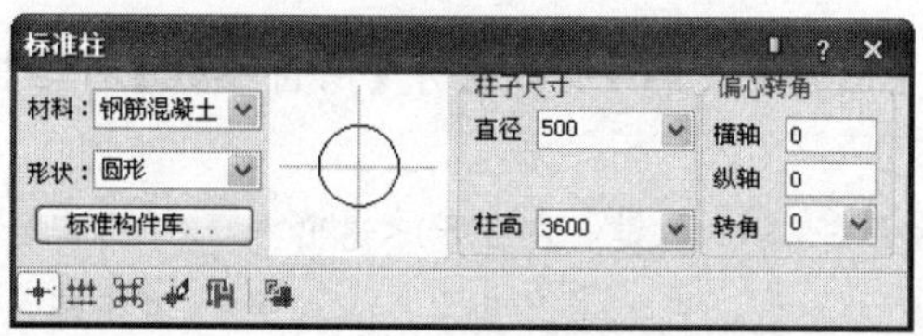

图 11-95　圆形柱参数

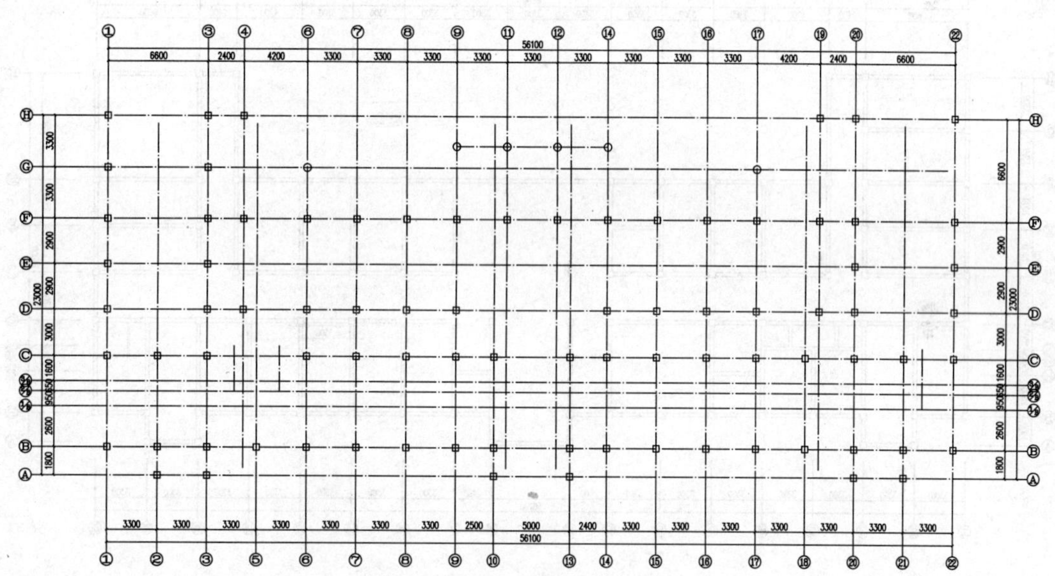

图 11-96　插入柱子

3. 绘制墙体

01 选择【墙体】|【绘制墙体】菜单命令，打开【绘制墙体】对话框，设置参数如图 11-97 所示。依次单击轴线交点绘制墙体。

02 创建完一段连续的墙体后，按回车键，命令行继续提示指定起点，按照上述绘制方法多次绘制墙体。在绘制开水间墙体时，修改【绘制墙体】对话框中参数，如图 11-98 所示，绘制完成后，把轴线隐藏起来，创建得到的该医院的首层墙体效果如图 11-99 所示。

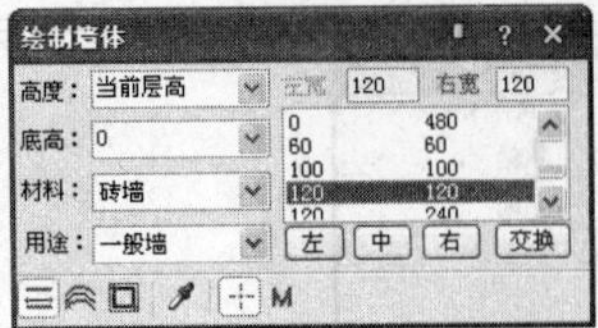

图 11-97 普通墙体参数

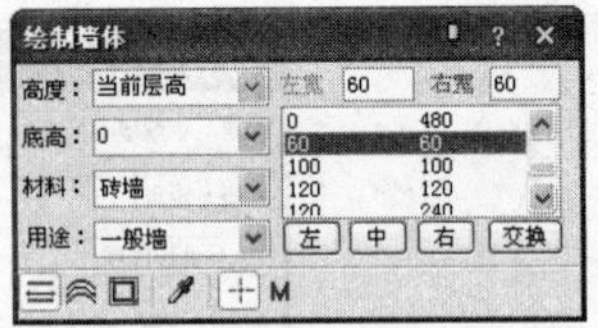

图 11-98 开水间墙体参数

4. 插入门窗

01 选择【门窗】|【门窗】菜单命令，打开【门窗参数】对话框，设置参数如图 11-100 所示。同时，命令行提示：

```
点取门窗大致的位置和开向(Shift键-左右开)<退出>: //单击需要插入窗户的所在墙体
门窗个数(1~2)<1>:↙                           //直接按回车键完成该窗户的创建
```

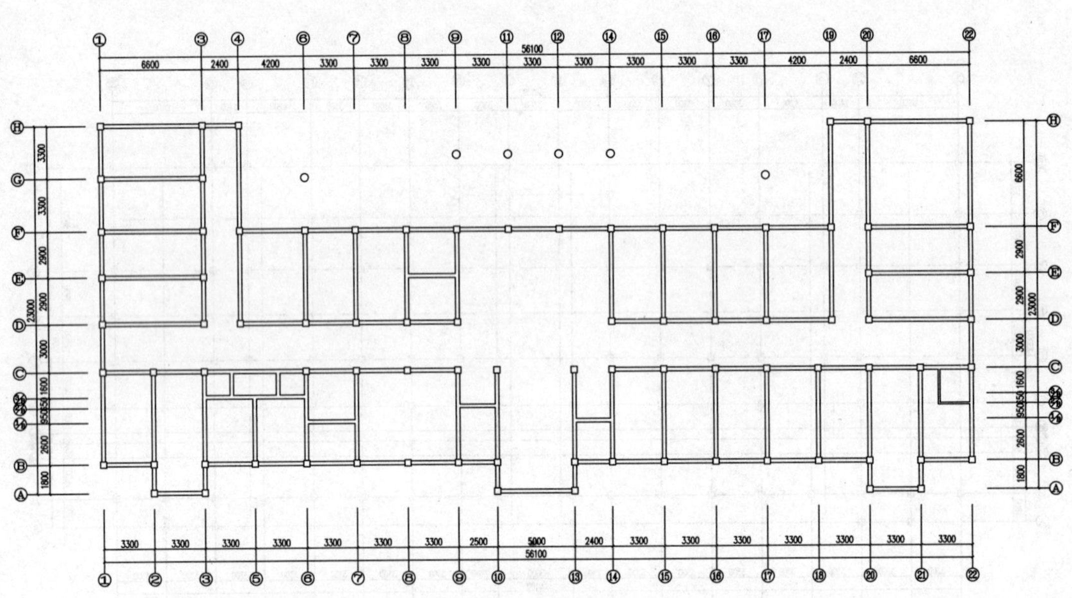

图 11-99 墙体平面图

02 在【门窗参数】对话框设置不同的门窗参数。下面提供了各种不同类型的门、窗、门联窗及门洞参数分别如下： C1824 的参数如图 11-101 所示； C2424 的参数如图 11-102 所示； C2915 的参数如图 11-103 所示； C3815 的参数如图 11-104 所示； M1121 的参数如图 11-105 所示； M0821 的参数如图 11-106 所示； M1521 的参数如图 11-107 所示； M2421 的参数如图 11-108 所示； MC2421 的参数如图 11-109 所示； DK1021 的参数如图 11-110 所示； DK1221 的参数如图 11-111 所示。根据上述对话框参数，并选择不同的插入方式，插入门、窗、门洞及门联窗，得到该医院的门窗平面效果如图 11-112 所示。

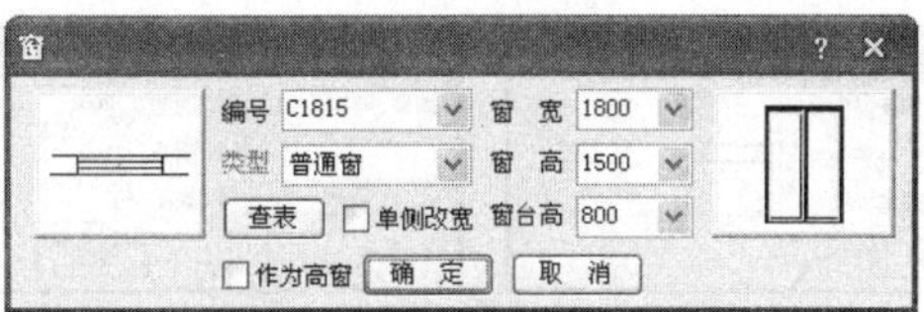

图 11-100　C1815 参数

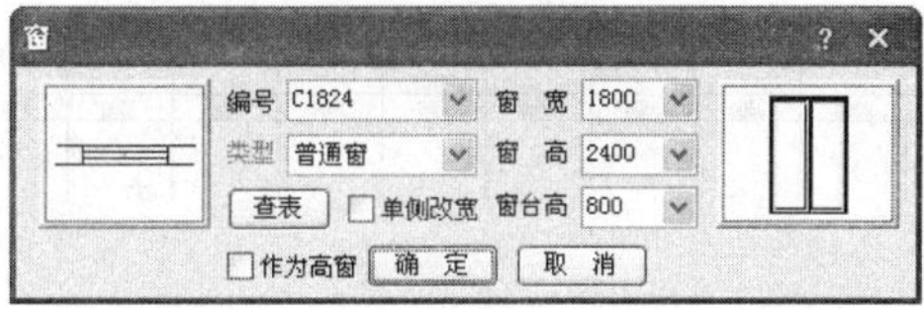

图 11-101　C1824 参数

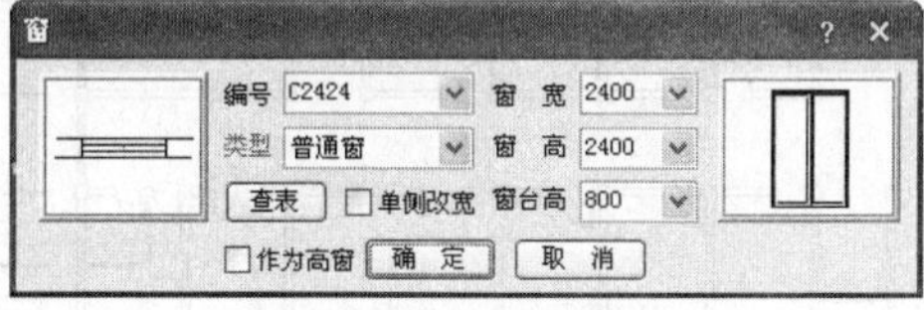

图 11-102　C2424 参数

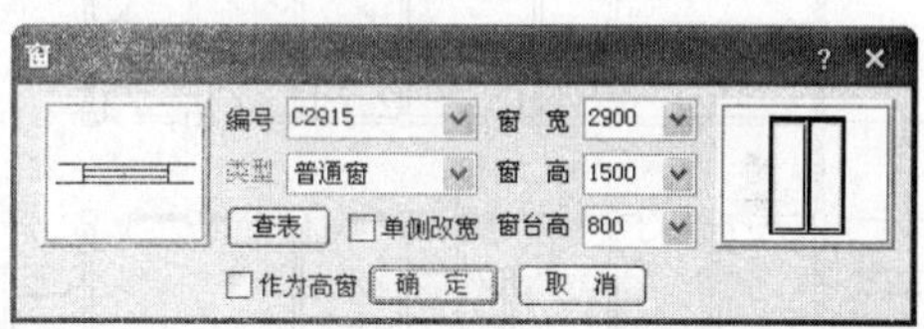

图 11-103　C2915 参数

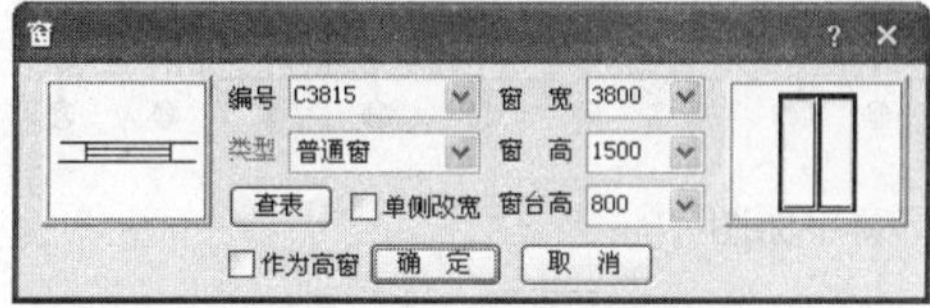

图 11-104　C3815 参数

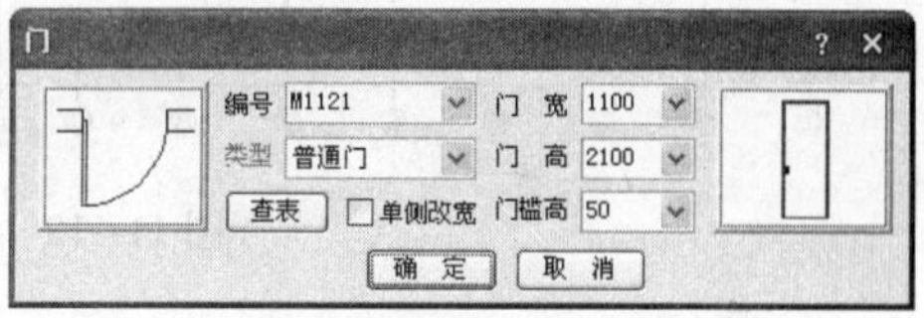

图 11-105　M1121 参数

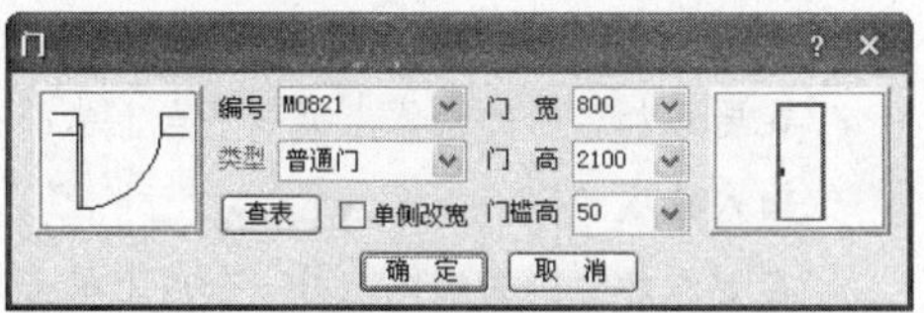

图 11-106　M0821 参数

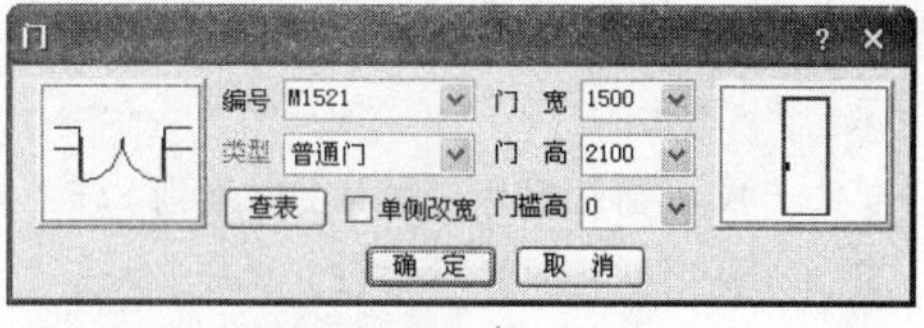

图 11-107　M1521 参数

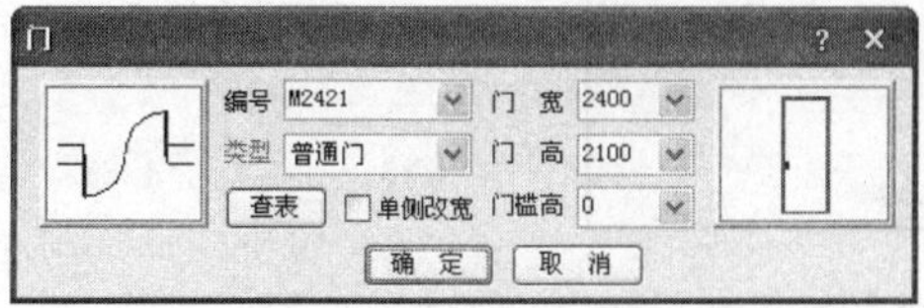

图 11-108　M2421 参数

图 11-109　MC2421 参数

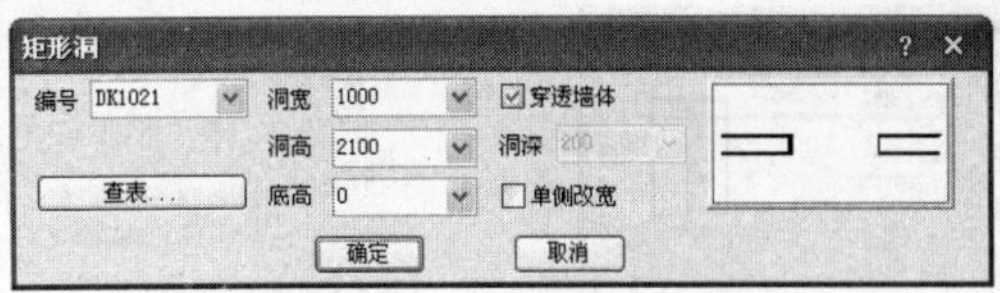

图 11-110　DK1021 参数

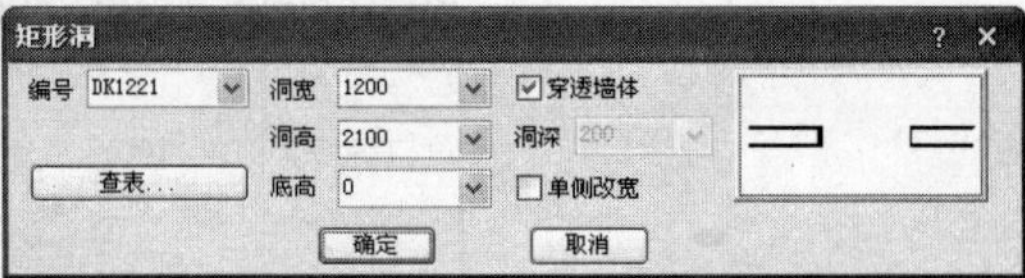

图 11-111　DK1221 参数

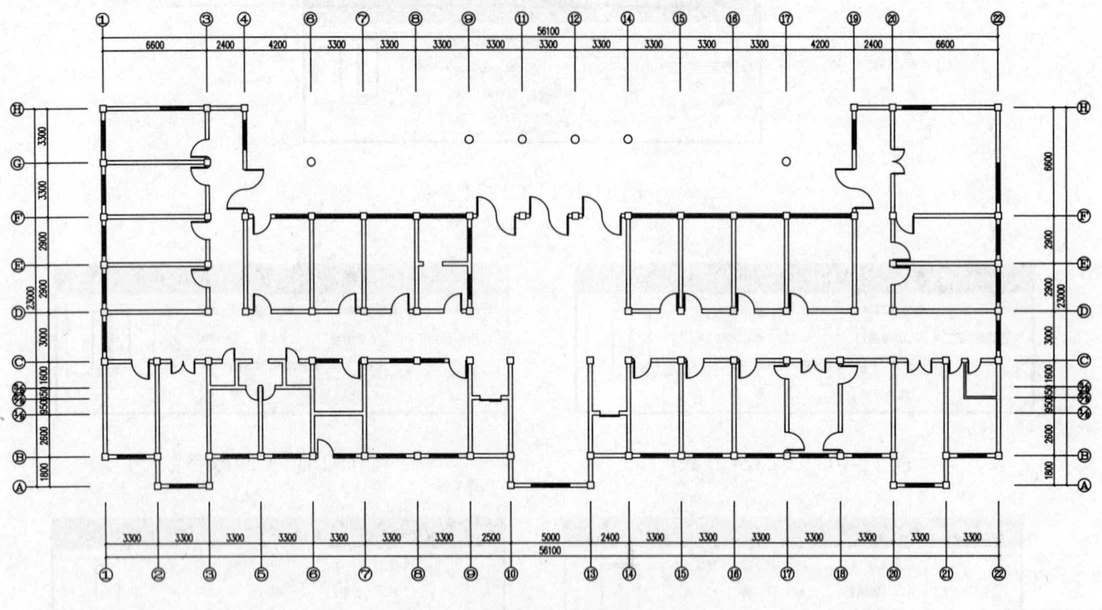

图 11-112　绘制门窗平面图

5. 添加室内外构件

01 选择【楼梯其他】|【台阶】菜单命令，打开【台阶】对话框，设置参数如图 11-113 所示。此时，命令行提示：

```
第一点<退出>:                                //在要添加台阶的墙体上第一个点上单击
第二点或 [翻转到另一侧(F)]<取消>:F            //输入选项"F"
第二点或 [翻转到另一侧(F)]<取消>:              //在要添加台阶的墙体上另一个点上单击
第一点<退出>:                                //按回车键退出命令并完成了该台阶的创建
```

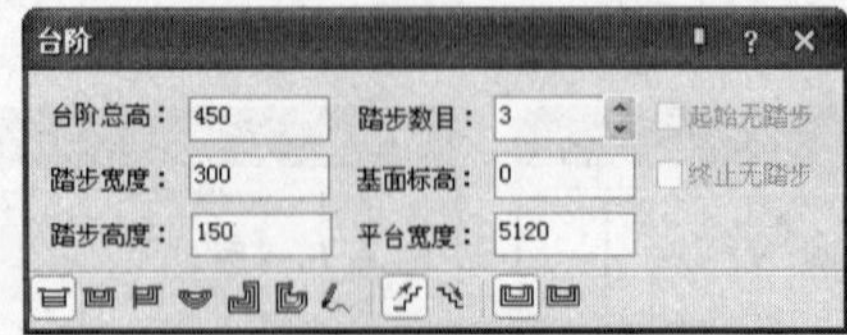

图 11-113　【台阶】对话框

02 选择【楼梯其他】|【散水】菜单命令，打开【散水】对话框，设置参数如图 11-114 所示。此时，命令行提示：

请选择构成一完整建筑物的所有墙体(或门窗)：　　//框选整栋建筑物平面，按回车键退出当前命令，并完成了该散水的创建

散水宽度：	1200	室内外高差：	450	☑绕柱子
				☑绕阳台
偏移距离：	0	☑创建室内外高差平台		☑绕墙体造型

图 11-114　【散水】对话框

03 选择【楼梯其他】|【坡道】菜单命令，选择该命令后，显示了【坡道】对话框，设置参数如图 11-115 所示。单击【确定】按钮，命令行提示：

点取位置或 [转 90 度(A)/左右翻(S)/上下翻(D)/对齐(F)/改转角(R)/改基点(T)]<退出>:A

/输入选项 "A" /

点取位置或 [转 90 度(A)/左右翻(S)/上下翻(D)/对齐(F)/改转角(R)/改基点(T)]<退出>:T

/输入选项 "T" /

输入插入点或 [参考点(R)]<退出>:

/单击坡道的左下角点/

点取位置或 [转 90 度(A)/左右翻(S)/上下翻(D)/对齐(F)/改转角(R)/改基点(T)]<退出>:

/在散水转角点位置单击即可完成该坡道的创建。同样方法，设置另一坡道的参数，完成另一个坡道的创建，得到该医院的台阶、散水及坡道平面图如图 11-116 所示/

坡道长度：	2400	☑左边平齐
坡道高度：	450	☐右边平齐
坡道宽度：	1980	☑加防滑条
边坡宽度：	200	
坡顶标高：	0	

图 11-115　【坡道】对话框

04 选择【楼梯其他】|【双跑楼梯】菜单命令，打开【双跑楼梯】对话框，设置 I 号楼梯间的参数如图 11-117 所示。单击【确定】按钮，命令行提示：

点取位置或 [转 90 度(A)/左右翻(S)/上下翻(D)/对齐(F)/改转角(R)/改基点(T)]<退出>:D

/输入选项 "D" /

点取位置或 [转 90 度(A)/左右翻(S)/上下翻(D)/对齐(F)/改转角(R)/改基点(T)]<退出>:

/在要创建楼梯的墙角处单击即可完成该楼梯的创建/

05 同样方法，设置 II 号楼梯间的参数如图 11-118 所示，单击【确定】按钮，用户根据上述方法，创建出两个 II 号楼梯，得到如图 11-119 所示楼梯的平面图。

06 选择【楼梯其他】|【电梯】菜单命令，打开【电梯参数】对话框，设置参数如图 11-120 所示。同时命令行提示：

请给出电梯间的一个角点或 [参考点(R)]<退出>:　　//单击墙体的第一个角点

再给出上一角点的对角点:　　//单击墙体的另一个对角点

```
请点取开电梯门的墙线<退出>:                    //单击要设门的墙体线
请点取平衡块的所在的一侧<退出>:                //单击墙体线的相对的一侧
请点取其他开电梯门的墙线<无>:↙                //按回车键退出，完成该电梯的创建
```

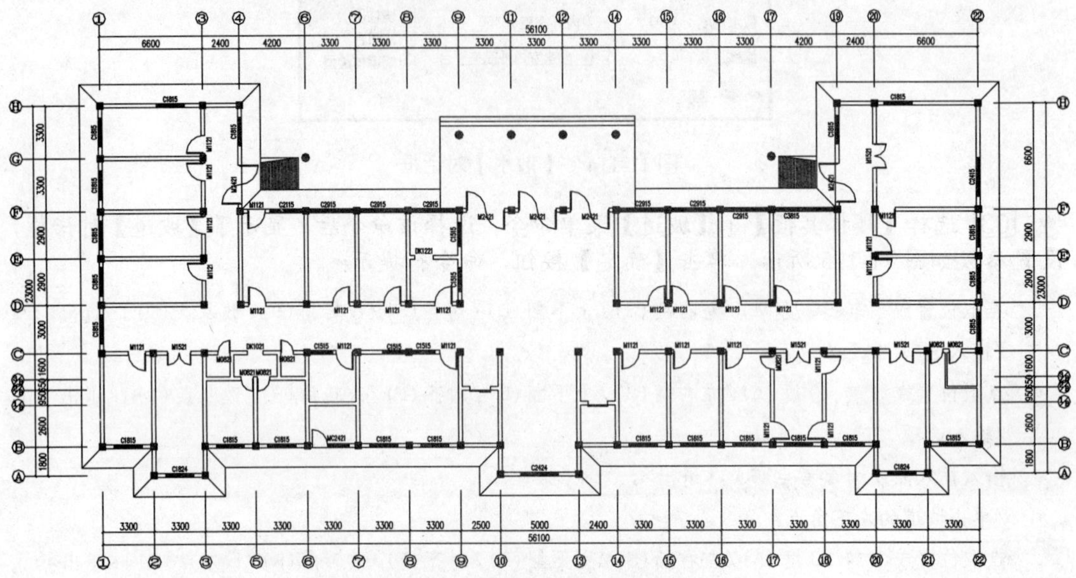

图 11-116　创建台阶、散水及坡道

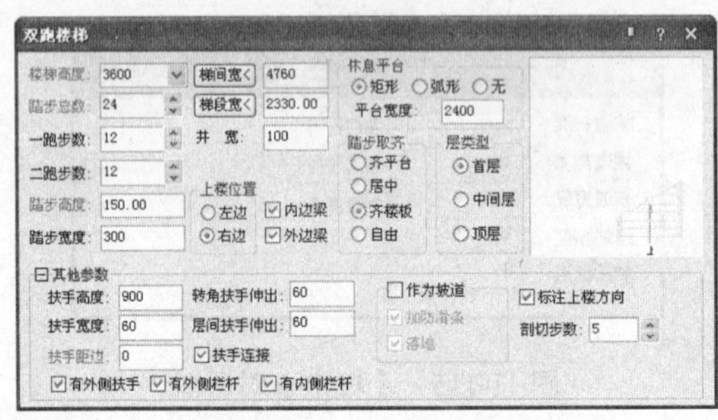

图 11-117　I 号楼梯参数

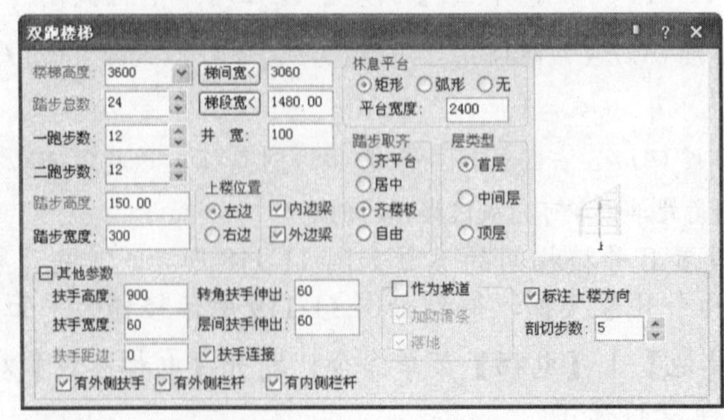

图 11-118　II 号楼梯参数

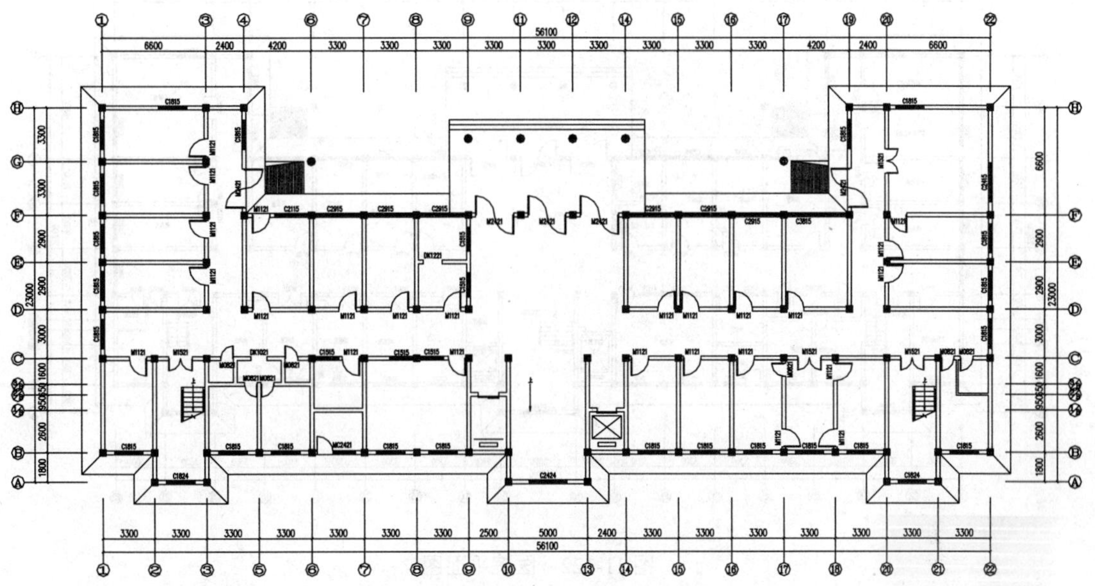

图 11-119　创建楼梯

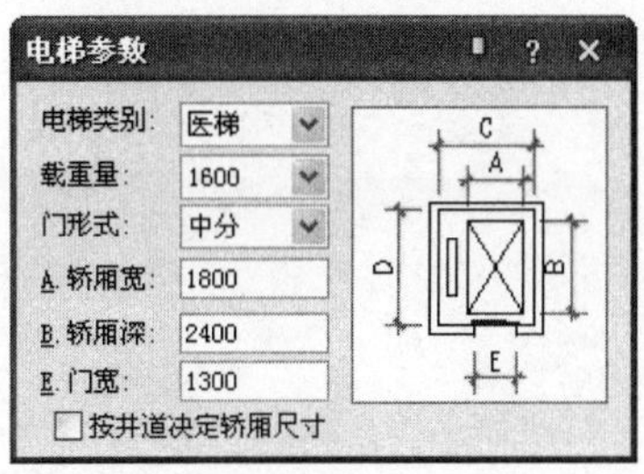

图 11-120　医梯参数

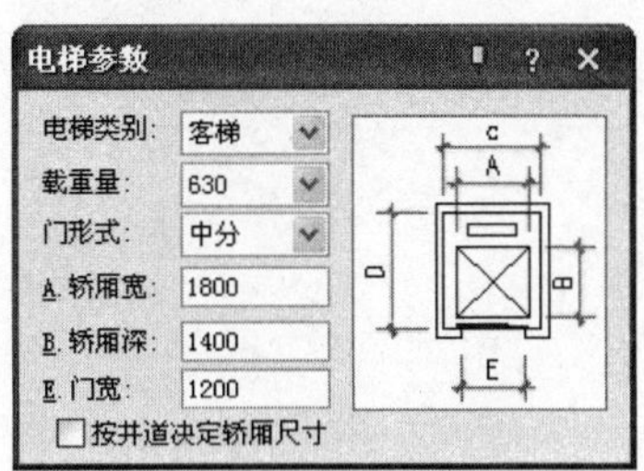

图 11-121　客梯参数

07 选择【楼梯其他】|【电梯】菜单命令，打开【电梯参数】对话框，设置客梯参数如图 11-121 所示。同样方法完成客梯的创建。利用文字工具，为该医院平面图加入文字，在这里就不再作详细介绍了，最后得到该医院的平面图如图 11-122 所示。

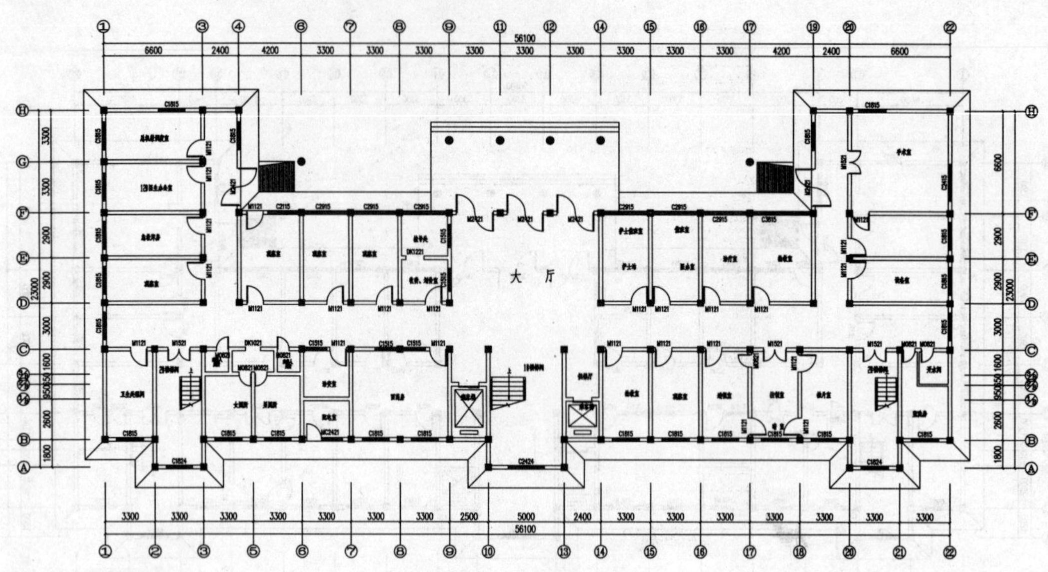

图 11-122　医院平面图

第12章 创建立面图及剖面图

本章导读 建筑设计师在绘制好一套建筑平面图以后，还需要绘制出建筑立面图和剖面图，来清晰表达建筑物的细节内容。天正建筑立面图、剖面图是通过本工程多个平面图中的参数，建立三维模型后进行消隐而获得的二维图形，它除了符号与尺寸标注对象及门窗图块是天正自定义对象外，其他图形都是由 AutoCAD 的基本对象组成。

本章重点

★绘制立面图
★加深与编辑立面图
★绘制剖面图
★加深剖面图
★剖面楼梯与栏杆
★修饰剖面图
★综合实例：创建欧式住宅立面图
★综合实例：创建欧式住宅剖面图

12.1 绘制立面图

建筑立面图是指平行于建筑立面的投影，它表现了建筑物的外观造型及风格特征等。在本节中，将介绍如何利用 TArch 2014 绘制立面图以及立面图的编辑方法。

12.1.1 立面生成与工程管理的关系

在 TArch 2014 当中，立面生成由【工程管理】功能来实现。如果用户没有建立工程项目，当启动【建筑立面】命令时，软件会显示出【新建工程项目】提示框，如图 12-1 所示。

选择【文件布图】|【工程管理】菜单命令，打开【工程管理】对话框，如图 12-2 所示。它包括【工程管理】、【图纸】、【楼层】及【属性】4 个选项参数。单击【工程管理】下拉列表，显示出【工程管理】下拉列表菜单选项，如图 12-3 所示。选择【新建工程】命令，可以打开【另存为】对话框，用户按照提示即可新建一个工程项目。

图 12-1 “AutoCAD”信息提示框

图 12-2 【工程管理】对话框

图 12-3 工程管理选项

用户通过【工程管理】对话框来定义平面图与楼层的关系，TArch 2014 支持如下两种楼层定义方式。第一，将每层平面设计中独立的 DWG 文件放置在同一个文件夹中，并确定每一个楼层都有相同的对齐点，如开间与进深轴线的第一轴线交点都在原点（0，0），对齐点是 DWG 作为图块插入的基点；第二，允许多个平面图绘制在同一个 DWG 文件中，然后在楼层的电子表格中分别为各自然层在 DWG 中指定标准层平面图，同时也允许部分标准层平面图通过其他 DWG 文件指定，这样提高了工程管理的灵活性。

12.1.2 建筑立面图

【建筑立面】命令按照【工程管理】命令中的数据库楼层表格数据，一次生成多层建筑立面，也可以只生成单层建筑立面。

选择【立面】|【建筑立面】菜单命令，命令行提示：

请输入立面方向或 [正立面(F)/背立面(B)/左立面(L)/右立面(R)]<退出>:

/直接输入方向中直线的两点或者按选项提示输入字母方向/

请选择要出现在立面图上的轴线:

/选择要出现在立面图上的轴线/

请选择要出现在立面图上的轴线：↙

/按回车键结束选择/

此时系统打开【立面生成设置】对话框，如图 12-4 所示。如果当前楼层工程管理界面有正确的楼层定义时，单击【生成立面】按钮，系统会立即显示【输入要生成的文件】对话框，如图 12-5 所示。输入要保存的文件名以后，单击【保存】按钮，即可保存要生成的立面文件，并打开当前生成的立面文件。选择【建筑立面】命令前必须先选择存盘，否则无法对存盘后更新的对象创建立面。

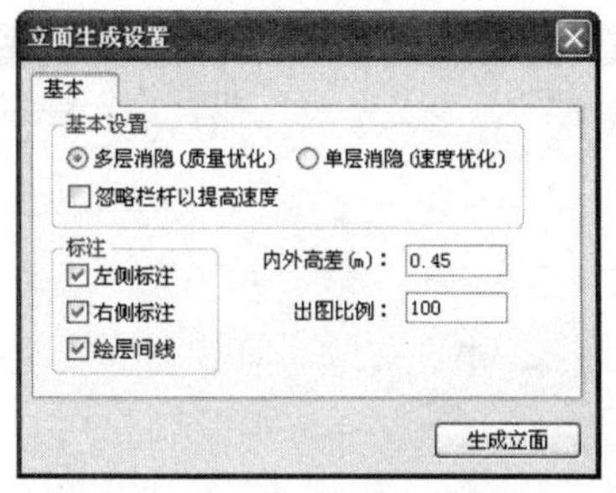

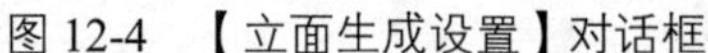

图 12-4　【立面生成设置】对话框

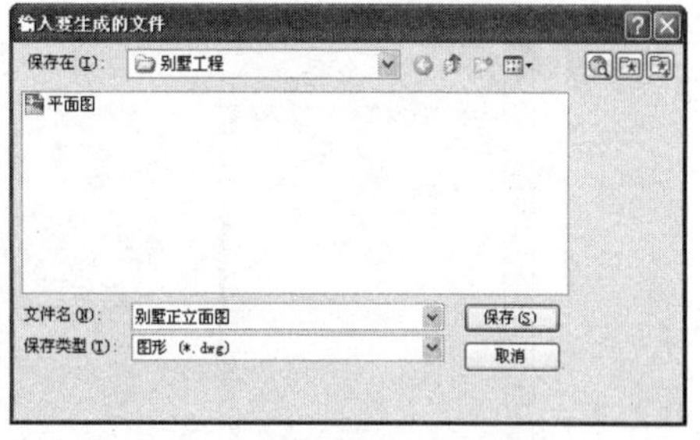

图 12-5　【输入要生成的文件】对话框

【立面生成设置】对话框中各选项解释如下：

➢ 多层消隐/单层消隐："多层消隐"主要考虑到两个相邻楼层的消隐，速度较慢，但可考虑楼梯扶手等伸入上层的情况，消隐精度比较好。而"单层消隐"则相反。
➢ 忽略栏杆以提高速度：勾选此复选框，将忽略复杂栏杆的生成，可以优化计算，提高速度。
➢ 左侧标注/右侧标注：是否标注立面图左右两侧的竖向标注，含楼层标高和尺寸。
➢ 绘层间线：楼层之间的水平横线是否绘制。
➢ 内外高差：室内地面与室外地坪的高。
➢ 出图比例：立面图的打印出图比例。

以图 12-6 所示平面图生成立面图。

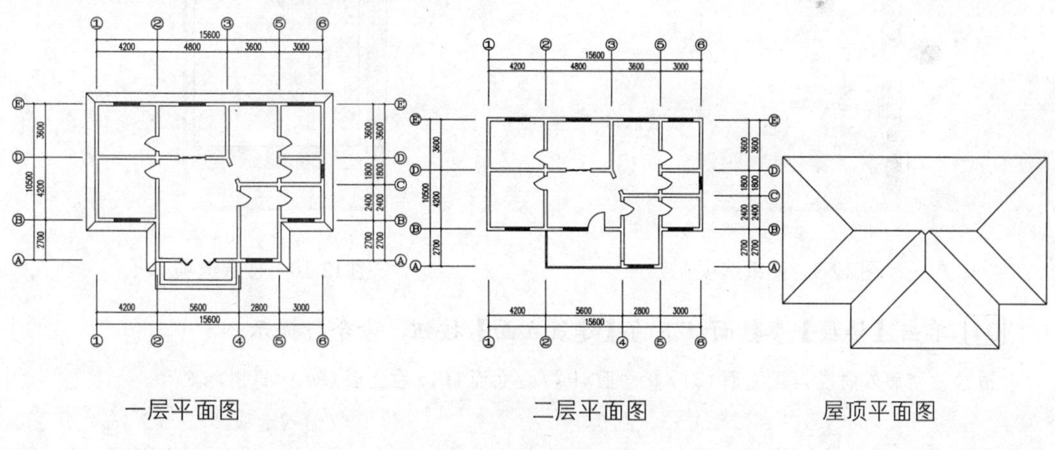

图 12-6　平面图

操作步骤：

01 把上述三个平面分别建立在三个不同的 DWG 文件当中，并且把 A 轴线与 1 轴线的交点都定位在（0，0）（即原点）上。

02 选择【文件布图】|【工程管理】菜单命令，打开【工程管理】对话框，如图 12-7 所示。在【工程管理】下拉列表框中，选择【新建工程】选项，打开【另存为】对话框，

选定存储路径，如图 12-8 所示，单击【确定】按钮即可新建一个工程项目。

图 12-7 【工程管理】对话框

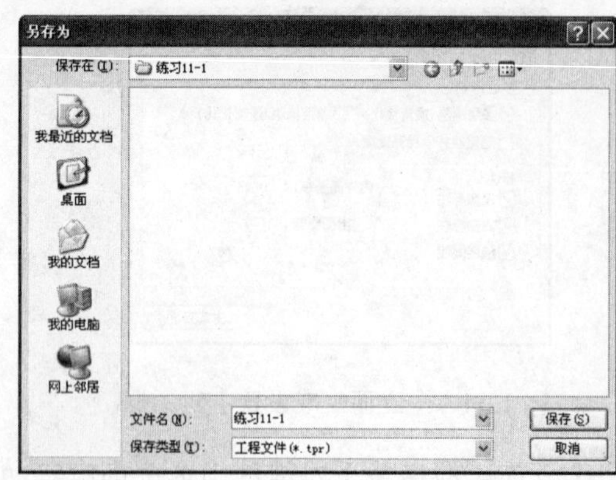

图 12-8 【另存为】对话框

03 在【工程管理】对话框中，此时【图纸】选项栏内显示了该工程项目的所有图样，如图 12-9 所示。单击【楼层】选项，显示了【楼层】参数面板，设置参数如图 12-10 所示。

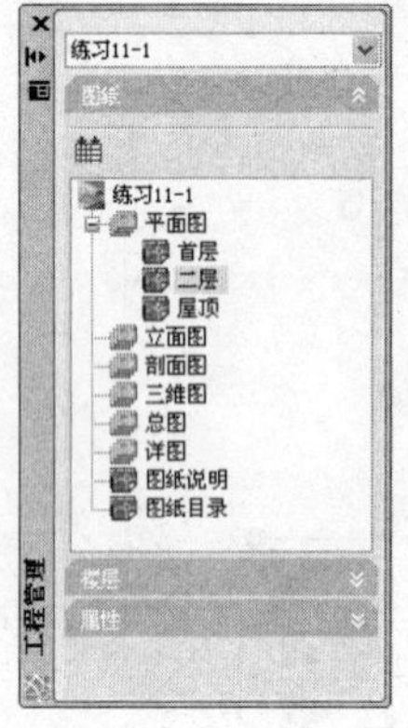

图 12-9 图纸选项

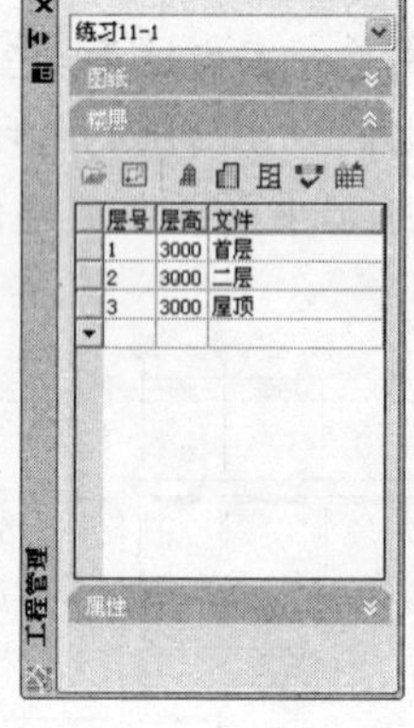

图 12-10 楼层选项

04 单击【楼层】参数面板下的【建筑立面】按钮，命令行提示：

```
请输入立面方向或 [正立面(F)/背立面(B)/左立面(L)/右立面(R)]<退出>:F
                                                    //输入选项“F”
请选择要出现在立面图上的轴线:                       //单击选取 1 轴线
请选择要出现在立面图上的轴线:                       //按住 Shift 键，选取 6 轴线
请选择要出现在立面图上的轴线:↙                     //按回车键结束选择
```

05 系统打开【立面生成设置】对话框，设置参数如图 12-11 所示。单击【生成立面】按钮，打开【输入要生成的文件】对话框，如图 12-12 所示。在该对话框中，输入文件名后，单击【保存】按钮，即可创建出正立面的 DWG 文件，并自动打开该文件，得到图 12-13 所示的正立面图。

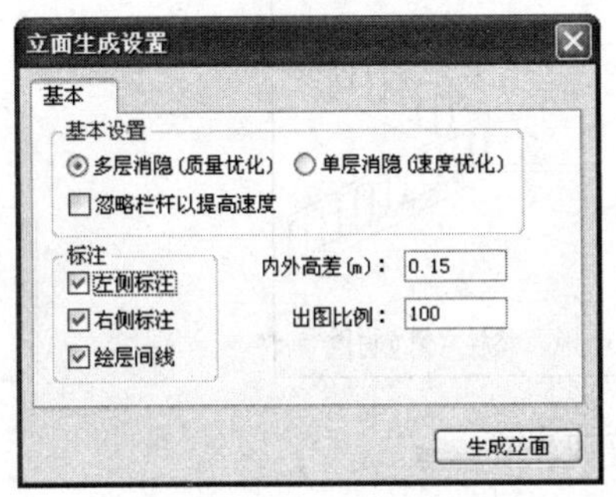

图 12-11 【立面生成设置】对话框

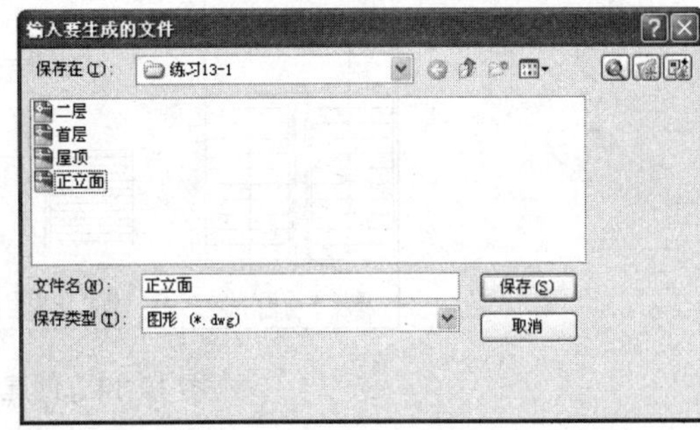

图 12-12 【输入要生成的文件】对话框

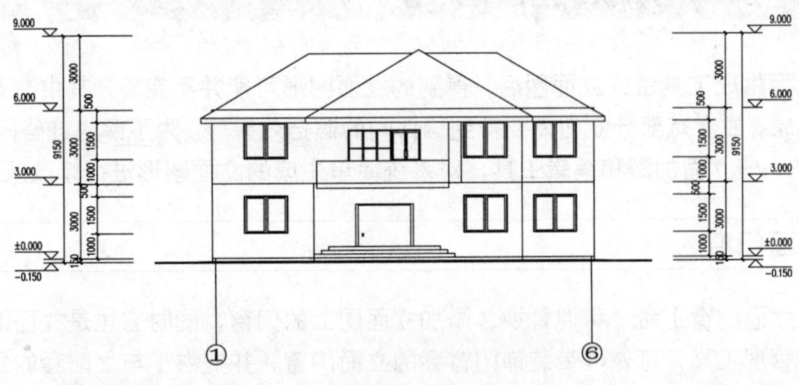

图 12-13 正立面图

12.1.3 构件立面图

【构件立面】命令用于生成当前标准层、局部构件以及三维图块对象在指定方向上的立面图与顶视图。生成的立面图内容取决于选定对象的三维图形。【构件立面】命令按照三维视图对指定方向进行消隐计算，优化的算法使立面生成快速而准确，生成立面图的图层名为原构件图层名加 E-前缀。

选择【立面】|【构件立面】菜单命令，命令行提示：

请输入立面方向或 [正立面(F)/背立面(B)/左立面(L)/右立面(R)/顶视图(T)]<退出>:

/输入要生成立面的选项字母，命令行自动进入下一步提示/

请选择要生成立面的建筑构件:

/单击构件平面对象/

请选择要生成立面的建筑构件:

/按回车键结束选择/

请点取放置位置:

/拖动生成后的立面图，在合适的位置单击插入，即可完成构件立面的创建/

图 12-14 所示是创建楼梯构件立面的实例。

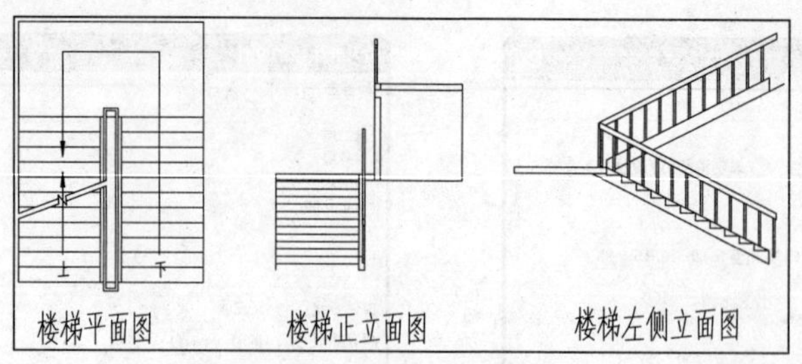

图 12-14　创建楼梯立面实例

12.2 加深与编辑立面图

利用立面生成工具生成立面图后，得到的立面图形可能并不完善，其中有部分内窗需要加深和编辑，或者有部分立面需要得到构件间的遮挡效果等。为了解决这些问题，TArch 2014 提供了一些立面加深和编辑工具，对系统简单生成的立面图形进行修改及完善。

12.2.1 立面门窗

使用【立面门窗】命令可以替换、添加立面图上的门窗，同时它也是立面图、剖面图的门窗图块管理工具，可处理带装饰门窗套的立面门窗，并提供了与之配套的立面门窗图库。选择【立面】|【立面门窗】菜单命令，打开【天正图库管理系统】窗口，如图 12-15 所示。

1. 替换已有门窗

当选中所需要的门窗图标后，单击工具栏上的 (替换)按钮，可以替换图中已有的门窗，此时【天正图库管理系统】窗口消失，命令行提示：

```
选择图中将要被替换的图块!
选择对象：                              //选择需要替换的门窗图块
选择对象：↙                             //按回车键结束选择，软件就完成了门窗的替换
```

2. 直接插入门窗

当在【天正图库管理系统】窗口中双击门窗图标，可以直接在视图中插入门窗。双击门窗图标后，【天正图库管理系统】窗口消失，显示出【图块编辑】对话框，如图 12-16 所示，同时命令行提示：

```
点取插入点[转 90(A)/左右(S)/上下(D)/对齐(F)/外框(E)/转角(R)/基点(T)/更换(C)]<退出>:
```

/直接在视图中单击插入门窗，或者按选项提示操作/

3. 其他操作

当在命令行输入选项 E 时，命令行继续提示：

```
第一个角点或 [参考点(R)]<退出>:
/单击窗孔矩形的第一个点/
另一个角点:
/拖动单击窗孔矩形的另一个对角点，这样就完成了一个门窗的创建/
```

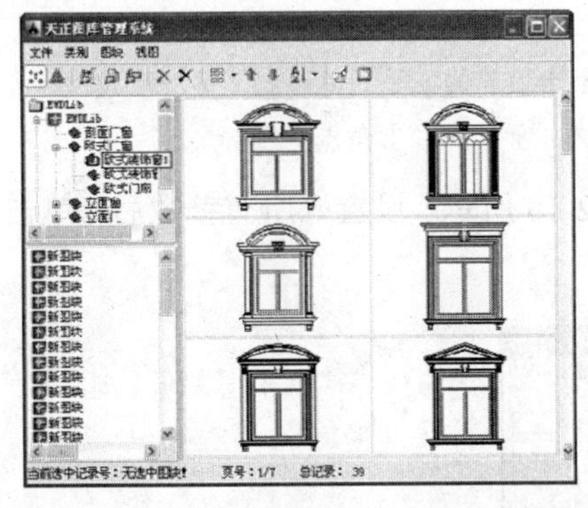

图 12-15　“天正图库管理系统”窗口

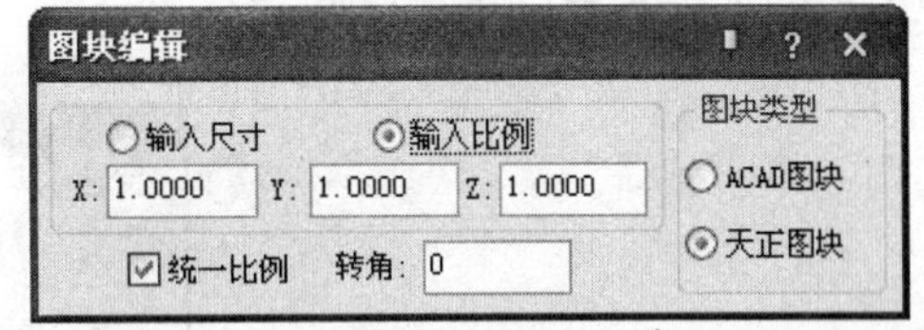

图 12-16　【图块编辑】对话框

当在命令行输入选项 C 时，命令行就变成了替换门窗命令，和工具栏中替换命令相同，其他的选项表示改变该门窗的位置变化，在这里就不再作详细介绍了，如图 12-17 所示是一个替换门窗的实例。

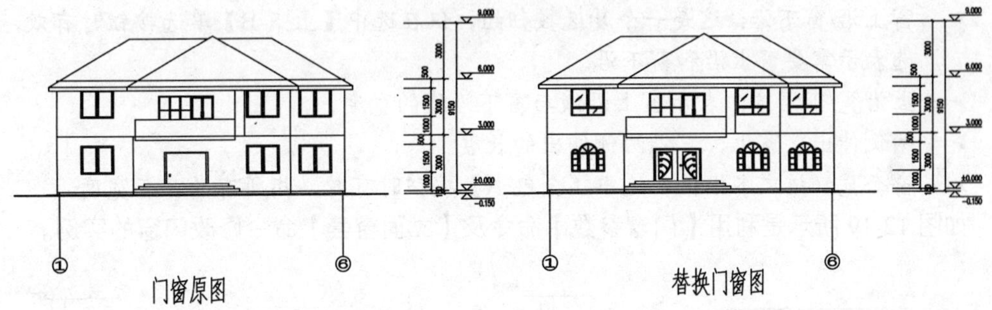

图 12-17　替换门窗实例

12.2.2 门窗参数

【门窗参数】命令把已经生成的立面门窗尺寸以及门窗底标高值作为默认值，用户修改立面门窗尺寸，系统按尺寸更新所选门窗。选择【立面】|【门窗参数】菜单命令，单击该命令后，命令行提示：

```
选择立面门窗:              //选择要修改尺寸的门窗
选择立面门窗:↙             //按回车键结束选择
底标高<9888>:↙   //需要时输入新的门窗底标高，从地面起算
高度<1751>: ↙    //输入新的数值后按回车键
```

宽度<2550>:↙　　//输入新的数值后按回车键，各个选择的门窗均以底部中点为基点对称更新

12.2.3 立面窗套

【立面窗套】命令可以为已有的立面窗创建全包的窗套或者窗楣线和窗台线。选择【立面】|【立面窗套】菜单命令，命令行提示：

请指定窗套的左下角点 <退出>:　　//单击窗户的左下角点
请指定窗套的右上角点 <推出>:　　//单击窗户的右上角点

此时，系统打开【窗套参数】对话框，如图 12-18 所示。设置好所有参数后，单击【确定】按钮，软件自动完成了窗套的添加。

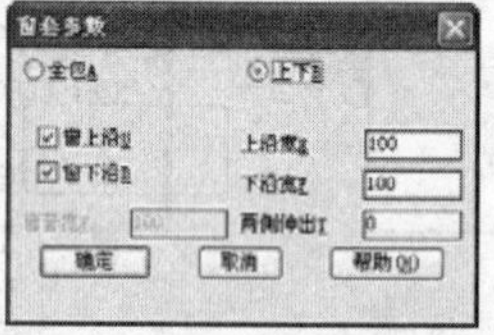

图 12-18　【窗套参数】对话框

【窗套参数】对话框中各选项解释如下：

- 全包/上下：全包单选按钮是指环窗四周创建矩形封闭窗套；上下单选按钮是指在窗的上下方分别生成窗上沿与窗下沿。
- 窗上沿/窗下沿：这是一个复选按钮组，仅在选中【上下 B】单选按钮时有效，勾选表示需要窗上沿和窗下沿。
- 上沿宽/下沿宽：表示窗上沿线与窗下沿线的宽度。
- 两侧伸出：窗上、下沿两侧伸出的长度。
- 窗套宽：该文本框仅在选中【全包 A】按钮时有效，指所有的窗套宽度。

如图 12-19 所示是利用【门窗参数】命令及【立面窗套】命令修改门窗的实例。

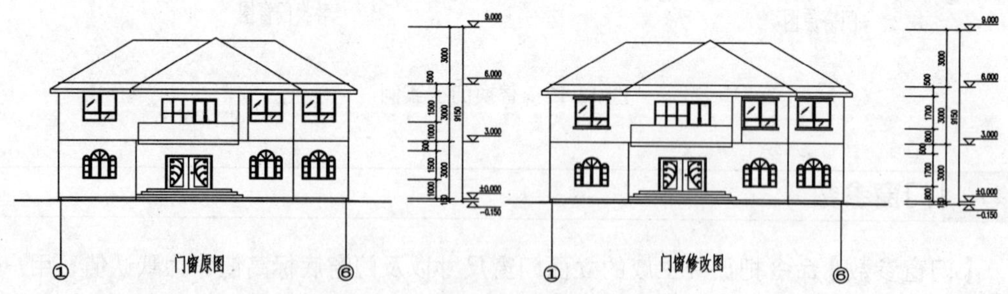

图 12-19　门窗参数及立面窗套实例

12.2.4 立面阳台

【立面阳台】命令用于替换、添加立面图上阳台的样式，同时也是对立面阳台图块的

管理的工具。

选择【立面】|【立面阳台】菜单命令，打开【天正图库管理系统】窗口，在该窗口中提供了多种阳台样式供用户选择，也包括阳台的各个立面图，如图 12-20 所示。在该窗口中双击要插入的阳台图标，打开【图块编辑】对话框，如图 12-21 所示。同时，命令行提示：

```
点取插入点[转 90(A)/左右(S)/上下(D)/对齐(F)/外框(E)/转角(R)/基点(T)/更换(C)]<退出>:
```

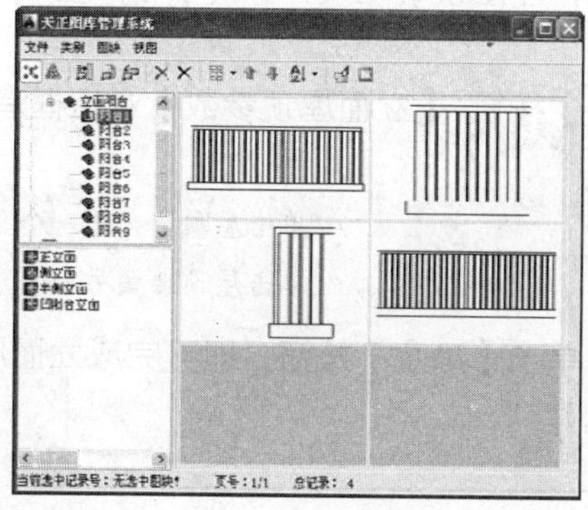

图 12-20　“天正图库管理系统”窗口

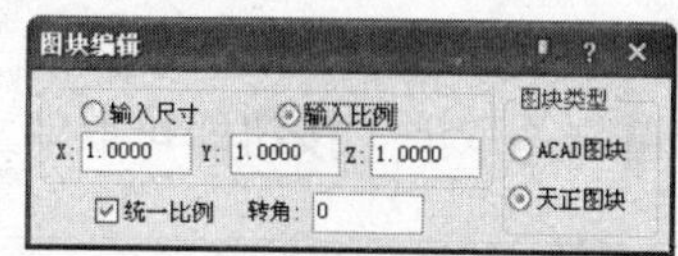

图 12-21　【图块编辑】对话框

12.2.5 立面屋顶

【立面屋顶】命令主要用于绘制包括平屋顶、单坡屋顶、双坡屋顶、四坡屋顶与歇山屋顶的正立面和侧立面、组合的屋顶立面、一侧与其他物体（墙体或另一屋面）相连接的不对称屋顶。

选择【立面】|【立面屋顶】菜单命令，打开【立面屋顶参数】对话框，如图 12-22 所示。

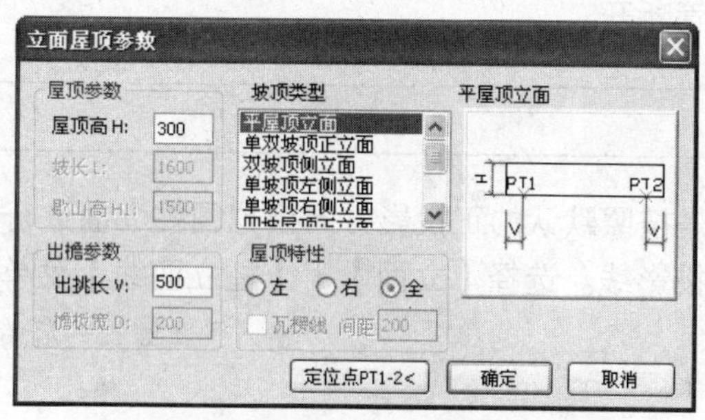

图 12-22　【立面屋顶参数】对话框

【立面屋顶参数】对话框各参数解释如下：

- 屋顶高：各种屋顶的高度，即从基点到屋顶最高处的距离。
- 坡长：坡屋顶倾斜部分的水平投影长度。

- 歇山高：歇山屋顶垂直段的高度。
- 出挑长：屋面挑出墙面的长度。
- 檐板宽：坡屋顶屋面板的厚度。
- 屋顶特性："左""右"以及"全"三个单选按钮默认是左右对称出挑，如果一侧相接于其他墙体或屋顶，应取消选中"左"或"右"单选按钮。
- 坡顶类型：提供了各种屋顶的类型，单击可以选中该屋顶类型，系统跳转到该坡顶参数。
- 瓦楞线：勾选此复选框，表示绘制瓦楞线，即屋顶填充线，并要求输入直线间距值。

设置完上述参数以后，单击【定位点 PT1-2 < 】按钮，【立面屋顶参数】对话框消失，命令行提示：

```
请点取墙顶角点 PT1 <返回>:                    //单击屋顶墙角第一个顶点
请点取墙顶另一角点 PT2 <返回>:                  //单击屋顶墙角另一个顶点
```

此时，系统返回【立面屋顶参数】对话框中，单击【确定】按钮，即可完成立面屋顶的创建，单击【取消】按钮即可取消立面屋顶的创建。

12.2.6 雨水管线

【雨水管线】命令用于在立面图中按指定的位置生成竖直向下的雨水管。选择【立面】|【雨水管线】菜单命令，命令行提示：

```
请指定雨水管的起点[参考点(P)]<起点>:    //单击雨水管的起点或输入"P"单击参考点
请指定雨水管的终点[参考点(P)]<终点>:    //单击雨水管的终点或输入"P"单击参考点
请指定雨水管的管径 <100>:↙              //输入管径后按回车键，即可完成雨水管线的创
建
```

在不容易直接定位时，往往需要找到一个已知点作为参考点，给出与起点或终点的相对位置，这样就完成了雨水管的创建，系统即在上面两点间竖向画出平行的雨水管，其间的墙面分层线均被雨水管断开。

12.2.7 柱立面线

【柱立面线】命令是按照默认的正投影方向模拟圆柱立面进行投影，在柱子立面范围内画出有立体感的竖向投影线。选择【立面】|【柱立面线】菜单命令，命令行提示：

```
输入起始角<180>:↙                 //输入平面圆柱的起始投影角度或直接按回车键
接受默认值
输入包含角<180>:↙                 //输入平面圆柱的包角或直接按回车键接受默认值
输入立面线数目<12>:↙              //输入立面投影线数量或直接按回车键接受默认值
输入矩形边界的第一个角点<选择边界>:  //单击柱立面边界的第一个角点
输入矩形边界的第二个角点<退出>:      //单击柱立面边界的另一个角点，系统就完成了
柱立面线的创建
```

为某建筑正立面添加屋顶、替换阳台、添加雨水管线及柱立面线，得到如图 12-23 所示的效果。

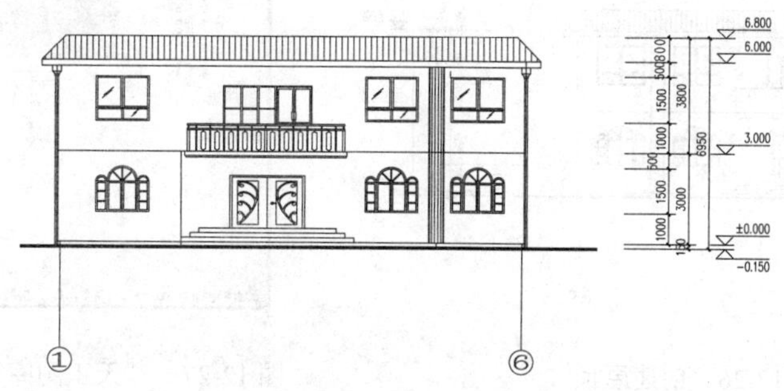

图 12-23　建筑立面效果图

操作步骤如下：

01 打开已生成的立面图如图 12-24 所示。

02 选择【立面】|【立面屋顶】菜单命令，打开【立面屋顶参数】对话框，设置参数如图 12-25 所示。单击【定位点 PT1-2】按钮，【立面屋顶参数】对话框消失，命令行提示：

```
请点取墙顶角点 PT1 <返回>:                    //单击屋顶墙角左上角一个顶点
请点取墙顶另一角点 PT2 <返回>:                //单击屋顶墙角右上角一个顶点
```

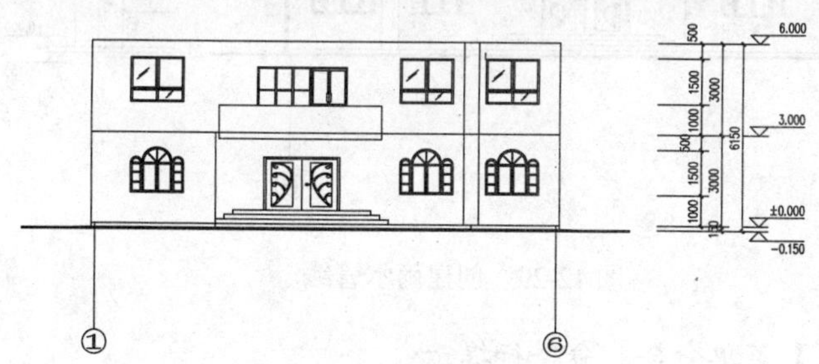

图 12-24　立面生成图

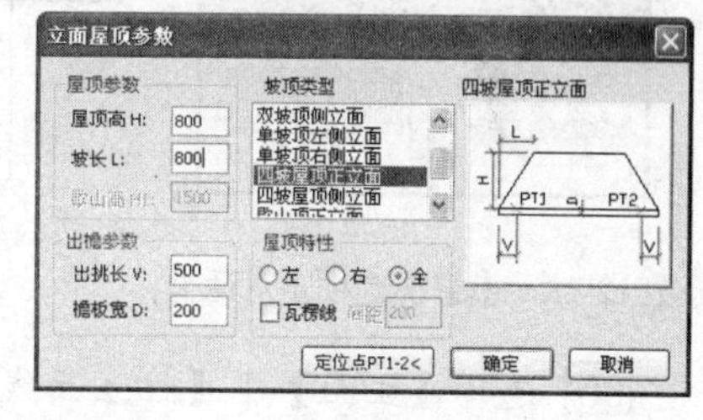

图 12-25　【立面屋顶参数】对话框

03 返回到【立面屋顶参数】对话框中，单击【确定】按钮即可完成屋顶的创建，得到如图 12-26 所示的屋顶立面图。

04 选择【立面】|【立面阳台】菜单命令，打开【天正图库管理系统】窗口，选择如图 12-27 所示的阳台样式，单击【替换】按钮，软件显示了【替换选项】对话框，设置参数如图 12-28 所示。同时，命令行提示：

```
选择图中将要被替换的图块!
选择对象:                          //选择阳台立面对象
选择对象:↙                         //按回车键结束选择，软件完成了阳台的替换，命令行继续上述提示，按回车键退出命令
```

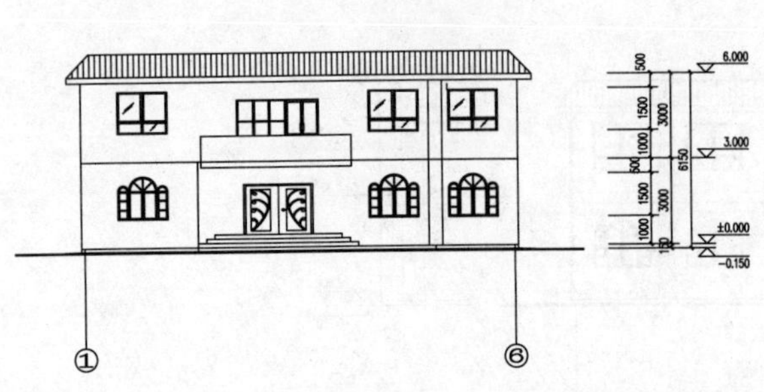

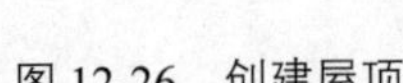

图 12-26　创建屋顶

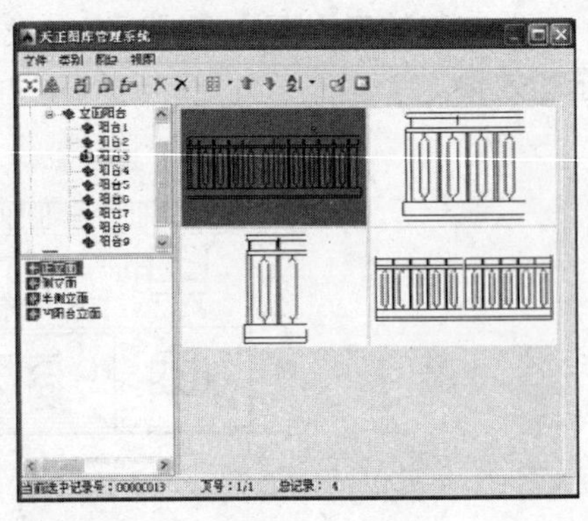

图 12-27　“天正图库管理系统”窗口

05 选择【立面】|【雨水管线】菜单命令，命令行提示：

请指定雨水管的起点[参考点(P)]<起点>:　　　　//单击屋顶墙角左上角一个顶点

请指定雨水管的终点[参考点(P)]<终点>:　　　　//单击屋底墙角左下角一个顶点

请指定雨水管的管径 <100>:↙　　　　//直接按回车键接受默认值。此时就完成了该雨水管线的创建，同样方法完成另外一条雨水管线的创建。得到雨水管线的立面图如图 12-29 所示

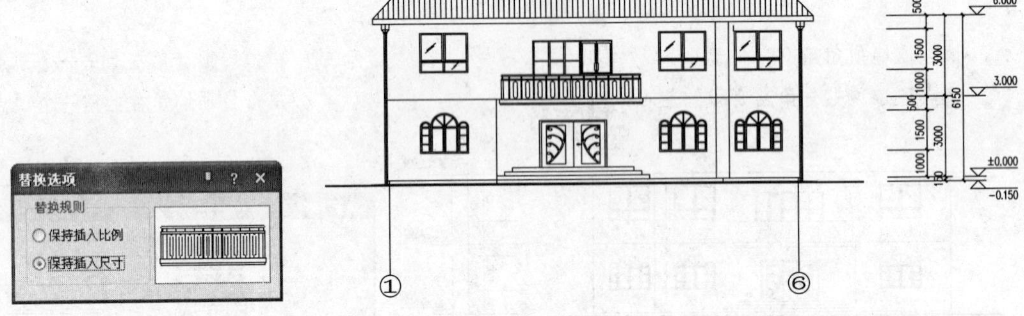

图 12-28　【替换选项】对话框

图 12-29　创建雨水管线

06 选择【立面】|【柱立面线】菜单命令，命令行提示：

输入起始角<180>:↙　　　　//直接按回车键接受默认值

输入包含角<180>:↙　　　　//直接按回车键接受默认值

输入立面线数目<12>:8↙　　　　//输入数字 8 后，按回车键

输入矩形边界的第一个角点<选择边界>:　　　　//单击柱立面边界左下角的一个角点

输入矩形边界的第二个角点<退出>:　　　　//拖动鼠标，单击柱立面边界右上角的一个角点。此时系统就完成了柱立面线的创建，得到如图 12-30 所示的立面图

12.2.8 图形裁剪

【图形裁剪】命令是以选定的矩形窗口、封闭曲线或图块边界作参考，对平立面图内的天正图块及二维图元进行剪裁删除。该命令主要用于立面图中构件的遮挡关系处理。

选择【立面】|【图形裁剪】菜单命令，命令行提示：

```
请选择被裁剪的对象:                                      //选择天正立面图块对象
请选择被裁剪的对象:                                      //按回车键结束选择
矩形的第一个角点或 [多边形裁剪(P)/多段线定边界(L)/图块定边界(B)]<退出>:
                                                         //单击矩形的第一个角点或按选项提示操作
另一个角点<退出>:                                        //单击矩形的另一个角点
```

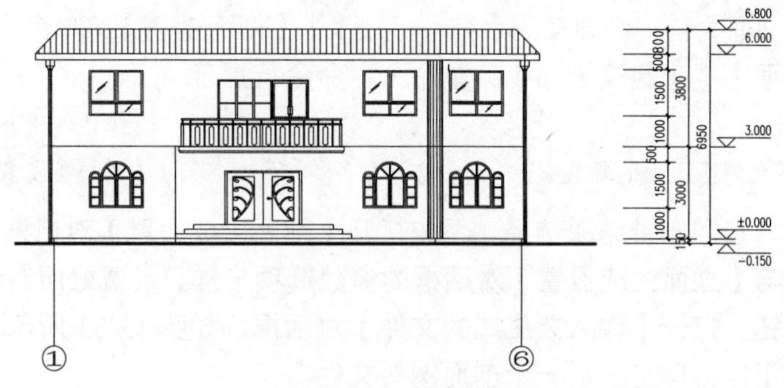

图 12-30　建筑立面图

此时，程序完成了该矩形区域的裁剪，但该命令不能裁剪 AutoCAD 的图案填充。如图 12-31 所示是一个利用【图形裁剪】命令裁剪门窗的实例。

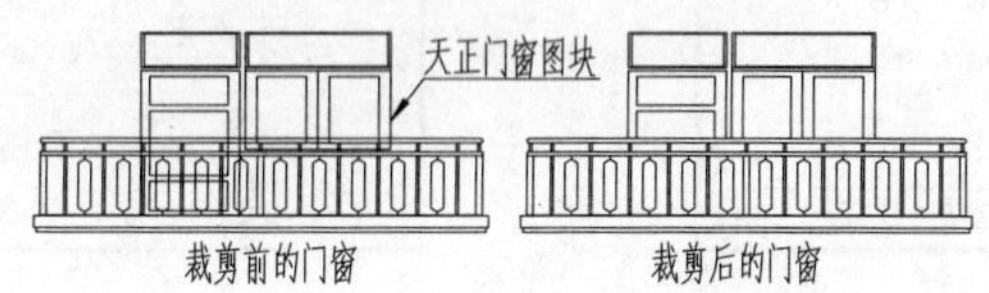

图 12-31　门窗裁剪实例

12.2.9 立面轮廓

【立面轮廓】命令自动搜索建筑立面外轮廓线，并在边界上加一圈粗实线，但不包括地坪线在内。选择【立面】|【立面轮廓】菜单命令，单击该命令后，命令行提示：

```
选择二维对象:                                            //选择外墙边界线和屋顶线
请输入轮廓线宽度(按模型空间的尺寸)<0>:↙                 //键入 30～50 之间的数值后，按回车键
```

系统立即显示提示信息“成功地生成了轮廓线!”，如果在复杂的情况下搜索轮廓线，可能会失败，无法生成轮廓线，此时用户可以使用【多段线】命令绘制立面轮廓线。

12.3 绘制剖面图

剖面图的形成是指假定一个平面（与建筑物平面垂直），将建筑物沿着与某一特定位

置切开，并移去剖切面与观察者之间的部分，绘制剩余部分的投射方向投影图。剖面图的生成要求平面图标注有【剖切符号】或者【断面剖切】符号，但并不规定这些符号必须在首层平面图中标注，而以【建筑剖面】命令选择时使用的剖切符号为准。

12.3.1 建筑剖面图

【建筑剖面】命令按照【工程管理】命令中的数据库楼层表格数据，一次生成多层建筑剖面。在绘制剖面之前，需要使用【符号标注】|【剖面剖切】菜单命令绘制其剖切线。然后再选择【剖面】|【建筑剖面】菜单命令，命令行提示：

```
请选择一剖切线:                         //选择已创建好的一条剖切线
请选择要出现在剖面图上的轴线:           //选择一条或多条轴线
```

选择完成后，按回车键结束选择，系统打开【剖面生成设置】对话框，如图 12-32 所示。其参数选项与【立面生成设置】对话框的参数选项一样。设置好所有参数以后，单击【生成剖面】按钮，打开【输入要生成的文件】对话框，如图 12-33 所示。输入文件名以后，单击【保存】按钮即可生成一个剖面图新文件。

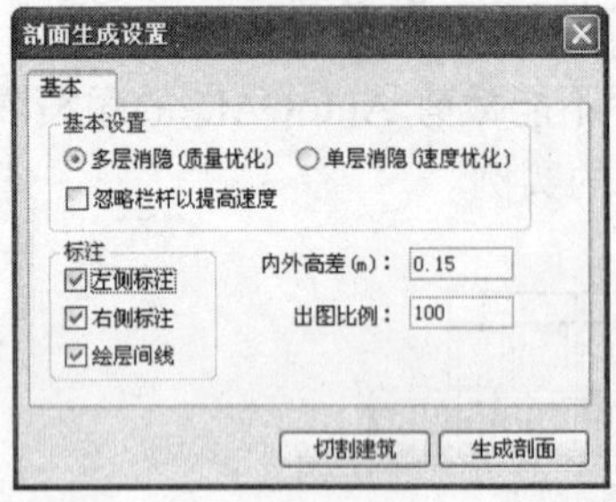

图 12-32 【剖面生成设置】对话框

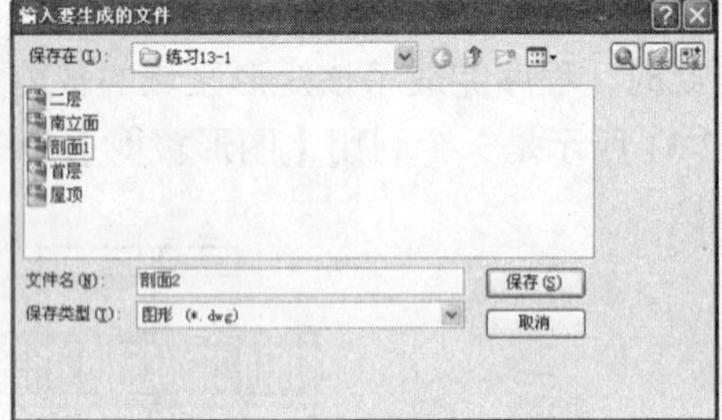

图 12-33 【输入要生成的文件】对话框

当用户单击【切割建筑】按钮后，命令行提示：

```
请点取一剖切线以生成剖视图:      //单击首层需生成剖面图的剖切线
请选择要出现在立面图上的轴线:    //单击要出现在立面上的轴线或直接按回车键不显示轴线
请点取放置位置:                  //在本图上拖动生成的剖切三维模型，给出插入位置
```

此时，系统完成了建筑物的切割。在绘制建筑平面图时不表示楼板，而在绘制剖面图时要表示出楼板，TArch 2014 可以自动添加层间线，用户利用【偏移】命令创建楼板厚度，如果已用平板或者房间搜索命令创建了楼板，【建筑剖面】命令会按楼板厚度生成楼板线。在剖面图中创建的墙、柱、梁、楼板不再是专业对象，用户在剖面图中可使用通用 AutoCAD 编辑命令进行修改，或者使用剖面菜单下的命令加粗或图案填充。

12.3.2 构件剖面图

【构件剖面】命令用于生成当前标准层、局部构件或三维图块对象在指定剖视方向上的剖视图。选择【剖面】|【构件剖面】菜单命令，命令行提示：

请选择一剖切线：　　　　　　　　　　//单击已创建好的剖切线
请选择需要剖切的建筑构件：　　　　　//选择与该剖切线相交的构件以及沿剖视方向可见的构件
请选择需要剖切的建筑构件：↙　　　　//按回车键结束选择并剖切构件
请点取放置位置：　　　　　　　　　　//拖动生成后的剖面图，在合适的位置单击插入。此时，就完成了构件剖面图的创建

为如图 12-34 所示的建筑平面图创建剖面及楼梯剖面图。

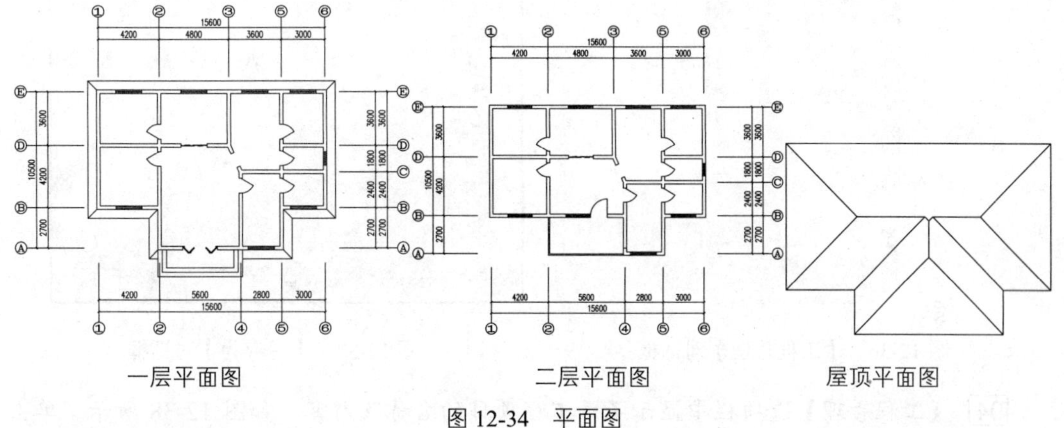

一层平面图　　　二层平面图　　　屋顶平面图

图 12-34　平面图

操作步骤如下：

01 打开首层平面图，选择【符号标注】|【剖面剖切】菜单命令，命令行提示：

点取第一个剖切点<退出>：　　　　　　//单击入口台阶的中点
点取第二个剖切点<退出>：　　　　　　//拖动鼠标至相反方向的散水中点上单击
点取下一个剖切点<结束>：↙　　　　//按回车键结束
点取剖视方向<当前>：　　　　　　　//往向左方向单击确定方向，完成了 1 号剖切符号的创建，得到如图 12-35 所示的首层平面剖切位置图

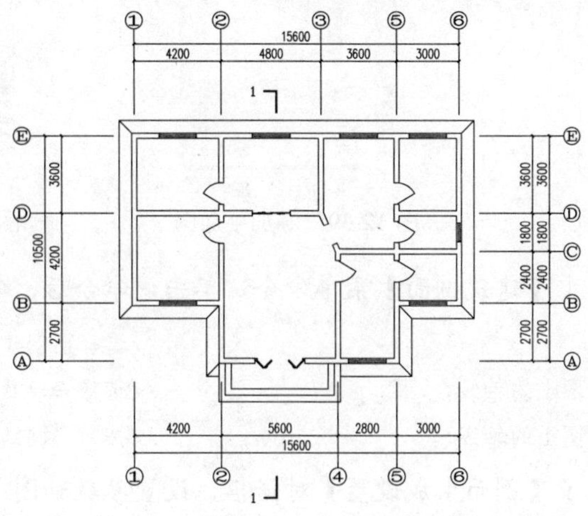

图 12-35　1 号剖切位置图

02 把这三个不同的DWG文件放置在同一个文件夹中，并且把三个文件当中1轴线与A轴线的交点定位到原点（0，0），使得该三个文件原点统一。

03 选择【文件布图】|【工程管理】菜单命令，打开【工程管理】对话框，如图12-36所示。选择【工程管理】选项栏中的【新建工程】选项，选择存储路径，并输入文件名，如图12-37所示。单击【保存】按钮，即可创建出一个工程项目。

图12-36 【工程管理】对话框

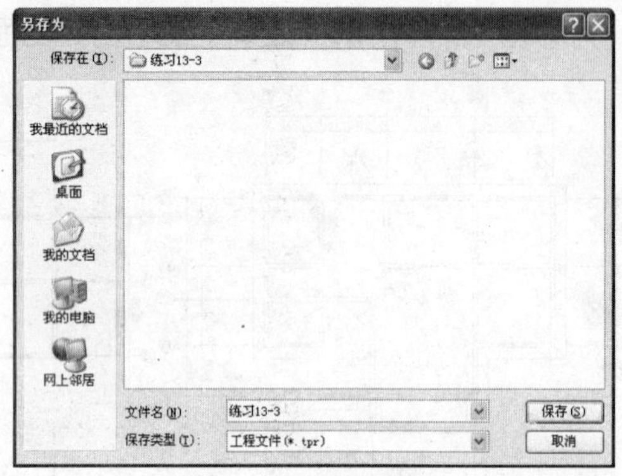

图12-37 【另存为】对话框

04 【工程管理】选项栏中显示了该工程项目的名称及内容，如图12-38所示。单击【图纸】选项，打开该选项的内容，显示了该工程的所有图纸，将光标移至【平面图】选项上，右击鼠标，选择【添加图纸】选项，然后在【选择图纸】对话框中添加如图12-39所示的图纸。单击【楼层】选项，设置其参数如图12-40所示。

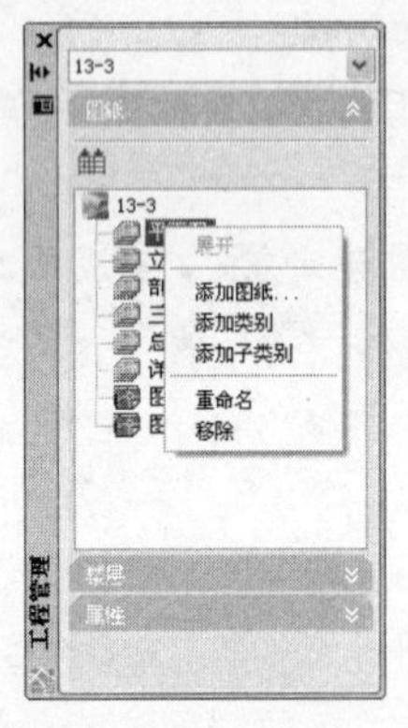

图12-38 图纸选项

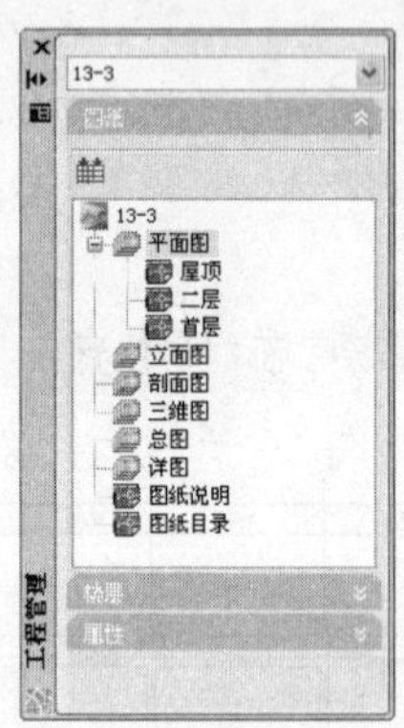

图12-39 添加平面图

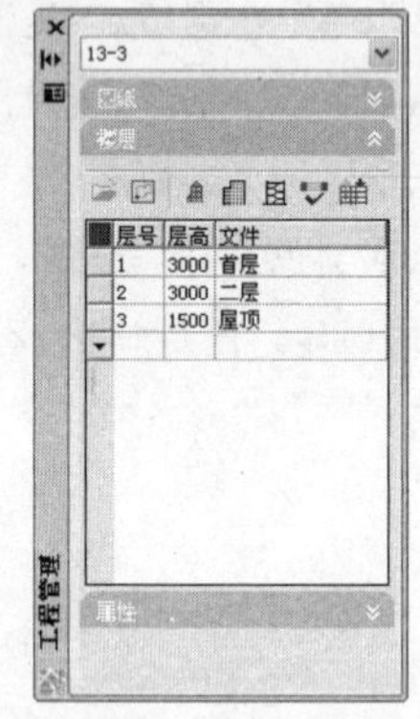

图12-40 楼层选项

05 选择【剖面】|【建筑剖面】菜单命令，单击该命令后，命令行提示：

```
请选择一剖切线：                        //选择已创建好的1号剖切位置线
请选择要出现在剖面图上的轴线：          //选择A轴线与E轴线
请选择要出现在剖面图上的轴线：          //按回车键结束选择
```

06 此时系统显示了【剖面生成设置】对话框，设置参数如图12-41所示。单击【生成剖面】按钮，软件显示了【输入要生成的文件】对话框，如图12-42所示，输入要保存的文件名后，单击【保存】按钮，即可创建出1－1剖面的DWG文件，得到如图12-43所示的剖面图。

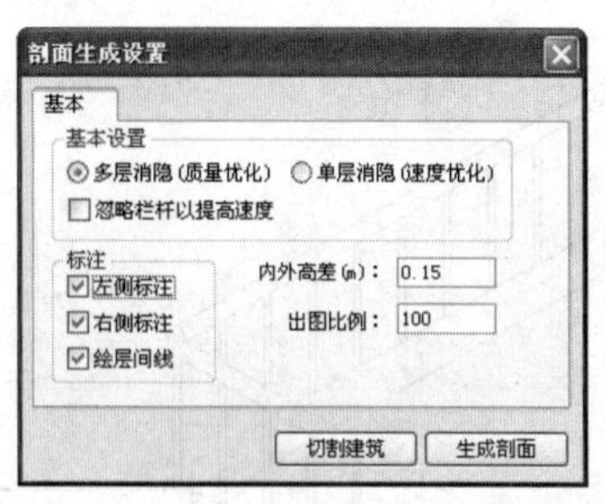

图 12-41　【剖面生成设置】对话框

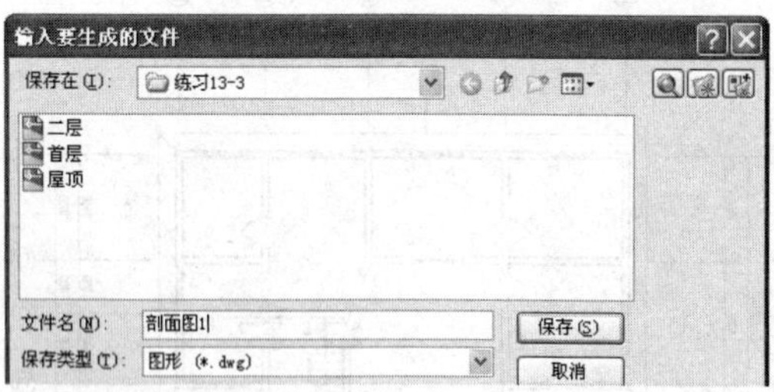

图 12-42　【输入要生成的文件】对话框

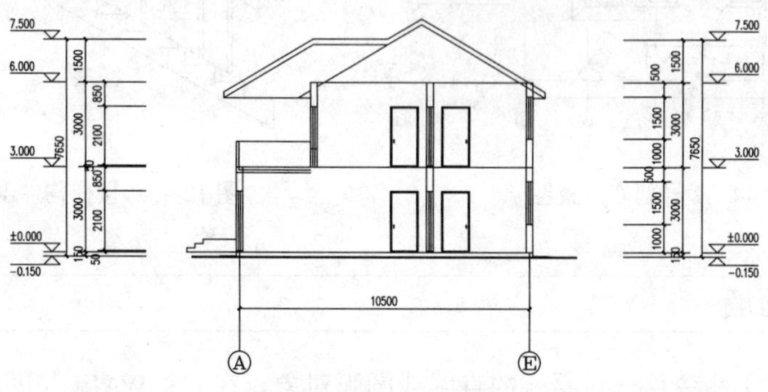

图 12-43　1－1 剖面图

07 打开首层平面图，选择【符号标注】|【剖切符号】菜单命令，在弹出的【剖切符号】对话框中选择【断面剖切】，设置剖切编号为 2，命令行提示：

点取第一个剖切点<退出>:　　//单击楼梯间要剖切的第一个点
点取第二个剖切点<退出>:　　//单击楼梯间要剖切的另一个点
点取下一个剖切点<结束>:↙　　//按回车键结束
点取剖视方向<当前>:　　//在鼠标右方向单击，此时系统完成了 2 号剖切符号的创建，得到如图 12-44 所示的剖切位置图

08 选择【剖面】|【构件剖面】菜单命令，单击该命令后，命令行提示：

请选择一剖切线:　　//选择 2 号剖切位置线
请选择需要剖切的建筑构件:　　//选择楼梯构件
请选择需要剖切的建筑构件:　　//按回车键完成选择
请点取放置位置:　　//拖动鼠标在图上空白位置单击即可创建出该楼梯的剖面图，如图 12-45 所示

12.4 加深剖面图

利用 TArch 2014 生成的剖面图并不完整，需要对其进行内容深化处理，如加楼板、更换门窗类型、替换阳台样式及墙身修饰等。TArch 2014 生成的楼层剖面图只是简单的线条组合，并不能完整地表达建筑信息，所以 TArch 2014 提供了多种剖面编辑工具对生成的剖面进行加深和编辑处理，使用户快速达到预期的效果。

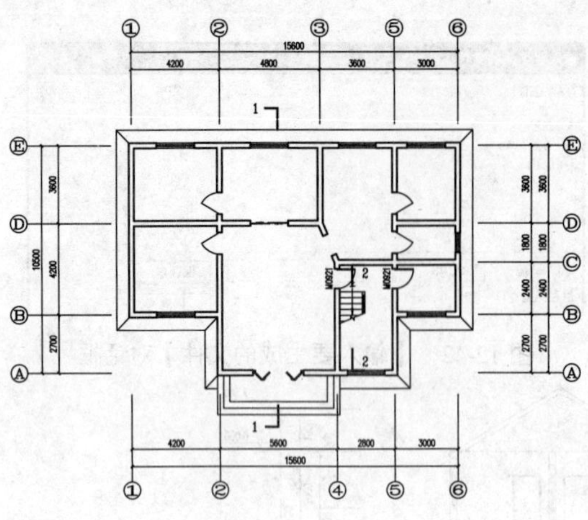

图 12-44　2 号剖切位置图

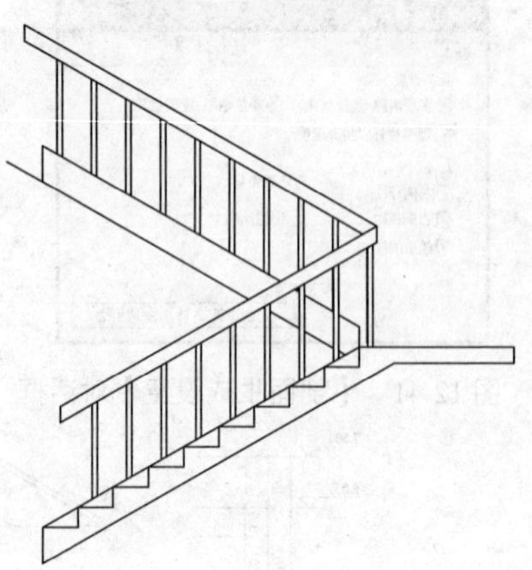

图 12-45　楼梯构件剖面图

12.4.1 画剖面墙

【画剖面墙】命令用一对平行的直线或圆弧对象，在“S_WALL”图层上直接绘制剖面墙。选择【剖面】|【画剖面墙】菜单命令，命令行提示：

请点取墙的起点(圆弧墙宜逆时针绘制)[取参照点(F)单段(D)]<退出>:

/单击剖面墙起点位置或输入选项后按选项提示进行操作/

请点取直墙的下一点[弧墙(A)/墙厚(W)/取参照点(F)/回退(U)] <结束>:

/单击剖面墙下一点位置或输入选项提示来改变剖面墙的参数/

请点取直墙的下一点[弧墙(A)/墙厚(W)/取参照点(F)/回退(U)] <结束>:

/按回车键结束创建剖面墙/

【画剖面墙】命令行各选项解释如下：

弧墙（A）：进入弧墙绘制状态。

墙厚（W）：修改剖面墙宽度。

取参照点（F）：当直接选点有困难时，可输入“F”，取一个定位方便的点作为参考点。

回退（U）：当在前面步骤上取一点作为剖面墙端点时，该选项可以取消新画的那段剖面墙，回到上一点等待继续输入。

12.4.2 双线楼板

【双线楼板】命令用一对平行的直线对象，在“S_FLOORL”图层上直接绘制剖面双线楼板。选择【剖面】|【双线楼板】菜单命令，命令行提示：

请输入楼板的起始点 <退出>:　　//单击楼板的起始点

结束点 <退出>:　　//单击楼板的终止点

楼板顶面标高 <3000>:↙　　//输入楼板顶面标高值或直接按回车键接受默认值

楼板的厚度(向上加厚输负值) <200>:↙　　//输入楼板的厚度值或直接按回车键接受默认值

此时，系统就完成了双线楼板的绘制，如图 12-46 所示是选择【画剖面墙】及【双线楼板】命令的实例。

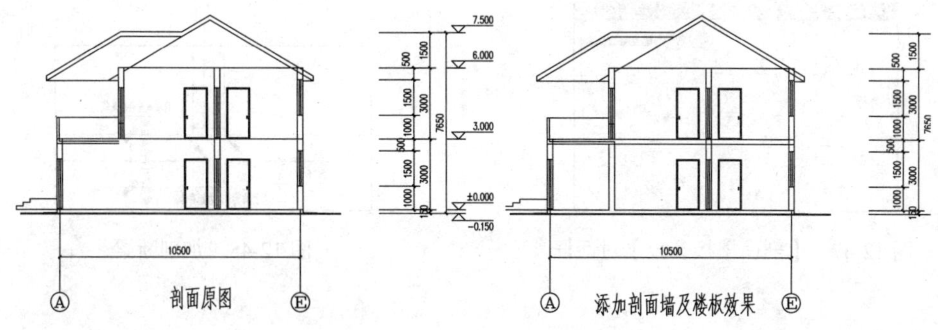

图 12-46　画剖面墙及双线楼板实例

12.4.3 预制楼板

【预制楼板】命令利用一系列预制板剖面的图块对象，在“S_FLOORL”图层上按所要求的尺寸插入一排剖面预制板。选择【剖面】|【预制楼板】菜单命令，打开【剖面楼板参数】对话框，如图 12-47 所示。选定楼板类型并设置好楼板参数后，单击【确定】按钮，命令行提示：

```
请给出楼板的插入点 <退出>:            //单击楼板的插入点
再给出插入方向 <退出>:                //拖动鼠标指定插入方向即可绘制出所需预制楼板
```

【剖面楼板参数】对话框各选项解释如下：

- 楼板类型：单击选项栏内任一个选项即可选定楼板类型，它包括圆孔板（横剖）、圆孔板（纵剖）、槽形板（正放）、槽形板（反放）及实心板。
- 楼板参数：用来确定当前楼板的尺寸和布置情况，楼板尺寸“宽 W”“高 H”和槽形板“厚 T”以及布置情况的“块数 N”，其中“总宽<”是全部预制板和板缝的总宽度，单击此按钮从图上获取，修改单块板宽和块数，可以获得合理的板缝宽度。
- 基点定位：确定楼板的基点与楼板角点的相对位置，包括“偏移 X<”、“偏移 Y<”和“基点选择 P”。

12.4.4 加剖断梁

【加剖断梁】命令在剖面楼板处按给出尺寸加梁剖面，剪裁双线楼板底线。选择【剖面】|【加剖断梁】菜单命令，命令行提示：

```
请输入剖面梁的参照点 <退出>:          //单击楼板顶面的定位参考点
梁左侧到参照点的距离 <100>:↙          //输入距离值或直接按回车键接受默认值
梁右侧到参照点的距离 <100>:↙          //输入距离值或直接按回车键接受默认值
梁底边到参照点的距离 <300>:↙          //输入距离值或直接按回车键接受默认值
```

此时系统就绘制出了剖断梁，剪裁了楼板底线，并完成了【加剖断梁】命令。如图 12-48 所示为加剖断梁的实例。

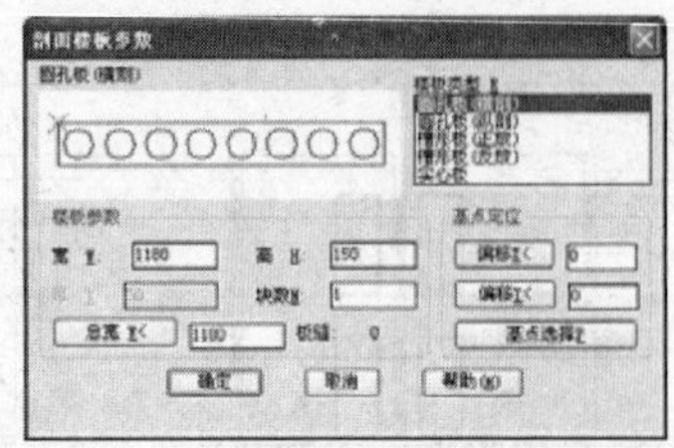

图 12-47 【剖面楼板参数】对话框

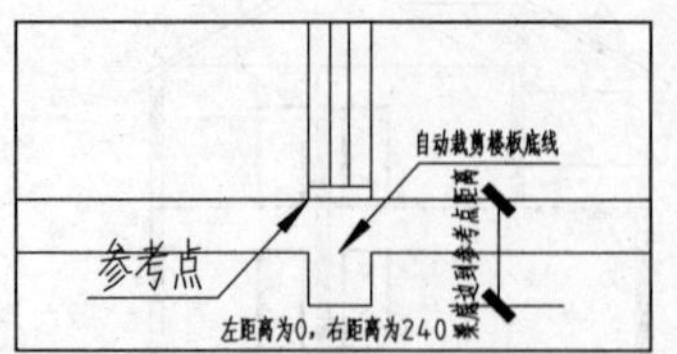

图 12-48 加剖断梁

12.4.5 剖面门窗

【剖面门窗】命令在剖面图中连续插入剖面门窗（包括含有门窗过梁或开启门窗扇的非标准剖面门窗），也可替换已经插入的剖面门窗，另外还可以修改剖面门窗高度与窗台高度值，对剖面门窗详图的绘制和修改提供了全新的工具。

选择【剖面】|【剖面门窗】菜单命令，打开【剖面门】对话框，如图 12-49 所示。单击该对话框中的门图标，即可打开【天正图库管理系统】窗口，在该对话框中选择需要的剖面门窗类型，双击图标，返回【剖面门】对话框中。同时，命令行提示：

```
请点取剖面墙线下端或 [选择剖面门窗样式(S)/替换剖面门窗(R)/改窗台高(E)/改窗高(H)]<退出>:        //单击要插入门窗的剖面墙线
窗下口到墙下端距离<800>:        //输入距离数值或直接按回车键接受受默认值
门窗的高度<1500>:        //输入高度数值或直接按回车键接受默认值
门窗下口到墙下端距离<800>:        //按 Ecs 键退出，完成了剖面门窗的插入
```

【剖面门窗】命令行各选项解释如下：

选择剖面门窗样式(S)：选择剖面门窗样式来插入或替换剖面门窗，输入选项“S”后，将显示【天正图库管理系统】窗口，可从中选择需要用到的剖面门窗类型。

替换剖面门窗(R)：通过选定的剖面门窗样式来替换图中原有的剖面门窗，输入选项“R”后，命令行提示：

```
选择所需替换的剖面门窗<退出>:        //选择多个要替换的门窗，按回车键结束选择，并完成门窗的替换
```

改窗台高(E)：改变窗台的标高，输入选项“E”后，命令行提示：

```
请输入窗台相对高度或 [点取窗台位置(S)]<退出>:        //直接输入相对高度值，正数为向上方移动，负数为向下方移动；或者输入“S”后，在窗台位置单击即可完成改窗台高度
```

改窗高：改变窗户的高度，且窗台高度不变。输入选项“H”后，命令行提示：

```
请选择剖面门窗<退出>:↙        //选择要修改的所有门窗后，按回车键结束选择
请指定门窗高度<退出>:        //输入高度数值后按回车键即可改变门窗的高度
```

12.4.6 剖面檐口

【剖面檐口】命令用于在剖面图中绘制剖面檐口。例如，楼层屋顶处的女儿墙、预制挑檐、现浇挑檐以及现浇坡檐等。选择【剖面】|【剖面檐口】菜单命令，打开【剖面檐口参数】对话框，如图 12-50 所示。选定檐口类型并确定各项参数后，单击【确定】按钮，命令行提示：

```
给出剖面檐口的插入点 <退出>:                    //单击需要插入檐口的点，即可绘制出檐口
```

图 12-49　【剖面门】对话框

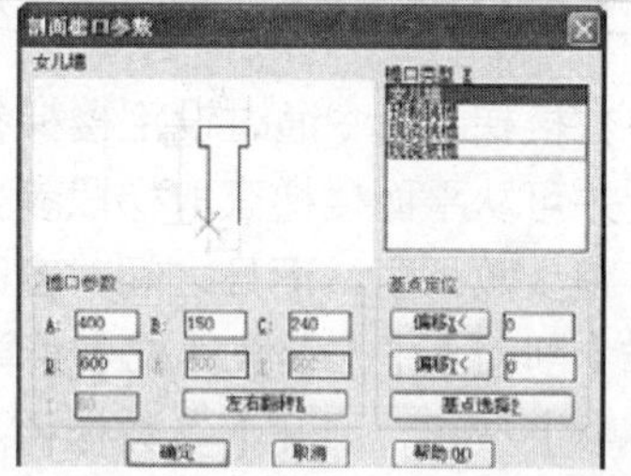

图 12-50　【剖面檐口参数】对话框

【剖面檐口参数】对话框各选项解释如下：

- 檐口类型：选择当前檐口的形式，包括女儿墙、预制挑檐、现浇挑檐和现浇坡檐 4 种，单击任何一个，都可跳至当前檐口类型下。
- 檐口参数：确定当前檐口尺寸及相对位置，【左右翻转 R】可使檐口作整体翻转。
- 基点定位：用来选择屋顶的基点与屋顶的角点的相对位置，包括：【偏移 X<】【偏移 Y<】和【基点选择 P】三个按钮。

如图 12-51 所示插入坡面檐口的实例。

12.4.7 门窗过梁

【门窗过梁】命令用于在剖面门窗上方画出给定梁高的矩形过梁剖面，带有灰度填充。选择【剖面】|【剖面过梁】菜单命令，命令行提示：

```
选择需加过梁的剖面门窗:              //选择多个需要添加过梁的门窗，按回车键结束选择
输入梁高<120>:↙                     //输入梁高值或直接按回车键接受默认值，完成过梁的创建
```

如图 12-52 所示生成窗过梁的实例。

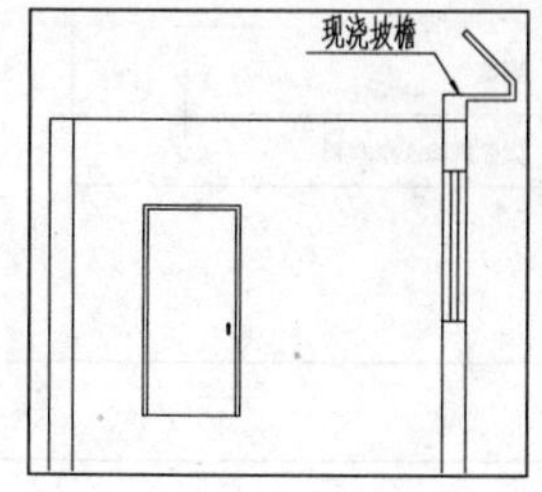

图 12-51　插入坡面檐口实例

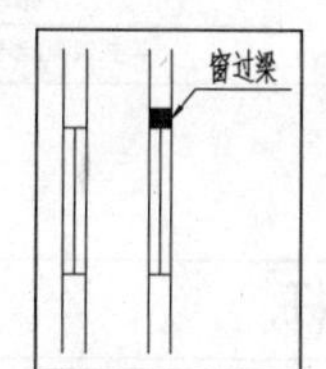

图 12-52　生成窗过梁实例

12.5 剖面楼梯与栏杆

在 TArch 2014 中，绘制的平立面图并不能全部显示出楼梯与栏杆的参数及样式，这就需要绘制出楼梯与栏杆的剖面。剖面图中楼梯与栏杆的生成往往通过设定其参数而生成。

12.5.1 参数楼梯

【参数楼梯】命令通过设定楼梯参数来插入剖面楼梯，它包括两种梁式楼梯和两种板式楼梯，并可从平面楼梯获取梯段参数。该命令一次可以绘制超过一跑的双跑 U 形楼梯，条件是各跑步数相同，而且之间对齐时参数中的梯段高是其中的分段高度而非总高度。

选择【剖面】|【参数楼梯】菜单命令，打开【参数楼梯】对话框，如图 12-53 所示。单击【参数】按钮，展开【参数楼梯】对话框，如图 12-54 所示。

设置好所有参数后，同时命令行提示：

请选择插入点：　　　　　　　　　　//在视图指定插入点，可多次重复插入楼梯剖面

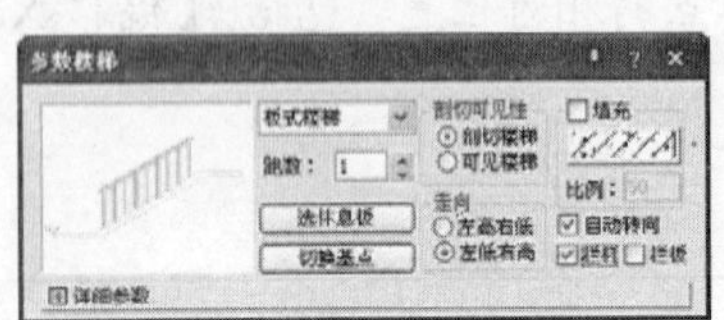

图 12-53　【参数楼梯】对话框

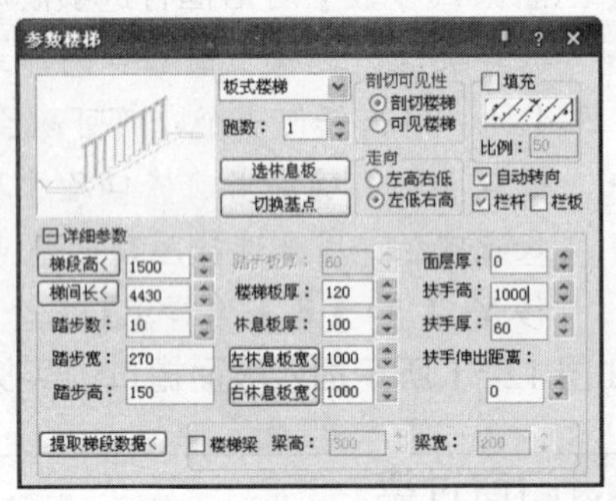

图 12-54　【参数楼梯】展开对话框

【参数楼梯】对话框中各参数含义如图 12-55 所示。

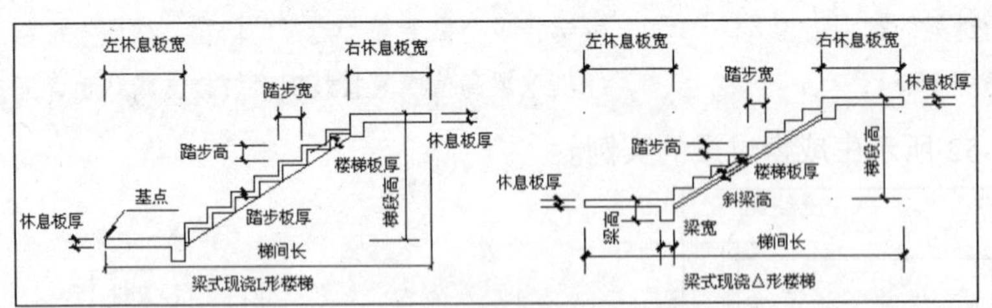

图 12-55　参数楼梯各参数含义

12.5.2 参数栏杆

【参数栏杆】命令与【参数楼梯】命令相似，但插入栏杆的参数要与插入楼梯的参数相匹配，【参数栏杆】命令按照交互方式生成楼梯栏杆。选择【剖面】|【参数栏杆】菜

单命令，打开【剖面楼梯栏杆参数】对话框，如图 12-56 所示。设置好所有参数，单击【确定】按钮，命令行提示：

请给出剖面楼梯栏杆的插入点 <退出>:　　　//在视图中单击要插楼梯栏杆的点，可重复多次插入

【剖面楼梯栏杆参数】对话框中各参数含义如下：

- 楼梯栏杆形式列表框：系统提供了多种栏杆样式，选择任意一种，其样式都将显示在左侧视图框中。
- 入库 I：用来添加栏杆库，单击该按钮后，命令行提示：

选择对象：　　　//框选需要添加到栏杆库的栏杆
栏杆图案的起始点 <退出>:　　　//单击栏杆图案的起点
栏杆图案的结束点 <退出>:　　　//单击栏杆图案的终点
栏杆图案的名称 <退出>:↙　　　//输入该栏杆的名称，按回车键
步长数 <1>:↙　　　//输入步长数或直接按回车键接受默认值

- 删除 E：用来删除栏杆库中由用户添加的某一栏杆形式。
- 步长数：指栏杆基本单元所跨越楼梯的踏步数。

如图 12-57 所示是创建参数栏杆的实例。

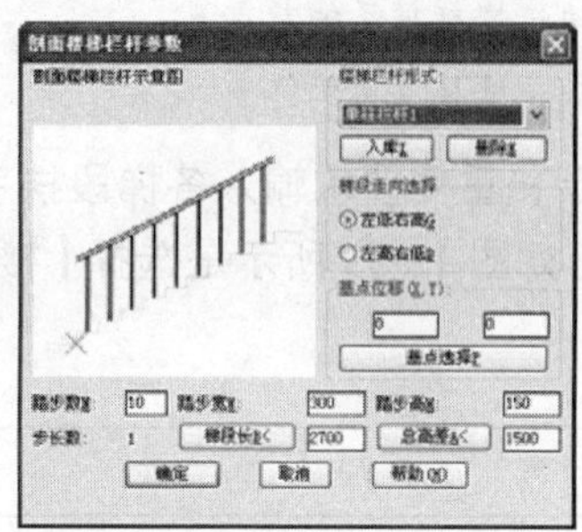

图 12-56　【剖面楼梯栏杆参数】对话框

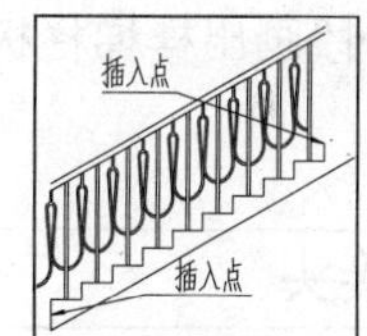

图 12-57　创建参数栏杆实例

12.5.3 楼梯栏杆

【楼梯栏杆】命令根据图层识别在双跑楼梯中剖切到的梯段与可见的梯段，按常用的直栏杆设计，自动处理两相邻梯跑栏杆的遮档关系。它与【参数栏杆】命令不同的是，该命令只能在楼梯图形上添加栏杆。选择【剖面】|【楼梯栏杆】菜单命令，命令行提示：

请输入楼梯扶手的高度<900>: ↙　　　//输入新值或直接按回车键接受默认值
是否打断遮档线<Y/N>?<Yes>: ↙　　　//输入“Y”打断遮挡线，输入“N”不打断遮挡线

按回车键后，系统自动处理可见梯段被剖面梯段的遮档，自动截去部分栏杆扶手。命令行继续上述提示，重复要求输入各梯段扶手的起始点与结束点，分段画出楼梯栏杆扶手，按回车键退出命令，如图 12-58 所示是创建楼梯栏杆的实例。

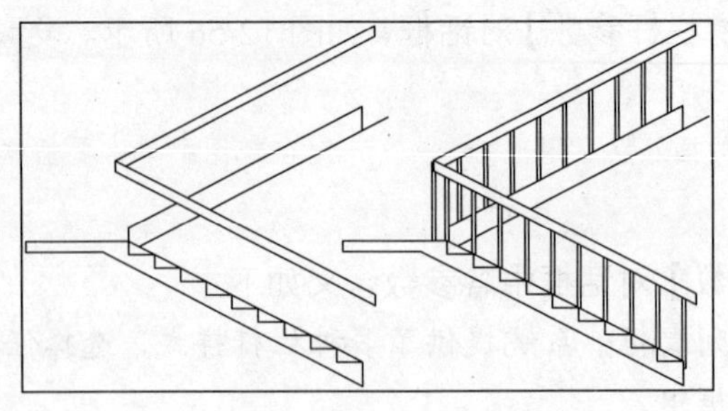

图 12-58 创建楼梯栏杆实例

12.5.4 楼梯栏板

【楼梯栏板】命令可根据实心栏板设计，按图层自动处理栏板遮档踏步，对可见梯段以虚线表示，对剖面梯段以实线表示。选择【剖面】|【楼梯栏板】菜单命令，命令行提示：

```
请输入楼梯扶手的高度 <1000>:↙            //输入高度值或直接按回车键接受默认值
是否要将遮挡线变虚(Y/N)? <Yes>:          //直接按回车键遮挡线变虚
再输入楼梯扶手的起始点 <退出>:            //单击楼梯扶手的起点
结束点 <退出>:                           //单击楼梯扶手的终点
```

系统完成【楼梯栏板】命令，命令行继续上述提示，重复要求输入各梯段扶手的起始点与结束点，分段画出楼梯栏板。按回车键退出命令，如图 12-59 所示是选择【楼梯栏板】命令的实例。

12.5.5 扶手接头

【扶手接头】命令与【剖面楼梯】【参数栏杆】【楼梯栏杆】【楼梯栏板】等命令均可配合使用，用于对楼梯扶手和楼梯栏板的接头作倒角与水平连接处理，水平伸出长度可以由用户确定。

选择【剖面】|【扶手接头】菜单命令，命令行提示：

```
请输入扶手伸出距离<0.00>: ↙
/输入扶手伸出距离值后按回车键/
请选择是否增加栏杆[增加栏杆(Y)/不增加栏杆(N)]<增加栏杆(Y)>:
/输入"N"不增加栏杆，直接按回车键接受默认值增加栏杆/
请指定两点来确定需要连接的一对扶手!选择第一个角点<取消>:
/单击选择第一个角点/
另一个角点<取消>:
/拖动至第二点，软件开始处理第一对扶手(栏板)，命令行继续上步提示，按回车键退出命令/
```

如图 12-60 所示是创建扶手接头的实例。

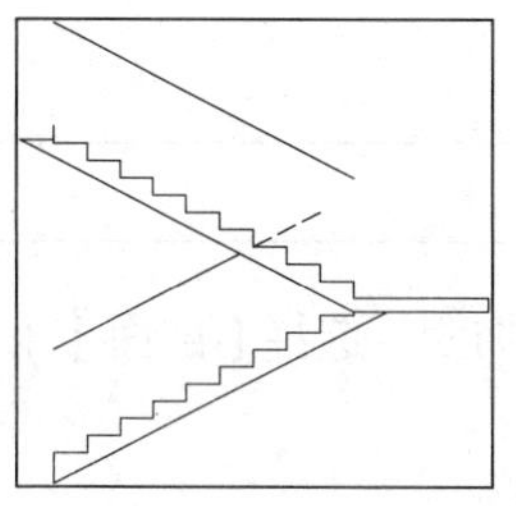

图 12-59　楼梯栏板实例

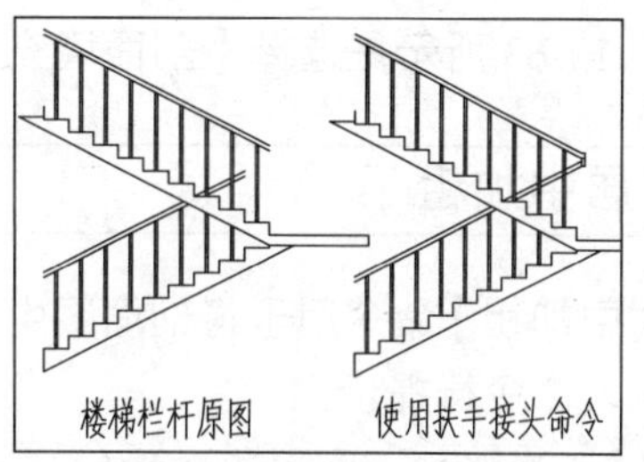

图 12-60　创建扶手接头

12.6 修饰剖面图

利用 TArch 2014 生成的剖面图只是简单的线条组合，而不能完整地表达建筑物所需的信息。因而 TArch 2014 提供了剖面修饰工具，包括剖面填充、居中加粗、向内加粗以及取消加粗 4 种，通过这些工具可以对剖面材料、结构等方面进行加深，使用户能够迅速地读图、识图。

12.6.1 剖面填充

【剖面填充】命令将剖面墙线与楼梯按指定的材料图例作图案填充，该命令不要求墙端封闭即可填充图案。选择【剖面】|【剖面填充】菜单命令，命令行提示：

```
选择对象：                                    //选择需要进行图案填充的对象
```

选择一个或多个对象后，按回车键结束选择，打开【请点取所需的填充图案】对话框，如图 12-61 所示。用户通过【比例】参数栏中的数值可以控制图案在视图中的分布密度，单击【图案库 L】按钮，打开【选择填充图案】对话框，如图 12-62 所示。

单击【次页 N】按钮，即可跳转到下一个填充图案页面，单击【前页 P】按钮，即可返回到上一页的填充图案页面。在该对话框中选择一种图案后，单击【填充预演 V<】按钮后，【选择填充图案】对话框暂时消失，系统显示了所选对象的图案填充，按回车键返回该对话框，单击【确定】按钮即可完成剖面图案填充，单击【取消】按钮放弃剖面图案填充。

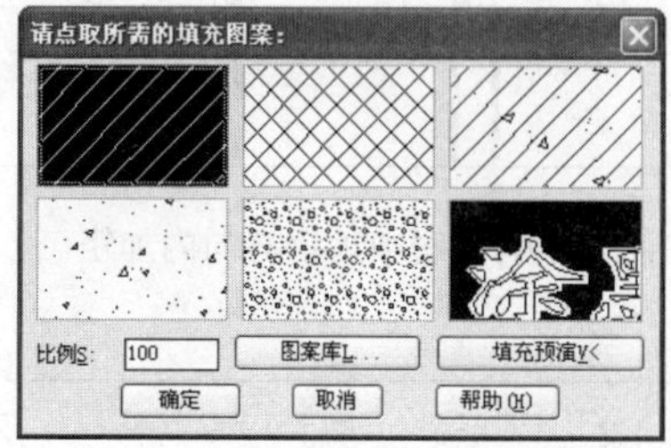

图 12-61　【请点取所需的填充图案】对话框

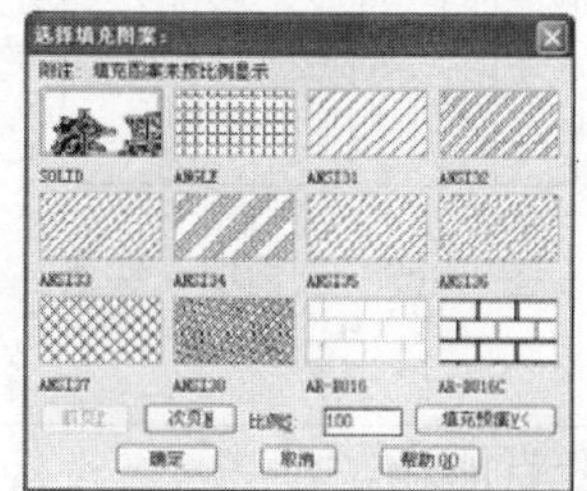

图 12-62　【选择填充图案】对话框

如图 12-63 所示是选择【剖面填充】命令的实例。

12.6.2 居中加粗

【居中加粗】命令用于将剖面图中的墙线向墙两侧加粗。选择【剖面】|【居中加粗】菜单命令，命令行提示：

请选取要变粗的剖面墙线梁板楼梯线(向两侧加粗) <全选>:

选择对象:

/以任意选择方式选取需要加粗的墙线或楼梯，梁板线/

选择对象:↙

/按回车键结束选择/

请确认墙线宽(图上尺寸) <0.40>: ↙

/输入墙线宽数值或直接按回车键接受默认值/

完成【居中加粗】命令后，选中的部分被加粗，这些加粗的墙线是绘制在“PUB_WALL”图层上的多段线。

12.6.3 向内加粗

【向内加粗】命令是将剖面图中的墙线向墙内侧加粗，能做到窗墙平齐的出图效果。选择【剖面】|【向内加粗】菜单命令，单击该命令后，命令行提示：

请选取要变粗的剖面墙线梁板楼梯线(向内侧加粗) <全选>:

选择对象:　　//以任意选择方式选取需要加粗的墙线或楼梯、梁板线

请确认墙线宽(图上尺寸) <0.30>:↙　　//输入墙线宽数值或直接按回车键接受默认值

完成【向内加粗】命令后，选中的部分向内加粗，这些加粗的墙线是绘制在“PUB_WALL”图层上的多段线。如图 12-64 所示是选择【居中加粗】和【向内加粗】命令的实例。

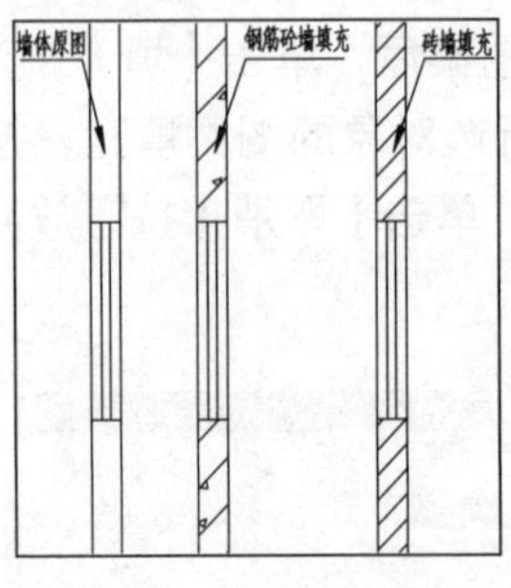

图 12-63　剖面填充实例

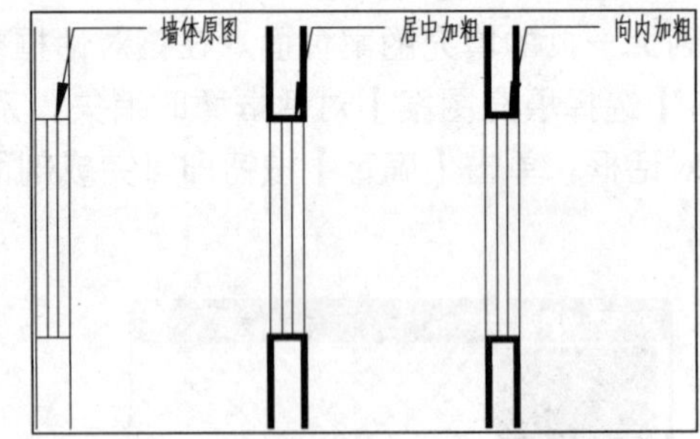

图 12-64　居中加粗与向内加粗

12.6.4 取消加粗

【取消加粗】命令用于将已加粗的剖面墙线恢复原状，但不影响该墙线已有的剖面填

充。选择【剖面】|【取消加粗】菜单命令，命令行提示：

请选取要恢复细线的剖切线 <全选>：　　　　//选择已经加粗的墙线或直接按回车键恢复本图所有的加粗墙线

选择对象：↙　　　　//按回车键结束并完成了【取消加粗】命令

12.7 综合实例：创建欧式住宅立面图

TArch 2014 为立面图的创建提供了比较完整的绘制工具，本章已经对各个立面工具进行了详细介绍。本节通过一个综合实例的练习来巩固前面所学的知识，以达到熟练掌握利用立面工具创建立面图的目的，如图 12-65 所示是创建得到的正立面图效果。

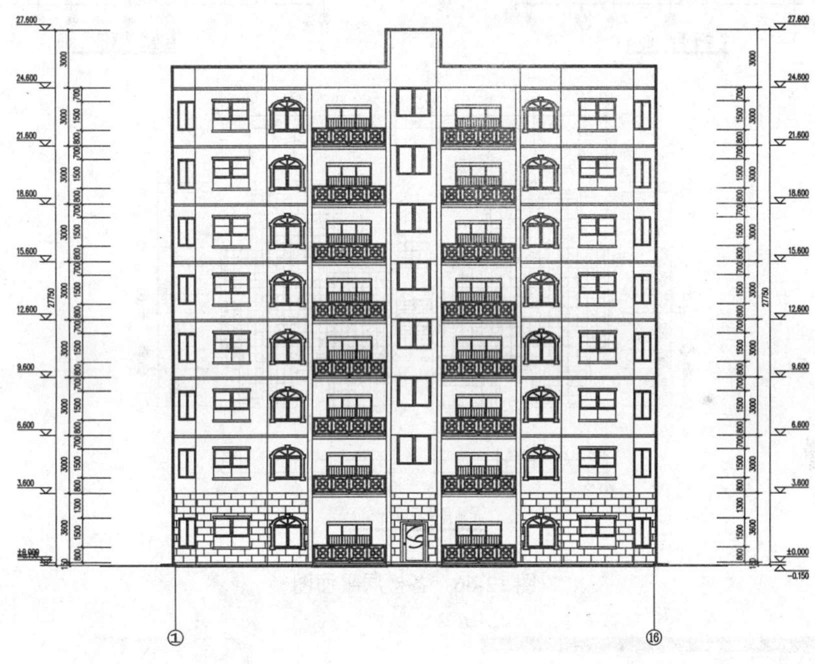

图 12-65　正立面效果图

操作步骤如下：

01 确定已绘制好的各个楼层平面图及屋顶平面图，共同存放在同一个文件夹中，并在视图中分别打开各楼层平面图，所绘制好的平面图如图 12-66 所示。

02 所绘制的各层平面并不对正，在生成立面图之后各个楼层将错位，因而在视图中捕捉 1 轴线与 A 轴线的交点，利用移动工具，将所有平面图都移至（0，0）位置。

03 在首层平面图视图下，选择【文件布图】|【工程管理】菜单命令，打开【工程管理】对话框。在该对话框中，选择【工程管理】下拉列表菜单中的【新建工程】选项，打开【另存为】对话框，选择存储路径，并输入文件名后，单击【保存】按钮即可创建一个新工程，命名为【综合实例】，如图 12-67 所示。

04 在【工程管理】对话框中，单击【图纸】选项面板，添加平面图纸如图 12-68 所示；单击【楼层】选项面板，对工程的【层号】【层高】及【文件】进行设置，设置参数如图 12-69 所示。

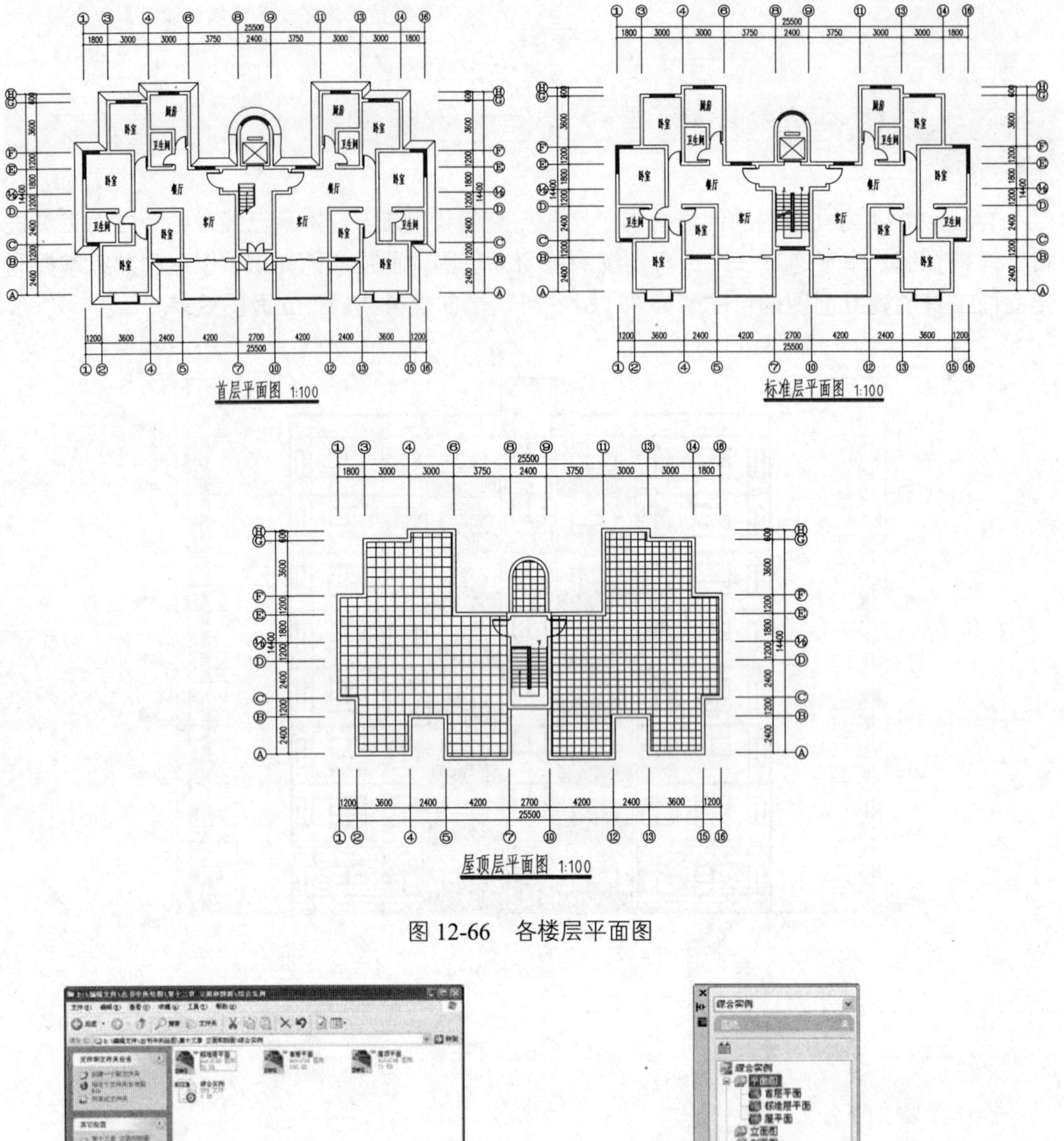

首层平面图 1:100

标准层平面图 1:100

屋顶层平面图 1:100

图 12-66　各楼层平面图

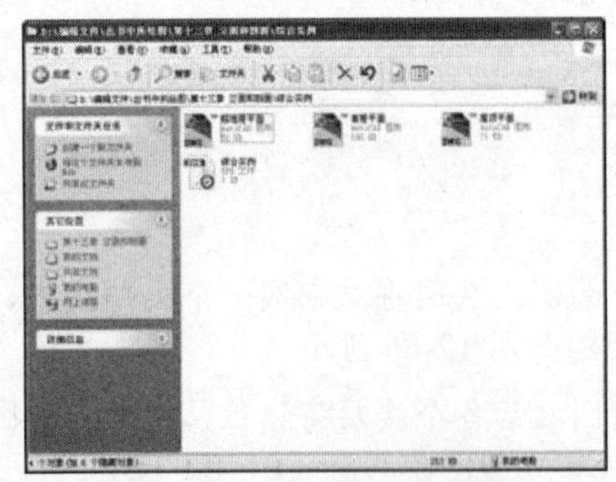

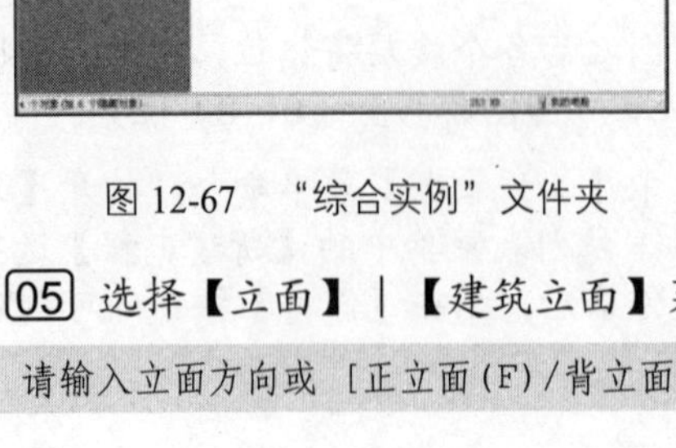

图 12-67　“综合实例”文件夹

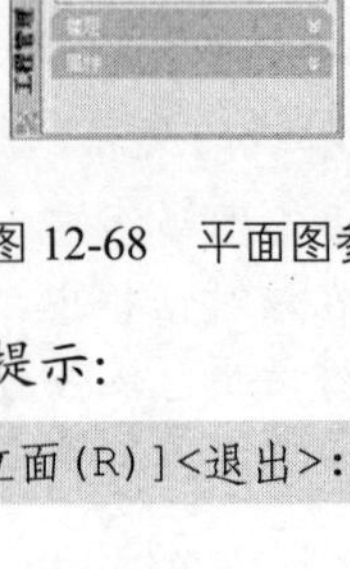

图 12-68　平面图参数

05 选择【立面】|【建筑立面】菜单命令，命令行提示：

```
请输入立面方向或 [正立面(F)/背立面(B)/左立面(L)/右立面(R)]<退出>:F↙
```

```
                                            //输入选项“F”
请选择要出现在立面图上的轴线:                  //选择 1 轴线与 16 轴线
请选择要出现在立面图上的轴线: ↙                //按回车键接受选择
```

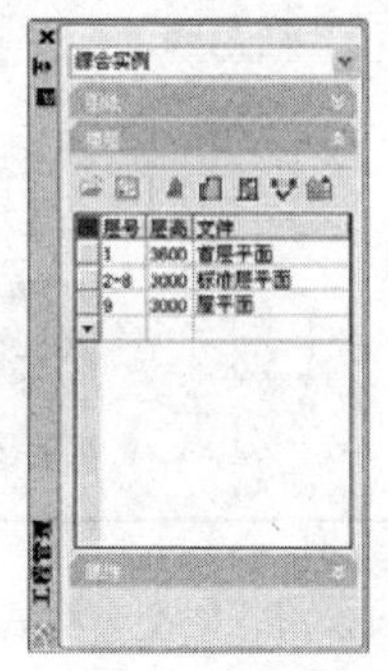
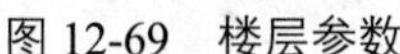

图 12-69 楼层参数

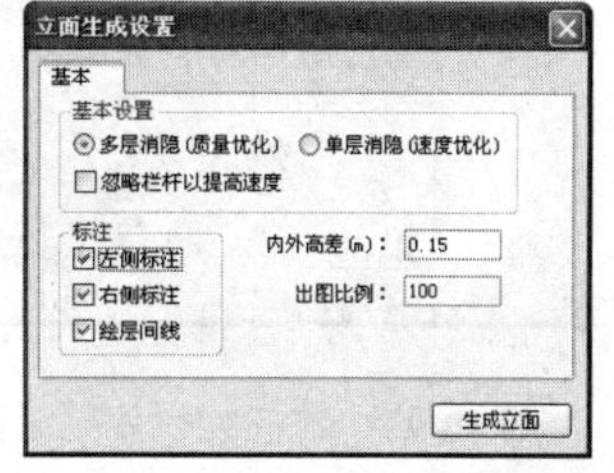

图 12-70 “立面生成设置”对话框

[06] 系统打开【立面生成设置】对话框，设置参数如图 12-70 所示，单击【生成立面】按钮，该对话框消失，显示【输入要生成的文件】对话框，如图 12-71 所示，输入要保存的文件名，单击【保存】按钮，即可生成正立面图，并打开该立面图文件如图 12-72 所示。

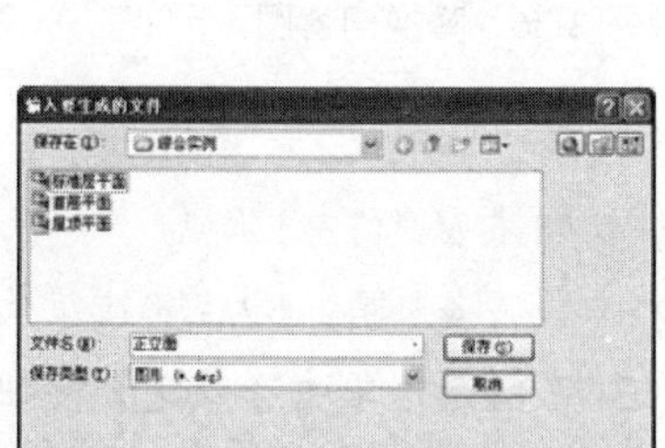

图 12-71 【输入要生成的文件】对话框

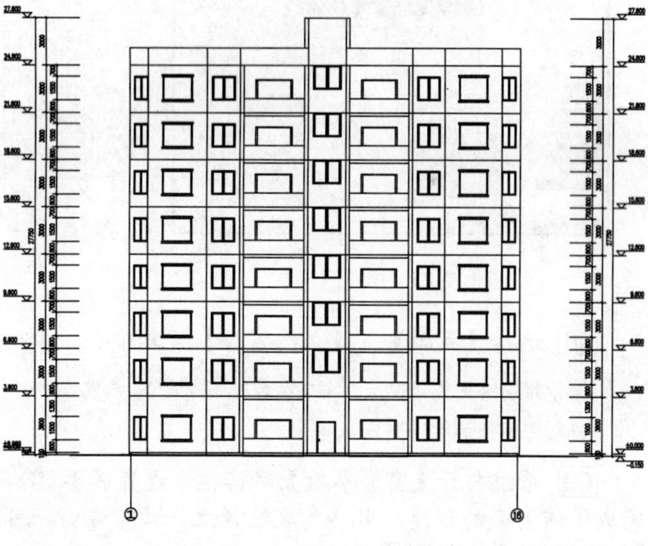

图 12-72 生成立面图

[07] 选择【立面】|【立面门窗】菜单命令，打开【天正图库管理系统】窗口，选择普通窗样式如图 12-73 所示；选择造型窗样式如图 12-74 所示；选择推拉门样式如图 12-75 所示。选中图中其中一个图标后，单击工具栏中的【替换】按钮，命令行提示：

```
选择图中将要被替换的图块!
选择对象:                          //选择一个或多个要替换门或窗
选择对象: ↙                        //按回车键结束选择，并完成了所选门窗的替
换，同样方法完成其余的门窗替换，得到如图 12-76 所示的立面图
```

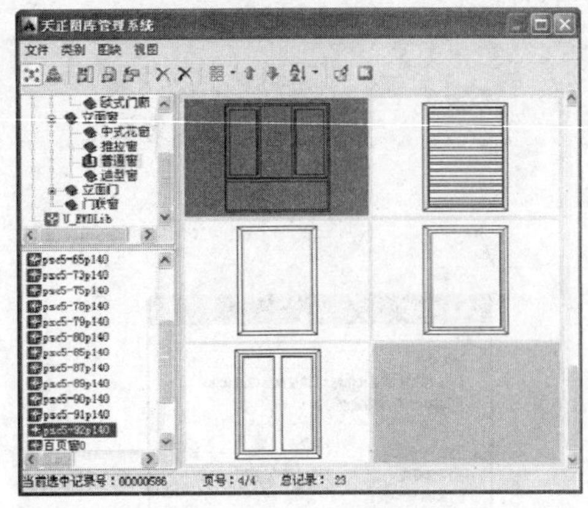

图 12-73　普通窗样式

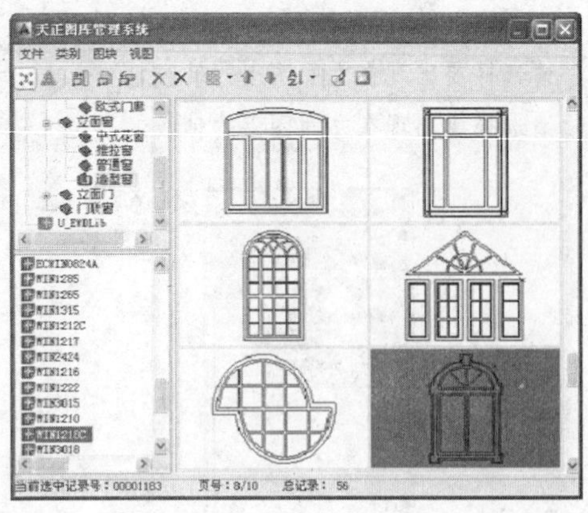

图 12-74　造型窗样式

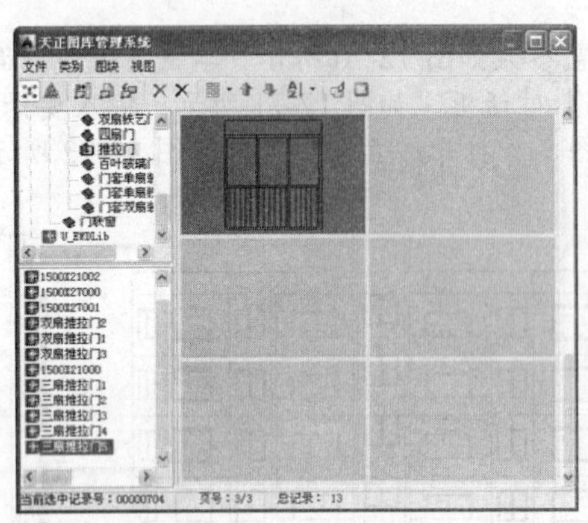

图 12-75　推拉门样式

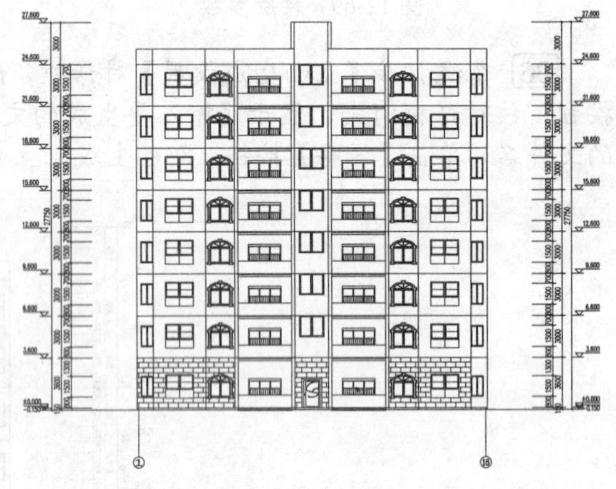

图 12-76　替换门窗图

08 选择【立面】|【立面窗套】菜单命令，命令行提示：

```
请指定窗套的左下角点 <退出>:                    //单击窗户的左下角点
请指定窗套的右上角点 <推出>:                    //拖动鼠标单击窗户的右上角点
```

09 系统打开【窗套参数】对话框，设置其参数如图 12-77 所示，单击【确定】按钮，完成了该窗套的创建。用户多次选择上一步命令，即可完成剩余窗户窗套的添加，得到如图 12-78 所示的立面图。

10 调用 AutoCAD 绘图工具栏中的 LINE、OFFSET、TRIM 等命令，绘制如图 12-79 所示的阳台立面样式图，选择【立面】|【立面阳台】菜单命令，打开【天正图库管理系统】窗口，在其工具栏中单击【新图入库】按钮，命令行提示：

```
选择构成图块的图元:                    //框选已创建好的阳台立面样式图
选择构成图块的图元:↙                   //按回车键结束选择
图块基点<(151242,33816.8,-1e-008)>:    //单击其左下角的点
制作幻灯片(请用 zoom 调整合适)或 [消隐(H)/不制作返回(X)]<制作>:
```

/直接按回车键确认制作幻灯片，返回【天正图库管理系统】窗口，添加了如图 12-80 所示的立面

阳台样式图，并且自动命名为【新图块】/

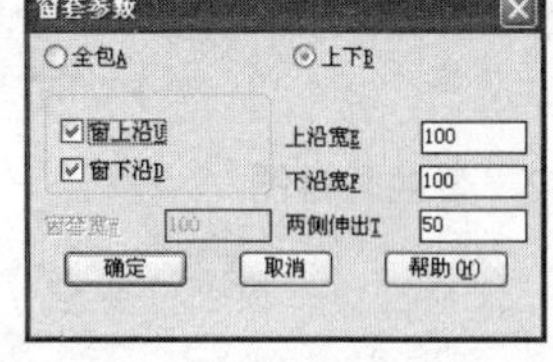

图 12-77 【窗套参数】对话框

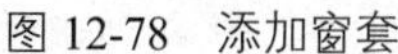

图 12-78 添加窗套

图 12-79 阳台立面样式图

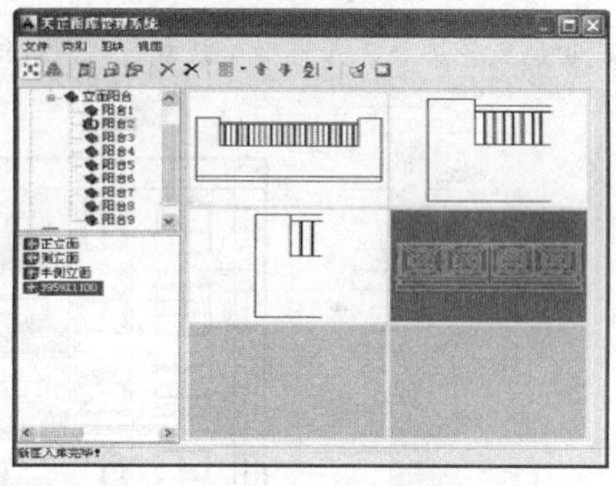

图 12-80 “天正图库管理系统”窗口

11 选择新创建好的阳台样式，单击【替换】按钮，打开【替换选项】对话框，设置参数如图 12-81 所示。同时命令行提示：

```
选择图中将要被替换的图块!
选择对象:        //选择多个需要替换的阳台
选择对象: ↙  //按回车键结束命令，并完成阳台的替换，得到如图 12-82 所示的阳台立面图
```

12 调用 AutoCAD 绘图工具栏中的【图案填充】命令，打开【图案填充和渐变色】对话框，选择【变瓦屋面】图样，设置比例参数值为 300，单击【添加：拾取点】按钮，【图案填充和渐变色】对话框消失，命令行提示：

```
拾取内部点或 [选择对象(S)/删除边界(B)]:                    //拾取要填充的区域
拾取内部点或 [选择对象(S)/删除边界(B)]:                    //拾取完成后，按回车键，返回到【图案填充和渐变色】对话框中，单击【确定】按钮即可完成图案填充，在无法拾取点的情况下，调用 AutoCAD 绘图工具栏中的 PLINE 命令绘制出填充轮廓线，单击【添加：选择对象】按钮，选择轮廓线也可完成图案填充。同样方法完成所有首层墙体的图案填充
```

图 12-81 【替换选项】对话框

图 12-82 替换阳台图

13 选择【立面】|【立面轮廓】菜单命令，命令行提示：

选择二维对象： //框选整栋立面图

选择二维对象：↙ //按回车键结束选择

请输入轮廓线宽度(按模型空间的尺寸)<100>：↙ //输入 100 后，按回车键后，命令行会提示成功生成轮廓线，并退出了该命令，最后得到如图 12-83 所示的立面效果图

图 12-83 立面效果图

12.8 综合实例：创建欧式住宅剖面图

剖面图可以使用户从另一个角度了解建筑物的内部构造及功能，详细反映建筑某一部

分的内容。前面已经对剖面图的绘制方法及工具有了一个总体的介绍，本节通过一个实例，使用户掌握剖面生成的方法及剖面工具的使用，如图 12-84 所示是绘制完成的部面图效果。

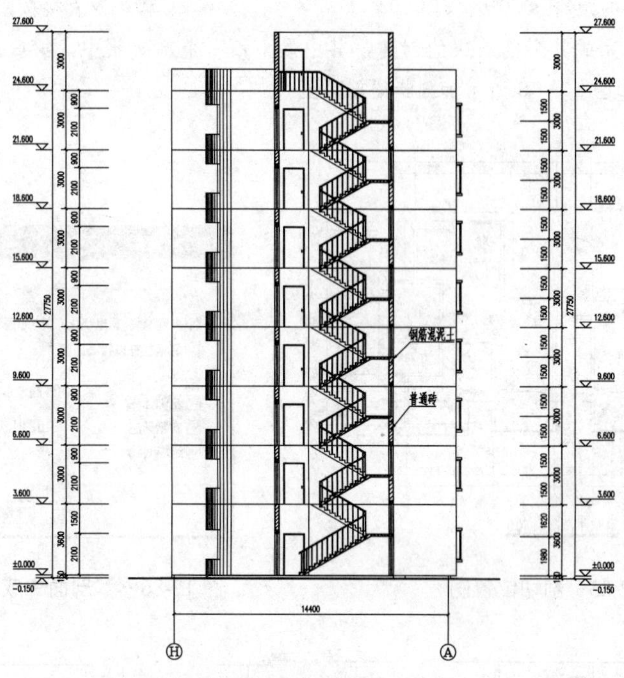

图 12-84　剖面效果图

操作步骤如下：

01 打开上节所述的所有平面图，在首层平面图文件下，选择【符号标注】|【剖面剖切】菜单命令，命令行提示：

```
请输入剖切编号<1>: ↙                     //输入 1 或直接按回车键接受默认值
点取第一个剖切点<退出>:                    //单击第一个剖切点
点取第二个剖切点<退出>:                    //单击第二个剖切点
点取下一个剖切点<结束>: ↙                  //按回车键结束
点取剖视方向<当前>:                        //在当前剖切线的右方单击。此时，软件完
成了剖切线的创建，创建首层平面图的剖切位置线如图 12-85 所示
```

02 选择【剖面】|【建筑剖面】菜单命令，单击该命令后，命令行提示：

```
请选择一剖切线:                            //单击 1 号剖切位置线
请选择要出现在剖面图上的轴线:              //选择 H 轴线与 A 轴线，按回车键结束
```

03 系统显示了【剖面生成设置】对话框，设置参数如图 12-86 所示。单击【生成剖面】按钮，打开【输入要生成的文件】对话框，设置文件名为【1-1 剖面】，单击【保存】按钮，即可生成一个剖面文件图，并打开该文件，得到如图 12-87 所示的剖面图。

04 选择【剖面】|【加剖断梁】菜单命令，单击该命令后，命令行提示：

```
请输入剖面梁的参照点 <退出>:               //单击休息平台与墙体相交处的梁左边一点
```

梁左侧到参照点的距离 <100>:0↙　　　　　　　//输入 0 后按回车键

梁右侧到参照点的距离 <100>:240↙　　　　　　//输入 240 后按回车键

梁底边到参照点的距离 <300>:300↙　　　　　　//输入 300 或直接按回车键，完成了该剖断梁的创建，同样方法完成其余剖断梁的创建，其中最下面一个剖断梁中，梁底边到参照点的距离为 120，这样就得到了如图 12-88 所示加剖断梁剖面图

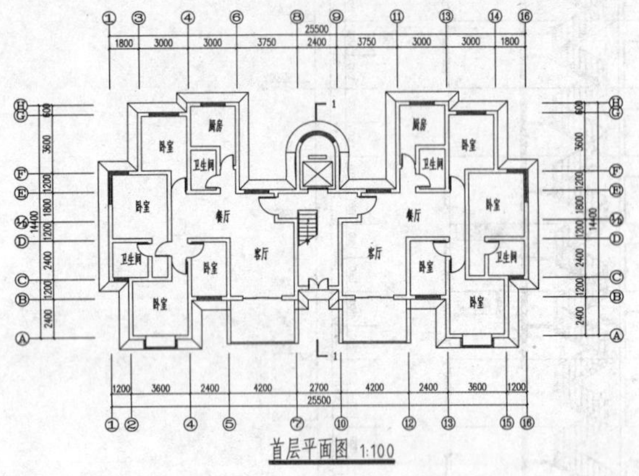

图 12-85　剖切位置图

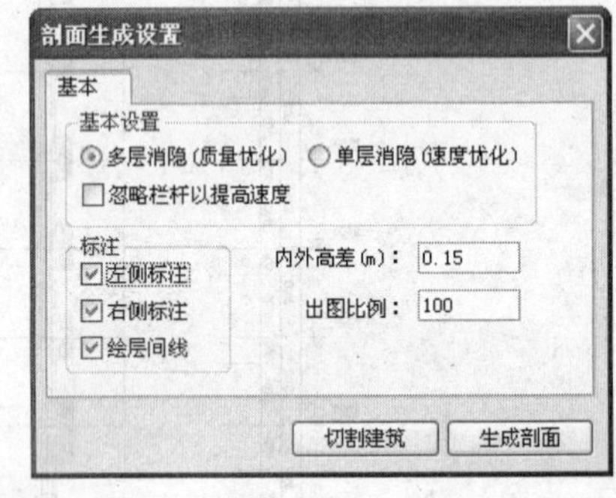

图 12-86　“剖面生成设置”对话框

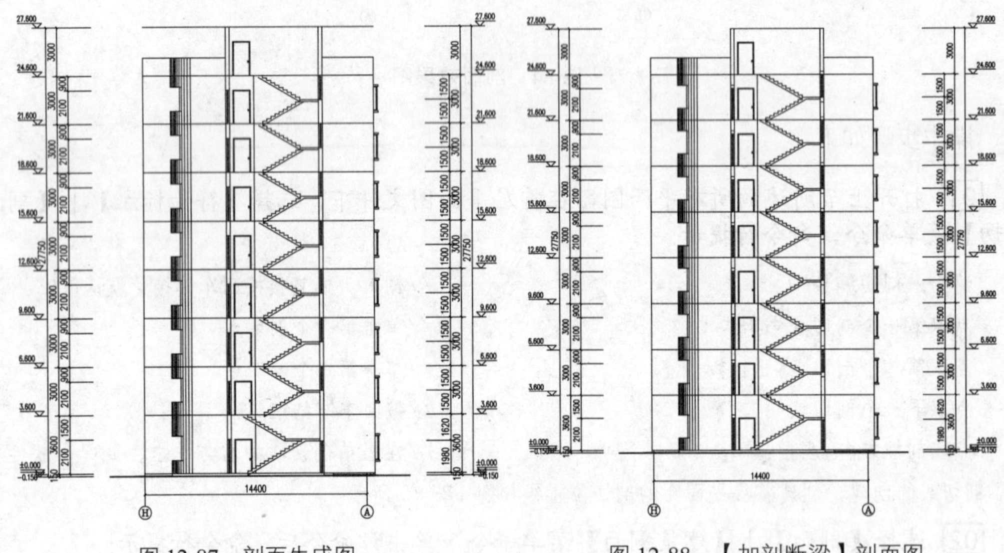

图 12-87　剖面生成图　　　　图 12-88　【加剖断梁】剖面图

05 选择【剖面】|【门窗过梁】菜单命令，命令行提示：

选择需加过梁的剖面门窗：　　　　　　　　//选择需要添加过梁的门窗

选择需加过梁的剖面门窗：　　　　　　　　//按回车键结束选择

输入梁高<200>:200↙　　　　　　　　　　//输入梁高值 200 后，按回车键。此时，在所选门窗上方就生成了一个 200mm 高的过梁，得到如图 12-89 所示的门窗过梁图

06 选择【剖面】|【楼梯栏杆】菜单命令，命令行提示：

请输入楼梯扶手的高度 <1000>: ↙　　　　　　//直接按回车键接受默认值

是否要打断遮挡线(Yes/No)? <Yes>: Y　　　　//输入“Y”打断遮挡线

再输入楼梯扶手的起始点 <退出>:　　　　　　//单击一段楼梯扶手的起点

结束点 <退出>:　　　　　　　　　　　　　　//单击该段楼梯扶手的终点，完成了该段楼梯栏杆的创建，同样方法完成所有楼梯栏杆的创建，并在顶层加入一段直线栏杆

07 选择【剖面】|【扶手接头】菜单命令，命令行提示:

请输入扶手伸出距离<0>: ↙　　　　　　　　//直接按回车键接受默认值

请选择是否增加栏杆[增加栏杆(Y)/不增加栏杆(N)]<增加栏杆(Y)>:Y↙

　　　　　　　　　　　　　　　　　　　　　//输入“Y”后按回车键

请指定两点来确定需要连接的一对扶手! 选择第一个角点<取消>:

　　　　　　　　　　　　　　　　　　　　　//单击要创建连接扶手的第一个角点

另一个角点<取消>:　　　　　　　　　　　　//拖动鼠标，单击要创建连接扶手的另一个角点

08 系统完成了两段栏杆之间的扶手连接，命令行重复上步提示，用户按照同样方法完成其余扶手的连接，得到如图 12-90 所示的添加扶手接头剖面图。

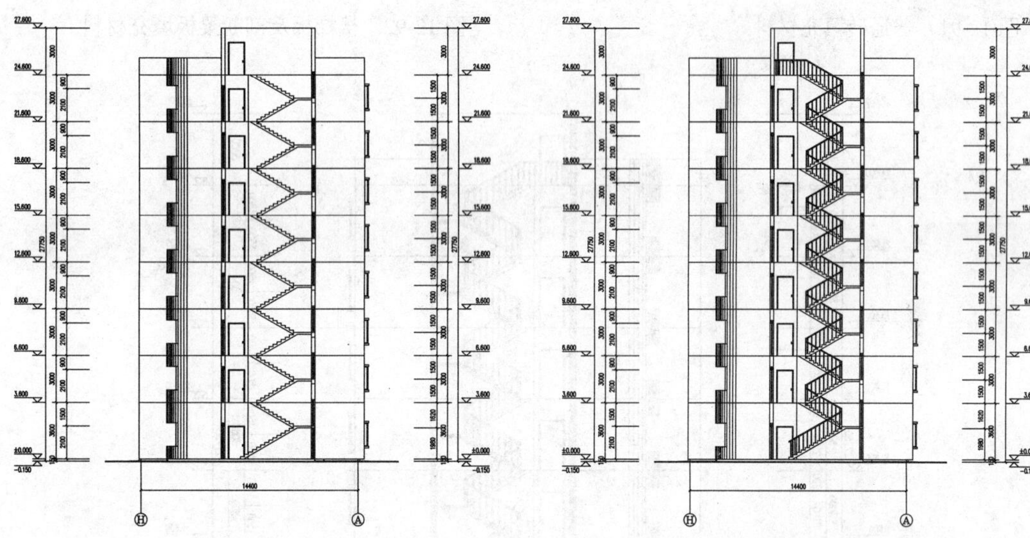

图 12-89　创建门窗过梁　　　　图 12-90　添加楼梯栏杆及扶手接头

09 选择 AutoCAD 中【图案填充和渐变色】菜单命令，打开【图案填充和渐变色】对话框，设置剖切到的普通砖填充材料参数如图 12-91 所示，设置剖切到的楼梯板及剖断梁板的填充参数材料如图 12-92 所示。单击【添加：拾取点】按钮，【图案填充和渐变色】对话框暂时消失，命令行提示:

拾取内部点或 [选择对象(S)/删除边界(B)]:　　　　//在要进行填充的区域单击，可重复多次单击，选择多个区域，选择完成后，按回车键结束选择，返回到【图案填充和渐变色】对话框中，单击【确定】按钮，即可完成所选区域材料的填充。同样方法完成所有的剖面材料的填充

10 选择【剖面】|【向内加粗】菜单命令，单击该命令后，命令行提示:

请选取要变粗的剖面墙线梁板楼梯线(向内侧加粗) <全选>:　　　　//框选整栋建筑剖面图

选择对象：↙　　　　　　　　　　　　　　　　　//按回车键结束选择

请确认墙线宽(图上尺寸) <0.40>：↙　　　　　　　　//直接按回车键接受默认值

请确认墙线宽(图上尺寸) <0.40>：　　　　　　　　　//直接按回车键接受默认值。此时，软件自动视别出剖面墙线，并对其墙线自动向内加粗到 0.4mm 宽，最终得到如图 12-93 所示的剖面图

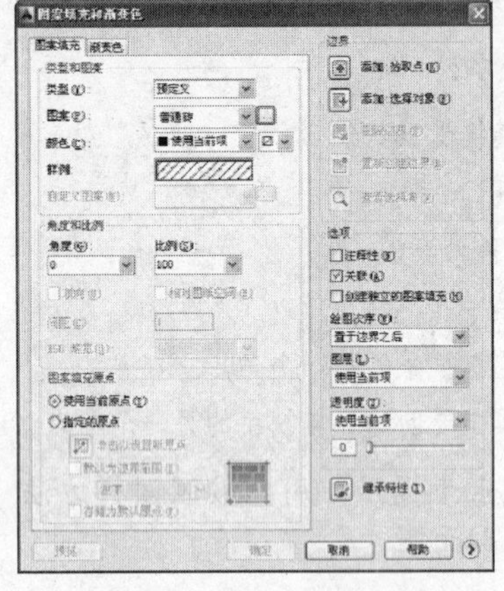

图 12-91　普通砖填充材料

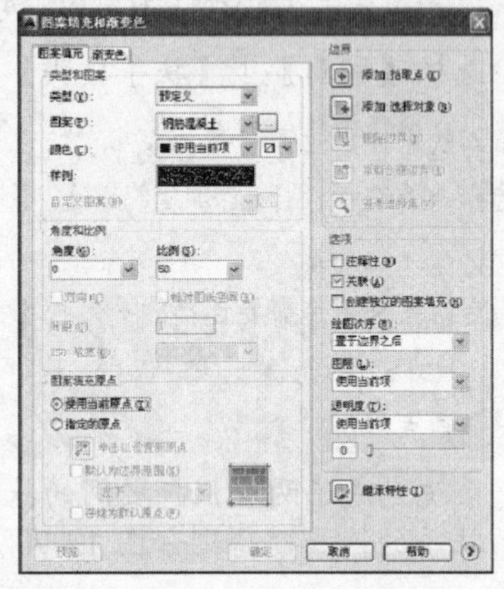

图 12-92　楼梯板及剖断梁板填充材料

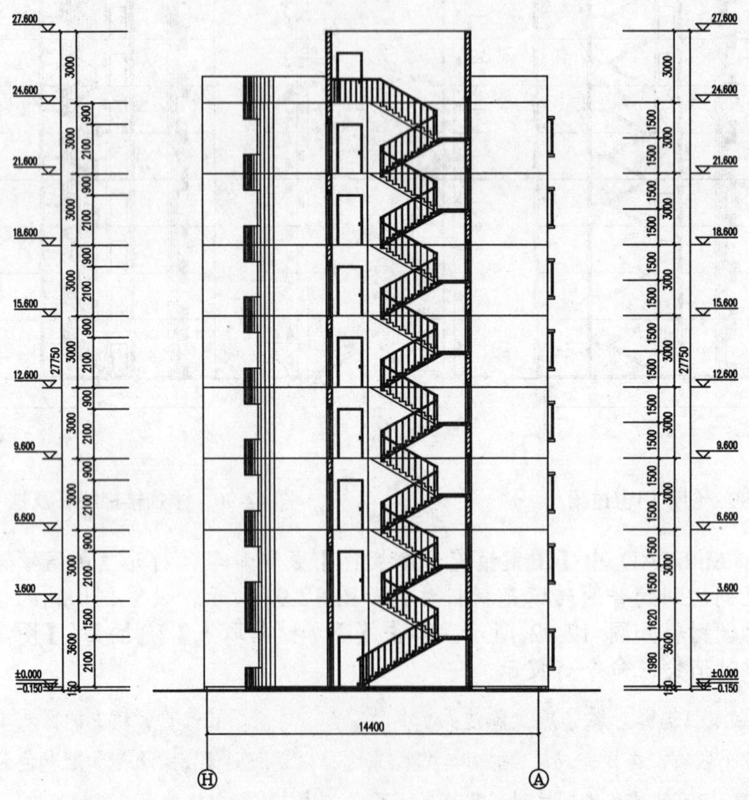

图 12-93　1-1 剖面图

第13章 文字表格、尺寸和符号标注

本章导读 TArch 2014 专门针对建筑行业提供了一整套符合国家建筑制图规范的尺寸、文字及符号标注的命令和实用程序，使设计师能够遵守建筑行业的规范用法，轻松添加相应的注释。

通过本章的学习，读者将掌握天正文字表格、尺寸标注以及符号标注的使用方法及相关技巧。

本章重点

★ 文字与表格
★ 尺寸标注
★ 符号标注
★ 综合实例：标注住宅平面图

13.1 文字与表格

TArch2014 图形中的文字用来表达各种信息，它是建筑制图及其说明中不可缺少的一部分。TArch2014 提供了多种创建文字的方法，有简单的文字输入工具，也有带有内部格式的较为复杂的文字工具。在本节当中，将通过实例说明来介绍文字表格的使用。

13.1.1 文字工具

创建文字的方法有多种，可以直接利用 AutoCAD 命令来创建文字，也可以利用 TArch 2014 文字工具来创建文字。由于 TArch 2014 文字工具是专门针对建筑绘图需要开发，因而使用起来更为方便、快捷。

1. 文字样式

文字样式即文字的高度、宽度、字体、样式名称等特征的集合。使用【文字样式】命令，可以创建用户所需要的文字样式或对创建的样式进行修改。

选择【文字表格】|【文字样式】菜单命令，打开【文字样式】对话框，如图 13-1 所示。

用户可以在对话框中选择【AutoCAD 字体】与【Windows 字体】两个单选按钮组中

的一个，确定当前文字样式的文字类型。如果用户选择【AutoCAD 字体】单选按钮，此样式下方的中文参数与西文参数确定这个文字样式的组成；如果用户选择【Windows 字体】单选按钮，此样式由中文参数的各项内容确定，与 AutoCAD 字体相比，此样式打印效果美观，但会降低系统运行速度。

图 13-1 【文字样式】对话框

2. 单行文字

【单行文字】命令可以创建和 AutoCAD 文字工具相同的文字效果，与之不同的是，它可以方便为文字设置上下标、加圆圈、添加特殊符号，导入专业词库内容等。

选择【文字表格】|【单行文字】菜单命令，打开【单行文字】对话框，如图 13-2 所示。在对话框中对文本进行设置，然后在视图中移动并单击鼠标，即可创建文本。

【单行文字】对话框各选项含义如下：

- 文字输入列表：在该对话框中直接输入文字，可输入文字符号，可在列表中保存已输入的文字，方便重复输入相同内容，在下拉列表框中，选择其中一行文字后，该行文字复制到首行。
- 文字样式：在下拉列表中选用文字样式。
- 对齐方式：选择文字与基点的对齐方式。
- 转角<：输入文字的转角。
- 字高<：表示最终图纸打印的字高，而不是在屏幕上测量出的字高数值，两者有一个绘图比例值的倍数关系。
- 背景屏蔽：勾选此复选框后，文字可以遮盖背景。
- 连续标注：勾选此复选框后，该单行文字可以连续插入至图中。

【单行文字】对话框中有一排工具栏，从左到右按钮依次为选中下标部分、选中上标部分、选中圆圈内文字、角度、公差、直径、百分号、一级钢、二级钢、三级钢、四级钢、特殊字符、词库、屏幕取词。

【单行文字】对话框中的这些工具大多与 AutoCAD 的功能相似，这里就不再作详细介绍了，如图 13-3 所示是使用天正单行文字工具的实例。

3. 多行文字

【多行文字】命令用于在绘图窗口中使用已定义好的天正文字样式，按照段落输入多行中文字符，它可以方便地设置文字的上下标、页宽及文字的换行处理，在输入完成后，可随时拖动夹点改变页宽。

单行文字
详解天正建筑设计
文字样式：
建筑样式
转角<
0
背景屏蔽
对齐方式：
左下（BL）
字高<
3.5
连续标注

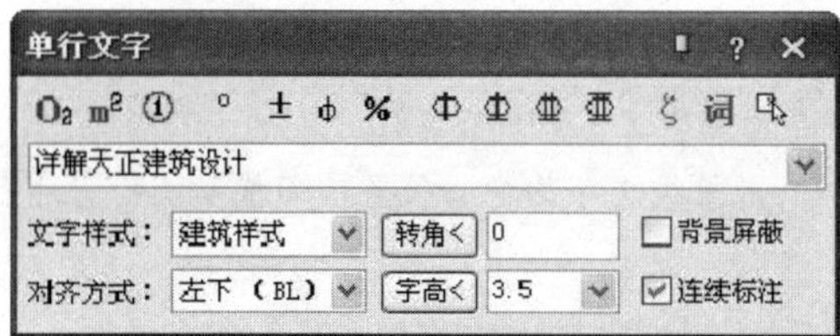

图 13-2　“单行文字”对话框

天正单行文字工具下标
天正直径ϕ
天正单行文字工具上标
天正百分号ϕ
天正㊥行文字工具
天正特殊字符ω
天正角度°
±天正公差

图 13-3　天正单行文字工具实例

选择【文字表格】|【多行文字】菜单命令，打开【多行文字】对话框，如图 13-4 所示。可以在该对话框中输入多行文字，适用于文字较多的设计说明、设计规范等。

【多行文字】对话框各选项含义如下：

- 行距系数：该系数表示的是行间的净距，单位是当前的文字高度，比如 1 为两行间相隔一空行，本参数决定整段文字的疏密程度。
- 对齐：决定了文字段落的对齐方式，共有左对齐、右对齐、中心对齐、两端对齐 4 种对齐方式。
- 页宽<：可以直接在该文本框中输入数值，或者单击该按钮，在视图中拾取两点获得。
- 字高：以 mm 单位表示的打印出图后实际文字高度，已考虑当前比例。
- 转角：指插入到视图的文字与 X 轴正方向的夹角。
- 文本输入区：在其中输入多行文字，也可以接受来自剪贴板的其他文本编辑内容，在其中随意修改其内容。允许硬按回车键，也可以由页宽控制段落的宽度。

设置完所有参数后，单击【确定】按钮即可完成该多行文字的创建。如果插入视图中的多行文字需要编辑，用户可以选择该多行文字，此时，在多行文字的左右两端会出现两个夹点，左侧的夹点用于改变文字的位置，右侧的夹点用于改变多行文字页面宽度和方向，当宽度少于设定时，多行文字会自动换行，如图 13-5 所示是创建多行文字的实例。

多行文字
行距系数：
0.4
文字样式：
Standard
对齐：
左对齐
确定
页宽<
200
字高<
3.5
转角：
0
取消
施工要求：
1.请严格要求按照建筑施工图纸来进行施工。
2.如对图纸有任何异议，请联系制图人员或者设计师。
3.本图纸最终解释权归本单位所有。

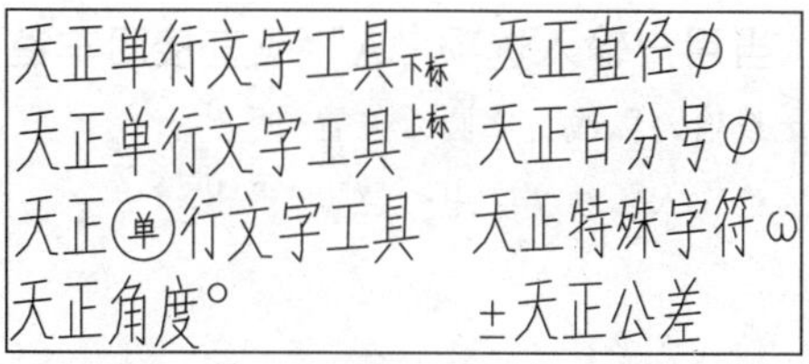

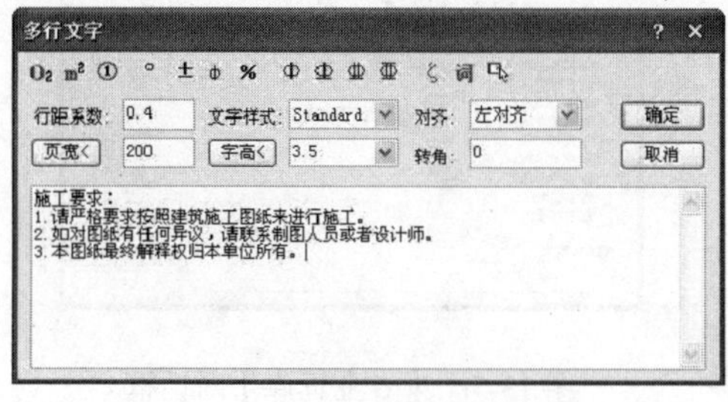

图 13-4　【多行文字】对话框

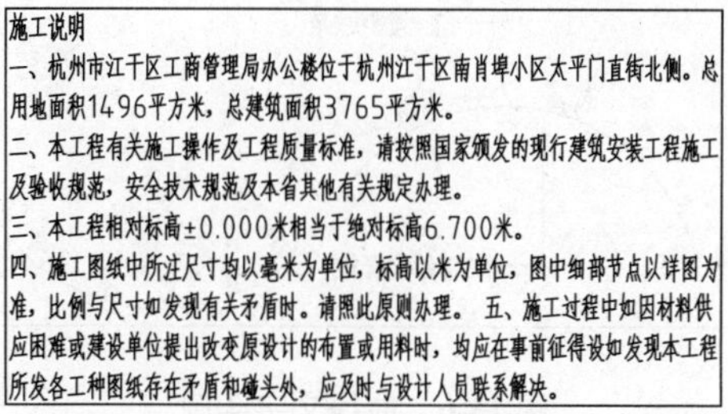

施工说明
一、杭州市江干区工商管理局办公楼位于杭州江干区南肖埠小区太平门直街北侧。总用地面积1496平方米，总建筑面积3765平方米。
二、本工程有关施工操作及工程质量标准，请按照国家颁发的现行建筑安装工程施工及验收规范，安全技术规范及本省其他有关规定办理。
三、本工程相对标高±0.000米相当于绝对标高6.700米。
四、施工图纸中所注尺寸均以毫米为单位，标高以米为单位，图中细部节点以详图为准，比例与尺寸如发现有关矛盾时。请照此原则办理。 五、施工过程中如因材料供应困难或建设单位提出改变原设计的布置或用料时，均应在事前征得设如发现本工程所发各工种图纸存在矛盾和碰头处，应及时与设计人员联系解决。

图 13-5　创建多行文字实例

4. 曲线文字

【曲线文字】命令可以将输入的文字按曲线进行排列。它有两种方法，包括直接按弧线方向书写中英文字符串，或者在已有的多段线（POLYLINE）上布置中英文字符串，可将图中的文字改排成曲线。

选择【文字表格】|【曲线文字】菜单命令，命令行提示：

```
A-直接写弧线文字/P-按已有曲线布置文字<A>:
```

当用户输入选项“A”或直接回车键接受默认值时，命令行提示：

```
请输入弧线文字圆心位置<退出>:          //单击弧线文字的圆心位置
请输入弧线文字中心位置<退出>:          //单击弧线文字的中心位置，即拖动圆心至半径点
输入文字:                              //输入要绘制的弧线文字后按回车键
请输入模型空间字高 <500>:              //输入字高后按回车键
文字面向圆心排列吗(Yes/No):            //输入选项“Y”按向圆心排列，输入“N”不按圆心排列，按回车键完成弧线文字的创建
```

当用户输入选项“P”后按回车键，命令行提示：

```
请选取文字的基线 <退出>:               //单击选择路径曲线
输入文字:                              //输入要绘制的弧线文字后按回车键
请键入模型空间字高 <500>:              //输入字高，按回车键即可完成弧线文字的创建
```

如图 13-6 所示即是按照两种不同方式绘制曲线文字的实例。

5. 专业词库

TArch 2014 为用户提供了一个字块图库，该字库提供了一些常用的建筑专业词汇，在为图纸中的构件进行标注时，可以随时调出并插入到图形中。

选择【文字表格】|【专业词库】菜单命令，弹出【专业词库】对话框，如图 13-7 所示。

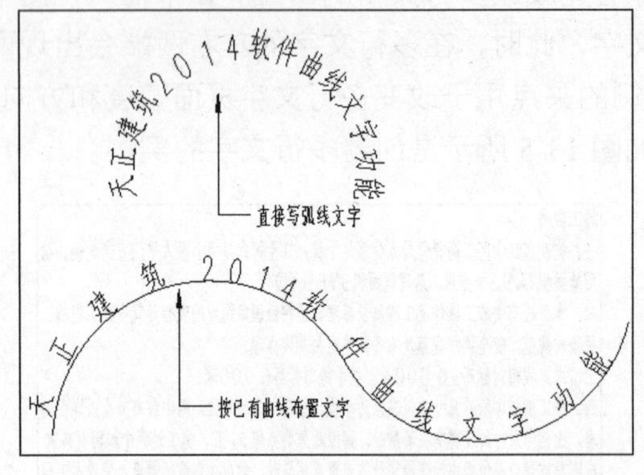

图 13-6　曲线文字实例

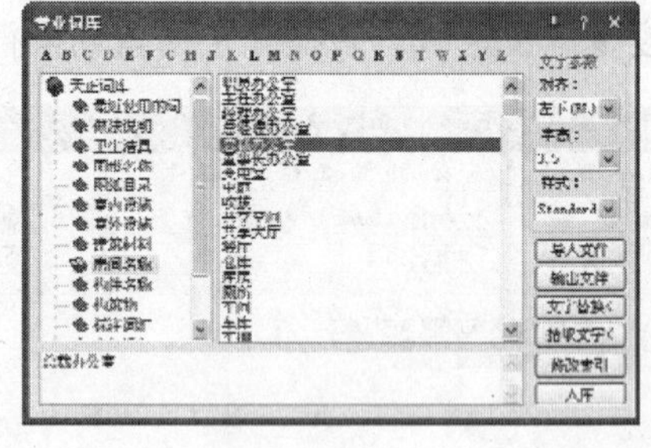

图 13-7　【专业词库】对话框

【专业词库】对话框各选项参数含义如下：

- 字母按钮：以汉语拼音的韵母排序检索，用于快速检索到词汇表中与之对应的第一个词汇。
- 词汇分类：在词库中按不同专业提供分类机制，在一个目录下列表存放很多词汇。
- 词汇列表：按分类组织起词汇列表，对应一个词汇分类的列表存放多个词汇。
- 分类菜单：右击类别项目，会出现“新建”“插入”“删除”“重命名”多项，用

于增加分类。

- 词汇菜单：右击词汇项目，会出现“新建”“插入”“删除”“重命名”多项，用于增加词汇量。
- 导入文件：把文本文件中按行作为词汇，导入当前类别(目录)中，有效扩大了词汇量。
- 输出文件：把当前类别中所有的词汇输出到一个文本文件中去。
- 文字替换<：替换已插入到视图中的文字，单击该按钮后，命令行提示：

请选择要替换的文字图元<文字插入>：　　//选择打算替换的文字对象后按回车键后即可完成文字的替换

- 拾取文字<：把图上的文字选择到编辑框中进行修改或替换。
- 入库：把编辑框内的文字添加到当前类别的最后一个词汇。

在该对话框中设置好所有参数后，命令行同时提示：

请指定文字的插入点<退出>：　　//在视图中要插入文字的位置单击即可完成文字的插入

13.1.2 文字编辑工具

TArch 2014 提供了多种文字编辑工具，可满足用户不同的需求。

1. 转角自纠

【转角自纠】命令用于翻转调整图中单行文字的方向，符合建筑制图标准对文字方向的规定，TArch 2014 支持一次选取多个文字一起纠正。选择【文字表格】|【转角自纠】菜单命令，命令行提示：

请选择天正文字<退出>：　　//选择要翻转的文字后，按回车键，该文字即可按国家标准规定的方向作出相应的调整

如图 13-8 所示是实行转角自纠命令的实例。

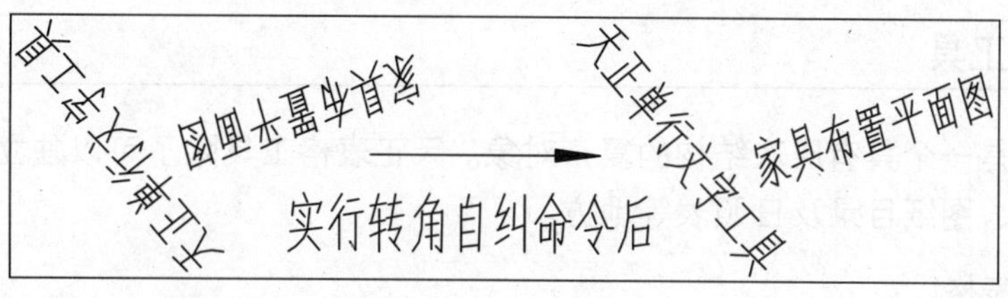

图 13-8　转角自纠命令实例

2. 文字转化

【文字转化】命令是指将天正旧版本生成的 AutoCAD 格式单行文字转化为天正文字，并保持原来每一个文字对象的独立性，不对其进行合并处理。

选择【文字表格】|【文字转化】菜单命令，单击该命令后，命令行提示：

请选择 ACAD 单行文字：　　//选择视图中的多个文字串
请选择 ACAD 单行文字：↙　　//按回车键结束选择，此时选中的文字成功的转

化为天正文字，但该命令只对 ACAD 生成的单行文字有效，对多行文字不起作用

3. 文字合并

【文字合并】命令将天正旧版本生成的 AutoCAD 格式单行文字转化为天正多行文字或者单行文字，同时对其中多行排列的多个文本文字对象进行合并处理，由用户决定生成一个天正多行文字对象或者一个单行文字对象。

选择【文字表格】|【文字合并】菜单命令，命令行提示：

请选择要合并的文字段落：　　　　　　　　//选择视图中多个文字对象，按回车键结束选择

[合并为单行文字(D)]<合并为多行文字>：　　//直接按回车键表示默认合并为一个多行文字，输入选项“D” 后按回车键表示合并为单行文字

移动到目标位置<替换原文字>：　　　　　　//拖动合并后的文字段落，移至目标位置单击即可

如果用户要合并的文字是相对较长的段落，最好合并为多行文字。在处理设计说明等比较复杂的说明文字情况下，尽量把合并后的文字移动到空白处，然后使用对象编辑功能，检查文字和数字是否正确，还要把合并后遗留的多余硬按回车键换行符删除掉，然后再删除原来的段落，移动多行文字取代原来的文字段落。

4. 统一字高

【统一字高】命令将所涉及 AutoCAD 文字及天正文字的文字字高按给定尺寸进行统一设定高度。选择【文字表格】|【统一字高】菜单命令，命令行提示：

请选择要修改的文字（ACAD 文字，天正文字）<退出>：　　　　//选择多个需要统一字高的文字对象

请选择要修改的文字（ACAD 文字，天正文字）<退出>：↙　　　//按回车键结束选择

字高() <3.5mm>：↙　　　　　　　　　　　　　　　　//输入字高后，按回车键结束，即可完成【统一字高】命令

13.1.3 表格工具

天正表格是一个具有层次结构的复杂对象。天正表格工具除了可以独立绘制外，还可应用在门窗表、图纸目录及日照表等地方。

1. 新建表格

【新建表格】命令通过设置行列参数来新建一个表格。

选择【文字表格】|【新建表格】菜单命令，弹出【新建表格】对话框，如图 13-9 所示。在其中设定参数以后，单击【确定】按钮，命令行提示：

左上角点或 [参考点(R)]<退出>：　　　//直接在视图中要插入的位置单击即可完成表格的创建

【表格设定】对话框显示表格的各项参数，包括文字参数、横线参数、竖线参数、表格边框、标题及右栏的表格编辑按钮。其编辑功能在以后的学习中将详细介绍，如图 13-10 所示是一个新建表格的实例。

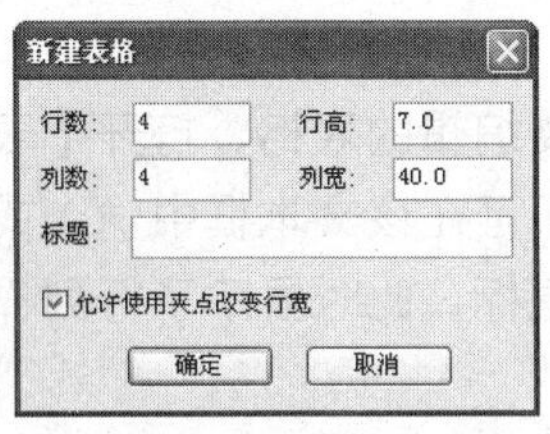

图 13-9　【新建表格】对话框

经济技术指标(平方米)			
教学占地	1455	艺体楼用地	900
门房面积	200	食堂占地面积	450
公寓用地	1200	综合楼用地	800
工厂用地	1000	其他用地	14225

图 13-10　新建表格实例

2. 转出 Word

【转出 Word】命令用于将天正创建的表格导出到 Word 程序中并打开该 Word 文档，供用户制作说明文件使用。

3. 转出 Excel

【转出 Excel】命令用于将天正创建的表格导出到 Excel 程序中并打开该 Excel 文档，供用户进行统计和打印。

4. 读入 Excel

【读入 Excel】命令用于当前 Excel 表格中选中的数据复制到指定的天正表格中，支持 Excel 中保留的小数位数。选择【文字表格】|【读入 Excel】菜单命令，如果没有打开 Excel，单击该命令后，系统会显示信息提示框，如图 13-11 所示。如果打开了一个 Excel 对话框，并框选了要复制的范围，单击该命令后，软件会显示另一信息提示对话框，如图 13-12 所示。

图 13-11　“Auto CAD”信息提示框

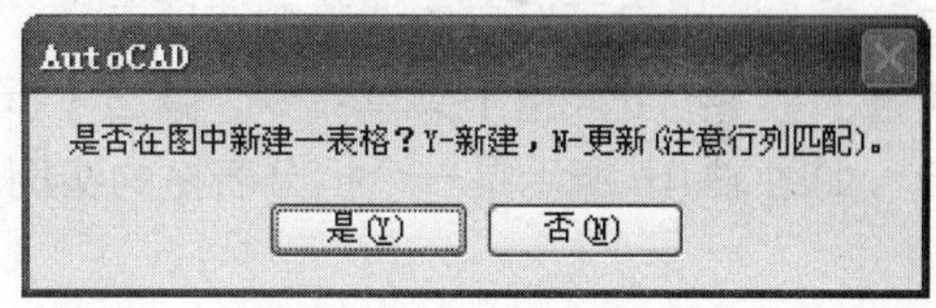

图 13-12　“Auto CAD”新建或更新信息提示框

【读入 Excel】命令要求事先在 Excel 表单中选中一个区域，系统根据 Excel 表单中选中的内容，新建或更新天正的表格对象，在更新天正表格对象时，检验 Excel 选中的行列数目与所选择的天正表格对象的行列数目是否相同，按照单元格一一对应的进行更新，如果不匹配将拒绝执行该命令。

13.1.4 表格编辑

新建的表格往往需要反复调整，才能得到所需的效果。TArch 2014 提供了多种表格编辑工具，包括对表格行、列及内容等的编辑。

1. 全屏编辑

【全屏编辑】命令将所选表格在对话框中进行行列编辑以及单元编辑，单元编辑也可由在位编辑器所代替。

选择【文字表格】|【全屏编辑】菜单命令，单击选择要编辑的表格，打开【表格内容】对话框，如图 13-13 所示。用户单击任何一个文本框，即可在该文本框中输入或修改文字内容。用户将光标移至行或列的最前面灰色块上，右击鼠标，此时显示了行列操作的快捷菜单，如 图 13-14 所示，用户可以对行列进行操作。

用户可以拖动多个行实现移动、交换的功能，然后单击【确定】按钮即可完成全屏编辑。TArch2014 全屏编辑界面有最大化按钮，适用于大型表格的编辑。

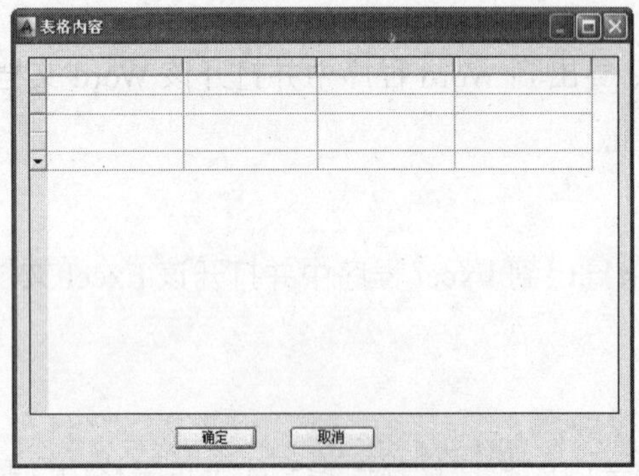

图 13-13 【表格内容】对话框

图 13-14 编辑行、列

2. 拆分表格

【拆分表格】命令是将表格按行或者列拆分为多个表格，也可以按用户设定的行列数自动拆分，用户可以自由调整各选项参数，包括保留标题、规定表头行数等。选择【文字表格】|【拆分表格】菜单命令，弹出【拆分表格】对话框，如图 13-15 所示。

如图 13-16 所示是一个拆分表格的实例。

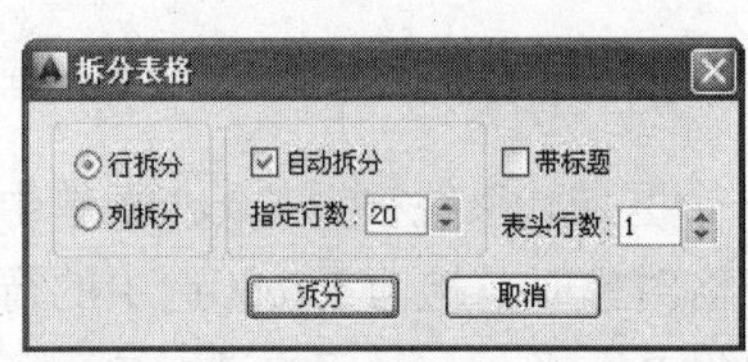

图 13-15 【拆分表格】对话框

门窗表

类型	设计编号	洞口尺寸(mm)	数量	图集名称	页次	选用型号	备注
普通门	M1	900X2100	3				
	M2	1500X2100	2				

门窗表

类型	设计编号	洞口尺寸(mm)	数量	图集名称	页次	选用型号	备注
普通窗	C1	1500X1500	2				
	C2	800X1500	2				

图 13-16 拆分表格实例

3. 合并表格

【合并表格】命令用于将多个表格依次合并为一个表格，这些待合并的表格行列数可以与原来表格不等，默认按行合并，也可以选择按列合并。选择【文字表格】|【合并表格】菜单命令，命令行提示：

```
选择第一个表格或 [列合并(C)]<退出>: //直接单击第一个表格按行合并或输入“C”按列合并
选择下一个表格<退出>:                //单击第二个表格
```

选择下一个表格<退出>:　　　　　　　　//单击第三个表格，按回车键结束选择，系统将所选表格按照行合并成了一个表格。最终表格行数等于所选择各个表格行数之和，标题保留第一个表格的标题

如图 13-17 所示是一个合并表格的实例。

4. 表列编辑

【表列编辑】命令用于对表格中选定的一列参数进行的编辑，包括删除列、插入列等，以及对表格中的文字颜色、文字样式、文字大小及文字位置进行调整。

选择【文字表格】|【表列编辑】菜单命令，命令行提示：

请点取一表列以编辑属性或 [多列属性(M)/插入列(A)/加末列(T)/删除列(E)/交换列(X)]<退出>:　　　　　　　　//单击一表列以编辑其属性或按选项提示输入，即可完成对该列的编辑

当用户选取一表列时，弹出【列设定】对话框，如图 13-18 所示。

表格原图

经济技术指标(平方米)
教学占地
门房面积

公寓用地
工厂用地

经济技术指标(平方米)
1455
200
1200
1000

合并表格

经济技术指标(平方米)	
教学占地	1455
门房面积	200
公寓用地	1200
工厂用地	1000

图 13-17　合并表格实例

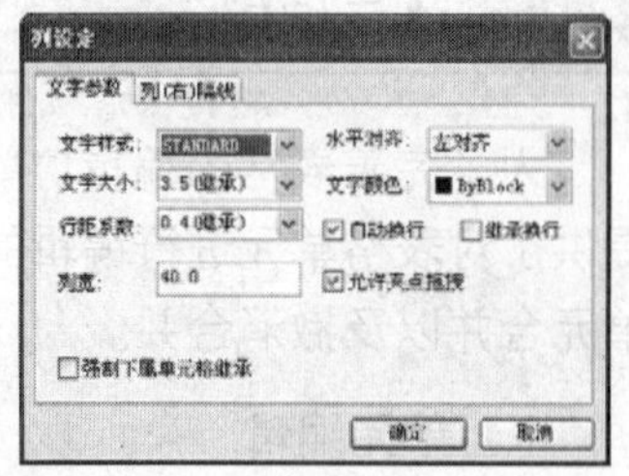

图 13-18　【列设定】对话框

如图 13-19 所示是选择不同的表列编辑选项所得的不同的表列编辑效果。

5. 表行编辑

【表行编辑】命令与【表列编辑】命令类似，即对表格中选定一行参数进行的编辑。选择【文字表格】|【表行编辑】菜单命令，弹出【行设定】对话框，如图 13-20 所示。

表格原图

经济技术指标(平方米)	
教学占地	1455
门房面积	200
公寓用地	1200
工厂用地	1000

插入列

经济技术指标(平方米)		
教学占地		1455
门房面积		200
公寓用地		1200
工厂用地		1000

删除列

经济技术指标(平方米)
教学占地
门房面积
公寓用地
工厂用地

加末列

经济技术指标(平方米)		
教学占地	1455	
门房面积	200	
公寓用地	1200	
工厂用地	1000	

交换列

经济技术指标(平方米)	
1455	教学占地
200	门房面积
1200	公寓用地
1000	工厂用地

图 13-19　表列编辑效果

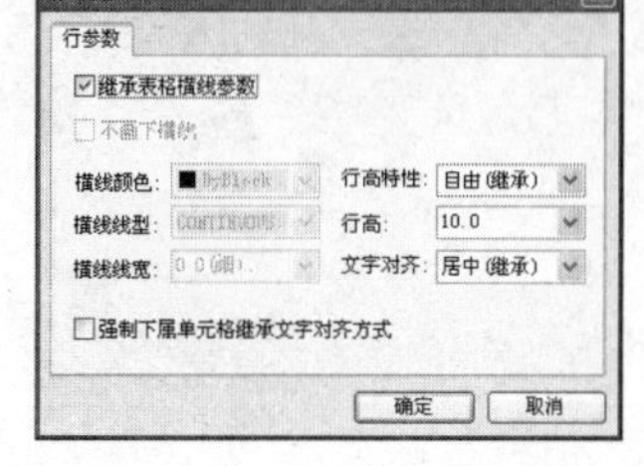

图 13-20　【行设定】对话框

6. 增加表行

【增加表行】命令是指在选择行上方增加一行或者复制当前行到新行，该命令也可以

通过【表行编辑】实现。

选择【文字表格】|【增加表行】菜单命令，命令行提示：

请点取一表行以(在本行之前)插入新行或 [在本行之后插入(A)/复制当前行(S)]<退出>:

/直接单击表行，即在该行之前插入了一个新行。当输入选项“A”后单击表行，即可在该行之后插入了一个新行。当输入选项“S”后单击表行，即可复制该行并在其下方向生成相同的行/

7. 删除表行

【删除表行】命令用于将选中的一个表行进行删除，该命令也可以通过【表行编辑】来实现。选择【文字表格】|【删除表行】菜单命令，单击该命令后，命令行提示：

请点取要删除的表行<退出>:

/单击要删除的表行，可重复多次删除表行，按回车键结束并退出【删除表行】命令/

13.1.5 单元编辑

为了完善表格的编辑功能，方便用户对创建的各个表格单元属性的管理，TArch 2014 提供了对表格单元进行编辑的各种命令，包括单元编辑、单元递增、单元复制、单元累加、单元合并以及撤消合并。

1. 单元编辑

【单元编辑】命令是指对该单元内容进行编辑或改变单元文字的显示属性。选择【文字表格】|【单元编辑】菜单命令，命令行提示：

请点取一单元格进行编辑或 [多格属性(M)/单元分解(X)]} <退出>:

/直接单击一个单元格，对其进行编辑或输入选项提示进行操作/

当单击要修改的单元格时，弹出【单元格编辑】对话框，如图 13-21 所示。该对话框显示了文本内容及其参数，设置完成以后，单击【确定】按钮即可完成该单元格的编辑。

当输入选项“M”时，命令行提示：

请点取确定多格的第一点以编辑属性或 [单格编辑(S)/单元分解(X)]<退出>:
//单击多格的第一格
请点取确定多格的第二点以编辑属性<退出>: //拖动鼠标至多格的最后一格

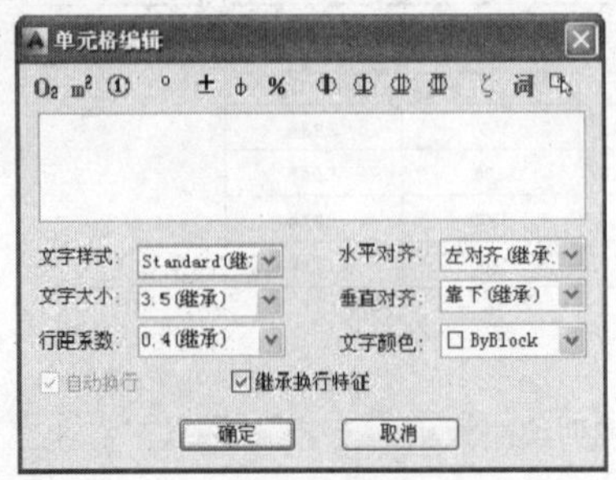

图 13-21 【单元格编辑】对话框

当输入选项“X”时，命令行提示：

请点要分解的单元格或 [单格编辑(S)/多格属性(M)]<退出>:　　　　//单击已合并的单元格
请点要分解的单元格或 [单格编辑(S)/多格属性(M)]<退出>:　　　　//按回车键结束选择，系统即对单元格进行分解

2. 单元递增

【单元递增】命令是天正提供的一个智能工具，用于将含数字或字母的单元文字内容在同一行或同一列中复制，并同时将文字内的某一项递增或递减，按下 Shift 键拖动并单击为递增，按下 Ctrl 键拖动并单击为递减。

选择【文字表格】|【单元递增】菜单命令，单击该命令后，命令行提示:

点取第一个单元格<退出>:　　　　//单击已有编号的首单元格
点取最后一个单元格<退出>:　　　　//单击递增编号的末单元格

如图 13-22 所示是一个单元递增的实例。

3. 单元复制

【单元复制】命令是将表格中某一选定单元内容或者图形中的文字、图块复制到目标单元中。选择【文字表格】|【单元复制】菜单命令，命令行提示:

点取复制源单元格或 [选取文字(A)/选取图块(B)]<退出>:
/直接单击要复制的单元格或按选项输入提示选择要输入的内容/
点取粘贴至单元格(按 Ctrl 键重新选择复制源)[选取文字(A)/选取图块(B)]<退出>:
/单击目标单元格。可多次单击目标单元格，复制多个目标单元格内容/

如图 13-23 所示是单元复制的实例。

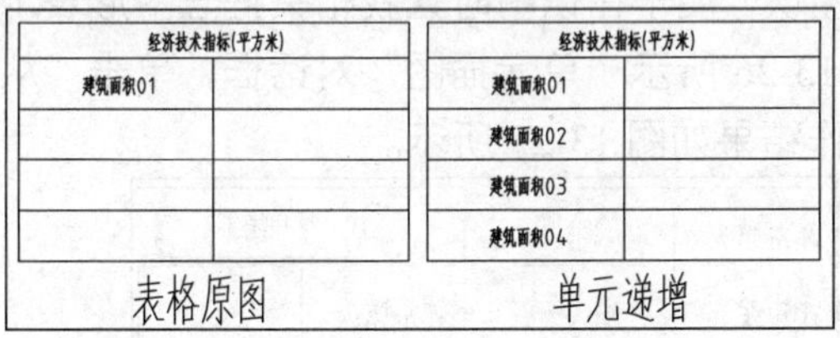

经济技术指标(平方米)	
建筑面积01	

表格原图

经济技术指标(平方米)	
建筑面积01	
建筑面积02	
建筑面积03	
建筑面积04	

单元递增

图 13-22　单元递增实例

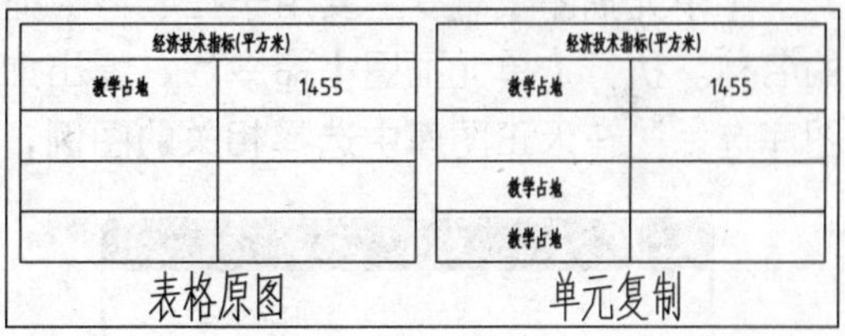

经济技术指标(平方米)	
教学占地	1455

表格原图

经济技术指标(平方米)	
教学占地	1455
教学占地	
教学占地	

单元复制

图 13-23　单元复制实例

4. 单元累加

【单元累加】命令用于将所选单元格的数值相加得出的结果放至目标单元格中。选择【文字表格】|【单元累加】菜单命令，命令行提示:

点取第一个需累加的单元格:　　　　//单击第一个需要累加的单元格
点取最后一个需累加的单元格:　　　　//拖动鼠标至最后一个需要累加的单元格
单元累加结果是:3855
点取存放累加结果的单元格<退出>:　　　　//此时系统已计算出了累加的数值，在要放置累加数值的单元格上单击即可

如图 13-24 所示是单元累加的实例。

5. 单元合并

【单元合并】命令可以将若干个小单元格合并为一个大单元格。选择【文字表格】|【单元合并】菜单命令，命令行提示：

点取第一个角点：　　　　　　　　　　　　//单击要合并区域的第一个单元格

点取另一个角点：　　　　　　　　　　　　//拖动鼠标，移至要合并单元格的对角单元格上单击，即可完成该矩形区域的单元格合并

如图 13-25 所示是执行【单元合并】命令的实例。

经济技术指标(平方米)	
教学占地	1455
门房面积	200
公寓用地	1200
工厂用地	1000
总用地	

表格原图

经济技术指标(平方米)	
教学占地	1455
门房面积	200
公寓用地	1200
工厂用地	1000
总用地	3855

单元累加

图 13-24　单元累加实例

经济技术指标(平方米)	
建筑面积01	
建筑面积02	
建筑面积03	
建筑面积04	

表格原图

经济技术指标(平方米)	
建筑面积01	
建筑面积03	
建筑面积04	

单元合并

图 13-25　单元合并实例

6. 撤消合并

【撤消合并】命令是【单元合并】命令的逆命令，它是将合并的单元格重新恢复为几个小的表格单元。

7. 单元插图

【单元插图】命令主要用于在表格中插入图块，便于在识图时查找相关符号图形表示的名称。执行【单元插图】命令后，弹出如图 13-26 所示“单元插图”对话框，单击“从图库选...”在天正图库中选择相关的图例，操作结果如图 13-27 所示。

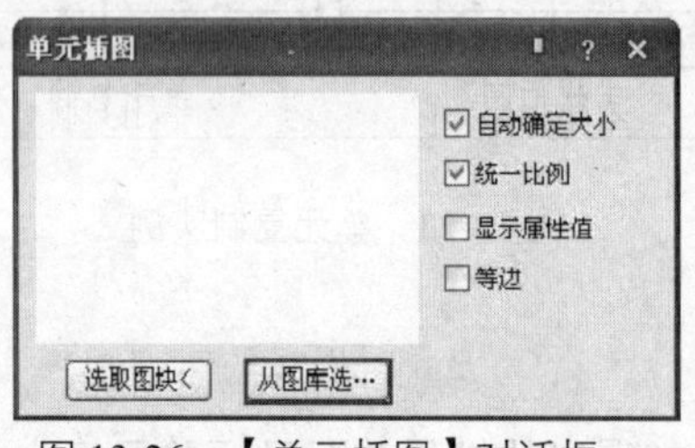

图 13-26　【单元插图】对话框

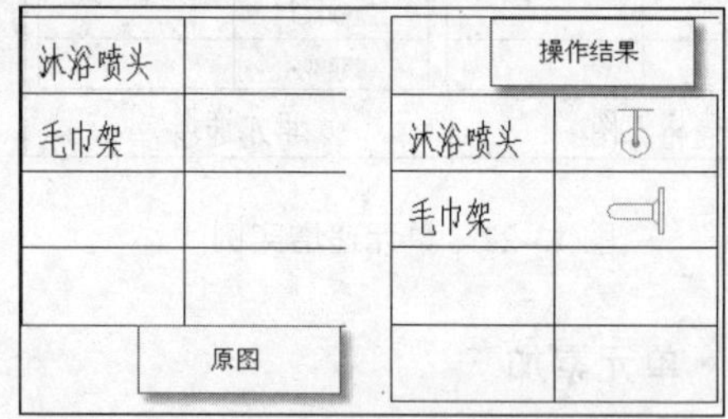

图 13-27　单元插图操作实例

13.1.6 查找替换和简易转换

TArch 2014 可以针对全图或选定范围的文字类信息进行查找，并按要求进行逐一替换或者全体替换，并且针对文字繁体与简体提供了繁简转换功能。

1. 查找替换

【查找替换】命令用于查找替换当前图形中所有的文字，包括 AutoCAD 文字、天正

文字和包含在其他对象中的文字，但不包括在图块内的文字和属性文字。

选择【文字表格】|【查找替换】菜单命令后，系统弹出【查找和替换】对话框，如图 13-28 所示。用户可以对图中或选定范围的所有文字类信息进行查找，按要求进行逐一替换或者全体替换，在搜索过程中，找到的文字处显示红框，单击下一个，红框转到下一个找到文字的位置。

2. 繁简转换

【繁简转换】命令将当前图中的文字内码在 Big5 与 GB 之间转换。

选择【文字表格】|【繁简替换】菜单命令，系统弹出【繁简转换】对话框，如图 13-29 所示。【繁简转换】命令转换的方式有两种，包括由简转繁或由繁转简。对象选择的方式有两种，包括本图全部和选择对象。

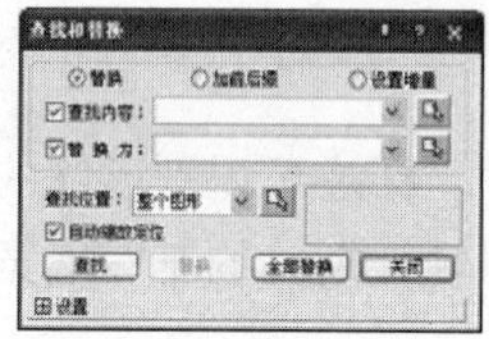

图 13-28 【查找和替换】对话框

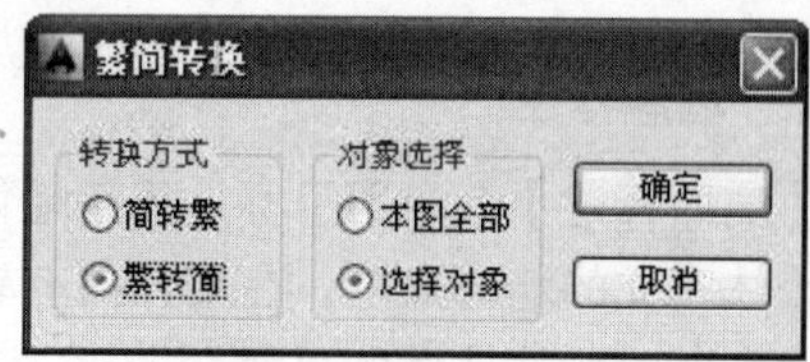

图 13-29 【繁简转换】对话框

13.2 尺寸标注

尺寸标注是所有设计图中不可或缺的重要组成部分，尺寸标注必须按照国家颁布的国家制图标准来绘制。TArch 2014 提供了多种尺寸添加和编辑工具，用户可以方便快捷地编辑和修改尺寸标注。

13.2.1 尺寸标注类型

AutoCAD 的尺寸标注命令不适合建筑制图的需要，尤其是尺寸标注的编辑。因此，TArch 2014 提供了自定义尺寸标注系统，其中包括“门窗标注”“墙厚标注”“两点标注”等命令，针对不同的对象分别使用不同的标注方式，真正提高了设计者的绘图效率。

1. 门窗标注

任何一幢建筑都会含有大量的门窗图形，使用天正的【门窗标注】命令可以迅速地对门窗进行标注。

选择【尺寸标注】|【门窗标注】菜单命令，单击该命令后，命令行提示：

```
请用线选第一、二道尺寸线及墙体!
起点<退出>:                                //单击一个门或窗的起点
终点<退出>:                                //单击该个门或窗的终点
```

选择其他墙体： //选择该平面图上与该门窗在同一个方向上所有墙体，门窗与门窗标注相联动，即可完成该方向上所有门窗的标注，按回车键退出命令

如图 13-30 所示是执行【门窗标注】命令的实例。

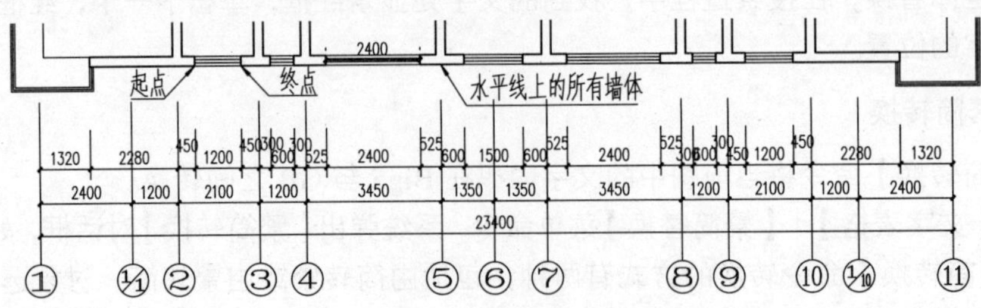

图 13-30　门窗标注实例

2. 墙厚标注

【墙厚标注】命令用于标注天正墙体对象的墙厚尺寸。标注可识别墙体的方向，标注出与墙体正交的墙厚尺寸，在墙体内有轴线存在时标注以轴线划分的左右墙宽，墙体内没有轴线存在时标注墙体的总宽。

选择【尺寸标注】|【墙厚标注】菜单命令，单击该命令后，命令行提示：

直线第一点<退出>： //单击墙线上一点

直线第二点<退出>： //单击与上一根墙线相对的另一根墙线上一点即可完成墙厚标注命令

如图 13-31 所示是执行【墙厚标注】命令的实例。

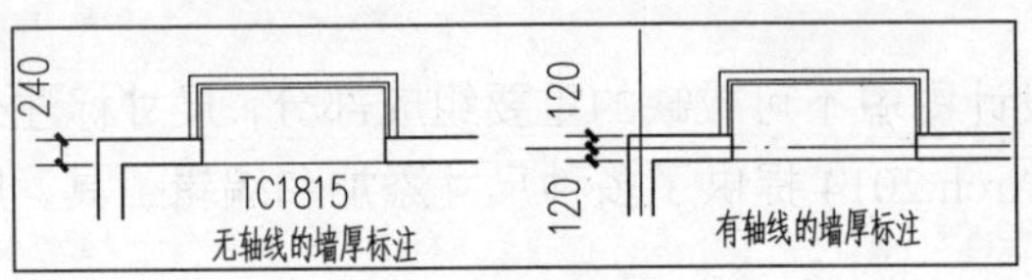

图 13-31　墙厚标注实例

3. 两点标注

【两点标注】命令用于对指定的两点进行标注，它是一种灵活的标注样式，可以为两点连线附近有关系的轴线、墙线、门窗、柱子等构件标注尺寸，并可标注各墙中点或者添加其他标注点。

选择【尺寸标注】|【两点标注】菜单命令，命令行提示：

起点（当前墙面标注）或［墙中标注（C）］<退出>： //在标注尺寸线一端单击起始点或输入选项 "C" 进入墙中标注，其提示相同

终点<选物体>： //在标注尺寸线另一端单击结束点

请选择不要标注的轴线和墙体： //选择其中不需要标注的轴线和墙

请选择不要标注的轴线和墙体：↙ //按回车键结束选择

选择其他要标注的门窗和柱子： //选择其他要标注的门窗和柱子或直接

回车键，完成两点标注命令

如图 13-32 所示是执行【两点标注】命令的实例。

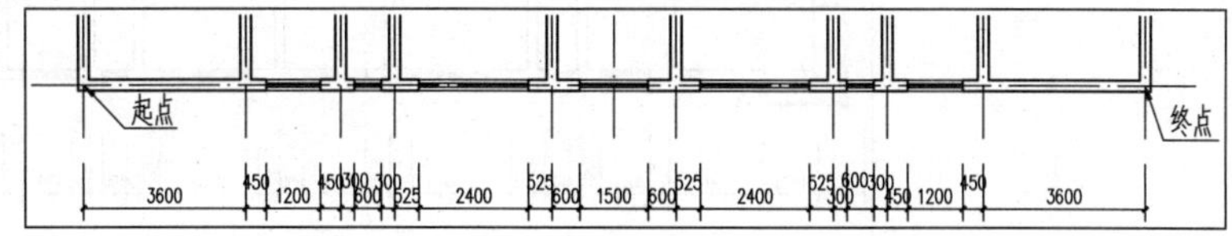

图 13-32　两点标注实例

4. 内门标注

【内门标注】命令用于对平面室内门窗尺寸以及定位尺寸线进行标注，其中定位尺寸线与邻近的正交轴线或者墙角（墙垛）有关。

选择【尺寸标注】|【内门标注】菜单命令，命令行提示：

```
标注方式: 轴线定位. 请用线选门窗, 并且第二点作为尺寸线位置!
起点或 [垛宽定位(A)]<退出>:          //单击门窗的起点或输入选项“A”进入垛宽定位选项, 再单击起点
终点<退出>:                          //单击门窗的终点
```

此时，系统完成了该门窗的标注，如果选用垛宽定位选项，垛宽也会随之进行标注，如图 13-33 所示是执行【内门标注】命令的实例。

5. 快速标注

【快速标注】命令与 AutoCAD 同名命令类似，适用于天正对象中选取平面图后快速标注外包尺寸线。这种标注方法是比较常用的标注方法。

选择【尺寸标注】|【快速标注】菜单命令，单击该命令后，命令行提示：

```
选择要标注的几何图形:                          //选取天正对象或平面图
选择要标注的几何图形: ↙                        //按回车键结束选择
请指定尺寸线位置(当前标注方式:整体)或 [整体(T)/连续(C)/连续加整体(A)]<退出>:
                                               //在尺寸线位置单击或按选项提示操作
```

其中的【整体】选项是从整体图形创建外包尺寸线，【连续】选项是提取对象节点创建连续直线标注尺寸，【连续加整体】是两者同时创建，如图 13-34 所示是执行【快速标注】选项中两种不同标注样式的实例。

6. 楼梯标注

【楼梯标注】命令用于标注楼梯踏步、井宽、梯段宽等楼梯尺寸。

选择【尺寸标注】|【楼梯标注】菜单命令，单击该命令后，命令行提示：

```
请点取待标注的楼梯(注: 双跑、双分平行、交叉、剪刀楼梯点取其不同位置可标注不同尺寸)<退出>:
                                                    //选择要标注的楼梯
请点取尺寸线位置<退出>:                             //选择尺寸线的位置
请输入其他标注点或 [参考点(R)]<退出>:*取消*         //输入其他标注点或参考点
```

请点取待标注的楼梯(注：双跑、双分平行、交叉、剪刀楼梯点取其不同位置可标注不同尺寸)<退出>：*取消*　　　　//按回车键结束选择

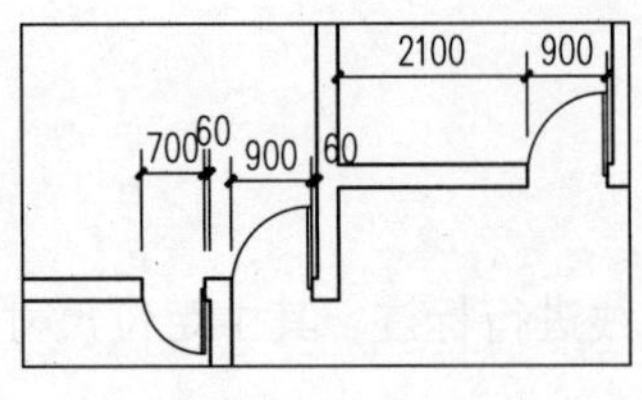

图 13-33　内门标注实例

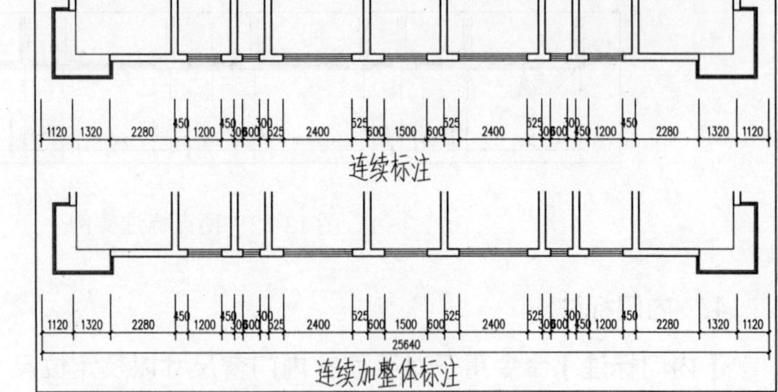

图 13-34　快速标注实例

如图 13-35 所示执行【楼梯标注】命令的实例。

7. 外包尺寸

【外包尺寸】命令是一个简捷的尺寸标注修改工具，在通常情况下，可以一次性按规范要求完成四个方向的两道尺寸线共 16 处修改，期间不必输入任何墙厚尺寸。

选择【尺寸标注】|【外包尺寸】菜单命令，单击该命令后，命令行提示：

请选择建筑构件：	//框选整栋建筑物平面图和尺寸标注。
请选择建筑构件：↙	//按回车键结束选择
请选择第一、二道尺寸线：	//框选整栋建筑物平面图和尺寸标注或第一道尺寸标注线
请选择第一、二道尺寸线：↙	//按回车键结束选择，完成了外包尺寸的创建

如图 13-36 所示执行【外包尺寸】命令的实例。

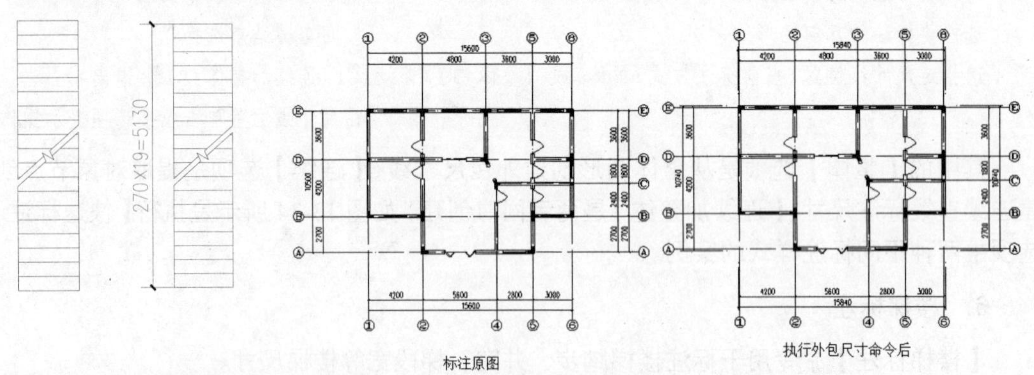

图 13-35　楼梯标注实例　　　　图 13-36　外包尺寸实例

如图 13-37 所示是执行【逐点标注】命令的实例。

8. 逐点标注

【逐点标注】命令是对选取的一串指定点沿指定方向和选定的位置标注尺寸，是一个

通用灵活的标注工具。该命令特别适用于没有指定天正对象特征，需要取点定位标注的情况，以及其他标注命令难以完成的尺寸标注。

选择【尺寸标注】|【逐点标注】菜单命令，单击该命令后，命令行提示：

```
起点或 [参考点(R)]<退出>:                                //单击第一个标注点作为起始点
第二点<退出>:                                            //单击第二个标注点
请点取尺寸线位置或 [更正尺寸线方向(D)]<退出>:             //拖动尺寸线，单击尺寸线插入点，或输入选项“D”选取线或墙对象用于确定尺寸线方向
请输入其他标注点或 [撤消上一标注点(U)]<结束>:             //逐点给出标注点，并可以撤消上一标注点的步骤
请输入其他标注点或 [撤消上一标注点(U)]<结束>: ↙          //按回车键结束命令
```

9. 半径标注

【半径标注】命令是对视图中圆或圆弧的半径进行标注，当尺寸文字容纳不下时，会按照制图标准规定，自动引出标注在尺寸线外侧。

10. 直径标注

【直径标注】命令是对视图中圆或圆弧的直径进行标注，当尺寸文字容纳不下时，会按照制图标准规定，自动引出标注在尺寸线外侧。

如图 13-38 所示是执行【半径标注】命令与【直径标注】命令的实例。

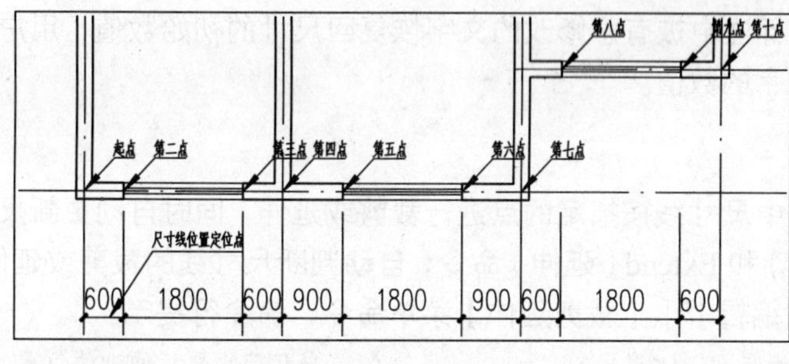

图 13-37　逐点标注实例

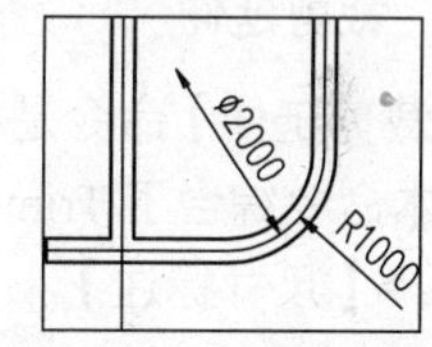

图 13-38　半径与直径标注实例

11. 角度标注

【角度标注】命令是按逆时针方向标注两根直线之间的夹角，要注意按逆时针方向选择要标注的直线的先后顺序。

如图 13-39 所示是执行【角度标注】命令的实例。

12. 弧长标注

【弧长标注】命令是按照国家建筑制图标准规定的弧长标注画法分段标注弧长，保持整体的一个角度标注对象，可在弧长、角度和弦长三种状态下相互转换。

如图 13-40 所示是执行【弧长标注】命令的实例。

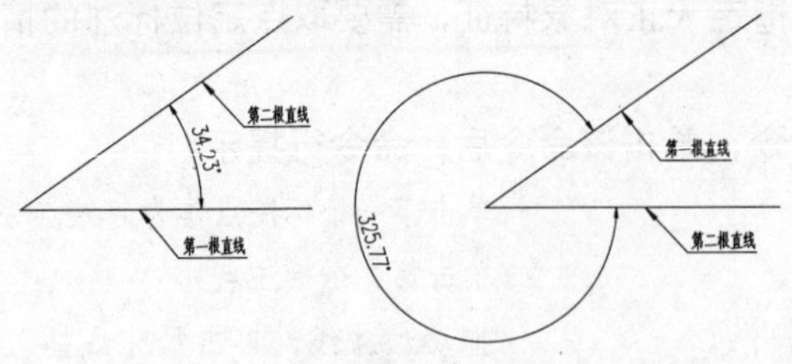

图 13-39　角度标注实例

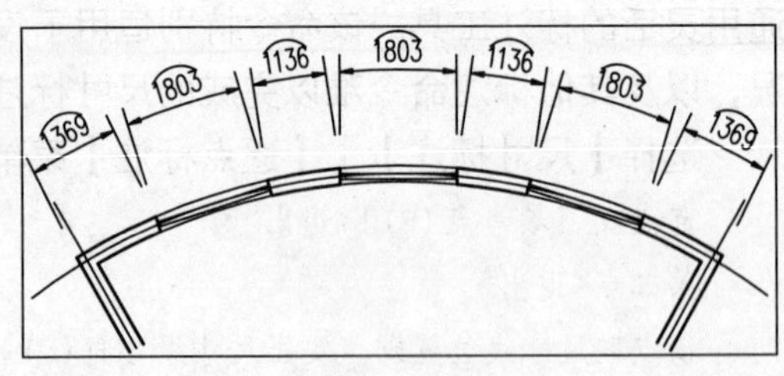

图 13-40　弧长标注实例

13.2.2 编辑尺寸标注

在进行尺寸标注的过程当中，部分标注的尺寸线位置由软件自动生成，而另一部分的尺寸线位置则由用户指定，并且尺寸标注的种类繁多，不可能一次完成所有对象的尺寸标准，因而经常要对尺寸标注进行编辑。在本小节当中，将介绍有关编辑尺寸标注的命令。

1. 文字复位

【文字复位】命令是将尺寸标注中被拖动夹点移动过的文字恢复到原来的初始位置，可以解决夹点拖动不恰当时与其他夹点合并的问题。

2. 文字复值

【文字复值】命令是将尺寸标注中被有意修改的文字恢复回尺寸的初始数值，用户可以使用该命令按实测尺寸恢复文字的数值。

3. 裁剪延伸

【裁剪延伸】命令是将标注中尺寸线按指定的点进行裁剪或延伸，同时自动更新尺寸文本。本命令综合了 Trim（修剪）和 Extend（延伸）命令，自动判断尺寸线的裁剪或延伸。

选择【尺寸标注】|【尺寸编辑】|【裁剪延伸】菜单命令，命令行提示：

```
请给出裁剪延伸的基准点或[参考点(R)]<退出>:          //单击裁剪线要延伸到的位置
要裁剪或延伸的尺寸线<退出>:                          //单击要作裁剪或延伸的尺寸线
后，所选择的尺寸线的一端即作了相应的裁剪或延伸
```

如图 13-41 所示是执行【裁剪延伸】命令的实例。

4. 取消尺寸

【取消尺寸】命令删除天正标注对象中指定的尺寸线区间。若尺寸线共有奇数段，【取消尺寸】命令删除中间段，同时把原来标注对象分开成为两个相同类型的标注对象。因为天正标注对象是由多个区间的尺寸线组成的，用 Erase（删除）命令无法删除其中某一个区间，必须使用本命令完成。

选择【尺寸标注】|【尺寸编辑】|【取消尺寸】菜单命令，命令行提示：

```
请选择待取消的尺寸区间的文字<退出>： //单击要删除的尺寸线区间内的文字或尺寸线均可
请选择待取消的尺寸区间的文字<退出>： //选择多个要删除的区间后，按回车键结束命令
```

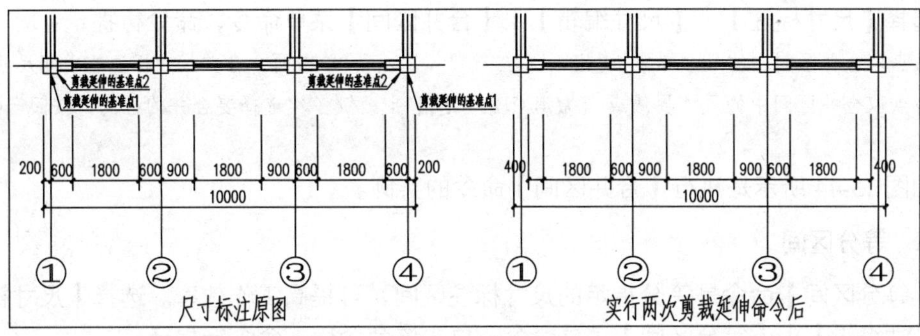

图 13-41　裁剪延伸实例

如图 13-42 所示是执行【取消尺寸】命令的实例。

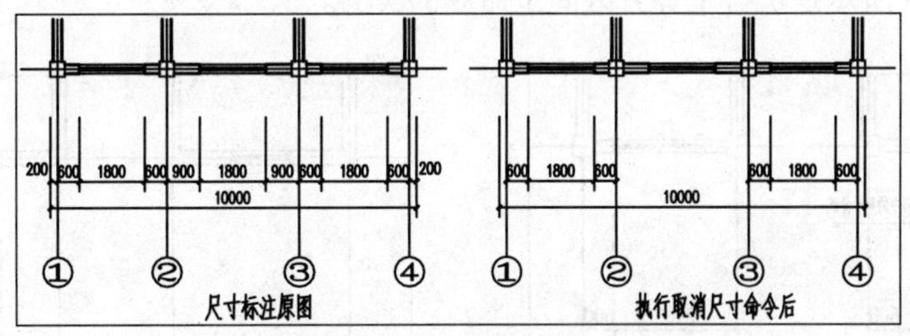

图 13-42　取消尺寸实例

5. 连接尺寸

【连接尺寸】命令是指连接两个独立的天正自定义直线或圆弧标注对象，将选择的两尺寸线区间段加以连接，原来的两个标注对象合并成为一个标注对象。如果要连接的标注对象尺寸线之间不共线，连接后的标注对象以第一个点取的标注对象为准标注尺寸对齐。

如图 13-43 所示是执行【连接尺寸】命令的实例。

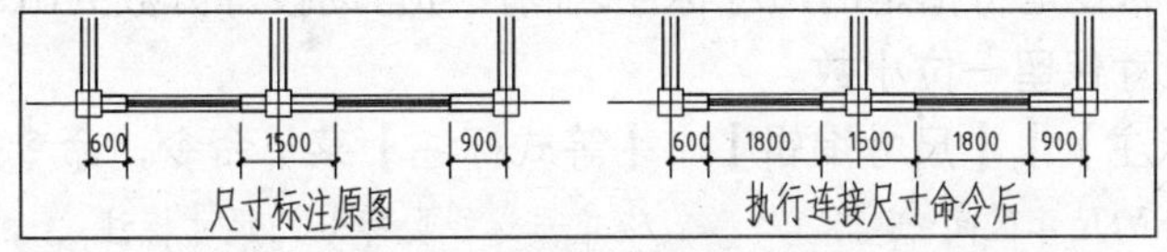

图 13-43　连接尺寸实例

6. 尺寸打断

【尺寸打断】命令是指把整体的天正自定义尺寸标注对象在指定的尺寸界线上打断，成为两段互相独立的尺寸标注对象，打断后的尺寸标注对象用户可以各自拖动夹点、移动和复制。

7. 合并区间

【合并区间】命令是将多段需要合并的尺寸标注合并到一起，与以前合并多余尺寸标注区间要求拖动夹点至重合相比，提高了工作效率。

选择【尺寸标注】|【尺寸编辑】|【合并区间】菜单命令，命令行提示：

请点取合并区间中的尺寸界线<退出>:　　　　　　//单击两个合并尺寸标注的中间尺寸界线

请点取合并区间中的尺寸界线或［撤消(U)］<退出>:　//多次选择要合并的区间，按回车键结束命令

如图 13-44 所示是执行【合并区间】命令的实例。

8. 等分区间

【等分区间】命令是等分指定的尺寸标注区间，可提高工作效率。选择【尺寸标注】|【尺寸编辑】|【等分区间】菜单命令，单击该命令后，命令行提示：

请选择需要等分的尺寸区间<退出>:　　　　　　//单击要等分的尺寸标注

输入等分数<退出>: ↙　　　　　　　　　　　　//输入等分数字后，按回车键

如图 13-45 所示是执行【等分区间】命令的实例。

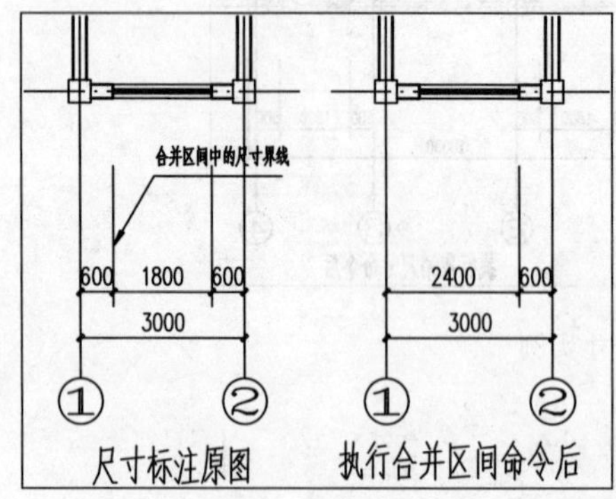

图 13-44　合并区间实例

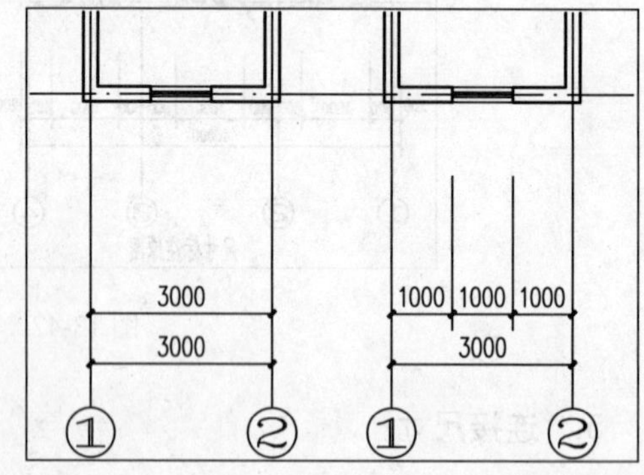

图 13-45　等分区间实例

9. 等式标注

【等式标注】命令是将指定的尺寸标注区间尺寸自动按等分数列出等分公式作为标注文字，除不尽的尺寸保留一位小数。

选择【尺寸标注】|【尺寸编辑】|【等式标注】菜单命令，命令行提示：

请选择需要等分的尺寸区间<退出>:　　　//单击选择要等分的尺寸标注

输入等分数<退出>:↙　　　　　　　　　//输入等分数值，按回车键即可完成【等式标注】命令

如图 13-46 所示是执行【等式标注】命令的实例。

10. 尺寸等距

【尺寸等距】命令用于把多道尺寸线在垂直于尺寸线方向按等距调整位置。

选择【尺寸标注】|【尺寸编辑】|【尺寸等距】菜单命令，命令行提示：

请选择参考标注<退出>:指定对角点：　　　　　//选择参考标注

是否为该对象?[是(Y)/否(N)]<Y>:　　　　　　//选择是否为该对象

请选择其他标注:指定对角点： 找到 7 个

请选择其他标注:　　　　　　　　　　　　　　//选择其他标注

11. 对齐标注

【对齐标注】命令是将一次按 Y 轴坐标方向对齐多个尺寸标注对象，对齐后各个尺寸标注对象按参考标注的高度对齐排列。

选择【尺寸标注】|【尺寸编辑】|【对齐标注】菜单命令，命令行提示：

```
选择参考标注<退出>:                //选择作为参考标注的尺寸标注，它的高度作为对齐的标准
选择其他标注<退出>:↙              //选择多个要对齐排列的尺寸标注，按回车键结束选择
```

如图 13-47 所示是执行【对齐标注】命令的实例。

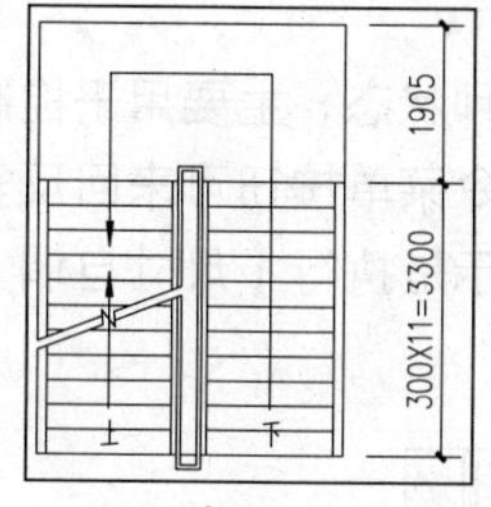

图 13-46　等式标注实例

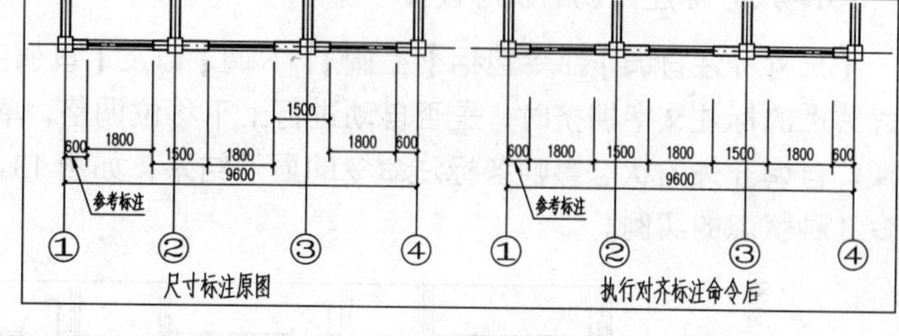

图 13-47　对齐标注实例

12. 增补尺寸

【增补尺寸】命令是在一个天正自定义直线标注对象中增加区间，增加新的尺寸界线以断开原有区间，但不增加新标注对象，双击尺寸标注对象也可进入本命令。

选择【尺寸标注】|【尺寸编辑】|【增补尺寸】菜单命令，命令行提示：

```
请选择尺寸标注<退出>:                                        //选择要增补尺寸的尺寸线分段
点取待增补的标注点的位置或 [参考点(R)]<退出>:                  //单击要增补尺寸标注的尺寸界
线位置即可完成增补尺寸标注，或者输入选项参数“R”提示操作
```

当用户输入“R”时，命令行提示：

```
参考点:                                                      //单击指定参考点引出定位线
点取待增补的标注点的位置或 [参考点(R)]<退出>:                  //多次选择，定位增补点。多次
重复上述命令，按回车键结束
```

如图 13-48 所示执行【增补尺寸】命令的实例。

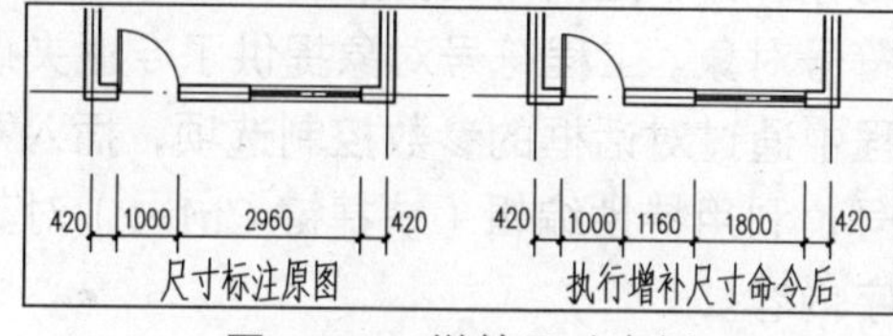

图 13-48　增补尺寸实例

13. 切换角度

【切换角度】命令使角度标注对象在角度标注、弦长标注与弧长标注 3 种模式之间切换。如图 13-49 所示是 3 种不同的角度标注方式执行【切换角度】命令的实例。

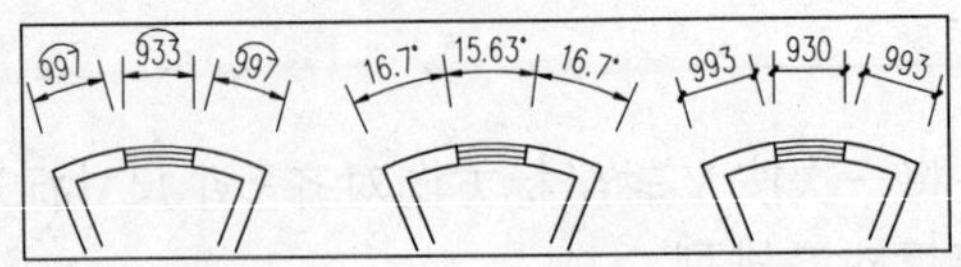

图 13-49　切换角度实例

14. 尺寸转化

【尺寸转化】命令用于将 ACAD 尺寸标注对象转化为天正标注对象。

15. 尺寸标注自调的状态设置

【尺寸标注自调】命令包括【上调】【下调】以及【自调关】3 种状态，主要用于控制尺寸线上的标注文字拥挤时，是否自动进行上下移位调整，单击命令菜单按钮可来回反复切换，自调开关的状态影响各标注命令的显示结果，如图 13-50 所示是执行【尺寸自调】命令 3 种状态的实例。

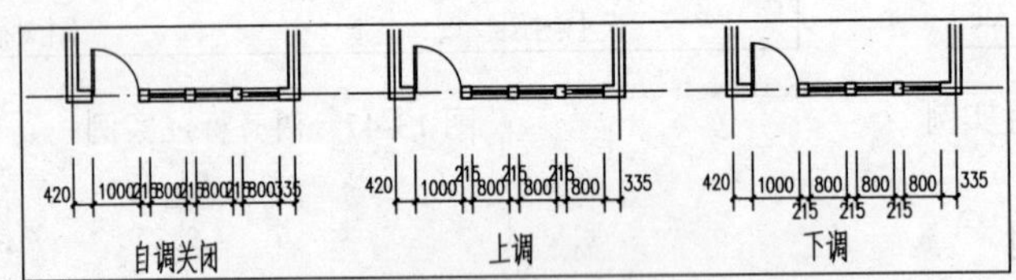

图 13-50　尺寸标注自调三种状态的实例

命令菜单中提供了【尺寸检查】开关按钮，用于控制尺寸线上的文字是否自动检查与测量值不符的标注尺寸，经人工修改过的尺寸以红色文字显示在尺寸线下的括号中。

13.3 符号标注

根据建筑制图的国家工程规范画法，TArch 2014 提供了一整套自定义工程符号对象，利用这些符号对象可以方便地绘制出剖切号、指北针、引注箭头以及绘制各种详图符号和引出标注符号。

使用自定义工程符号对象，并不是简单的插入符号图块，而是在建筑图上添加了代表建筑工程专业含义的图形符号对象。工程符号对象提供了专业夹点定义和内部保存有对象特性数据。可以在插入过程中通过对话框的参数控制选项，插入不同参数的工程符号，或者对已插入图上的工程符号，利用特性编辑（快捷键 Ctrl+1）对其进行编辑，对于文字还可以使用在位编辑更改文字内容。

13.3.1 坐标及标高标注

坐标标注是指在工程制图中用来表示某个点的平面位置，一般由政府测绘部门提供。标高标注是表示某个点的高程或垂直标高。标高可分为绝对标高和相对标高，我国的绝对标高是以黄海海平面标高为零，其他地方与之相比较而得来的标高，绝对标高的数值来自政府测绘部门。相对标高作为设计数据，一般选用室内地坪标高为零。TArch 2014 分别定义了坐标对象和标高对象来实现坐标和标高的标注，这此符号的画法及图例符合国家制图规范。

1. 标注状态

标注状态包括动态标注和静态标注两种状态，单击该菜单按钮，可以在这两种状态之间切换。移动和复制后的坐标符号受此菜单按钮的控制。

当用户切换到“动态标注”下时，移动和复制后的坐标数据将自动与世界坐标系一致，它适用于在整个 DWG 文件中仅布置一个总平面图。当用户切换到“静态标注”下时，移动和复制后的坐标数据值不会改变，比如要在一个 DWG 文件上复制同一个总平面，利用该平面图绘制出不同类别的图纸，此时只能使用静态标注。

2. 坐标标注

【坐标标注】命令是指在总平面图上标注出测量坐标或者施工坐标，所取值根据世界坐标或者当前用户坐标 UCS。

选择【符号标注】|【坐标标注】菜单命令，单击该命令后，命令行提示：

```
当前绘图单位:mm，标注单位:M；以世界坐标取值；北向角度 90 度。
请点取标注点或[设置(S)]<退出>:                //直接在要加入坐标标注的点上单击
点取坐标标注方向<退出>:                        //拖动鼠标至要插入坐标数据点单击即可
```

当用户在【坐标标注】命令行内输入“S”时，软件会显示【坐标标注】对话框，如图 13-51 所示。

【坐标标注】对话框中的参数设置应注意如下：

➢ 坐标取值可以从世界坐标系或用户坐标系 UCS 中任意选择(默认为世界坐标系)，注意如果选择以用户坐标系 UCS 取值，应该以 UCS 命令把当前图形设为要选择使用的 UCS(因为 UCS 可以有多个)，当前如果为世界坐标系时，坐标取值与世界坐标系一致。

➢ 按照《总图制图标准》2.4.1 条的规定，南北向的坐标为 X(A)，东西方向坐标为 Y（B），与建筑绘图习惯使用的 XOY 坐标系是相反的。

➢ 如果图上插入了指北针符号，在对话框中单击“选指北针<”，从图中选择了指北针，系统以它的指向为 X(A)方向标注新的坐标点。

➢ 默认图形中的建筑坐北朝南布置，“北向角度<”为 90°（图纸上方），如正北方向不是图纸上方，单击“北向角度<”给出正北方向。

➢ 使用 UCS 标注的坐标符号使用颜色为青色，区别于使用世界坐标标注的坐标符号，在同一 DWG 图中不得使用两种坐标系进行坐标标注。

设置好所有参数后，单击【确定】按钮生效，如图 13-52 所示是插入坐标标注的实例。

3. 坐标检查

利用【坐标检查】命令在总平面图上检查测量坐标或者施工坐标，避免由于人为原因修改坐标标注值导致设计位置的错误，该命令可以检查世界坐标系 WCS 下的坐标标注和用户坐标系 UCS 下的坐标标注，但要注意只能选择基于其中一个坐标系进行检查，并且应与绘制时的条件一致。

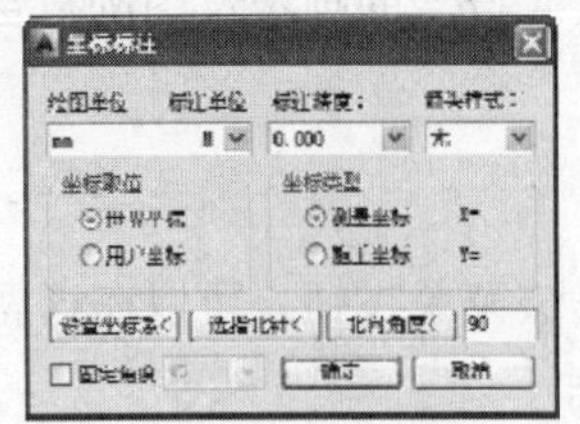

图 13-51 【坐标标注】对话框

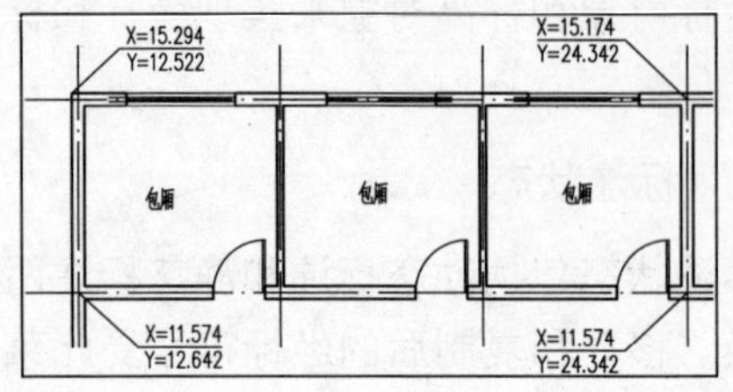

图 13-52 坐标标注实例

选择【符号标注】|【坐标检查】菜单命令，显示【坐标检查】对话框，如图 13-53 所示。其参数设置与【注坐标点】参数相同，设置完成后，单击【确定】按钮。

4. 标高标注

【标高标注】命令既可以用于平面图上的地平面标高和楼层面标高，也可以用于立面图和剖面图上楼层面标高，标高以 m 为单位。

选择【符号标注】|【标高标注】菜单命令，打开【标高标注】对话框，如图 13-54 所示。选中【手工输入】复选框，可以对楼层平面图进行标高，标高值直接左边的文本框中输入，同时，命令行提示：

请点取标高点或 [参考标高(R)]<退出>: //直接在视图要插入标高的位置单击或输入选项“R”确定参考点
请点取标高方向<退出>: //拖动鼠标单击确定方向
点取基线位置<退出>: //单击基线位置

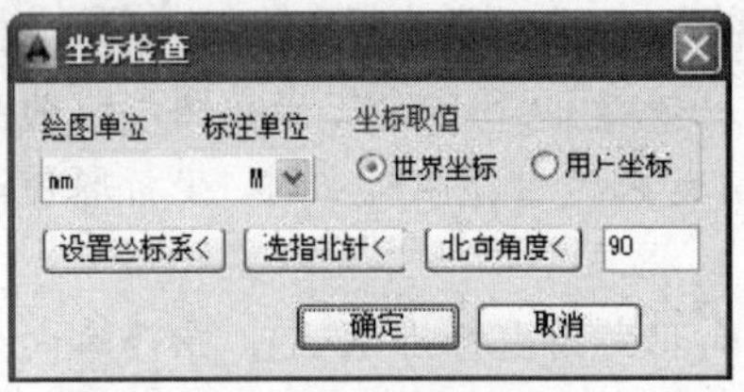

图 13-53 【坐标检查】对话框

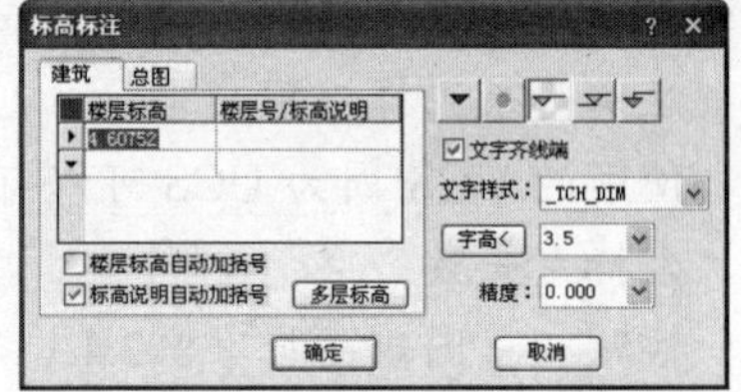

图 13-54 【标高标注】对话框

此时，软件完成了该标高的创建，命令行接着提示：

下一点或 [第一点(F)]<退出>: //用户可以多次重复插入前面所设定标高或输入选项“F”重新设置标高符号样式，按回车键退出

当取消选中【手工输入】复选框后，命令行提示：

请点取标高点或 [参考标高(R)]<退出>: //系统根据已有的标高，自动计算出视图中任意一点的标高，直接单击即可创建该点的标高，或者输入“R”根据参考点值确定当前点的标高值

创建好标高以后，双击标高线图形部分，即可打开【标高标注】对话框，可以对当前标高进行修改。双击数字可以进入在位编辑状态，对数字进行修改，修改完成后，在视图

中空白处单击即可完成标高数值的修改。

5. 标高检查

使用【标高检查】命令可以在立面图和剖面图上检查天正标高符号，避免由于人为修改标高标注值导致设计位置的错误。该命令适用于多个坐标系，但只能选择基于一个坐标系进行检查，而且应与绘制时的条件一致。【标高检查】命令不适用于检查平面图上的标高符号。

为某住宅平面图标注如图 13-55 所示的坐标及标高。

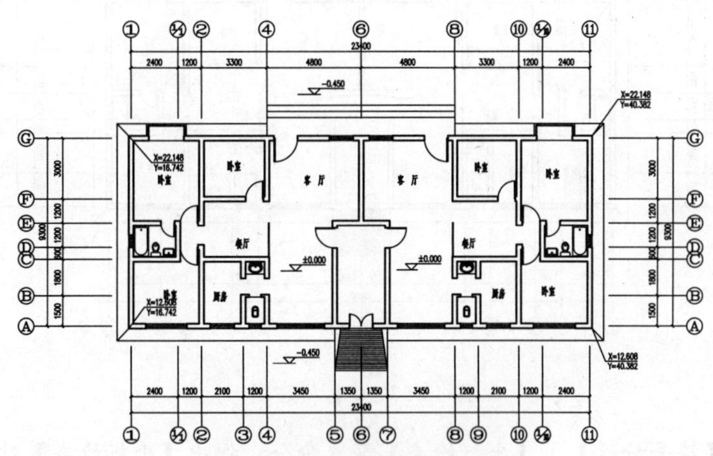

图 13-55　坐标及标高平面图

操作步骤如下：

01 打开某住宅平面图，如图 13-56 所示。

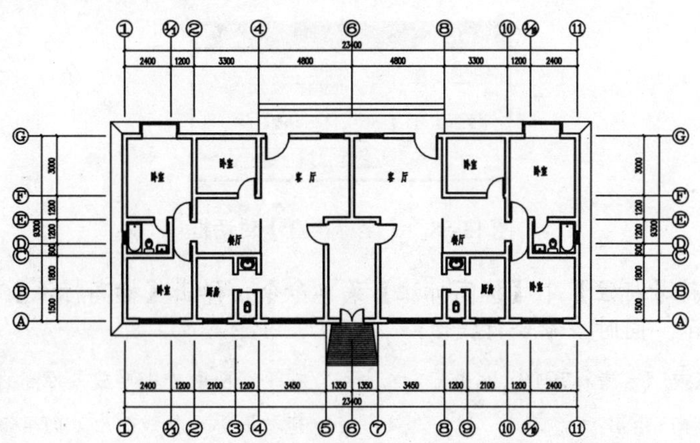

图 13-56　住宅平面图

02 选择【符号标注】|【坐标标注】菜单命令，命令行提示：

```
当前绘图单位:mm，标注单位: M; 以世界坐标取值; 北向角度 90 度。
请点取标注点或 [设置(S)]<退出>:
```

/单击平面图左下角外墙角处的点/

点取坐标标注方向<退出>:

/往左上方拖动至恰当位置单击即可完成该坐标标注的创建，命令行继续上述提示，同样方法完成另外三个墙角的坐标的创建。得到如图 13-57 所示的坐标标注图/

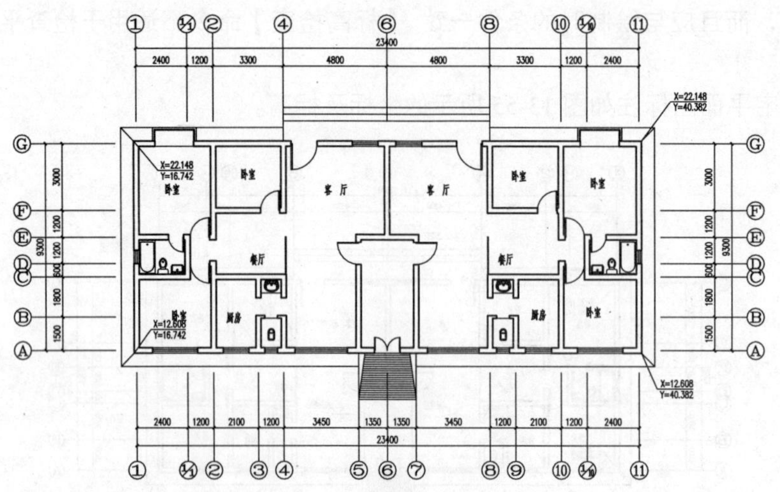

图 13-57 坐标标注图

03 选择【符号标注】|【坐标检查】菜单命令，弹出【坐标检查】对话框，设置参数如图 13-58 所示。单击【确定】按钮，命令行提示：

选择待检查的坐标: //框选所有要检查的坐标符号

选择待检查的坐标: ↙ //按回车键结束选择

选中的坐标 4 个，全部正确！此时就完成了【坐标检查】命令。

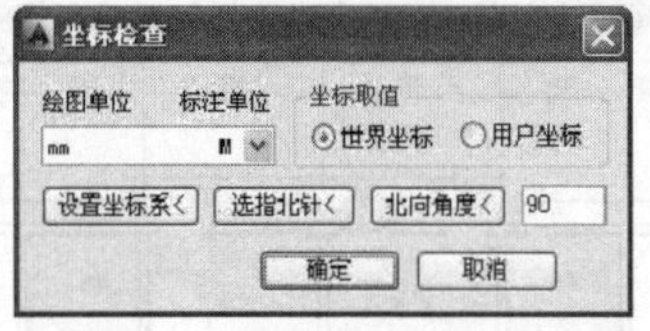

图 13-58 【坐标检查】对话框

04 选择【符号标注】|【标高标注】菜单命令，弹出【标高标注】对话框，设置参数如图 13-59 所示。同时，命令行提示：

请点取标高点或 [参考标高(R)]<退出>: //在平面图中单击要放入标高的点

请点取标高方向<退出>: //拖动鼠标至基线的上方向单击

点取基线位置<退出>: //拖动鼠标至左方向基线位置单击，完成该标高标注的创建

下一点或 [第一点(F)]<退出>: //在另外一个要插入相同标高的位置点上单击

下一点或 [第一点(F)]<退出>: //按回车键结束命令

05 选择【符号标注】|【标高标注】菜单命令，弹出【标高标注】对话框，设置参数如图 13-60 所示。命令行提示及操作与上个步骤一样，即可完成所有的标高标注。得到如图 13-61 所示的标高标注平面图。

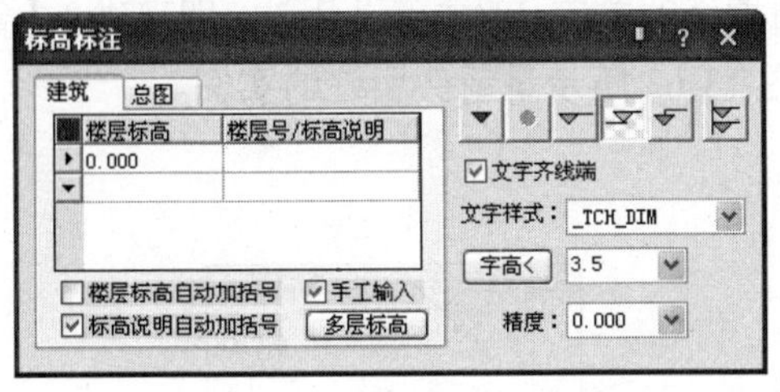

图 13-59　【标高标注】对话框

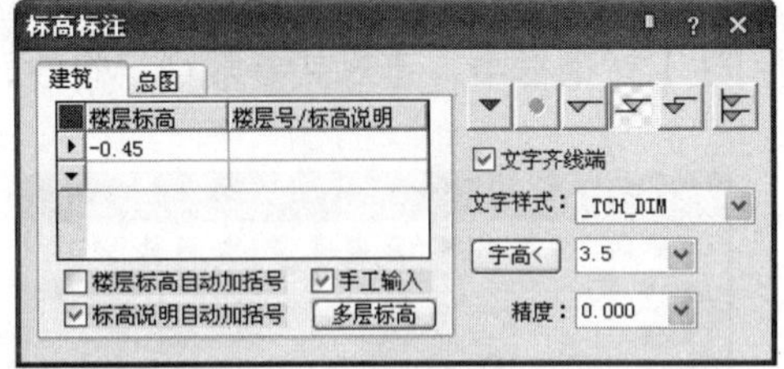

图 13-60　标高参数

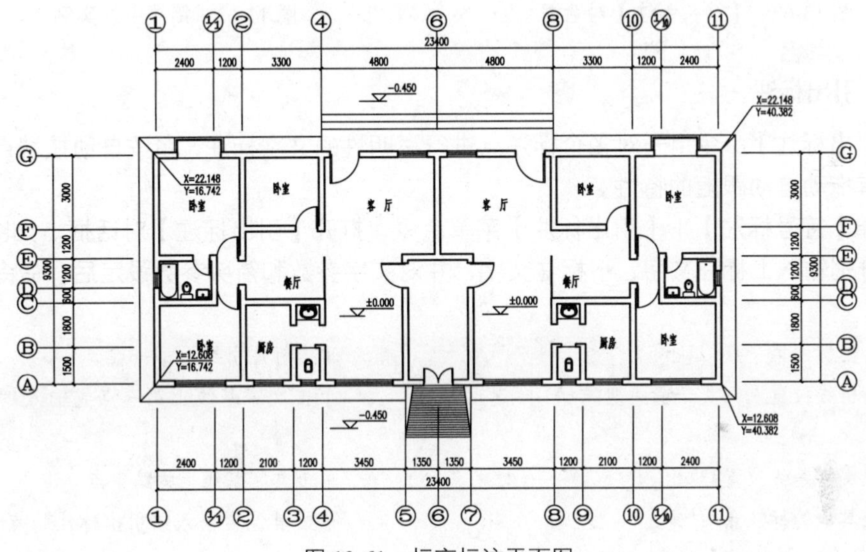

图 13-61　标高标注平面图

6. 标高对齐

【标高对齐】命令用于把选中的所有标高按新点取的标高位置或参考标高位置竖向对齐。

在 TArch2014 中调用标高对齐命令，可以单击左侧天正建筑菜单栏下的【符号标注】|【标高对齐】命令，然后选择需要对齐的对象即可使选中的标高标注对齐。

13.3.2 工程符号标注

TArch2014 提供的工程符号标注对象，可以为建筑设计图的设计以及构件进行表示和说明，以方便对设计的理解。在本节中，将详细介绍天正软件所提供的这些工程符号标注。

1. 箭头引注

【箭头引注】命令用于绘制带有箭头的引出标注，文字既可从线端标注又可从线上标注，引线可以转折多次，用于楼梯方向线。

选择【符号标注】|【箭头引注】菜单命令，打开【箭头引注】对话框，如图 13-62 所示。其工具栏和【单行文字】命令的工具栏相同，在这里就不再介绍了。

双击箭头引注中的文字，即可进入在位编辑框修改文字，双击箭头引注，即可进入【箭头引注】对话框中，可对其参数进行修改，如图 13-63 所示是箭头引注的实例。

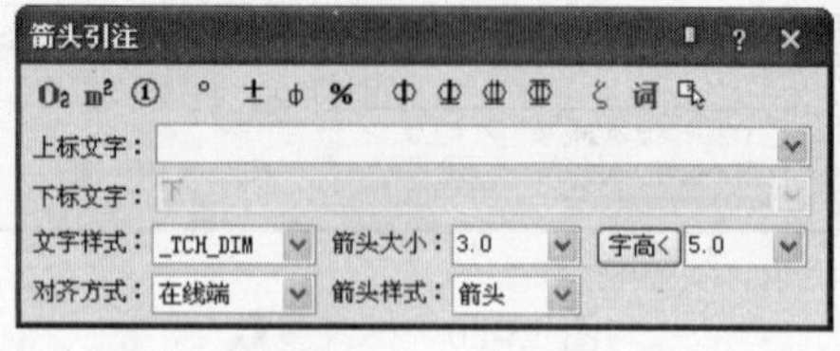

图 13-62 【箭头引注】对话框

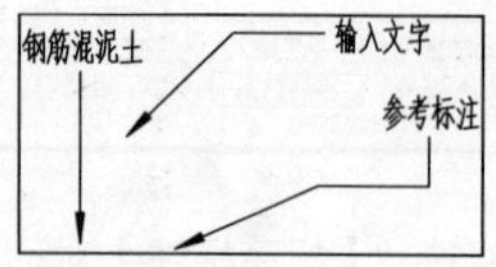

图 13-63 箭头引注实例

2. 引出标注

【引出标注】命令用于对多个标注点进行说明性的文字标注，系统自动按端点对齐文字，具有拖动自动跟随的特性。

选择【符号标注】|【引出标注】菜单命令，打开【引出标注】对话框，如图 13-64 所示，分别输入上标注文字、下标注文字，并对文字参数和箭头参数设定后，命令行同时提示：

请给出标注第一点<退出>: //单击标注引线上每一点

输入引线位置或 [更改箭头型式(A)]<退出>: //单击文字基线上第一点或输入“A”更改箭头型式

点取文字基线位置<退出>: //单击文字基线上的结束点

输入其他的标注点<结束>: //单击其他要插入该引出标注的点。软件完成了该个引出标注的创建，按回车键结束命令

如图 13-65 所示是引出标注的实例。

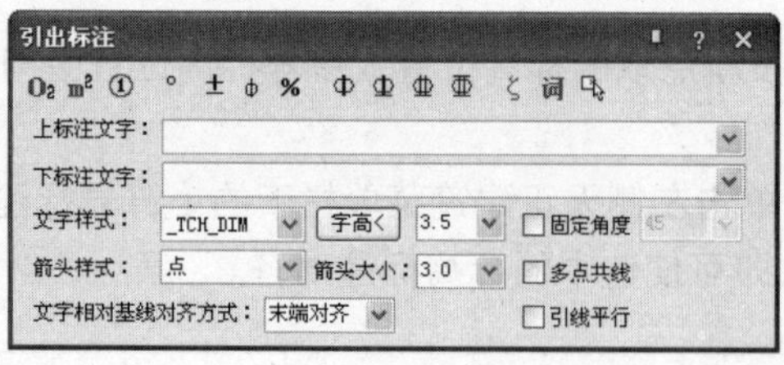

图 13-64 【引出标注】对话框

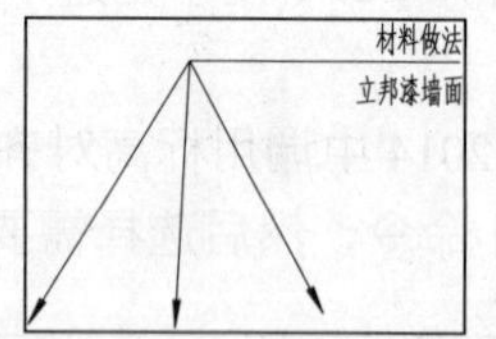

图 13-65 引出标注实例

3. 做法标注

【做法标注】命令用于在施工图中标注工程的材料作法，通过专业词库预设有北方地区常用的 88J1-X1(2000 版)的墙面、地面、楼面、顶棚和屋面标准作法。

选择【符号标注】|【做法标注】菜单命令，打开【做法标注】对话框，如 图 13-66

所示。文本框中的文字可以自行输入，或利用“词库”或“屏幕取词”获得，设置好参数后，命令行同时提示：

请给出标注第一点<退出>:　　　　　　//单击标注引线上的第一点
请给出标注第二点<退出>:　　　　　　//单击标注引线上的转折点
请给出文字线方向和长度<退出>:　　　　//拖动文字基线至末端定位点
请给出标注第一点<退出>:　　　　　　//按回车键退出命令，完成了该做法标注的创建

双击文字，可以对文字进行在位编辑；双击引线，可以打开【做法标注文字】对话框，对其整个参数进行修改；选中做法标注内容，软件显示各个可编辑的节点，光标移至节点上，显示了其功能，如图 13-67 所示是做法标注的实例。

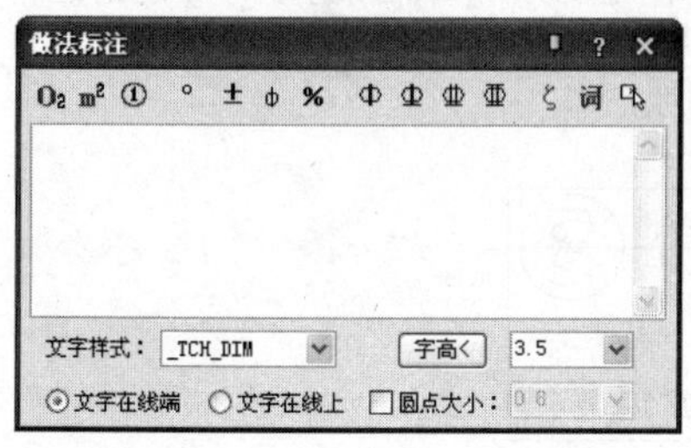

图 13-66　【做法标注】对话框

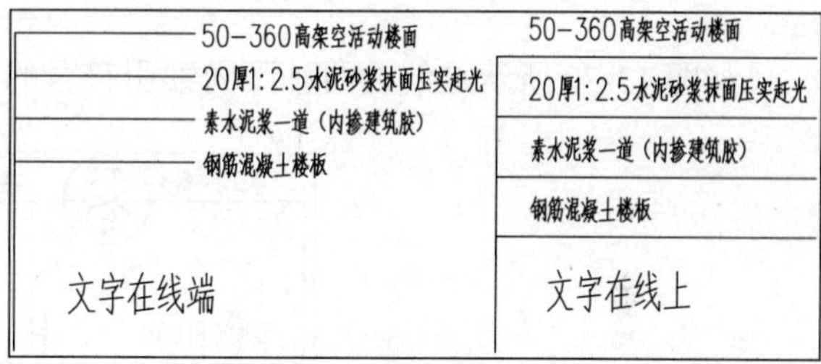

图 13-67　做法标注实例

4. 索引符号

【索引符号】命令可以为图中另有详图的某一部分标注索引号，指出表示这些部分的详图在哪张图上，它又可分为【指向索引】和【剖切索引】两类，索引符号的对象编辑新提供了增加索引号与改变剖切长度的功能。

选择【符号标注】|【索引符号】菜单命令，打开【索引符号】对话框，如图 13-68 所示。

当用户在该对话框中设置好所有参数，并选中【指向索引】单选按钮后，命令行同时提示：

请给出索引节点的位置<退出>:　　　　//单击需索引的部分
请给出索引节点的范围<0.0>:　　　　//拖动圆上一点，单击定义范围或直接按回车键不设范围
请给出转折点位置<退出>:　　　　　　//拖动光标至索引引出线的转折点处单击
请给出文字索引号位置<退出>:　　　　//单击要插入索引号圆圈的位置。这样就完成了索引符号的创建，命令行重复上述提示，按回车键退出当前命令

当用选中【剖切索引】单选按钮后，命令行同时提示：

请给出索引节点的位置<退出>:　　　　//单击需索引的部分
请给出转折点位置<退出>:　　　　　　//拖动光标至索引引出线的转折点处单击
请给出文字索引号位置<退出>:　　　　//单击要插入索引号圆圈的位置
请给出剖视方向<当前>:　　　　　　　//拖动光标至索引线要剖视的一方单击。这样就完成了索引符号的创建

双击索引线及索引号圆圈线部分，打开【编辑索引文字】对话框，如图 13-69 所示，

用户可以对其参数进行修改，修改参数后，单击【确定】按钮即可完成索引符号的编辑。双击索引圆圈内的文字，可以对文字进行在位编辑。单击索引符号，会显示出该索引符号可编辑的各个夹点，光标移至夹点处，会显示每个夹点的功能。

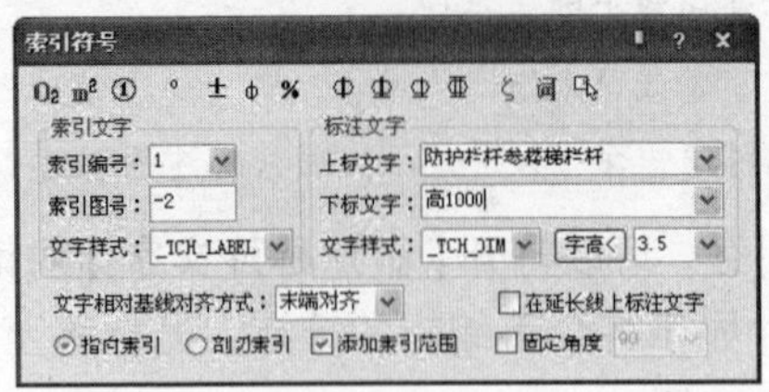

图 13-68 【索引符号】对话框

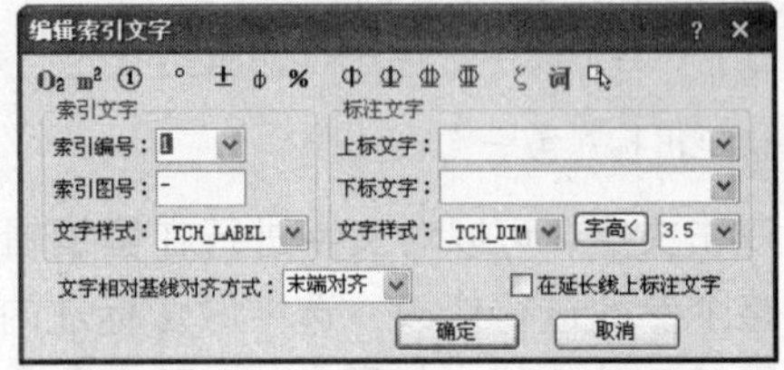

图 13-69 【编辑索引文字】对话框

如图 13-70 所示是创建两种不同索引符号的实例。

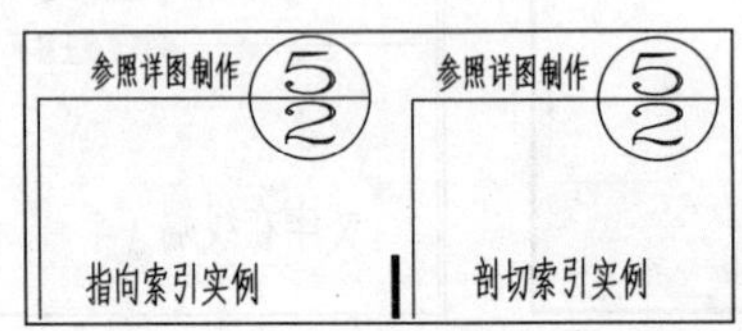

图 13-70 索引符号实例

5. 索引图名

【索引图名】命令用于为图中被索引的详图标注索引图名。一个图形中往往需要绘制多个图形或详图，用户不仅需要在每个图形下方标出该图的图名，并且需要标注比例，比例变化时会自动调整文字的大小。

选择【符号标注】|【索引图名】菜单命令，单击该命令后，命令行提示：

```
请输入被索引的图号(-表示在本图内) <->:          //输入被索引的图号数字或直接按回车键索引本图
请输入索引编号 <1>:                              //输入索引编号数字后，按回车键
请点取标注位置<退出>:                            //单击标注位置即可完成索引图号的创建
```

软件完成【索引图名】命令后，自动退出该命令，双击圆圈内的文字，可以对文字进行在位编辑，如图 13-71 所示是创建索引图号的实例。

6. 剖切符号

【剖切符号】命令是指在图中标注国家标准规定的剖切符号，用于定义编号的剖面图，表示剖切断面上的构件以及从该处沿视线方向可见的建筑部件，生成剖面图中要依赖此符号定义剖面方向。在前面所学的剖面图中已经使用过此命令。

选择【符号标注】|【剖切符号】菜单命令后，根据命令行提示分别指定剖切编号、剖切起点、方向、第二点，按回车键结束。

单击创建好的剖切符号，显示可编辑的各个夹点，拖动夹点可改变剖切位置，双击剖切文字可对文字进行在位编辑，如图 13-72 所示是创建剖切符号的实例。

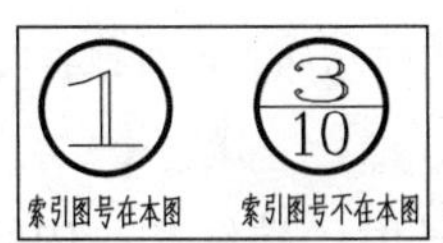

图 13-71　索引图号实例

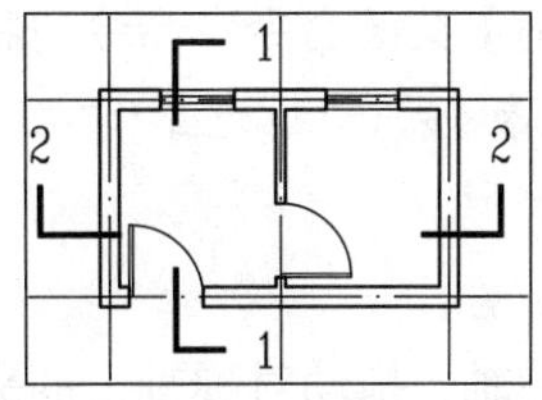

图 13-72　剖切符号实例

7. 加折断线

【加折断线】命令可以绘制折断线，形式符合建筑制图规范的要求，并可以依照当前比例更新其大小。另外切割线具有切割线一侧的天正建筑对象不予显示的功能，，用于解决天正对象无法从对象中间打断的问题。

选择【符号标注】|【加折断线】菜单命令，命令行提示：

点取折断线起点或[选多段线(S)]<退出>:

/单击折断线起点，或者输入选项"S"选择已有的多段线/

点取折断线终点或[改折断数目，当前=1(N)]<退出>:

/拖动鼠标单击折断线终点或者输入选项"N"修改折断数目/

当前切除外部，请选择保留范围或[改为切除内部(Q)]<不切割>:

/拖动切割线边框改变保留范围(外部被切割)给点完成命令，直接按回车键仅画出折断线/

折断数目为 0 时不显示折断线，可用于切割图形。当在命令行输入选多段线"S"选项时，命令行提示：

选择闭合多段线:

/选择闭合多段线后，显示【编辑切割线】对话框，如图 13-73 所示。设置好参数以后，单击【确定】按钮即可完成切割线的编辑，单击【取消】按钮放弃切割线的编辑/

【编辑切割线】对话框各选项解释如下：

- 切除内部/切除外部：选择所编辑的切割线切除的是哪一个部分。
- 设折断边：单击此按钮，可以自定义一条边为折断边。
- 设不打印边：单击此按钮，可以自定义多条边为不打印。
- 设折断点<：单击此按钮，用户可以设置折断点位置。
- 隐藏不打印边：与【设不打印边】配合使用，勾选此按钮，则表示隐藏不打印边。

如图 13-74 所示是加折断线的实例。

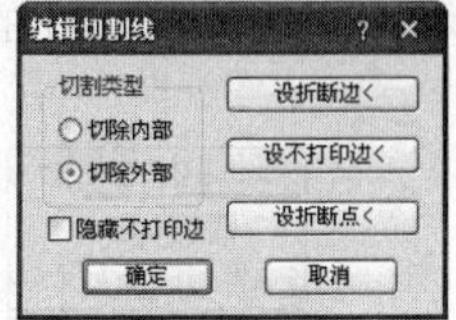

图 13-73　【编辑切割线】对话框

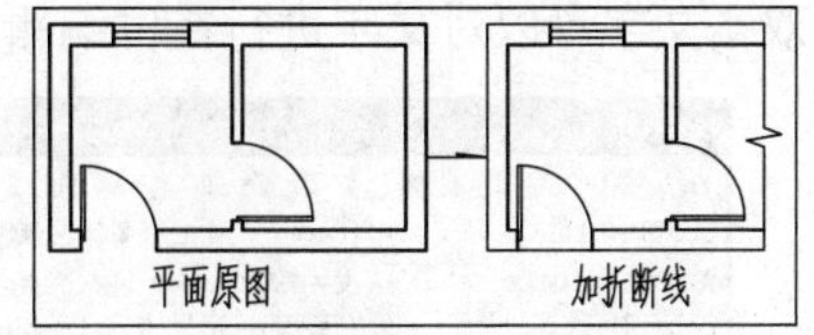

图 13-74　加折断线实例

8. 画对称轴

【画对称轴】命令用于在施工图纸上标注出对称轴的自定义对象。选择【符号标注】

|【画对称轴】菜单命令，命令行提示：

起点或 [参考点(R)]<退出>:　　　　//单击对称轴的起点或输入选项“R”参考点来确定起点

终点<退出>:　　　　//单击对称轴的终点。软件完成了该对称轴的创建，并退出了该命令

选中对称轴，拖动对称轴上的夹点，可修改对称轴的长度、端线长、内间等参数，如图 13-75 所示是画对称轴的实例。

9. 画指北针

利用【画指北针】命令可以绘制出一个国家标准规定的指北针符号，从插入点到橡皮线的终点定义为指北针的方向，这个方向在坐标标注时起指示北向坐标的作用。

选择【符号标注】|【画指北针】菜单命令，单击该命令后，命令行提示：

指北针位置<退出>:　　　　//单击要插入指北针的位置

指北针方向<90.0>:　　　　//输入指北针角度后按回车键，软件完成了指北针的创建

选中已创建的指北针，显示了该指北针可编辑的夹点，用户通过移动夹点可以改变指北针的位置及方向，如图 13-76 所示是画指北针的实例。

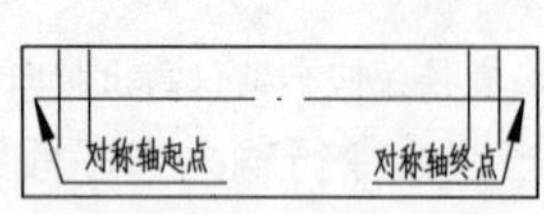

图 13-75　画对称轴实例

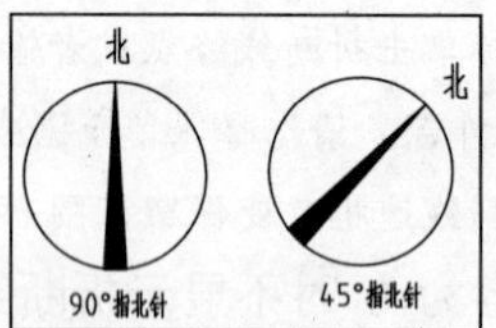

图 13-76　画指北针

10. 图名标注

利用【图名标注】命令可以在平面图的下方标出该平面图的图名，同时标注出比例，当比例变化时会自动调整其中文字的合理大小。

选择【符号标注】|【图名标注】菜单命令，显示【图名标注】对话框，如图 13-77 所示，在文本框中输入文字及设置参数后，命令行同时提示：

请点取插入位置<退出>:　　　　//在要插入图名标注的位置单击

请点取插入位置<退出>:　　　　//可以多次创建图名标注，按回车键退出命令

双击创建好的图名标注的下划线，可以打开【图名标注】对话框，可以对其参数进行修改，双击文字可以对文字进行在位编辑，如图 13-78 所示是创建图名标注的实例。

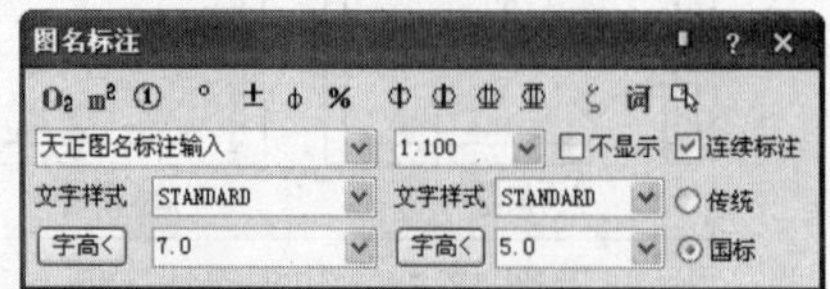

图 13-77　【图名标注】对话框

天正图名标注输入　1:100
国际图名
天正图名标注输入　1:100
传统图名

图 13-78　图名标注实例。

标注如图 13-79 所示的工程符号。

操作步骤如下：

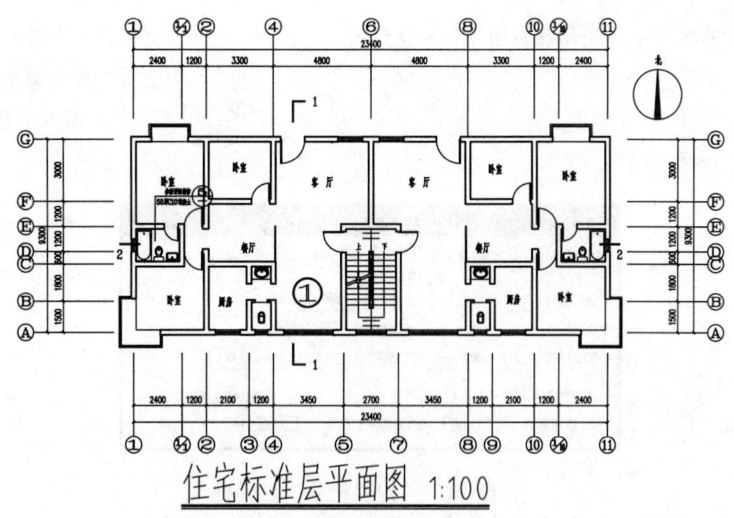

图 13-79　工程符号标注

01 打开某住宅标准层平面图，如图 13-80 所示。

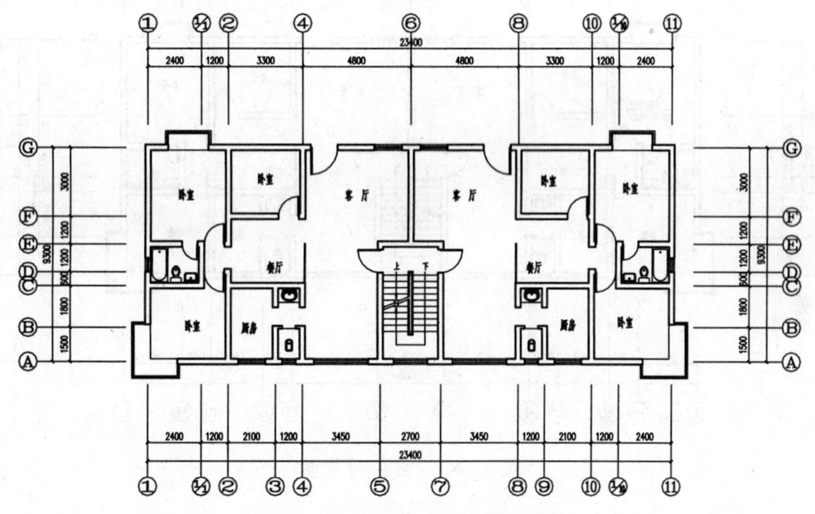

图 13-80　住宅标准层平面图

02 选择【符号标注】|【索引符号】菜单命令，打开【索引符号】对话框，设置参数如图 13-81 所示。同时命令行提示：

```
请给出索引节点的位置<退出>:                    //在卫生间室内空白处单击一点
请给出索引节点的范围<0.0>: ↙                   //直接按回车键接受默认值范围
请给出转折点位置<退出>:                        //拖动光标至上方转折点处单击
请给出文字索引号位置<退出>:                    //单击文字索引号位置
请给出索引节点的位置<退出>:                    //按回车键退出当前命令，并完
成了【索引符号】命令，得到如图 13-82 所示的索引符号图
```

03 选择【符号标注】|【索引图名】菜单命令，命令行提示：

请输入被索引的图号(-表示在本图内) <->: ↙ //直接按回车键表示在本图内
请输入索引编号 <1>:↙ //直接按回车键接受默认值
请点取标注位置<退出>: //在平面图内要插入索引图号的位置单击即可创建索引图号

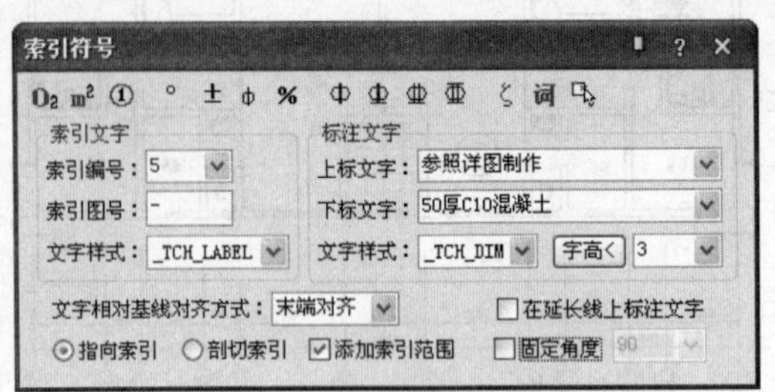

图 13-81 “索引符号”对话框

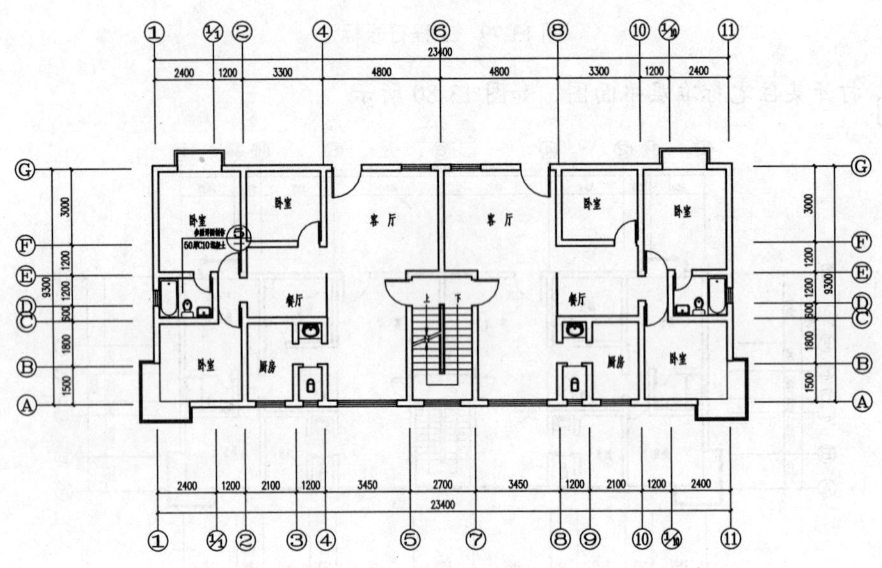

图 13-82 索引符号图

04 选择【符号标注】|【剖切符号】菜单命令，命令行提示：

请输入剖切编号<1>:↙ //直接按回车键接受默认值
点取第一个剖切点<退出>: //单击要剖切的第一个点
点取第二个剖切点<退出>: //拖动鼠标单击要剖切的第二个点
点取下一个剖切点<结束>: //按回车键结束
点取剖视方向<当前>: //在剖切线右方向单击即可创建剖切符号符号

05 选择【符号标注】|【剖切符号】菜单命令，命令行提示：

请输入剖切编号<1>:2↙ //输入 2 后按回车键
点取第一个剖切点<退出>: //单击断面剖切的起点
点取第二个剖切点<退出>: //拖动鼠标单击断面剖切的终点

```
点取剖视方向<当前>:                    //在断面剖切线的下方单击，完成了断面剖切符号的创建，得到如图 13-83 所示断面剖切符号
```

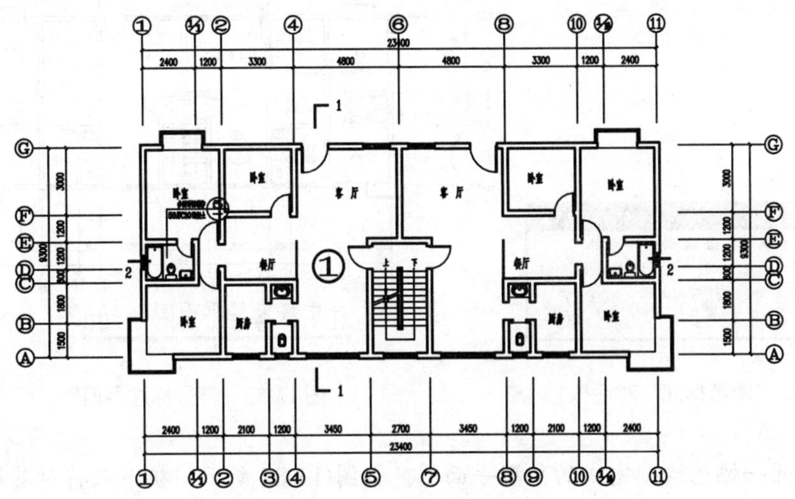

图 13-83　断面剖切符号图

06 选择【符号标注】|【画对称轴】菜单命令，命令行提示：

```
起点或 [参考点(R)]<退出>:              //单击楼梯间内窗户的中点
终点<退出>:                            //垂直拖动鼠标到楼梯间墙的中点处单击，即可创建出一条对称轴
```

07 选择【符号标注】|【画指北针】菜单命令，命令行提示：

```
指北针位置<退出>:                      //在平面图右上方单击一点
指北针方向<90.0>:                      //直接按回车键接受默认值，此时就完成了指北针的创建
```

08 选择【符号标注】|【图名标注】菜单命令，显示【图名标注】对话框，设置其参数如图 13-84 所示，同时命令行提示：

```
请点取插入位置<退出>:                  //直接在平面图上方适当位置单击即可创建一个图名标注
请点取插入位置<退出>:                  //按回车键退出命令，最终完成所有符号标注的创建，最终得到如图 13-85 所示符号标注平面图
```

13.4 综合实例：标注住宅平面图

本章对文字表格、尺寸标注及符号标注作了详细地介绍，但介绍的仅仅是各工具的作用及使用方法。但是在实际绘图当中，需要设计者按照一定的顺序和方法，对图纸中需标注的构件进行合理的标注。本节通过一个综合实例，来巩固和加深对前面所学内容的理解，如图 13-86 所示是进行尺寸标注及符号标注后的效果。

操作步骤如下：

图 13-84 “图名标注”对话框

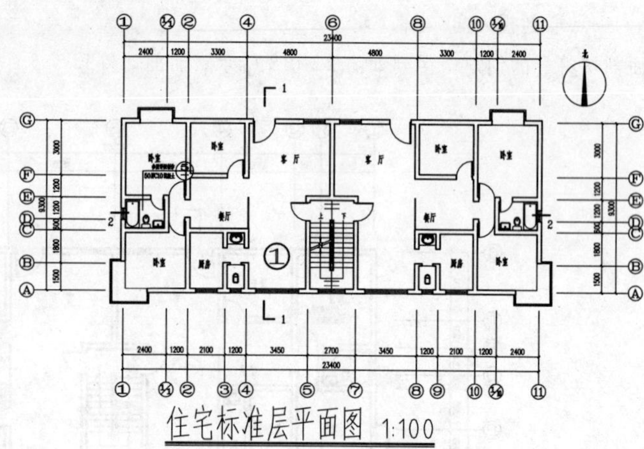

图 13-85 符号标注平面图

01 打开一幅已绘制完成的户型平面图，如图 13-87 所示，接下来将对其进行尺寸标注和符号标注。

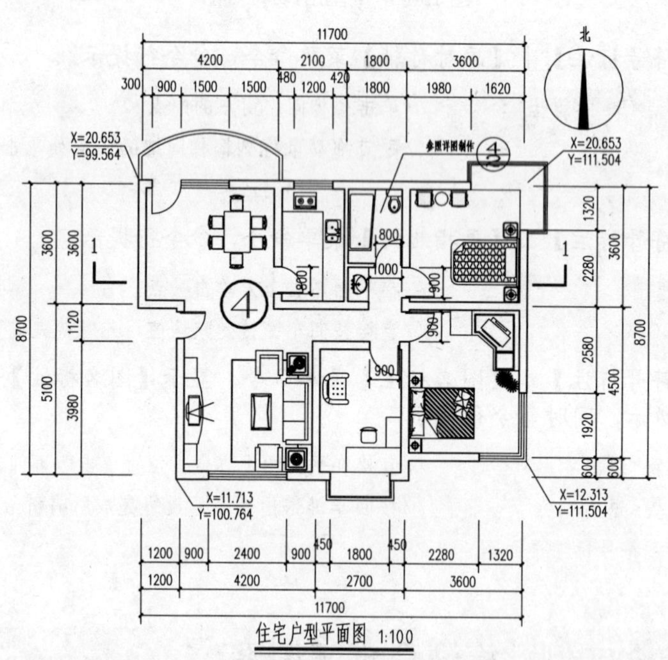

图 13-86 标注平面图效果

02 选择【尺寸标注】|【逐点标注】菜单命令，命令行提示：

起点或 [参考点(R)]<退出>:

/单击左下角第一根横轴线与第一根纵轴线的交点/

第二点<退出>:

/水平拖动鼠标单击第一根横轴线与第二根纵轴线的交点/

请点取尺寸线位置或 [更正尺寸线方向(D)]<退出>:

/往下拖动鼠标至适当尺寸线位置单击即可创建一段尺寸标注/

请输入其他标注点或 [撤消上一标注点(U)]<结束>:

/依次单击门窗的起始点及与纵轴线的交点/

……

请输入其他标注点或 [撤消上一标注点(U)]<结束>: ↙

/按回车键退出命令，完成【逐点标注】命令。同样方法，绘制另外三个方向的逐点标注，得到如图 13-88 所示的标注平面图/

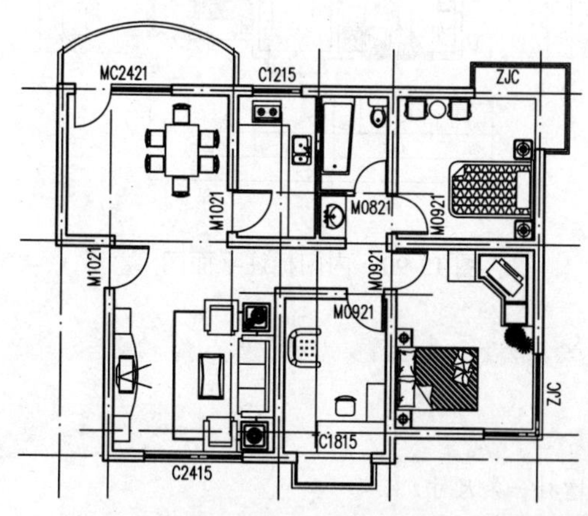

图 13-87　住宅户型平面图

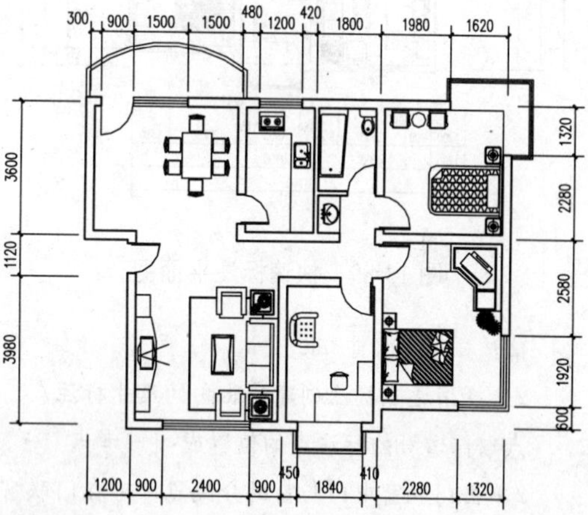

图 13-88　逐点标注平面图

03 选择【尺寸标注】|【快速标注】菜单命令，命令行提示:

选择要标注的几何图形:　　　　//选择全部纵向轴线下端需要标注的轴线

选择要标注的几何图形: ↙　　　　//按回车键结束选择

请指定尺寸线位置(当前标注方式:连续加整体)或 [整体(T)/连续(C)/连续加整体(A)]<退出>:A↙　　　　//输入选项 "A"

请指定尺寸线位置(当前标注方式:连续加整体)或 [整体(T)/连续(C)/连续加整体(A)]<退出>:

/在要插入尺寸线的恰当位置单击即可，就在已有尺寸线下方创建出了两行的尺寸标注。同样方法，完成另外三个方向的尺寸标注，得到如图 13-89 所示的标注平面图/

04 选择【尺寸标注】|【内门标注】菜单命令，命令行提示:

标注方式: 轴线定位。请用线选门窗，并且第二点作为尺寸线位置!

起点或 [垛宽定位(A)]<退出>:

/单击内门的起点/

终点<退出>:

/单击内门上的一点，完成该内门标注的创建，依此方法，完成其他内门标注的创建，得到如图 13-90 所示的内门标注平面图/

05 选择【尺寸标注】|【尺寸编辑】|【增补尺寸】菜单命令，单击该命令后，命

令行提示：

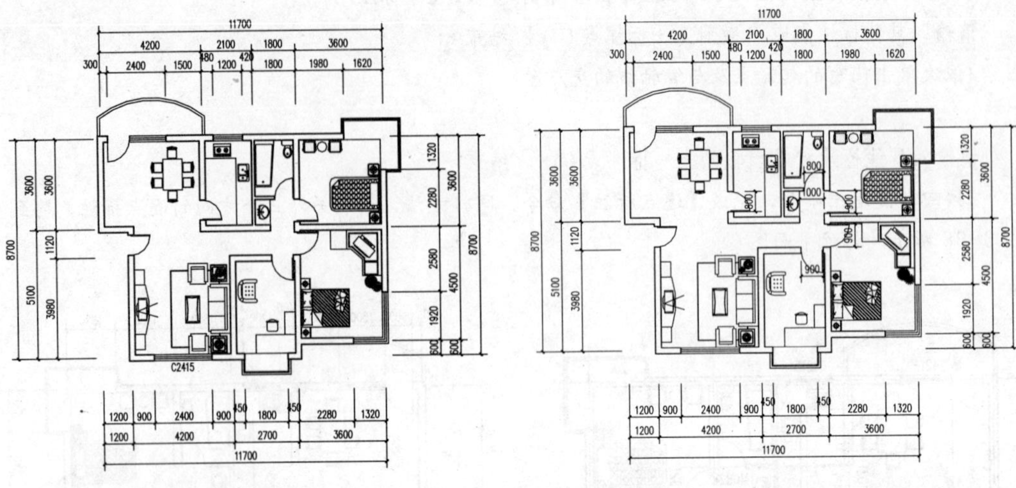

图 13-89　快速标注平面图　　　　图 13-90　内门标注平面图

请选择尺寸标注<退出>:

/选择用逐点标注创建的北向的尺寸标注/

点取待增补的标注点的位置或 [参考点(R)]<退出>:

/单击门联窗中门与窗的分隔点即可在门联窗之间增补一条尺寸/

点取待增补的标注点的位置或 [参考点(R)/撤消上一标注点(U)]<退出>: ↙

/按回车键退出命令，得到如图 13-91 所示的尺寸标注图/

06 选择【符号标注】|【坐标标注】菜单命令，命令行提示：

当前绘图单位:mm，标注单位: M; 以世界坐标取值; 北向角度 90 度。

请点取标注点或 [设置(S)]<退出>:　　//在左下方外墙角处单击

点取坐标标注方向<退出>:　　//拖动鼠标单击标注文字放置位置

请点取标注点<退出>:　　//重复上步提示，同样方法获得另外三个墙角处坐标标注，得到如图 13-92 所示坐标标注图

07 选择【符号标注】|【索引符号】菜单命令，打开【索引符号】对话框，设置参数如图 13-93 所示。同时命令行提示：

请给出索引节点的位置<退出>:　　//单击要索引卫生间中位置的一点

请给出索引节点的范围<0.0>: ↙　　//按回车键接受默认范围

请给出转折点位置<退出>:　　//往上拖动鼠标至恰当位置单击

请给出文字索引号位置<退出>:　　//向右拖动鼠标至恰当位置单击

请给出索引节点的位置<退出>:↙　　//按回车键结束命令并完成了索引符号的创建，得到如图 13-94 所示的索引符号标注图

08 选择【符号标注】|【索引图名】菜单命令，命令行提示：

请输入被索引的图号(-表示在本图内) <->:　//直接按回车键表示被索引的图在本副 DWG 文件当中

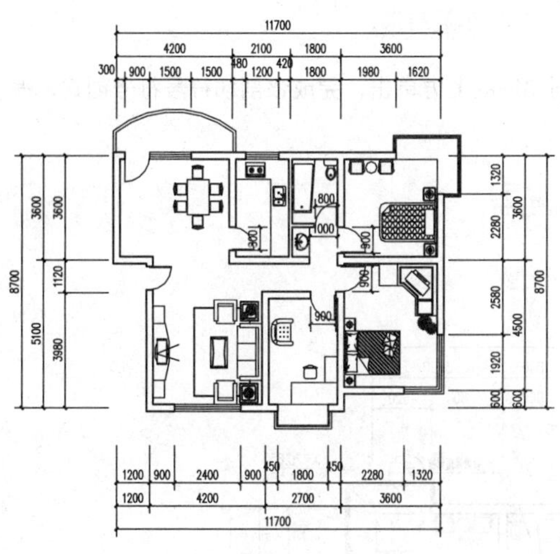

图 13-91　增补尺寸

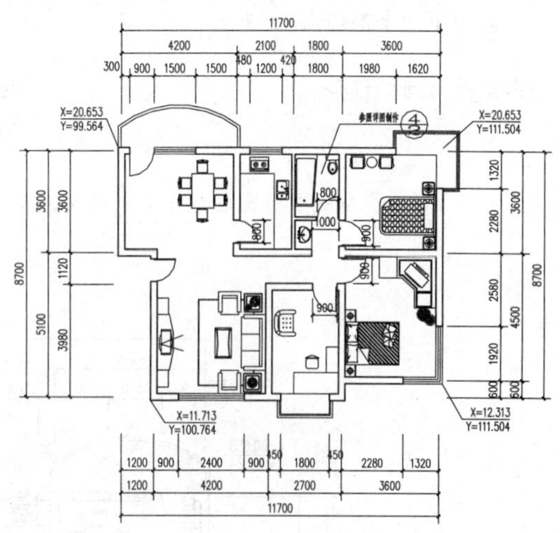

图 13-92　坐标标注

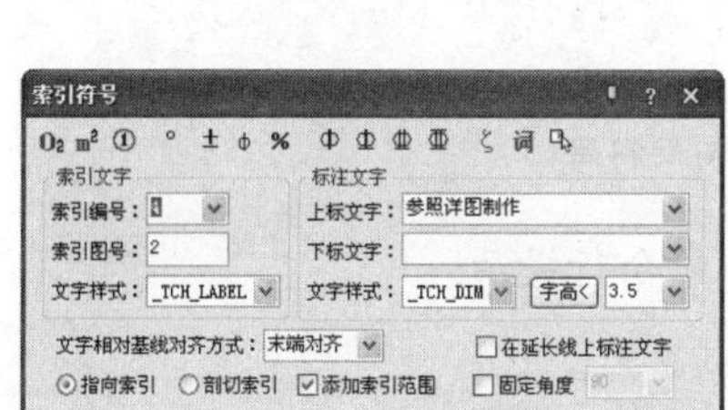

图 13-93　“索引符号”对话框

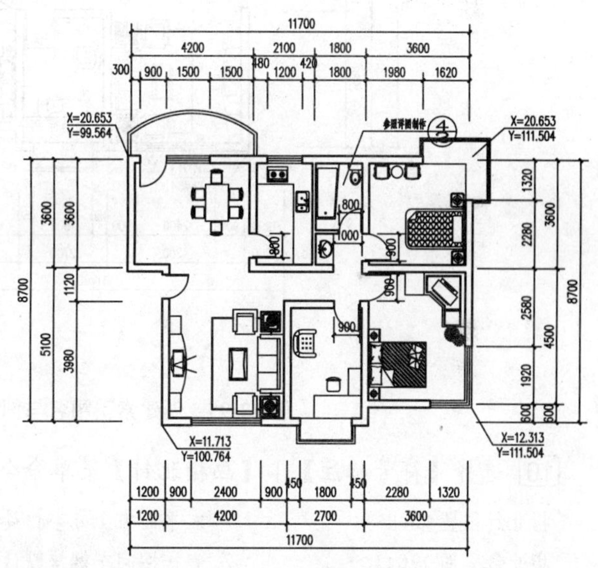

图 13-94　创建索引符号

请输入索引编号 <1>:4↙　　　　　　　　//输入 4 后按回车键

请点取标注位置<退出>:　　　　　　　　//单击要索引的位置，就完成了索引图名的命令，创建了一个在本个 DWG 文件当中，索引图号为 4 的索引图名

09 选择【符号标注】|【剖切符号】菜单命令，命令行提示：

请输入剖切编号<1>:　　　　　　　　//直接按回车键接受默认值 1

点取第一个剖切点<退出>:　　　　　　//单击要剖切的左边第一个点

点取第二个剖切点<退出>:　　　　　　//打开“正交”选项，水平拖动鼠标至最右边单击

点取下一个剖切点<结束>：↙　　　　　　　　//按回车键结束

点取剖视方向<当前>：　　　　　　　　//在剖切线的上方单击，完成该剖切符号符号创建，得到如

图 13-95 所示的索引图名标注与剖切符号符号标注图

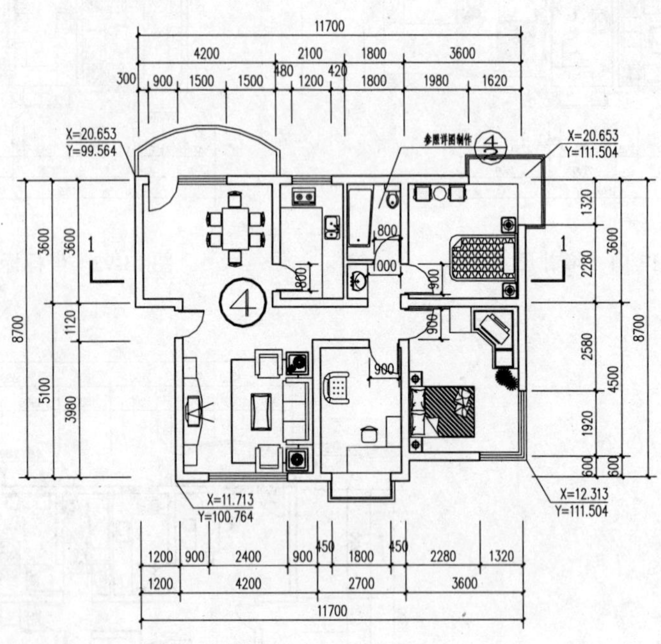

图 13-95　创建索引图名与剖切符号符号

10 选择【符号标注】|【画指北针】菜单命令，命令行提示：

指北针位置<退出>：　　　　　　//左平面右上方空白处单击

指北针方向<90.0>：↙　　　　　//直接按回车键接默认值 90 度。此时，就创建出了一个指北针

11 选择【符号标注】|【图名标注】菜单命令，打开【图名标注】对话框，设置参数如图 13-96 所示。同时，命令行提示：

图 13-96　“图名标注”对话框

请点取插入位置<退出>：　　　　　//直接在该平面图下方恰当位置单击即可。此时就完成了最后一个符号标注命令的创建，得到最终的平面图如图 13-97 所示

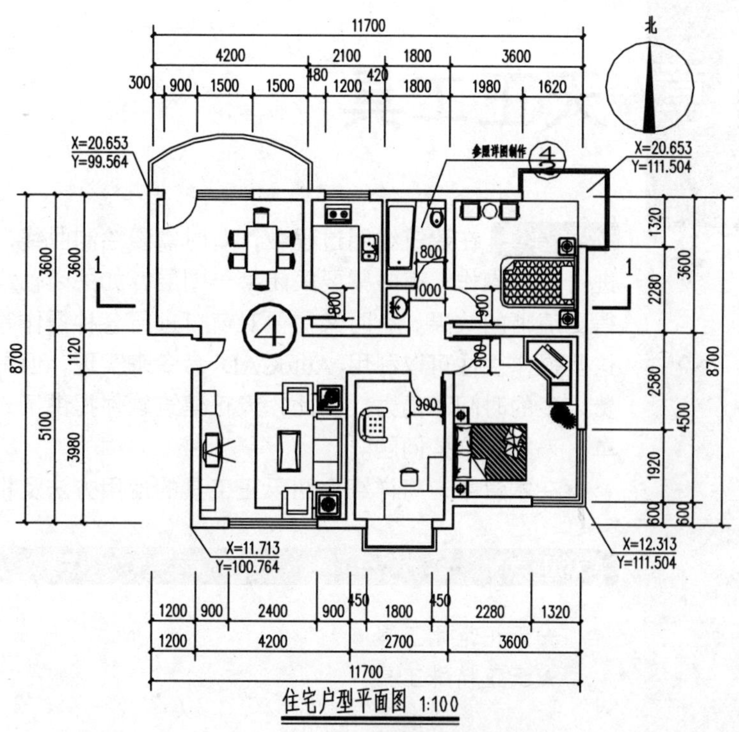

图 13-97　创建指北针与图名标注

第14章 天正工具

本章导读 在建筑绘图过程中，有时需要绘制曲线，并对曲线进行各种操作。有时需要关闭某一图层，如关闭轴线层，以获得更清晰的效果。有时又需要对窗口进行各种操作等。当然，这些操作往往可以利用 AutoCAD 命令来实现，但是可能会耗费太多的时间和精力。因此，天正建筑软件提供了一个工具菜单，来解决这些问题。

在本章中，将详细介绍天正工具的使用方法及相关技巧。

本章重点

★天正常用工具

★天正特殊工具

14.1 天正常用工具

天正提供了很多常用的工具，如对象查询、对象编辑、对象选择、自由复制工具等，可以方便、快速地对所绘图形进行操作，以提高工作效率。

14.1.1 对象查询

【对象查询】工具可以方便快捷地查询对象的相关信息。该工具比 List 命令更加方便，它不必选取，只要光标经过对象，即可出现文字窗口动态查看该对象的详细信息，如图 14-1 所示。

14.1.2 对象编辑

利用【对象编辑】工具可以对所选对象进行编辑，软件自动识别对象类型，并调用相应的编辑界面对天正对象进行编辑。

提示 如果要对多个同类对象进行编辑，对象编辑不如特性编辑（按 Ctrl+1 组合键）功能强大。

14.1.3 对象选择

【对象选择】工具提供了过滤选择的功能，可以根据相关条件选择符合条件的对象。选择【工具】|【对象选择】菜单命令，弹出【匹配选项】对话框，如图 14-2 所示。选中所需匹配选项中的复选框后，命令行提示：

请选择一个参考图元或[恢复上次选择(2)]<退出>:

/单击选择一个天正对象或输入选项“2”后选择上次所选择的内容/

是否为该对象?[是(Y)/否(N)]<Y>:

/输入“Y”确认当前要选择的，输入“N”重新选择对象/

提示：空选即为全选，中断用 Esc!

选择对象：↙

/直接按回车键即可按照匹配选项选中所有符合要求的天正对象。命令行显示如下提示信息/

总共选中了 64 个，其中新选了 64 个。

14.1.4 在位编辑

【在位编辑】工具可以对天正注释对象（多行文字除外）的文字进行编辑，此功能不需要进入对话框，即可直接在图形上以简洁的界面修改文字。

如图 14-3 所示是在位编辑的实例。

图 14-1　对象查询实例

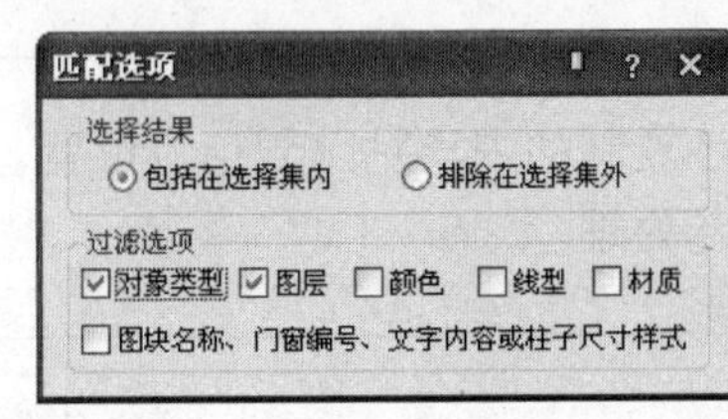

图 14-2　【匹配选项】对话框

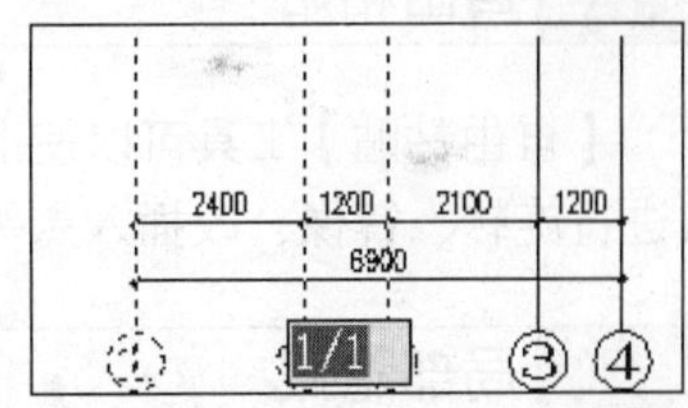

图 14-3　在位编辑实例

14.1.5 自由复制

【自由复制】工具可以对其所选对象进行多次复制，并且能在复制对象之前对其进行旋转、镜像、改插入点等灵活处理，该工具对 ACAD 对象也起作用。

选择【工具】|【自由复制】菜单命令，命令行提示：

请选择要拷贝的对象:　　//选择要复制的对象

请选择要拷贝的对象:　　//按回车键结束选择

点取位置或 [转 90 度(A)/左右翻(S)/上下翻(D)/对齐(F)/改转角(R)/改基点(T)]<退出>:

/直接在要插入对象的位置单击或按选项提示操作/

14.1.6 自由移动

【自由移动】工具可以对其所选对象进行移动，并且能在移动对象之前对其进行旋转、镜像、改插入点等灵活处理，该工具对 ACAD 对象也起作用。

选择【工具】|【自由移动】菜单命令，命令行提示：

```
请选择要移动的对象:                                    //选择要自由移动的对象
请选择要移动的对象: ↙                                  //按回车键结束选择
点取位置或 [转 90 度(A)/左右翻(S)/上下翻(D)/对齐(F)/改转角(R)/改基点(T)]<退出>:
```

/直接在要移动到的位置单击或按选项提示操作即可完成【自由移动】命令，按回车键退出命令/

14.1.7 移位

【移位】工具可以按指定方向精确移动图形对象到指定位置，可减少输入次数，提高工作效率。选择【工具】|【移位】菜单命令，命令行提示：

```
请选择要移动的对象:                                    //选择要移动位置的对象
请选择要移动的对象: ↙                                  //按回车键结束选择
请输入位移(x, y, z)或 [横移(X)/纵移(Y)/竖移(Z)]<退出>:
```

/直接输入 x、y、z 的位移距离值，并用逗号隔开，或输入选项参数，输入位移值后按回车键即可完成【移位】命令，并规定 x、y、z 轴正轴方向为正数，反之为负数/

14.1.8 自由粘贴

【自由粘贴】工具可以使上一步复制的内容粘贴到指定位置，并能在粘贴对象之前对其进行旋转、镜像、改插入点等灵活处理。

14.1.9 局部隐藏

【局部隐藏】工具可以把妨碍观察和操作的对象临时隐藏起来。选择【工具】|【局部隐藏】菜单命令，命令行提示：

```
选择对象:                    //选择需要隐藏的对象
选择对象: ↙                  //按回车键结束选择，所选对象即被隐藏起来
```

14.1.10 局部可见

【局部可见】工具可以使要关注的对象进行显示，而把其余对象临时隐藏起来。选择【工具】|【局部可见】菜单命令，命令行提示：

```
选择对象:                    //选择需要在视图中可见的对象
选择对象: ↙                  //按回车键结束选择，视图没有选择的即被隐藏起来
```

14.1.11 恢复可见

【恢复可见】工具可以将被局部隐藏的图形对象重新恢复可见。

14.1.12 消除重元

【消除重元】工具可以将平面图中重复的图元检测出并提示用户进行标记、删除等操作。执行【消除重元】命令后弹出如图 14-4 所示【消除图元】对话框，用户可在对话框中设置检测的范围，检测出有重元，则弹出如图 14-5 所示【消重图元】对话框，用户可根据需要进行选择。若没有检测出则命令行提示“没有检查到重合的墙体,门窗,柱子,房间!”。

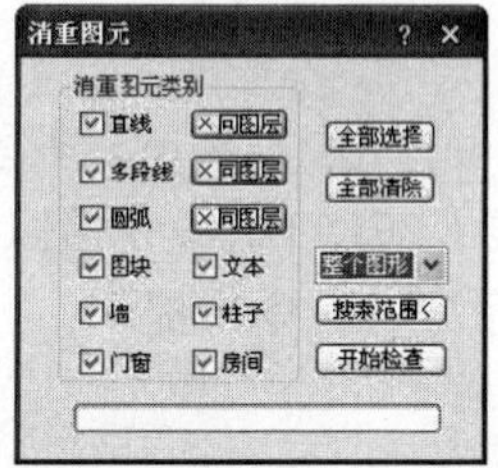

图 14-4　【消除图元】对话框

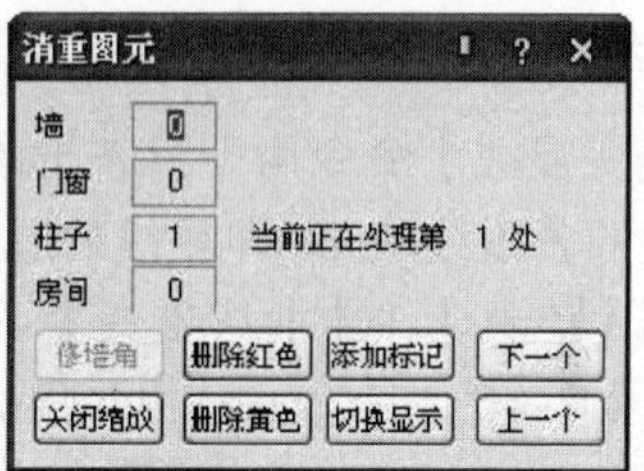

图 14-5　【消重图元】对话框

14.1.13 编组开启

【编组开启】工具可以将已经生成的组对象进行开启或关闭。【编组开启】主要与【组编辑】工具进行结合使用。

14.1.14 组编辑

【组编辑】工具可以将单个对象制作成组，并且组和组之间可以进行组的嵌套。【组编辑】工具只能在【编辑开启】工具开启的情况下才能进行使用，如图 14-6 所示。

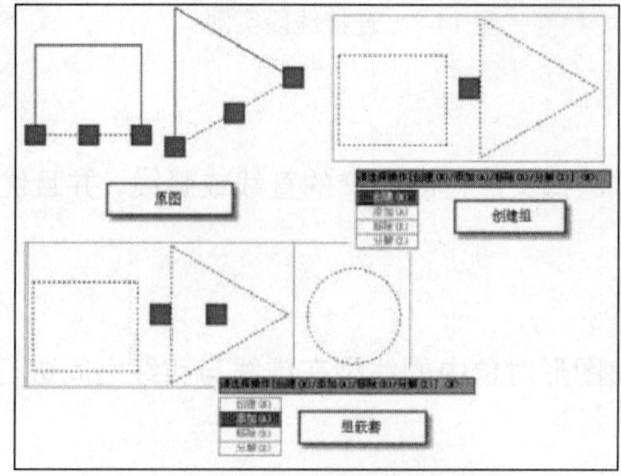

图 14-6　组编辑操作实例

14.2 天正特殊工具

天正软件针对曲线的制作、图层的处理及对所绘天正图纸进行观察提供了多种操作工具。通过本节的学习，能够熟练地掌握这些工具的使用方法。

14.2.1 曲线工具

曲线工具是对线条所组成的图形进行操作，包括线变复线、连接线段、交点打断、虚实变换、加粗曲线、消除重线、反向、布尔运算工具。

1. 线变复线

【线变复线】命令用于将若干段彼此衔接的直线(Line)、圆弧(Arc)、多段线(Pline)连接成整段的多段线(Pline)即复线的过程，它与编辑多段线（PEDIT）命令相似。

选择【工具】|【曲线工具】|【线变复线】菜单命令，命令行提示：

```
请选择要连接成 POLYLINE 的 LINE(线)和 ARC(弧)<退出>:
选择对象:                    //选择需要连接的多条直线、圆弧、多段线
选择对象:                    //按回车键结束选择，完成【线变复线】命令，得到一条多段线
```

2. 连接线段

【连接线段】命令可以将共线的两条线段或两段弧、相切相连接的直线段与弧（相交于一点）连接起来，从而得到一条完整的多段线，如图 14-7 所示是执行【连接线段】命令的实例。

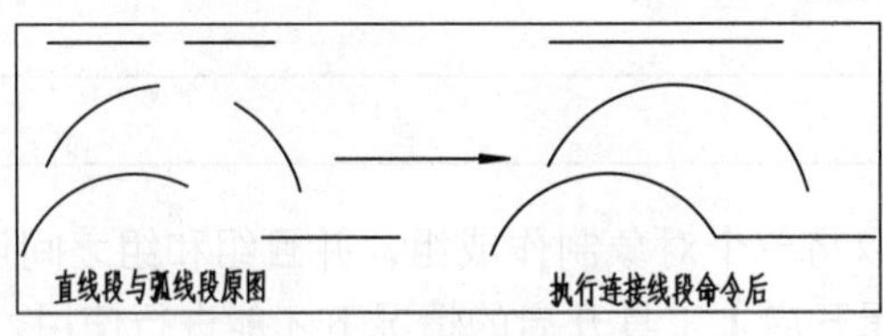

图 14-7　连接线段实例

3. 交点打断

【交点打断】命令通过选择交点打断相交的直线或弧线，并且优先打断在前面显示的线段。

4. 虚实变换

【虚实变换】命令可使图形对象中的线型在虚线与实线之间进行切换。

5. 加粗曲线

【加粗曲线】命令可以将 Line、Arc 和 Circle 转换为多段线，并按指定宽度加粗。

6. 消除重线

【消除重线】命令用于消除所选区域重合多余的重叠对象，如 Line、Arc 和 Circle 对象，对于 Pline，用户必须先将其 Explode（分解），才能参与处理。

7. 反向

【反向】命令用于改变多段线、墙体、线图案和路径曲面的方向。在遇到方向不正确时，使用该命令可以进行纠正而没有必要重新绘制，对于墙体可以解决镜像后两侧左右墙体相反的问题。

如图 14-8 所示是执行【反向】命令的实例。

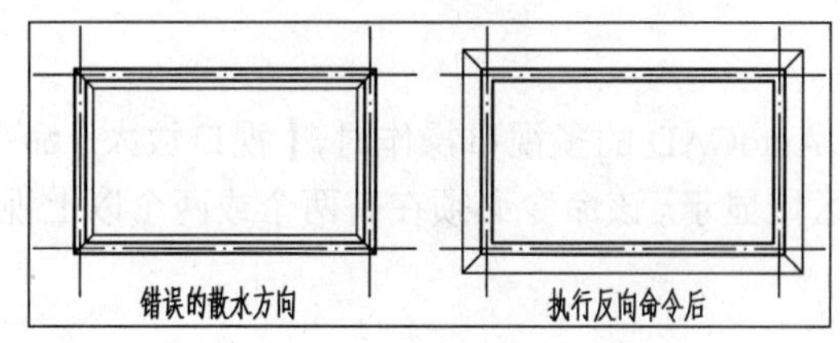

图 14-8　反向实例

8. 布尔运算

【布尔运算】命令用于对 TArch 2014 创建的各个对象以及 AutoCAD 中闭合的多段线对象之间进行相加、相交、相减等布尔运算。该命令可以通过对象的右键快捷菜单启动。

选择【工具】|【曲线工具】|【布尔运算】菜单命令，弹出【布尔运算选项】对话框，如图 14-9 所示。设置参数后，命令同时提示：

选择第一个闭合轮廓对象(pline、圆、平板、柱子、墙体造型、房间、屋顶、散水等)：

/选择第一个闭合直线或天正对象/

选择其他闭合轮廓对象(pline、圆、平板、柱子、墙体造型、房间、屋顶、散水等)：

/选择（可选多个）其他闭合轮廓线或天正对象/

选择其他闭合轮廓对象(pline、圆、平板、柱子、墙体造型、房间、屋顶、散水等)：↙

/按回车键结束选择，并按照布尔运算选项按钮内容完成了布尔运算命令/

如图 14-10 所示是执行布尔运算命令的实例。

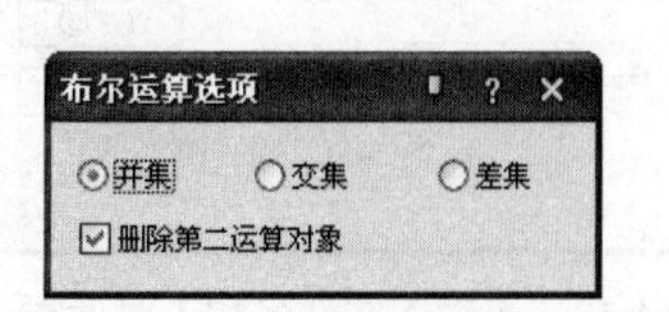

图 14-9　【布尔运算选项】对话框

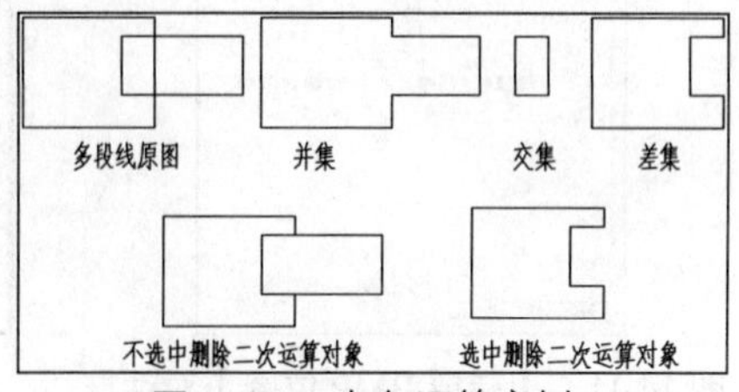

图 14-10　布尔运算实例

9. 长度统计

【长度统计】命令用于查询多个线段的总长度。选择【工具】|【曲线工具】|【长

度统计】菜单命令，命令行提示：

```
请选择需统计长度的曲线（支持直线、多段线、圆弧、圆、椭圆弧、椭圆、样条曲线）<退出>:
/选择要计算长度的线段/
共选中 4 根曲线，计算结果 = 16.22m
请点取结果标注位置<退出>:
/选择结果标注的位置/
```

14.2.2 观察工具

观察工具用于进行放大视口、存储视口、设置观察方向等操作。

1. 视口放大

当在模型空间使用 AutoCAD 的多视口操作时，【视口放大】命令可以使当前视口最大化，从而充满整个绘图区域显示。该命令必须在有两个或两个以上视口的情况下才能执行。

2. 视口恢复

【视口恢复】命令是【视口放大】命令的逆命令，使用该命令可以使放大整个绘图区的视口恢复至原视口显示。

3. 视图满屏

使用【视图满屏】命令可以使当前视口以显示器大小全屏显示，以便于图形演示。

4. 视图存盘

使用【视图存盘】命令，可以将当前视口显示区保存为 BMP 或 JPG 格式图像文件。

选择【工具】|【图层工具】|【视图存盘】菜单命令，弹出【转成 BMP 位图】对话框，如图 14-11 所示。单击【保存】按钮即可打开【输入文件名称】对话框，如图 14-12 所示，选择存储路径之后，单击【保存】按钮即可保存文件。

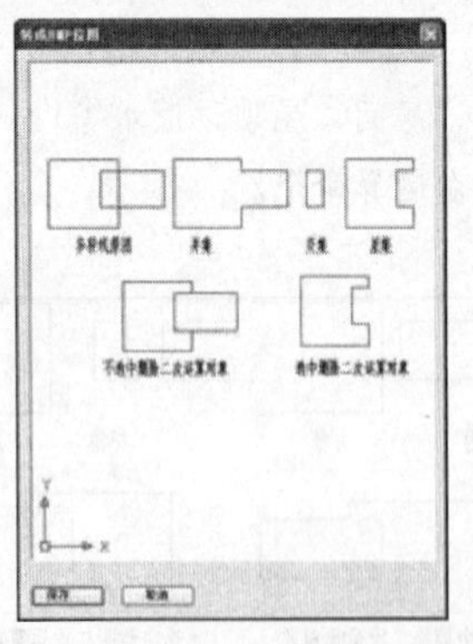

图 14-11 【转成 BMP 位图】对话框

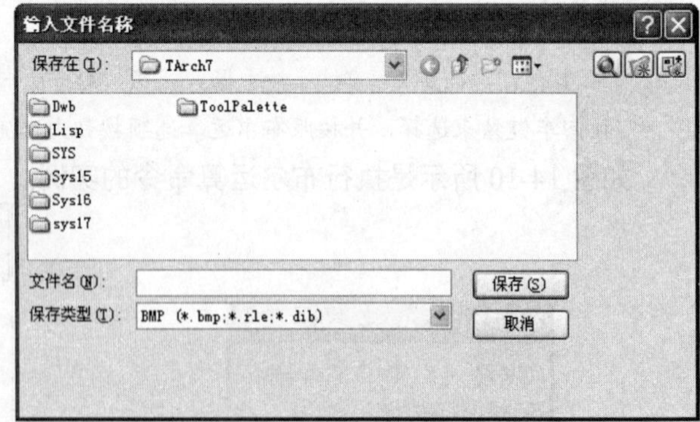

图 14-12 【输入文件名称】对话框

5. 设置立面

使用【设置立面】命令可将用户坐标系（UCS）和观察视图设置到平面两点所确定的

立面上。

选择【工具】|【图层工具】|【设置立面】菜单命令，命令行提示：

```
立面坐标系原点或 [参考点(R)]<退出>:        //单击要设立面左下角一点作为坐标系原点
X 轴正方向或 [参考点(R)]<退出>:            //水平拖动鼠标至右下角一点单击
点取要设置坐标系的视口<当前>:↙             //直接按回车键接受默认值或直接在其他视口单击即可设置立面
```

如图 14-13 所示是设置立面的实例。

6. 定位观察

【定位观察】命令是指由两个点定义一个立面的视图，与【设置立面】命令相似，使用该命令会新建一个相机，相机观察方向是平行投影，位置为立面视口的坐标原点。

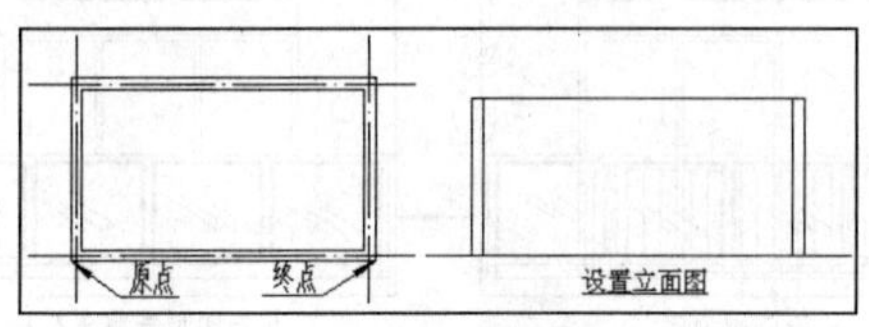

图 14-13　设置立面实例

14.2.3 其他工具

TArch 2014 除了提供前面所介绍的各类工具外，还提供了一套建筑专业所用的其他工具，包括测量边界、统一标高、搜索轮廓、图形裁剪、图形切割、矩形、道路绘制及道路圆角等工具。

1. 测量边界

【测量边界】工具可以测量选定对象的外边界。选择【工具】|【其他工具】|【测量边界】菜单命令，命令行提示：

```
选择对象:                           //选择要进行测量边界的对象
选择对象:↙                          //按回车键结束选择，命令行显示如下提示信息
X=7751.59;  Y=6863.58;  Z=0
```

此时，所选对象以虚线框显示，命令行显示出所选择对象(包括图上的注释对象和标注对象在内)的最大边界的 X 值、Y 值和 Z 值。

2. 统一标高

【统一标高】工具可以整理二维图形，包括天正平面、立面、剖面图形，使绘图中避免出现因错误的取点捕捉，造成各图形对象 Z 坐标不一致的问题。

选择【工具】|【其他工具】|【统一标高】菜单命令，命令行提示：

```
是否重置包含在图块内的对象的标高?[是(Y)/否(N)]<Y>:
                                    //按选项提示回应，输入“Y”表示重置标高
选择需要恢复零标高的对象:           //选择要恢复零标高的对象
选择需要恢复零标高的对象:↙          //按回车键结束选择，完成【统一标高】命令
```

3. 搜索轮廓

【搜索轮廓】工具用于在建筑二维图中自动搜索出所选对象内外轮廓，并在其上面加一圈闭合的粗实线。如果在二维图形内部取点，将搜索出点所在闭合区内轮廓，如果在二维图外部取点，搜索出整个二维图外轮廓，可用于自动绘制立面加粗线。

4. 图形裁剪

【图形裁剪】工具以所选的矩形窗口、封闭曲线或图块边界作参考，对平面图内的天正图块和 ACAD 二维图元进行剪裁删除。该命令主要用于立面图中构件的遮挡关系处理。

选择【工具】|【其他工具】|【图形裁剪】菜单命令，单击该命令后，命令行提示：如图 14-14 所示是执行【图形裁剪】命令的实例。

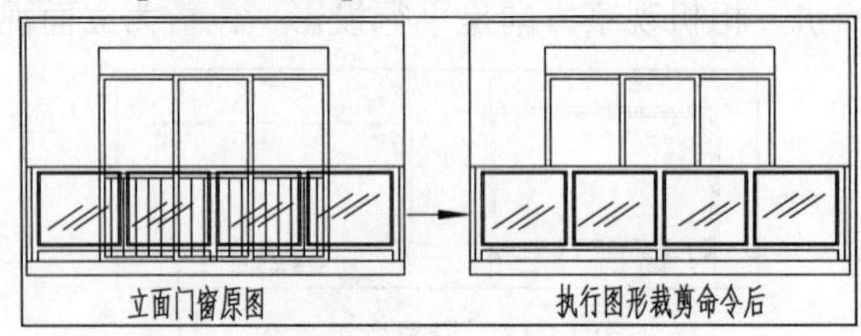

图 14-14　图形裁剪实例

5. 图形切割

【图形切割】工具以选定的矩形窗口、封闭曲线或图块边界在平面图内切割并提取带有轴号和填充的局部区域，以用于详图绘制。

选择【工具】|【其他工具】|【图形切割】菜单命令，命令行提示：

请选择被裁剪的对象：

/选择要被裁剪的二维对象/

请选择被裁剪的对象：↙

/按回车键结束选择/

矩形的第一个角点或 [多边形裁剪(P)/多段线定边界(L)/图块定边界(B)]<退出>:

/单击要裁剪矩形的第一个角点或按选项提示输入操作/

另一个角点<退出>:

/拖动鼠标，单击要裁剪矩形的对角点，此时，系统已把要裁剪的对象所选区域分离出来，随着鼠标的拖动而移动，同时命令行会显示如下提示/

请点取插入位置:

/在要插入图形切割部分的位置单击即可/

【图形切割】工具并不是移动二维图形或图块中所选区域的内容，而是复制二维图形或图块中所选区域的内容。双击切割线，会显示【编辑切割线】对话框，如图 14-15 所示。用户可在其中设置折断边并加上折断符号、设置折断点的位置、设置不打印边、是否隐藏不打印边及切割类型等。如图 14-16 所示是执行【图形切割】命令的实例。

6. 矩形

【矩形】工具可以创建具有丰富对角线样式的矩形，并且具有三维样式，用户对创建好的矩形可以拖动其夹点改变平面尺寸。该工具可用于代表各种设备、家具等。

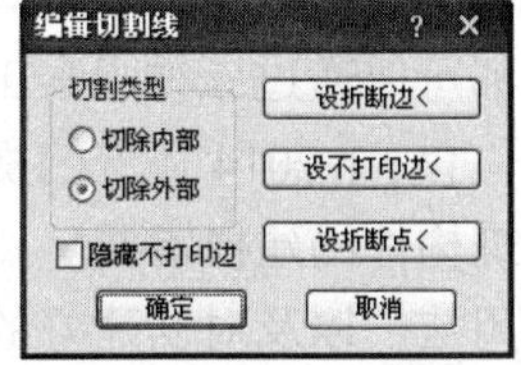

图 14-15　【编辑切割线】对话框

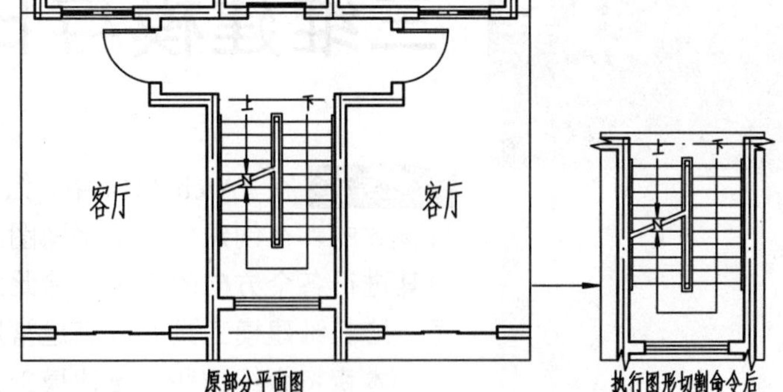

图 14-16　图形切割实例

选择【工具】|【其他工具】|【矩形】菜单命令，显示绘制空间【矩形】对话框，如图 14-17 所示。在该对话框，提供了一排工具栏，前面两个工具表示的是矩形的绘制方式，当选中【拖动对角绘制】按钮并设置好所有参数后，命令行提示：

输入第一个角点或 [插入矩形(I)]<退出>:

/单击空间矩形的第一个角点或输入选项“I”即可按对话框中所设尺寸插入矩形/

输入第二个角点或 [插入矩形(I)/撤消第一个角点(U)]<退出>:

/拖动光标至矩形的对角点单击即可确认矩形的长宽值，命令行重复上步提示，按回车键退出/

当用户选中【插入矩形】按钮并设置好所有参数后，命令行提示：

输入插入点或 [拖制矩形(D)/对齐(F)/改基点(T)]<退出>:

/直接在要插入矩形的位置单击或输入选项参数按提示进行操作即可完成矩形的创建/

工具栏提供了 4 种空间矩形样式，如图 14-18 所示。该工具栏还提供了 5 种矩形基点方式和连续绘制按钮，用于在视图中定位。用户单击选中【三维矩形】按钮，就会激活【厚】与【标高】两个文本框，此时绘制的矩形将会是三维形式的矩形。

对于已创建好的空间矩形，可以对其进行编辑。选中要编辑的矩形，将显示可编辑的各个夹点，拖动四边夹点可以改变该空间矩形的大小，拖动中心夹点可对其进行旋转操作。双击创建好的空间矩形，可打开【空间矩形编辑】对话框，用户可对其参数进行设定，修改完成后，单击【确定】按钮，即可完成对该空间矩形的编辑。

图 14-17　绘制空间【矩形】对话框

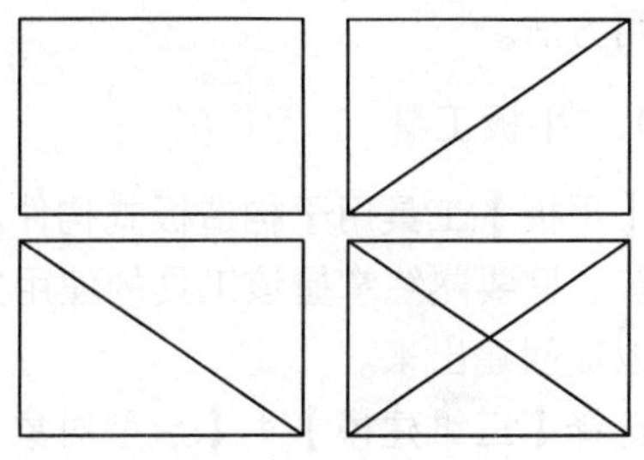

图 14-18　天正提供的 4 种矩形样式

第15章 三维建模与日照分析

本章导读 在 TArch 2014 中，绘制的墙体、门窗等都是有其三维参数的，在创建好一个平面图后，都可以通过三维观察工具对其进行各个方向的观察。除此之外，TArch 2014 还专门提供了一些三维建模工具，以满足常用建筑构件的建模需要。

本章将介绍这些三维建模工具的用法，以及对创建好的三维模型如何日照分析等。

本章重点

★三维建模

★日照分析

15.1 三维建模

在 TArch 2014 中利用菜单工具创建的三维模型，有其不足之处，因而 TArch 2014 提供了许多三维建模工具，来弥补其不足。在本节中，来介绍这些三维建模工具的使用方法。

15.1.1 造型对象

TArch 2014 根据建筑设计的要求专门定义了一些三维建筑构件对象，如室外的阳台、雨篷等，但并没有单一的绘制这些三维构件命令。为了满足常用建筑构件的建模，TArch 2014 专门提供了一些造型对象以供三维建模使用。在本小节中介绍造型对象的常用工具及其使用方法。

1. 平板工具

【平板】工具用于构造板式构件。例如，创建休息平台板、各种装饰板、楼层板、平屋顶等。只要熟练掌握该工具的使用方法，并且充分发挥创造思维，任何平板形状的物体都可以被创建出来。

选择【三维建模】|【造型对象】|【平板】菜单命令，命令行提示：

```
选择一封闭的多段线或圆<退出>:              //选择要生成平板外轮廓线的多段线或圆
请点取不可见的边<结束>:                    //选择要使该平板不可见的边或直接按回车
```

键表示所有边全部可见

选择作为板内洞口的封闭的多段线或圆:　　　　//选择要在板开洞口的多段线或圆

选择作为板内洞口的封闭的多段线或圆: ↙　　　//按回车键结束选择

板厚(负值表示向下生成)<500>:↙　　　　　　//输入板厚值按回车键结束平板的创建，即可生成平板对象

把当前视图转为三维视图下，即可看出创建平板的三维效果，如图 15-1 所示是创建三维平板对象的实例。

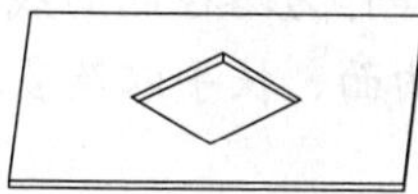 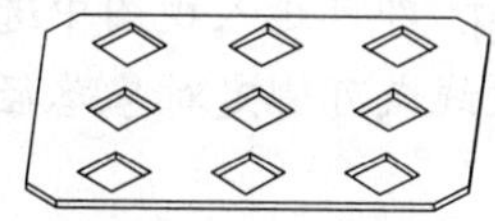 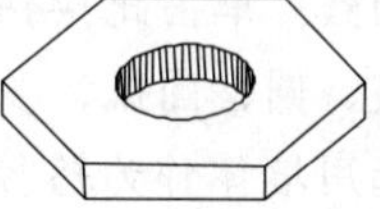

图 15-1　生成平板实例

对于已创建好的平板构件，双击该平板构件，可以对其进行编辑。双击生成的平板后，命令行提示:

选择 [加洞(A)/减洞(D)/加边界(P)/减边界(M)/边可见性(E)/板厚(H)/标高(T)/参数列表(L)]<退出>:

2. 竖板工具

使用【竖板】工具可以创建竖直方向的板式构件，它与平板工具相对应。例如，创建阳台隔断等。选择【三维建模】|【造型对象】|【竖板】菜单命令，命令行提示:

起点或 [参考点(R)]<退出>:　　　　　　//单击竖板的起点，无法精确确定起点输入“R”指定参考点

终点或 [参考点(R)]<退出>:　　　　　　//拖动鼠标单击竖板的终点

起点标高<0>:↙　　　　　　　　　　　//输入起点标高值后按回车键结束

终点标高<16114>:↙　　　　　　　　　//输入终点标高值后按回车键结束

起边高度<1000>:↙　　　　　　　　　//输入起始边高度值后按回车键结束

终边高度<1000>:↙　　　　　　　　　//输入终止边高度值后按回车键结束

板厚<200>:↙　　　　　　　　　　　　//输入板厚值后按回车键结束即可创建一个竖板

如图 15-2 所示是利用【竖板】工具创建阳台板的实例。如果要对创建好的竖板进行编辑，可以双击要编辑的竖板进入命令行中进行参数修改，其参数设置和创建竖板的命令行参数相同，用户也可右击鼠标，选择【对象编辑】选项对竖板进行修改。

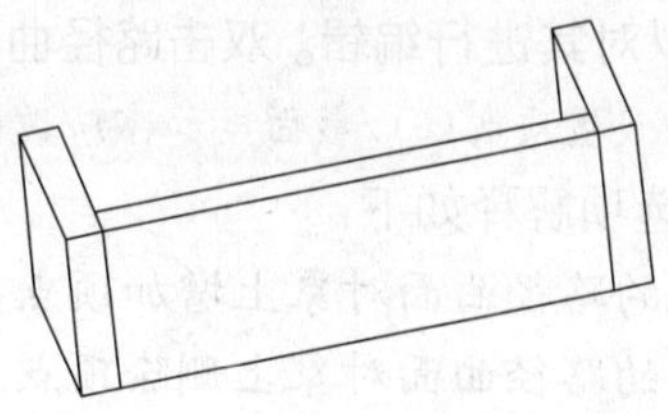

图 15-2　创建阳台板的实例

3. 路径曲面

【路径曲面】工具利用沿路径等截面放样的方式创建三维对象，是最常用的造型方法之一。大部分的建筑模型都可以使用路径来创建。作为路径的对象可以是三维的多段线，也可以是二维的多段线和圆，且多段线不要求封闭。

选择【三维建模】|【造型对象】|【路径曲面】菜单命令，显示了【路径曲面】对话框，如图 15-3 所示。

【路径曲面】对话框中各选项解释如下：

- 路径曲线：单击此按钮，即可进入视图中选择作为路径的曲线，所选路径可以是直线、圆、圆弧、多段线或可绑定对象路径曲面、扶手以及多坡屋顶边线，但不能选用墙体作为路径。
- 截面选择：该区域中有两个单选按钮，当选中【点取图中曲线】单选按钮，并单击【选择对象】按钮即可进入视图中选择路径，当选中【取自截面库】单选按钮，单击【选择对象】按钮后，显示【天正图库管理系统】窗口，如图 15-4 所示。在此图库中，可以选择所需的截面形状。

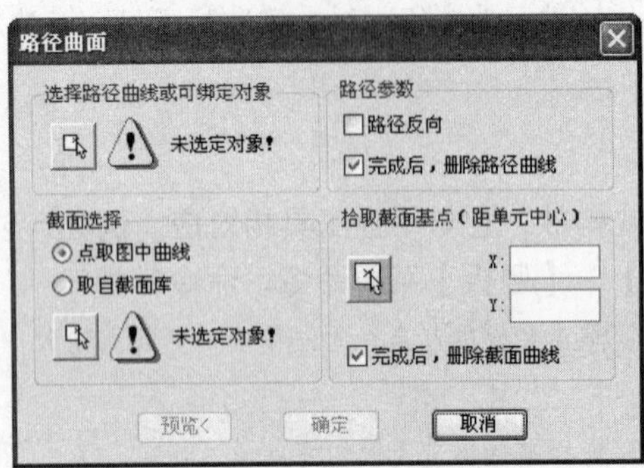

图 15-3 【路径曲面】对话框

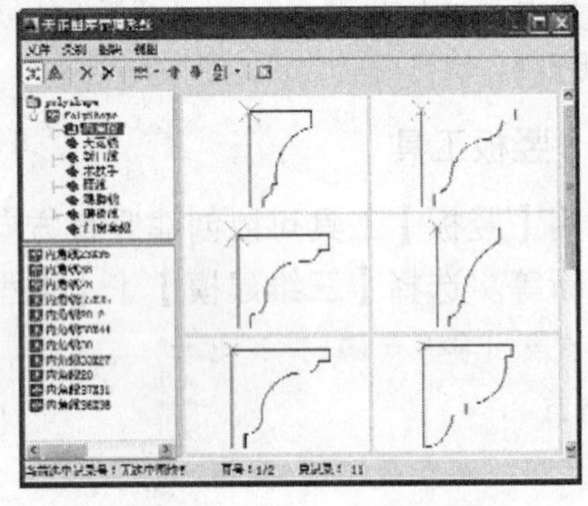

图 15-4 “天正图库管理系统”窗口

- 路径参数：路径为有方向性的多段线，当选定路径轴线及截面形状后，【预览<】按钮即被激活，单击该按钮，即可观察到路径方向是否正确，如果不正确，单击【路径反向】复选框，即可使路径反转。勾选【完成后，删除路径曲线】复选框，那么完成路径曲面命令后，自动删除路径曲线，反之则不删除。
- 拾取截面基点：截面基点即截面与路径的交点，默认的基点是截面外包轮廓的中心，可单击此按钮在视图中选择或直接输入坐标值。

在该对话框中，设置好所有参数后，单击【确定】按钮，即可完成路径曲面的创建。对于已创建好的路径曲面，可以对其进行编辑。双击路径曲面对象，命令行显示如下提示：

```
选择[加顶点(A)/减顶点(D)/设置顶点(S)/截面显示(W)/改截面(H)/关闭二维(G)]<退出>:
```

【路径曲面】命令行中各选项解释如下：

- 加顶点(A)：可在完成的路径曲面对象上增加顶点。
- 减顶点(D)：可在完成的路径曲面对象上删除顶点。
- 设置顶点(S)：可设置顶点的标高和夹角。
- 截面显示(W)：重新显示出放样的截面。

➢　改截面(H)：选择视图中的新截面替换路径曲面中的截面。

➢　关闭二维(G)：关闭生成的路径曲面在二维视图中的显示。

如图 15-5 所示是利用【路径曲面】工具创建的女儿墙效果。

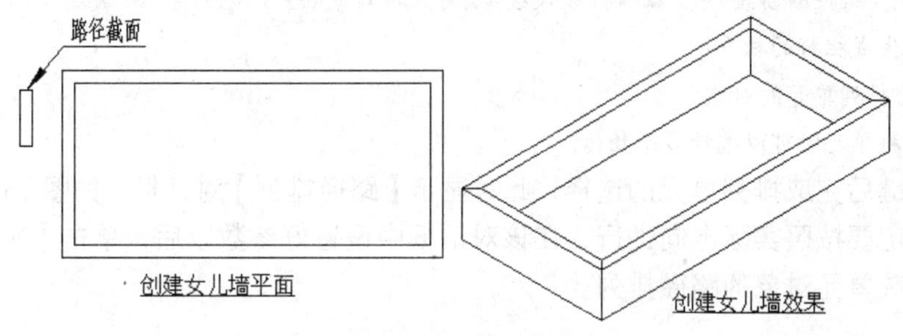

图 15-5　创建女儿墙

4. 变截面体

【变截面体】命令利用三个不同截面沿着路径曲线放样，第二个截面在路径上的位置可选择。不同截面之间平滑过渡，可用于建筑装饰造型等。

5. 等高建模

【等高建模】命令用于将一组封闭的多段线绘制的等高线生成自定义对象的三维地面模型，用于创建规划设计的地面模型。执行该命令的条件是，有多条闭合的等高线，移动这些等高线到其相应的高度位置（在平面图中按 Ctrl+1 键打开特性面板，从外向内分别设置闭合曲线由低到高的梯段标高），可以使用【移位】命令或移动命令完成等高线 Z 标高的设置。如图 15-6 所示是生成等高模型的实例。

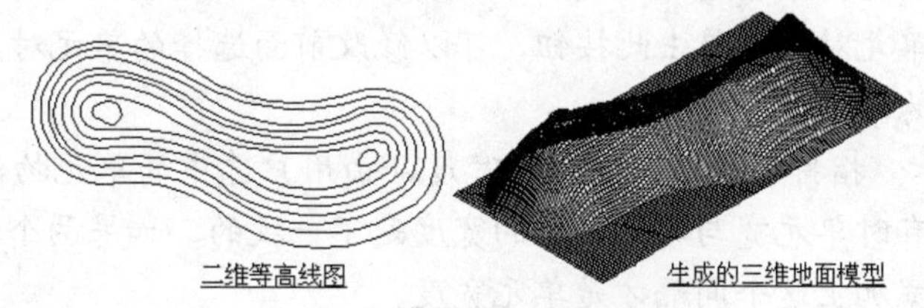

图 15-6　等高建模实例

6. 栏杆库

【栏杆库】命令用于从通用图库的栏杆单元库中调出栏杆单元，以便编辑后进行排列生成栏杆。选择【三维建模】|【造型对象】|【栏杆库】菜单命令，显示【天正图库管理系统】窗口，如图 15-7 所示。双击选中需要的栏杆，命令行随即会提示插入栏杆的方式和插入栏杆的实例。

7. 路径排列

使用【路径排列】工具可以沿着路径排列生成指定间距的图块对象。该工具常用于生成楼梯栏杆，也可以用于其他构件的排列。使用该工具之前，请确认视图中有作为路径的曲线或者楼梯扶手，且有用于排列的单元图块。

选择【三维建模】|【造型对象】|【路径排列】菜单命令，命令行提示：

请选择作为路径的曲线(线/弧/圆/多段线)或可绑定对象(路径曲面/扶手/坡屋顶)：

/选取要生成栏杆的扶手/

选择作为排列单元的对象：

/选取栏杆单元时可以选择多个物体/

按回车键后完成排列单元的选择，此时显示【路径排列】对话框，如图 15-8 所示。绘制路径时一定要按照实际走向进行，在该对话框中设置好参数以后，单击【确定】按钮，即可完成所选单元对象的路径排列。

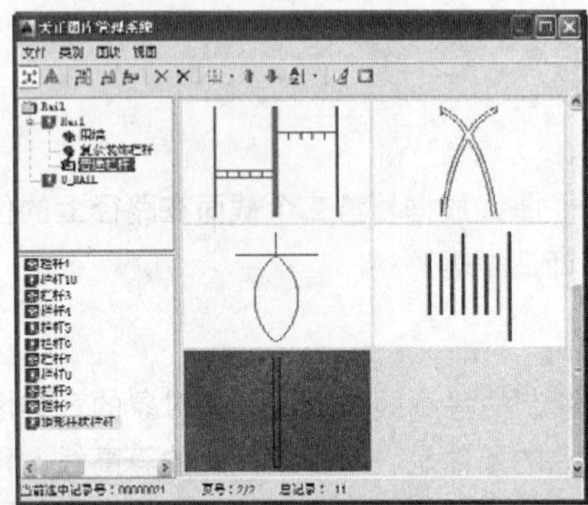

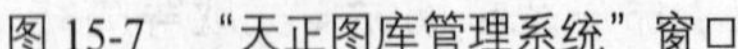

图 15-7 “天正图库管理系统”窗口

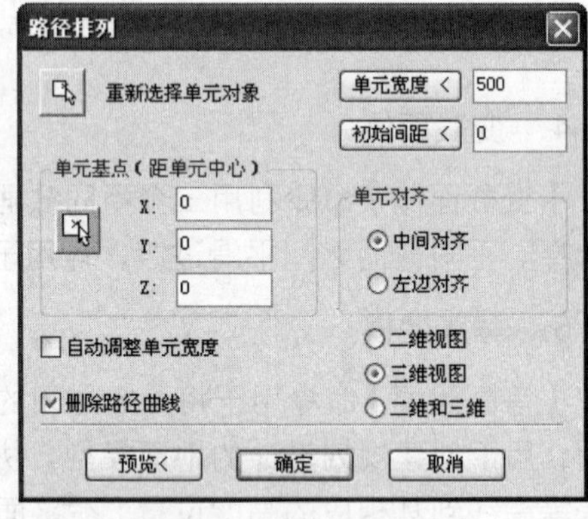

图 15-8 【路径排列】对话框

【路径排列】对话框中各选项解释如下：

- 重新选择单元对象：单击此按钮，可以修改前面选择的单元对象，以后面选择的单元对象为准。
- 单元宽度<：指排列物体时的单元宽度，由用户选中的单元物体获得单元宽度的初值，但有时单元宽与单元物体的宽度是不一致的，如果两个物体之间有间隔，单元物体宽加上这个间隔才是单元宽度。
- 初始间距<：栏杆沿路径生成时，第一个单元与起始端点的水平间距，初始间距与单元对齐方式有关。
- 单元基点：用于排列的基准点，默认是单元中点，可直接输入坐标值，也可取点重新确定，重新定义基点时，为准确捕捉，最好在二维视图中获取。
- 中间对齐/左边对齐：单元对齐的两种不同方式，栏杆单元从路径生成方向起始端起排列。
- 视图选择：选择视图方式，如果只需要三维视图，则选中【三维视图】单选按钮即可。
- 预览<：设定好所有参数后可以单击此按钮，可以在三维视口获得预览效果，这时注意在二维视口中是没有显示的，所以事先应该设置好视口环境。

路径排列的实例在前面已有介绍。

8. 三维网架

本命令把沿着网架杆件中心绘制的一组空间关联直线转换为有球节点的等直径空间钢管网架三维模型，但在平面图上只能看到杆件中心线。

选择【三维建模】|【造型对象】|【三维网架】菜单命令，命令行提示：

```
选择直线或多段线:                    //选择要生成三维网架的直线和多段线，可多选
选择直线或多段线:↙                   //按回车键结束选择，显示【网架设计】对话框，
如图 15-9 所示。设置好所有参数后，单击【确定】按钮，即可生成三维网架
```

如图 15-10 所示是创建三维网架的实例。

图 15-9　【网架设计】对话框

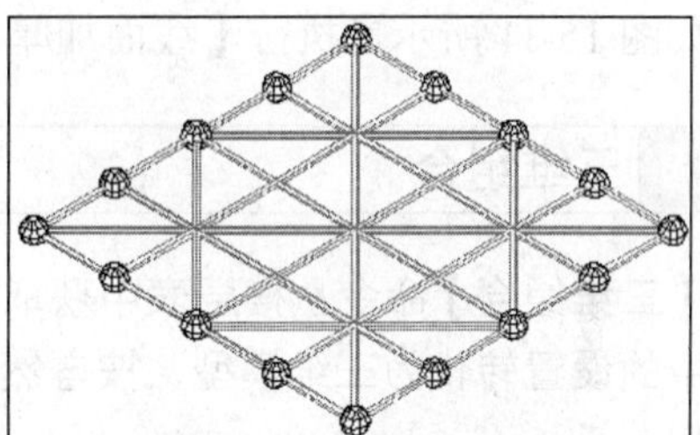

图 15-10　三维网架实例

15.1.2 编辑工具

在上一节中，已经介绍了造型工具，相信读者对三维建模也有了一定的了解。那么，如何创建更复杂的三维模型呢？在本节中，将重点介绍三维编辑工具的使用，通过学习这些编辑工具，可以更加熟练地进行三维建模。

1. 线转面

利用【线转面】工具可以将由线构成的二维图形生成三维网格面（Pface）。

2. 实体转面

利用【实体转面】工具可以将三维实体对象转化为网格面对象。

3. 面片合成

利用【面片合成】工具可以将三维面对象转化为网格面对象。

4. 隐去边线

利用【隐去边线】工具可以将三维面对象与网格面对象中的指定边线变为不可见。

5. 三维切割

利用【三维切割】工具可以切割任何三维模型，便于生成剖切透视模型。利用该工具会生成两个图块方便用户移动或删除。当使用的是面模型，使用【分解】命令后全部是三维面，切割处自动为加封闭的红色面。

6. 厚线变面

利用【厚线变面】工具可以将有厚度的线、弧、多段线对象按照厚度转化为网格面。当转换圆弧或者圆时，转换网格面的分弧精度由天正系统变量控制，当转换多段线时，按照多段线的宽度进行立面的转换，然后自动加上顶面和底面，整体生成一个网格面对象。

7. 线面加厚

利用【线面加厚】工具可以将选中的直线或多段线沿坐标系的 Z 轴方向指定厚度，生成网格面对象，用于将线段加厚为平面或将闭合线转化为三维实体。

如图 15-11 所示是执行【线面加厚】命令的实例。

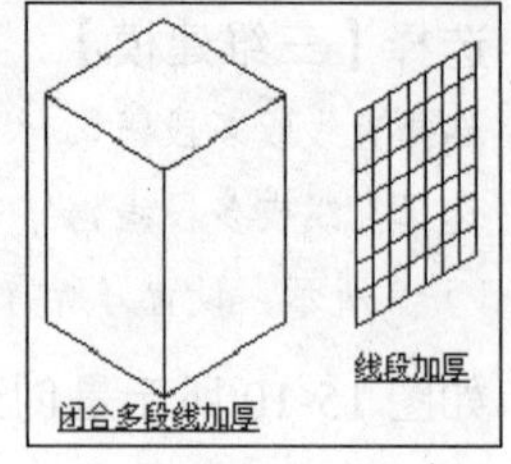

图 15-11　线加厚实例

15.1.3 三维组合

【三维组合】命令从楼层表中获取标准层与自然层之间的关系，把平面图按用户在对话框中的设置转化为三维模型，按自然层关系叠加成为整体建筑模型，该命令可供三维渲染使用。

在已经创建好一个工程的情况下，选择【三维建模】|【三维组合】菜单命令，显示【楼层组合】对话框，如图 15-12 所示。在该对话框，设置好参数，单击【确定】按钮，弹出【输入要生成的三维文件】对话框，如图 15-13 所示，在该对话框中选定存储路径并输入文件名后，单击【保存】按钮后，即可输出三维模型。

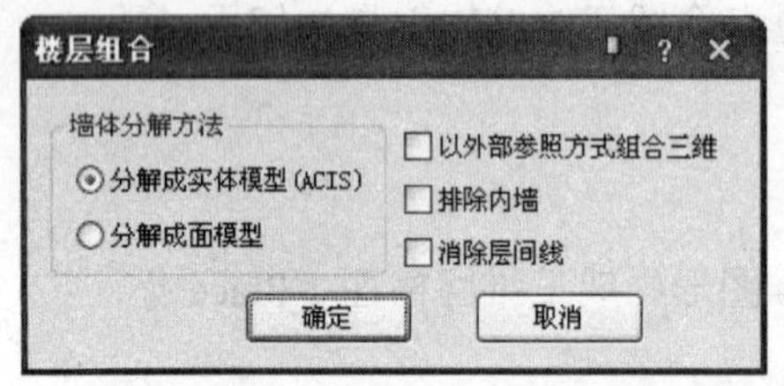

图 15-12　【楼层组合】对话框

图 15-13　【输入要生成的三维文件】对话框

【楼层组合】对话框各选项解释如下：

- 分解成实体模型/分解成面模型：前者可以输出到其他软件进行渲染，系统自动把各个标准层内的专业构件（如墙体、柱子）分解成三维实体，可以使用相关的命令进行编辑。后者把各个标准层内的专业构件分解成网格面，可以使用拉伸(Stretch)等命令进行修改。
- 以外部参照方式组合三维：选中此复选框，各层平面将不插入本图，通过外部参照方式生成三维模型，这种方式可以减少图形文件的开销，同时在各平面图修改后三维模型能做到自动更新，但是生成的三维模型只能供 AutoCAD 使用。
- 排除内墙：选中此复选框，生成的三维模型就不显示内墙，可以简化模型，减少渲染工作量，注意确认各标准层平面图应事先执行【识别内外】命令。

➢ 消除层间线：选中此复选框，生成的三维模型把各楼层墙体进行合并成为一个实体，否则各层是分开的多个实体。

15.2 日照分析

TArch 2014 提供了一系列日照分析工具，帮助规划师进行日照分析验算，来满足国家和地区当前的日照规范要求。日照分析的量化指标是计算建筑窗户的日照时间，经过日照分析进行合理的规划设计，可改善规划区域新建建筑和受影响的原有建筑的日照状况。日照分析模型包括日照建筑物模型和日照窗模型两个类型。

15.2.1 日照建模的方法

日照建筑模型要求绘制出建筑物的外轮廓线以及阳台、任意坡顶等对象，形成可产生阴影的遮挡物。日照模型的分析，可以是直接导入三维模型创建日照分析，也可以是自行创建日照模型。

1. 建筑高度

【建筑高度】工具的功能是把闭合多段线 Pline 转化为具有高度和底标高的建筑轮廓模型，修改已有建筑日照轮廓模型的高度和标高，也可以建立其他的板式、柱状的遮挡物，甚至是悬空的遮挡物，尽管他们不一定是真正意义上的建筑轮廓。

在总平面图上获得建筑物的外轮廓线，方法有多种，可以描边获得，也可以选择【房间屋顶】|【房间轮廓】菜单命令，在建筑物外面单击一点获得。

选择该命令后，命令行提示：

```
选择闭合的pline、圆或建筑轮廓:                    //选择要进行日照建模的建筑轮廓线
选择闭合的pline、圆或建筑轮廓: ↙                  //按回车键结束选择
建筑高度<24000>:↙                                //输入建筑高度值按回车键结束
建筑底标高<0>:↙                                  //输入底标高值按回车键结束，此时就
可以完成日照模型的创建
```

如图 15-14 所示是创建日照模型的实例。

2. 导入建筑

使用【导入建筑】工具可以把组合三维模型导入为日照模型，不需要重新创建。其中的窗已经由建筑门窗自动转换为日照窗的模型，并按照日照窗要求加以编号。

选择【其他】|【日照分析】|【导入建筑】菜单命令，打开【选择工程文件或 TArch 6 楼层表】对话框，如图 15-15 所示。在要打开的工程文件夹下选择三维组合的工程文件【*.tpr】或者楼层表【*.dbf】，获得三维数据，单击【打开】按钮，显示【导入建筑模型】对话框，如图 15-16 所示。在该对话框中设置好要导入的内容后，单击【确定】按钮，命令行提示：

点取位置或 [转 90 度(A)/左右翻(S)/上下翻(D)/对齐(F)/改转角(R)/改基点(T)]<退出>:
/在视图中恰当位置单击或按选项提示改变方向或插入位置，即可完成导入建筑命令/

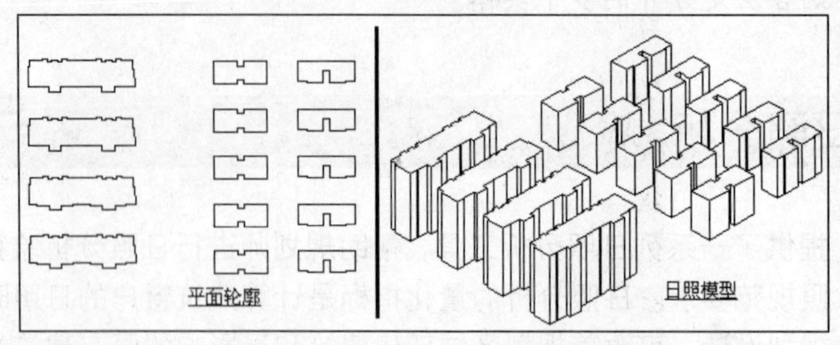

图 15-14　创建日照模型实例

由于窗已经编号，而朝北的窗通常不参加日照分析，因此可以将朝北的窗删除掉，然后再使用【重排窗号】命令重新排序。

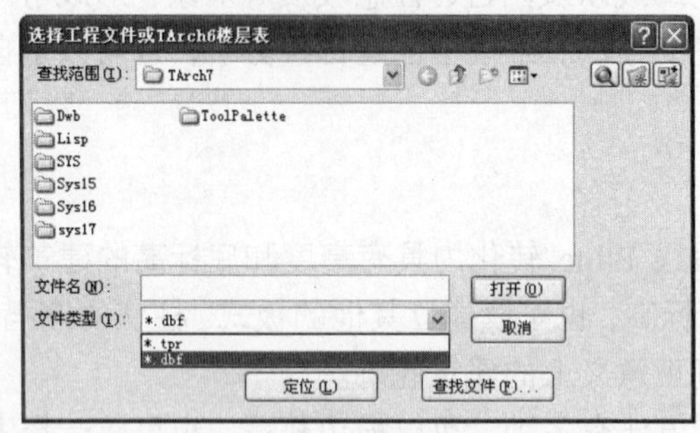

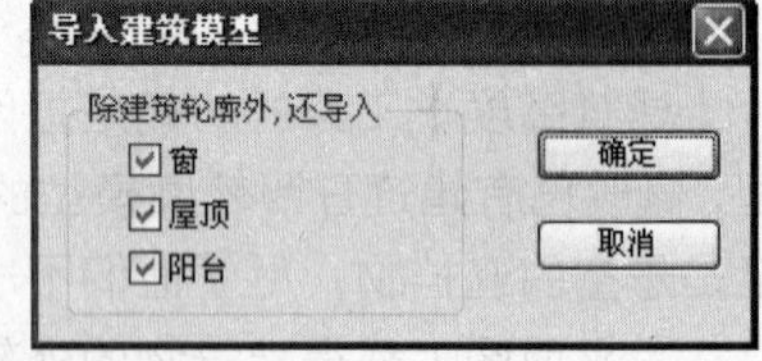

图 15-15　【选择工程文件或 TArch 6 楼层表】对话框　　图 15-16　【导入建筑模型】对话框

3. 顺序插窗

使用【顺序插窗】工具可以在建筑物轮廓模型上，按自左向右的顺序插入需要计算日照的日照窗图块，对日照窗进行编号。

选择【其他】|【日照分析】|【顺序插窗】菜单命令，单击该命令后，命令行提示：

请点取要插入门窗的外墙线 <退出>:　　//单击要插入门窗的外墙线

此时，系统弹出【顺序插窗】对话框，如图 15-17 所示，在该对话框中设置其参数，命令行同时提示：

窗间距或 [点取窗宽(W)/取前一间距(L)]<退出>:　　//直接输入墙线至窗户起点的间距值或输入选项按提示操作

窗间距或 [点取窗宽(W)/取前一间距(L)]<退出>:↙　　//按回车键结束【顺序插窗】命令

4. 重排窗号

【重排窗号】工具可用于重新为参与日照窗计算的窗编排序号。选择【其他】|【日照分析】|【重排窗号】菜单命令，命令行提示：

```
选择待分析的日照窗：                                    //选择多个要分析的日照窗
选择待分析的日照窗：                                    //按回车键结束选择
输入起始窗号<1>:↙                                     //输入新的起始窗编号，按
回车键后即可完成【重排窗号】命令，即将所有窗户重新排序编号
```

如果要对不同朝向的窗进行分析时，在插入不同朝向的日照窗后，再进行该命令的操作，以便在进行日照窗计算时生成的表格中，不会因为编号相同产生混淆。

5. 窗号编辑

【窗号编辑】工具可对日照窗的楼层、编号、住户号进行修改。选择【其他】|【日照分析】|【窗号编辑】菜单命令，命令行提示：

```
选择块参照：                                          //单击要编辑的窗块
```

此时系统弹出【编辑属性】对话框，如图 15-18 所示。可以对其窗号和窗位进行修改，修改完成后，单击【确定】按钮即可完成窗号的编辑。

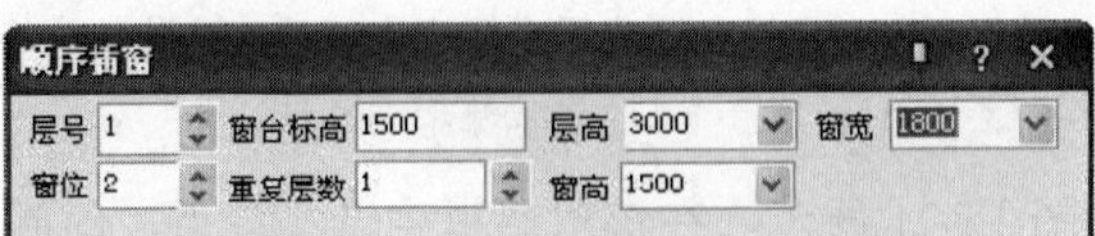

图 15-17　【顺序插窗】对话框

图 15-18　【编辑属性】对话框

15.2.2 日照分析

TArch 2014 提供了多种日照分析命令，根据有关规定对窗户及指定区域进行日照分析计算，在本节中，将介绍进行日照分析的命令及方法。

1. 窗日照表

【窗日照表】工具可绘制正规的日照成果报表。根据有关规定对居室窗户进行日照分析计算，计算每个建筑窗的实际连续日照时间，产生规范要求的窗日照表格，审查这些表格，进行最后的调整，使得所有的部位满足规范要求，绘制出日照成果报表。

选择【其他】|【日照分析】|【窗日照表】菜单命令，弹出信息提示框，如图 15-19 所示，单击【确定】按钮。命令行提示：

```
选择待分析的日照窗：          //选择多个要分析的日照窗
选择待分析的日照窗：↙         //按回车键结束选择
选择遮挡物：                  //选择遮挡日照窗的建筑物
选择遮挡物：↙                 //按回车键结束选择
```

此时打开【窗日照表】对话框，如图 15-20 所示。该对话框根据当地的参数及所处的时间进行设置。设置完成后，单击【确定】按钮，命令行提示：

```
表格位置：                    //直接在要插入表格的位置单击即可完成窗日照分析表的创建
```

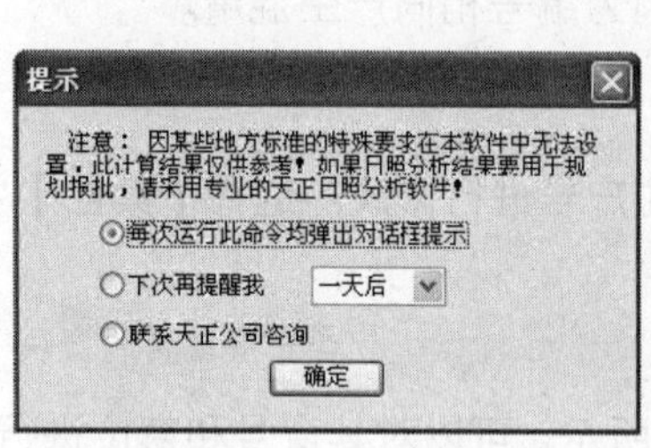

图 15-19　信息提示框

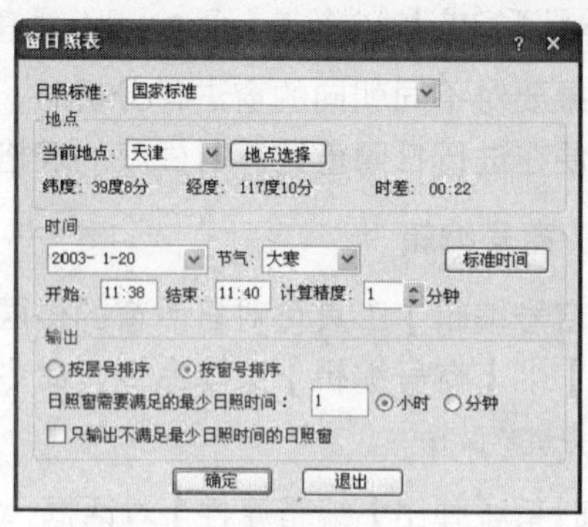

图 15-20　【窗日照表】对话框

2. 单点分析

【单点分析】工具可以在给定测试间隔时间后，选择测试日照时间的特定测试点及其高度值，计算出详细日照情况。

选择【其他】|【日照分析】|【单点分析】菜单命令，命令行提示：

```
选择遮挡物：                         //选择多个产生遮挡的建筑物
选择遮挡物：↙                        //按回车键结束选择
```

此时系统弹出【单点分析】对话框，如图 15-21 所示。在该对话框中选择地点、时间及输入计算高度值后，单击【确定】按钮，命令行提示：

```
长沙：20014 年 4 月 24 日。
测试时间：11～13；时间间隔：2 分；计算高度：3000
选取测试点(当前状态：动态查询)或 [输入高度(E)/状态切换(D)]<退出>：
```

/直接在要测试日照的点上单击即可完成该点的日照分析，并插入日照分析文字，按回车键退出/

3. 多点分析

【多点分析】工具可分析某一平面区域内的日照，按给定的网格间距进行标注。选择【其他】|【日照分析】|【多点分析】菜单命令，命令行提示：

```
选择遮挡物：                         //选择多个产生遮挡的建筑物
选择遮挡物：↙                        //按回车键结束选择
```

此时，系统弹出【多点分析】对话框，如图 15-22 所示。在该对话框中选择地点、时间、输入计算高度值及网格大小以后，单击【确定】按钮，命令行提示：

```
请给出窗口的第一点或 [多边形区域(P)]<退出>：        //单击计算范围的第一点
窗口的第二点<退出>：                                //拖动鼠标，单击计算范围的第二点
```

系统开始计算，计算结束后在选定的区域内用彩色数字显示出各点的日照时数。

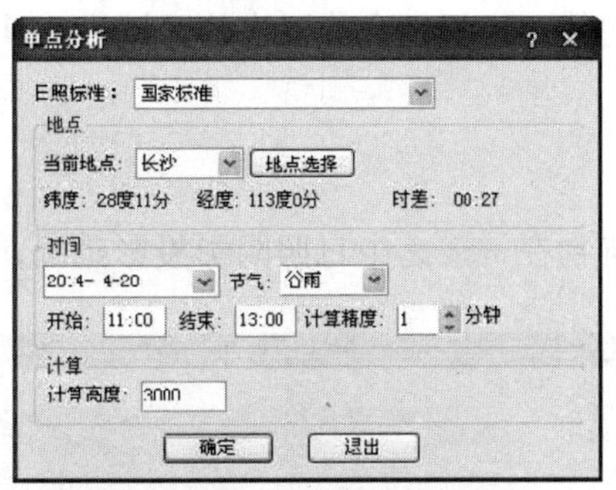

图 15-21　【单点分析】对话框

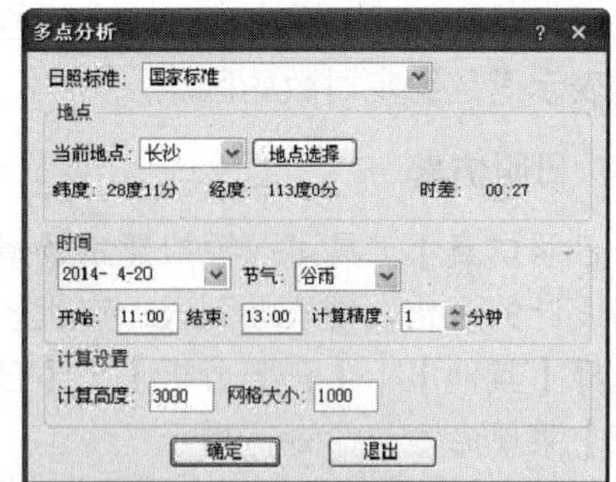

图 15-22　【多点分析】对话框

4. 阴影轮廓

【阴影轮廓】工具用于绘制出各遮挡物在指定平面上所产生的各个时刻的阴影轮廓线。选择【其他】|【日照分析】|【阴影轮廓】菜单命令，命令行提示：

```
选择遮挡物：                          //选择多个产生阴影的建筑物
选择遮挡物：↙                        //按回车键结束选择
```

系统弹出【阴影轮廓】对话框，如图 15-23 所示。在该对话框中选择地点、时间及输入计算高度值后，单击【确定】按钮，命令行随即执行命令，此时在视图中显示了所选建筑物的阴影轮廓线。勾选【计算多个时刻】复选框，生成每一个时间间隔的阴影轮廓，同时在生成的每一时刻的阴影轮廓上标注该时刻的时间。

5. 等照时线

【等照时线】工具可在指定的建筑用地平面或建筑立面上，绘制出日照时间满足和不满足给定时数的区域分界线，计算方法可选用微区法或拟合法，并提供平面和立面两个面的等照时线计算。选择【其他】|【日照分析】|【等照时线】菜单命令，系统弹出【等照时线】对话框，如图 15-24 所示。在该对话框中设置好参数后，单击【确定】按钮，命令行提示：

```
选择遮挡物：                    //选择要计算的各遮挡物
选择遮挡物：↙                  //按回车键结束选择并完成了等照时线命令
划分微区...求阴影次数...合并微区...共耗时 5 秒。
```

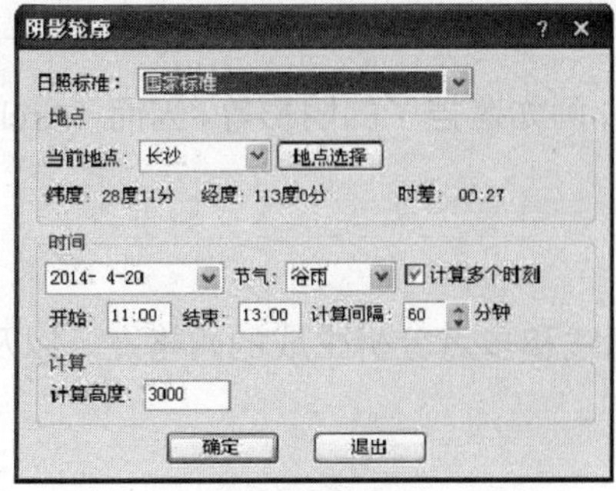

图 15-23　【阴影轮廓】对话框

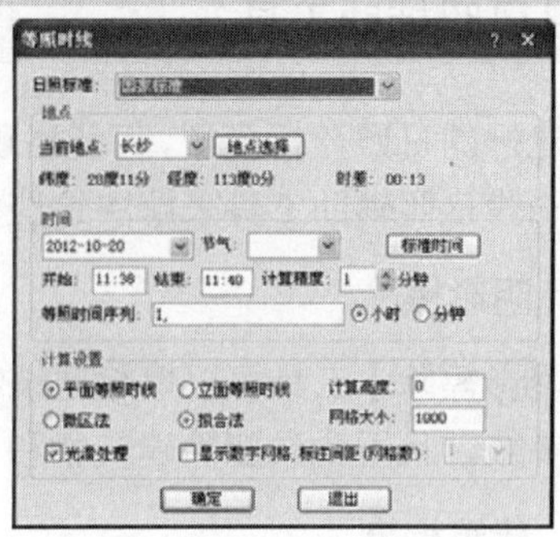

图 15-24　【等照时线】对话框

此时，系统在视图中生成了一条闭合的等照时线，这根闭合线以内的区域没有其他建筑物就表示满足给定时数的区域。

6. 日照仿真

【日照仿真】工具可以模拟建筑场景中各建筑物在一天之中日照阴影投影范围，有利于规划设计的深化，便于顺利通过审批。

选择【其他】|【日照分析】|【日照仿真】菜单命令，命令行提示：

初始观察位置：

/在要设置观察点的位置单击/

初始观察方向：

/拖动光标至观察目标点位置单击/

此时，系统打开【日照仿真】对话框，如图 15-25 所示。

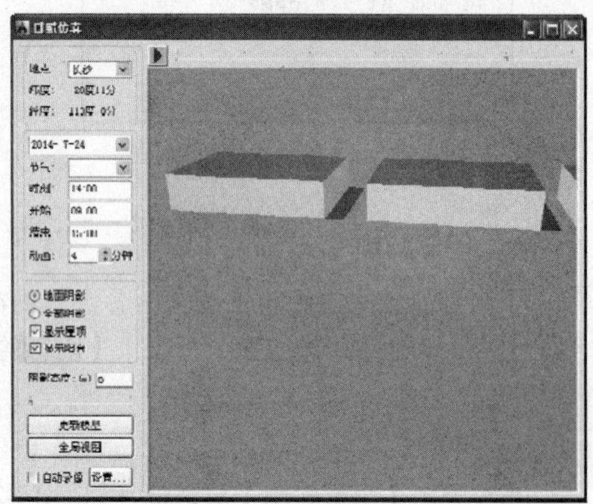

图 15-25 【日照仿真】对话框

可以在该对话框中进行参数设置，软件提供了两种阴影显示方式，包括【地面阴影】和【全部阴影】两个单选按钮组可供选择。设置好参数以后，可以对其右边视图进行各种观察方式操作。其操作方法见表 15-1。

表 15-1 【日照仿真】对话框光标操作

光标操作	功 能	光标操作	功 能	光标操作	功 能
鼠标左键	转动	鼠标中键	平移	鼠示滚轮	缩放
←	左移	↑	前进	↓	后退
→	右移	Ctrl+←	左转 90°	Ctrl+↑	上升
Ctrl+↓	下降	Ctrl+→	右转 90°	Shift+←	左转
Shift+↑	仰视	Shift+↓	俯视	Shift+→	右转

15.2.3 日照辅助工具

创建好的日照分析模型，可能出现多余的部分，例如遮挡了的阴影等，因而 TArch 2014 提供了一些日照辅助工具来解决这些问题。

1. 阴影擦除

【阴影擦除】工具可以擦除建筑物的阴影轮廓线和多点分析生成的网格点，以及日照时间等参数，且不会误删除建筑物和日照窗对象。

2. 建筑标高

【建筑标高】专用于三维日照建筑模型标注标高，不能用于其他建模标高或平面标高。

可通过选项设置标高方式，默认是注顶标高。

选择【其他】|【日照分析】|【建筑标高】菜单命令，命令行提示：

```
点取位置 [设置(S)]<退出>:              //单击日照模型要标注建筑标高的一点，即可创建出一个建筑标高或选择“S”选项进行操作
点取位置 [设置(S)]<退出>:              //多次重复操作，按回车键结束
```

当用户输入选项提示“S”并按回车键后，系统显示【建筑标高选项】对话框，如图15-26 所示。可以选中需要标高的类型，单击【确定】按钮即可完成选项设置。

3. 地理位置

【地理位置】工具可以为当前建筑项目所在城市添加日照分析程序中的经纬度数据。

选择【其他】|【日照分析】|【地理位置】菜单命令，打开【地区数据库】对话框，如图 15-27 所示。可以在该对话框中可直接输入城市名称、经纬度数据，单击【确定】按钮，输入的数据即被添加到日照数据库中，该数据可应用在以后的日照分析中生成该城市的日照时数。

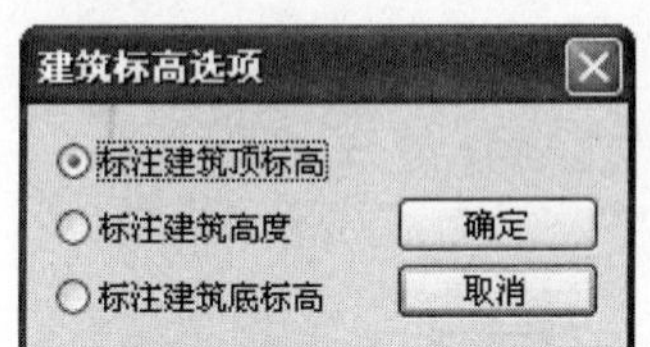

图 15-26　【建筑标高选项】对话框

地区数据库

省份	城市	经度	纬度	附注
北京	北京	116度19分	39度57分	
天津	天津	117度10分	39度 8分	
上海	上海	121度26分	31度12分	
重庆	重庆	106度33分	29度36分	
广东	广州	113度13分	23度 0分	
河北	石家庄	114度30分	38度 2分	
河北	承德	117度56分	40度58分	
河北	唐山	118度12分	39度36分	
河北	邢台	114度30分	37度 4分	
河北	保定	115度30分	38度51分	
河北	张家口	114度47分	40度47分	
河北	秦皇岛	119度36分	39度56分	
山西	太原	112度34分	37度51分	
山西	大同	113度17分	40度 6分	
内蒙古	呼和浩特	111度41分	40度49分	
内蒙古	包头	110度 2分	40度36分	
辽宁	沈阳	123度26分	41度46分	
辽宁	大连	121度35分	38度54分	
辽宁	鞍山	122度57分	41度 7分	

确定　取消

图 15-27　【地区数据库】对话框

4. 日照设置

【日照设置】工具用于定义日照分析使用的计算精度、国家标准和地方法规规定的标准参数。

选择【其他】|【日照分析】|【日照设置】菜单命令，打开【日照设置】对话框，如图 15-28 所示。系统提供了两种日照分析标准，默认是国家标准。当在当前标准下拉列表中选择【配置管理器】选项后，显示【日照分析标准】对话框，如图 15-29 所示。在该对话框中，设置好参数后，单击【确定】按钮即可完成日照的设置。

【日照分析标准】对话框各选项解释如下：

- 当前标准：新建的日照标准，重命名后添加到当前标准下拉列表中。
- 有效日照设置：该选项包括两个单选按钮，即总有效日照分析（累计）与最长有效连照分析（连续），前者受遮挡使日照时间不连续，对一个采样点或一个窗户进行日照分析时，以一天中所有日照时间段的时间累积为分析依据。后者受遮挡使日照时间连续，对一采样点或一个窗户进行日照分析时，以一天中最长的一段

日照时间的长度作为分析依据。

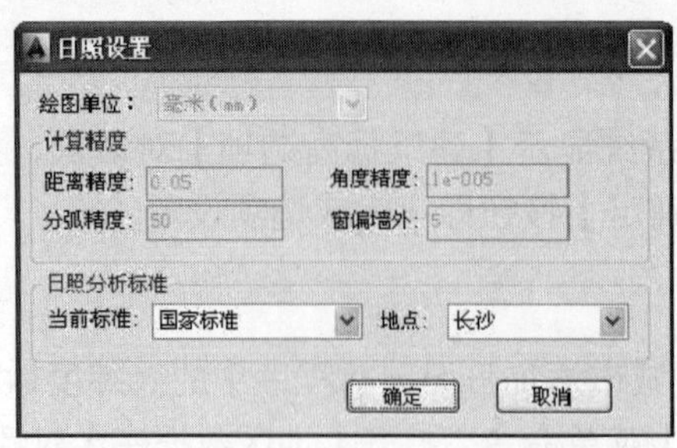

图 15-28 【日照设置】对话框

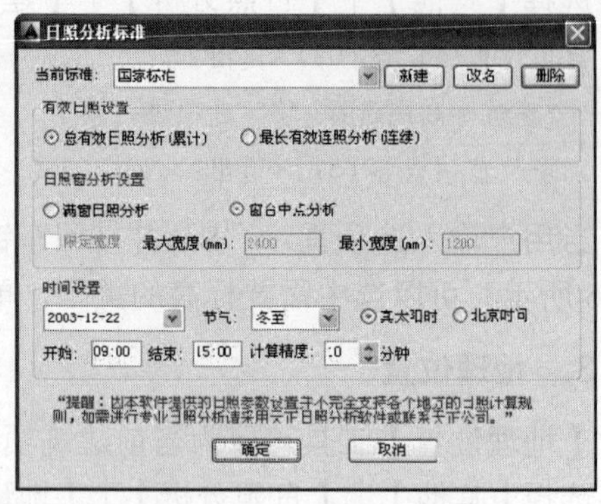

图 15-29 【日照分析标准】对话框

➢ 日照窗分析设置：该选项包括两个单选按钮和一个复选按钮，即满窗日照分析、窗台中点分析及限定宽度。有的地区按照满窗日照为判断依据，如上海等，即以窗台的两个角点同时有日照作为判断满窗日照的条件，最大最小宽度可以设定。有的地区按照窗台中心点作为窗日照的判断依据，如北京等。

➢ 真太阳时/北京时间：这是一个单选按钮组，两者的关系是时差 = 分析点北京时间 − 真太阳时。

第16章 图块图案与文件布图

本章导读 TArch 2014 提供了开放的图库管理体系结构，图库管理系统可以同时包含由 TArch 2014 维护的系统图库和可扩展的用户图库，用户可以自行收集扩充自己的图块资源。

为了方便打印输出，TArch 2014 按照图纸布局的不同方法，提供了各种布图命令和图框库。方便的图纸布局命令为用户解决了多比例布图这个困扰多年的大问题。

本章重点

★ 图块图案
★ 文件布图
★ 工程设置

16.1 图块图案

图库在建筑设计当中的应用范围非常广泛，而且往往已有图块图案并不能满足当前建筑设计的要求，这就要求设计者能够自行创建及编辑图块、图案。因而，TArch 2014 提供了图块编辑及图块图案入库等功能，方便设计使用。

16.1.1 图块管理

在 TArch 2014 当中，提供了多种图块管理工具及构件入库工具。

1. 通用图库

使用【通用图库】工具可以调用图库管理系统的各种图案及图块。选择【图块图案】|【通用图库】菜单命令，显示【天正图库管理系统】窗口，如图 16-1 所示。该窗口包括五部分：即工具栏、类别区、图块名称表、图块预览区和状态栏。在工具栏中提供了部分常用图库操作的命令，鼠标移至按钮上会显示其功能提示。

使用图案图库的方法在前面已经有所介绍，即在【天正图库管理系统】窗口中，选中某个要编辑的图案，双击该图案，【天正图库管理系统】对话框消失，并显示了【图块编辑】对话框，如图 16-2 所示。命令行并有相应提示，在这里就不再介绍了。

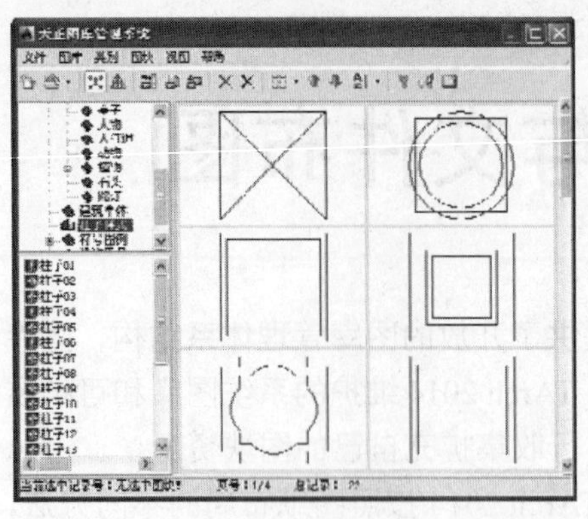

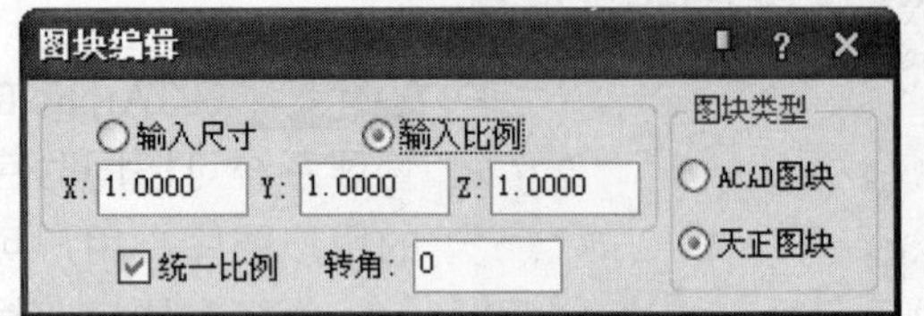

图 16-1 “天正图库管理系统”窗口　　图 16-2 【图块编辑】对话框

2. 幻灯管理

使用【幻灯管理】工具以可视的方式管理幻灯库 SLB 文件，用于图库的辅助管理。通过该工具可以对【幻灯管理】的内容进行增加、删除、复制、移动、改名等操作。

选择【图块图案】|【幻灯管理】菜单命令，显示【天正幻灯库管理】窗口，如图 16-3 所示。通过工具栏按钮可以对图片内容进行各项操作，其用法和【天正图库管理系统】窗口相类似。

3. 构件库

使用【构件库】工具可以调用图库管理系统，其操作与通用图库类似，可以通过工具栏对其构件进行各项操作。

选择【图块图案】|【构件库】菜单命令，单击该命令后，显示了【天正构件库】窗口，如图 16-4 所示。

与图库相比，构件库内每个构件保存的是一个完整的可重用的天正对象，而图库中每一项保存的是一个任意可重用图块。构件库内构件插入图中后是一个与入库时完全相同的天正对象，而不是一个图块。构件库有类型匹配机制，一个构件库内保存的必然是同一种类型的天正对象，一个构件只对应一个对象，而图库没有这些要求。

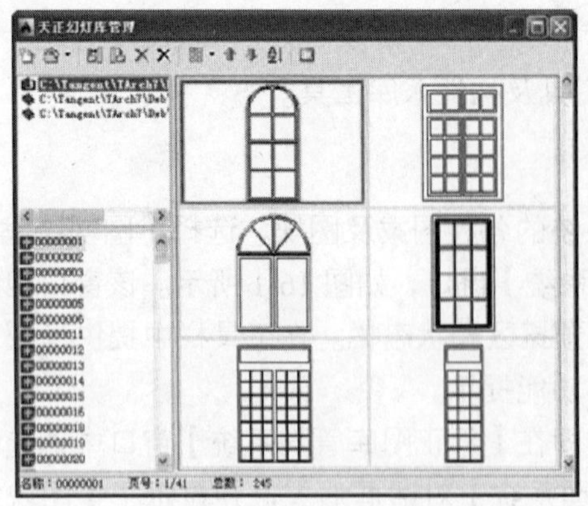

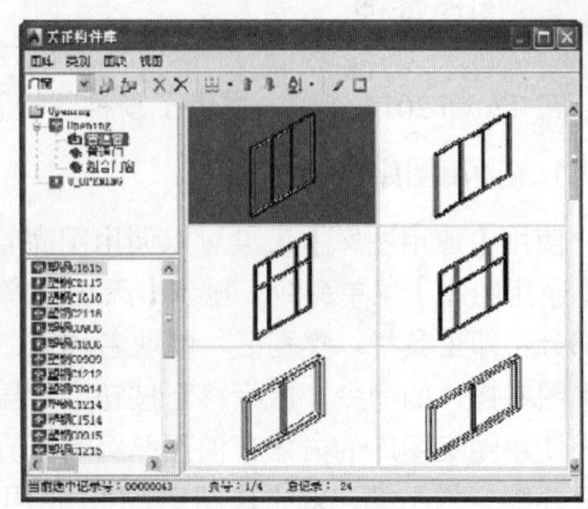

图 16-3 “天正幻灯库管理”窗口　　图 16-4 “天正构件库”窗口

4．构件入库

使用【构件入库】工具可以把当前图中的天正对象加入到构件库中，该命令可以从菜单执行，也可以从构件库工具栏图标执行。

选择【图块图案】|【构件入库】菜单命令，单击该命令后，命令行提示：

```
请选择对象：        //选择要入库的天正对象
请选择对象：↙       //按回车键结束选择
图块基点<(17811.1, 14398.1, 0)>:
                    //指定所选对象的基点
制作幻灯片(请用 zoom 调整合适)或 [消隐(H)/不制作返回(X)]<制作>:   //按回车键直接入库或输入"H"消隐
```

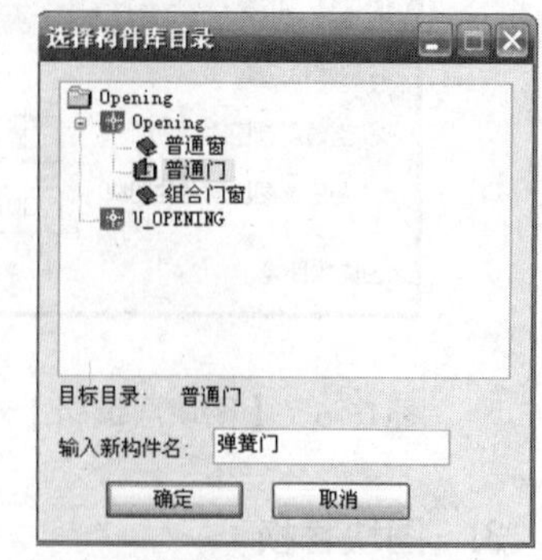

图 16-5　【选择构件库目录】对话框

此时弹出【选择构件库目录】对话框，如图 16-5 所示。在该对话框中选择目标目录、输入构件名称后，单击【确定】按钮即可完成入库命令。

16.1.2 图块编辑

TArch 2014 提供的图块在实践当中，并不是一成不变，往往需要对其修改后，才能应用到设计当中，满足设计需求。因而 TArch 2014 提供了一些图块编辑工具。在本小节当中，将介绍这些图块编辑工具的使用方法。

1．图块转化

使用【图块转化】工具可以将 AutoCAD 块参照转化为天正图块。如果要将天正图块转化 AutoCAD 块参照，可以先使用 Explode（分解）命令，再使用 Block（创建块）命令即可转化为块参照。

2．图块改层

使用【图块改层】工具可用于修改块定义的内部图层，以便能够区分图块不同部位的性质。选择【图块图案】|【图块改层】菜单命令，命令行提示：

```
请选择要编辑的图块：                  //单击要编辑的图块
```

如果视图中有两个或两个以上相同的编辑图块，弹出【图块层编辑】对话框，如图 16-6 所示。如果只对当前图块层进行编辑，选中【当前所选图块】单选按钮；如果要对所选图块同名的图块都进行编辑，那就要选中【与所选图块同名的图块】单选按钮。选定要编辑的图块类别以后，单击【确定】按钮，软件显示了【图块图层编辑】对话框，如图 16-7 所示。

如果要更改图块的内部图层，在【图块层名列表】框中单击选中要修改的图层名，然后在【系统层名列表】框中单击选择要修改成的图层名，单击【更改】按钮即可完成图块图层的更改。

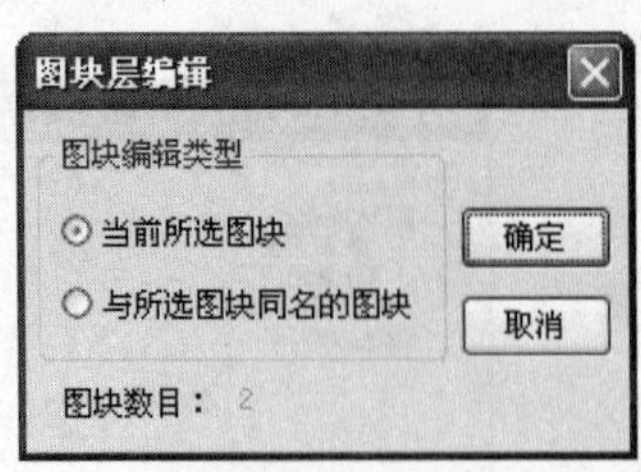

图 16-6 【图块层编辑】对话框

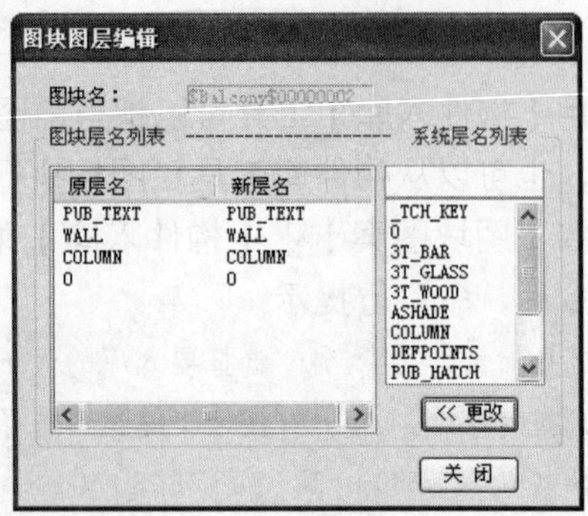

图 16-7 【图块图层编辑】对话框

3. 图块替换

利用【图块替换】工具可以选定图库中的图块替换视图中已有的图块，在图库工具栏中有类似于替换的功能。

4. 生二维块

【生二维块】工具可以利用天正建筑图中普通三维图块，生成含有二维图块的同名多视图图块，以便用于室内设计等领域。

5. 取二维块

使用【取二维块】工具可以将天正多视图块中含有的二维图块提取出来，转化为纯二维的天正图块，以便于二维图块的编辑和修改。

6. 矩形屏蔽

使用【矩形屏蔽】工具可使图块增加矩形屏蔽特性，以图块包围合的长度 X 和宽度 Y 为矩形边界，对背景进行屏蔽。

7. 精确屏蔽

使用【精确屏蔽】工具以图块的轮廓线为边界，对背景进行精确屏蔽。该工具只对二维图块有效，对于某些外形轮廓过于复杂或者制作不精细的图块而言，图块轮廓可能无法搜索出来。

如图 16-8 所示是矩形屏蔽与精确屏蔽的实例。

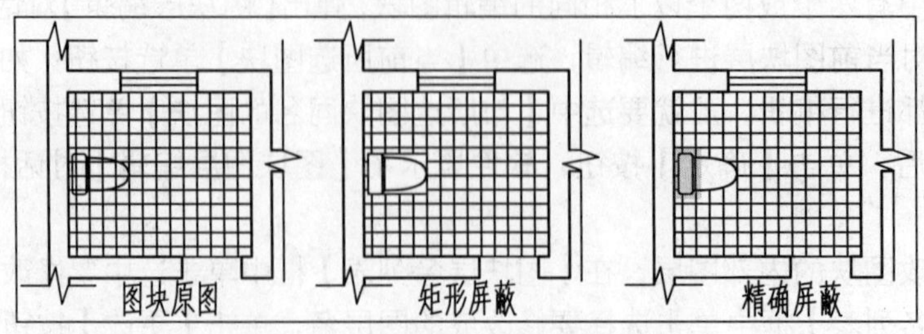

图 16-8 矩形屏蔽与精确屏蔽的实例

8. 取消屏蔽

使用【取消屏蔽】工具可以取消设置了屏蔽的图块对背景的屏蔽功能，透过图块显示出背景。

9. 屏蔽框开

使用【屏蔽框开】工具可以在屏蔽框关闭的情况下开启屏蔽框的显示，系统默认为屏蔽框开启。该命令提供了参数控制屏蔽框的显示。

10. 屏蔽框关

使用【屏蔽框关】工具可以在屏蔽框开启的情况下关闭屏蔽框的显示。

16.1.3 图案管理与编辑

设计师在进行设计时，经常会为创建的某些图形加入图案，方便观看，并给施工人员以直观的效果。在本小节中，将介绍天正图案的管理与编辑方法。

1. 木纹填充

利用【木纹填充】工具可以对选定的区域进行木纹图案填充，并可设置木纹的大小和填充方向，适用于装修设计绘制木制品的立面和剖面等。

选择【图块图案】|【木纹填充】菜单命令，命令行提示：

输入矩形边界的第一个角点<选择边界>:

/在视图中单击矩形区域的第一个角点或直接按回车键选择边界/

输入矩形边界的第二个角点<退出>:

/拖动鼠标单击矩形区域的另一个对角点/

选择木纹[横纹(H)/竖纹(S)/断纹(D)/自定义(A)]<退出>:

/输入木纹参数选项后，按回车键/

点取位置或[改变基点(B)/旋转(R)/缩放(S)]<退出>:

/直接在要插入木纹的位置上单击或按选项提示操作/

当输入选项“R”时，可改变木纹角度。当输入选项“S”时，可改变木纹比例大小。

2. 图案加洞

利用【图案加洞】工具可以在已有填充图案上开洞口。选择【图块图案】|【图案加洞】菜单命令，命令行提示：

请选择图案填充<退出>:

/选择已创建好的图案填充/

矩形的第一个角点或 [圆形裁剪(C)/多边形裁剪(P)/多段线定边界(L)/图块定边界(B)]<退出>:

/直接在该填充的图案上加洞的矩形第一个点上单击或按选项提示输入，确认选项图形的参数/

另一个角点<退出>:

/拖动鼠标单击矩形区域的另一个对角点，即可完成【图案加洞】命令/

如图 16-9 所示是执行【图案加洞】命令的实例。

3. 图案减洞

利用【图案减洞】工具可以删除被天正【图案加洞】命令裁剪的洞口，恢复填充图案的完整性。

4. 图案管理

利用【图案管理】工具可以制作直排图案、横排图案及删除图案多项图案的操作。选择【图块图案】|【图案管理】菜单命令，显示【图案管理】窗口，如图 16-10 所示。

【图案管理】窗口左边提供了图案名称列表，右边是相对应图案预览。可以通过工具栏中的工具对图案进行各项操作。

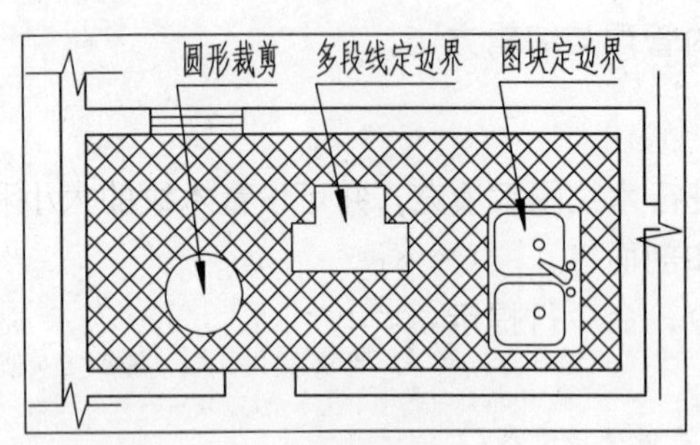

图 16-9 图案加洞实例

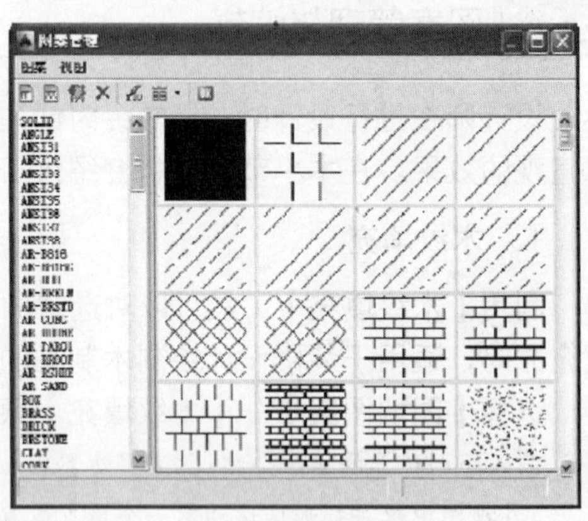

图 16-10 "图案管理"窗口

5. 线图案

利用【线图案】工具可生成连续的图案填充，该工具以基点为准，按照【直线】命令绘制。选择【图块图案】|【线图案】菜单命令，显示【线图案】对话框，如图 16-11 所示。

16.2 文件布图

在一个设计项目初步完成以后，为了顺利打印输出，文件布图这个步骤是必不可少的，国家建筑制图规范对文件布图有一定的要求。在本节中，将介绍文件布图的主要内容及用法。

16.2.1 插入图框

【插入图框】工具可为当前模型空间或图纸空间插入图框。选择【文件布图】|【插入图框】菜单命令，显示【图框选择】对话框，如图 16-12 所示。

在该对话框中，设置好所有参数后，单击【插入】按钮，命令行提示：

请点取插入位置<返回>:　　　　　　//直接视图中要插入图框的位置单击即可完成图框的插入

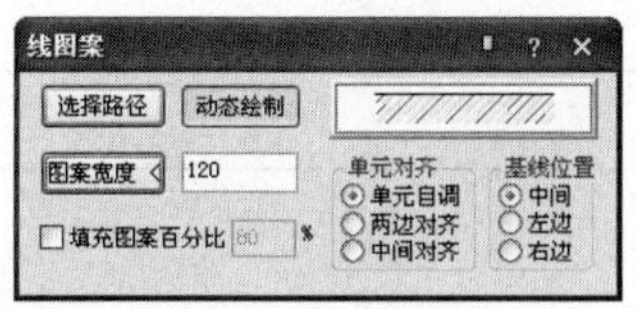

图 16-11 【线图案】对话框

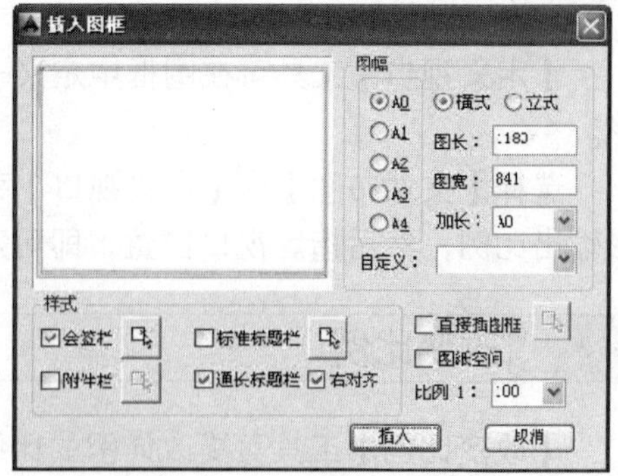

图 16-12 【图框选择】对话框

【图框选择】对话框中各选项解释如下：

- 图幅：共有 A4～A0 五种标准图幅，单击单选按钮进行选择。
- 横式/立式：选定图纸格式，立式或横式两格图框格式。
- 图长/图宽：通过输入数字，直接设定图纸的长宽尺寸或者显示标准图幅的图长与图宽。
- 加长：选定加长型的标准图幅，单击下拉列表框，出现国家标准加长图幅可供选择。
- 自定义：设置的非标准图框尺寸，软件会把此尺寸作为自定义尺寸保存在此下拉列表中，单击右边的箭头可以从中选择已保存的 20 个自定义尺寸。
- 会签栏：勾选此复选框，允许在图框左上角加入会签栏，单击右边的按钮从图框库中可选取预先入库的会签栏。
- 标准标题栏：勾选此复选框，允许在图框右下角加入国家标准样式的标题栏，单击右边的按钮从图框库中可选择预先入库的标题栏。
- 附件栏：勾选【通长标题栏】复选框后，【附件栏】复选框可选，勾选该复选框后，允许图框一端加入附件栏，单击右边的按钮从图框库中可选取预先入库的附件栏，可以是设计单位徽标或者是会签栏。
- 通长标题栏：勾选此复选框，允许在图框右方或者下方加入自定义样式的标题栏，单击右边的按钮从图框库中可选择预先入库的标题栏，命令自动从所选中的标题栏尺寸判断插入的是竖向或是横向的标题栏，采取合理的插入方式并添加通栏线。
- 直接插图框：勾选此复选框，允许在当前图形中直接插入带有标题栏与会签栏的完整图框，而不必选择图幅尺寸和图纸格式，单击右边的按钮从图框库中可选取预先入库的完整图框。
- 图纸空间：勾选此复选框后，当前视图切换为图纸空间（布局），【比例 1】自动设置为 1:1。
- 比例：设定图框的出图比例，此数字应与【打印】对话框的【出图比例】一致。此比例也可从列表中选取，如果列表没有，也可直接输入。

16.2.2 定义视口

【定义视口】工具可在图框中定义一个视图，在视口中将显示出需输出到图纸上的图形。

选择【文件布图】|【定义视口】菜单命令，在绘图区中框选图形范围，接着确认图形输出比例，然后指定视口位置，即可定义视口。

16.2.3 改变比例

【改变比例】工具可更改详图的比例。

单击【文件布图】|【改变比例】菜单命令，根据命令行提示输入新的比例值，然后在绘图区中选择需改变比例的全部详图形后，按回车键结束选择，即可完成比例的更改。

16.2.4 图形切割

【图形切割】工具可将一幅图形中指定的一个区域复制成为一个单独的图形，并改变输出比例，以达到多比例布图的目的。

选择【文件布图】|【图形切割】菜单命令，根据图形定位方式，在绘图区中选择图形切割的范围，然后指定新图形的插入位置，即可创建切割的图形。

16.2.5 旧图转换

【旧图转换】工具可对旧版本的平面图进行转换，将原来用 ACAD 图形对象表示的内容升级为新版的自定义专业对象格式。

选择【文件布图】|【旧图转换】菜单命令，显示了【旧图转换】对话框，如图 16-13 所示。在该对话框中为当前工程设置统一的三维参数，在转换完成后，对不同的情况再进行对象编辑。

如果仅转换图上的部分旧版图形，可以勾选其中的【局部转换】复选框，单击【确定】按钮后只对指定的范围进行转换，适用于转换插入的旧版本图形。

16.2.6 图形导出

使用【图形导出】工具可将天正绘制的工程图导出为天正各版本的 DWG 图或者各专业条件图，如果各行专业使用天正给排水、电气的同版本号时，不必进行版本转换，否则应选择导出低版本号，达到与低版本兼容的目的，该工具支持图纸空间布局的导出。

16.2.7 备档拆图

备档拆图命令是用于把一张 dwg 中的多张图纸按图框拆分为多个 dwg 文件。单击【文件布图】|【备档拆图】菜单命令，选择范围之后，即可弹出如图 16-14 所示。

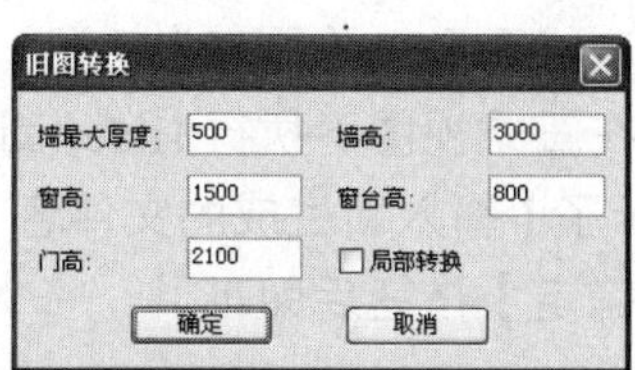

图 16-13　【旧图转换】对话框

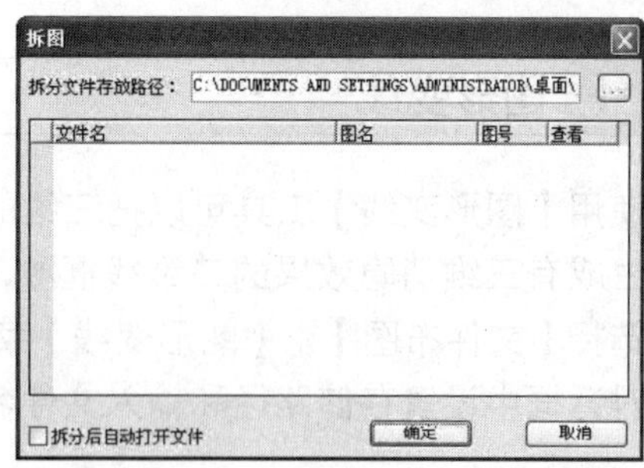

图 16-14　【备档拆图】对话框

16.2.8 批量转旧

使用【批量转旧】工具可将当前版本的图档批量转化为天正旧版 DWG 格式，同样支持图纸空间布局的转换，在转换 R14 版本时只转换第一个图纸空间布局，天正 2014 版本新增自定义文件后缀的功能。

16.2.9 图纸保护

【图纸保护】工具通过对指定的天正对象和 AutoCAD 基本对象的合并处理，创建不能修改的只读对象，使得发布的图形文件保留原有的显示特性，通过【图纸保护】命令对编辑与导出功能的控制，达到保护设计成果的目的。

16.2.10 插件发布

【插件发布】工具把随 TArch 2014 附带的天正对象解释插件发布到指定路径下，帮助客户观察和打印带有天正对象的文件，特别是带有保护对象的新文件。

16.2.11 图变单色

【图变单色】工具可以把按图层定义绘制的彩色线框图形临时变为各种颜色线框图形，适用于为编制印刷文档前对图形进行前处理，由于彩色的线框图形在黑白输出的照排系统中输出时色调偏淡，【图变单色】命令将不同的图层颜色临时统一改为指定的单一颜色，为抓图作好准备。

选择【文件布图】|【图变单色】菜单命令，单击该命令后，命令行提示：

```
请输入平面图要变成的颜色/1-红/2-黄/3-绿/4-青/5-蓝/6-粉/7-白/ <7>:
/输入颜色数字选项或直接按回车键接受默认值，即可完成图变单色命令/
```

16.2.12 颜色恢复

使用【颜色恢复】工具将图层颜色恢复为系统默认的颜色，即在当前图层标准中设定的颜色。

16.2.13 图形变线

使用【图形变线】工具可以把三维的模型投影为二维图形，并另存为新图。该工具常用于生成有三维消隐效果的二维线框图，此时应事先在三维视图下执行 Hide(消隐)命令。

选择【文件布图】|【图形变线】菜单命令，显示了【输入新生成的文件名】对话框，在该对话框中设置存储路径和输入文件名后，单击【确定】按钮后即可。

16.3 工程设置

在一个工程项目中，设计师进行设计制图都必须按照国家建筑制图规范要求进行制图，因而在绘图过程之前进行工程设置是必不可少的过程。在本节当中，将介绍工程设置的内容和方法。

16.3.1 天正选项

使用【天正选项】工具可以启动 AutoCAD 的选项(Options)对话框，并在其中添加的两个页面来设置天正建筑全局相关的参数，其中带图标的参数只与当前图形有关的，没有图标的参数对以后打开或新建的所有图形都生效。

选择【设置】|【天正选项】菜单命令，打开【天正选项】对话框，单击【基本设定】选项卡，进入天正基本设定页面，如图 16-15 所示。单击【加粗填充】选项卡，进入天正加粗填充页面，如图 16-16 所示。对其进行参数设置后，单击【确定】按钮即可完成修改。

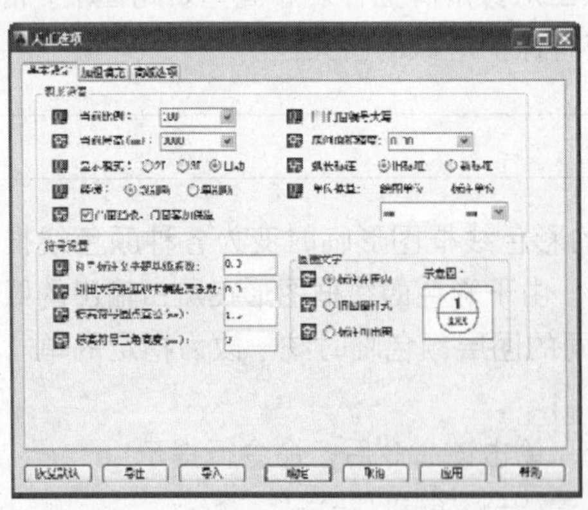

图 16-15 【基本设定】选项卡

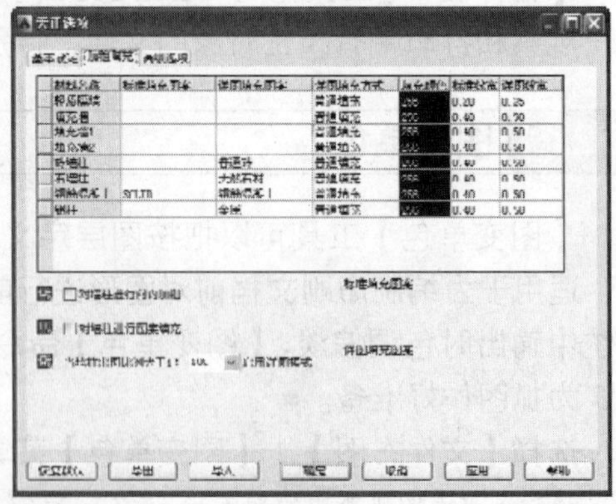

图 16-16 【加粗填充】选项卡

16.3.2 自定义

【自定义】工具可以启动天正建筑自定义对话框界面，在其中按要求设置 TArch 2014 的交互界面效果。

选择【设置】|【自定义】菜单命令，显示了【天正自定义】对话框，如图 16-17 所示。其中包括 5 个选项页面，即【屏幕菜单】【操作配置】【基本界面】【工具条】以及【快捷键】。对其进行分别设置，设置完成后，单击【确定】按钮生效。

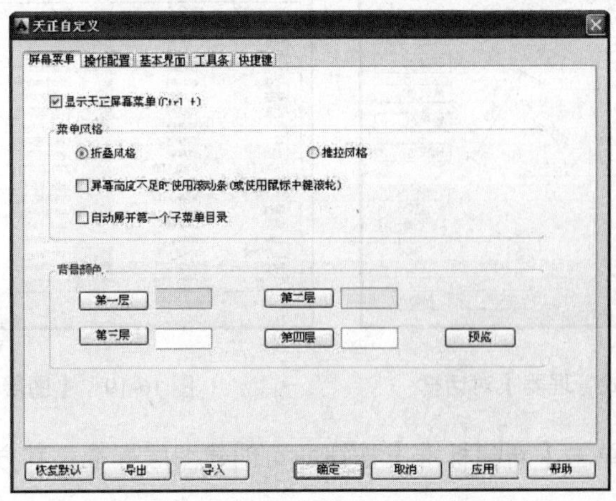

图 16-17 【天正自定义】对话框

16.3.3 当前比例

【当前比例】工具可以设定该文档的比例。当前比例的大小决定标注类型、文本与符号类对象中的文字字高与符号尺寸、建筑对象中的加粗线宽粗细，对设置后新生成的对象有效。

选择【设置】|【当前比例】菜单命令，命令行提示：

```
当前比例<100>:↙
```

/输入比例值后按回车键即可完成当前比例的设置/

16.3.4 尺寸样式

【尺寸样式】工具可以对当前文件中的尺寸样式进行设置。在 TArch2014 当中，系统默认的尺寸标注符合建筑制图规范的要求。遇到特殊情况才需要进行设置。

选择【设置】|【尺寸样式】菜单命令，显示【标注样式管理器】对话框，如图 16-18 所示。设置方法与 AutoCAD 设置尺寸标注方法一样，设置完成以后，单击【置为当前(U)】按钮生效。单击【关闭】按钮退出尺寸样式设置。

16.3.5 图层管理

【图层管理】工具为用户提供灵活的图层名称、颜色的管理，同时也支持创建自定义的图层标准，其功能包括：通过外部数据库文件设置多个不同图层的标准；可恢复不规范设置的颜色；对当前图的图层标准进行转换。

选择【设置】|【图层管理】菜单命令，显示【图层管理】对话框，如图 16-19 所示。其下方【图层转换】与【颜色恢复】按钮的功能与【文件布图】菜单中同名按钮的功能相

同，在这里就不再介绍了。

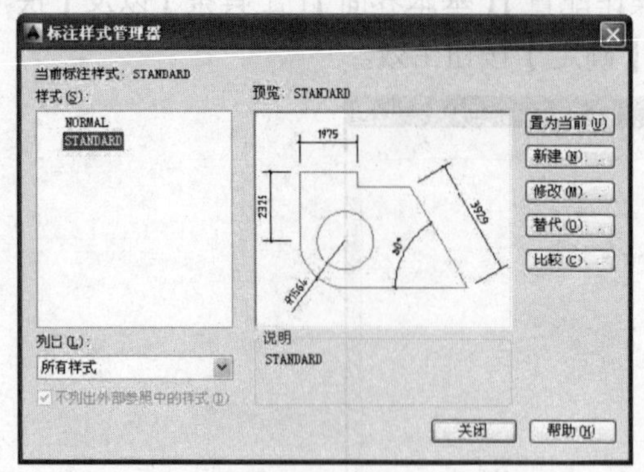

图 16-18 【标注样式管理器】对话框

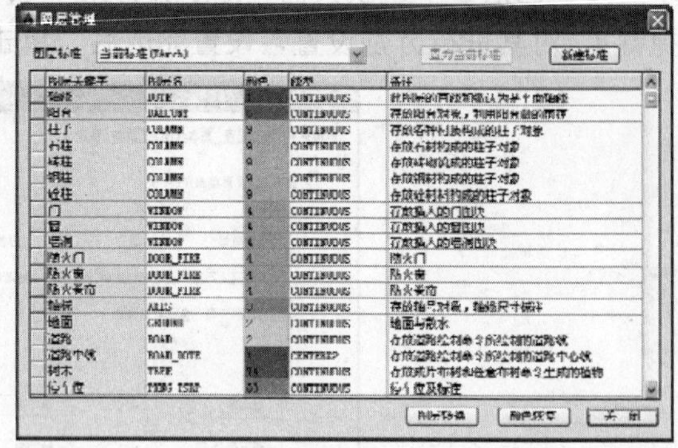

图 16-19 【图层管理】对话框

在该对话框中，单击【新建标准】按钮即可创建图层标准，其方法如下：

01 复制默认的图层标准文件作为自定义图层的模板，用英文标准的可以复制 TArch.lay 文件，用中文标准的可以复制 GBT18112-2000.lay 文件。例如，把文件复制为 Mylayer.lay。

02 确认自定义的图层标准文件保存在天正安装文件夹下的 sys 文件夹中。

03 使用文本编辑程序例如“记事本”编辑自定义图层标准文件 Mylayer.lay，注意在改“柱”和“墙体”图层时，要按材质修改各自图层。例如，砖墙、砼墙等都要改，只改墙线图层不起作用。

04 改好图层标准后，执行本命令，在【图层标准】列表里面就能看到 Mylayer 这个新标准了，选择它然后单击【置为当前标准】按钮即可。

第17章 绘制小高层建筑施工图综合实例

本章导读 通过前面章节的学习，读者已经对 TArch2014 有了一个全面的了解和认识，并掌握了其基本操作。本章通过一个小高层住宅实例，综合使用天正的各类工具，全面介绍建筑施工图绘制的整个流程，以巩固和加强前面所学知识，并提高自己的绘图水平。

本章重点

★ 工程管理与图形的初始化
★ 绘制平面图
★ 创建立面图
★ 创建剖面图

17.1 工程管理与图形的初始化

在绘制图形之前，首先应为本工程创建工程文件夹并设置相关参数。

17.1.1 创建新工程

TArch 2014 软件强调了工程管理的概念，将设计中的一幢建筑物作为一项工程来管理。为了便于对工程图形文件和控制文件进行搜索，首先为将要设计的工程创建一个文件夹。

1. 创建工程文件夹

在要创建工程文件的目录下，新建一个文件夹，并改名为“小高层住宅工程”，用来保存该工程的各个图纸文件。

2. 创建新工程

选择【文件布图】|【工程管理】菜单命令，显示【工程管理】对话框，如图 17-1 所示。单击【工程管理】下拉式菜单按钮，在其中选择【新建工程】选项，即可显示【另存为】对话框，选定存储路径，并输入文件名“小高层住宅工程”。单击【确定】按钮，即可完成新工程的创建，返回到【工程管理】对话框中，得到如图 17-2 所示的效果。

在该对话框选择【平面图】选项，单击鼠标右键，弹出快捷菜单，选择【添加图纸】选项，即可为新工程添加平面图，得到添加平面图的效果如图 17-3 所示，添加其他图纸的方法同上。

图 17-1 【工程管理】对话框

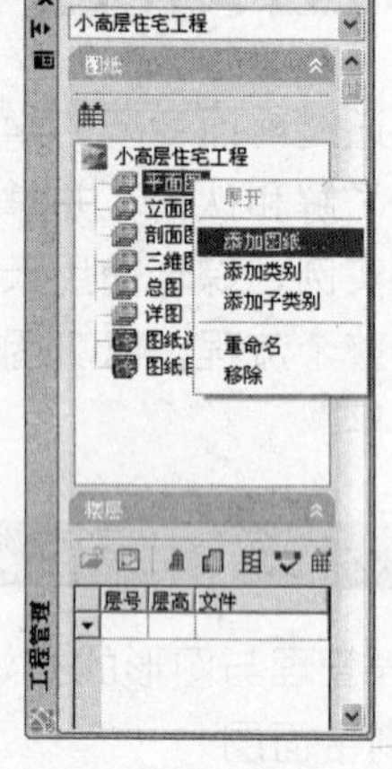

图 17-2 新建工程项目

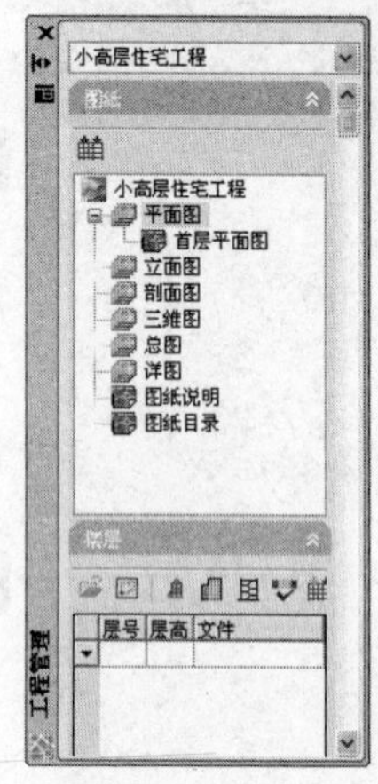

图 17-3 添加平面图

17.1.2 图形的初始化

选择【设置】|【天正选项】菜单命令，弹出【天正选项】窗口，单击选择【基本设定】选项，将本项目首层平面图的【当前比例】设置为 1:100，当前层高为 3600，楼梯设置为【单剖断】，其余参数保持不变，如图 17-4 所示，单击【确定】按钮即可完成选项参数的设置。

单击选择【高级选项】选项，在弹出的对话框中，展开【墙柱】选项，把【保温层】参数从 80 改为 60，墙基线颜色号改为 46，如图 17-5 所示。单击【确定】按钮，从而完成了图形的初始化设置。

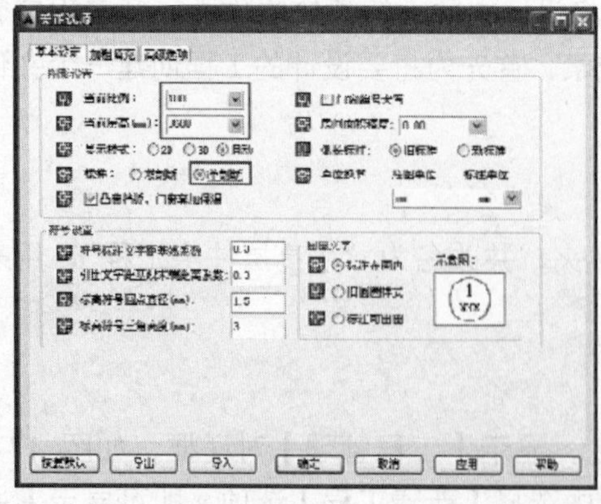

图 17-4 【天正选项】对话框

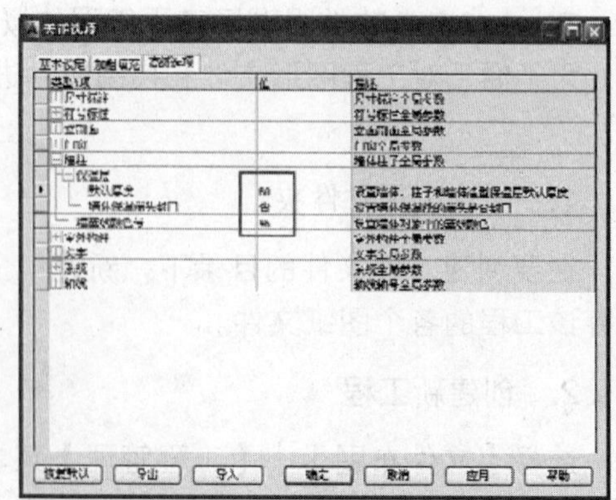

图 17-5 【高级选项】对话框

125 在【高级选项】选项中设置的参数不仅对当前绘制的 DWG 文件有效，对后续打开的其他 DWG 文件也同样有效。如果后面绘制的 DWG 文件需要不同的参数，则需要再在【高级选项】选项中更改参数设置。

17.2 绘制平面图

利用前面所学的平面图绘制工具及编辑工具，绘制出轴网、柱子、墙体、门窗等，得到住宅小高层的平面图，其中平面图包括首层平面图、标准层平面图及屋顶平面图。

17.2.1 首层平面图

利用 TArch2014 相关工具，创建出首层平面图，最终效果如图 17-6 所示。

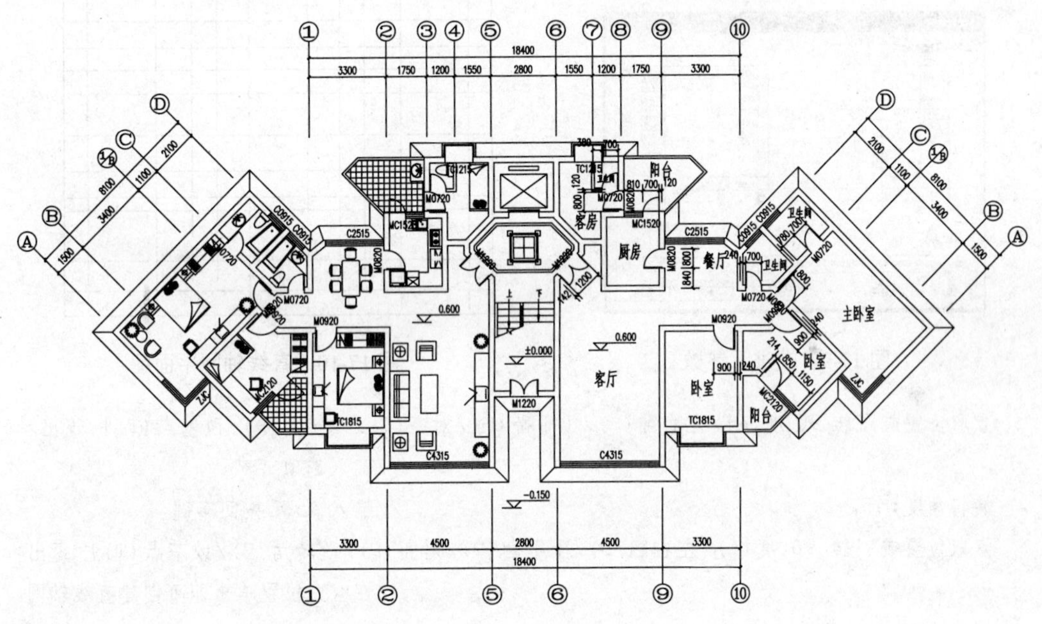

图 17-6　首层平面图

操作步骤如下：

01 选择【轴网柱子】|【绘制轴网】菜单命令，打开【绘制轴网】对话框，选择【直线轴网】选项，单击【下开】单选按钮，设置【下开】参数如图 17-7 所示；设置【上开】参数如图 17-8 所示；设置【左进深】参数如图 17-9 所示。单击【确定】按钮，命令行提示：

```
点取位置或 [转 90 度(A)/左右翻(S)/上下翻(D)/对齐(F)/改转角(R)/改基点(T)]<退出>:
/直接在首层平面 DWG 文件下单击即可插入轴网，得到如图 17-10 所示的轴网平面图/
```

02 选择【轴网柱子】|【绘制轴网】菜单命令，打开【绘制轴网】对话框，选择【直线轴网】标签，单击【下开】单选按钮，设置【下开】参数如图 17-11 所示；设置【左进

深】参数如图 17-12 所示；设置【右进深】参数如图 17-13 所示。单击【确定】按钮，命令行提示：

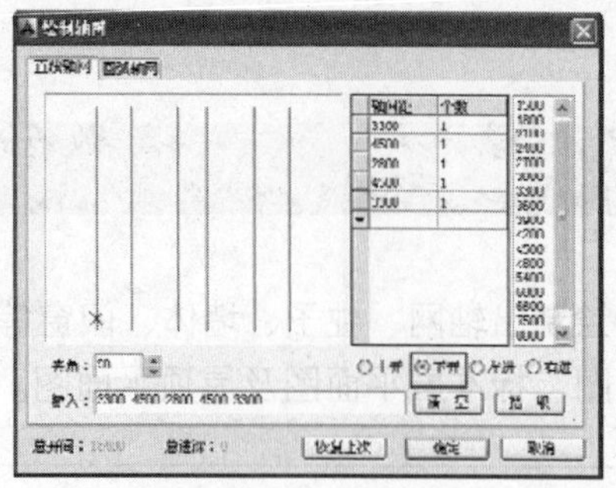

图 17-7　下开参数

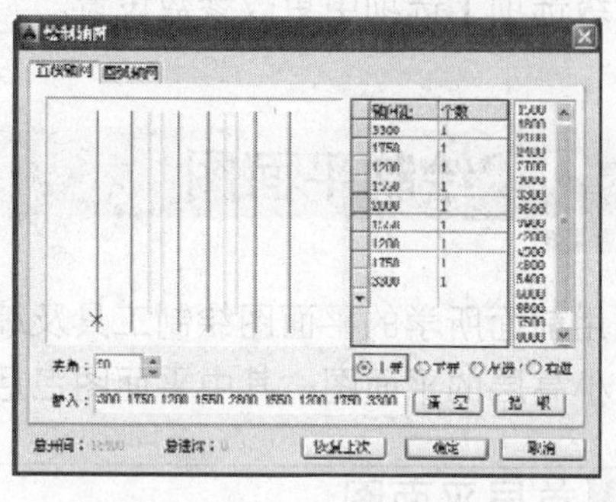

图 17-8　上开参数

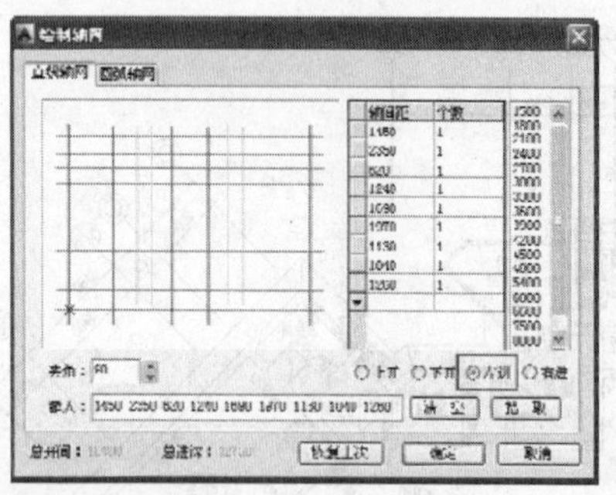

图 17-9　左进深参数

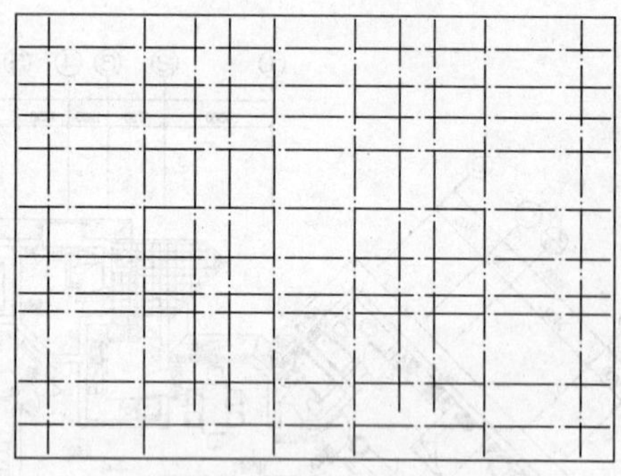

图 17-10　直线轴网平面图

```
点取位置或 [转 90 度(A)/左右翻(S)/上下翻(D)/对齐(F)/改转角(R)/改基点(T)]<退出>:R
                                          //输入选项 "R"
旋转角度:45↙                              //输入 45 后按回车键
点取位置或 [转 90 度(A)/左右翻(S)/上下翻(D)/对齐(F)/改转角(R)/改基点(T)]<退出>:
                                          //在空白位置单击即可创建直线轴网
```

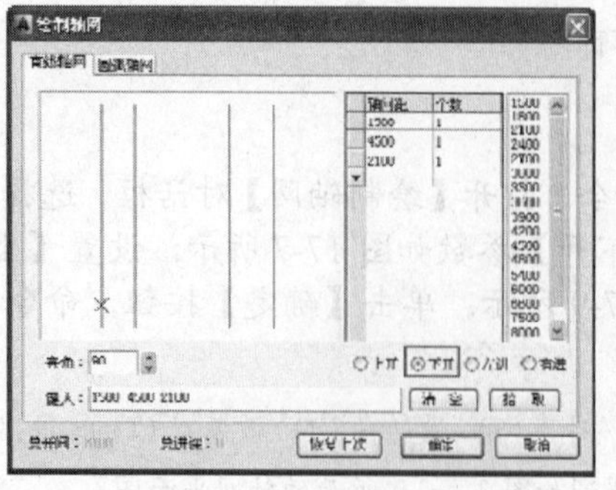

图 17-11　下开参数

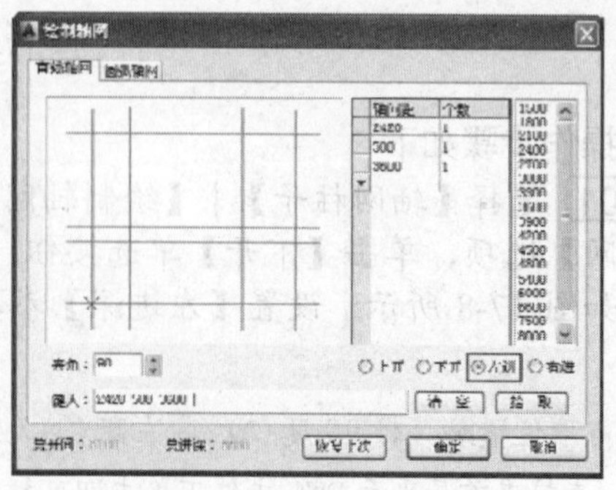

图 17-12　左进深参数

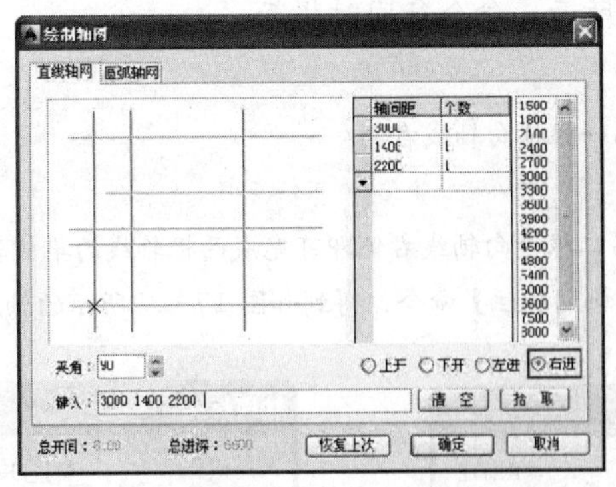

图 17-13　右进深参数

03 调用 AutoCAD 移动（MOVE）命令，将创建好的两个直线轴网根据一定的间距放置在一起，调用 AutoCAD 镜像（MIRROR）命令将第二次创建的轴网进行镜像复制，得到如图 17-14 所示的轴网图。

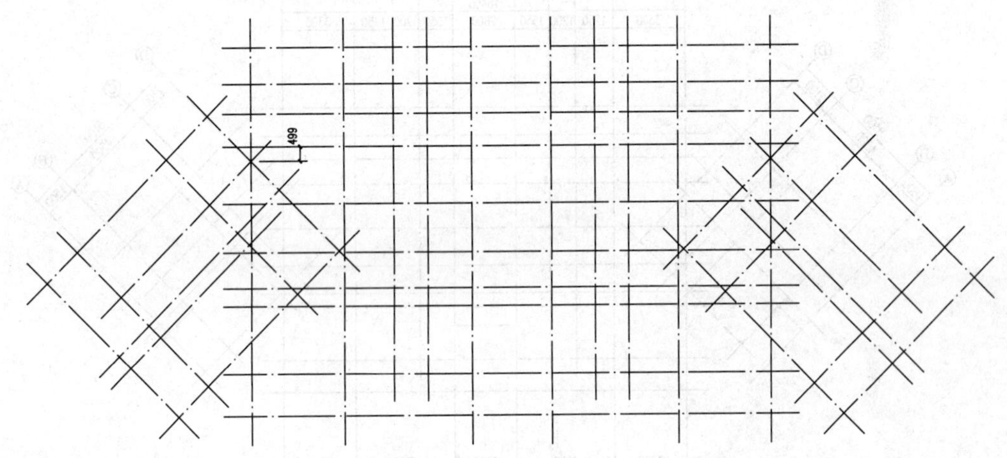

图 17-14　绘制轴网图

04 选择【轴网柱子】|【轴网标注】菜单命令，打开【轴网标注】对话框，在该对话框中设置参数如图 17-15 所示。命令行同时提示：

请选择起始轴线<退出>:

/单击第一次创建的轴网第一根纵向轴线/

请选择终止轴线<退出>:

/单击第一次创建的轴网第二根纵向轴线即可完成两根轴线的轴号标注。此时返回到【轴网标注】对话框中，选择【单侧标注】单选按钮并选中【共用轴号】复选框，命令行继续提示/

请选择起始轴线<退出>:

/单击第一次创建的轴网第二根纵向轴线下端/

请选择终止轴线<退出>:

/单击第一次创建的轴网第三根纵向轴线下端/

05 选择【轴网柱子】|【轴网标注】菜单命令，打开【轴网标注】对话框，在该对

话框中设置参数如图 17-16 所示。命令行同时提示：

请选择起始轴线<退出>:

/单击第二次创建的轴网第一根横向轴线右侧/

请选择终止轴线<退出>:

/单击第二次创建的轴网第二根横向轴线右侧即可完成两根轴线的单侧轴号标注。命令行重复上述命令，按照同样方法即可完成【轴网标注】命令，得到如图 17-17 所示的轴网标注图/

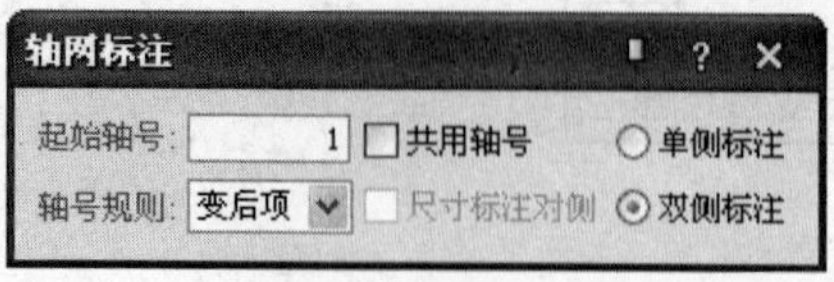

轴网标注
起始轴号：1 □共用轴号 ○单侧标注
轴号规则：变后项 □尺寸标注对侧 ⊙双侧标注

图 17-15　轴网纵向标注参数

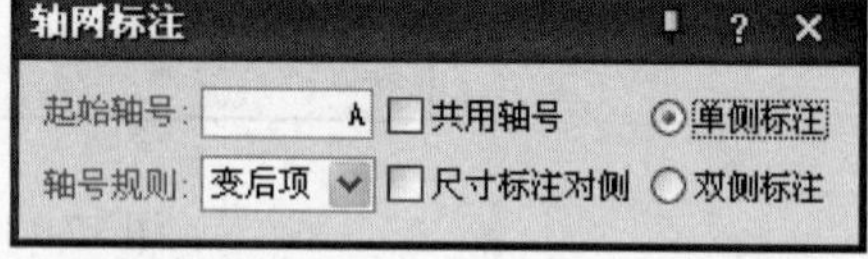

图 17-16　轴网横向标注参数

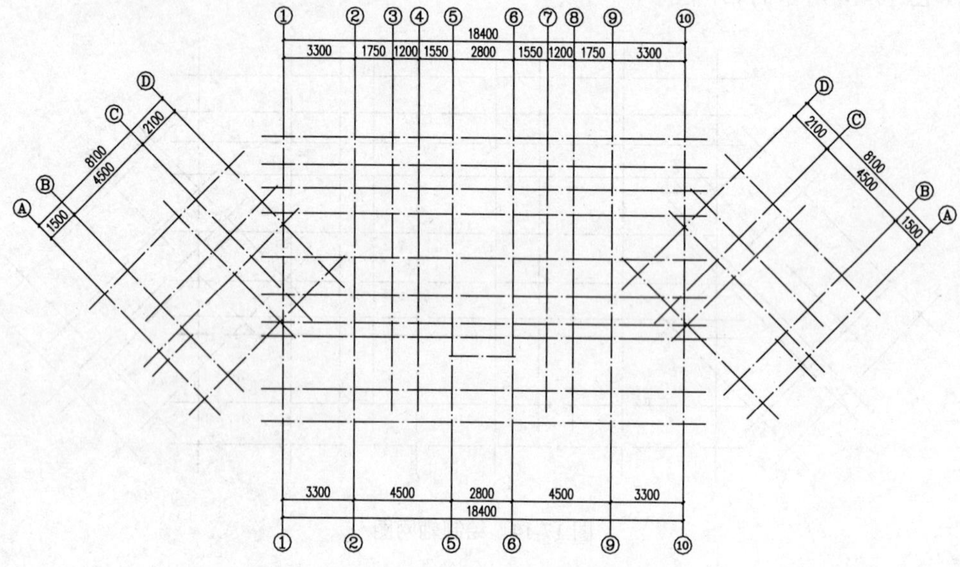

图 17-17　轴网标注图

06 将轴线“DOTE”图层置为当前图层，调用 AutoCAD 的 LINE、OFFSET、TRIM 等命令添加轴线。选择【轴网柱子】|【添加轴线】菜单命令，命令行提示：

选择参考轴线 <退出>:

/选择 C 轴线/

新增轴线是否为附加轴线？[是(Y)/否(N)]<N>:Y↙

/输入选项“Y”后按回车键/

偏移方向<退出>:

/拖动光标至 C 轴线下方单击/

距参考轴线的距离<退出>:1100↙

/输入“1100”后按回车键即可添加一条附加轴线，同样方法添加另一侧的附加轴线，得到如图

17-18 所示的添加轴线图/

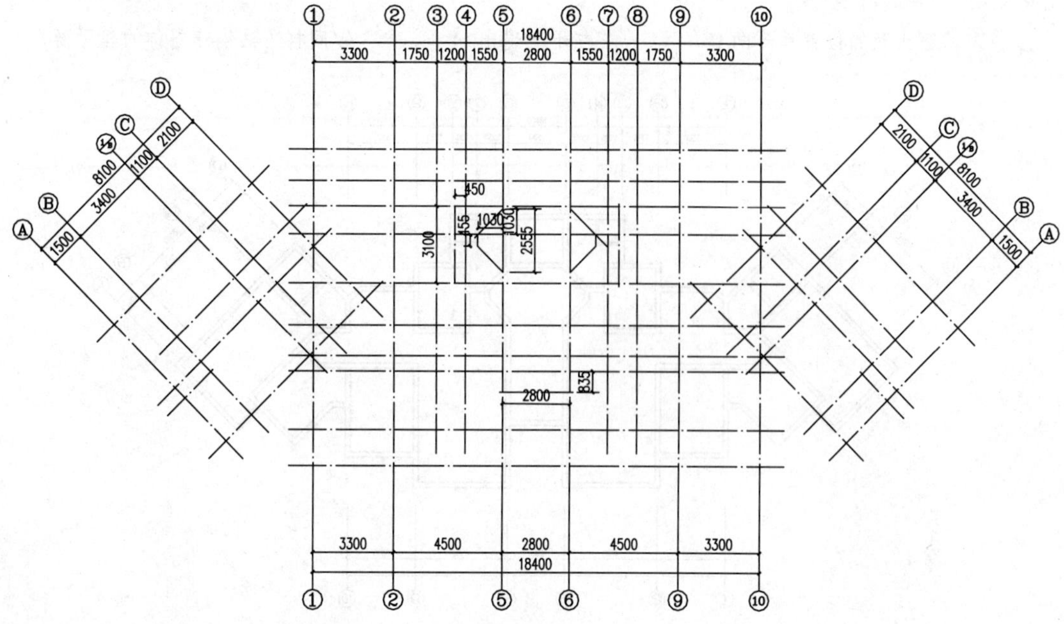

图 17-18　添加轴线图

07 选择【墙体】|【绘制墙体】菜单命令，打开【绘制墙体】对话框，设置参数如图 17-19 所示。命令行同时提示：

起点或 [参考点(R)]<退出>:

/单击要绘制墙体的轴线起点/

直墙下一点或 [弧墙(A)/矩形画墙(R)/闭合(C)/回退(U)]<另一段>:

/拖动鼠标，单击直墙段的转角点/

直墙下一点或 [弧墙(A)/矩形画墙(R)/闭合(C)/回退(U)]<另一段>:

/单击直墙段的另一个转角点，按回车键后，命令行继续提示指定起点，此时用户可以绘制另外的墙体。当遇到卫生间隔墙时，修改墙体参数，如图 17-20 所示。同样方法完成卫生间隔墙的创建，并把轴线“DOTE”关闭，得到如图 17-21 所示的墙体图/

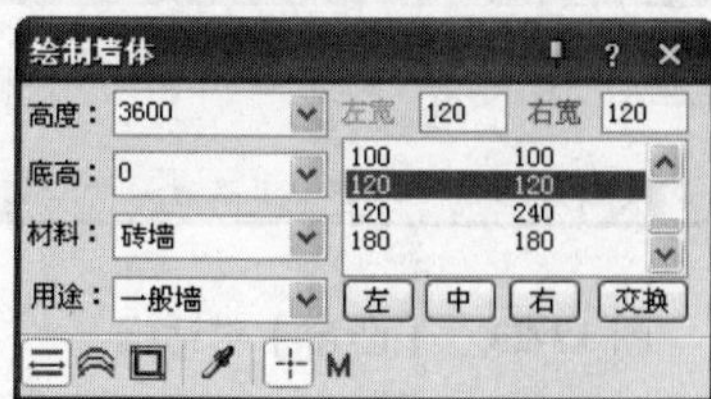

图 17-19　普通墙体参数

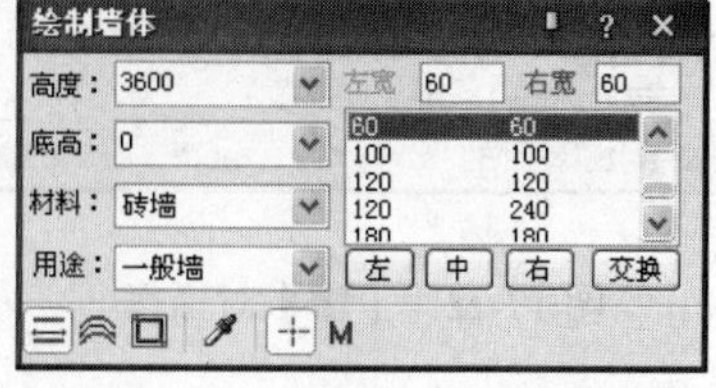

图 17-20　卫生间隔墙参数

08 选择【门窗】|【门窗】菜单命令，打开【窗】对话框，选择【插窗】按钮，并单击【充满整个墙段插入门窗】按钮，如图 17-22 所示，即可为客厅插入窗户，同时命令行提示：

点取门窗大致的位置和开向(Shift－左右开)<退出>:　　　　//单击客厅南面墙段上一点即可完成该墙段门窗的创建

点取门窗大致的位置和开向(Shift－左右开)<退出>:　　　　//同样方法创建对称的客厅窗户

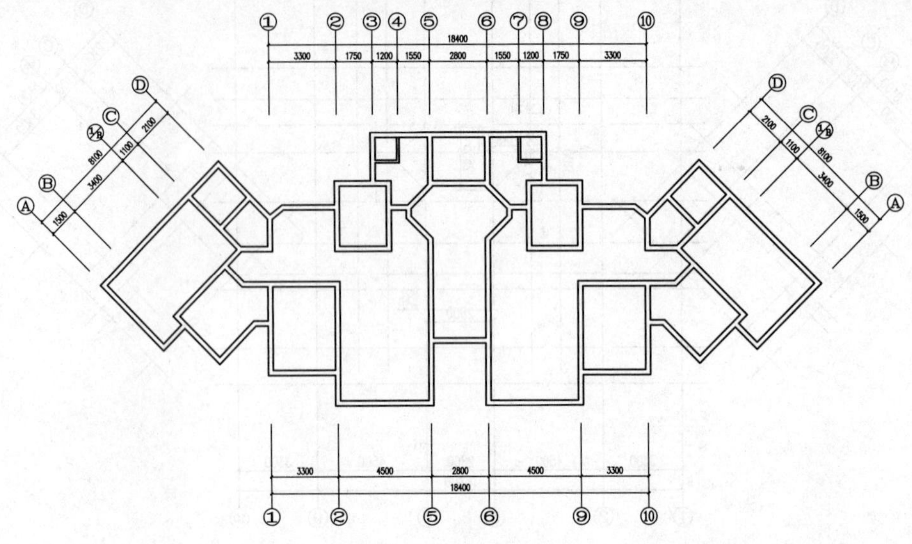

图 17-21　绘制墙体图

09 在【窗】对话框中修改门窗参数，并选定不同的门窗插入方式，插入所有的普通门窗，在这里就不再一一介绍了。

10 在【窗】对话框中，单击选中【插凸窗】按钮，显示了【凸窗】对话框，如图17-23所示。单击【在点取的墙段上等分插入】按钮，命令行提示：

点取门窗大致的位置和开向(Shift－左右开)<退出>:

/在要插入凸窗的墙段上单击/

门窗个数(1~2)<1>: ↙

/输入1或直接按回车键后，随即插入了一个凸窗，命令行重复上步提示，修改凸窗参数，同样方法插入其他的凸窗，按回车键退出命令/

图 17-22　【窗】对话框

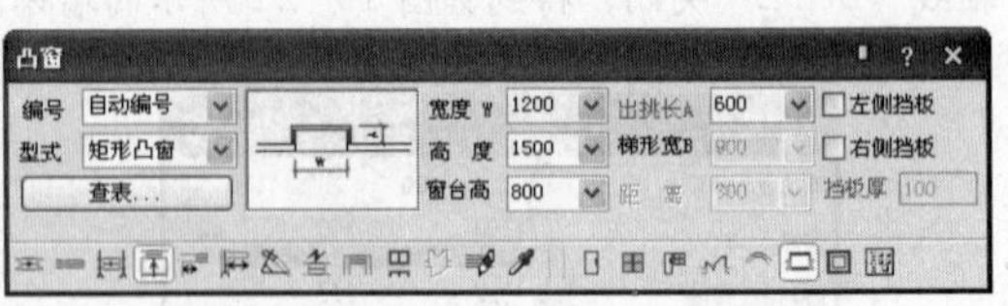

图 17-23　【凸窗】对话框

11 选择【门窗】|【转角窗】菜单命令，打开【绘制角窗】对话框，设置参数如图17-24所示。命令行同时提示：

请选取墙内角<退出>:　　　　//单击要绘制转角窗的墙内角

转角距离1<1000>:1260↙　　　　//输入距离值1260后按回车键

转角距离2<1000>:1200↙　　　　//输入距离值 1200 后按回车键即可创建一个转角窗，命令

行重复上述提示，同样方法创建另一个对称的转角窗

[12] 选择【门窗】|【门窗表】菜单命令，命令行提示：

请选择当前层门窗：　　　　　　　//框选整个平面图的门窗

请选择当前层门窗：↙　　　　　　//按回车键结束选择，显示【门窗表】，如图 17-25 所示

图 17-24　【绘制角窗】对话框

门窗表

类型	设计编号	洞口尺寸(mm)	数量	图集名称	页次	选用型号	备注
普通门	M0720	700X2000	6				
	M0820	800X2000	6				
	M0920	900X2000	4				
	M1220	1200X2000	3				
门连窗	MC1520	1510X2000	2				
	MC2120	2100X2000	2				
普通窗	C0915	900X1500	4				
	C2515	2499X1500	2				
	C4315	4260X1500	2				
凸窗	TC1215	1200X1500	2				
	TC1815	1800X1500	2				
转角窗	ZJC	(1380+1320)X1500	2				

图 17-25　门窗表

[13] 根据门窗的编号及对应洞口尺寸即可绘制出所有门窗，最后得到如图 17-26 所示首层平面的门窗平面图。

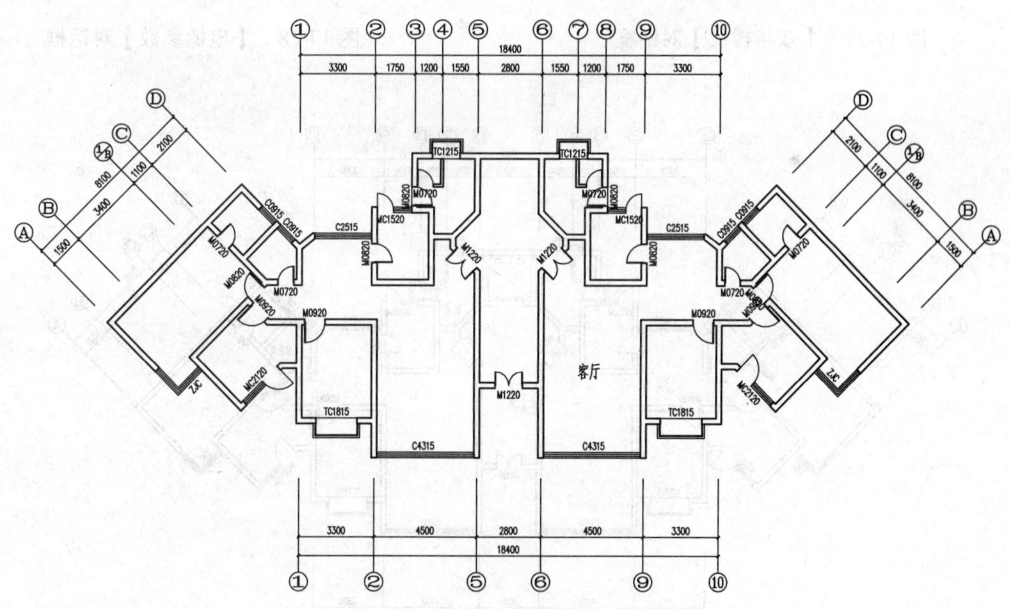

图 17-26　门窗平面图

[14] 选择【楼梯其他】|【双跑楼梯】菜单命令，打开【双跑楼梯】对话框，设置参数如图 17-27 所示。单击【确定】按钮，命令行提示：

点取位置或[转 90 度(A)/左右翻(S)/上下翻(D)/对齐(F)/改转角(R)/改基点(T)]<退出>:D↙

/输入选项“D”并按回车键/

点取位置或 [转 90 度(A)/左右翻(S)/上下翻(D)/对齐(F)/改转角(R)/改基点(T)]<退出>:
/直接在要创建休息平台的左下方点单击即可完成楼梯的创建/

15 选择【楼梯其他】|【电梯】菜单命令，打开【电梯参数】对话框，设置参数如图 17-28 所示。命令行同时提示:

请给出电梯间的一个角点或 [参考点(R)]<退出>: //单击电梯房内的一个角点
再给出上一角点的对角点: //拖动光标至电梯房的另一个对角点单击
请点取开电梯门的墙线<退出>: //单击开启电梯门的墙线
请点取平衡块的所在的一侧<退出>: //单击与开启电梯门相反方向的一侧，即可完成电梯的创建。命令行重复上述提示，同样方法，完成另一个电梯的创建，按回车键退出命令。此时，就得到了该小高层住宅首层平面图的楼梯及电梯平面图，如图 17-29 所示

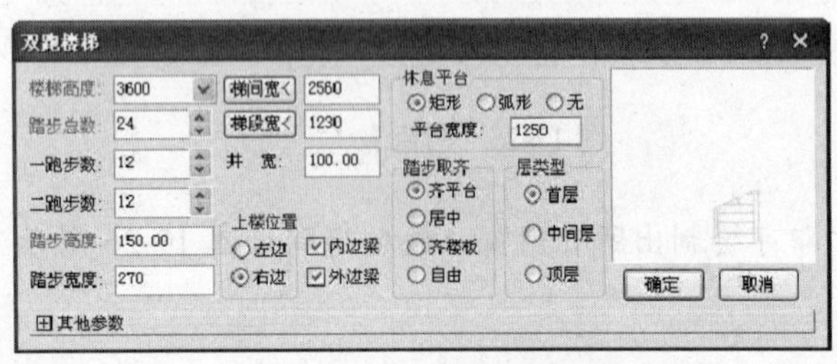

图 17-27 【双跑楼梯】对话框

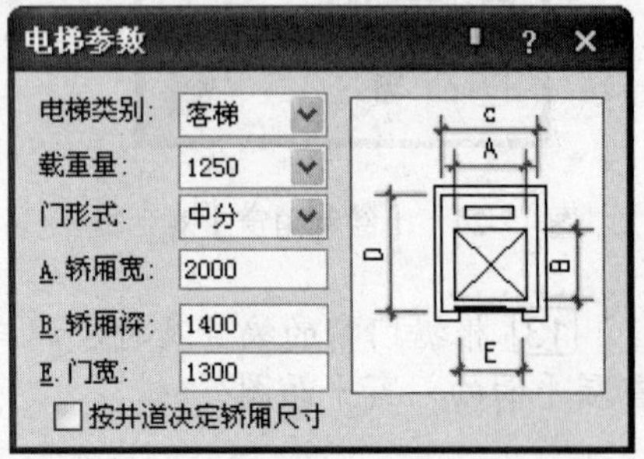

图 17-28 【电梯参数】对话框

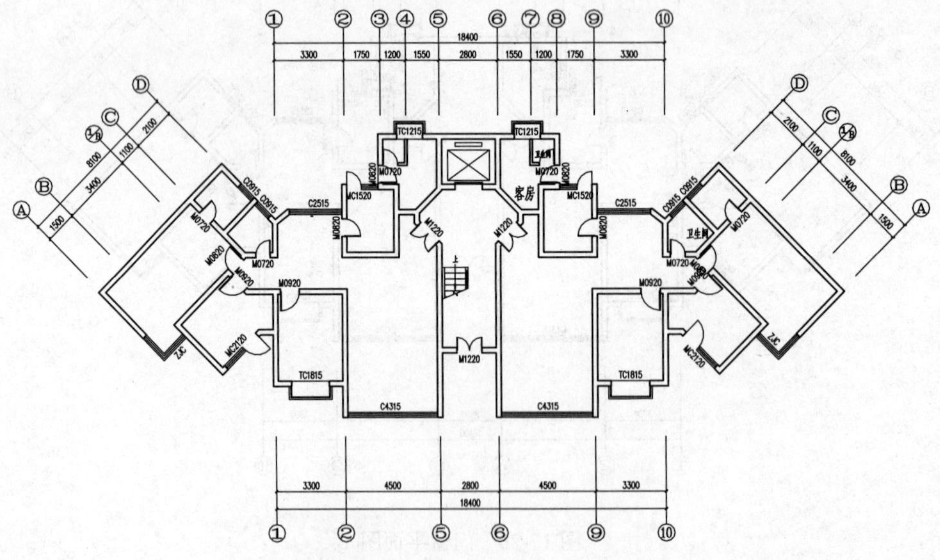

图 17-29 创建楼梯及电梯

16 调用 AutoCAD 的多段线（PLINE）命令，绘制出四条阳台的轮廓线，如图 17-30 所示。选择【楼梯其他】|【阳台】菜单命令，打开【绘制阳台】对话框，设置参数并选中【选择已有路径绘制】按钮，如图 17-31 所示。此时，命令行提示:

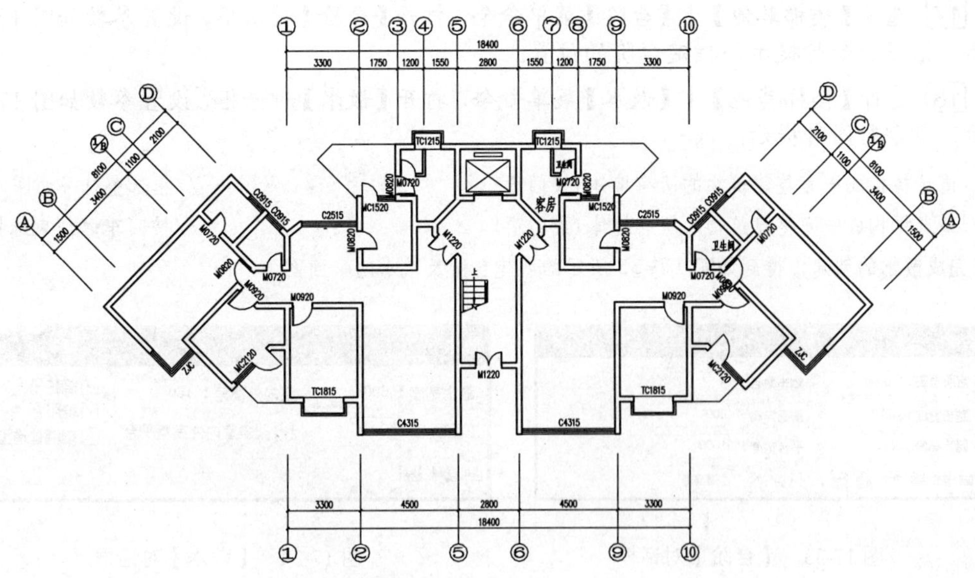

图 17-30　创建多段线

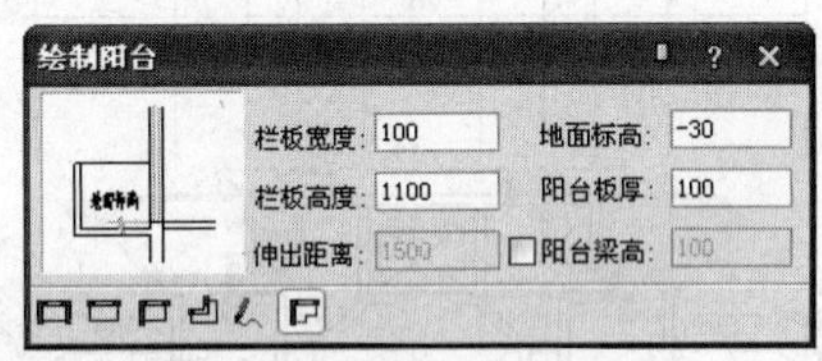

图 17-31　【绘制阳台】对话框

选择一曲线(LINE/ARC/PLINE)<退出>:　　　　　　//选择作为阳台轮廓路径的一条多段线

请选择邻接的墙(或门窗)和柱:　　　　　　//选择所有与该阳台相邻接的墙体及门窗

请选择邻接的墙(或门窗)和柱:↙　　　　　　//按回车键结束选择，随即完成了该阳台的创建。同样方法完成其余三个阳台的创建，得到阳台的平面图如图 17-32 所示

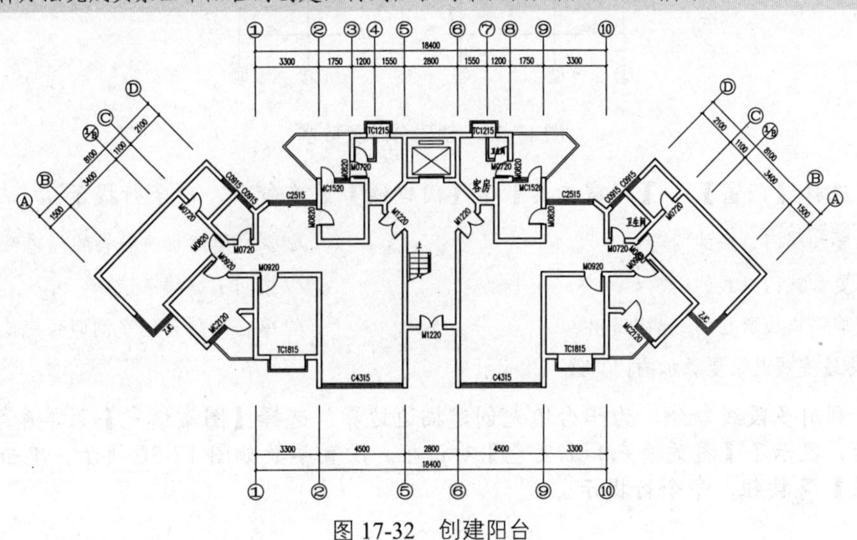

图 17-32　创建阳台

17 选择【楼梯其他】|【台阶】菜单命令，打开【台阶】对话框，设置参数如图 17-33 所示。根据命令行提示，指定台阶的位置。

18 选择【楼梯其他】|【散水】菜单命令，打开【散水】对话框，设置参数如图 17-34 所示。命令行同时提示：

请选择构成一完整建筑物的所有墙体(或门窗)：　　　　//框选整栋平面图
请选择构成一完整建筑物的所有墙体(或门窗)：↙　　　　//按回车键结束选择，即可完成散水的创建，得到如图 17-35 所示的创建台阶及散水的平面图

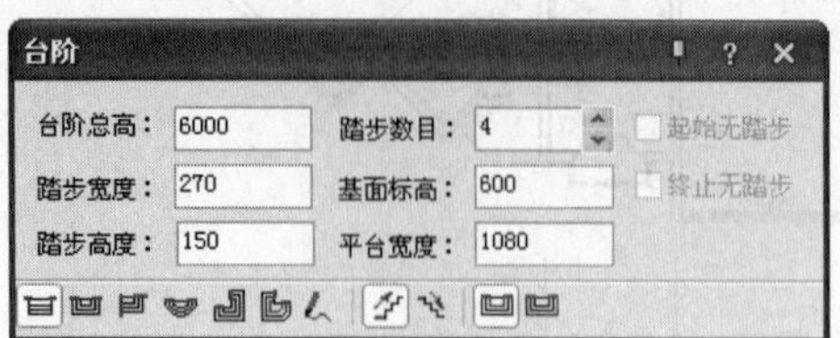

图 17-33 【台阶】对话框

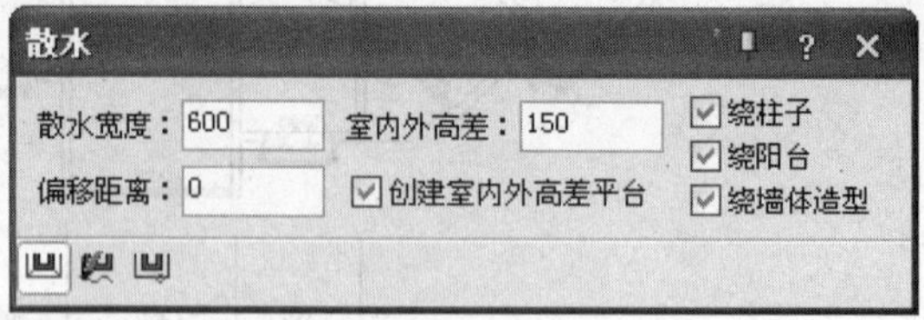

图 17-34 【散水】对话框

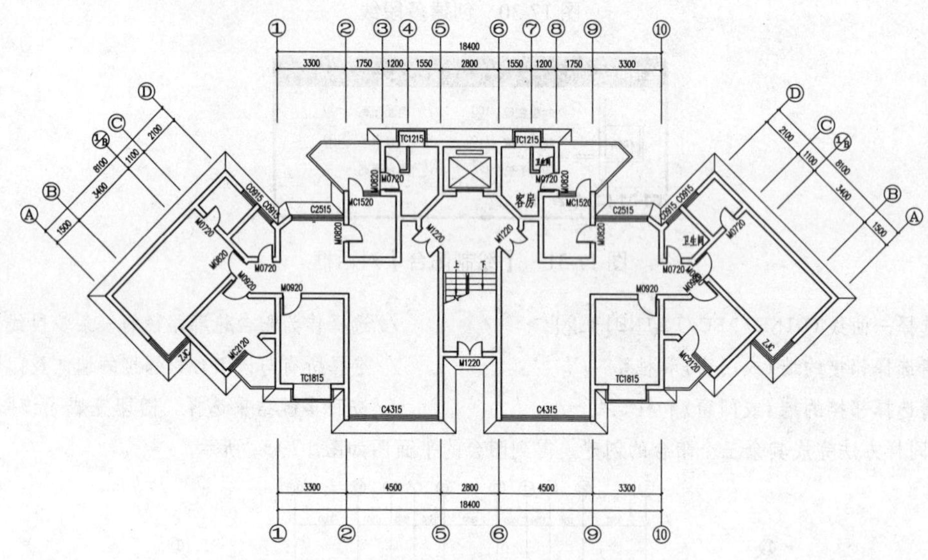

图 17-35 创建台阶及散水

19 选择【门窗】|【门窗工具】|【门口线】菜单命令，命令行提示：

选择要加减门口线的门窗：　　　　//选择要添加有阳台的门口线的门窗
选择要加减门口线的门窗：　　　　//按回车键结束选择
请点取门口线所在的一侧<退出>：　　　　//单击靠阳台的一侧即可完成门口线添加，同样方法完成其余要添加的门口线

20 利用多段线命令，为阳台填充创建描边边界。选择【图案填充】菜单命令，单击该命令后，显示了【图案填充和渐变色】对话框，设置参数如图 17-36 所示。单击【添加：选择对象】按钮，命令行提示：

选择对象或 [拾取内部点(K)/删除边界(B)]:

/选择已创建好的阳台边界多段线，按回车键结束选择，返回到【图案填充和渐变色】对话框中，单击【确定】按钮，即可完成所选多段线的图案填充，创建门口线和图案填充的效果如图 17-37 所示/

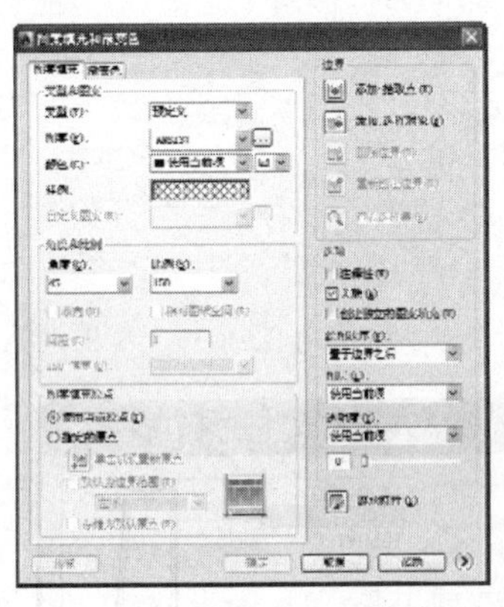

图 17-36　【图案填充和渐变色】对话框

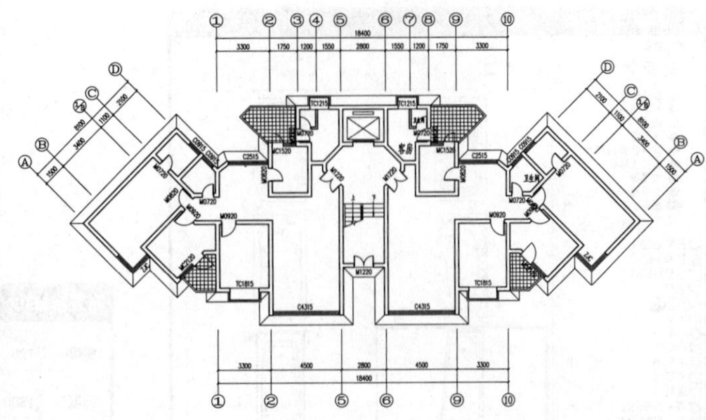

图 17-37　创建门口线与图案填充

21 选择【房间屋顶】|【房间布置】|【布置洁具】菜单命令，打开【天正洁具】对话框，选定台式洗脸盆样式，如图 17-38 所示。双击该图标，【天正洁具】对话框消失，并显示了【布置台上式洗脸盆 1】对话框，设置参数如图 17-39 所示。同时命令行提示：

请点取墙体边线或选择已有洁具:　　//选择要布置洁具的墙体边线

是否为该对象?[是(Y)/否(N)]<Y>:　　//直至选中要布置的墙线后输入选项“Y”，否则输入选项“N”

台面宽度<600>:↙　　//输入“600”后按回车键

台面长度<1800>:1860↙　　//输入“1860”后按回车键即可完成台上式洗脸盆的布置，命令行重复上述提示，同样方法，绘制出其他的台上式洗脸盆

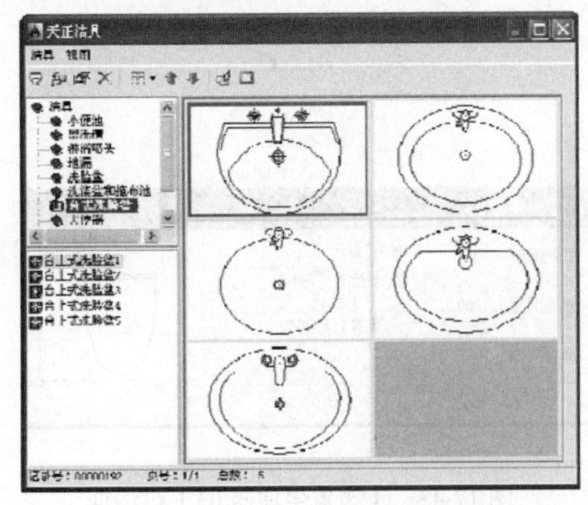

图 17-38　【天正洁具】对话框

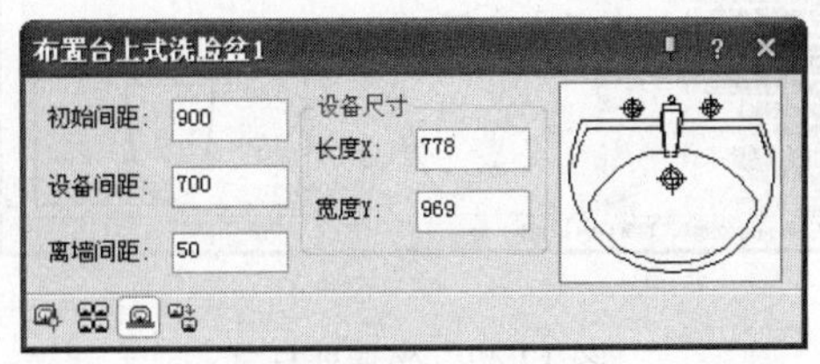

图 17-39　【布置台上式洗脸盆 1】对话框

22 选择【房间屋顶】|【房间布置】|【布置洁具】菜单命令，打开【天正洁具】对话框，选定浴缸样式如图 17-40 所示。双击该图标，【天正洁具】对话框消失，并显示了

【布置浴缸 02】对话框，设置参数如图 17-41 所示。同时命令行提示：

请点取墙体一侧<退出>:　　　　　　　　　//单击北面墙体线，即可完成浴缸的创建，如果位置不符合，可用移动工具调整位置。命令行多次重复该提示，创建出所有的浴缸，按回车键退出

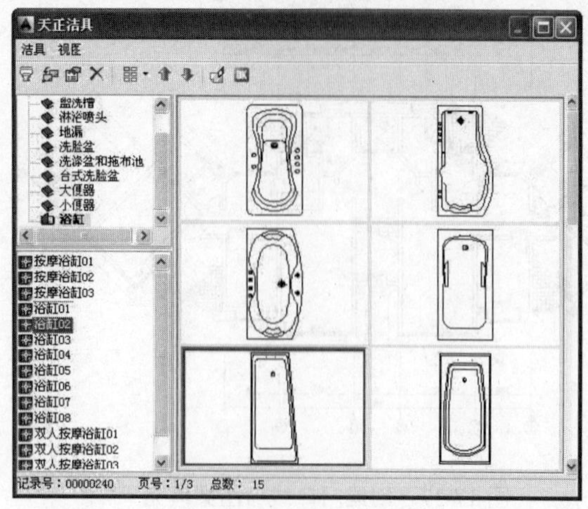

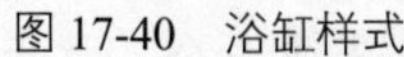

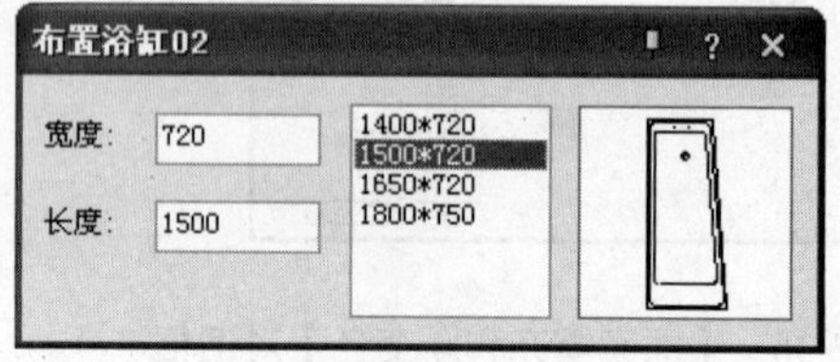

图 17-40　浴缸样式　　　　图 17-41　【天正洁具】窗口对话框

23 选择【房间屋顶】|【房间布置】|【布置洁具】菜单命令，打开【天正洁具】对话框，选定坐便器样式如图 17-42 所示。双击该图标，【天正洁具】对话框消失，并显示了【布置坐便器 03】对话框，设置参数如图 17-43 所示。同时命令行提示：

请点取墙体边线或选择已有洁具:　　　　　　　//直接在要插入坐便器的墙体线位置单击，再利用移动工具将其移至恰当位置即可，命令行多次重复本次提示，插入所有坐便器后，按回车键结束，即可完成所有洁具的布置

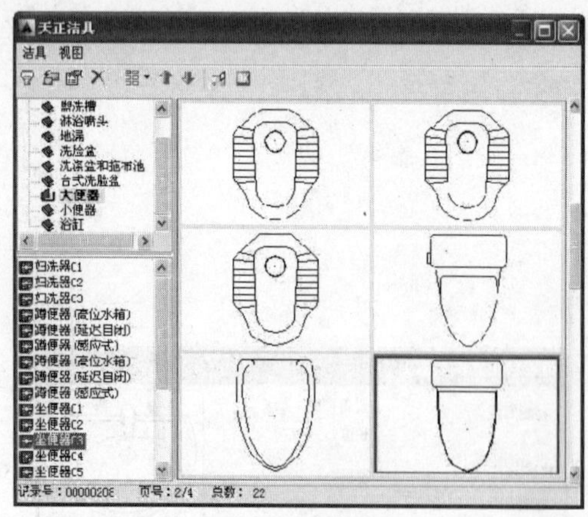

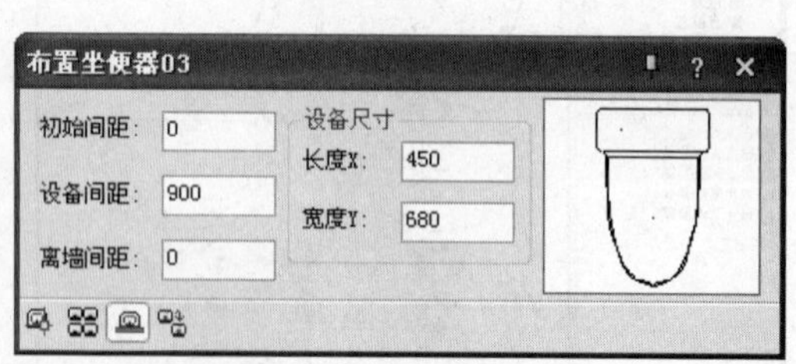

图 17-42　坐便器样式　　　　图 17-43　【布置坐便器 03】对话框

24 调用已有材质库的家具，将其放置在首层平面图中恰当位置上，得到该住宅首层平面的洁具及家具布置图如图 17-44 所示。

25 选择【尺寸标注】|【内门标注】菜单命令，命令行提示：

标注方式：轴线定位。请用线选门窗，并且第二点作为尺寸线位置！

起点或[垛宽定位(A)]<退出>:　　　　　　　　　　　　　　　　　//单击内门上一点

终点<退出>:　　　　　　　　　　　　　　　　　　　　　　　　　//拖动光标单击内门对边一点即可完成该门的标注，并退出了该命令。同样方法，创建所有的内门及门联窗标注

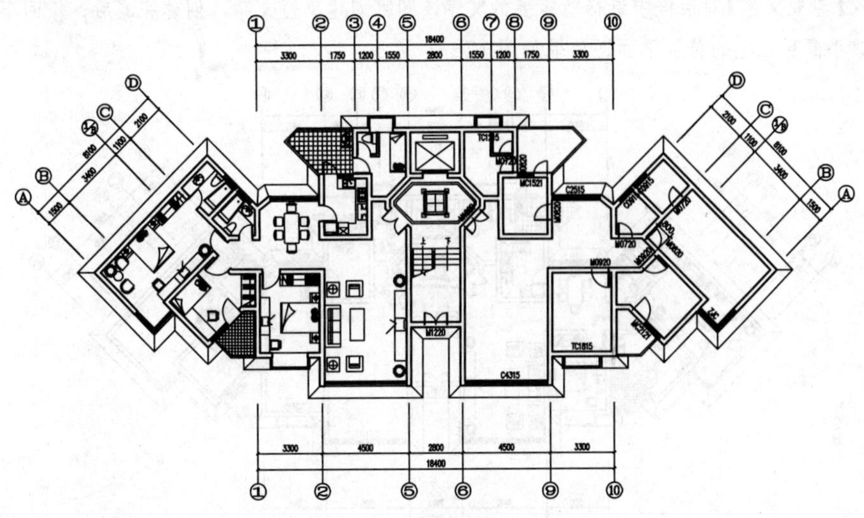

图 17-44　创建洁具及布置家具

26 选择【尺寸标注】|【尺寸编辑】|【增补尺寸】菜单命令，命令行提示:

请选择尺寸标注<退出>:　　　　　　　　　　　　　　　　　//选择门联窗的尺寸标注

点取待增补的标注点的位置或[参考点(R)]<退出>:　　　　　　　//单击门联窗中门与窗的交点，此时就完成了该门联窗的增补尺寸命令。同样方法，完成其余门联窗的增补尺寸命令。得到如图 17-45 所示的内门标注及编辑内门标注图

27 选择【图块图案】|【图案加洞】菜单命令，命令行提示:

请选择图案填充<退出>:　　　　　　　　　　//选择阳台处的图案填充

矩形的第一个角点或 [圆形裁剪(C)/多边形裁剪(P)/多段线定边界(L)/图块定边界(B)]<退出>:　　　　　　　　　　//单击阳台处台上式洗脸盆的矩形的第一个点

另一个角点<退出>:　　　　　　　　　　　　//拖动光标，单击台上式洗脸盆的另一个对角点即可完成图案加洞命令

28 选择【符号标注】|【标高标注】菜单命令，打开【标高标注】对话框，设置参数如图 17-46 所示。同时，命令行提示:

请点取标高点或 [参考标高(R)]<退出>:　　　//在要插入标高的平面图位置单击

请点取标高方向<退出>:　　　　　　　　　　//拖动光标单击确定标高方向即可完成该标高标注，此时，光标变成了复制标注样式，此时返回到【标高标注】对话框中，在第一行数值栏修改标高标注数值，命令行会继续如下提示

下一点或 [第一点(F)]<退出>:　　　　　　　//直接在要插入标高标注的平面图位置单击即可完成该标高标注，同样方法完成其余的标高标注

29 选择【文字表格】|【单行文字】菜单命令，打开【单行文字】对话框，设置参数如图 17-47 所示。同时，命令行提示：

请点取插入位置<退出>: //直接在餐厅的房间中单击即可完成该单行文字的创建，命令行重复该步提示，返回到【单行文字】对话框中，直接在文本框中输入房间名称或选择【词】词按钮，进入【专业文字】对话框中选择所需要的文字，即可创建单行文字，创建完成后，按回车键退出。最后得到该小高层住宅的首层平面图效果如图 17-48 所示

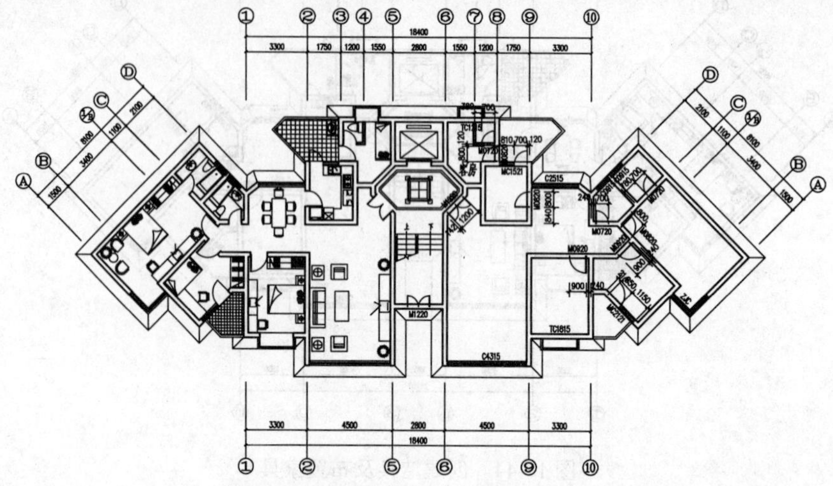

图 17-45　内门标注及编辑标注图

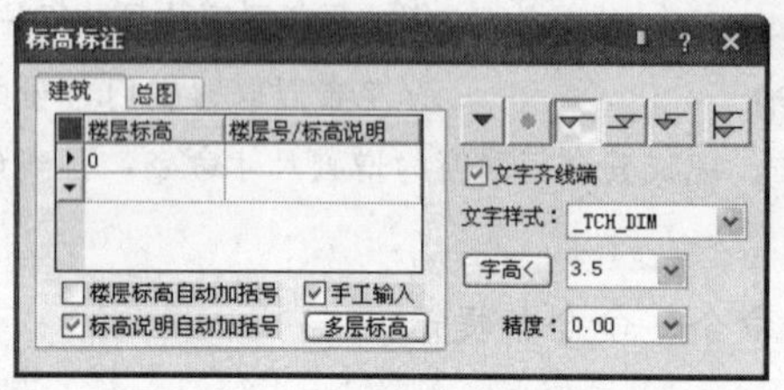

图 17-46　【标高标注】对话框

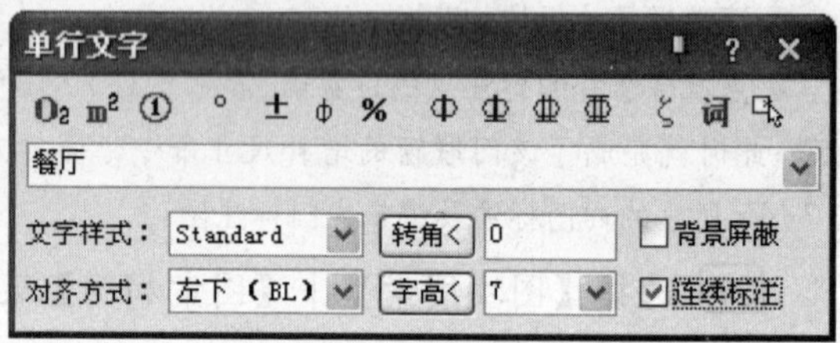

图 17-47　【单行文字】对话框

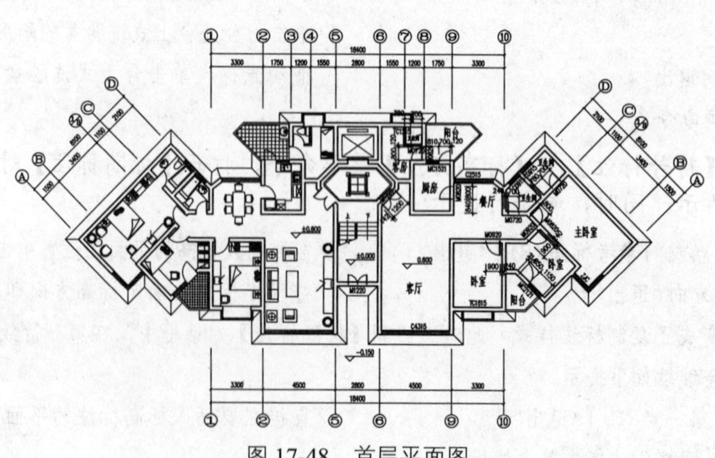

图 17-48　首层平面图

17.2.2 二至九层平面图

利用以前所学的工具创建如图 17-49 所示的 2～9 层标准层平面图。

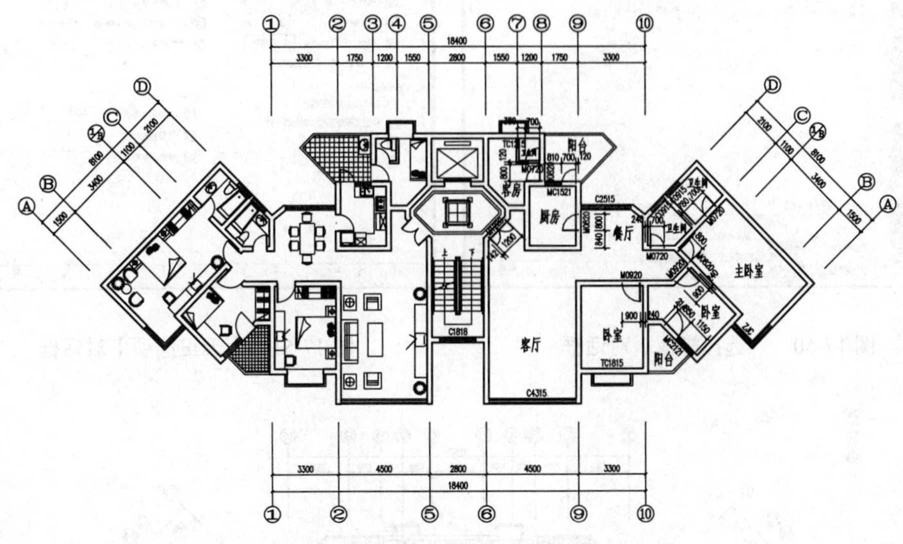

图 17-49　标准层平面图

操作步骤如下：

01 在打开的 TArch 2014 软件中，选择【文件】｜【新建】菜单命令，显示了【选择样板】对话框，如图 17-50 所示。选择 ACAD 标签，单击【打开】按钮，即可新建一个空白文档。

02 打开已创建好的首层平面 DWG 文件，框选整个平面图，按下 Ctrl+C 键后，转到刚才所创建的空白文档中，按下 Ctrl+V 键，命令行提示：

```
点取位置或 [转 90 度(A)/左右翻(S)/上下翻(D)/对齐(F)/改转角(R)/改基点(T)]<退出>:
```

/直接在视图中任意位置单击即可将首层平面图复制到当前 DWG 文档中/

03 选择【设置】｜【天正选项】菜单命令，显示【天正选项】对话框，设置参数如图 17-51 所示。单击【确定】按钮即可完成设置。

04 选择【墙体】｜【墙体工具】｜【改高度】菜单命令，命令行提示：

```
请选择墙体、柱子或墙体造型:                          //框选整栋建筑物平面图
请选择墙体、柱子或墙体造型:↙                         //按回车键结束选择
新的高度<3600>:3000↙                                 //输入 3000 后按回车键
新的标高<0>:↙                                        //按回车键接受默认值
是否维持窗墙底部间距不变?[是(Y)/否(N)]<N>:Y↙          //输入选项 "Y" 后按回车
键即可完成墙体的改高度命令
```

05 调用 AutoCAD 删除（ERASE）命令，将平面图中的楼梯、散水及台阶、标高文字、楼梯间入口处的门删除，得到如图 17-52 所示的平面图。

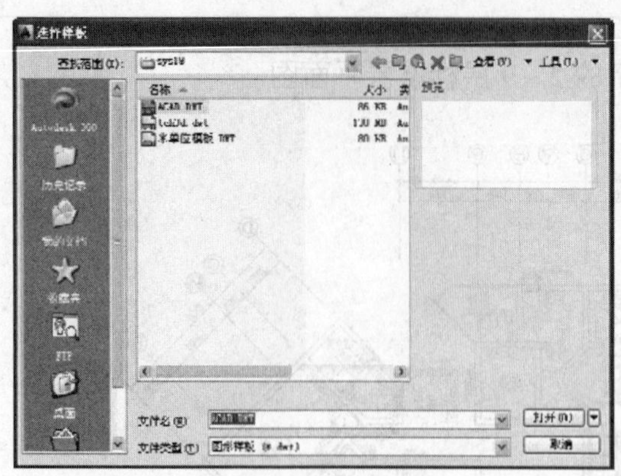

图 17-50 “选择样板”对话框

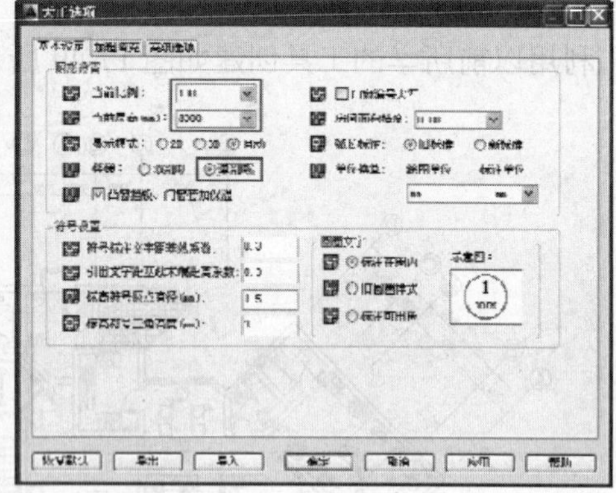

图 17-51 【天正选项】对话框

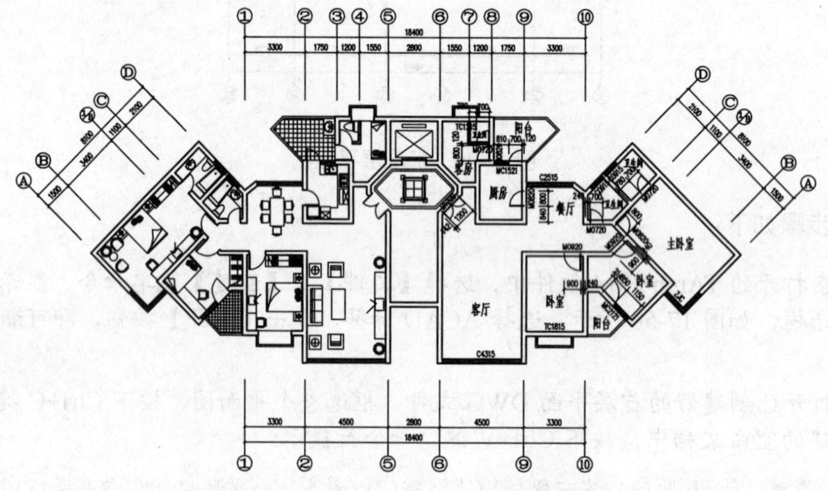

图 17-52 删除散水、楼梯及台阶等后的平面图

06 选择【门窗】|【门窗】菜单命令，打开【窗】对话框，设置参数如图 17-53 所示。单击【在点取的墙段上等分插入】按钮，命令行提示：

点取门窗大致的位置和开向(Shift-左右开)<退出>: //在楼梯间的南面墙段上单击

门窗个数(1~1)<1>:↙ //直接按回车键接受默认值，即可完成楼梯间窗户的创建，命令行重复上步提示，按回车键退出

07 选择【楼梯其他】|【双跑楼梯】菜单命令，打开【双跑楼梯】对话框，设置参数如图 17-54 所示。单击【确定】按钮，命令行提示：

点取位置或[转90度(A)/左右翻(S)/上下翻(D)/对齐(F)/改转角(R)/改基点(T)]<退出>:D↙

/输入选项“D”后，命令行继续显示如下提示/

点取位置或 [转 90 度(A)/左右翻(S)/上下翻(D)/对齐(F)/改转角(R)/改基点(T)]<退出>:

/直接在楼梯间左下墙角处单击完成标准层平面的创建，得到如图 17-55 所示的标准层平面图/

图 17-53　【窗】对话框

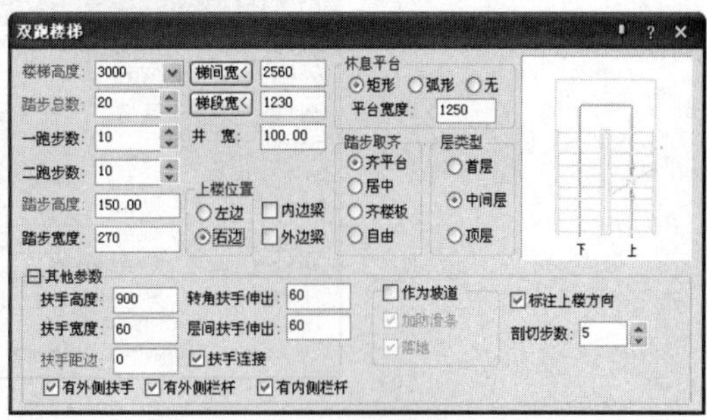

图 17-54　【双跑楼梯】对话框

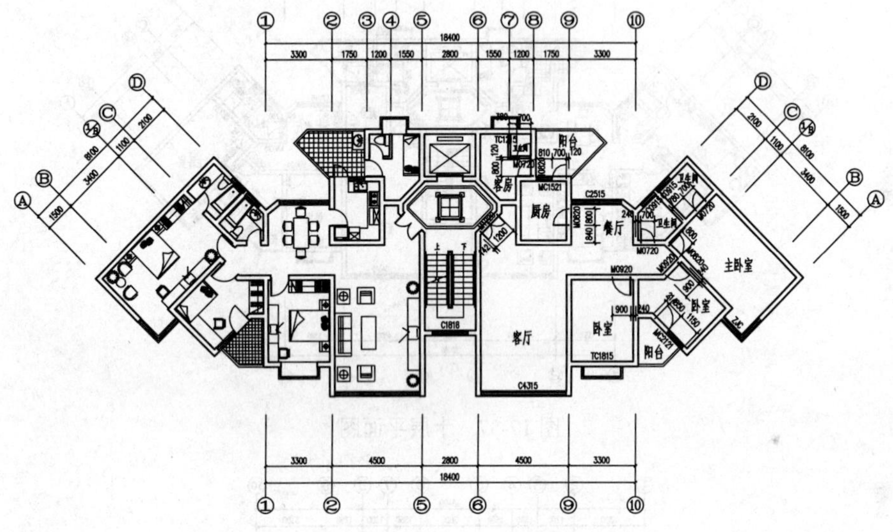

图 17-55　标准层平面图

17.2.3 十层平面图

创建十层平面图的步骤和方法与创建标准层平面图一样。首先复制十层平面图至一个新的 DWG 文件中，利用删除工具，将楼梯间南面的窗户及楼梯删除掉。再选择【楼梯其他】|【双跑楼梯】菜单命令，弹出了【双跑楼梯】对话框，设置参数如图 17-56 所示，插入楼梯，即可得到十层平面图效果如图 17-57 所示。

17.2.4 屋顶平面图

创建屋顶平面图的具体操作步骤如下：

01 复制十层平面图至一个新的 DWG 文件当中，创建方法同上。

02 选择【房间屋顶】|【搜屋顶线】菜单命令，生成如图 17-58 所示屋顶线，命令行提示:

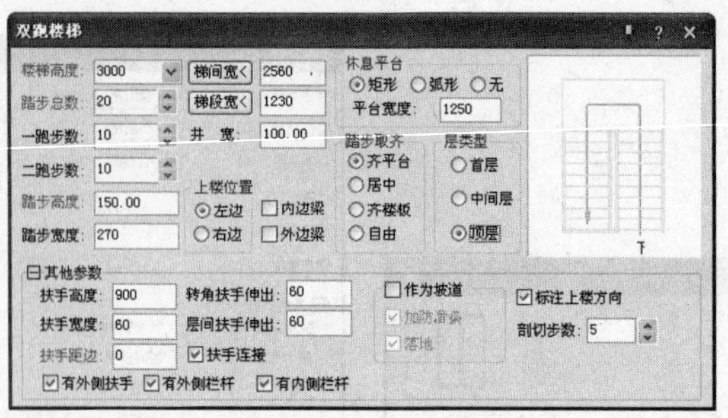

图 17-56 【双跑楼梯】对话框

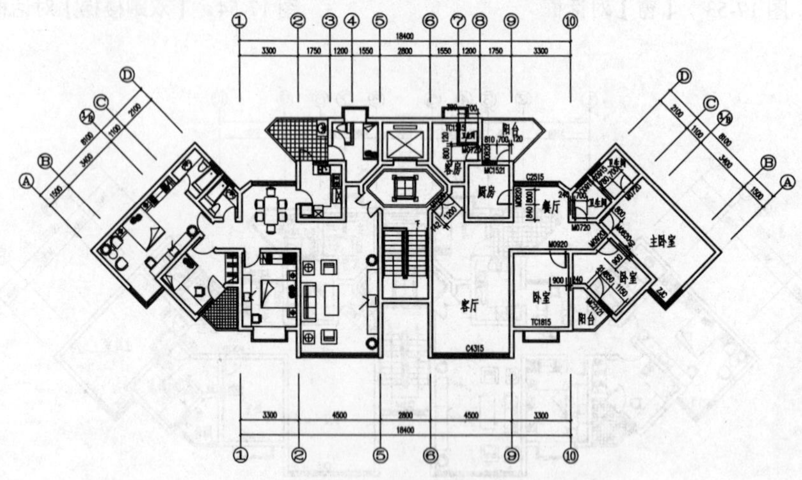

图 17-57 十层平面图

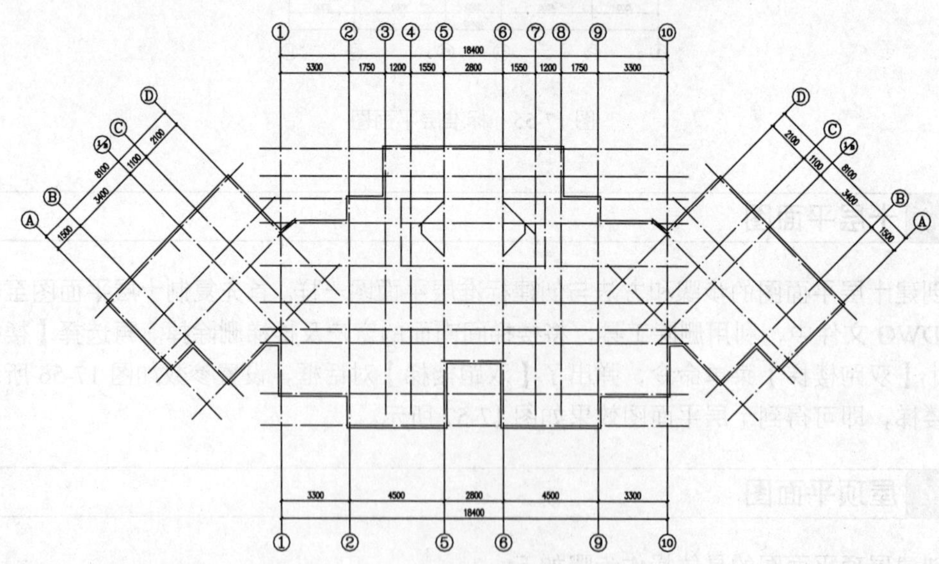

图 17-58 生成屋顶线

请选择构成一完整建筑物的所有墙体(或门窗)： //框选复制好的整栋十层平面图
请选择构成一完整建筑物的所有墙体(或门窗)：↙ //按回车键结束选择

```
偏移外皮距离<600>:↙                                //直接按回车键接受默认值，即
可根据外墙皮向外偏移生一条多段线
```

03 选择【房间屋顶】|【任意坡顶】菜单命令，命令行提示：

```
选择一封闭的多段线<退出>:              //单击选择用【搜屋顶线】命令生成的多段线
请输入坡度角 <30>:45↙                  //输入 45 后按回车键
出檐长<600>:↙                          //直接按回车键接受默认值即可生成任意屋顶平面
```

04 将轴线隐藏，即可得到如图 17-59 所示该住宅的屋顶平面图。

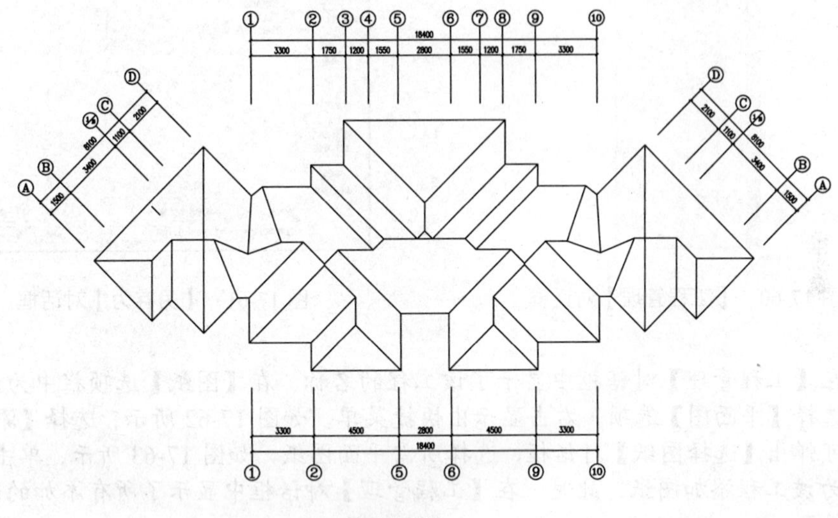

图 17-59　屋顶平面图

17.3 创建立面图

在前面的章节中，已介绍了立面图的基础知识和创建立面图的方法。本节将通过一个实例来巩固和加深对创建立面图的认识。

17.3.1 工程管理与楼层表

在学习 TArch 2014 基础知识时，已接触过工程管理的初步知识，一个 DWG 文件中存放多个平面图形进行施工图绘制是不受限制的，但如果要整体生成立面图、剖面图及三维模型，则要求按工程项目来管理。一个 DWG 文件除了代表一个楼层外，还可作为标准层来代表多个自然层，它由楼层表命令建立数据库文件，把层高数据和自然层编号对应起来，如果一个标准层是二层至六层通用的，那么在楼层表中的楼层选项应该填入 2~6 或者（2-6）。

下面为该小高层住宅工程创建一个新工程及楼层表。创建新工程及楼层表的具体操作步骤如下：

01 选择【文件布图】|【工程管理】菜单命令，打开【工程管理】对话框，如图 17-60 所示。单击【工程管理】下拉式菜单按钮，选择【新建工程】选项，打开【另存为】对话框，选择存储路径及输入工程文件名，如图 17-61 所示。单击【保存】按钮即可创建新的工程。

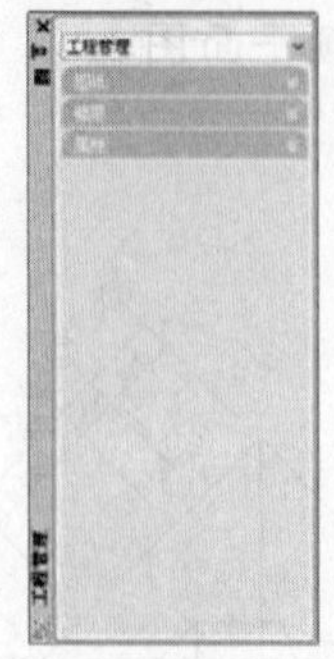

图 17-60 【工程管理】对话框

图 17-61 【另存为】对话框

02 在【工程管理】对话框中显示了该工程的名称，在【图纸】选项栏中为该工程添加图纸，选择【平面图】选项，右击显示出快捷菜单，如图 17-62 所示。选择【添加图纸】选项，即可弹出【选择图纸】对话框，选择所需平面图纸，如图 17-63 所示。单击【打开】按钮即可为该工程添加图纸。此时，在【工程管理】对话框中显示了所有添加的图纸，如图 17-64 所示。

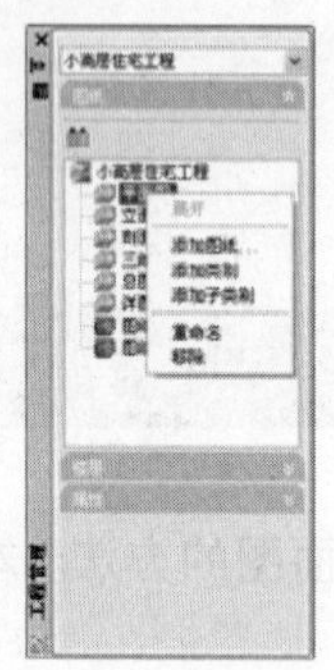

图 17-62 添加图纸选项

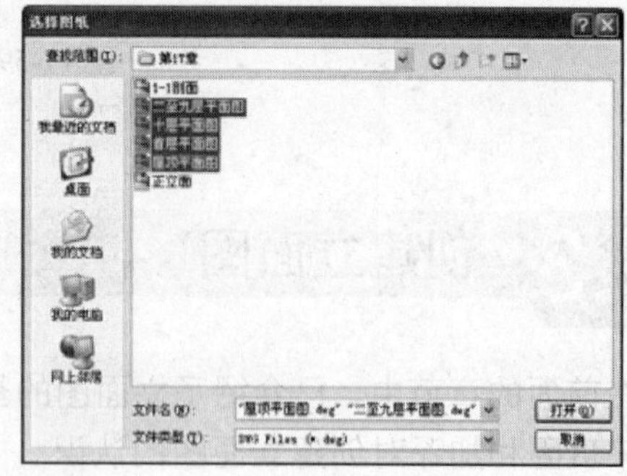

图 17-63 【选择图纸】对话框

03 在【工程管理】对话框中，单击【楼层】选项，打开【楼层】选项栏，设置参数如图 17-65 所示。此时就完成了该工程项目及楼层表的创建。

17.3.2 生成立面图

建筑立面图是按规定方向投影生成的，在生成立面图之前要自行检查每个楼层平面图的对齐点是否一致，因而打开每个楼层平面图后，将统一的对齐点移至原点（0，0）位置。

方法是以左下方两轴线的交点为对齐点移动至固定点。生成立面图的操作步骤如下：

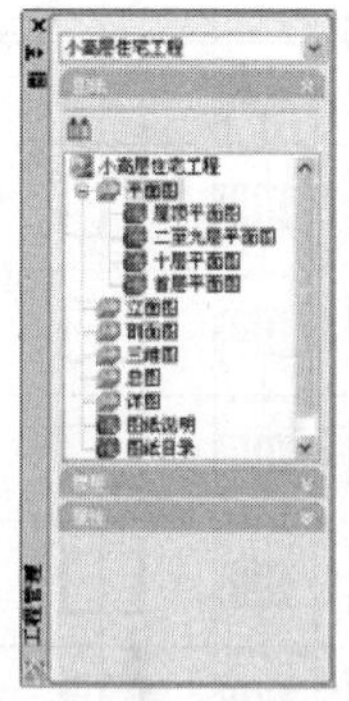

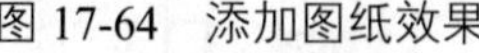

图 17-64　添加图纸效果

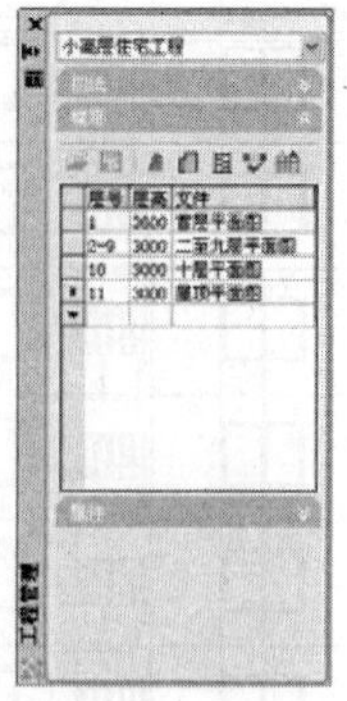

图 17-65　楼层选项

01 调用 AutoCAD 的移动（MOVE）命令，命令行提示如下：

```
命令：MOVE↙
选择对象：                                      //框选整栋建筑物平面图
选择对象：↙                                     //按回车键结束选择
指定基点或 [位移(D)] <位移>:                     //单击左下方两轴线的交点
指定第二个点或 <使用第一个点作为位移>:0，0↙      //输入原点坐标（0，0）后按回车键即可完成移动，所有的楼层平面图都需要执行该步骤
```

02 选择【立面】|【建筑立面】菜单命令，命令行提示：

```
请输入立面方向或 [正立面(F)/背立面(B)/左立面(L)/右立面(R)]<退出>:F↙
                                                //输入选项 "F"
请选择要出现在立面图上的轴线：↙                 //直接按回车键不需要在立面图上出现轴线
```

03 系统打开【立面生成设置】对话框，设置参数如图 17-66 所示。单击【生成立面】按钮，打开【输入要生成的文件】对话框，设置文件名，如图 17-67 所示。单击【保存】按钮，即可生成正立面图，得到如图 17-68 所示的正立面图。

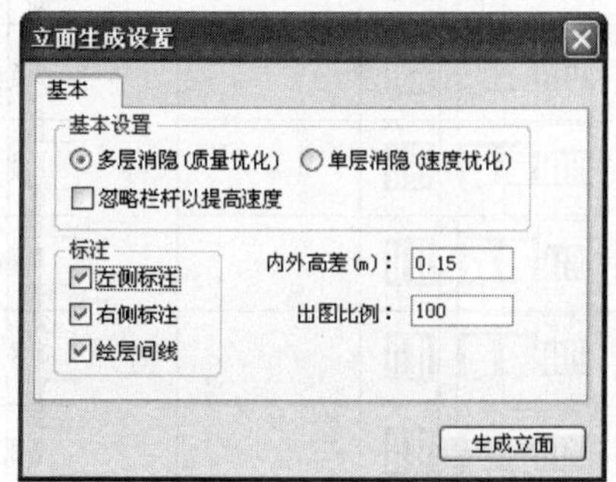

图 17-66　【立面生成设置】对话框

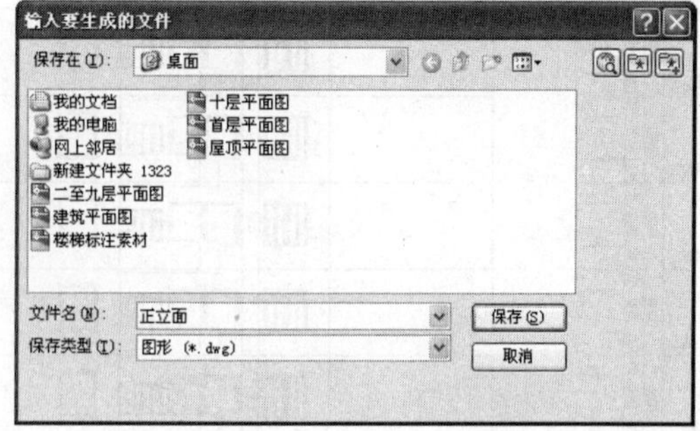

图 17-67　【输入要生成的文件】对话框

04 同样方法，生成该建筑物的背立面图，如图 17-69 所示；左侧立面图，如图 17-70 所示；右侧立面图，如图 17-71 所示。

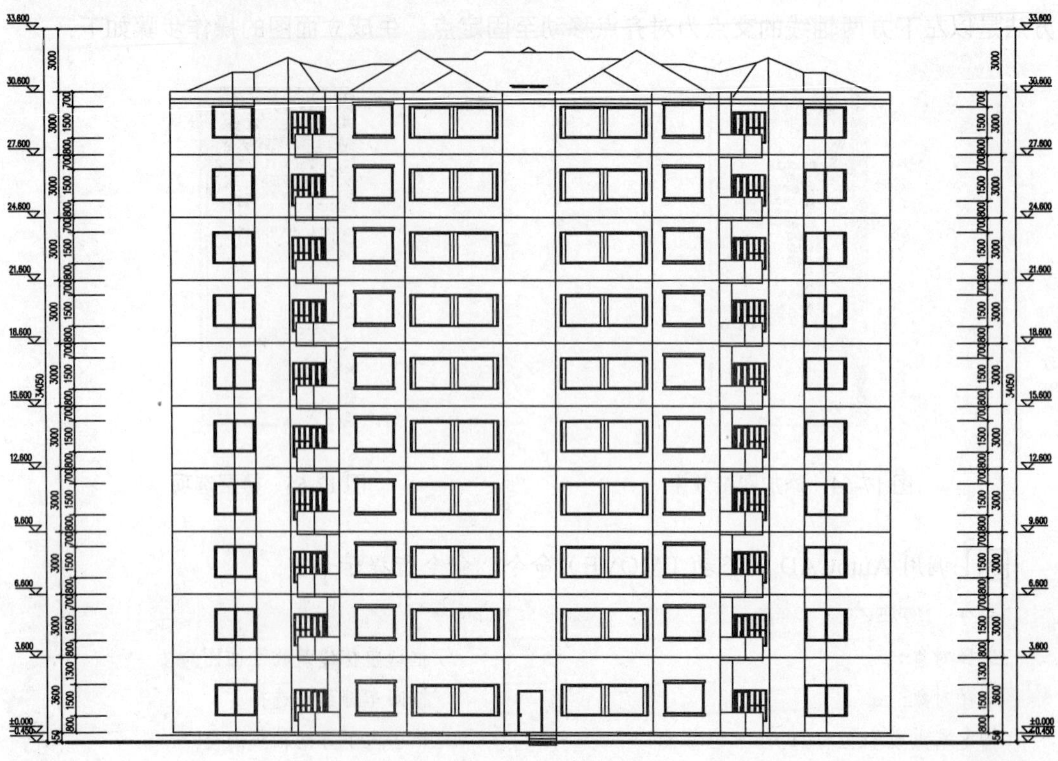

图 17-68　正立面图

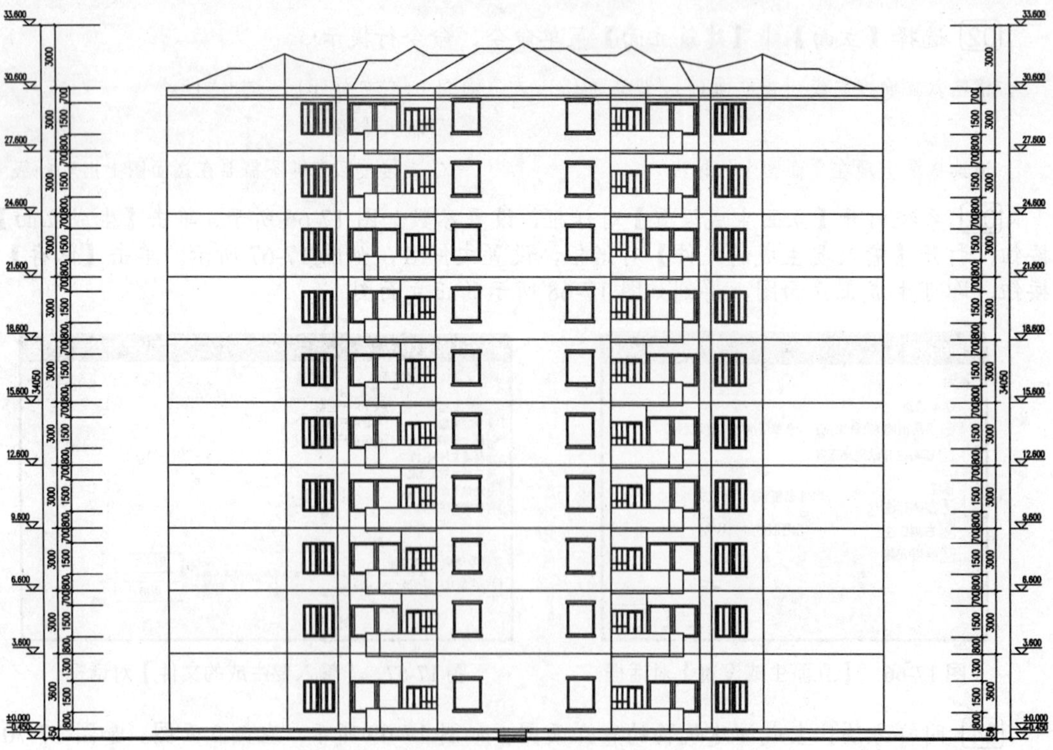

图 17-69　背立面图

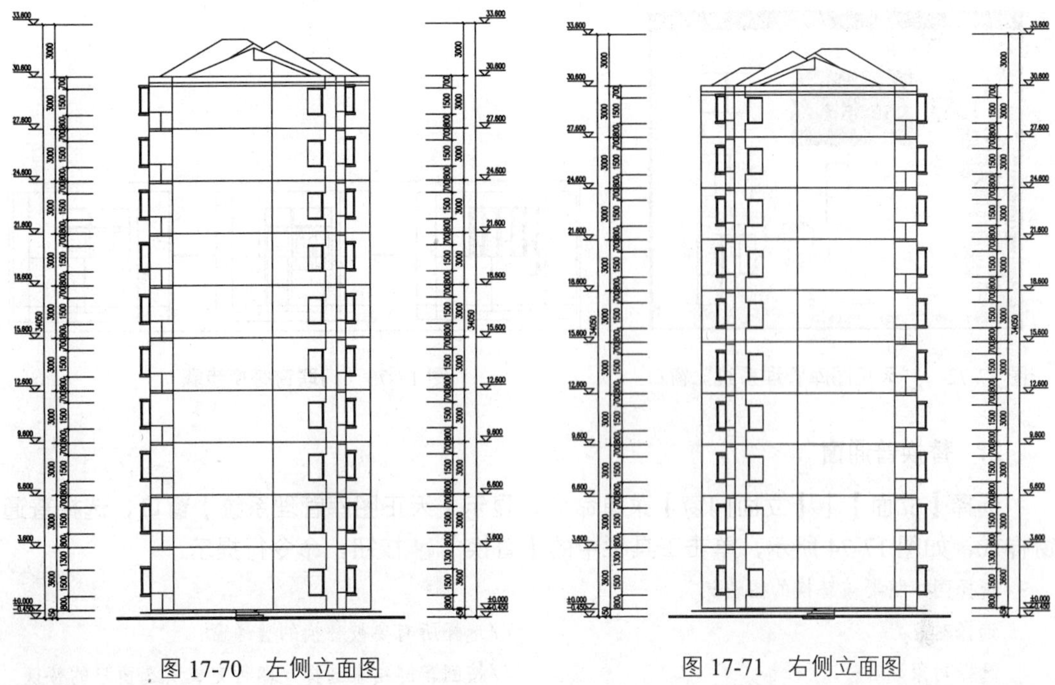

图 17-70　左侧立面图　　　　图 17-71　右侧立面图

17.3.3 立面深化与编辑

生成的立面图除了有少量错误需要纠正外，其内容也不够完善，需要对立面进行深化，包括门窗的替换、阳台样式的替换、墙身及屋顶填充面砖等。下面以正立面图为例对正立面图进行深化与编辑。

1. 替换门联窗

01 选择【立面】|【立面门窗】菜单命令，打开【天正图库管理系统】窗口，选择门联窗样式，如图 17-72 所示，双击该门联窗样式图标，命令行提示：

```
点取插入点[转90(A)/左右(S)/上下(D)/对齐(F)/外框(E)/转角(R)/基点(T)/更换(C)]<退出>:E↙
第一个角点或[参考点(R)]<退出>:          //单击已有门联窗的第一个角点
另一个角点:                             //拖动光标单击该门联窗的对角点，完成门联窗的插入
```

02 调用 AutoCAD 绘图工具栏中的删除（Erase）命令，删除替换了的多余门联窗。

03 选择【立面】|【图形裁剪】菜单命令，命令行提示：

```
请选择被裁剪的对象:                     //选择要被裁剪的门联窗
请选择被裁剪的对象:↙                    //按回车键结束选择
矩形的第一个角点或[多边形裁剪(P)/多段线定边界(L)/图块定边界(B)]<退出>:
                                        //单击被阳台遮挡部分的并与所选门联窗相交的第一点
另一个角点<退出>:                       //拖动光标，单击门联窗右下方的角点即可完成图形裁剪命令。如图 17-73 所示是替换门联窗的步骤
```

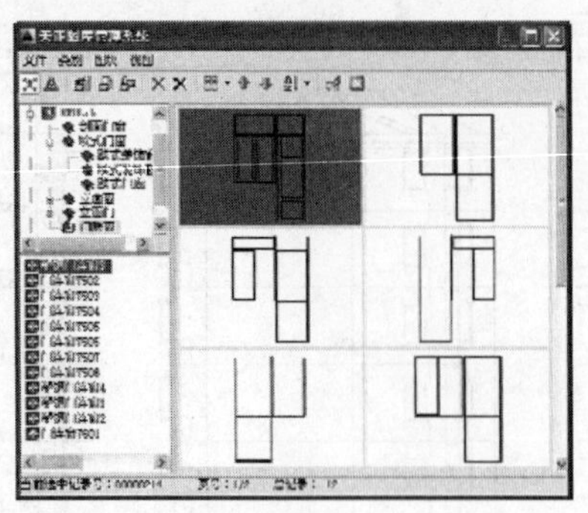

图 17-72 “天正图库管理系统”窗口

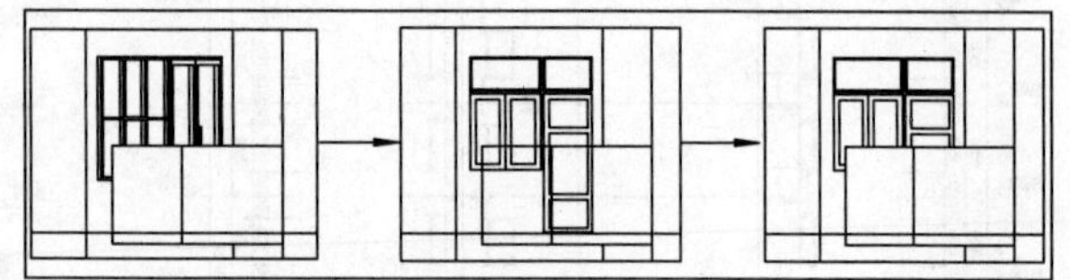

图 17-73 门联窗替换步骤

2. 替换普通窗

选择【立面】|【立面门窗】菜单命令，显示【天正图库管理系统】窗口，选择普通窗样式，如图 17-74 所示，单击工具栏中的【替换】按钮，命令行提示：

```
选择图中将要被替换的图块!
选择对象:                                //选择所有要被替换的普通窗
选择对象: ↙                              //按回车键结束选择，即可完成所选窗户的替换
```

3. 替换凸窗

01 选择【立面】|【立面门窗】菜单命令，显示了【天正图库管理系统】窗口，选择凸窗样式，如图 17-75 所示。双击该图标，命令行提示：

```
点取插入点[转 90(A)/左右(S)/上下(D)/对齐(F)/外框(E)/转角(R)/基点(T)/更换(C)]<退出>:E↙           //输入选项 “E”
第一个角点或[参考点(R)]<退出>:             //单击要替换凸窗左下角的角点（不包括窗套）
另一个角点:                                //拖动光标单击该凸窗右上窗的角点，即可完成凸窗的插入
点取插入点[转 90(A)/左右(S)/上下(D)/对齐(F)/外框(E)/转角(R)/基点(T)/更换(C)]<退出>:                //此时，系统已经默认了插入方式，可直接在其他要插入该凸窗的位置单击即可插入凸窗，命令行多次重复该步提示，插入完成后，按回车键结束
```

02 调用 AutoCAD 绘图工具栏中的删除（ERASE）命令，删除已有的凸窗。

03 选择【立面】|【立面窗套】菜单命令，命令行提示：

```
请指定窗套的左下角点 <退出>:               //单击凸窗的左下角点
请指定窗套的右上角点 <退出>:               //拖动光标单击凸窗的右下角点
```

04 显示【窗套参数】对话框，设置参数如图 17-76 所示，单击【确定】按钮，即可完成该窗户窗套的添加。同样方法，可以完成所有窗套的添加。

4. 替换造型窗

选择【立面】|【立面门窗】菜单命令，显示【天正图库管理系统】窗口，选择造型窗样式，如图 17-77 所示，单击工具栏中的【替换】按钮，根据命令行提示，选择要替

换的窗户，按回车键结束选择，即可完成所选窗户的替换。

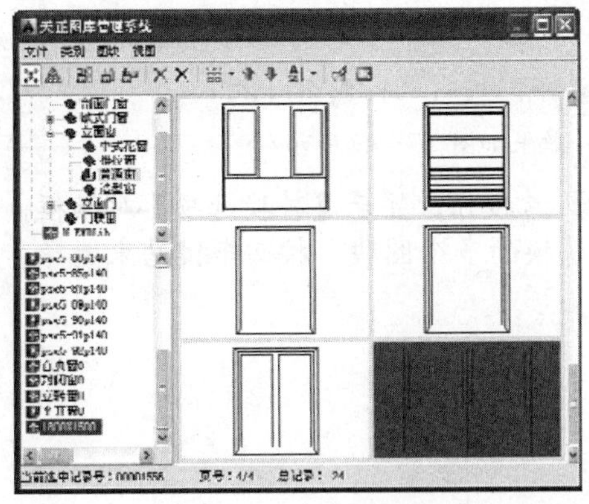

图 17-74　普通窗样式

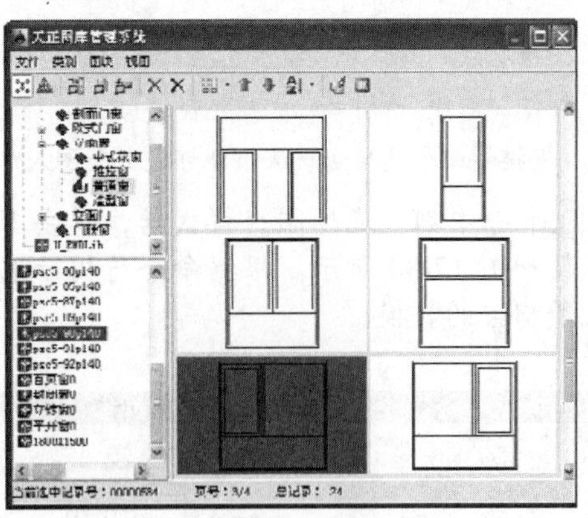

图 17-75　凸窗样式

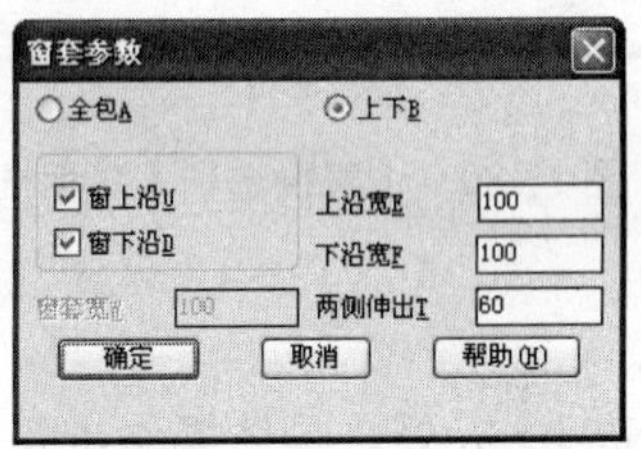

图 17-76　【窗套参数】对话框

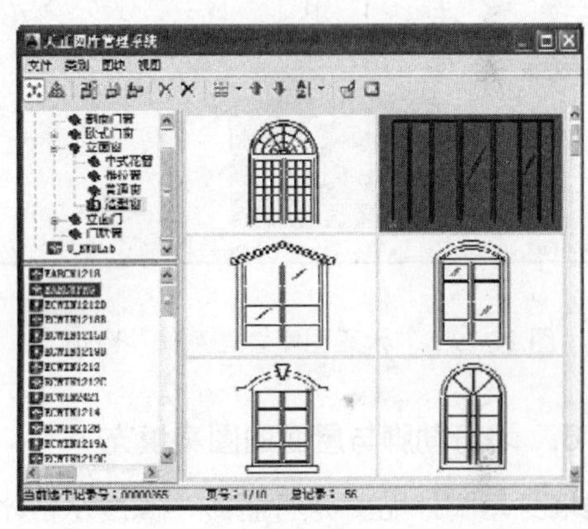

图 17-77　“天正图库管理系统”窗口

5. 替换阳台

01 调用 AutoCAD 绘图工具栏中的 LINE、OFFSET、ARC 等命令绘制出如图 17-78 所示的阳台样式。

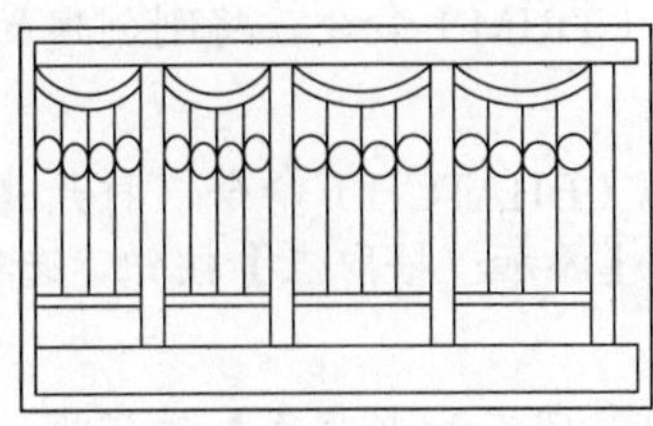

图 17-78　阳台样式

02 选择【立面】|【立面阳台】菜单命令，显示【天正图库管理系统】窗口，单击工具栏中的【新图入库】按钮，命令行提示：

```
选择构成图块的图元：                                    //选择已创建好的阳台样式
选择构成图块的图元：↙                                   //按回车键结束选择
图块基点<(67551.9,-2056.93,-1e-008)>:                   //单击阳台样式的左下角点
制作幻灯片(请用 zoom 调整合适)或 [消隐(H)/不制作返回(X)]<制作>:↙
```

/直接按回车键接受默认值即可完成新图入库命令，效果如图 17-79 所示/

03 选中刚入库的阳台样式后，单击【替换】按钮，显示【替换选项】对话框，设置参数如图 17-80 所示，根据命令行提示选择要替换的多个图块，按回车键结束选择，并完成了阳台的替换。

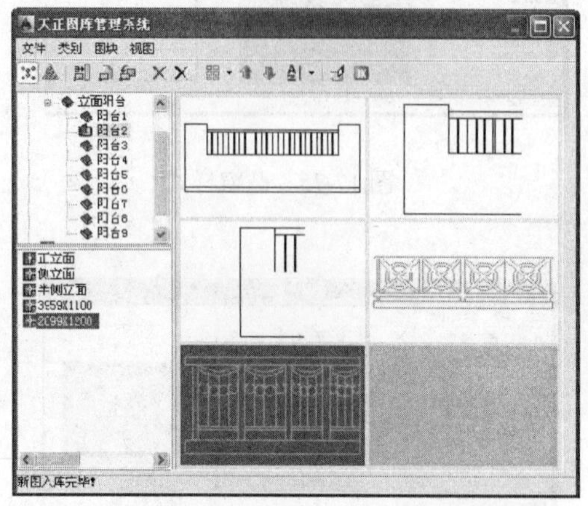

图 17-79 “天正图库管理系统”窗口

图 17-80 【替换选项】对话框

6. 墙身勒脚与屋面的图案填充

墙身勒脚外贴蘑菇石面砖，高度从散水开始至标高 0.6m 处。具体操作步骤如下：

01 调用 AutoCAD 的偏移（OFFSET）命令，命令行提示：

```
指定偏移距离或[通过(T)/删除(E)/图层(L)]:600↙          //输入距离值 600 后按回车键
选择要偏移的对象，或[退出(E)/放弃(U)] <退出>:           //选择散水直线对象
指定要偏移的那一侧上的点，或[退出(E)/多个(M)/放弃(U)] <退出>:
```

/拖动光标至视图上方单击即可创建一条勒脚填充分隔线/

02 调用 AutoCAD 的修剪（TRIM）命令，将刚创建的直线经过阳台和门处的部分裁剪掉。

03 调用 AutoCAD 的填充（BHATCH）命令，打开【图案填充和渐变色】对话框，设置参数如图 17-81 所示。单击【添加：拾取点】按钮，选择单击要进行勒脚填充的区域，完成勒脚的图案填充。

04 按回车键再次打开【图案填充和渐变色】对话框，设置参数如图 17-82 所示。单击【添加：拾取点】按钮，单击选择屋面区域，完成屋面的图案填充。

7. 添加说明和必要的标注

01 选择【符号标注】|【引出标注】菜单命令，显示【引出标注】对话框，设置参

数如图 17-83 所示。命令行提示：

请给出标注第一点<退出>：　　//单击视图中要表示材质的一点
输入引线位置或［更改箭头型式(A)］<退出>：　　//拖动光标单击引线位置
点取文字基线位置<退出>：　　//拖动光标单击文字基线位置
输入其他的标注点<结束>：↙　　//按回车键取消输入其他标注点
请给出标注第一点<退出>：　　//按回车键退出当前命令，完成了该引出标注的创建，同样方法创建其他的引出标注

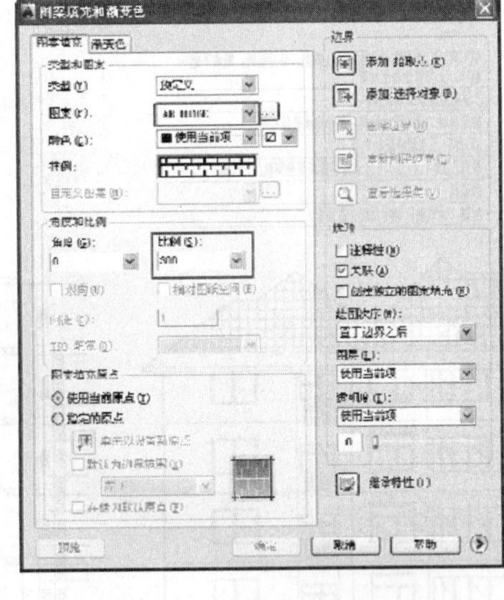

图 17-81　勒脚图案填充参数　　图 17-82　屋面图案填充参数

02 选择【符号标注】|【做法标注】菜单命令，显示【做法标注】对话框，单击【词】按钮，进入【专业文字】对话框，选择如图 17-84 所示的专业文字，单击【确定】按钮，返回【做法标注】对话框中，设置参数如图 17-85 所示。命令行提示：

请给出标注第一点<退出>：　　//单击要标注的屋面上一点
请给出标注第二点<退出>：　　//拖动光标单击转角处的一点
请给出文字线方向和长度<退出>：　　//拖动光标确定文字线方向和长度，按回车键即可完成做法标注，同样方法完成其余的做法标注

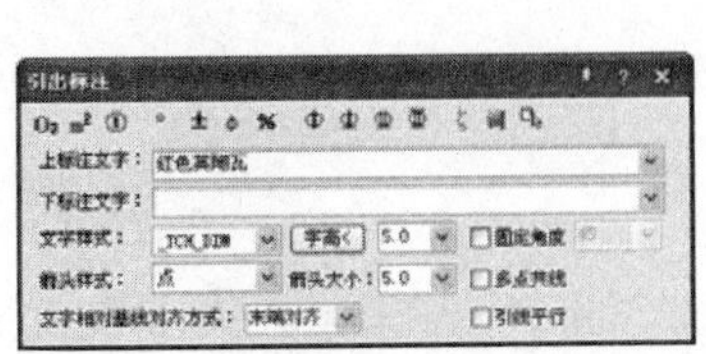

图 17-83　【引出标注】对话框

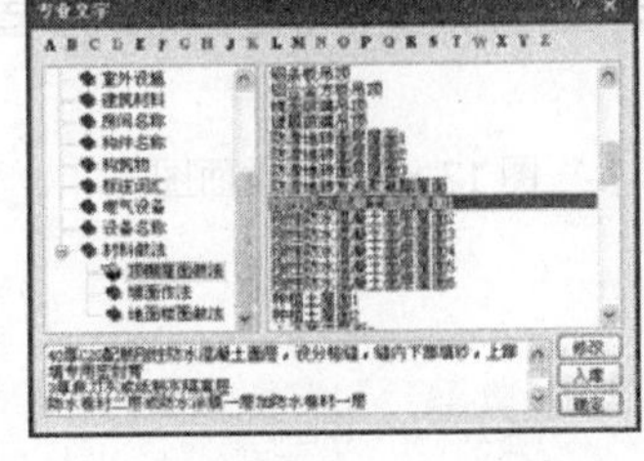

图 17-84　【专业文字】对话框

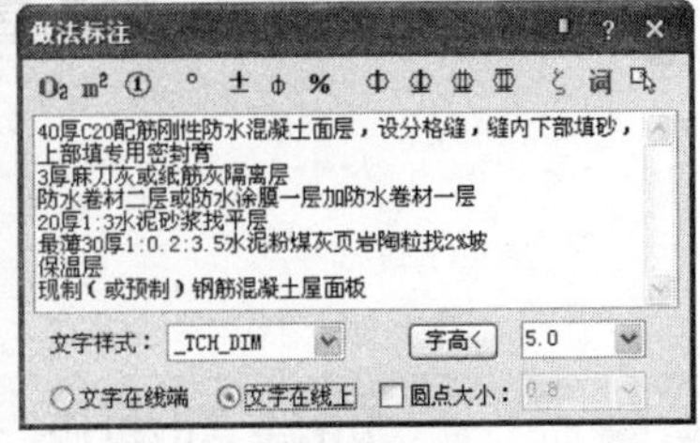

图 17-85　【做法标注】对话框

03 选择【立面】|【立面轮廓】菜单命令，命令行提示：

选择二维对象：　　　　　　　　　　　　　　　　//框选整个立面图

选择二维对象：↙　　　　　　　　　　　　　　　//按回车键结束选择

请输入轮廓线宽度(按模型空间的尺寸)<5>:30↙　　　　//输入 30 后按回车键，命令会显示如下提示信息

成功的生成了轮廓线！

04 完成了立面轮廓线加粗，最后得到如图 17-86 所示的正立面图，其他立面图参照该立面图的编辑方法进行修改。

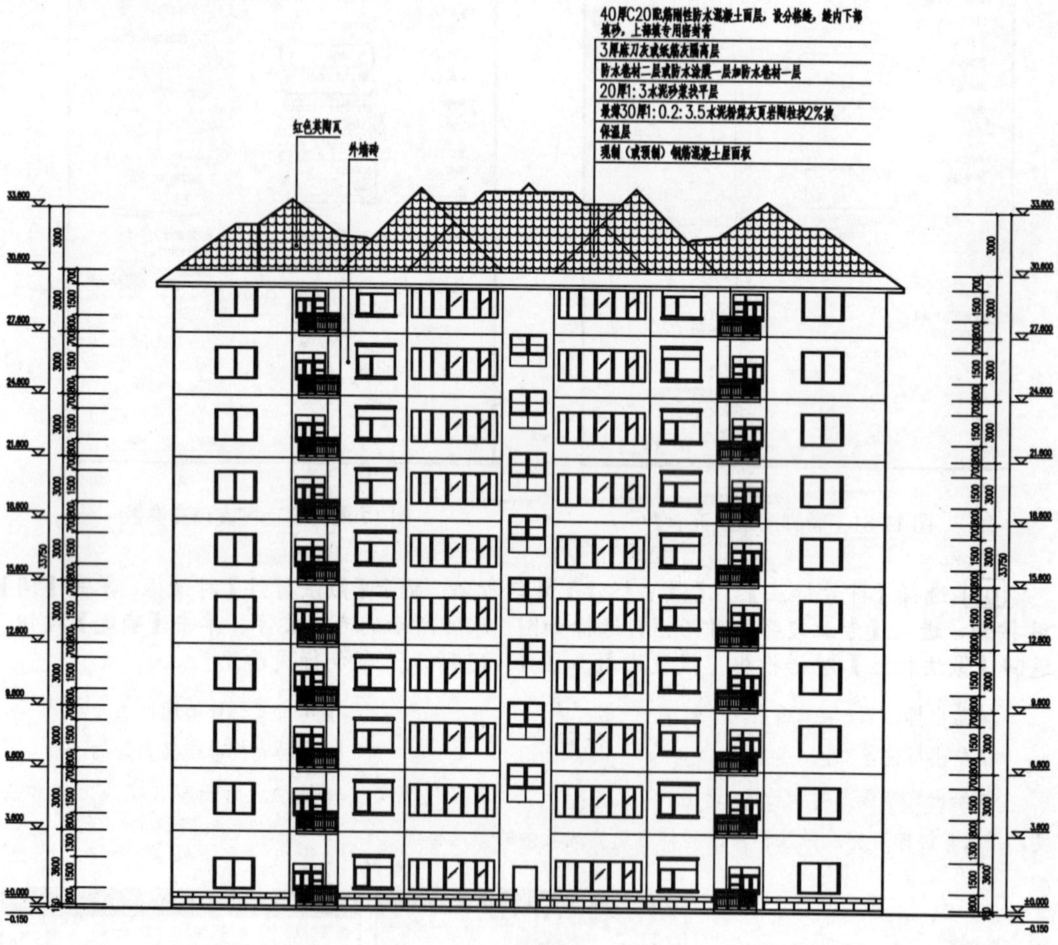

图 17-86　正立面图

17.4 创建剖面图

剖面图的生成同样依照工程管理与楼层表的概念进行，在这里就不再介绍了。【建筑

剖面】命令是按照平面图的剖切符号规定的剖切线以获得构件剖面的，同时按照剖切号指定的方向投影生成可见的立面图。

剖面图的生成命令要求平面图标注有【剖面剖切】或者【断面剖切】符号，但并不规定这些符号必须在首层平面图标注，而以【建筑剖面】命令执行时使用的剖切符号为准。

17.4.1 生成建筑剖面图

为上一节创建的小高层住宅工程项目生成建筑剖面图的具体操作步骤如下：

01 打开首层平面图，在该图中，选择【符号标注】|【剖切剖面】菜单命令，命令行提示：

```
请输入剖切编号<1>:↙                //直接按回车键接受默认值“1”
点取第一个剖切点<退出>:             //单击楼梯间下方的一个点
点取第二个剖切点<退出>:             //按下 F8 键，垂直向上拖动光标至电梯房上侧单击
点取下一个剖切点<结束>:↙            //直接按回车键结束选取点
点取剖视方向<当前>:                 //拖动光标至左方向单击即可创建出一个剖切符号，即
在首层平面图上显示了如图 17-87 所示剖切符号
```

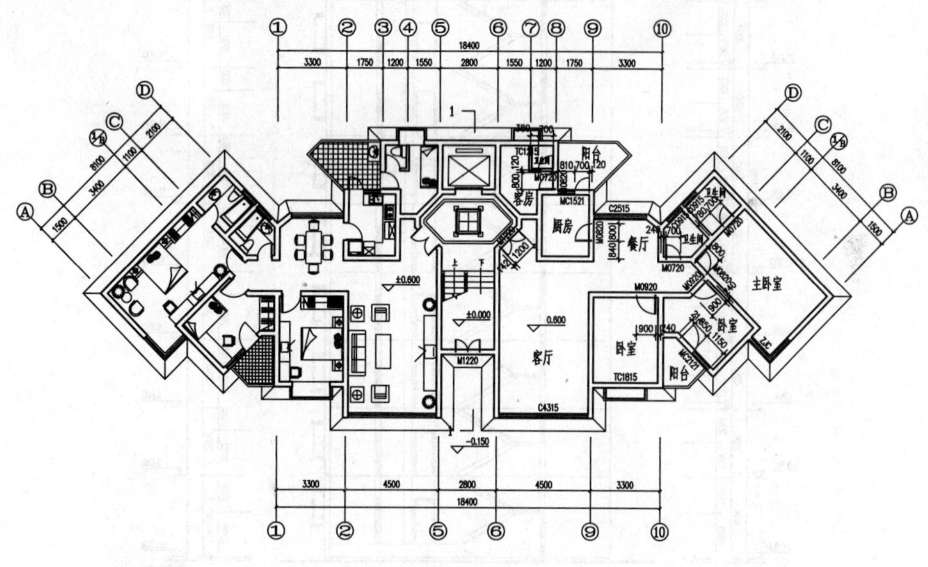

图 17-87　创建剖切符号

02 在当前工程项目打开的情况下，选择【剖面】|【建筑剖面】菜单命令，命令行提示：

```
请选择一剖切线:                     //单击选择上一步创建的剖切符号位置线
请选择要出现在剖面图上的轴线:       //直接按回车键表示所有轴线都不出现在剖面图上
```

03 系统打开【剖面生成设置】对话框，设置参数如图 17-88 所示。单击【生成剖面】按钮，弹出【输入要生成的文件】对话框，如图 17-89 所示。设置文件名后，单击【保存】按钮，即可生成一个新剖面图 DWG 文件，并打开该文件。生成的剖面图如图 17-90 所示。

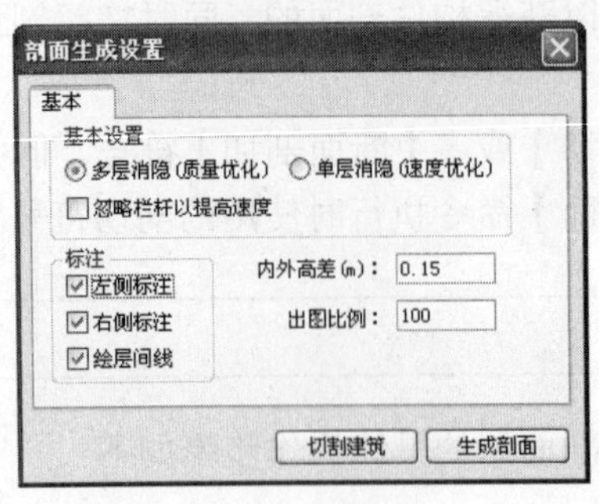

图 17-88 【剖面生成设置】对话框

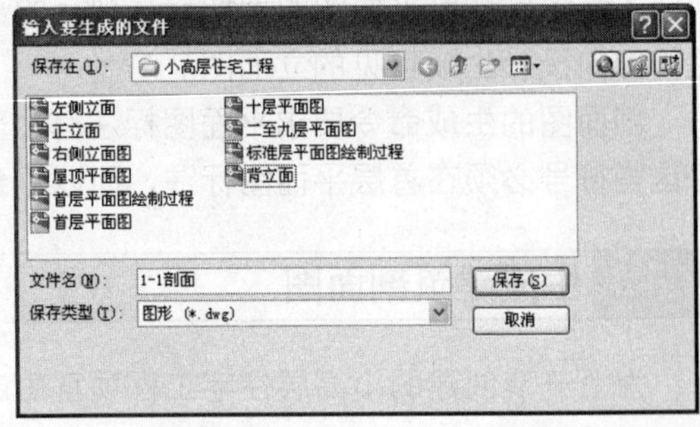

图 17-89 【输入要生成的文件】对话框

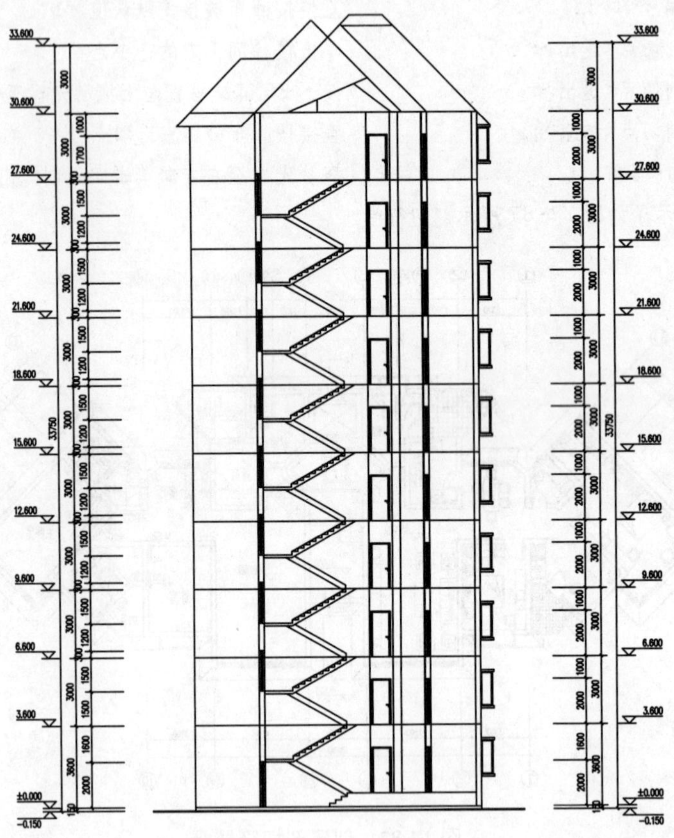

图 17-90 1-1 剖面图

17.4.2 编辑剖面图及内容深化

生成的剖面图除了有少量错误外，内容也不够完善，需要对其进行深化处理。其深化的内容包括：补充楼板厚度及梁剖面、补充剖面楼梯栏杆、剖面材料填充、填充立面、替换门窗等。

1. 补充楼板厚度及梁剖面

补充楼板厚度及梁剖面的具体操作步骤如下：

01 选择【剖面】|【双线楼板】菜单命令，命令行提示：

请输入楼板的起始点 <退出>:　　//单击楼梯层板顶部左边的一点
结束点<退出>:　　//水平拖动光标至最右边墙外线的位置单击
楼板顶面标高 <3600>:↙　　//直接按回车键接受默认层高值
楼板的厚度(向上加厚输负值)<200>:120↙　　//输入厚度值 120 后按回车键结束即可创建首层的楼板。同样方法完成其他双线楼板的创建

02 选择【剖面】|【剖面门窗】菜单命令，打开【剖面门】对话框，如图 17-91 所示，同时命令行提示：

请点取剖面墙线下端或[选择剖面门窗样式(S)/替换剖面门窗(R)/改窗台高(E)/改窗高(H)]<退出>:H↙
/输入选项“H”/
请选择剖面门窗<退出>:
/选择楼梯间入口的剖面门/
请选择剖面门窗<退出>:
/按回车键结束选择/
请指定门窗高度<退出>:1980↙
/输入高度值 1980 后按回车键，即可完成剖面门窗的更改，命令行继续上述提示，按回车键退出命令/

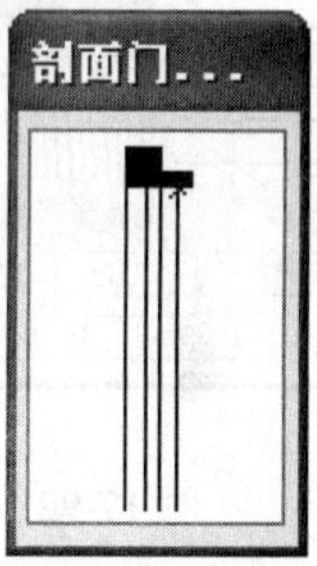

图 17-91　“剖面门”对话框

03 选择【剖面】|【加剖断梁】菜单命令，命令行提示：

请输入剖面梁的参照点<退出>:　　//单击楼梯间外墙内线与休息平台的交点
梁左侧到参照点的距离<100>:240　　//输入距离值 240 后按回车键
梁右侧到参照点的距离<100>:0↙　　//输入距离值 0 后按回车键
梁底边到参照点的距离<300>:120↙　　//输入距离值 120 后按回车键，即可创建剖断梁，同样方法创建其他的剖断梁，只需要将梁底边到参照点的距离值改为 400 即可

2. 剖面材料填充

剖面材料填充的具体操作步骤如下：

01 选择【剖面】|【剖面填充】菜单命令，命令行提示：

请选取要填充的剖面墙线梁板楼梯<全选>:
选择对象:　　//选择要填充的梁板楼梯
选择对象: ↙　　//按回车键结束选择

02 系统打开【选择填充图案】对话框，设置参数如图 17-92 所示。单击【确定】按钮，即可完成所选梁板楼梯的图案填充。

03 选择【剖面】|【剖面填充】菜单命令，命令行提示：

请选取要填充的剖面墙线梁板楼梯<全选>:
选择对象:　　　　　　　　　　　　　　//选择要填充的剖面墙线
选择对象: ↙　　　　　　　　　　　　　//按回车键结束选择

04 系统显示【选择填充图案】对话框，设置参数如图 17-93 所示。单击【确定】按钮，即可完成所选剖面墙体的填充，同样方法，完成所有剖面墙体的填充。

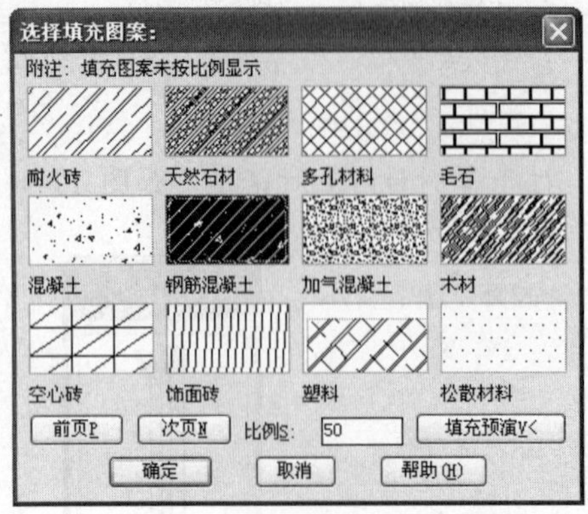

图 17-92　梁板楼梯的参数

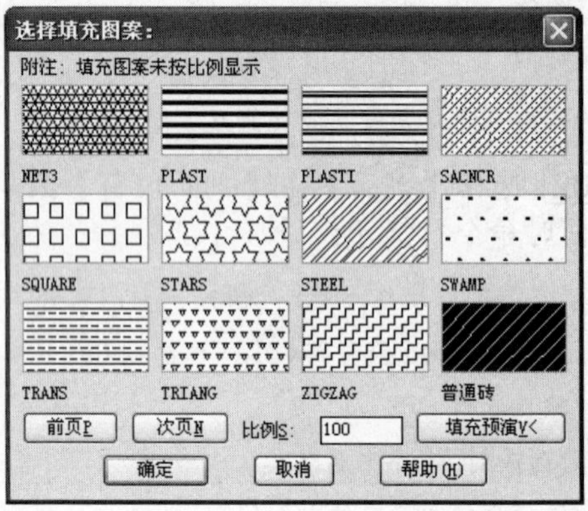

图 17-93　剖面墙体的参数

3. 补充剖面楼梯栏杆

补充剖面楼梯栏杆的具体操作步骤如下：

01 选择【剖面】|【参数栏杆】菜单命令，打开【剖面楼梯栏杆参数】对话框，设置参数如图 17-94 所示。单击【确定】按钮，命令行提示：

请给出剖面楼梯栏杆的插入点<退出>:
/单击首层第一段楼梯最下面一个剖断点，即可插入一段楼梯栏杆/

02 选择【剖面】|【参数栏杆】菜单命令，打开【剖面楼梯栏杆参数】对话框，设置参数如图 17-95 所示。单击【确定】按钮，命令行提示：

请给出剖面楼梯栏杆的插入点<退出>:
/单击首层休息平台最右边的点即可完成第二段楼梯栏杆的创建/

03 同样方法，选中【左低右高 G】单选按钮，并单击【基点选择 P】按钮，可以切换插入基点，单击【确定】按钮，即可完成第三段楼梯栏杆，依照上述方法，可以完成所有剖面楼梯栏杆的创建。

04 选择【剖面】|【扶手接头】菜单命令，命令行提示：

请输入扶手伸出距离<0>: ↙
/直接按回车键接受默认值/
请选择是否增加栏杆[增加栏杆(Y)/不增加栏杆(N)]<增加栏杆(Y)>: ↙
/直接按回车键增加栏杆/
请指定两点来确定需要连接的一对扶手！选择第一个角点<取消>:
/单击要添加连接的区域外一点/

另一个角点<取消>:

/拖动光标框选住该对扶手后单击，即可完成该扶手接头的创建。命令行多次重复上步提示，同样方法框选另外各对楼梯栏杆的接口处，即可完成所有扶手接头的创建/

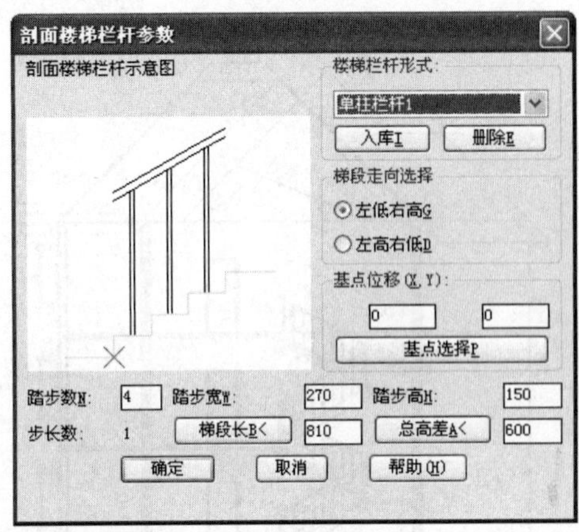

图 17-94　第一跑楼梯栏杆参数

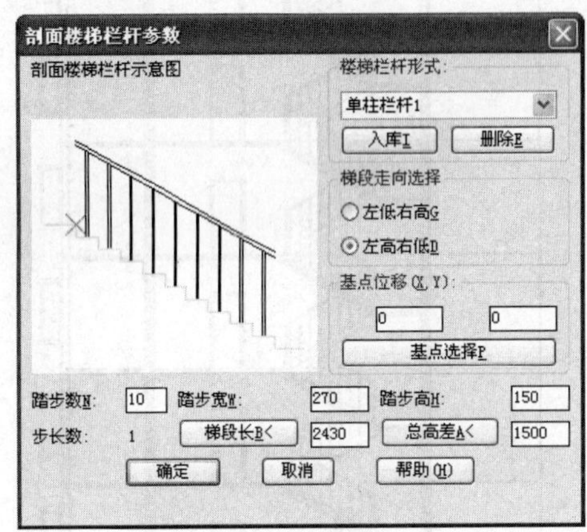

图 17-95　第二跑楼梯栏杆参数

4. 剖面加粗

在建筑剖面图中，被剖切到的墙体及楼板要对其进行加粗填充。选择【剖面】|【向内加粗】菜单命令，命令行提示：

请选取要变粗的剖面墙线梁板楼梯线(向内侧加粗) <全选>:

选择对象:

/框选整栋剖面图/

选择对象: ↙

/按回车键结束选择/

请确认墙线宽(图上尺寸)<0.40>:↙

/直接按回车键接受默认值/

请确认墙线宽(图上尺寸)<0.40>:↙

/直接按回车键接受默认值/

请确认墙线宽(图上尺寸)<0.40>:↙

/直接按回车键接受默认值，即可完成剖面加粗命令，最后得到如图 17-96 所示的剖面效果图/

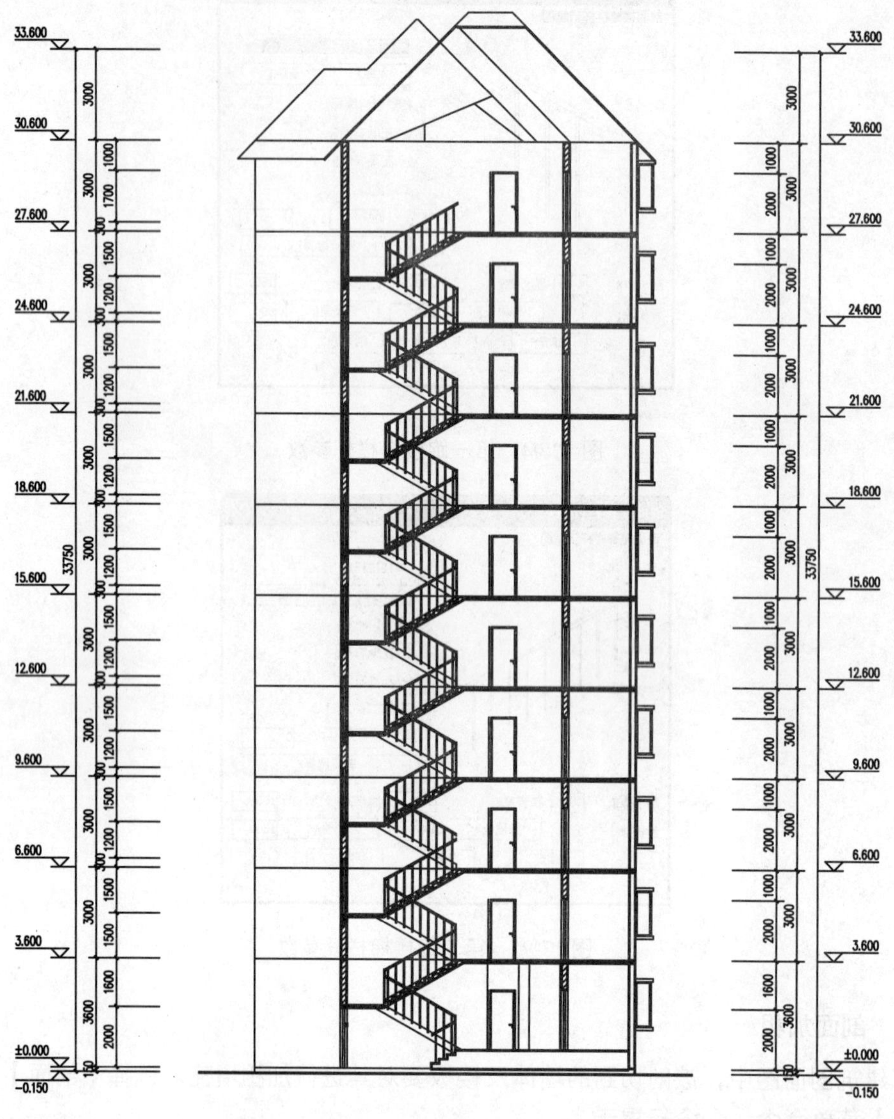

图 17-96　剖面效果图

17.5 住宅楼三维模型的生成创建

如果用户需要生成住宅楼的三维模型图，可在工程管理面板中选择楼层栏中“三维组合建筑模型”按钮，按提示将其保存为“三维模型.dwg”文件，系统会自动生成模型效果图，如图 17-97 所示。

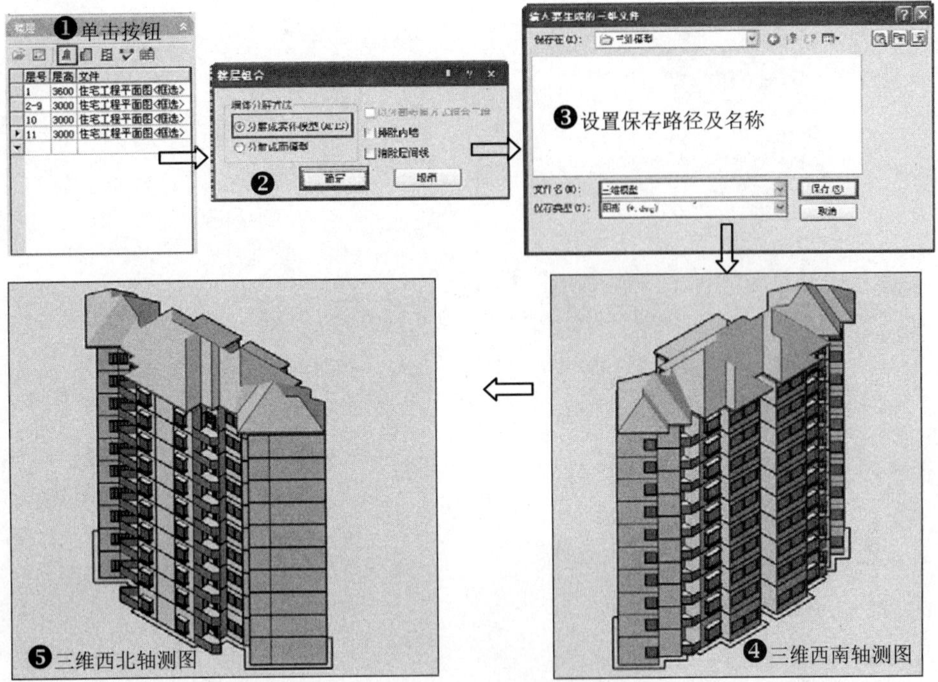

图 17-97　三维模型效果